Inventor 3D 基礎建模

產品設計新手超入門

吳秉霖 著

涵蓋 INVENTOR 基礎概念與建模流程

本書助你跨進設計領域，打好基礎！
本書引導你如何思考，幫助你走向專業

Inventor
2014~2018
完全適用

作　　者：吳秉霖
責任編輯：Ann

董 事 長：蔡金崑
總 經 理：古成泉
總 編 輯：陳錦輝

出　　版：博碩文化股份有限公司
地　　址：221 新北市汐止區新台五路一段 112 號 10 樓 A 棟
電話 (02) 2696-2869　傳真 (02) 2696-2867

發　　行：博碩文化股份有限公司
郵撥帳號：17484299　戶名：博碩文化股份有限公司
博碩網站：http://www.drmaster.com.tw
讀者服務信箱：DrService@drmaster.com.tw
讀者服務專線：(02) 2696-2869 分機 216、238
（周一至周五 09:30 ～ 12:00；13:30 ～ 17:00）

版　　次：2018 年 3 月初版一刷

建議零售價：新台幣 580 元
I S B N：978-986-434-288-4
律師顧問：鳴權法律事務所 陳曉鳴律師

本書如有破損或裝訂錯誤，請寄回本公司更換

國家圖書館出版品預行編目資料

Inventor 3D 基礎建模 - 產品設計新手超入門 / 吳秉霖著 . -- 初版 . -- 新北市：博碩文化，2018.03

面；　公分

ISBN 978-986-434-288-4(平裝)

1.工程圖學 2.電腦軟體

440.8029　　107003059

Printed in Taiwan

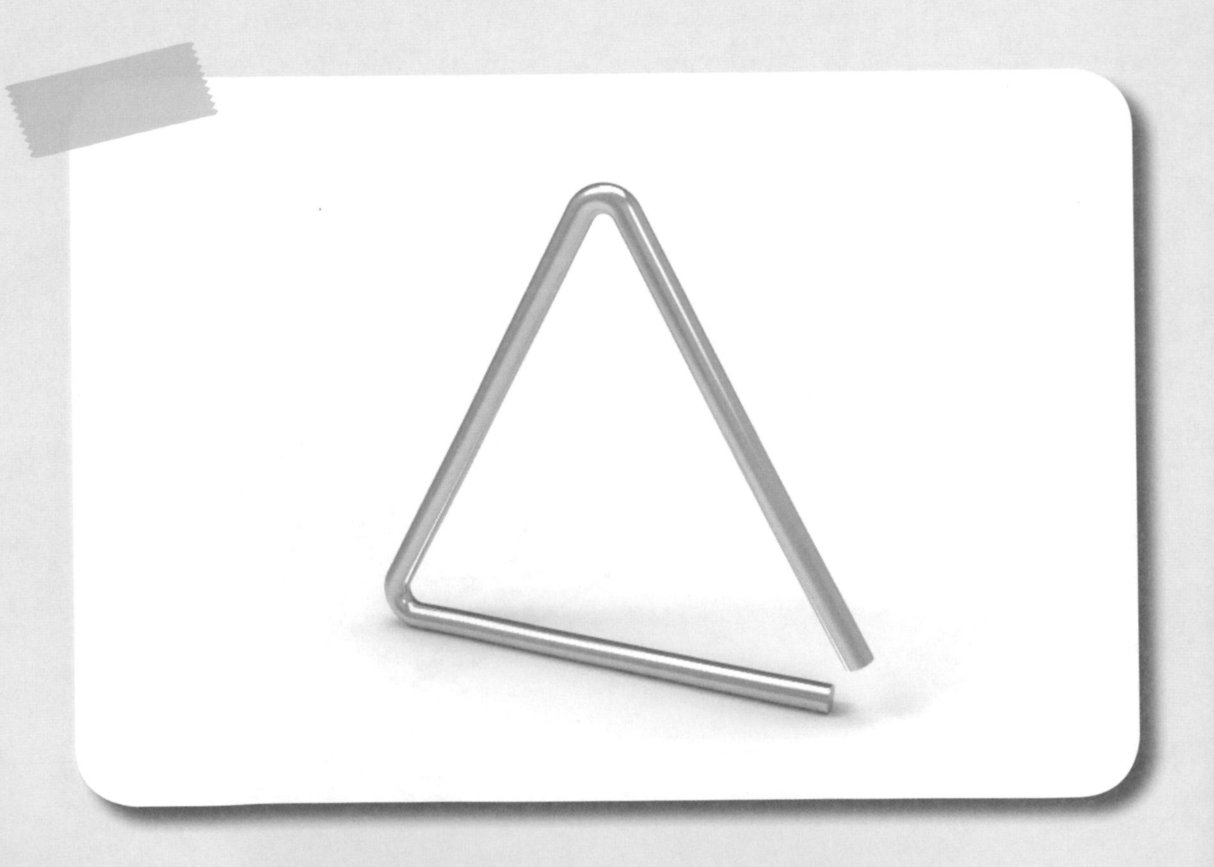

序 PREFACE

多年前進入職場時，公司採用 Autodesk Autocad R11 這套軟體來繪製模具，對於一位非本科系畢業且毫無繪圖經驗的我而言相當的吃力，但看見自己繪製出來的產品實際的呈現在眼前時，那一份感動與成就無法言喻，隨著科技演進，3D 模型的繪製已經成為趨勢，延續 Autocad 的操作方式與概念，結合 2D 與 3D 功能並搭配著參數式設計，大大的提高設計變更時的效率，也讓整個操作過程宛如預見成品成形的演進，這就是目前我們所熟知的 Autodesk Inventor。

一年多前，在多次針對 Inventor 這軟體授課時總會被問到，若要自學該選擇那本教學書當引導教材呢？雖然作者總是以自己本身規畫的進度與範例來當教材，但這只能讓有參與課程的學員獲得知識，對於無法透過授課而得到資源的其他使用者來說似乎也容易有此疑問，為此便有了撰寫 Inventor 教學書的念頭，依照自己本身的資料與規劃，大致上有上千頁的內容能整理運用，所以本書在規劃之初即是以軟體入門的概念來編寫，內容所介紹到與運用到的功能都著重在基礎的運用，讀者會發現，原來只要基礎工具就能完成生活上一些常見的產品模型繪製，後續也將會在著手撰書進階篇與應用篇來幫助讀者們運用於職場上，根據作者的經驗，其實有不少使用者在學習軟體時是會優先以自學為主，遇到疑問時才會在課堂上尋求解答，為因應自學者的需求，故本書撰寫則採用流程引導方式來進行，相信對於使用者來說方便不少，對於有使用本軟體的企業來說也能成為新進人員內訓的教材。

書本內容的鋪陳及範例的繪製方式，都是作者本身依據多年教學經驗與執行案例的手法，與一般原廠教學略有不同，方法沒有好壞之分，只有好的設計產出才是圓滿的結果，最後，還是要給讀者們傳承一個觀念：

『軟體只是工具，真正的設計來自於人心與人性』

祝福各位　展書愉快

吳秉霖

目錄 CONTENTS

第一章

Inventor 基礎入門

第二章

基本草圖技巧

第三章

基礎造型設計

第四章

其他特徵建立工具

第五章

工作平面

第六章

軸線

第七章

精選範例

第一章

Inventor 基礎入門

1-1 簡介

1-2 使用前提

1-3 建議配備需求

1-4 滑鼠操控

1-5 鍵盤操控

1-6 認識介面與系統規畫

1-7 專案建立

1-1 簡介

歡迎使用 Autodesk Inventor 產品展現與應用＜初階版＞特訓教材，本教材是以初學者所能理解並自我學習的方式撰寫，對於學校之學生或職訓單位受訓之學員皆能在家自我補強技能之用，本教材與範例必須相互搭配使用，以便更進一步深入了解各種特徵及其功能運用。

完成本書全部範例後將可以：

1. 對於設計環境中所能運用到的使用者介面能立即辨識與運用，對於參數式軟體建構模型的優勢也能掌握，並在後續能快速的切換於 2D 及 3D 空間中進行設計。
2. 在 2D 草圖環境中運用草圖工具來建立圖面，並活用幾何限制條件來控制草圖圖元，並透過參數化尺寸標註到草圖圖面上，對於後續的設計變更有更貼切的運用。
3. 使用參數化的擠出及掃掠等實體工具來建立特徵，搭配樹狀圖及快顯選單來進行參數化零件設計，也可以在單一零件或是組合件中使用 3D 掣點來編輯零件，更為方便的功能運用還有以孔及螺紋工具來置入孔及螺紋特徵，對於後續工程圖上的解讀辨識更具專業性。
4. 讓 Inventor 使用者能方便在未來建立及編輯工程圖，以及建手動或自動的標註工程圖、編輯孔及螺紋的註記、加入中心線、中心標記及工程符號、規劃與編修表單與標籤。
5. 檢視與編輯零件表相關資料，設定圖紙與圖框及標題欄框，並從操作中了解工程圖註解的目的。

1-2 使用前提

本特訓教材是針對 Autodesk Inventor 的初學者或新使用者而設計，不論過去是否有使用過 Autodesk AutoCad 的經驗，皆可輕易上手，對於基礎工具的學習、3D 零件參數化的控制與組合件的組裝運用都能有相當程度的提升，在學習之前也請了解一下目前使用的 Inventor 版本是否為 2016 版，若不是此版本也可使用 2010 版以上之版本，對於學習本教材並無影響。

1-3 建議配備需求

微處理器：Intel 雙核心／四核心以上

記憶體　：建議 8GB 以上

顯示卡　：ATI 或 nVidia 獨立顯示卡

硬碟空間：建議 20G 以上緩衝空間

作業系統：WIN 7 / WIN 8 / WIN 10（建議採用 64 位元）

1-4 滑鼠操控

❶ 為滑鼠左鍵：點選實體物件或草圖圖元

❷ 為滑鼠右鍵：在不同模式中可用來開啟快顯功能表

❸ 為滑鼠滾輪

(1) 前後滾動為畫面縮放

(2) 快按兩下為實際範圍

(3) 下壓不放為平移

1-5 鍵盤操控

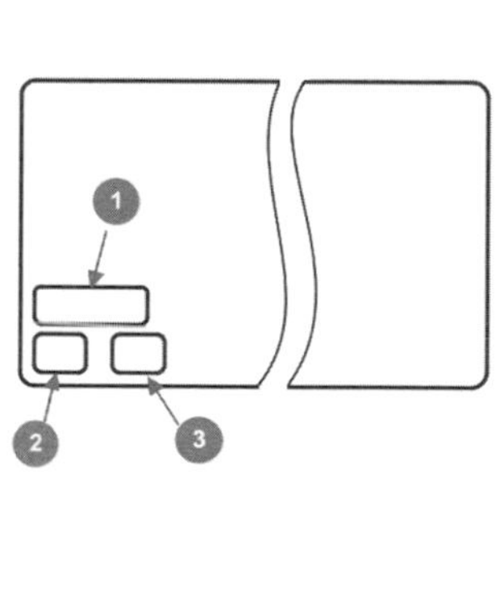

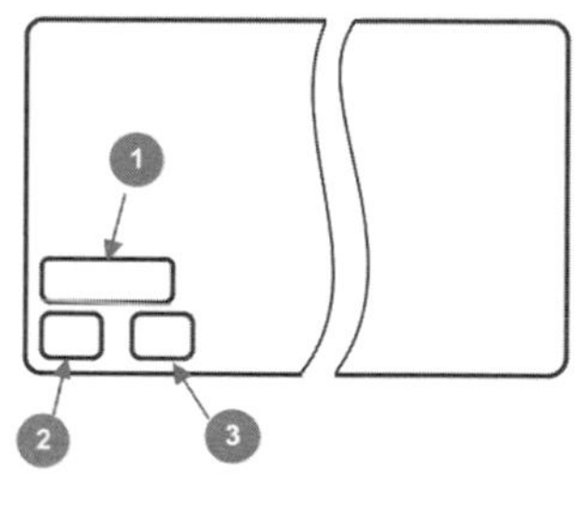

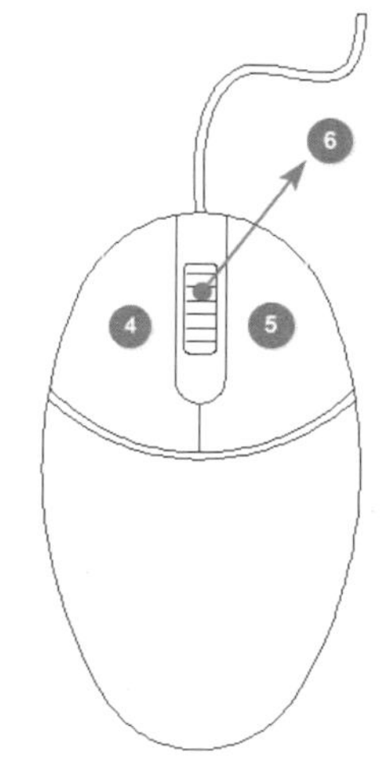

❶ 為 SHIFT 鍵：單按無功能

❷ 為 CTRL 鍵：單按無功能

❸ 為 ALT 鍵：使工具選項板顯示快捷鍵

❶ + ❻：使畫面做 3D 環轉

TAB 鍵：對草圖中輸入的數據進行鎖住

❹ 按壓不放移動滑鼠：

由左往右為窗選，要完全框住圖元才算選取完成

由右往左為框選，只要接觸到圖元就算選取完成

❺ 開啟快捷功能表單。

1-6 認識介面與系統規畫

1-6-1 認識介面

首先，我們到如圖所示的地方點選【零件】進入主介面。

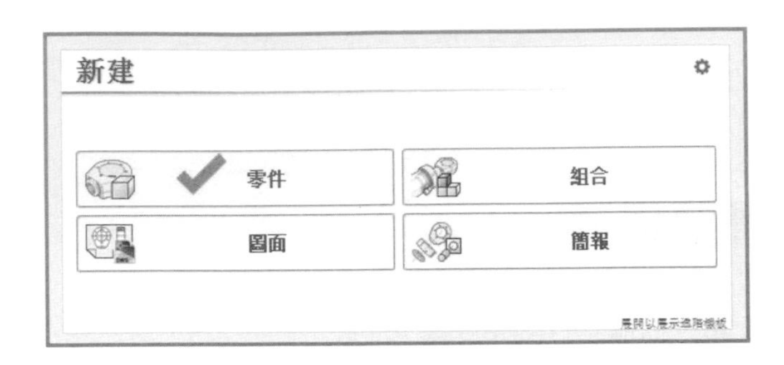

進入零件繪圖主介面區時會出現如圖所示之畫面，此介面中較需我們記得的地方有六大項目，我們可依編號來逐一了解其概略介紹。

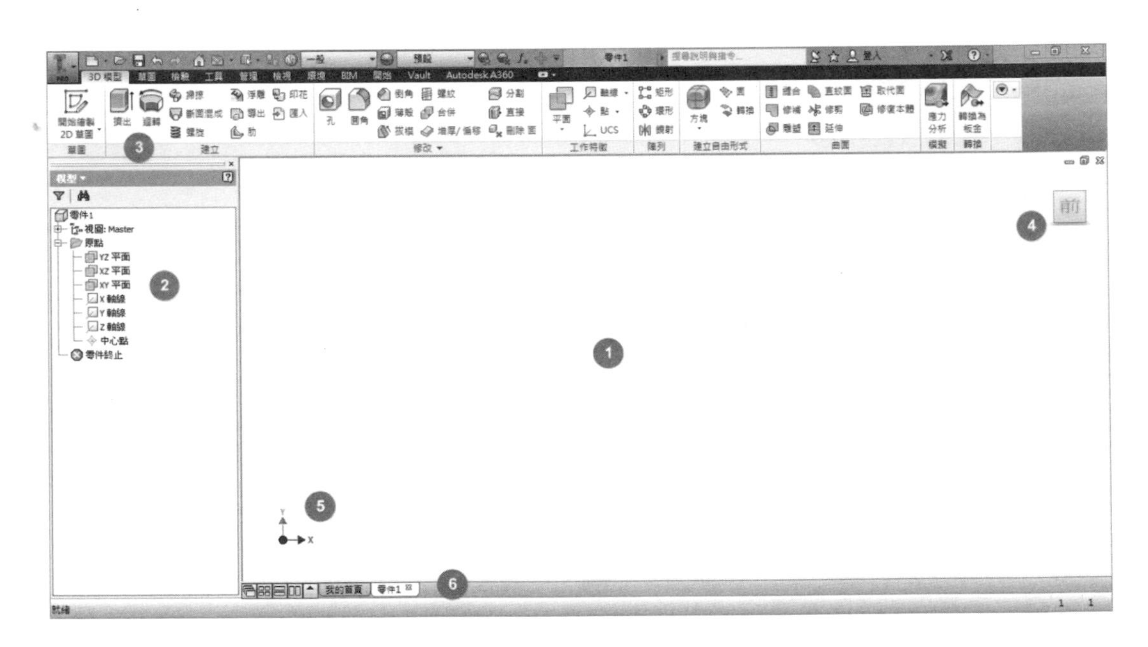

❶ **繪圖區**：繪製的草圖所形成的特徵結構將會逐一建立於此區域上，透過所見即所得，我們很容易看見整個設計的過程與型態。

❷ **特徵樹狀結構區**：設計過程中，每建立一張草圖將對應一個特徵的產生，而所產生的特徵將會依照建立的順序依序由上往下的呈現，設計者可以輕易地從此區域中找出欲編修的項目，可即時變更草圖或是特徵程序，讓模型建立更為簡便，設

計變更上也可大幅度減少因錯誤的修改命令而造成的圖面特徵遺失，甚至需要重新繪製的可能性。

❸ **工具選項區**：依照設計者本身所欲進行的工作項目，選項板會自動切換於草圖工具選項板與特徵建立工具選項板之間，若有其他欲進行運用的項目時，也可自行切換上方的工具選項板名稱，可立即變更工作模式。

❹ **ViewCube**：ViewCube 會以淡灰色狀態顯示在視窗右上方，代表目前為非作用中，但是當我們將游標移動至 ViewCube 上方時，它將會亮顯表示目前可作用狀態。也可選擇羅盤顯示在 ViewCube 下方，指示哪一個方向將被定義為模型的北方，模型的地平面位置與 ViewCube 有直接的關連性，也可設定變更新視角為主視圖方位。

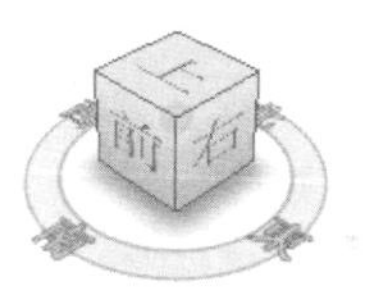

❺ **UCS －使用者座標系統**：使用者座標系統簡稱 UCS，是由三個工作平面與三條軸線和一個中心原點所建構。原點在每張零件檔中只會有一個，但是在一個檔案中卻可以存在多個 UCS，並且可以依照設計需求來進行不同方式的放置和方向定義。

❻ **作業狀態區**：快速存取工具列

搜尋說明與指令...
登入

自訂快速存取工具列

- ✔ 新建
- ✔ 開啟
- ✔ 儲存
- ✔ 退回
- ✔ 重做
- 從 Vault 開啟
- ✔ 首頁
- 列印
- iProperty
- 專案
- 返回
- ✔ 更新
- ✔ 選取
- ✔ 細化外觀
- ✔ 材料瀏覽器
- ✔ 材料
- ✔ 外觀瀏覽器
- ✔ 外觀取代
- ✔ 調整
- ✔ 清除
- ✔ 參數
- 距離
- ✔ 設計醫生

使用者可以將任意數量的指令圖示加入至最上方的工具列中，如果數量過多而超出工具列長度，則其指令將顯示在快速存取工具列上預設指令的右側位置。

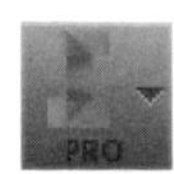

進入左上方主選單，開啟下拉式選單，除了標準工具選項外，在選單下方有一【選項】功能，執行後可進入【應用程式選項】來進行內部系統設定。

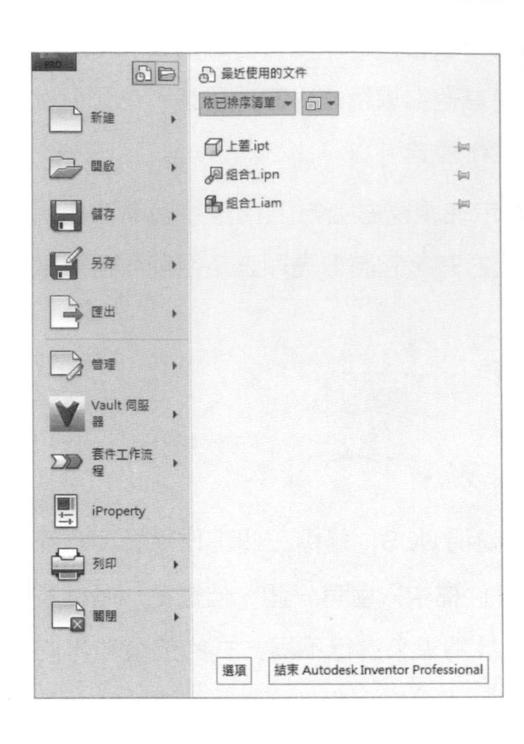

3D 模型工具選項板

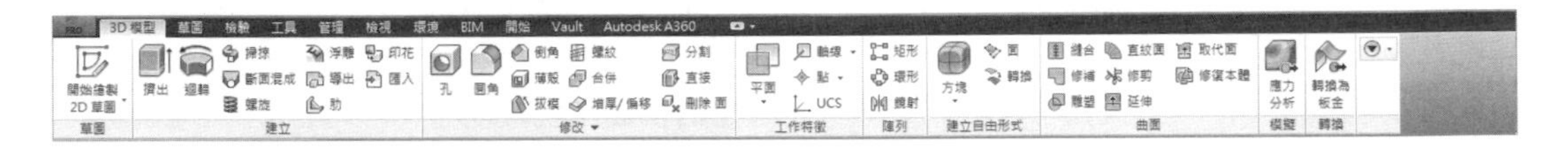

草圖繪製工具選項板

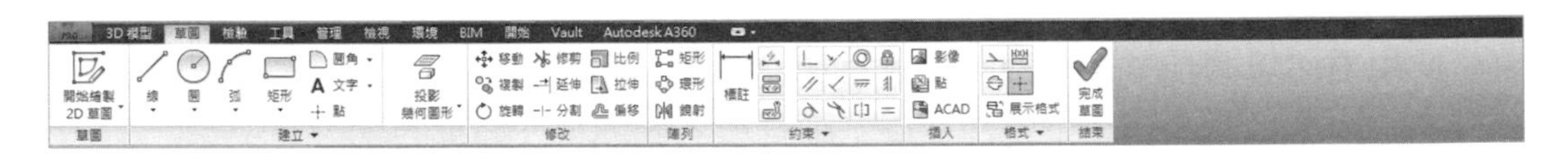

檢驗工具選項板

工具查詢工具選項板

管理類工具選項板

檢視與視覺相關工具選項板

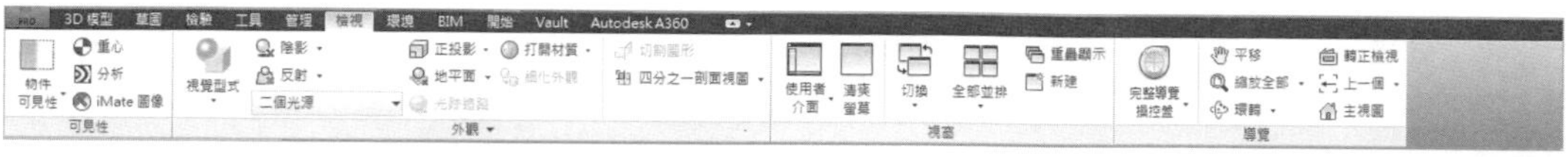

環境與分析工具選項板

開始介面工具選項板

Vault 工具選項板

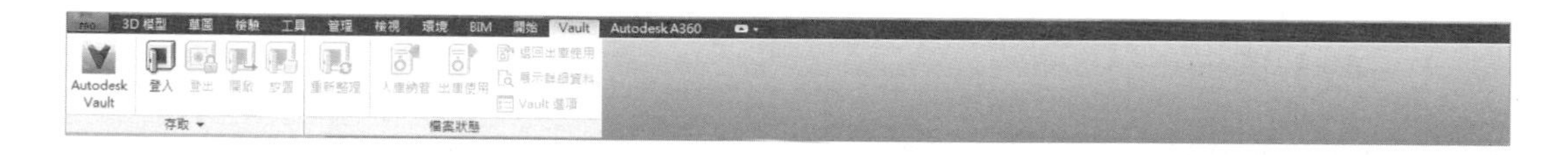

Autodesk A360 工具選項板

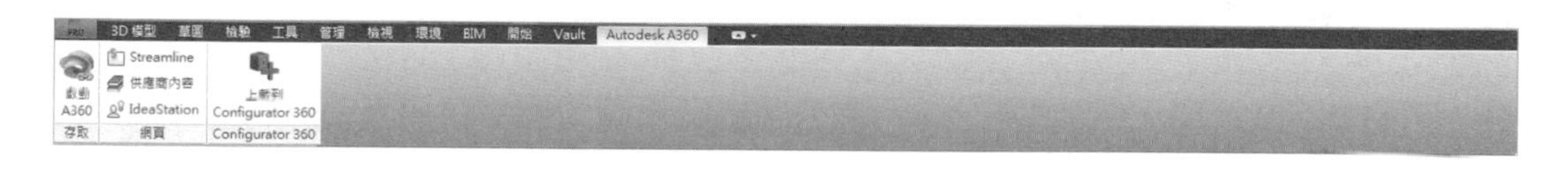

樹狀結構圖清單

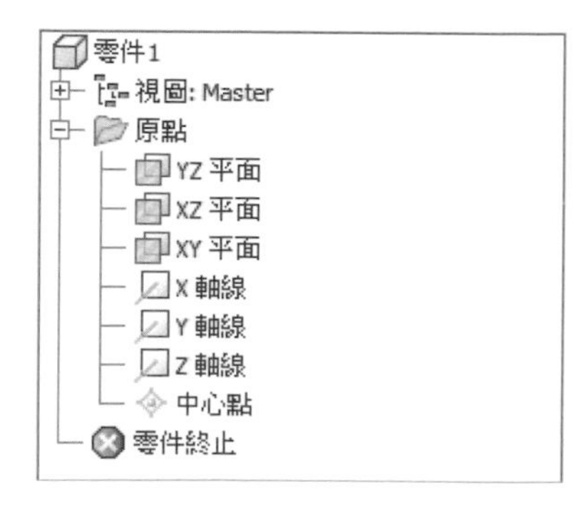

繪圖作業區

箭頭指示處可進行圖檔之間的切換，也可變更開啟出來的圖檔進行排列的方式。

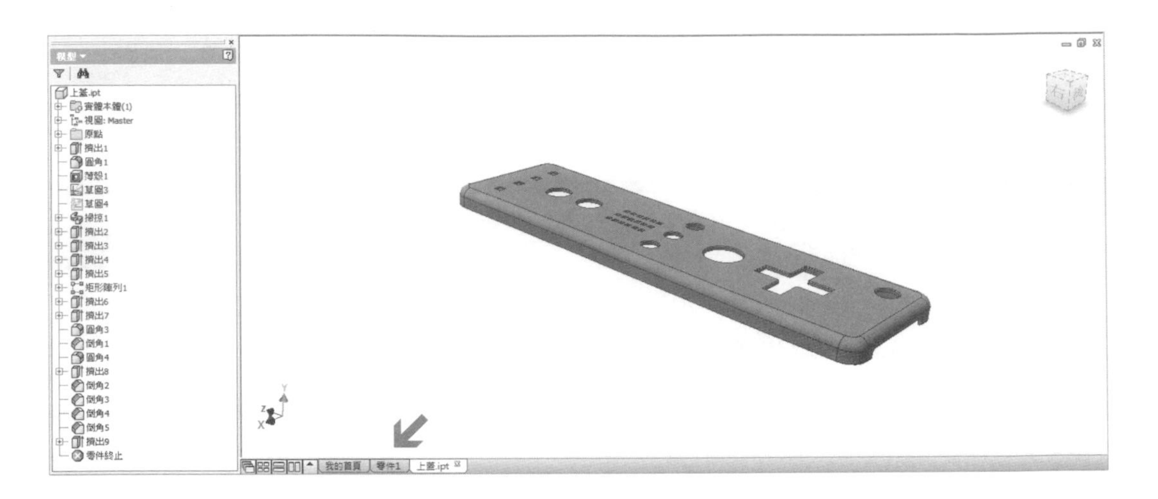

1-6-2 系統規劃

應用程式選項

至上方的工具選項板中選取【工具】，再點選【應用程式選項】。進入介面模式中可見到多個類別選項，在此，我們將對於常用的項目進行設定變更，以利繪製圖面時較得心應手。

【一般】項目

❶ 使用者名稱的建立與工程圖中的設計者名稱有著對應關係

❷ 可變更在繪製過程中所見到的訊息顯示的字體樣式

❸ 可變更在繪製過程中所見到的訊息顯示的字體大小

❹ 預設為 1024，過去版本為 256，數值大小關係著返回的資訊量

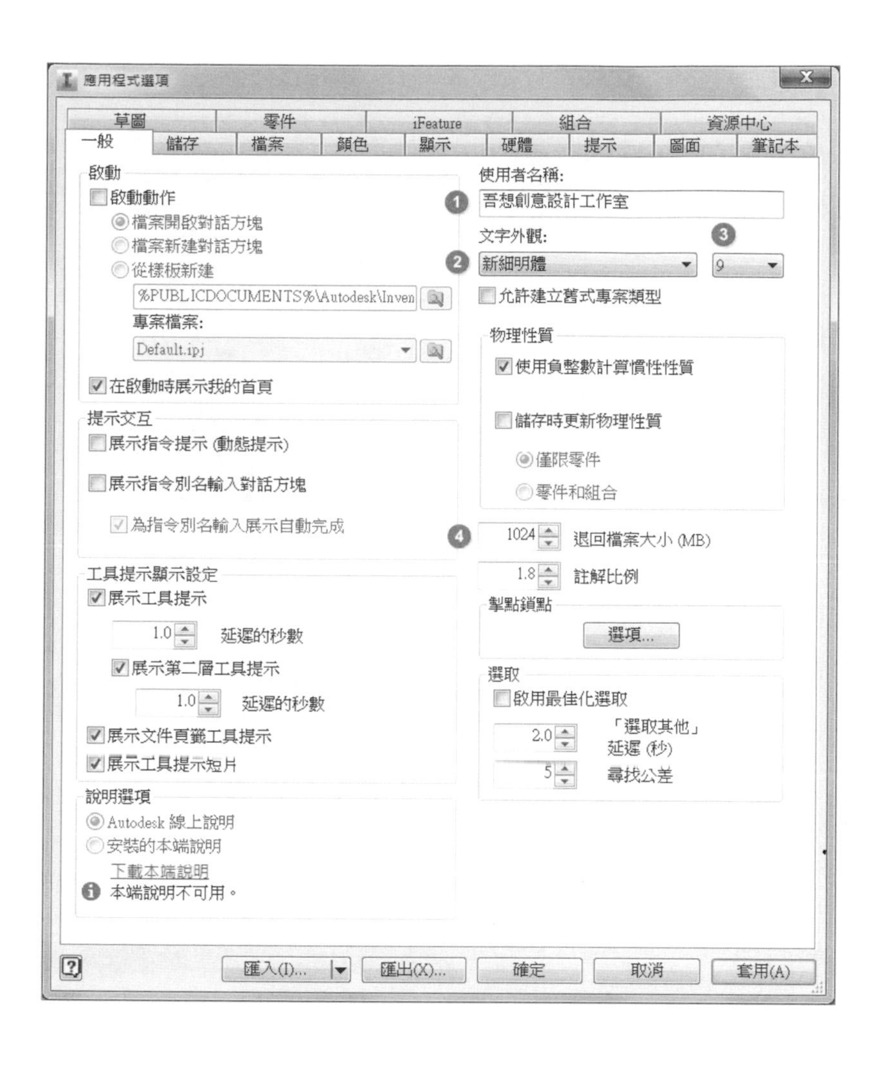

【儲存】項目

在【儲存】項目中比較需要注意的是儲存提醒計時器這一部分，依照您所設定的時間，系統會在畫面右下方出現提醒該儲存檔案的提示，時間設定過短容易讓人覺得提示困擾，時間設定過長又容易造成不小心出狀況時，檔案卻忘記儲存的情況，一般來說設定在 20~30 分鐘為優。

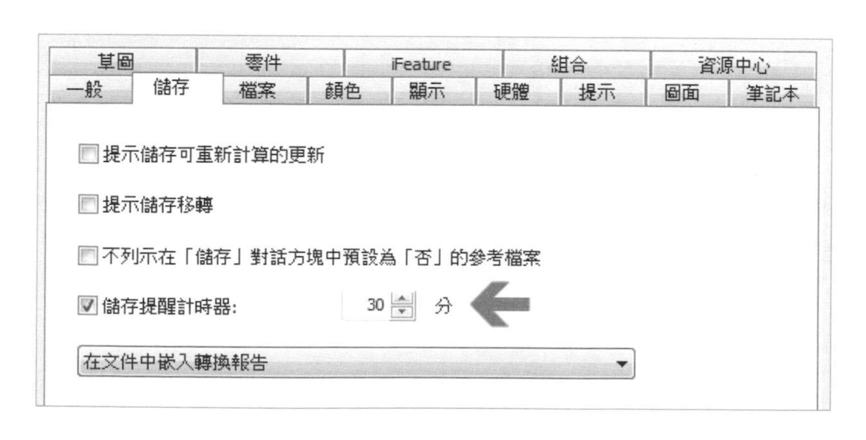

【顏色】項目

在【顏色】選項中可進行軟體介面顯示的色彩模式設定：

❶ 整體性的對全介面進行色彩顏色的調配

❷ 可將背景顏色變更成單色、漸層、自訂背景影像圖案

❸ 針對工具選項板中的圖示顏色設定做變更選擇

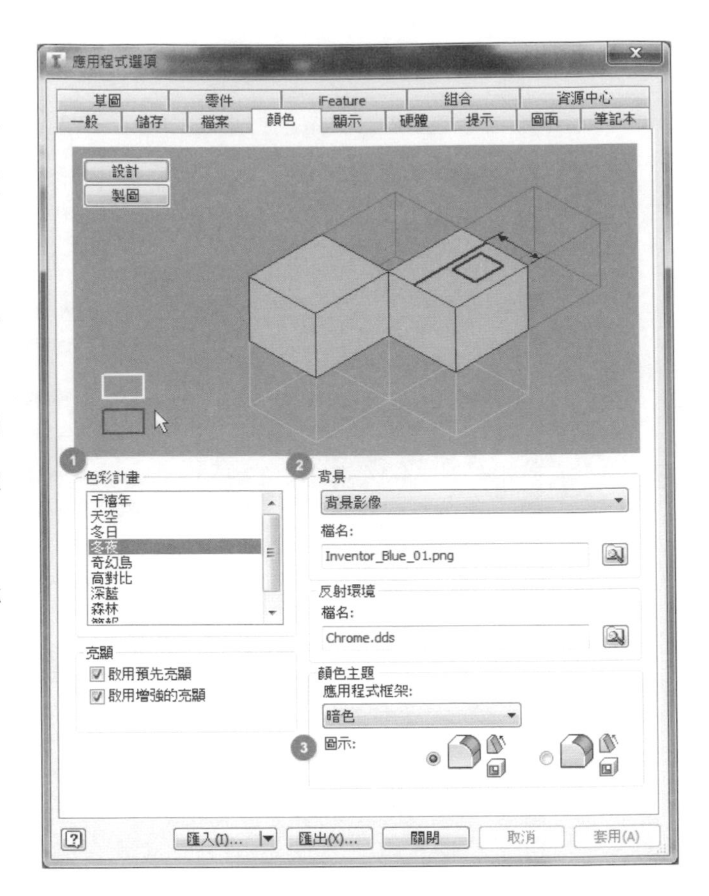

【圖面】項目

在【圖面】選項設定中，主要是針對圖檔類型的設定與圖面繪製後的顯示設定為主，有幾個項目是我們較為常用與需要進行設定的：

❶ 草圖繪製後使用參數式標註點擊後會立即出現註解

❷ 變更圖檔類型為 *.idw 或 *.Dwg 格式

❸ 若存檔為 Dwg 格式時，可被低階的 Autocad 版本讀取

❹ 標註類型的呈現方式

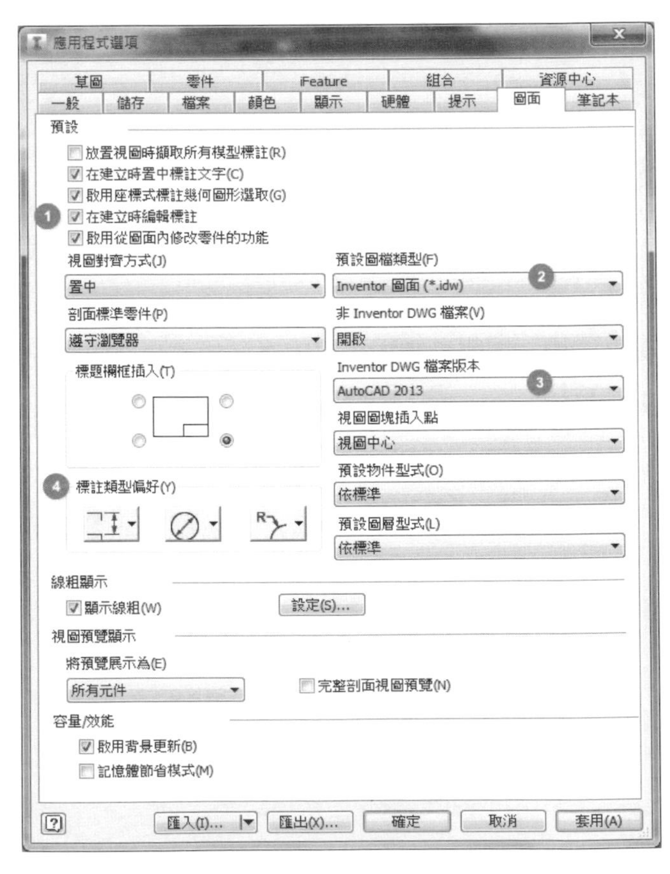

【草圖】項目

在【草圖】項目中，主要是對草圖繪製環境做變更，較為常用的項目有：

❶ 控制約束條件相關設定，也可從約束選項板中進行設定；如附一

❷ 控制草圖繪製時的繪製區顯示狀態；如附二

❸ 點選建立草圖時繪圖畫面會主動轉正

附一

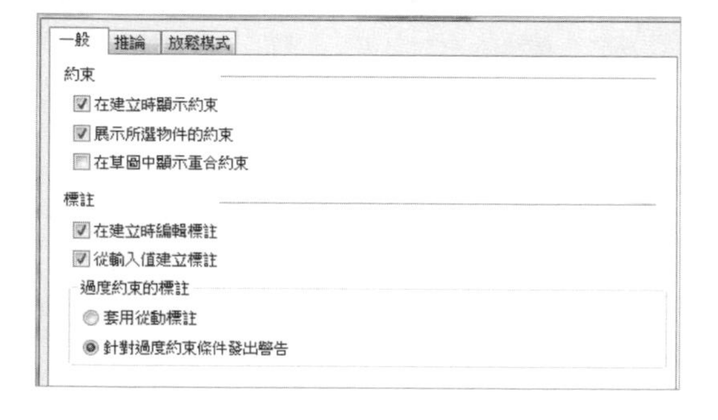

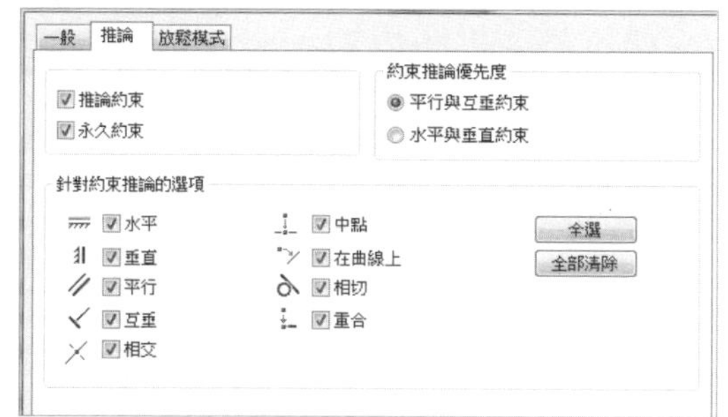

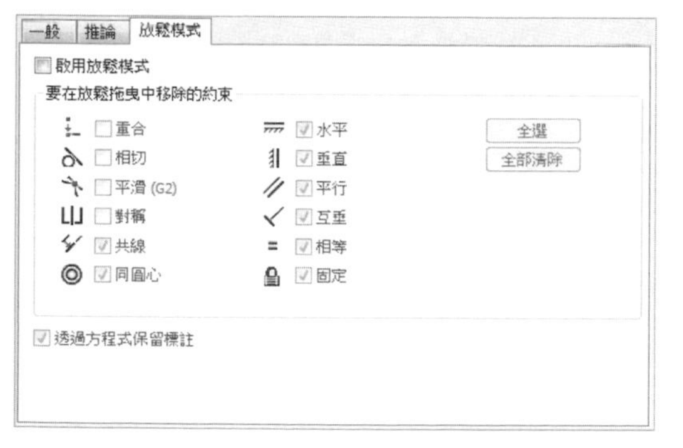

附二

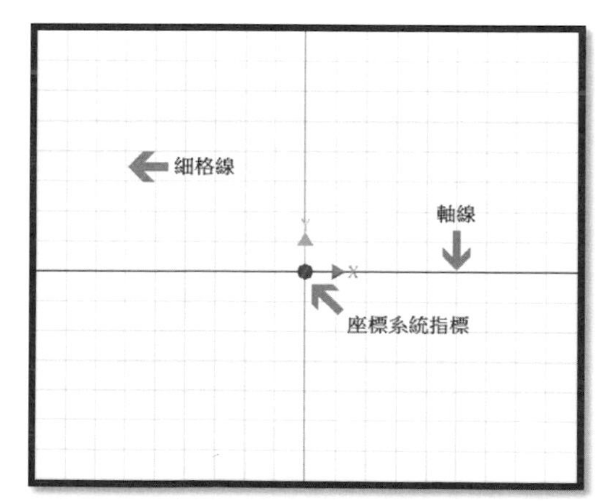

【零件】項目

在【零件】選項中，讀者可依照自己繪製圖面時的習慣，將起始的草圖定向做符合自己需求的方位來做設定。

【資源中心】項目

在【資源中心】選項中，讀者可以自行設定資源庫位置的路徑設定。

在【應用程式選項】下方可見到【匯入】與【匯出】兩個選項，其用途為將目前所設定好的資料儲存至 *.xml 檔案做保存，日後重新安裝 Inventor 或在另一台同版本的系統上可延用此來原設定而不需要重新再規畫。

1-6-3 新建檔案介面

當使用者執行新建命令後，將會出現如附圖所示之介面，依照當前使用者所欲進行之設計工作來進入不同的設計界面。

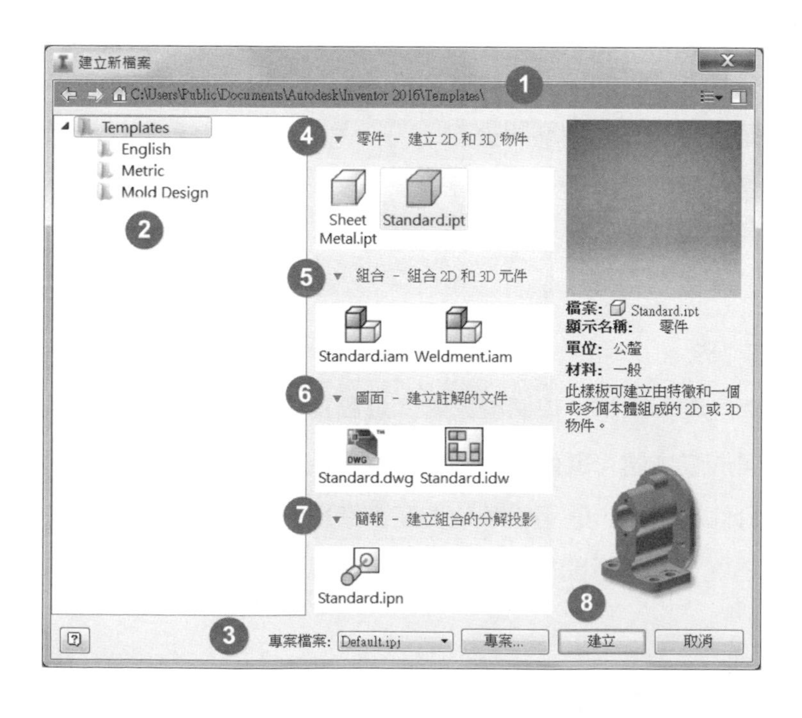

❶ Inventor 2016 版之樣板檔存放路徑，使用者所自行設定的樣板也可存放於此，方便後續的管理

❷ Templates 為樣板檔

(1) English 為英制單位樣板

(2) Metric 為公制單位樣板

(3) Mold Design 為模具設計樣板

❸ 建立專屬的專案規劃檔案

❹ 建立零件檔

❺ 建立組合件

❻ 建立工程圖

❼ 建立簡報檔

❽ 執行【建立】後，可進入主介面模式進行繪製設計。

建立板金零件

Sheet Metal.ipt

Inventor 可簡化板金元件原型之建立、編輯和記錄的功能。如果設計小物件，此材料通常會很薄。但是在 Inventor 中，您可以在材料厚度均勻的設計中使用板金功能，另外，板金零件可以顯示為摺疊模式或展開模式，方便讓使用者能清楚了解板金模型展開後的樣式，以方便做後續的彎折變化或計算沖孔的位置。

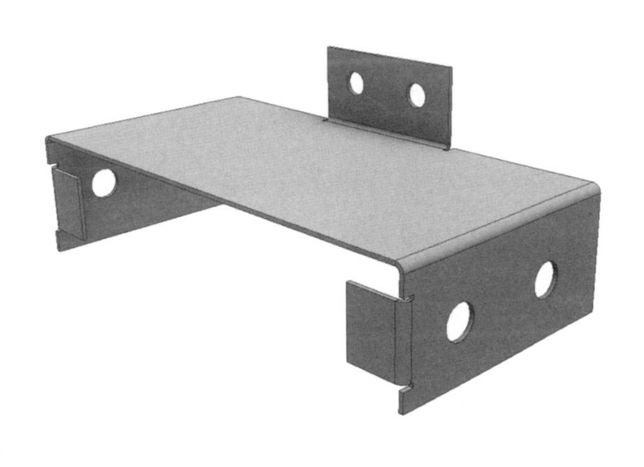

建立零件

Standard.ipt

開啟零件檔時，您將進入零件編輯環境中，可運用草圖編輯、建立特徵與形成本體，進而整合形成零件。後續還可以將單一本體零件插入至組合件功能中，運用約束功能在製造組合狀態時定義其所在的位置。絕大多數的零件都是從草圖建構開始，草圖是建立特徵所需的線架構和幾何圖形的輪廓。

零件模型則是由多個特徵的集結產出。在某些情況下，本體零件檔中的實體是可以共用特徵或是共用草圖。草圖約束可控制幾何關係（例如平行和互垂）。標註可控制大小。此方式統稱為參數式。

Inventor 可運用參數式的特性來建立零件原型、編輯草圖與特徵並記錄歷程。不論是設計小型零件或大至機械設備之機構元件，皆可以所見即所得的方式完成。您也可以把其他 3D 軟體所建立完成的零件檔案開啟於 Inventor 中，也能進行觀視與編輯。

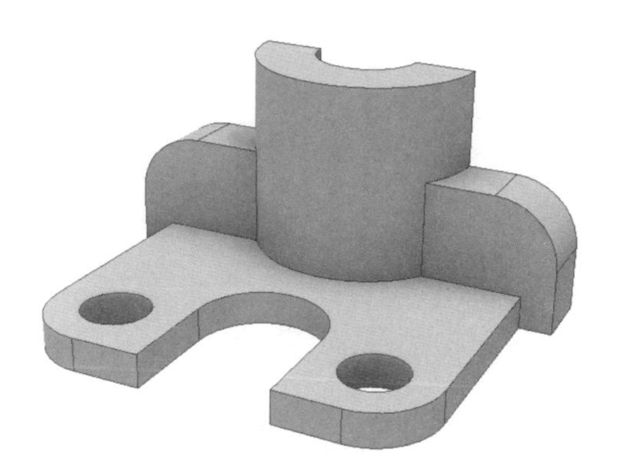

建立標準組合件

Inventor 可將多個由參數式建立完成的零件來源，透過組合件的約束功能來建立完整的產品結構與外觀。不論是設計小型組件或大至機械設備與機構等產品，皆可輕易完成。我們也可以把其他 3D 軟體所建立完成的組合件檔案開啟於 Inventor 中，進行檢視與功能轉換，讓 Inventor 的適用性更為多元。

建立 DWG 工程圖

Inventor 可將單一或多個零件，透過工程圖的功能來建立完整的三視圖。甚至是圖面上經常能見到的剖視圖與局部視圖皆能輕易完成，對於使用者來說是很輕易的讀取圖面所要傳達的訊息，也可將此圖面傳遞給 CAD 軟體運用，產生更多元的變化，如 CAM 的建立等，在此一功能區域中有兩個工程圖的建立選項，主要差異在於儲存檔案後所產生的檔案類型不同，一為 dwg 格式，一為 idw 格式。

通常建立完成模型之後，我們可以透過建立的圖面來記錄您的設計，也可以將模型視圖放置在一張或多張圖紙上，然後可加入或手動進行標註和其他圖面註解來記錄模型，除了正規的視圖之外，圖面還可包含自動化的零件表和項目件號【BOM 表】。

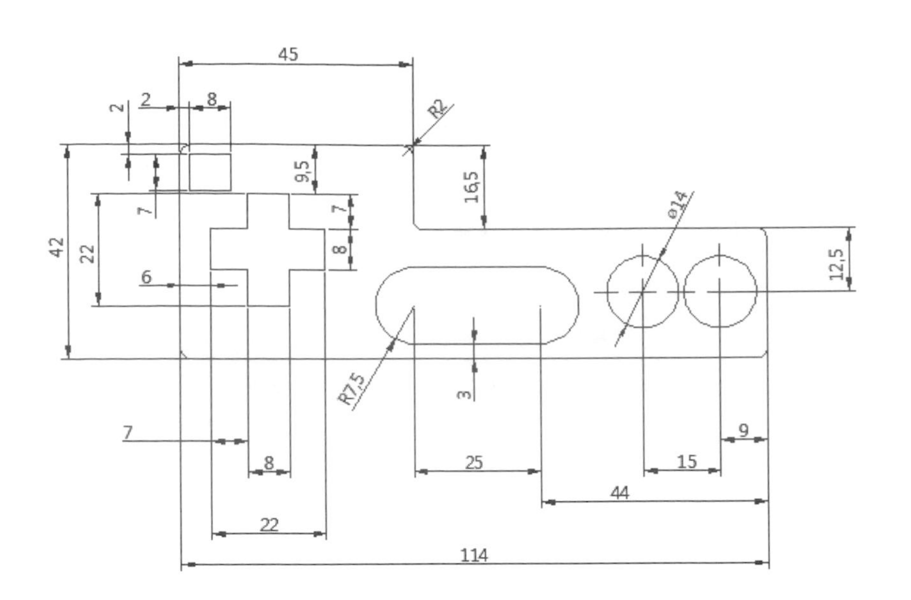

建立簡報檔

Standard.ipn

簡報檔的用途一般都是在所有設計告一段落時而建立，可以透過建立圖檔時所要使用的立體分解系統圖，並建立展示組合順序的動畫。動畫可以包含組合程序中每個步驟的視圖變更和元件的可見性狀態。也可以儲存檔案製作動畫，讓使用者能清楚了解設計者本身的創作概念與產品的運作方式。

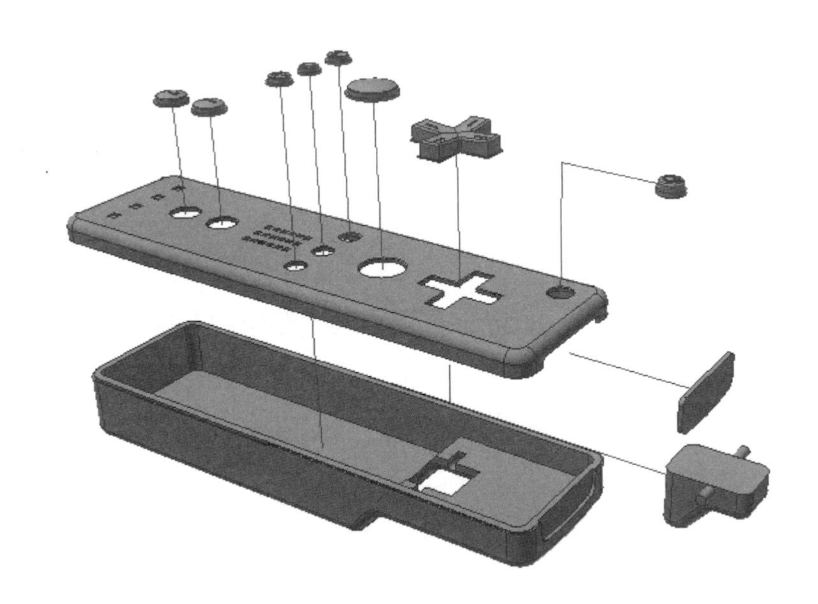

建立 建立

選取好欲使用之項目後，執行【建立】按鈕，即可進入所對應的主介面模式進行繪製設計。

1-7 專案建立

我們可以透過專案精靈來建立新的專案，專案的功用可幫助你組織與存取規劃專屬設計工作中的所有檔案的連結。專案檔的副檔名為 *.ipj 內容為儲存設計資料所在資料夾的路徑。

專案檔可幫你定義與某個案件專案相關聯的所有檔案的位置與路徑，包括：

1. 設計資料的儲存位置。
2. 檔案編輯的所在位置。
3. 檔案儲存時所保留的版本數。
4. 資源中心規劃。
5. 專案類型。

建立專案之前，請先設置您的資料夾結構，並使用單一專案檔案。單一專案檔案可用於控制所有的設計，更可以幫助使用者在處理專案檔案時所對應使用的資料集，也可以幫助 Inventor 自動搜尋整個資料集中遺失的任何檔案，大幅度的減少手動尋找遺失檔案的不便性。

我們在安裝 Autodesk Inventor 時，程式端會安裝「Default」專案，若使用者不建立專案即進行設計時，「Default」專案將會自動啟用，「Default」不會定義可編輯的位置，在不考量專案和檔案管理的情況下，所有的檔案會儲存到預設專案路徑中。

TIPS 使用者無法刪除 Default 專案。

現在，讓我們試著來做一次建立專案的程序：

STEP 1 請至左上方的啟動選項版中點選【專案】。

STEP 2 執行【新建】按鈕。

新建

STEP 3 選擇【新單一使用者專案】後，執行【下一步】。

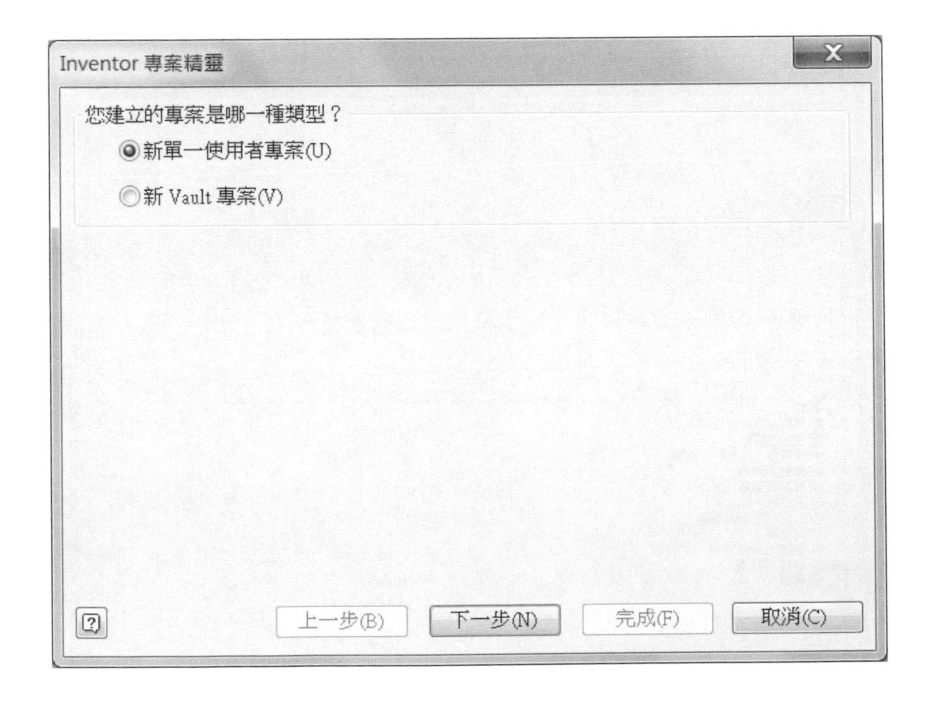

STEP 4 專案檔案的名稱部分，請輸入此次設計工作的主題或對應的公司名稱，輸入完成之後，在專案資料夾與要建立的專案檔案的路徑後方，隨即出現如專案名稱一樣的新資料夾路徑，完成後請執行【下一步】。

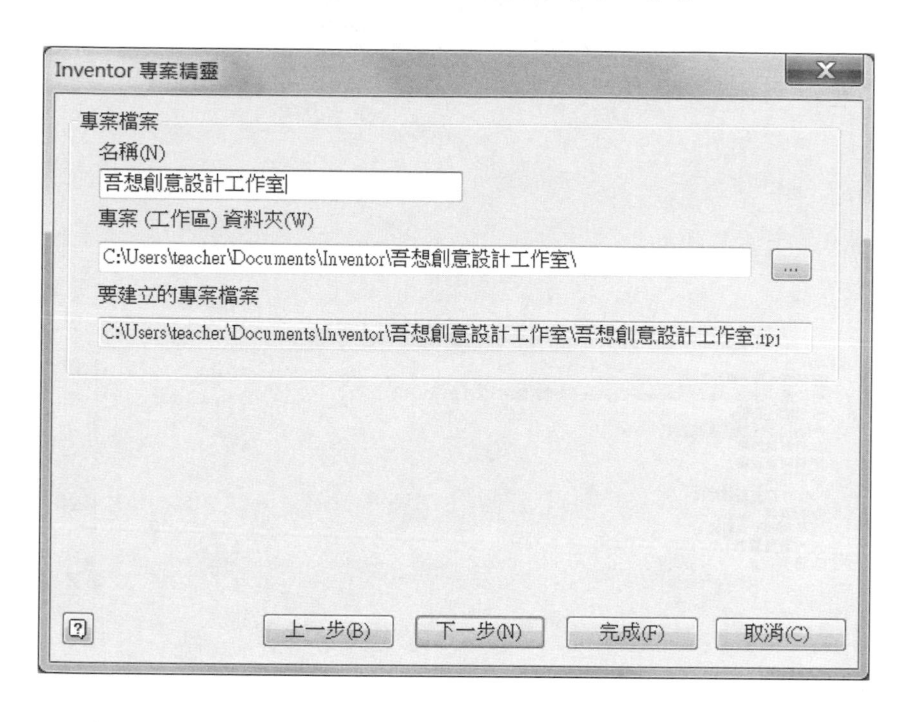

STEP 5 透過中間的箭號按鈕，我們可將左邊的資源庫帶進當前建立的專案中使用，如要將現有的資源庫移除，則使用反向的箭號按鈕。選擇完成後，請選取【完成】來結束。

Inventor 專案精靈
選取資源庫
所有的專案:
邏輯名稱 位置
Inventor Electrical... C:\Users\Public\D...
新專案:
邏輯名稱 位置
Inventor Electrical... C:\Users\Public\D...
資源庫位置:
上一步(B) 下一步(N) 完成(F) 取消(C)

STEP 6 | 現在，我們已經可以看見上方的欄位中已經出現剛才所建立的專案名稱了。

STEP 7 | 而在畫面下方的欄位中，針對使用型式資源庫的項目變更，請至項目上點選滑鼠右鍵，並更改成【讀寫】模式。

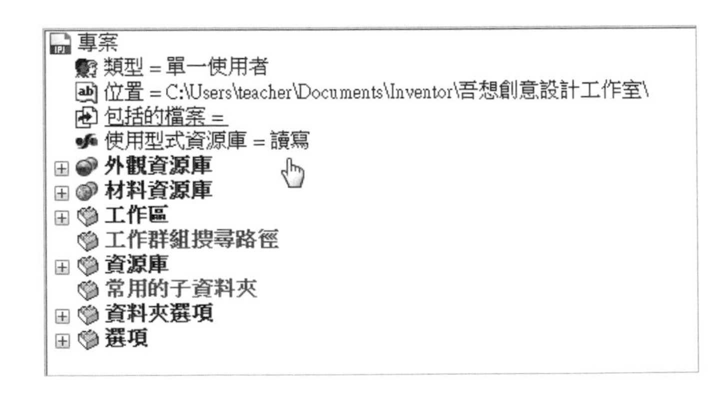

STEP 8 更改完成後，請點選【儲存】按鈕，則會出現此一訊息，執行確認後，當前專案格式將無法被舊有的版本運用了，依照我們目前的作法都是選擇接受這項命令。

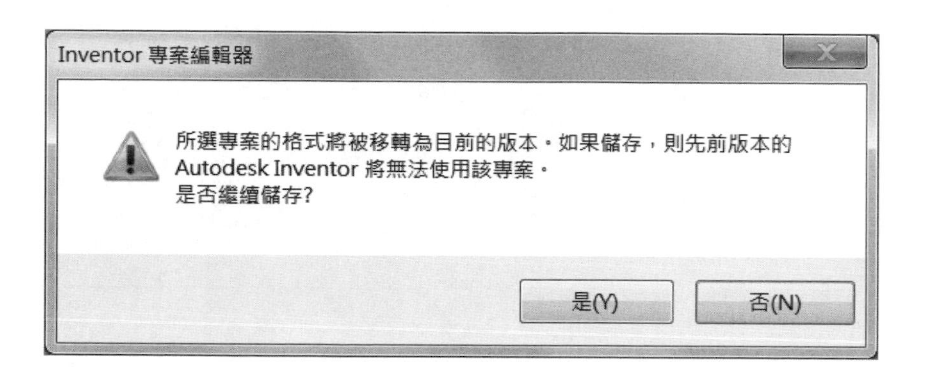

MEMO

第二章

基本草圖技巧

Inventor

2-1 常用草圖工具介紹

2-1-1 線 線 線

在任何一套參數式繪圖軟體中，繪製線條是最基本的功能之一，舉凡我們視野所見之物都可以用線條輪廓來構建，延續在 AutoCad 這軟體的用法，Inventor 在草圖中也是以極座標方式來輸入數據，採用距離與角度來控制，每輸入數據後，可按鍵盤上的 Tab 鍵來鎖住數值並完成線段建立。

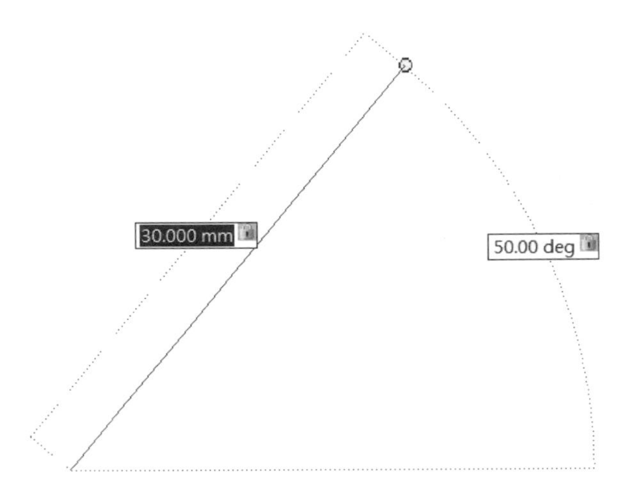

2-1-2 雲形線：控制頂點 雲形線 控制頂點

雲型線另一個名稱叫做曲線，在參數式軟體中常被用來作為 3D 模型建立時的導引線，可調整成形外觀時的輪廓，此雲型線的控制方式是拉伸雲行線外的節點以控制雲型線的曲度，節點建立數目對於輪廓的可變性有密切關連。

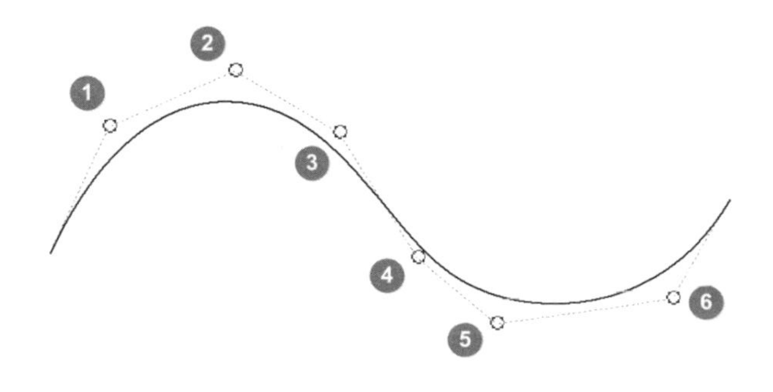

2-1-3｜雲行線：插補

雲形線
插補

此雲型線的控制方式是拉伸雲行線本身節點以控制雲型線的彎曲度，建立的目的也是為了配合外觀成形時所需要的導引居多，節點數與間隔需注意，過多的節點也可能影響到曲線切向的複雜性。

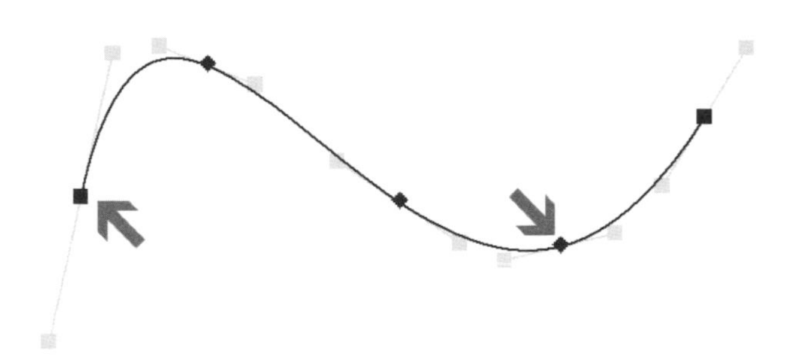

2-1-4｜橋接曲線

橋接曲線的功能，主要是將草圖中的兩個分隔線段，如線、弧、雲形線等圖元，使用曲線連接的方式將兩者串接成一條迴路，並具備節點拉伸與改變彎曲度的功能性，使繪製的草圖圖元將有更多的可變性。

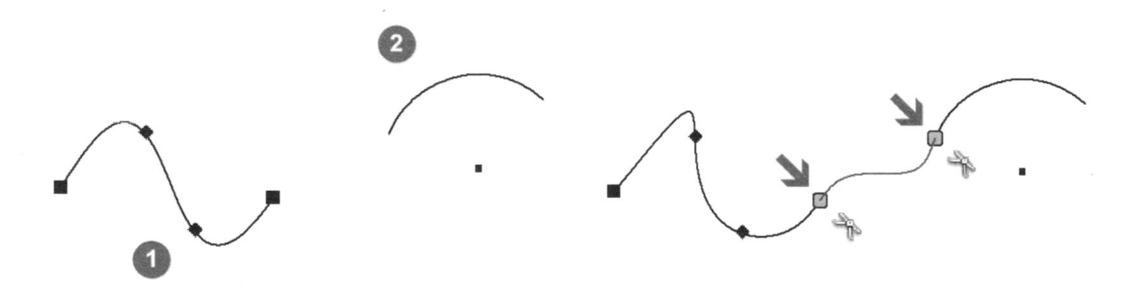

2-1-5｜圓：中心點

圓
中心點

在草圖圖元中，圓的建立一般為圓柱或圓孔的輪廓，一些圓弧造型的輪廓也是需要由圓來建立後配合修改功能來完成，使用者在建立圓時，首先要定義中心點位置後，將滑鼠往外側拉伸可得半徑長度，定位後再以標註功能將其改變直徑以控制大小。

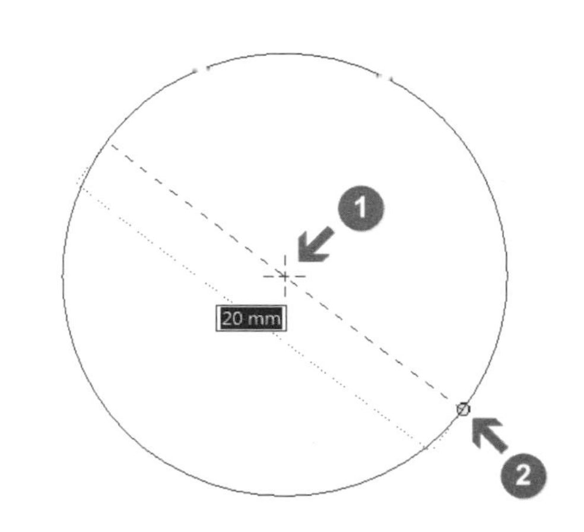

2-1-6 ｜ 圓：相切  圓 相切

相切圓的建立需要點擊三個可依靠的邊界才能成立，因其功能本身已經強制抓取相切點，故不需再另外選取相切的約束條件來運用。

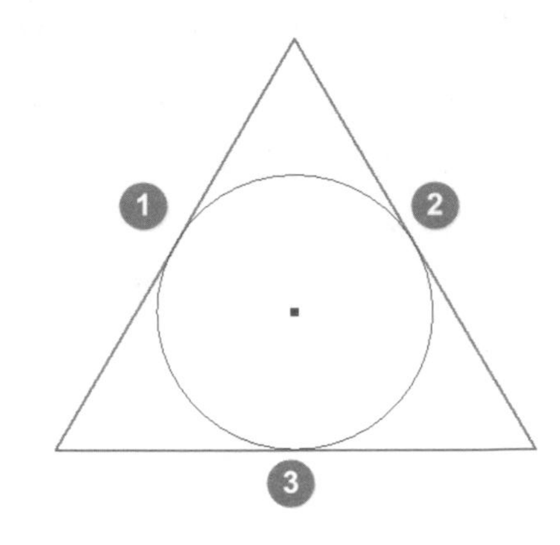

2-1-7 ｜ 橢圓  橢圓 橢圓

橢圓的建立不只可運用在外觀造型上，因其具有雙軸的特性，故在節點的拉伸延展上會對造型外觀產生不對稱的變更，與圓最大的不同點在於四分點位置若與其他曲線接合，則可配合曲線雕塑出四面不同外觀。

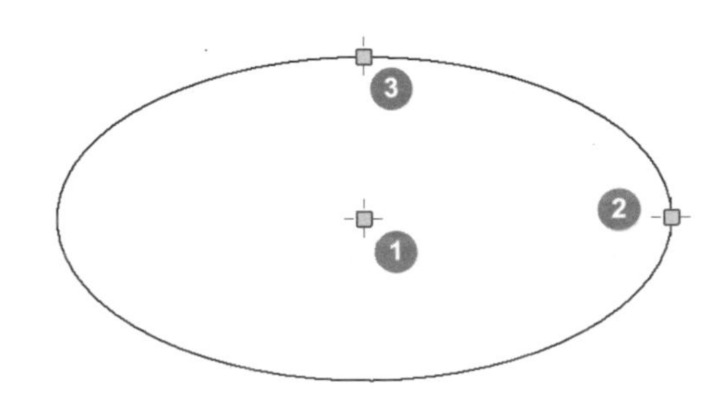

2-1-8 ｜ 弧：三點 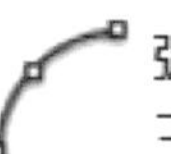 弧 三點

弧的建立方式與傳統的 AutoCad 的點擊順序不同，且計算的方式是以逆時針而定，在運用上有時也要避免弧的圓心位置被約束到，以避免無法再延展。

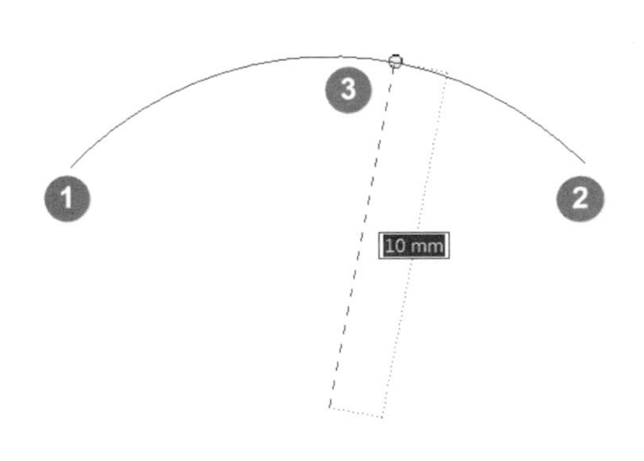

2-1-9 弧：相切 弧 相切

相切弧必須要建立在一個圖元端點之後，與使用線轉弧的方式類似，從端點繪製出來的弧，其約束必定形成相切。

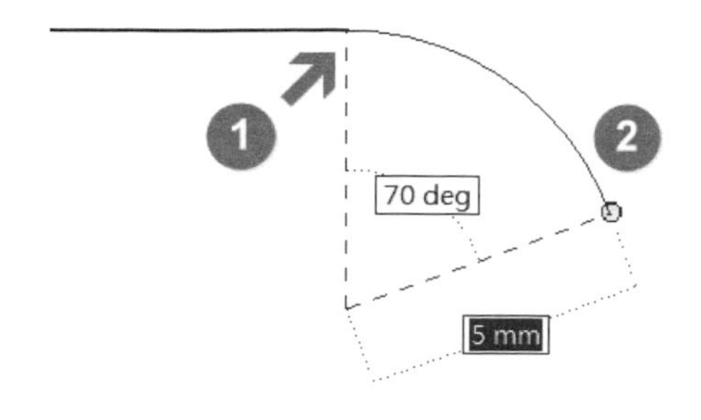

2-1-10 弧：中心點 弧 中心點

以中心點當軸心，並以逆時針方式來建立弧的方向。

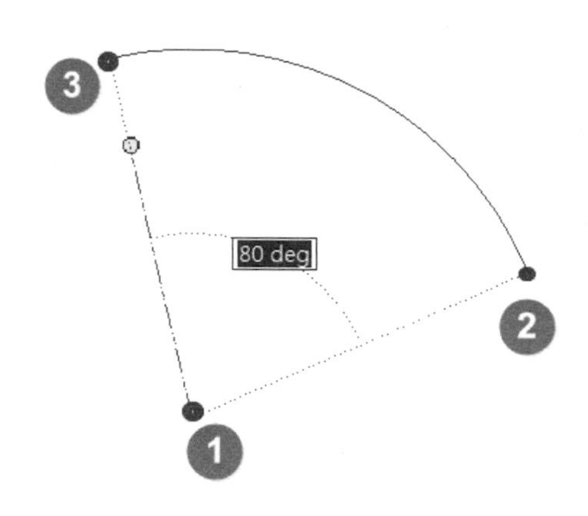

2-1-11 矩形：兩點 矩形 兩點

矩形在繪製時的基本方式都採用兩點拉對角，除參數式變更形態外，對於後續的工程圖建立也有比較完整的尺寸定義。

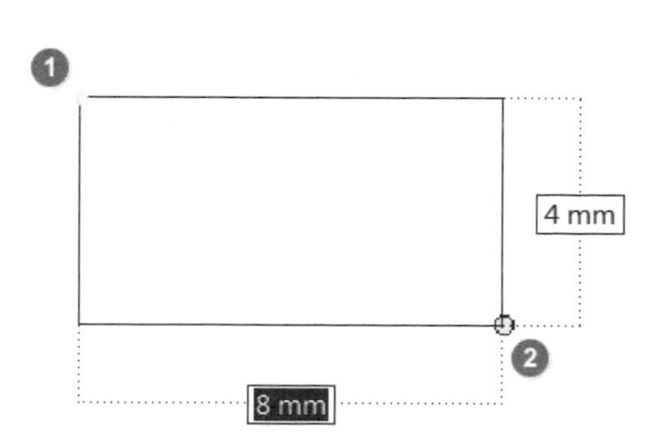

2-1-12 | 矩形：三點 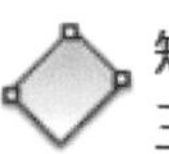 矩形 三點

使用三點矩形畫法時，可採用如極座標繪圖方式，指定繪製時的角度，並可按 Tab 鍵來將數值上鎖。

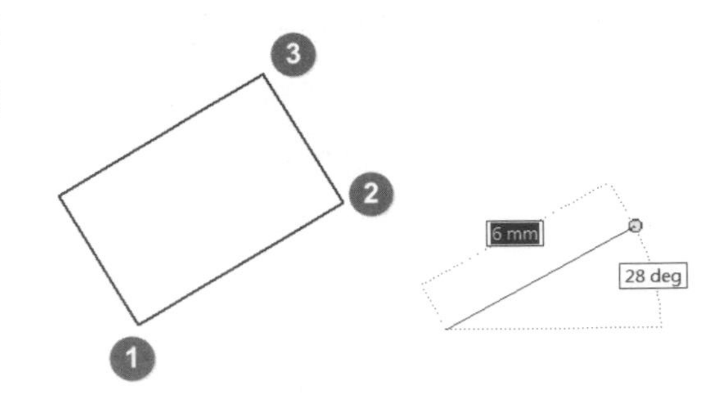

2-1-13 | 矩形：兩點中心點  矩形 兩點中心點

指定某一點來當矩形的正中心點，並將其主動的約束固定，再以拉對角的方式來建立出矩形輪廓，圖元產生後會有虛線限制，所以在參數式的標註上將無法擷取中心至邊線的對半尺寸。

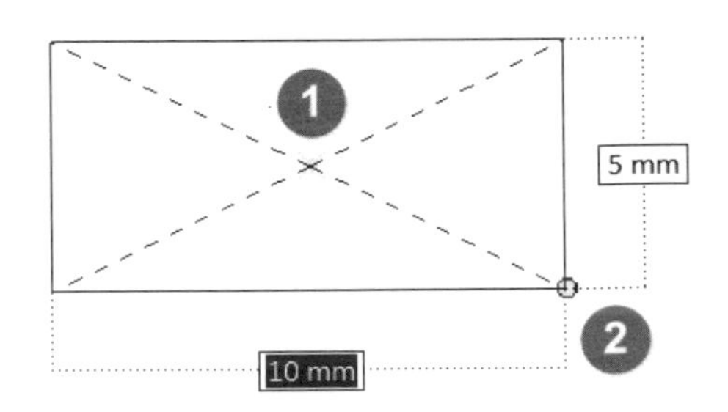

2-1-14 | 矩形：三點中心點  矩形 三點中心點

此矩形的建立方式是採用從中心位置拉出總長度與寬度，但其限制仍受制於中間的建構虛線，故無法採用對半尺寸標註。

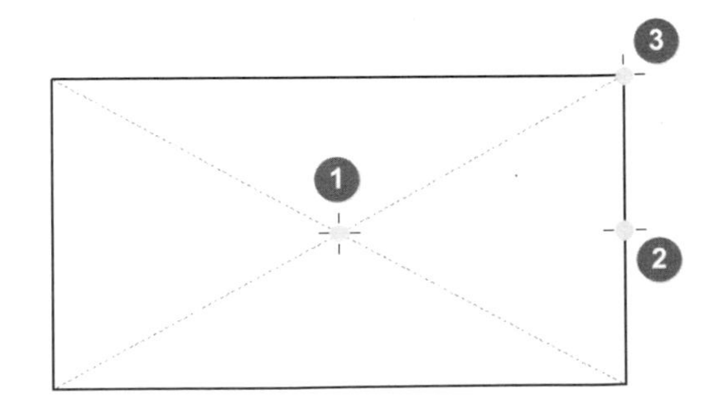

2-1-15 | 槽：中心到中心

槽
中心到中心

槽的主要結構是由兩個相等大小的圓，搭配兩條相切線而形成，藉由變更圓的半徑來設定槽的大小，指定兩個圓心來設定槽的長度。

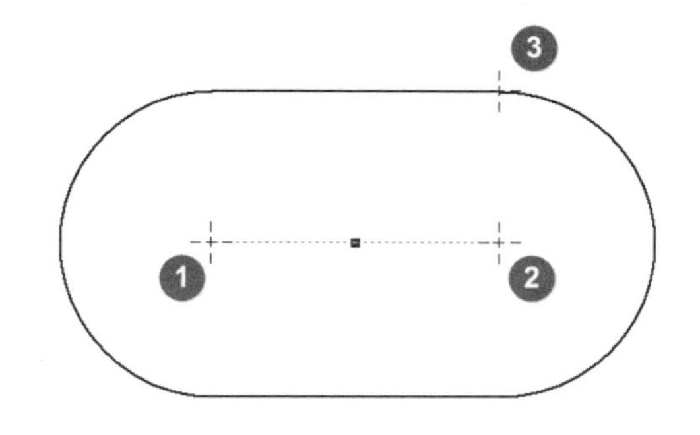

2-1-16 | 槽：整體

槽
整體

先指定兩左右圓弧的最遠距離，再定義半徑長度，也可說是圓弧的上下兩點距離。

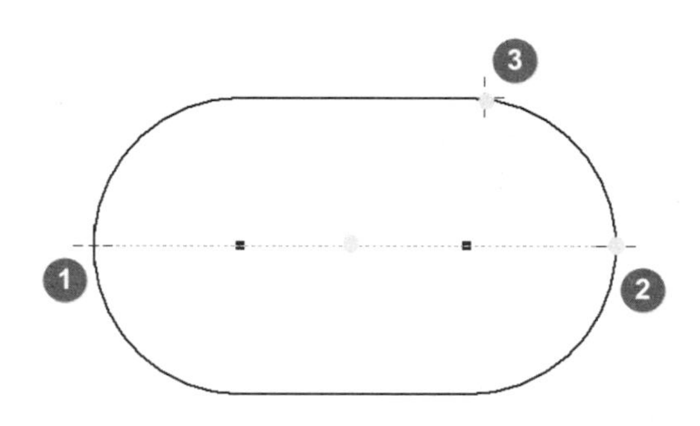

2-1-17 | 槽：中心點

槽
中心點

先指定槽的中心點位置，再定義中心點至單邊圓弧的中心位置距離後，將圓弧拉出半徑長度。

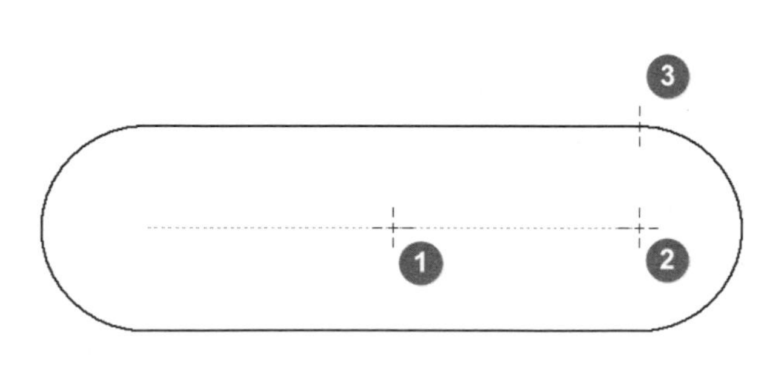

2-1-18 | 槽：三點弧

槽
三點弧

先依照順序畫出中心位置的弧，再將槽的半徑值拉出來。

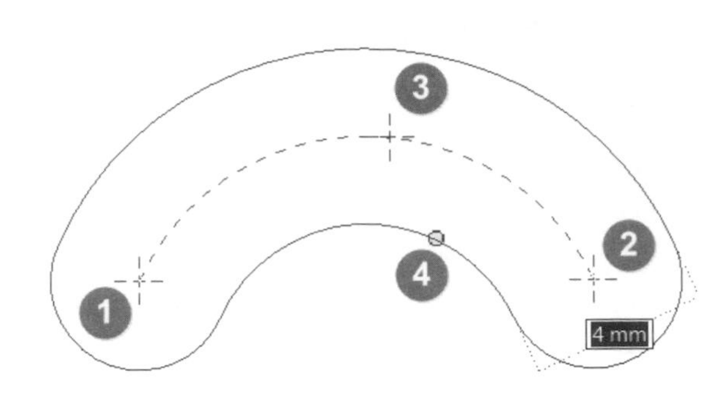

2-1-19 | 槽：中心點弧

槽
中心點弧

先定義槽的中心位置，再依序定義出構成槽的圓弧兩點中心位置後，拉出弧的半徑長度。

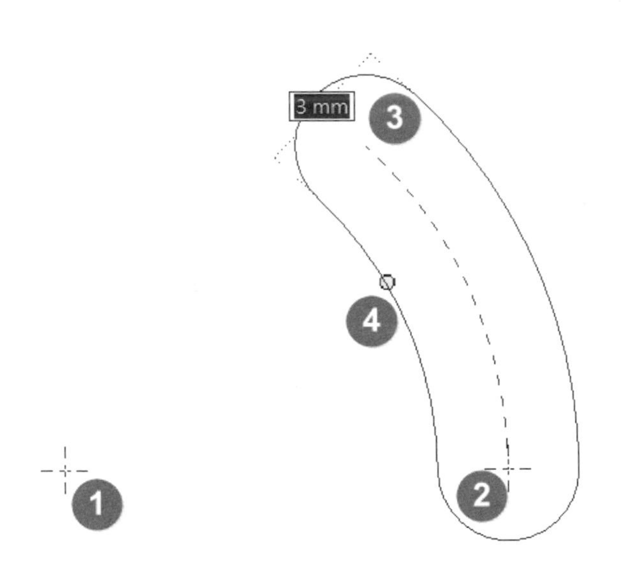

2-1-20 | 多邊形

多邊形
多邊形

指定【內接】模式，再輸入邊數，後續進行參數控制時可以抓取點到點、邊到邊或是邊長來做設計變更。

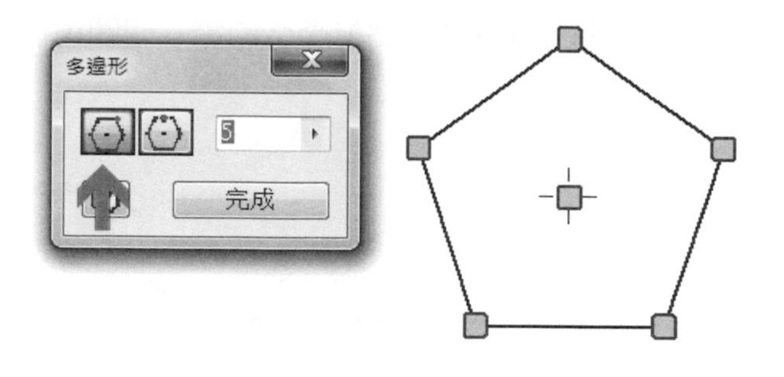

指定【外切】模式，再輸入邊數，後續進行參數控制時可以抓取點到點、邊到邊或是邊長來做設計變更。

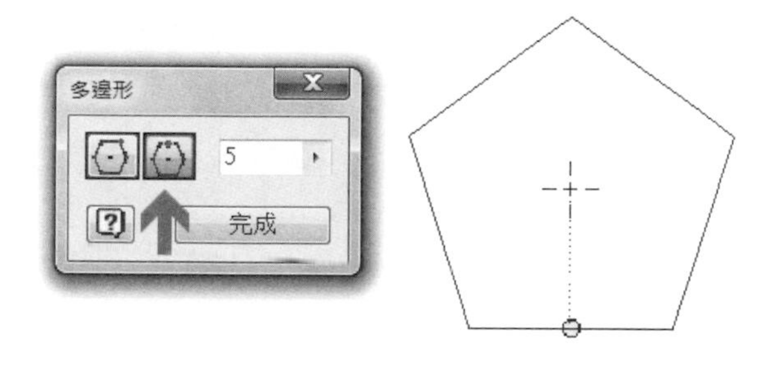

2-1-21 ｜圓角  圓角

先指定半徑值，【相等】按鈕有啟用的狀態下，同時間點擊的半徑都會統一採用相同的圓角半徑，後續變更也將統一變更。點擊時可以點選兩條相鄰線段，或者點擊兩線段連接處的端點即可完成。

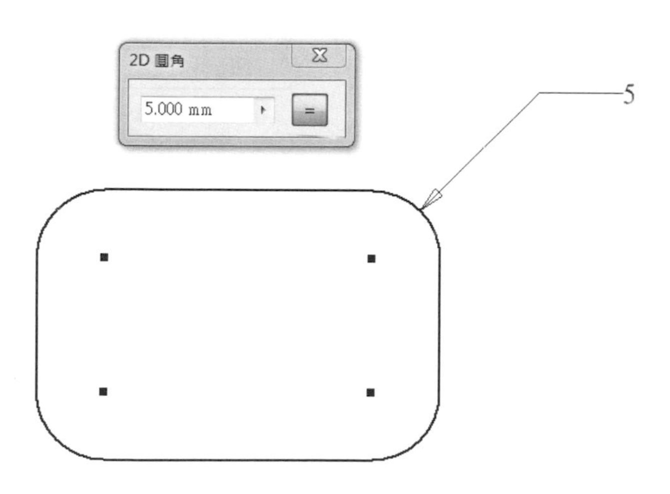

如果把【相等】按鈕取消，則同時間點擊產生的每一個圓角仍可個別變更圓角半徑值。

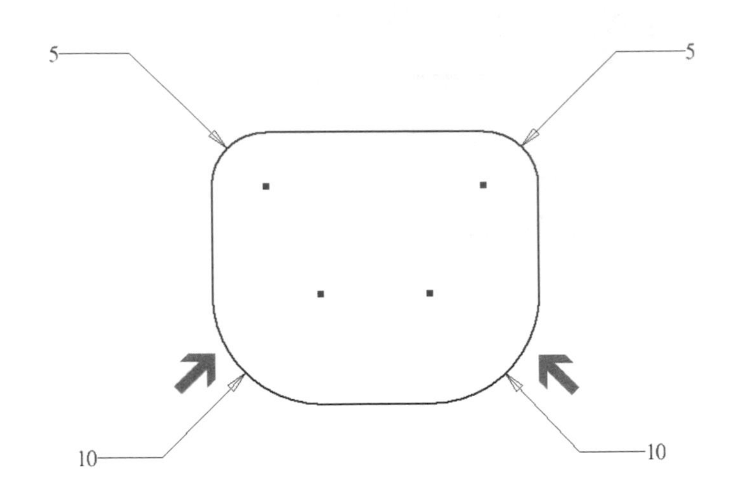

2-1-22 倒角 倒角

【相等】模式開啟，同時間點擊的倒角數據都會統一採用相同的值，後續變更也將統一變更。點擊時可以點選兩條相鄰線段，或者點擊兩線段連接處的端點即可完成。

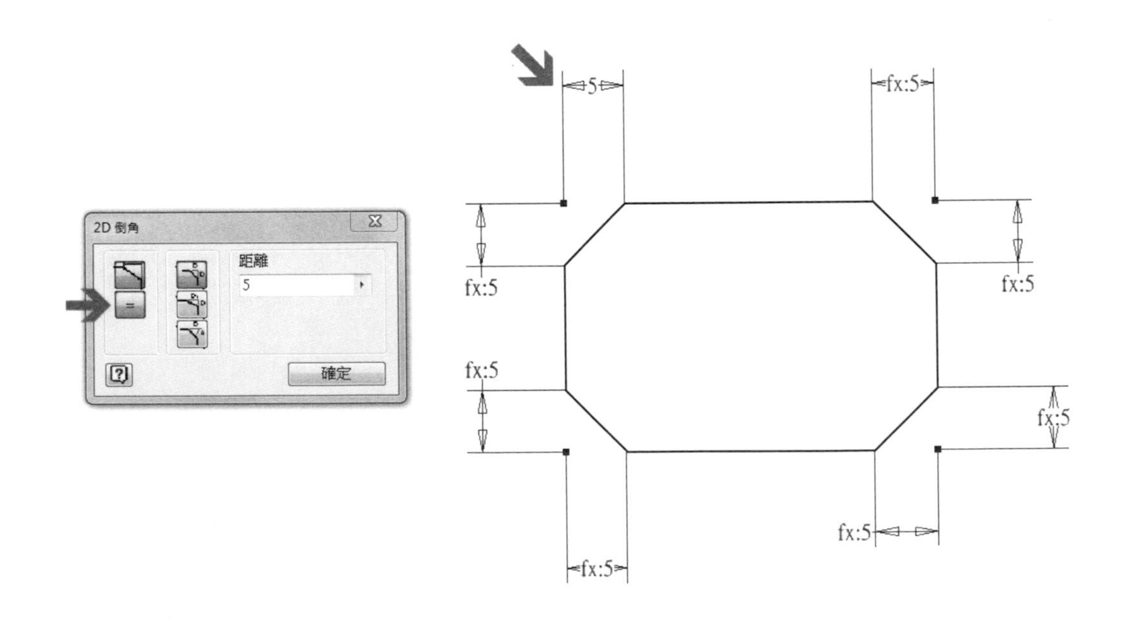

【相等】模式關閉時，同時間點擊的倒角數據可以設定不同的值，後續變更也將個別變更。點擊時可以點選兩條相鄰線段，或者點擊兩線段連接處的端點即可完成。

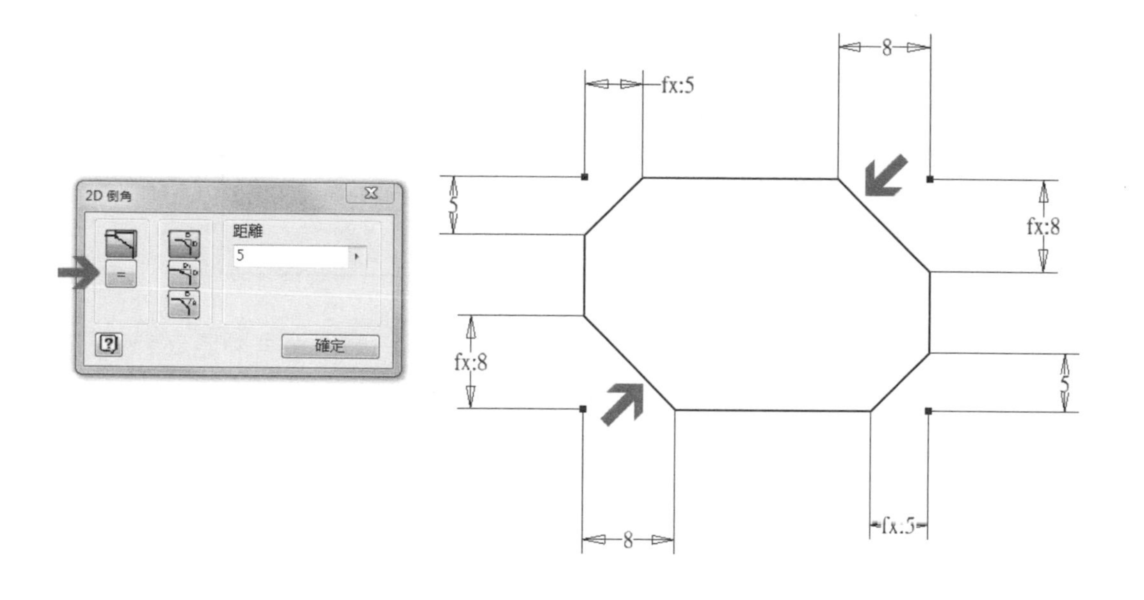

選擇【註解】開關，開啟狀態下，倒角完成後會出現尺寸註解 ❶，如是關閉狀態下，則倒角完成後不會出現任何註解 ❷。

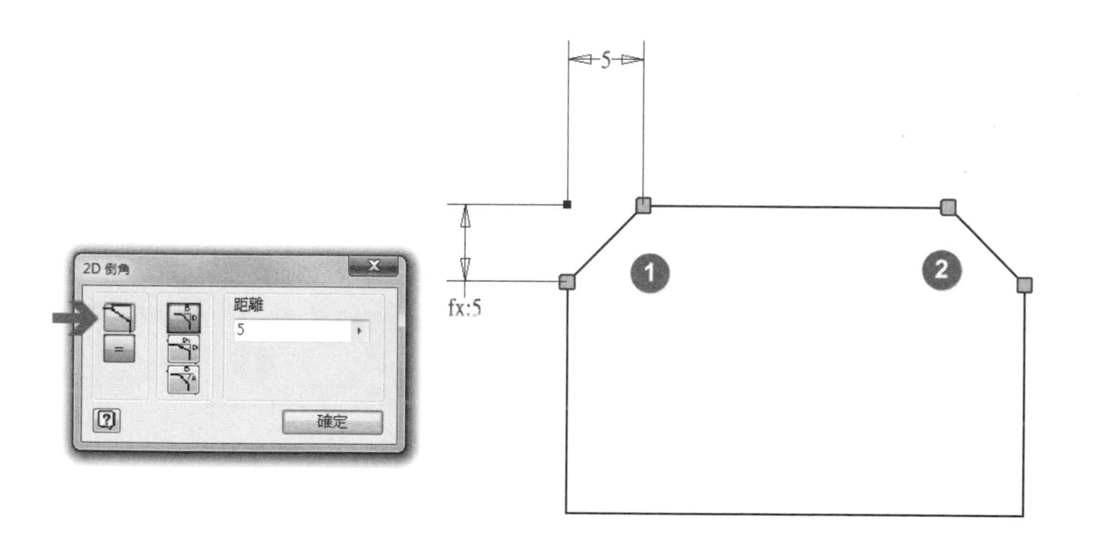

使用【距離】模式，再輸入距離後，點擊兩條線段圖元即可完成。

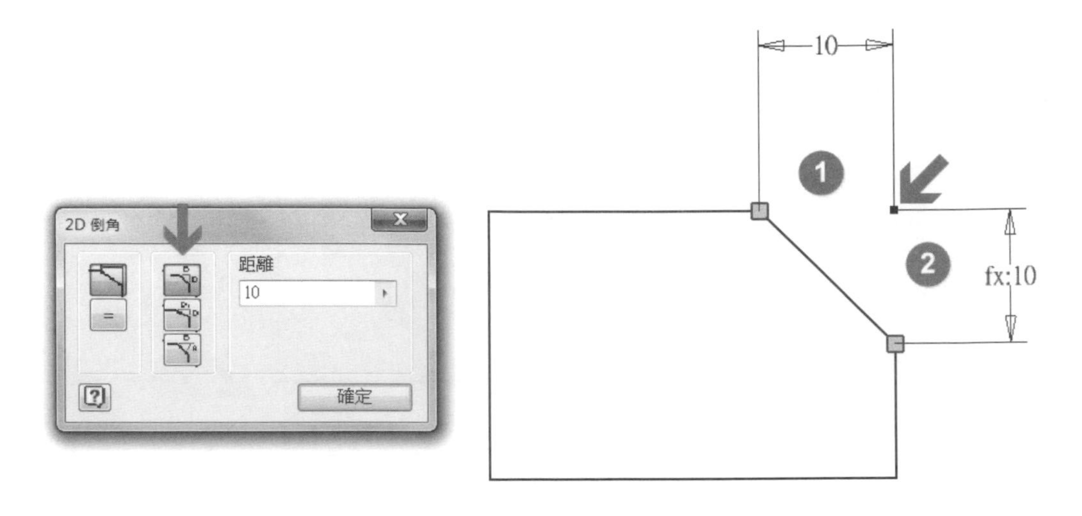

使用【雙距離】模式，輸入距離 1 與距離 2 的數據，輸入沒有順序之分，只有在點擊倒角邊線時才有順序之分，先點的邊採用距離 1 數據，後點的邊採用距離 2 數據。

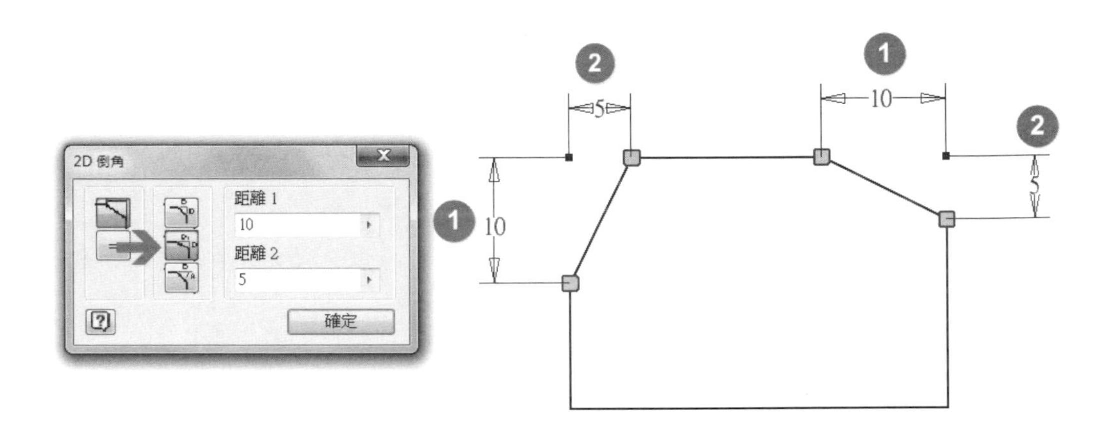

使用【距離－角度】模式，輸入距離與角度的數據後，先點的邊採用距離數據，後點的邊採用角度數據。

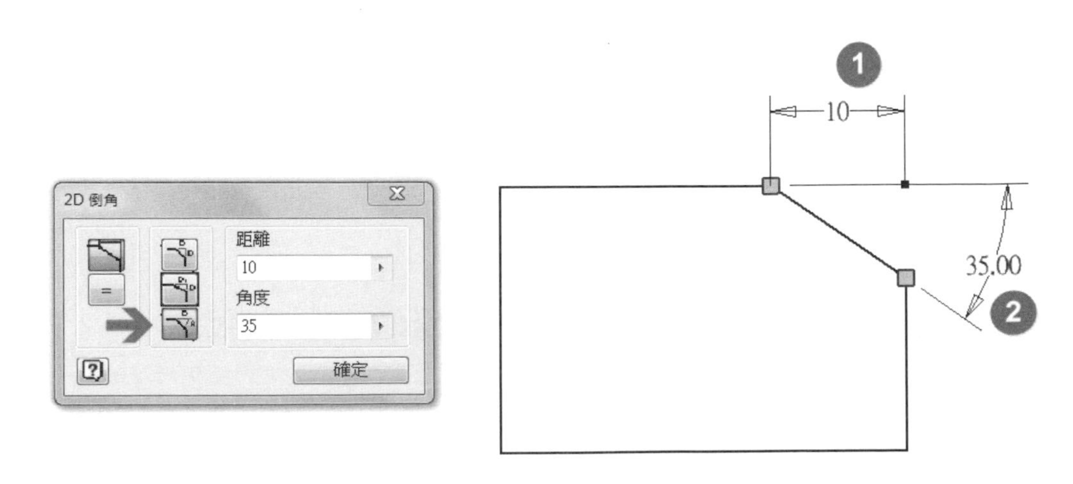

2-1-23 文字 A 文字

草圖文字模式的介面與一般文書處理軟體相似，較常操作的部分為：

❶ 輸入文字

❷ 設定文字字體

❸ 設定文字高度

❹ 設定文字顏色

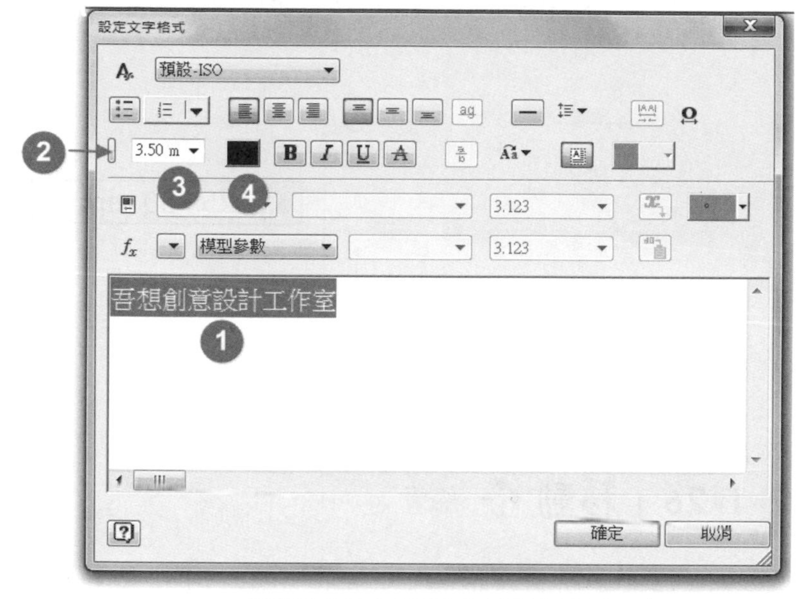

吾想創意設計工作室

2-1-24 幾何圖形文字 幾何圖形文字

幾何圖形文字模式的介面與一般文書處理軟體相似，輸入時可指定文字要在線或是弧、曲線上進行排列，較常操作的部分為

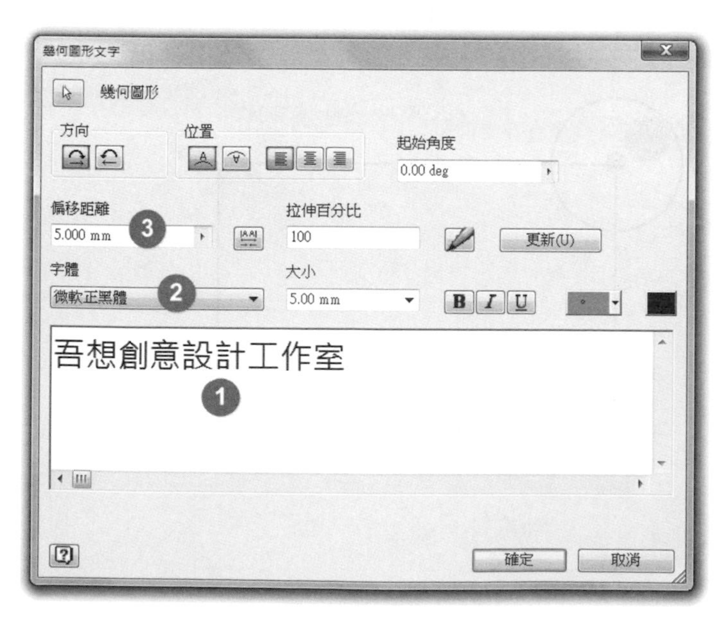

❶ 輸入文字

❷ 設定文字字體

❸ 設定文字高度

❹ 設定文字顏色

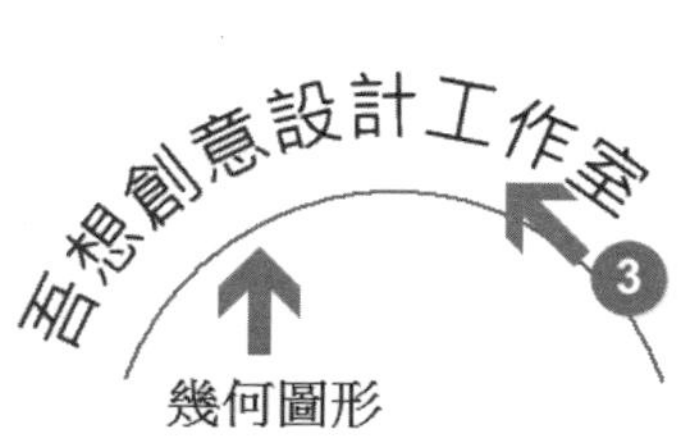

2-1-25 | 點 點

【點】為輔助用的圖元，可定義出座標與輔助建立參數式標註的位置，建立後依輔助性質可設定約束條件為【固定】，以避免因標註時而變更了原位置。

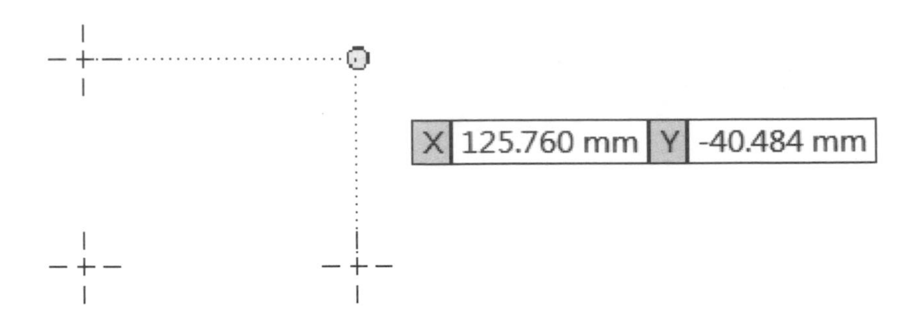

2-1-26 | 移動 移動

首先要先選取欲移動的圖元，再指定圖元上的位置當基準點，基準點的選定將會決定移動後所停靠的位置，所以要先了解移動後的完成狀態為何再進行功能，如有將【複製】選項勾選，則可產生相同物件至新目的地，而原物件則保持在元位置。

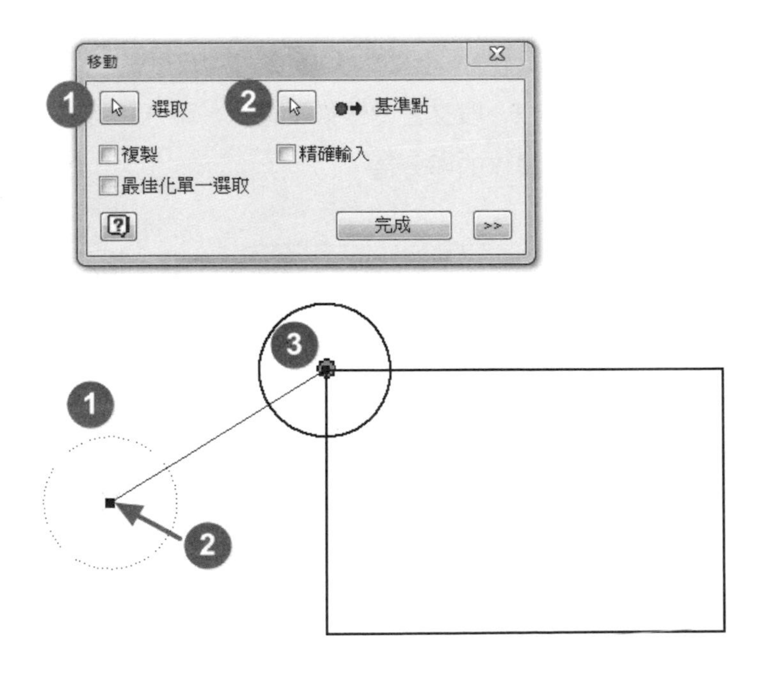

2-1-27 複製 複製

首先要先選取欲複製的圖元，再指定圖元上的位置當基準點，基準點的選定將會決定複製後所停靠的位置，所以要先了解移動後的完成狀態為何再進行功能。

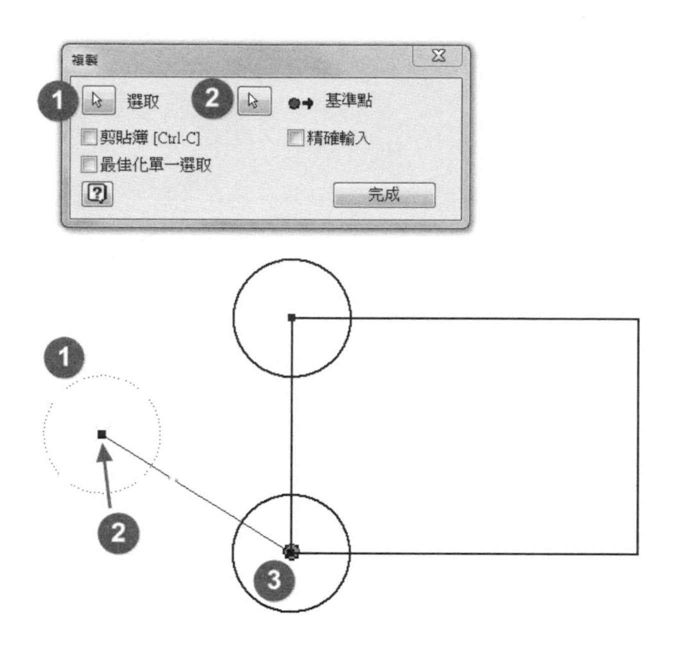

2-1-28 旋轉 旋轉

選取欲旋轉的圖元物件後，指定圖元 上某一點成為中心點，再輸入旋轉的角度【逆時針為正角度，順時針為負角度】後，點擊【套用】後再按【完成】即可完成旋轉的動作，過程中如有勾選【複製】選項，則可在旋轉過程中產生與選取物件相同的新圖元。

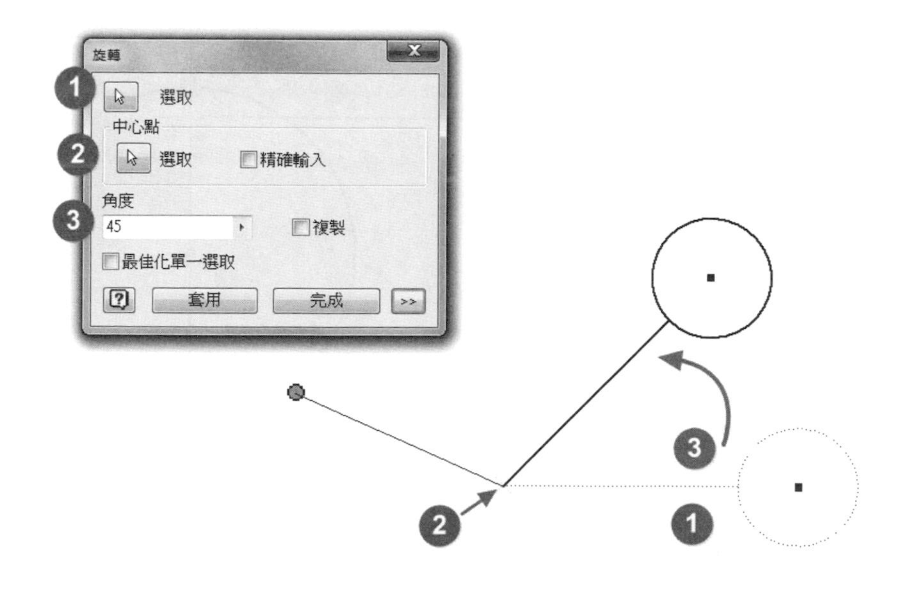

2-1-29 修剪 修剪

在草圖中只要物件彼此有交錯發生，即可使用修剪功能，將滑鼠移動至欲修剪區段的上方，草圖圖元會形成虛線狀態，點擊後即可修剪掉該區段完成動作。

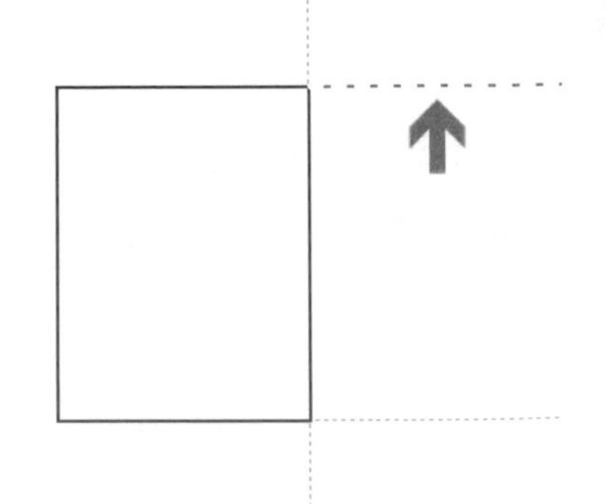

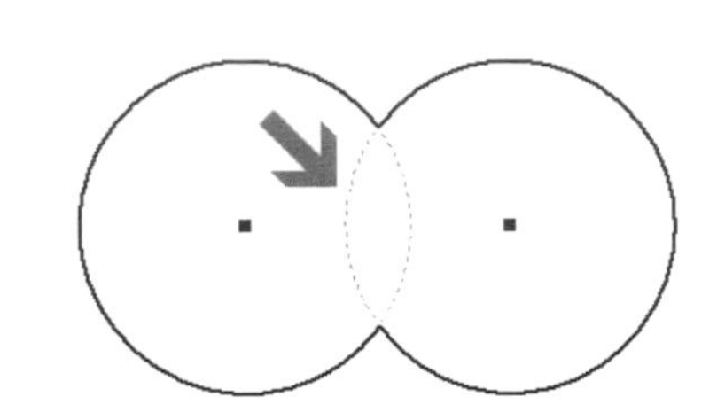

2-1-30 延伸 延伸

使用【延伸】功能時，只要能確定欲延伸線段有可以抵觸到的物件邊界，將滑鼠移動到線段靠近端點的區段附近，畫面將會出現由虛線構成的延伸線段預覽，再點擊滑鼠左鍵後即可將該線段延伸。

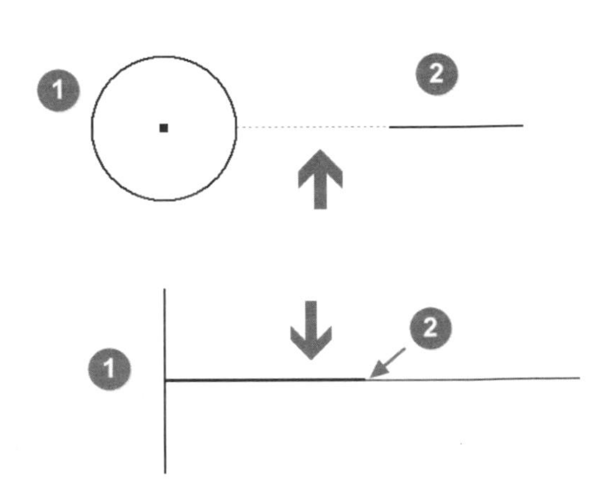

2-1-31 分割 分割

此功能也需要有交錯圖元才可進行，點擊交錯區域上之交點即可將物件一分為二。

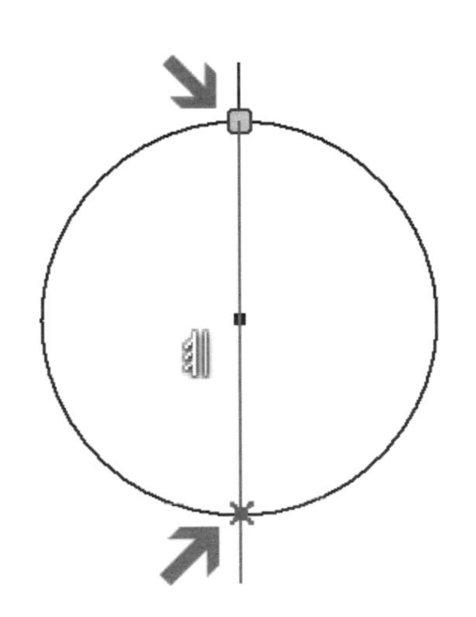

2-1-32 | 比例 比例

將欲比例縮放的物件選取後，再指定一物件鎖點成為基準點，基準點的位置將會是所選取的單一物件或是一個群組的縮放起始位置，設定完成後，我們再來輸入比例係數，這階段可輸入的數值為整數、小數、分數，最後先點擊【套用】後，再點擊【完成】即可。

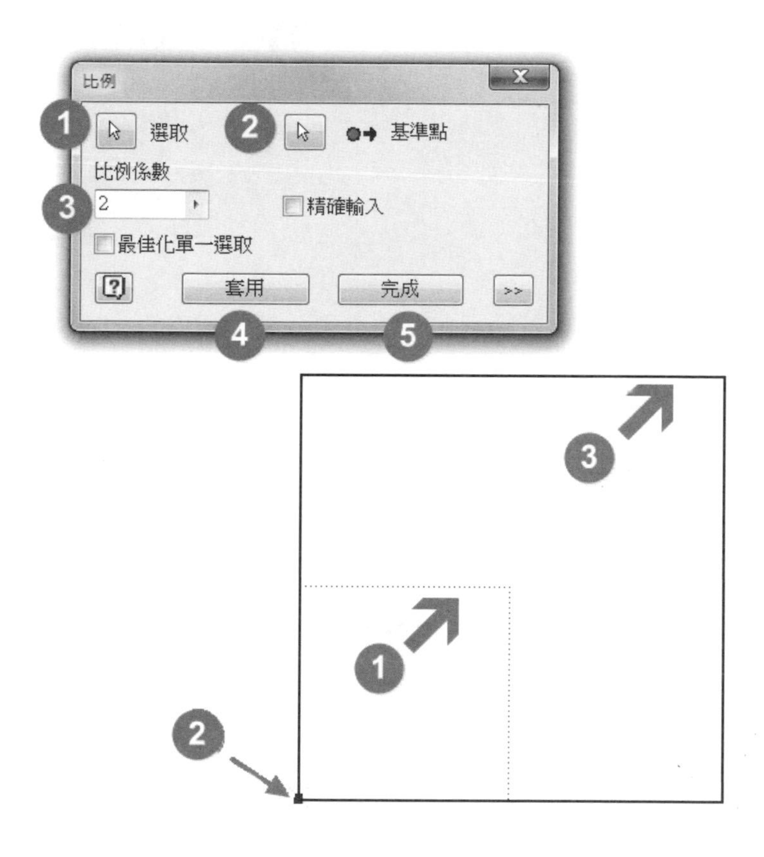

2-1-33 | 拉伸 拉伸

選取欲拉伸的物件時，最需要注意的是選取方式無法用點選，而是要使用【框選】，而基準點訂定時，若只是單純的將線段即時拉伸，則可將基準點指定在圖元以外的位置上。

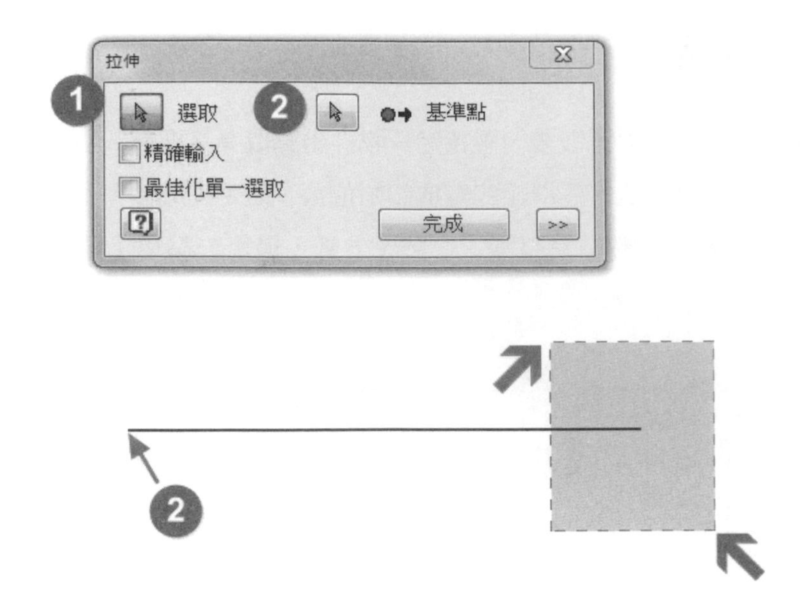

2-1-34 偏移 偏移

首先，選取單一物件並往平行方向拉出。

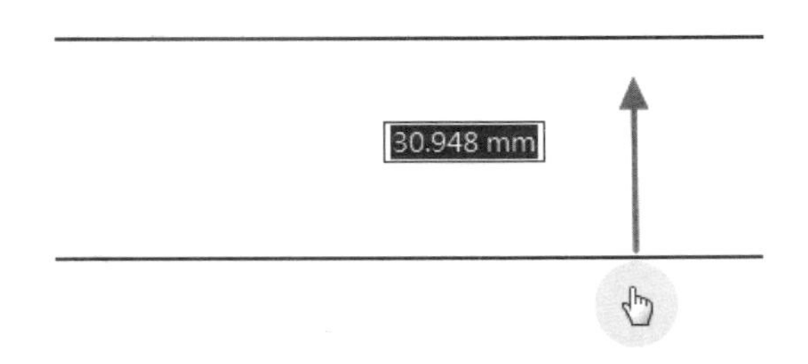

使用【標註】功能，定義自原物件與拉出去之圖元之間製作參數式標註，以利設定距離。

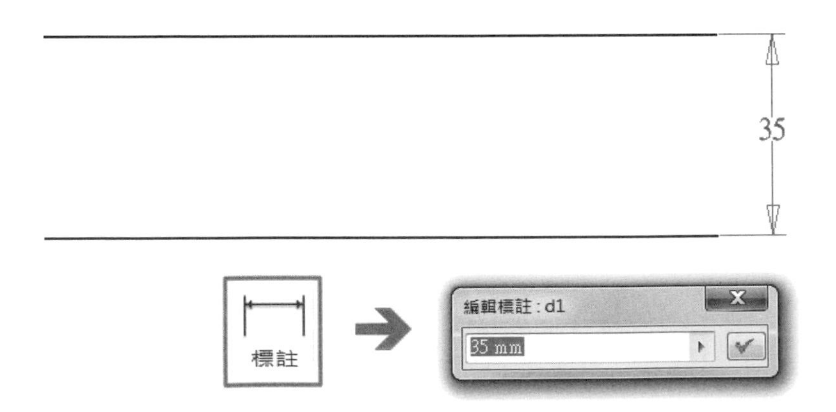

對於封閉輪廓的偏移，其方式則略有不同，最初的方式也是需要將圖元往平行方向拉出，此時可發現圖元不是只有單一物件，而是完整的封閉輪廓被選取並移出。

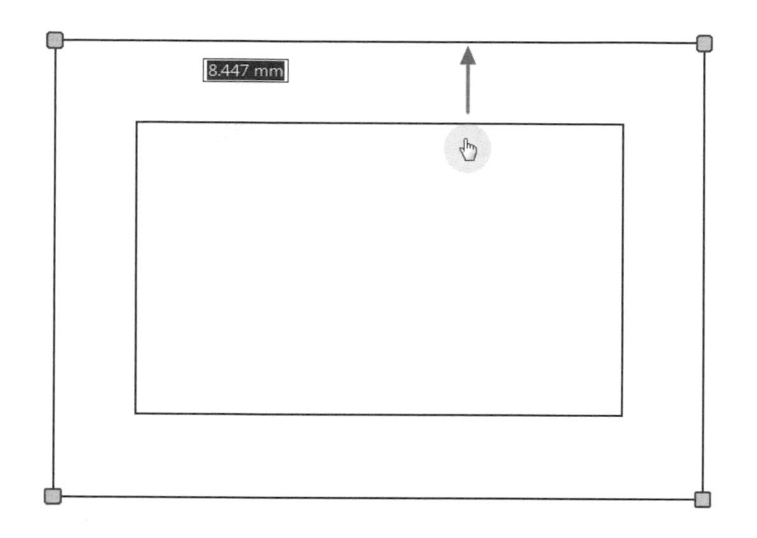

因封閉輪廓有所謂的幾何限制，所以在標註上必須要是合理的間隔距離才可順利完成。

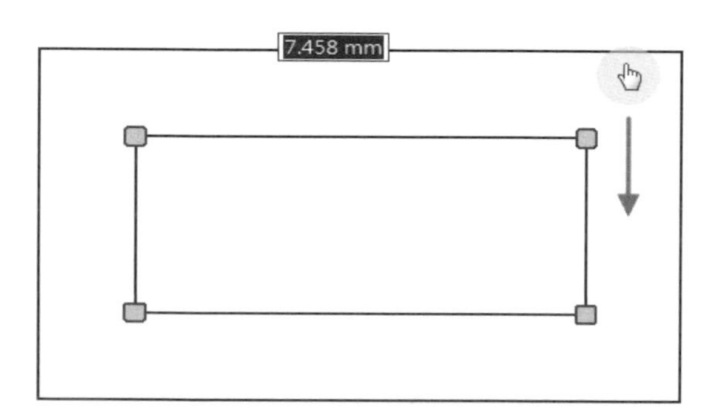

若想將封閉輪廓的某一物件進行單獨偏移，則可先點擊滑鼠右鍵開啟功能選單，並將【迴路選取】項目關閉。

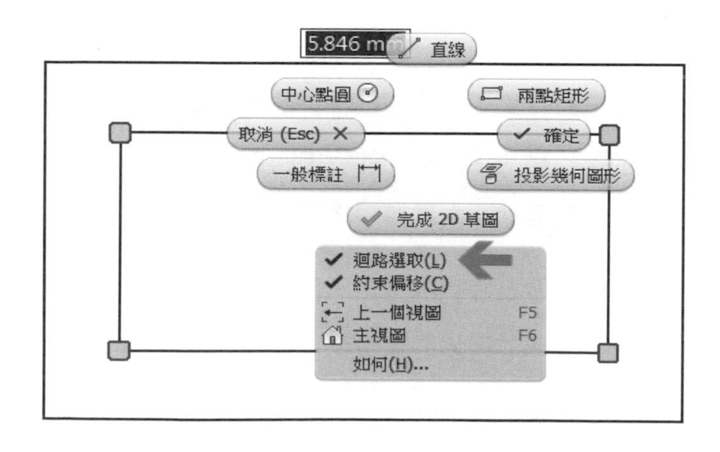

再重複點擊滑鼠右鍵，重新再開起出選單，此時可選擇【繼續】選項來完成命令。

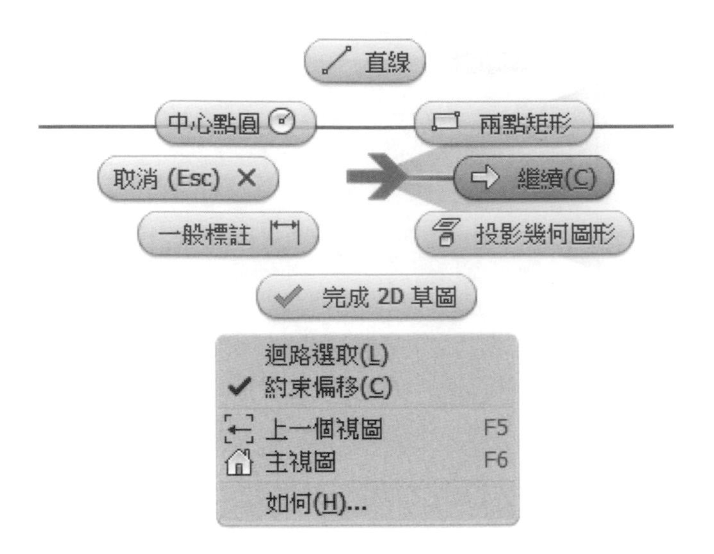

將封閉輪廓的單一線段往平行方向移動，此時可發現已經能將單一線段偏移了。

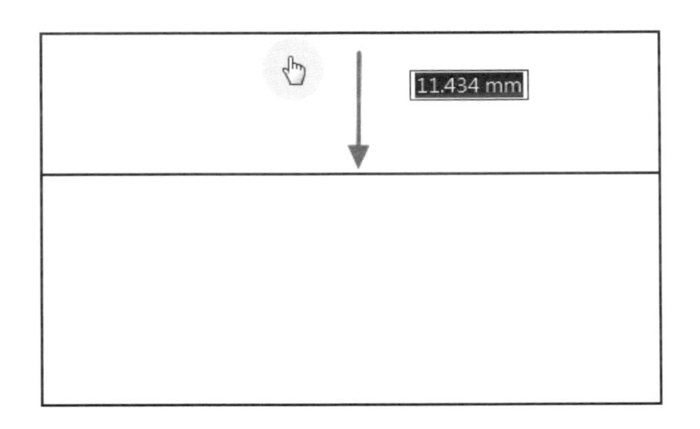

2-1-35 矩形陣列 矩形

【矩形】陣列的使用方式需先了解陣列行列的間距計算，其次為方向的選擇，一般我們都會選擇圖元的邊線來決定行與列的行進方向，若所繪製的草圖中並無可供運用的邊線時，可在圖面空白處繪製由建構線構成的線段來輔助。

首先，先選取幾何圖形做為陣列的來源，再點選方向一與方向二所需要辨識方向的線段圖元，指定完總數量與計算過的距離後，即可完成陣列。

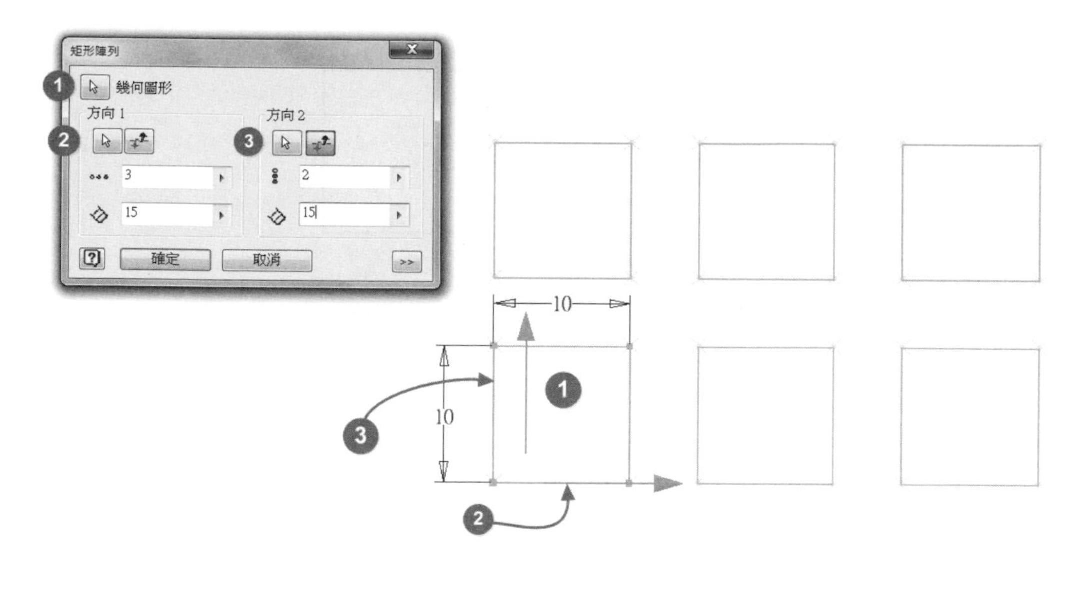

點擊右下方的按鈕以展開下方功能表，點選【抑制】項目，除了陣列來源物件外，其餘衍生出的圖原物件都可以透過抑制而讓其在陣列完成後不會出現。

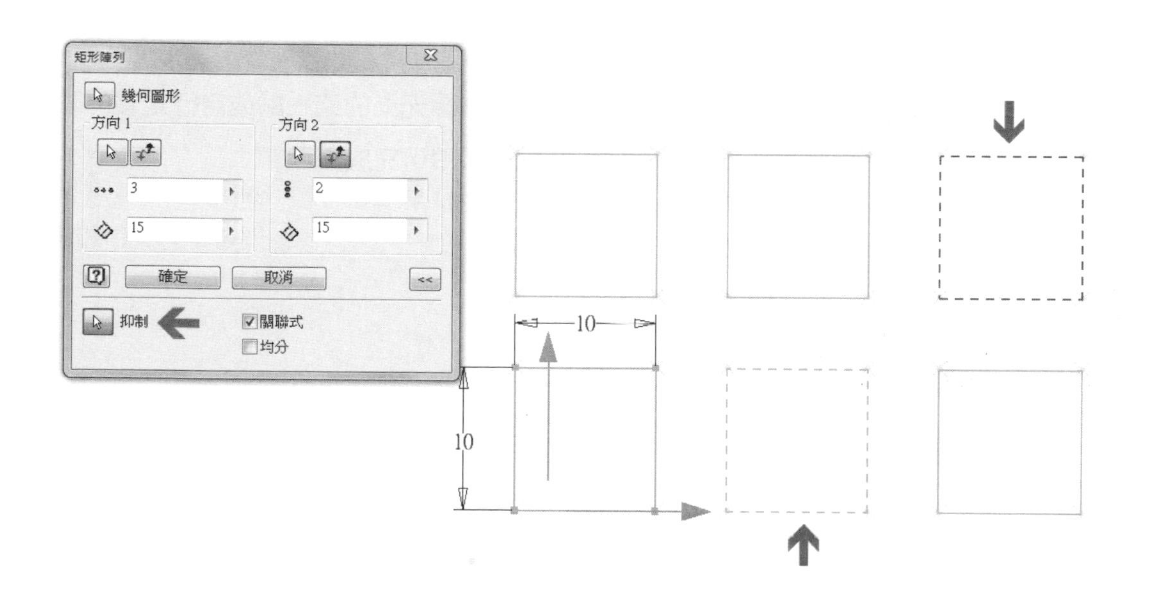

點擊陣列完成後的圖元，會產生陣列圖示以顯示該區塊為陣列物件，再按滑鼠右鍵開啟快顯功能表單，選擇【編輯陣列】可重新進入陣列的編輯頁面，選擇【刪除陣列】則可將陣列的區塊進行刪除的動作。

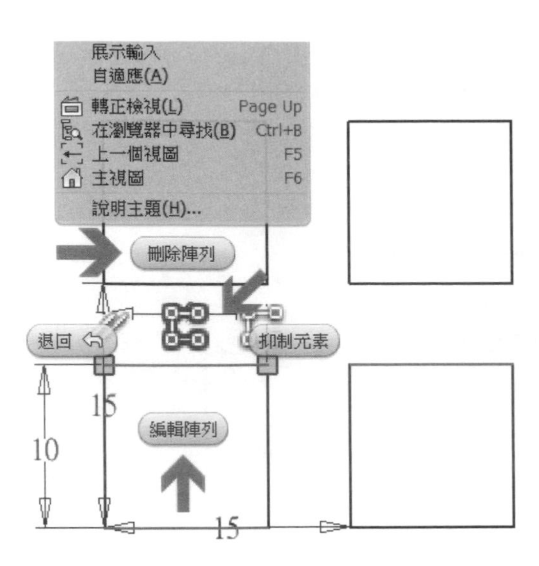

2-1-36 環形陣列 環形

【環形】陣列的使用方式是依照指定的基準點成為軸心後，再將選取的物件進行等角度的指定數量複製動作。

首先，先選取幾何圖形做為陣列的來源，再點選圖元上的某一點或自行定義的點成為基準點後，輸入總數量與進行的陣列角度範圍，即可完成陣列。

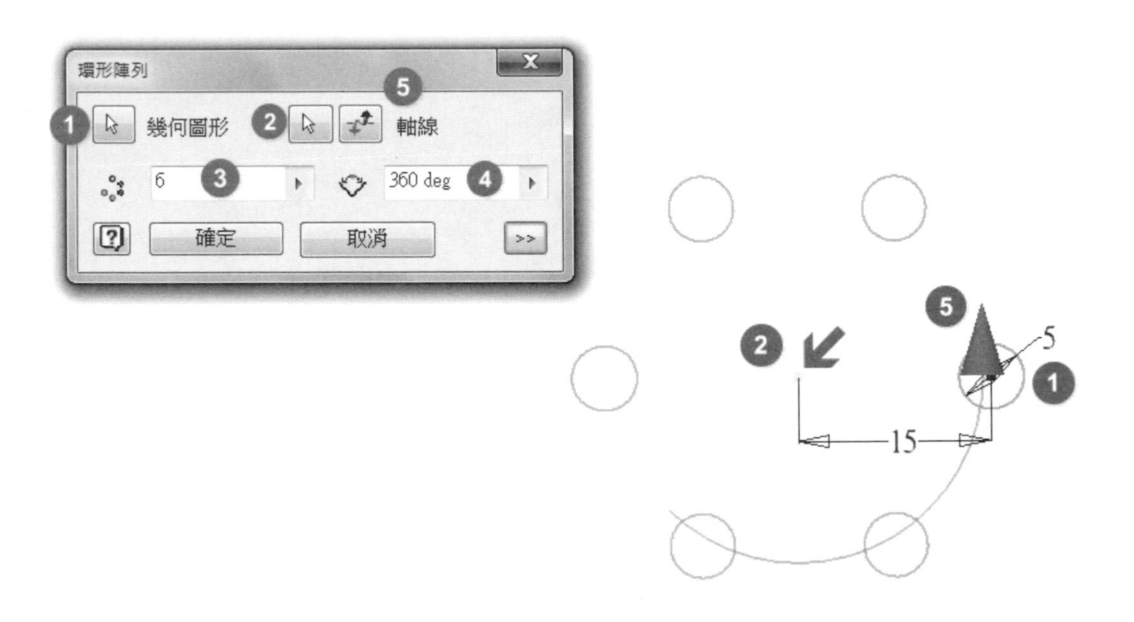

點擊右下方的按鈕以展開下方功能表，點選【抑制】項目，除了陣列來源物件外，其餘衍生出的圖原物件都可以透過抑制而讓其在陣列完成後不會出現。

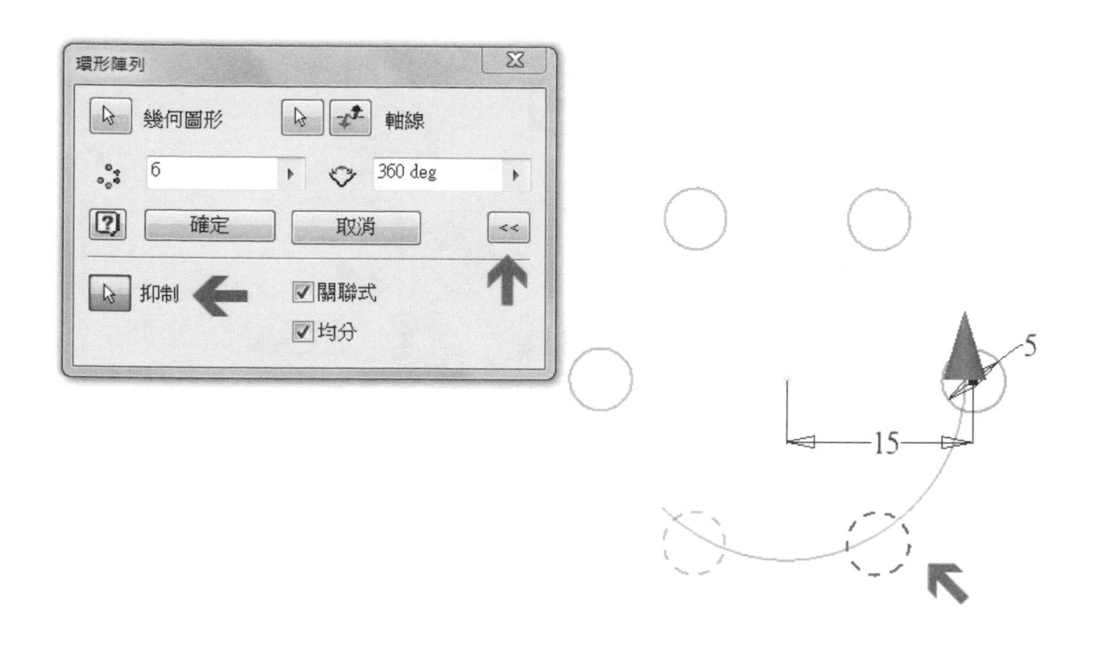

點擊陣列完成後的圖元，會產生陣列圖示以顯示該區塊為陣列物件，再按滑鼠右鍵開啟快顯功能表單，選擇【編輯陣列】可重新進入陣列的編輯頁面。選擇【刪除陣列】則可將陣列的區塊進行刪除的動作。

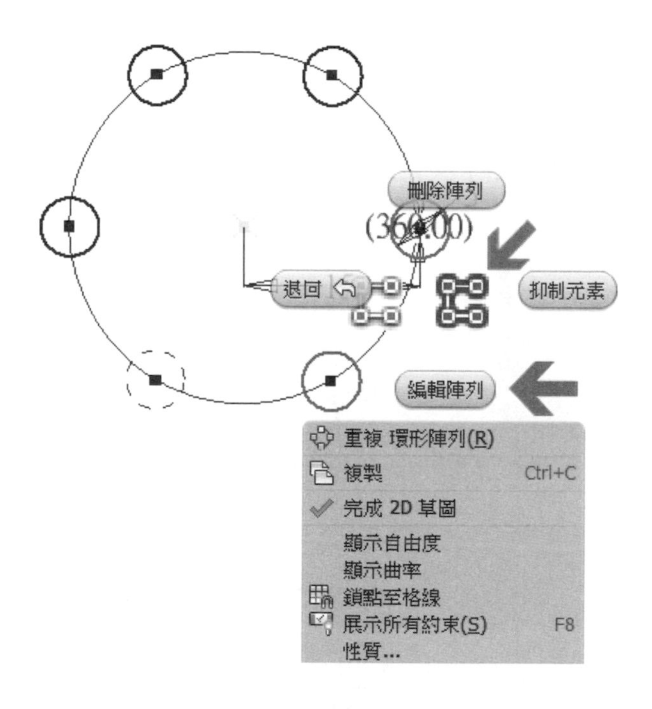

點擊陣列完成後的圖元，會產生陣列圖示以顯示該區塊為陣列物件，再按滑鼠右鍵開啟快顯功能表單，選擇【刪除陣列】則可將陣列的區塊進行刪除的動作。

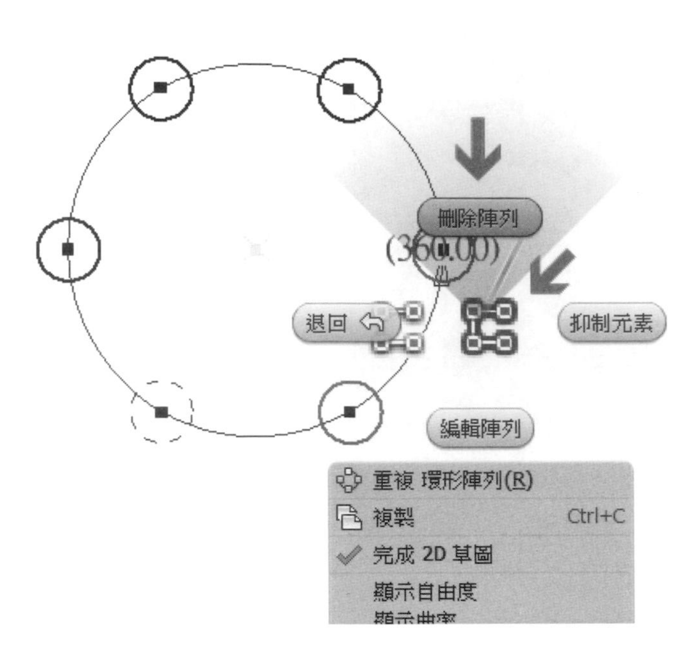

2-1-37 鏡射 鏡射

對於繪製的草圖中，若有對應的兩方向輪廓對稱時可採用【鏡射】來節省繪製的程序，首先，先選取欲鏡射的圖元，再點選擔任鏡射線的邊線，絕大部分的邊線為了在後續進入特徵編輯時不至於讓選取輪廓不流暢，通常我們會將其改為建構線來輔助，選取完成後先執行【套用】來完成動作，再點選【完成】來結束命令。

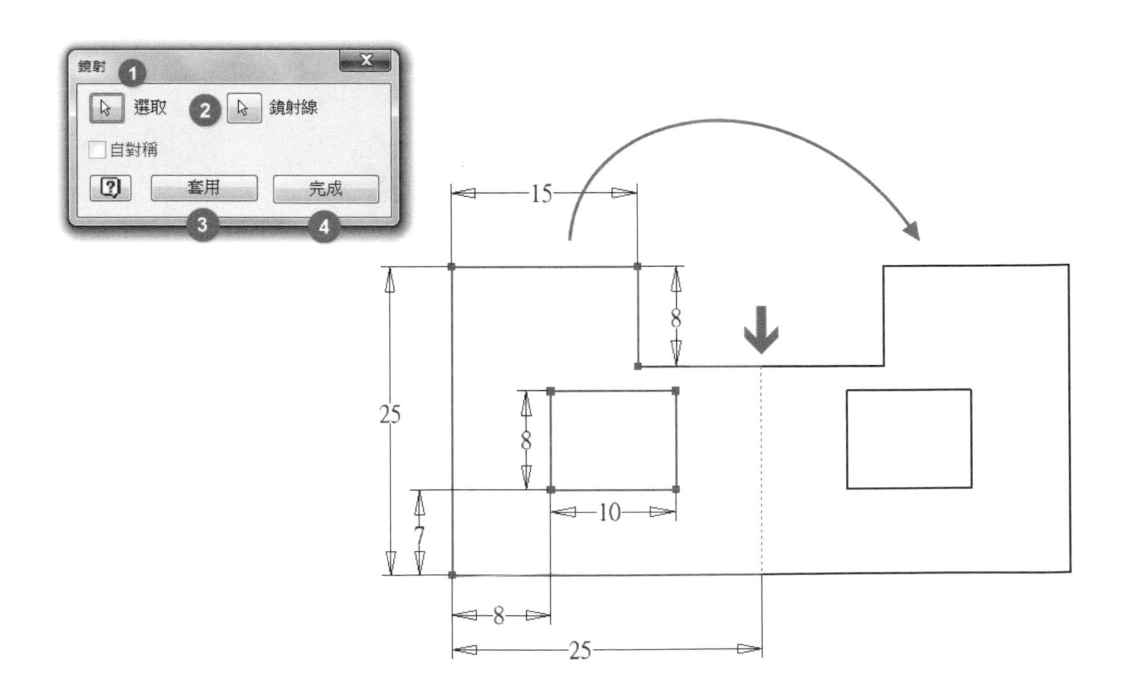

2-2 常用約束條件介紹

在草圖繪製的過程中，我們會發現每一個繪製的圖元，不論是銜接或是編修前後，總是會有相連或是彼此有所接觸的時候，若是沒有透過一些功能或是工具來輔助，往往眼前所見到的未必是想像中的結果。因此，在草圖的選項板功能中有著【約束】的選項，透過其中的工具可輕易的讓圖元以適當的方式來做接合，已達到輪廓的完整性。

但約束的功能並非沒有限制，若是具有衝突性的兩個約束條件前後相繼啟用時，後啟用的將會導致錯誤訊息彈出，例如：水平約束與垂直約束無法同時在兩個圖元上進行、平行約束與互垂約束無法同時讓兩個圖元達成條件，此時，必須對當前的繪製工作做出最佳的限定方式，才可為後續繪製做出最佳化的管理。

另外，約束條件的建立，有時也會與參數式標註產生衝突，例如：已經透過參數式標註的圖元還給予固定約束，那衝突必定會產生，基於後續設計變更的正確性，是否移除標註或是取消固定約束就必須要做出有利的抉擇。

2-2-1 重合約束

對於非相鄰相接的兩個圖元，若想讓彼此的端點互相銜接時，可採用重合約束來輔助，約束功能在使用時是依序去點擊端點後，會主動讓兩個端點銜接。

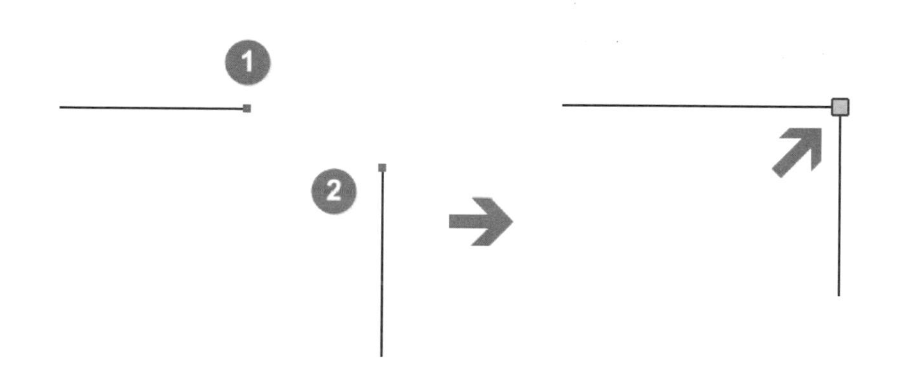

若兩圖元本身有其他約束條件或是參數式標註時，也可能會影響銜接時的位置或距離。

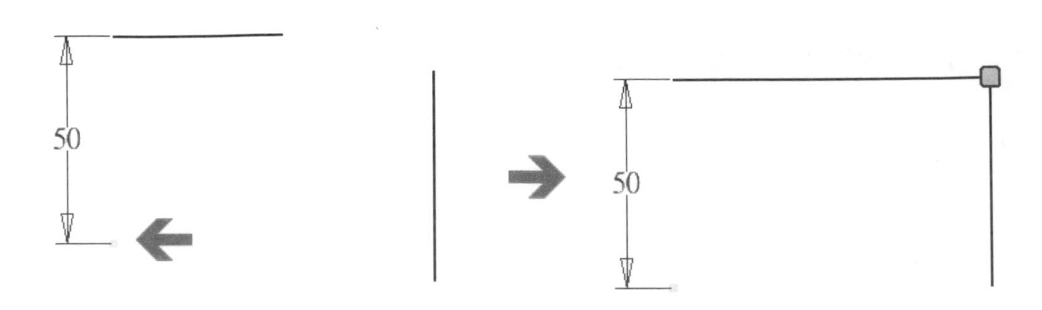

任何開放式的線段，如線或弧都可透過重合約束讓兩者進行相連。

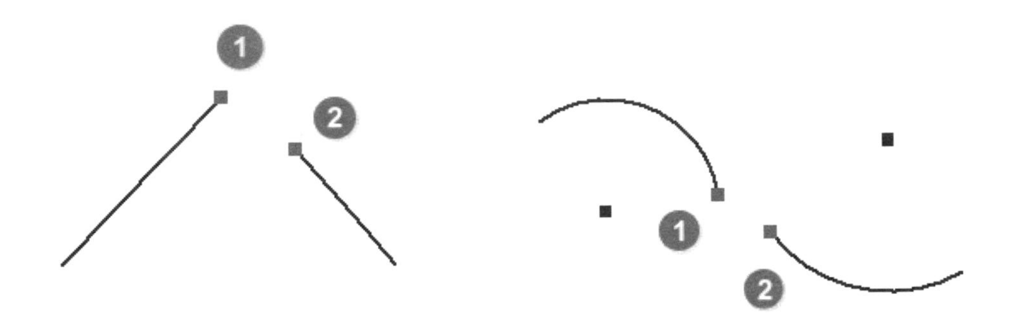

2-2-2 共線約束

繪製圖元的過程中，也許因為修改或是設計變更的關係，有時想要讓兩條平行線段能保持在同一水平狀態，此時就可以使用共線約束來進行限制，依序點擊兩條平行但不先連的線段，若有一圖元是受到其他約束限制或參數式標註的限制時，則另一圖元將會成為被動方而進行約束。

對封閉輪廓進行共線約束時，先決條件依然是兩物件都需要有產生平行的要件，比如矩形的邊長，依序點擊完成後，即可產生共線對齊的結果。

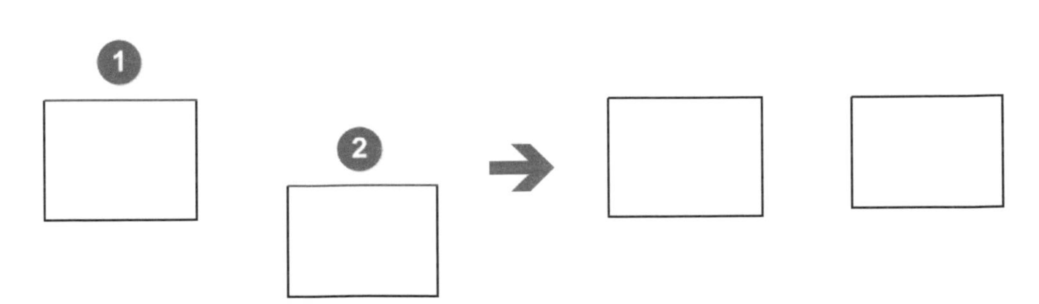

2-2-3 同圓心約束

圓與弧都是具有圓心的圖元，依照順序點擊圖元的中心點後，即可得到圓心重合的結果。

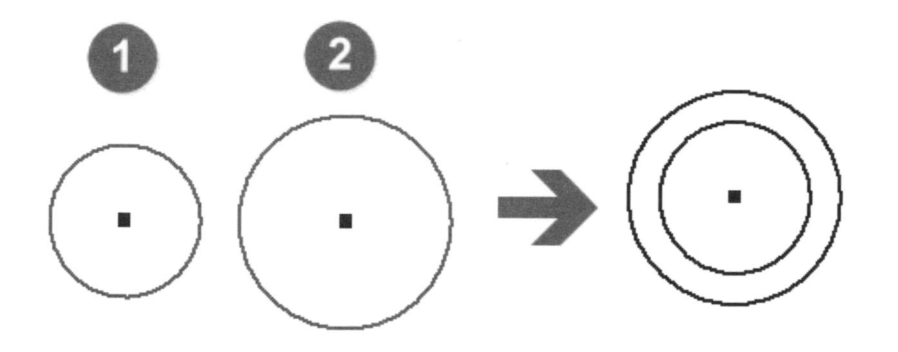

對於圓角與圓孔的對應上，也可以採用同圓心約束來進行中心點相重合的方式來建立。

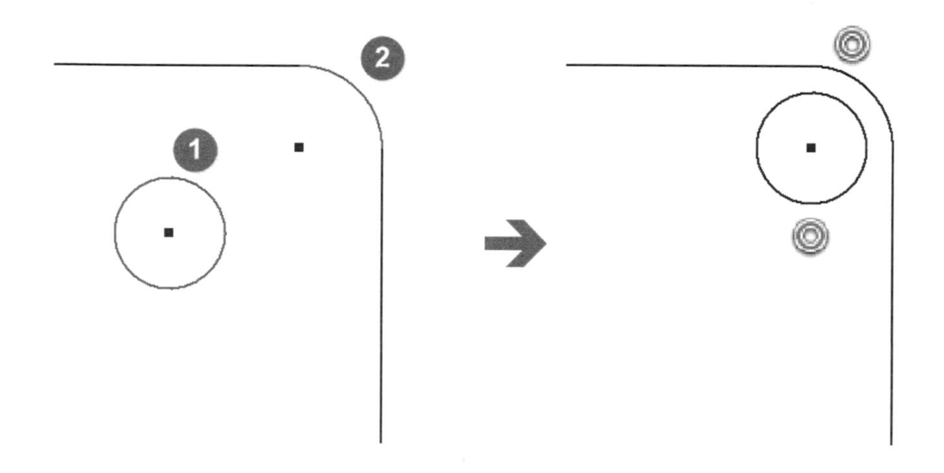

2-2-4 固定

固定約束，能將該圖元完全定義，使其尺寸或其他約束都無法進行變更，大多數輔助用的圖元，如：點、線、圓等，都會以固定來進行建立，除了可精簡尺寸標註外，也能減少約束條件衝突的可能性。

如已經固定約束的圖元與標註重複到時，畫面上會出現如圖所示之警告訊息，此時如接受則標註將變更為從動，如選擇取消則需要將過度標註的部分進行移除即可。

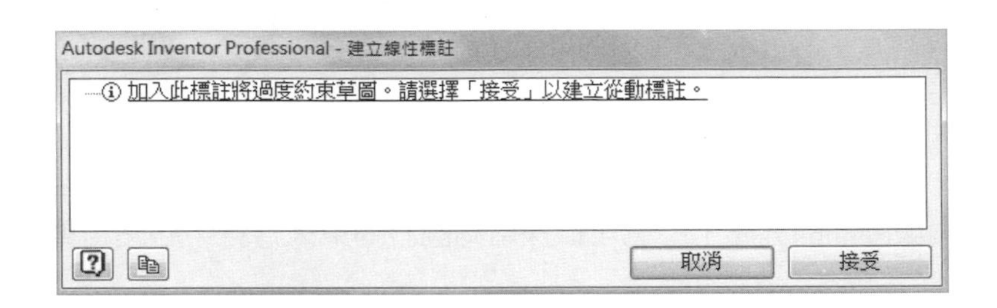

2-2-5 平行約束

將兩線段圖元依順序點擊，會使線段呈現等角度置放，若其中一個圖元已被參數式標註或其他約束條件限制時，則另一圖元將會遵循受限制的圖元角度而變化。

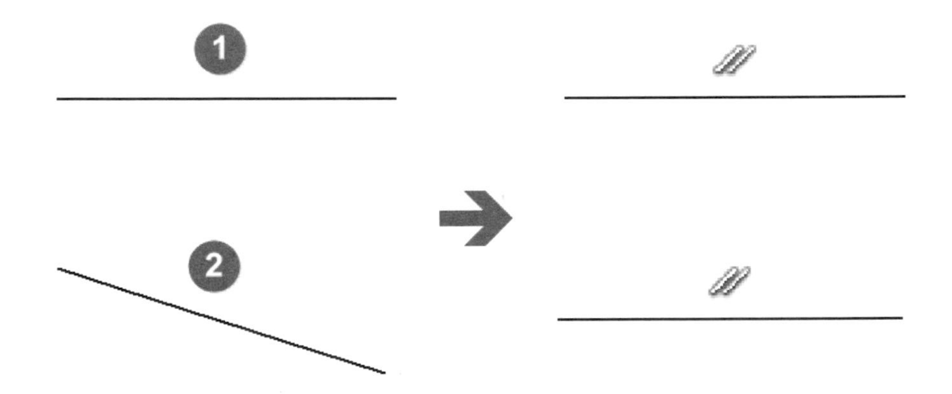

2-2-6 互垂約束

將兩線段圖元依順序點擊，會使兩線段呈現九十度互垂置放，若其中一個圖元已被參數式標註或其他約束條件限制時，則另一圖元將會遵循受限制的圖元位置而呈現互垂變化。

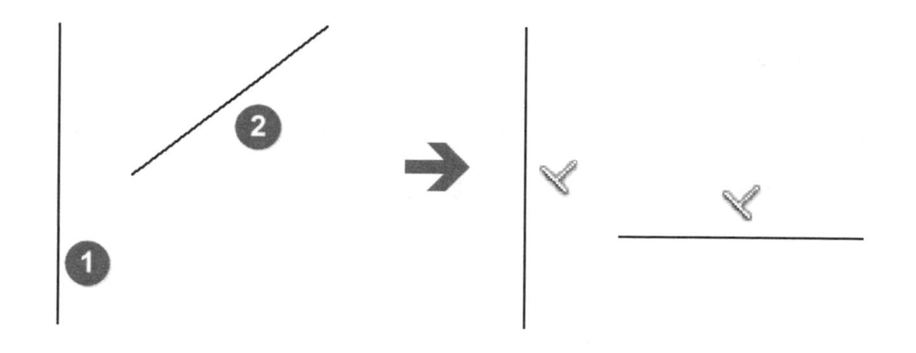

2-2-7 | 水平約束

被水平約束之線段會與當前ＵＣＳ軸座標中的Ｘ軸呈現同軸向的水平對齊。

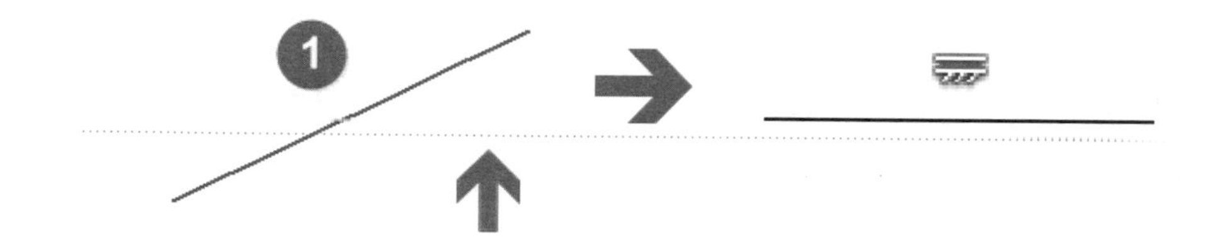

2-2-8 | 垂直約束

被垂直約束之線段會與當前ＵＣＳ軸座標中的Ｙ軸呈現同軸向的垂直對齊。

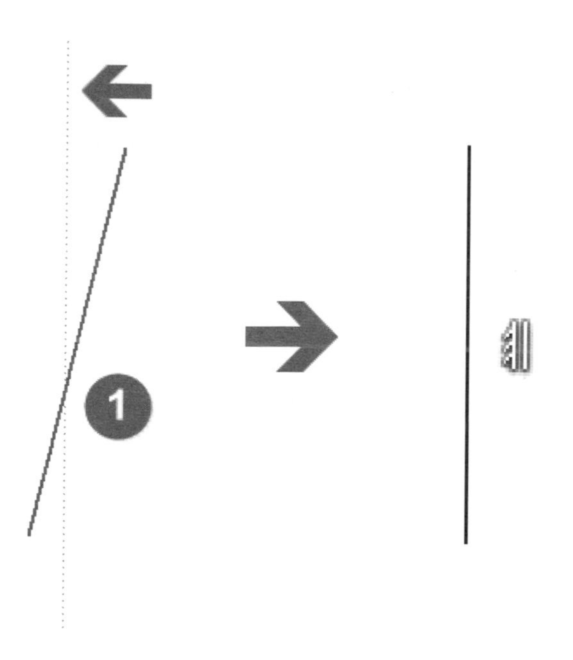

2-2-9 相切

產生相切約束的方式，除了使用選項板上的功能外，另一種方式則是在繪製線段時，可先將滑鼠游標停放在圓的上方，點擊滑鼠左鍵不放後往圓外拖曳出去，即可得相切線。

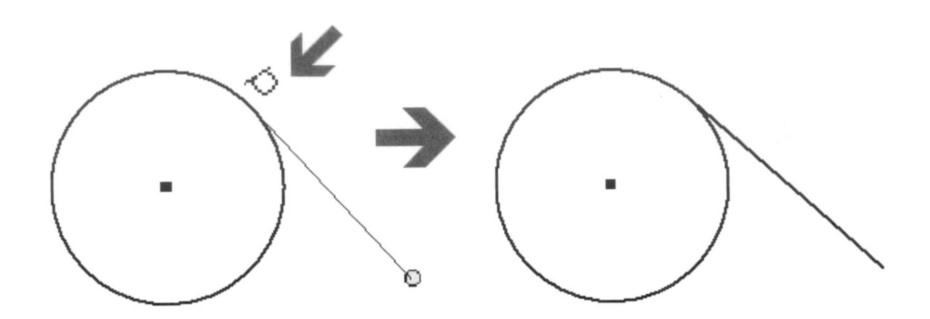

將兩不相鄰的線與圓圖元依照順序點擊，雖能形成相切，但未必會使兩圖元能相接處，後續可使用延伸功能再將其連接。

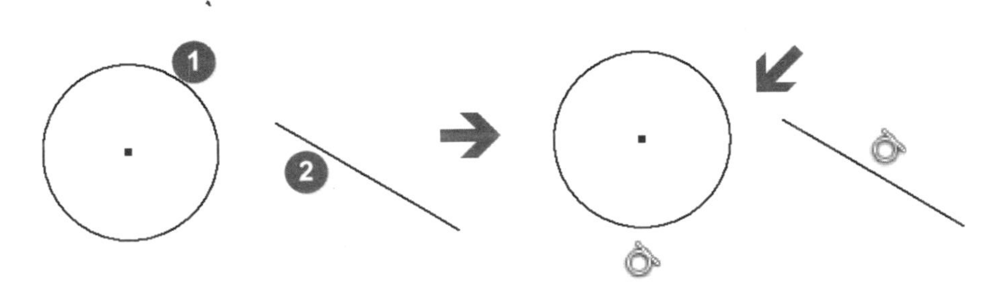

對於三個圓或弧之類的圖元，若要讓獨立的圓與其相切時，可依照順序點擊圖元，如外圍三個圖元有其他約束條件限制時，則獨立的圖元尺寸將因相切而變更圖元大小。

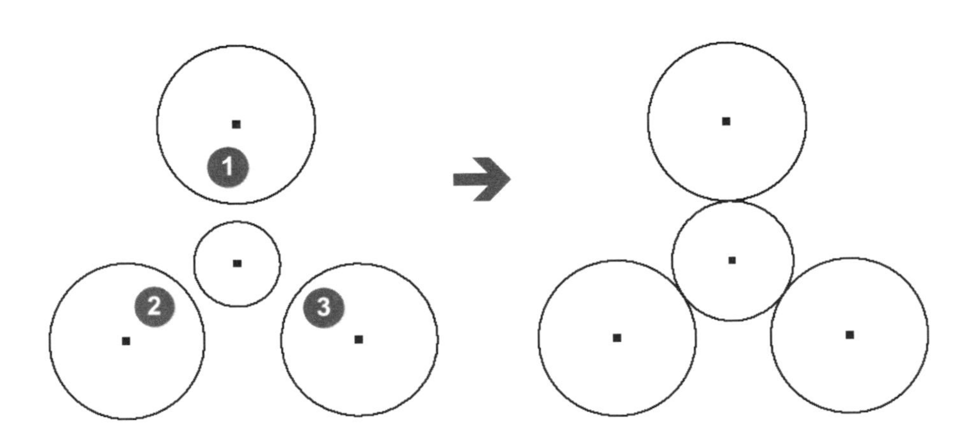

2-2-10 | 平滑

此功能主要是運用在雲形線－控制頂點之類的曲線上，目的為讓兩不相連的曲線能透過平滑功能將雙方連結，並可再次運用產生的新節點來做曲線上的曲率變更。

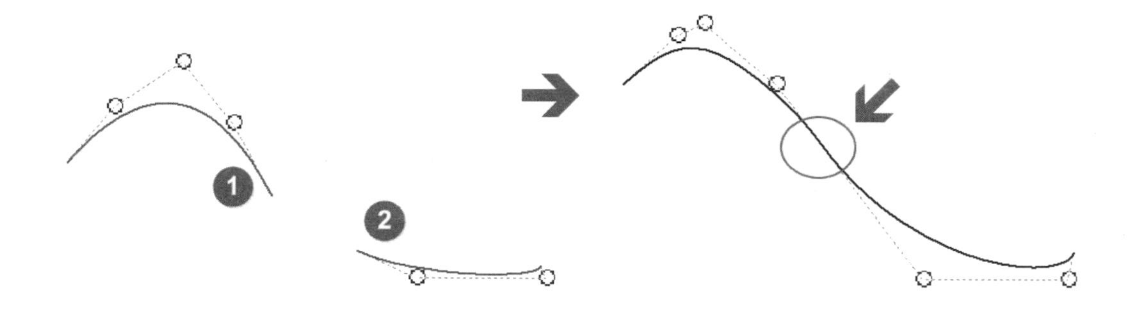

2-2-11 | 對稱

當需要將多個圖元以中間線段成為基準並製作角度的等分時，使用對稱功能依序將線段圖元做點擊，若有圖元是已經被其他項目約束或尺寸標註線定時，則對稱完成後的位置將會改變。

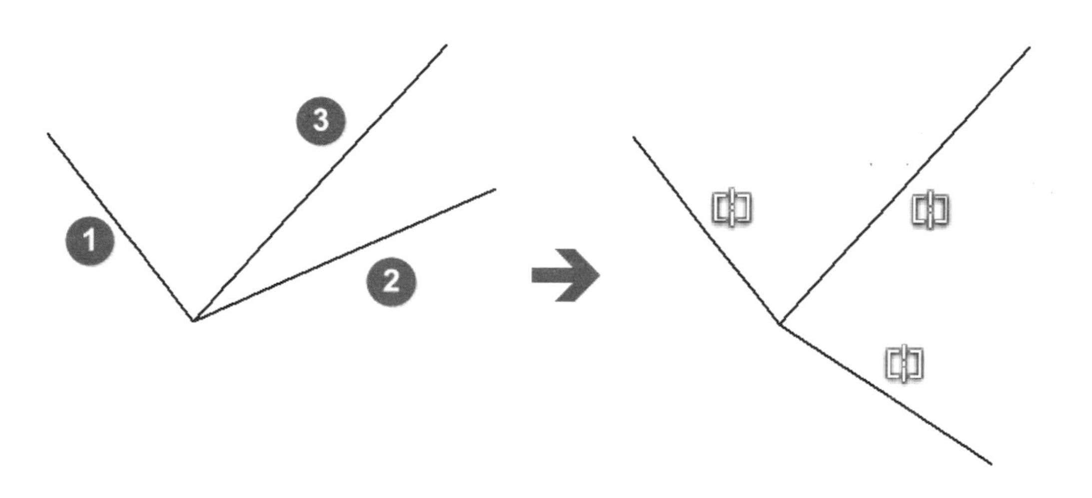

以幾何圖元與線段為例，依照順序點擊完成後，線段圖元依然置放於物件正中間，但因幾何圖元並未完全約束，故本身將因對稱功能而改變形態。

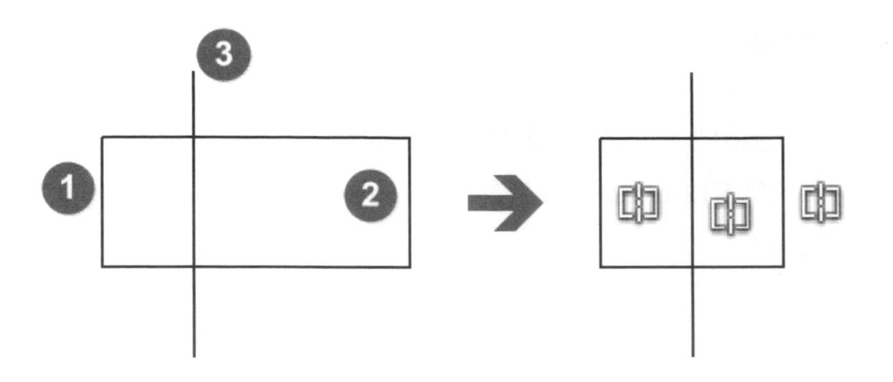

2-2-12 相等

在繪製過程中，為避免圖面產生過度標註的情況，使用圖元尺寸相等的功能會是一項選擇，以線段為例，兩個設定相等約束的圖元中若有一個已經被尺寸標註限制，則另一圖元將會依照該尺寸而變更，後續只要尺寸有所變化，則被約束的相關圖元也將連帶的進行改變。

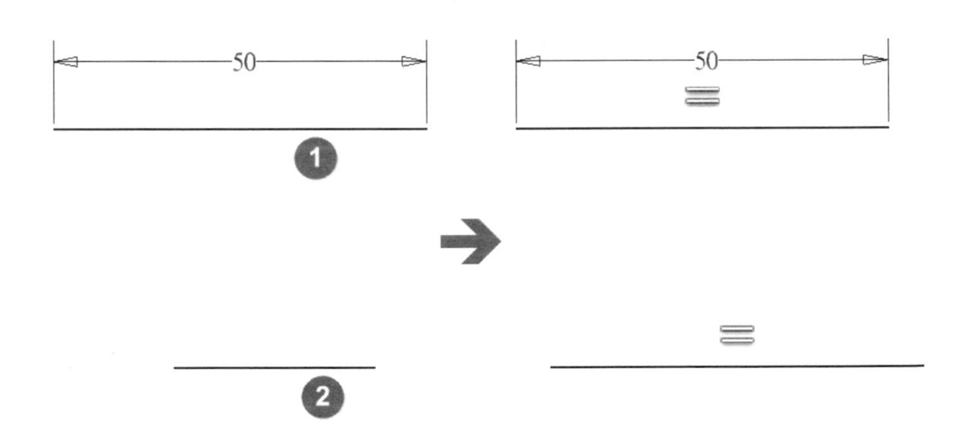

以圓為例，若進行相等約束後，沒有進行標註限定的圖元將會跟隨已經被尺寸約束的圖元進行改變，後續若尺寸有變更，則連帶改變。

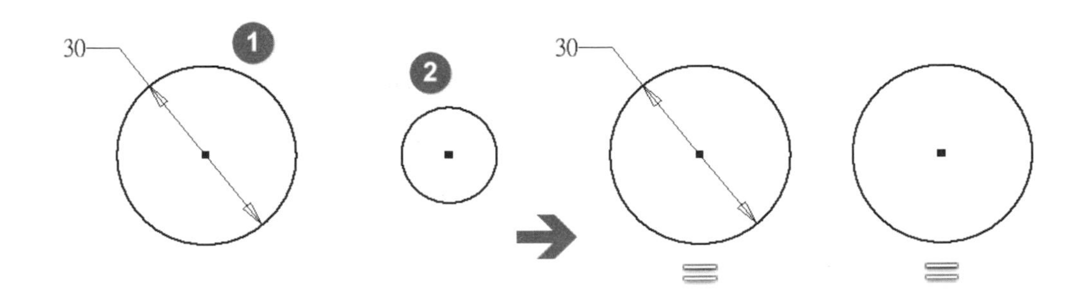

2-2-13 自動標註和約束

在草圖繪製過程中，我們都會對圖元進行標註與約束的動作，若有遺失或未進行標註與約束的部分，可透過此功能將其補遺。

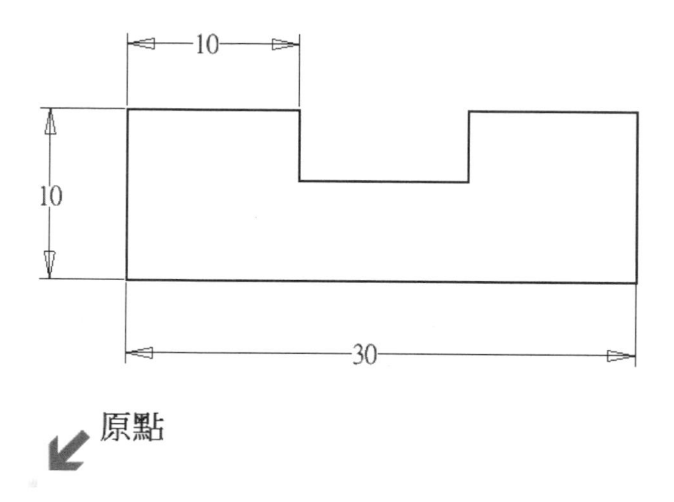

依序將功能點擊，在選擇曲線項目時，可使用框選的模式將草圖圖元完全框滿，並進行套用程序後，點擊完成選項即可將框選後的全部圖元鎖遺失的尺寸與約束條件都補齊。

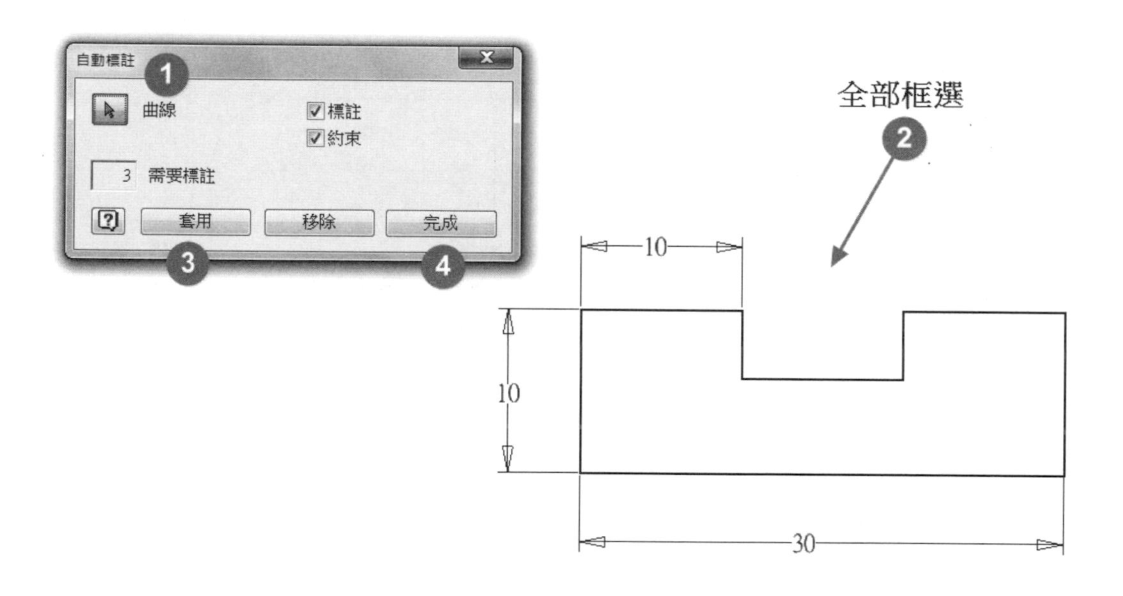

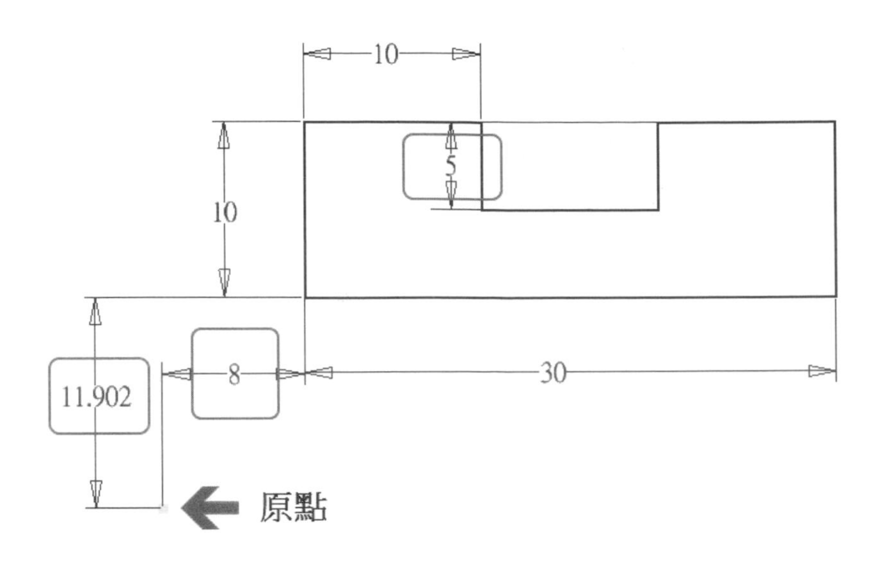

2-2-14 展示約束

使用展示約束功能時，若平時是關閉所有約束的模式，對於有想要檢視查驗區塊的約束時，可使用展示約束的功能來將該區段進行框選，並顯示該區域中所有的約束項目。

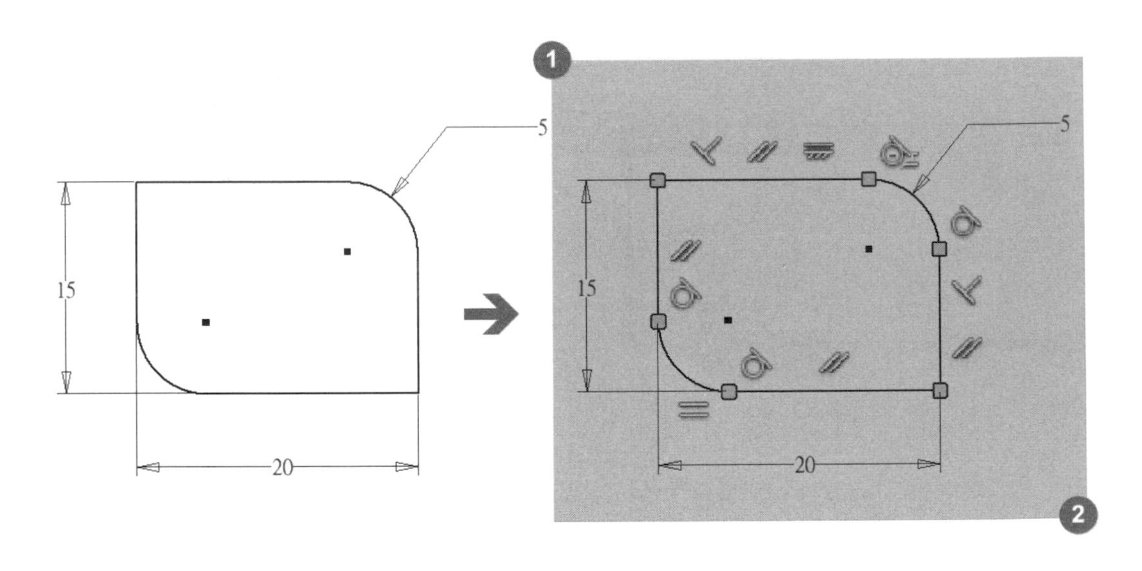

若要將展示約束的功能關閉，可至下方狀態區中點擊隱藏所有約束的功能來進行關閉。

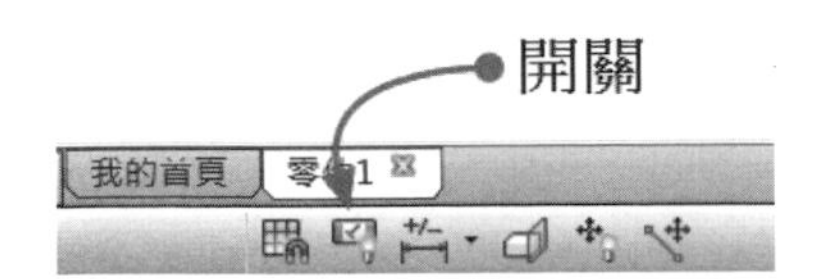

2-2-15 約束設定

在設定中有三大項目可進行變更，一般項目中也已經將內定值設定完成，暫時不做更動，唯其要注意的是在建立時編輯標註與針對過度約束條件發出警告，建議不做取消。

一般 推論 放鬆模式
約束
在建立時顯示約束
展示所選物件的約束
在草圖中顯示重合約束
標註
在建立時編輯標註
從輸入值建立標註
過度約束的標註
套用從動標註
針對過度約束條件發出警告

在推論部分，上方選項中的推論約束與永久約束兩者對於顯示約束提示有直接關係。

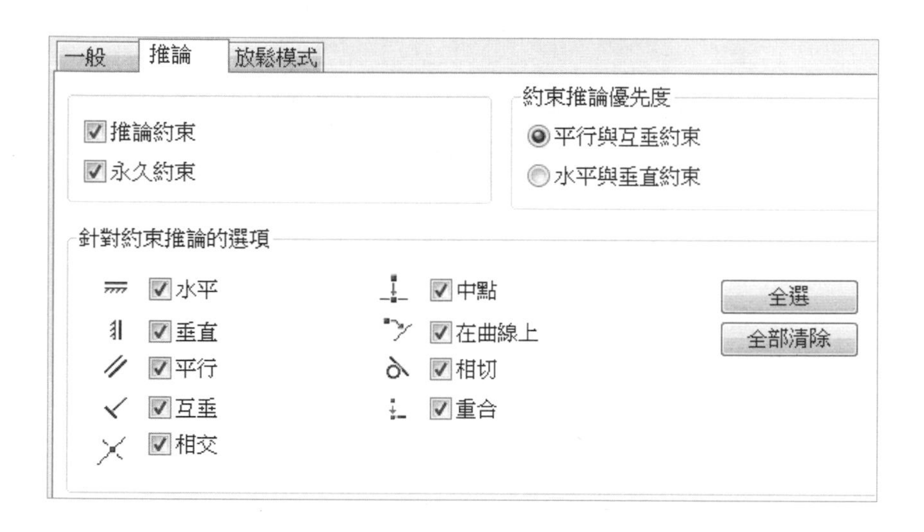

而在放鬆模式中，除非有其必要性，否則一般使用者是不會將約束條件進行選擇性的放鬆。

2-2-16 ｜ 編輯座標系統 編輯座標系統

當已經完成一個特徵形態時，在其任一可製作草圖平面上進行草圖繪製，透過編輯座標系統之功能，可將點擊的Ｙ軸依照後續所指定的輪廓邊緣來進行ＵＣＳ座標的方向變更。

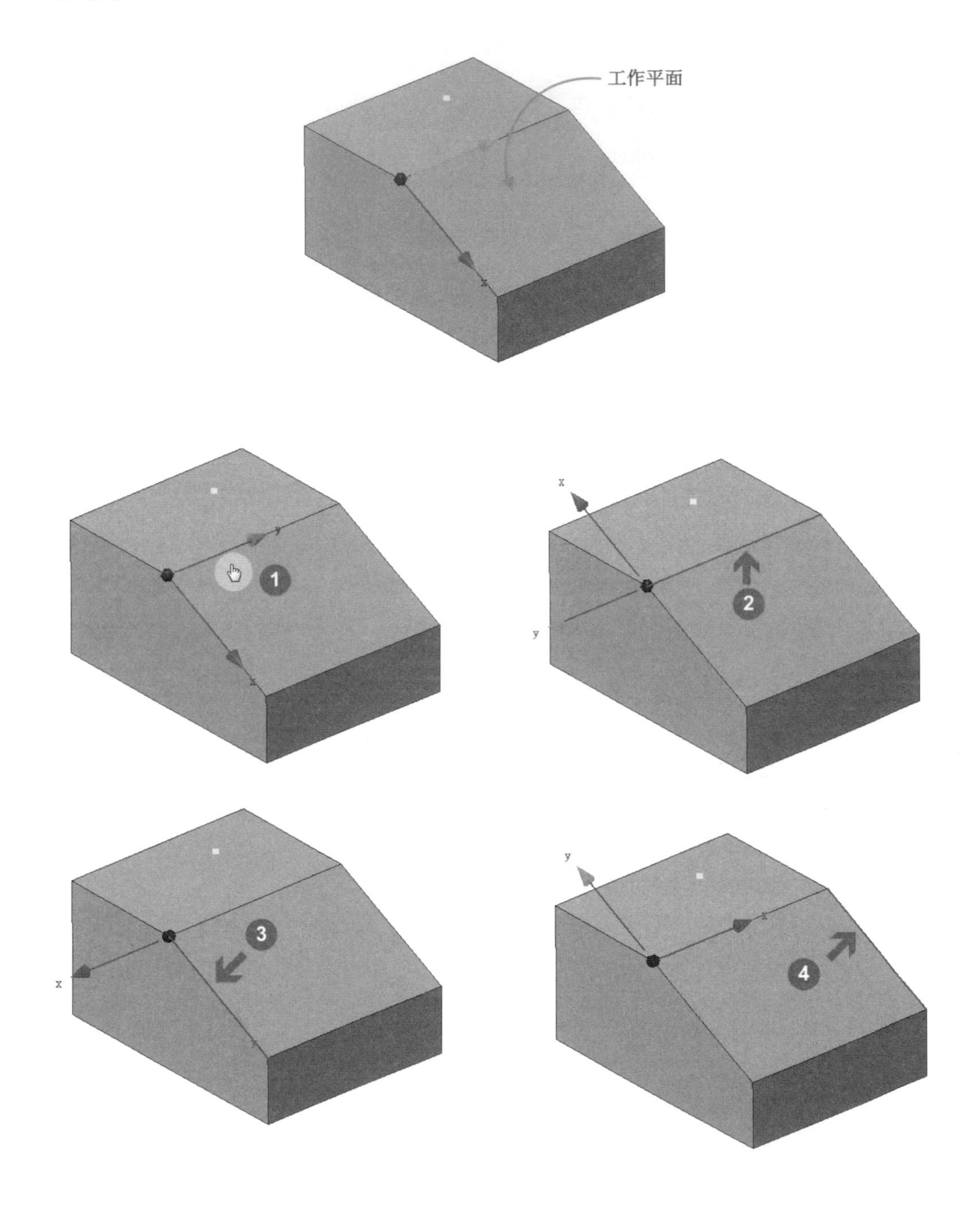

2-2-17 約束推論範圍

約束推論範圍

在繪製草圖幾何圖形時，可在滑鼠移動過程中看見約束推論所顯示的約束項目，該項目是在約束設定時有勾選才會顯示。

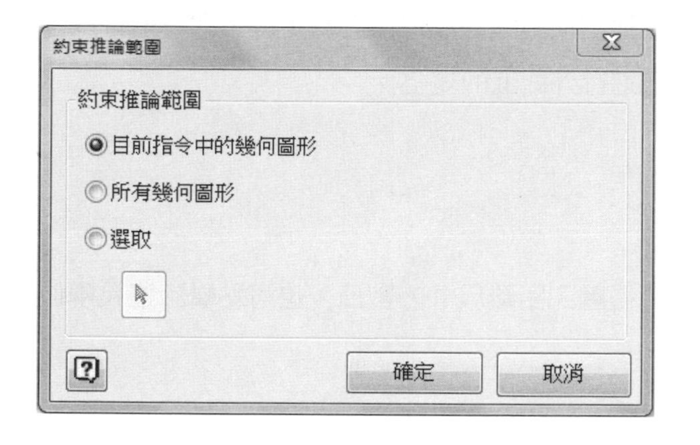

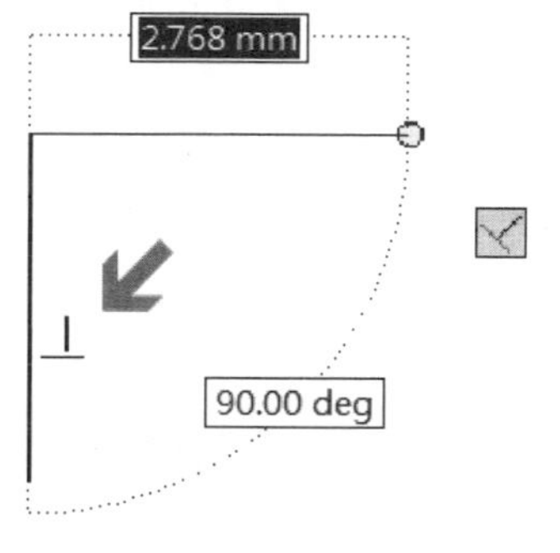

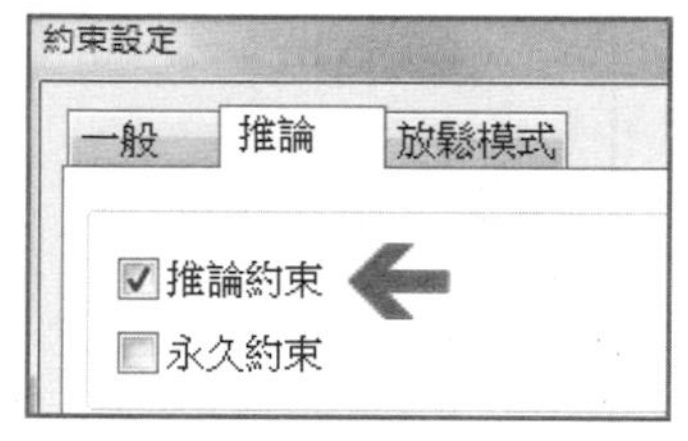

若是將約束設定中的推論約束關閉，而永久約束產生固定項目時，則約束推論的圖示將不會再顯示。

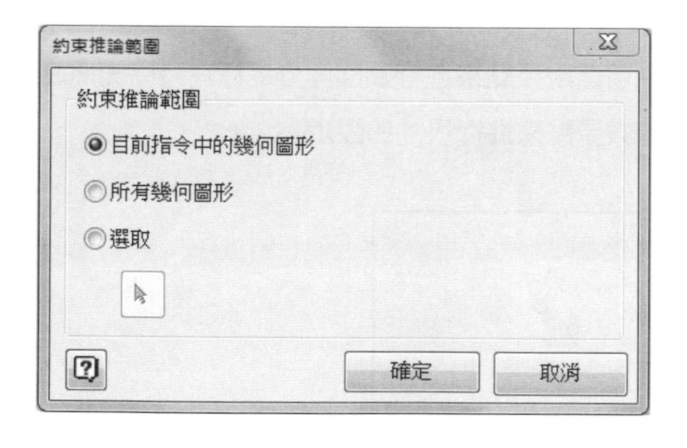

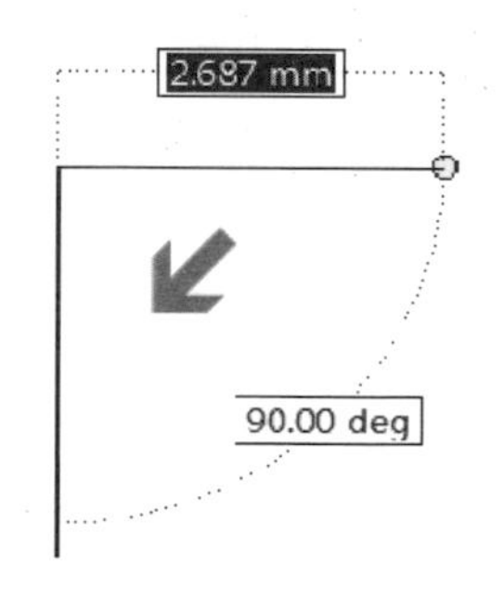

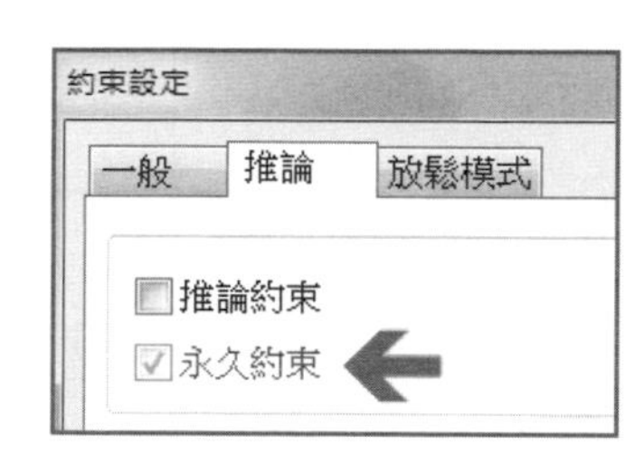

2-3 參數式運用

在參數式運用中，我們可以加入、編輯、和刪除標註，還可以指定標註的顯示方式，透過點擊單一圖元的邊線、點、輪廓，並配合點選的順序與方式，即可得到標註的初步計算後的數值，待將標註移動至適當地方後點擊滑鼠左鍵定位，即可進行尺寸數值編修，編修後將可對所繪製的圖元進行外觀上的變化。

2-3-1 水平標註

標註

透過點擊圖元的單一邊界之邊，可得圖元距離尺寸的數值，也可點擊該邊長兩側的端點再拖曳出圖元距離尺寸的數值。

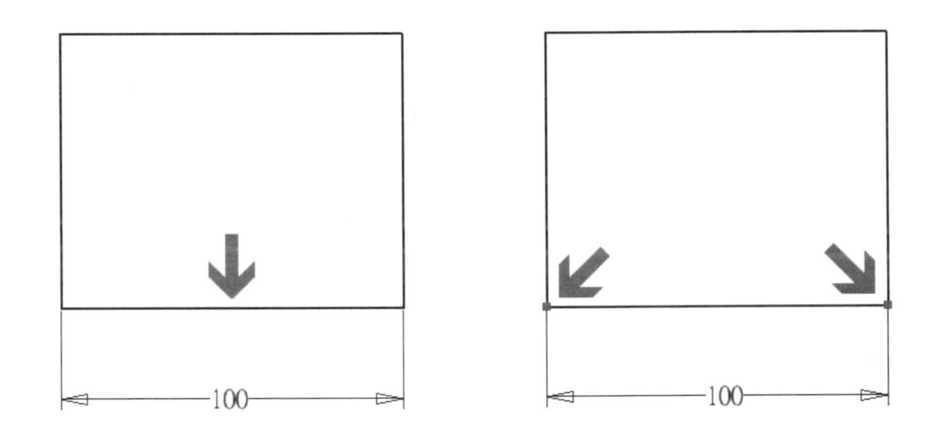

依照標註尺寸的習慣，在標註時也可運用原點來進行圖面等分，標註時除先將總距離標示出來外，另一尺寸可點擊邊線與原點來進行尺寸的限定。

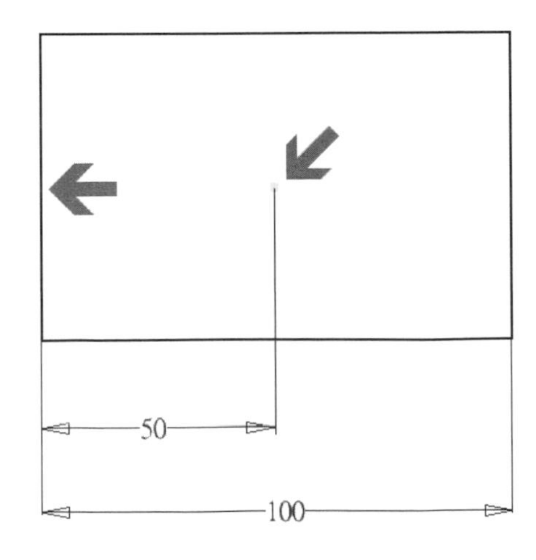

如果線段不是很好心算出的數值時，也可讓其以數學運算的方式來求出距離。

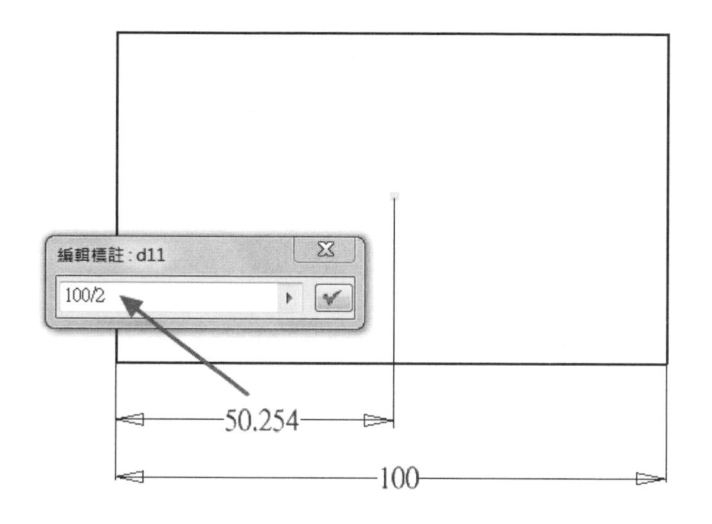

2-3-2 垂直標註

透過點擊圖元的單一邊界之邊，可得圖元距離尺寸的數值，也可點擊該邊長兩側的端點再拖曳出圖元距離尺寸的數值。

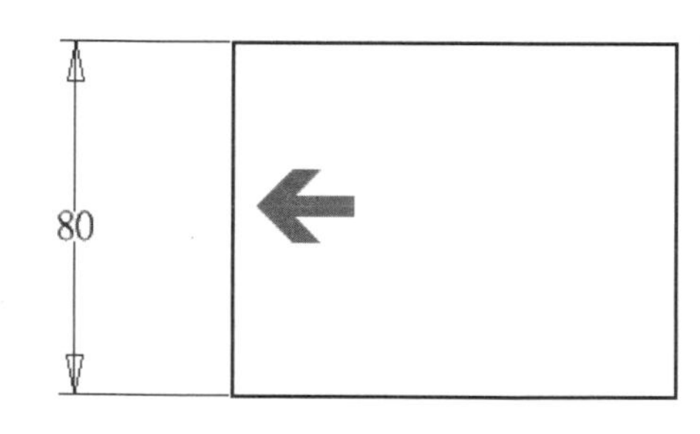

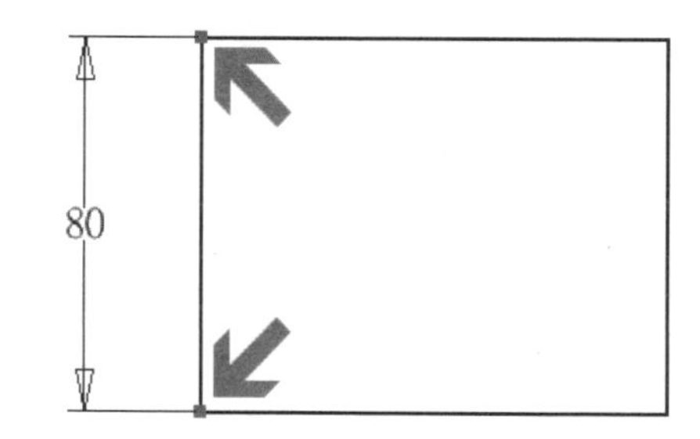

依照標註尺寸的習慣，在標註時也可運用原點來進行圖面等分，標註時除先將總距離標示出來外，另一尺寸可點擊邊線與原點來進行尺寸的限定。

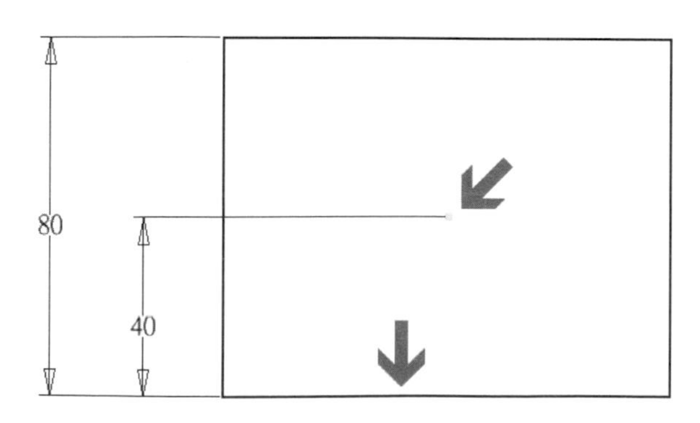

2-3-3 對齊式標註

對齊式標註主要是針對斜邊兩點所計算出之距離而產生的圖面尺寸，通常在使用此功能時會發現，即使點擊了斜邊卻還無法拖曳出圖面尺寸，這是因為此功能需要搭配快捷選單來運用。

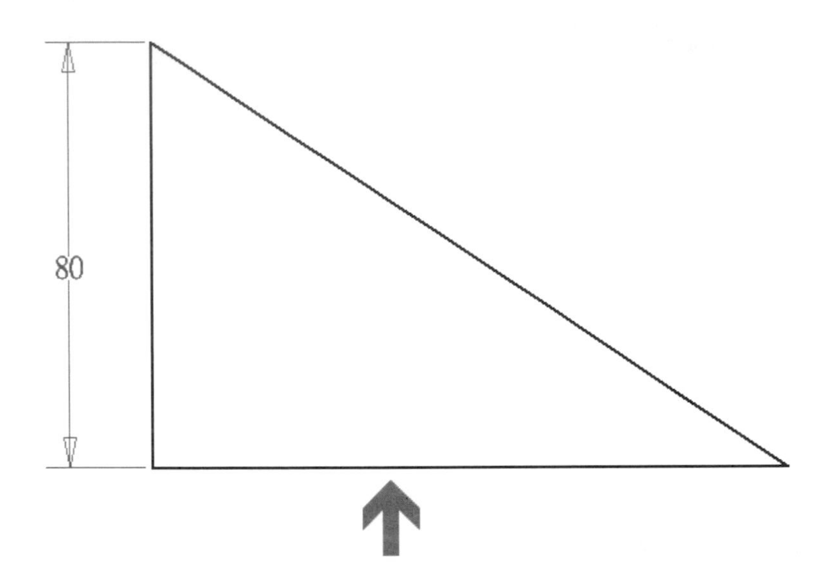

使用滑鼠左鍵點擊斜邊後，再按滑鼠右鍵開啟快捷選單，選擇【對齊】選項。

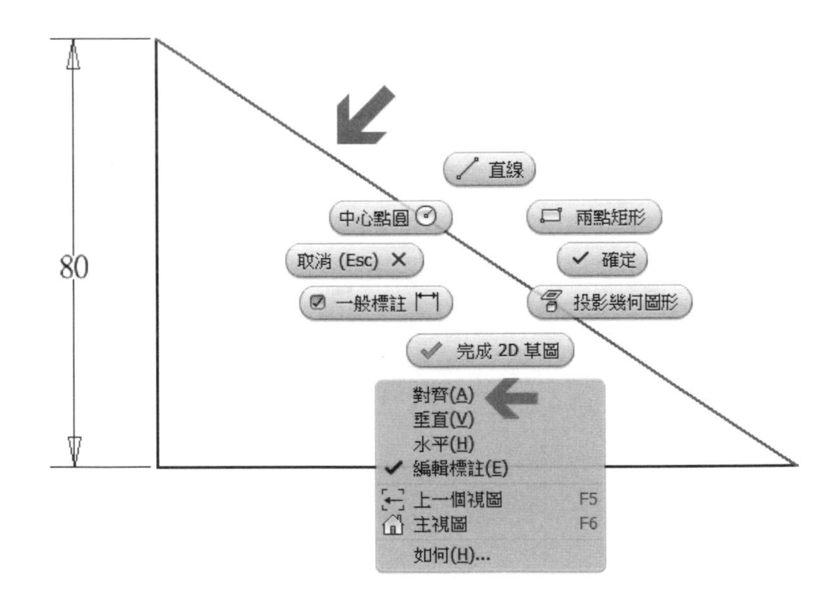

將滑鼠拖曳出去即可見到對齊式標註的功能已經啟用，待位置定未完成即可進行參數式控制變更。

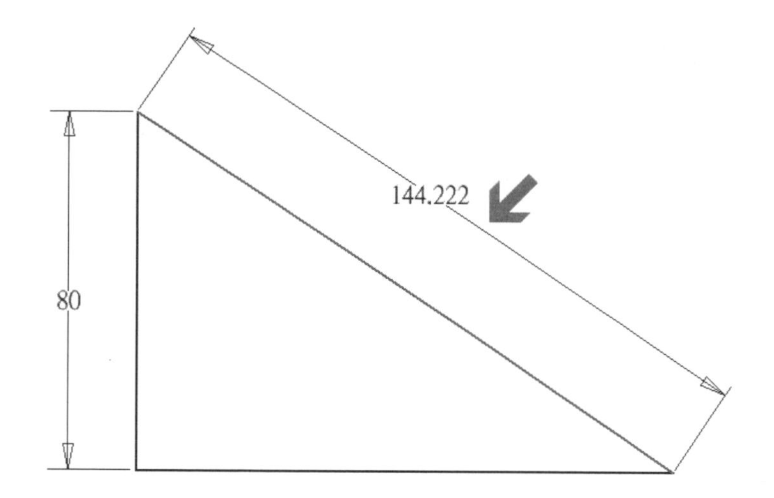

2-3-4 角度標註

使用角度標註功能時，必須要點選兩個圖元方能進行功能的啟用，例如要標註線段之夾角，如右圖所示，可依順序將兩個圖原點取後即可拖曳出角度標註。

另外，要標註圓弧之夾角，如左圖所示，可依順序先點擊圓弧後，在點擊圓弧的中心點即可拖曳出角度標註。

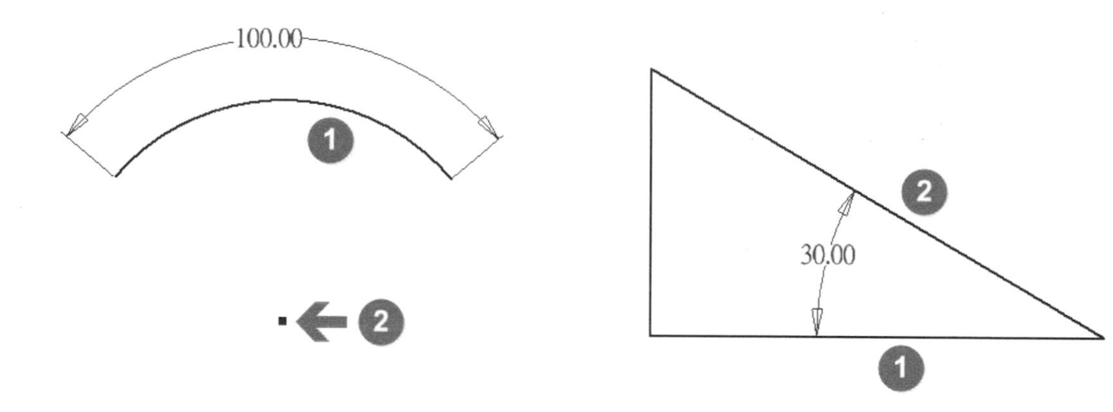

2-3-5 徑向標註

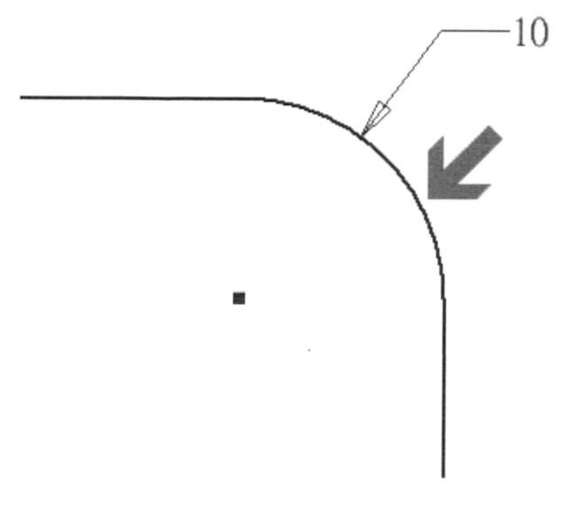

所謂【徑向標註】是運用在如圓弧或圓角等圖元上進行標註的程序。

2-3-6 直徑標註

針對草圖繪製上所要建立的圓孔或圓柱的基本輪廓時，可使用直徑標註來建立，直徑標註的定義為通過圓心之兩點所形成的徑向尺寸。

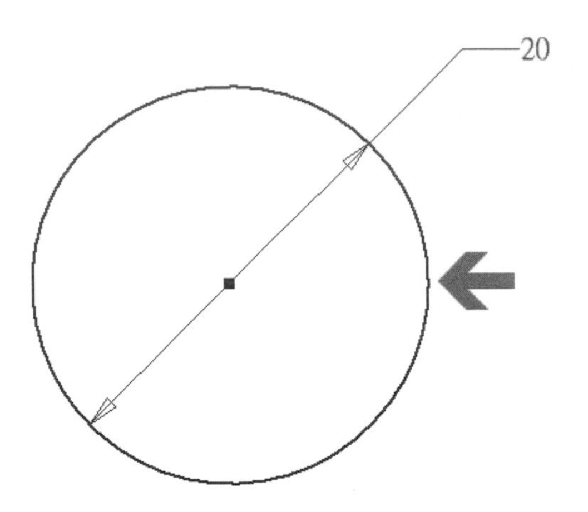

2-3-7 線性直徑標註

在建立【迴轉】功能前的草圖繪製時，也可以使用此類型的標註方式，首先，需要有一中心線來成為旋轉軸，再標註時除了輪廓圖元需標註外，也必須要能標註出該模型最終之直徑輪廓大小，首先可先去點擊中心線，再去點擊圖面繪製需求上的外圍輪廓，即可得到線性直徑標註。

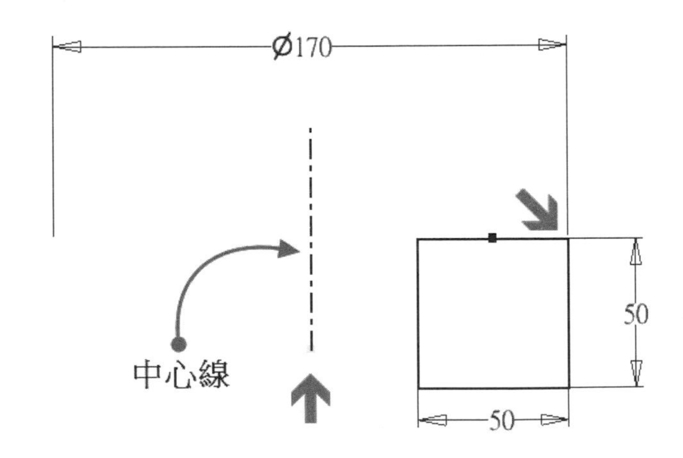

第三章

基礎造型設計

Inventor

3-1 擠出特徵

擠出

將使用者所繪製的 2D 輪廓草圖，透過擠出功能將其成型為 3D 實體。

功能演練

STEP 1 首先，我們至新建項目中選取【零件】項目。

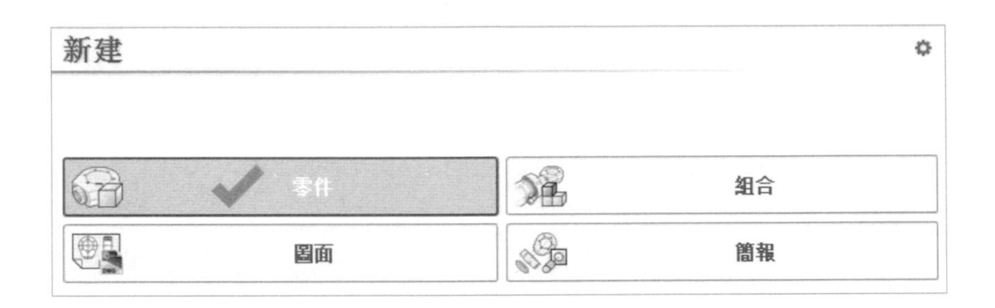

STEP 2 進入模型繪製空間後，將滑鼠移動至左方的樹狀圖中，依設計需求先選擇適當的基準平面來繪製第一張草圖。

STEP3 指定基準平面後，可點選滑鼠右鍵，選擇建立【新草圖】。

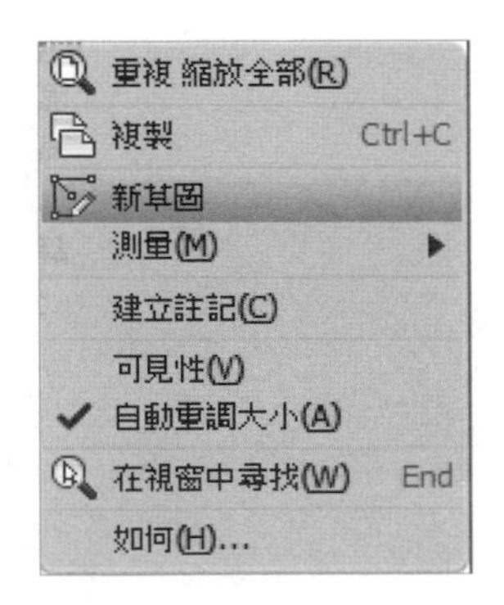

STEP 4 進入草圖繪製模式中，我們可以在左方的樹狀圖發現有一張新的【草圖 1】項目，代表我們目前正在此張草圖中進行設計。

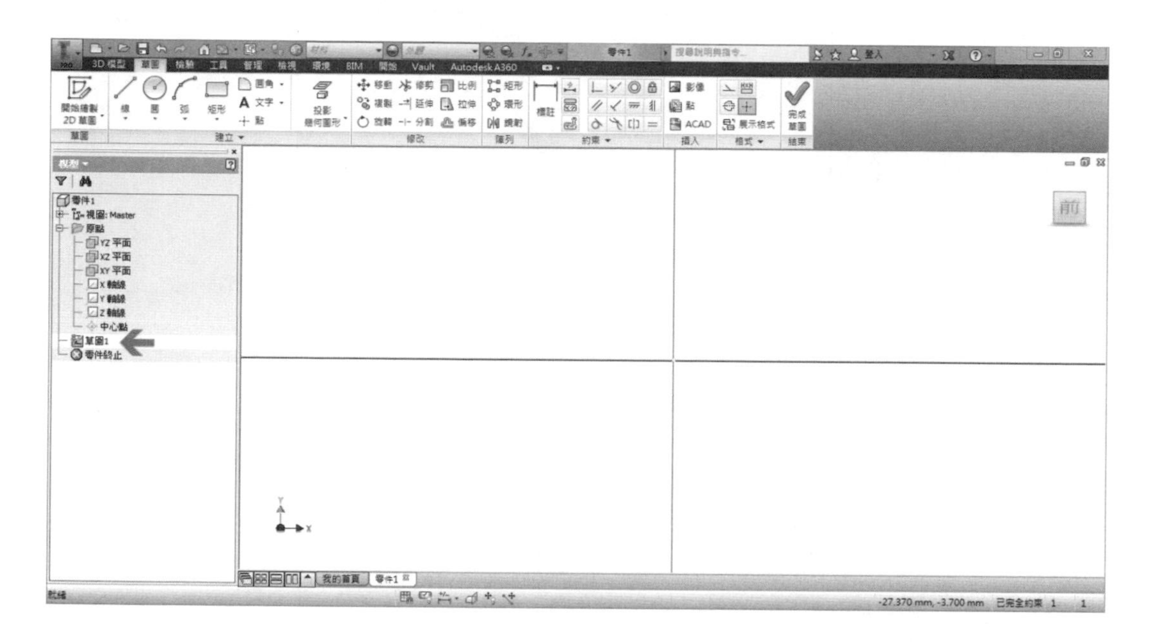

STEP 5 Inventor 是參數式設計軟體，不論我們設計何種樣式或造型，最終也必須透過【標註】來進行尺寸變更，進而改變造型。如下圖，我們可以先畫一矩形，並將中心原點置放於略近矩形中央，嘗試使用【標註】來變更外型。

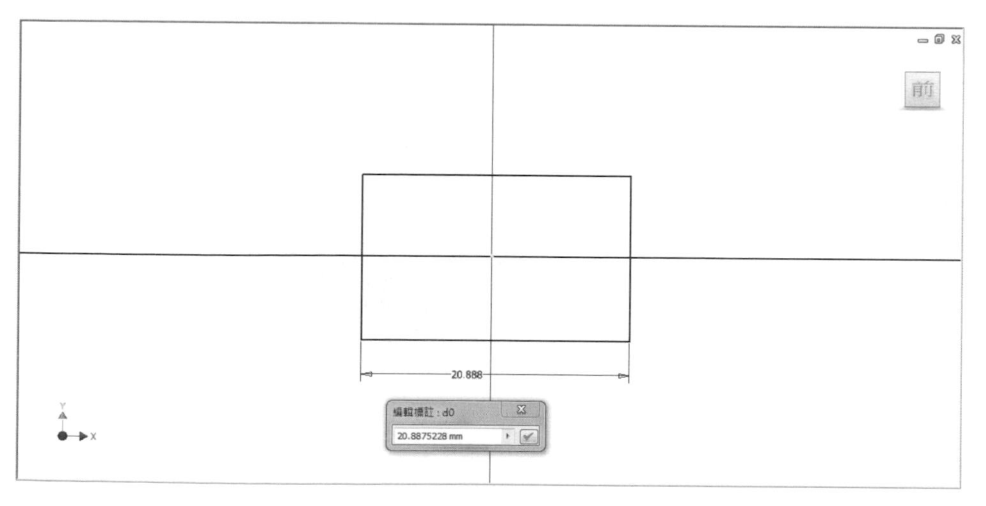

STEP 6　請參照圖面之尺寸，完成第一張草圖。

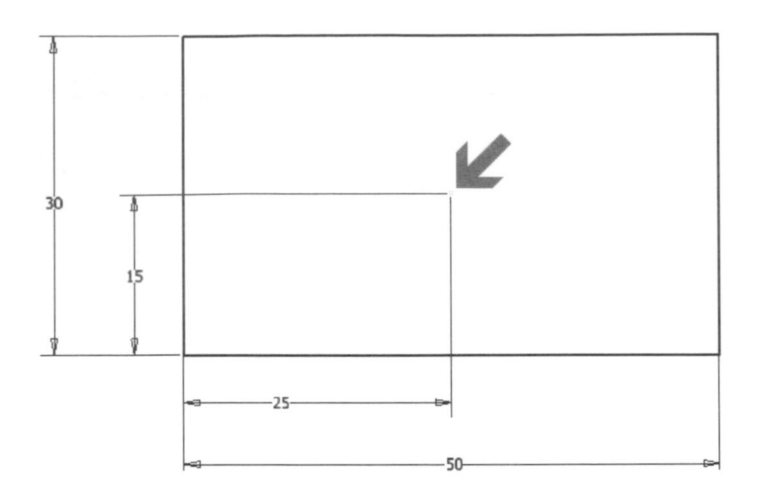

STEP 7　繪製完成後，選擇【完成草圖】已結束草圖繪製模式。

STEP 8　選取特徵模式中建立項目的【擠出】。

STEP 9　首次進入特徵模式的【擠出】畫面如下，除了可將傳統介面透過手指箭頭位置展開之外，也可運用隨點隨選的快捷選項進行實體成型。

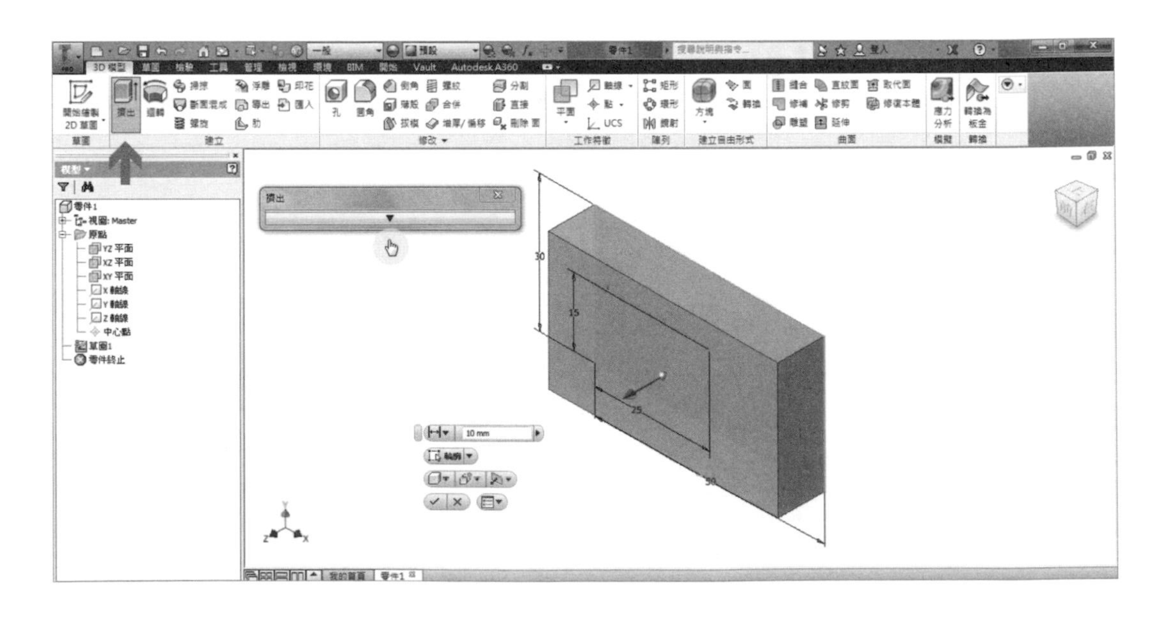

進入擠出選單後，實際範圍的預設為【距離】模式，可依使用者成型的需求來指定矩離，而成型的實際方向則是以 UCS 座標的正向方位為主。

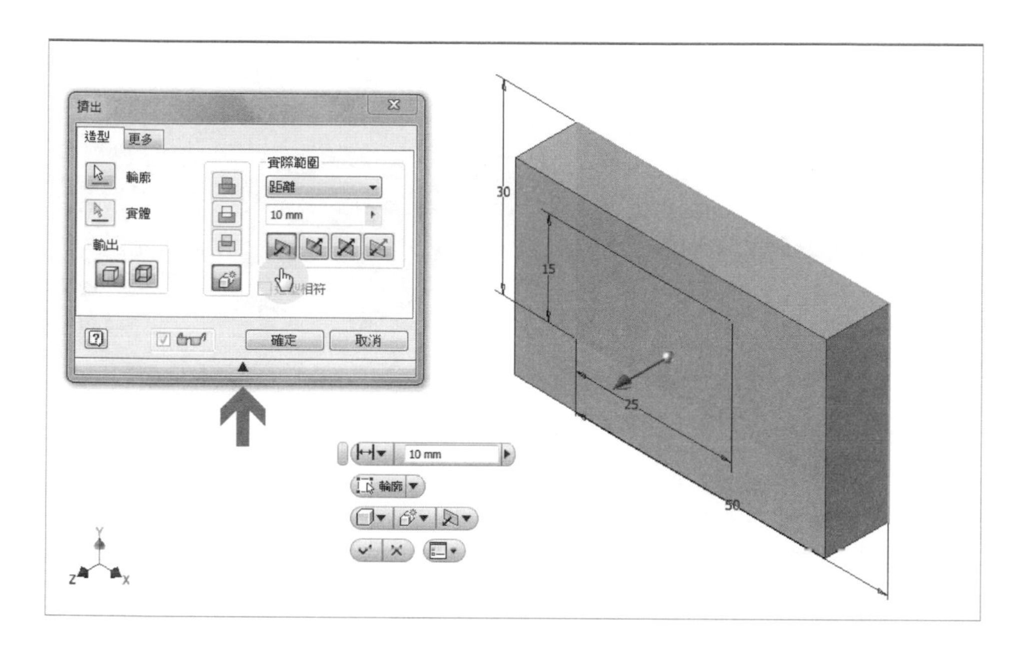

在【擠出】選單中，也可以依照需求來選擇反向成型，成型方向為 UCS 的座標的負向方位。

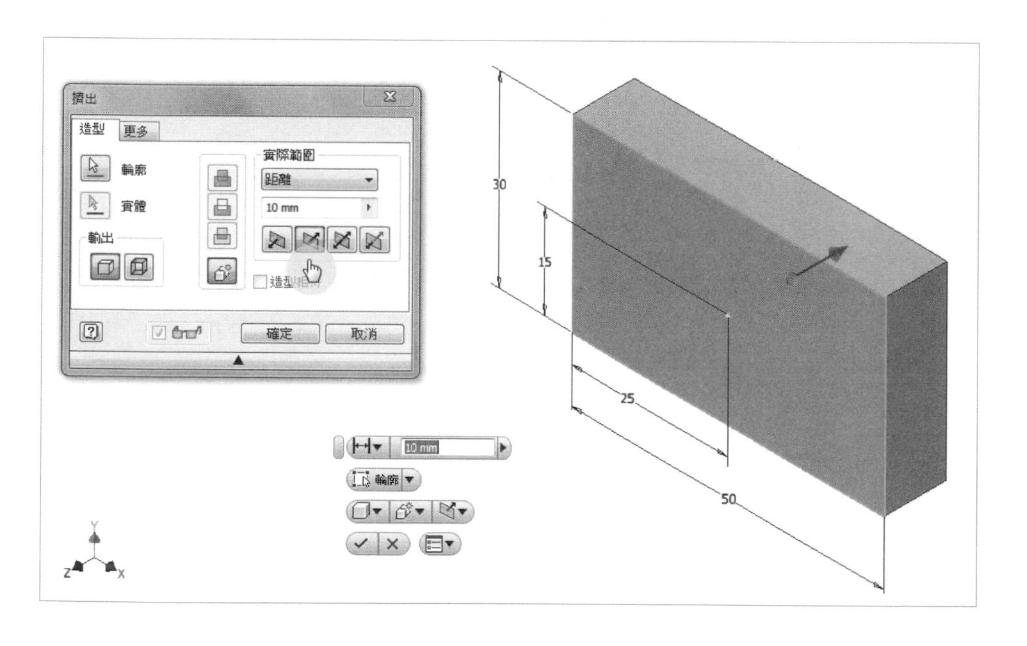

在【擠出】選單中，也可以依照需求來選擇雙向成型，透過輸入指定的距離，並依照當前基準平面將其均分成型。

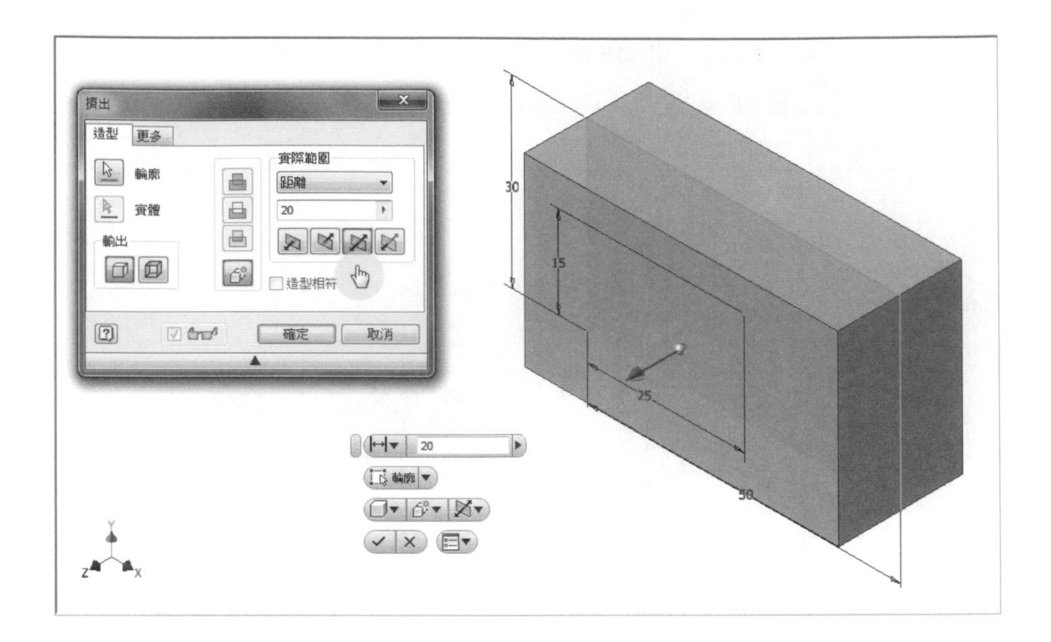

在【擠出】選單中，也可以依照需求來選擇雙向成型，與上一個功能不同的是，使用者可選擇成型方向為依據基準平面兩面不同距離，也可透過如箭頭所示之按鈕，將兩個距離做正反向的置換。

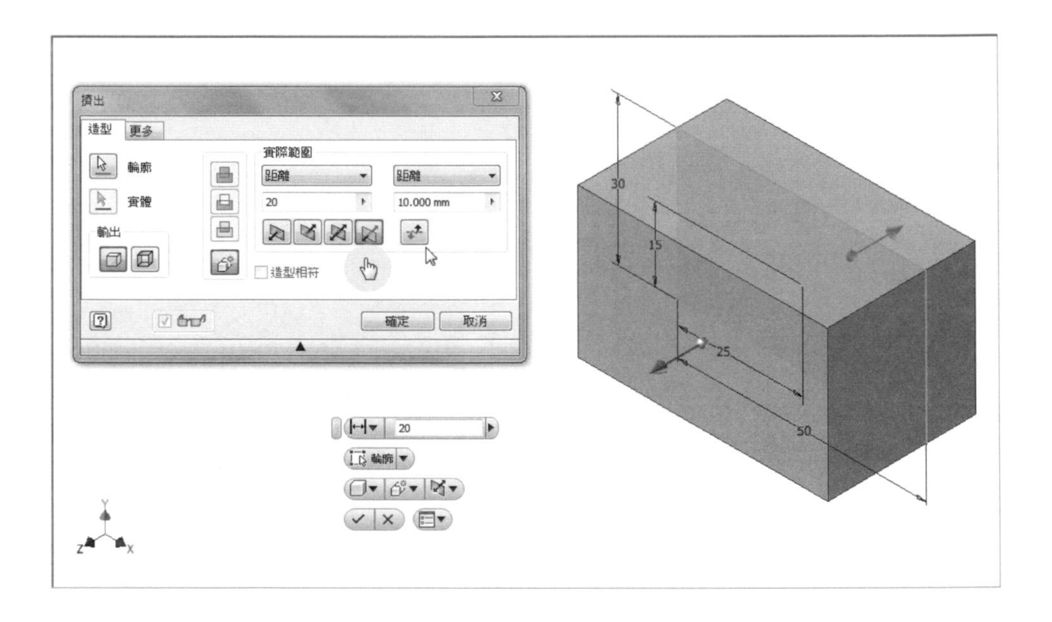

當第一個實體成型後，可以嘗試將滑鼠指標移動至實體的面上，按一下滑鼠左鍵，你會發現出現三個功能選項。

如果是將滑鼠指標停放在該面上方不進行任何動作，則會顯示關聯選單，讓使用者可以方便從與滑鼠指標停放面有關的條件項目進行選取。

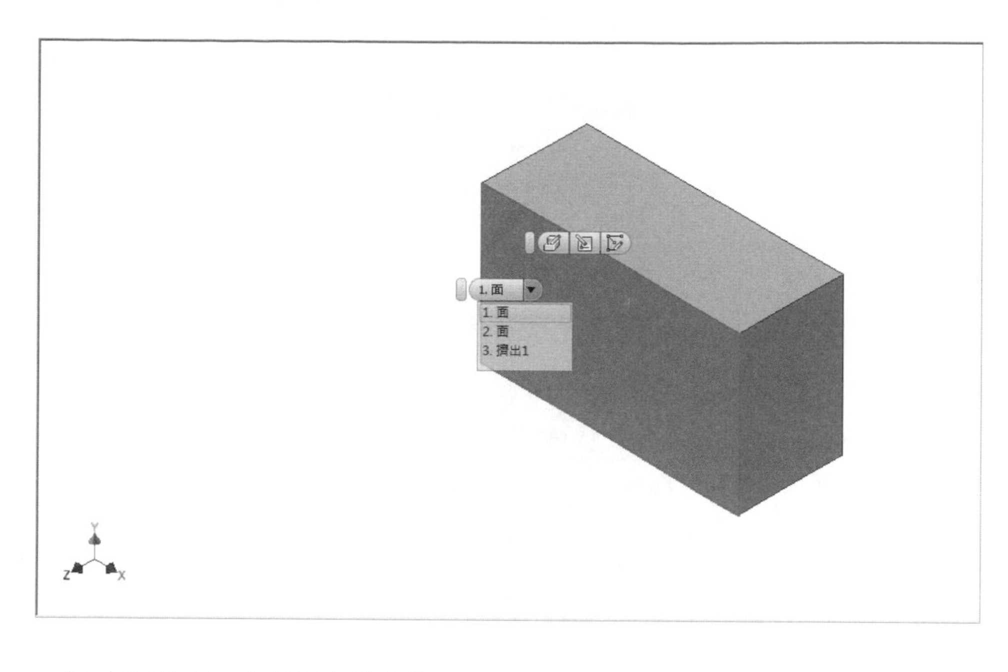

三個功能選項，由左往右依序為

1. 編輯擠出
2. 編輯草圖
3. 建立草圖

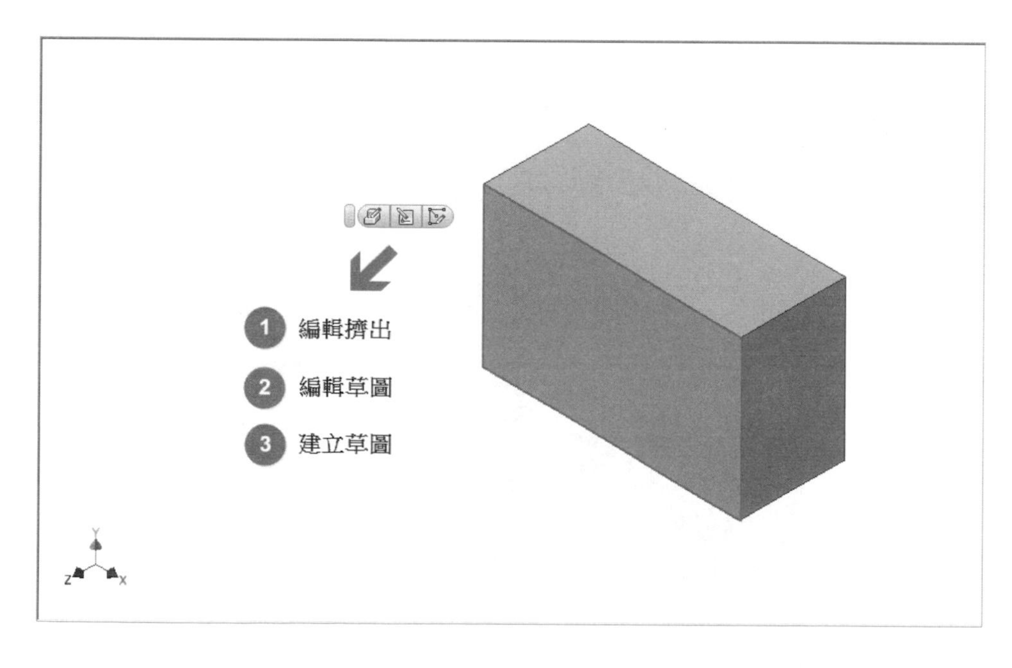

使用者也可以透過左方的樹狀圖中，點選特徵項目，按一下滑鼠右鍵以顯示選單，可從紅色方框中選擇欲進行編輯的項目來進行後續編輯。

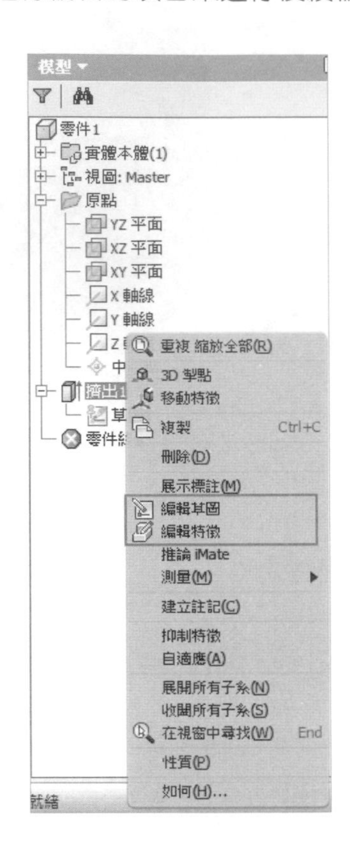

選擇實體上的面來進入【建立草圖】，並繪製出如圖所示之圖元。

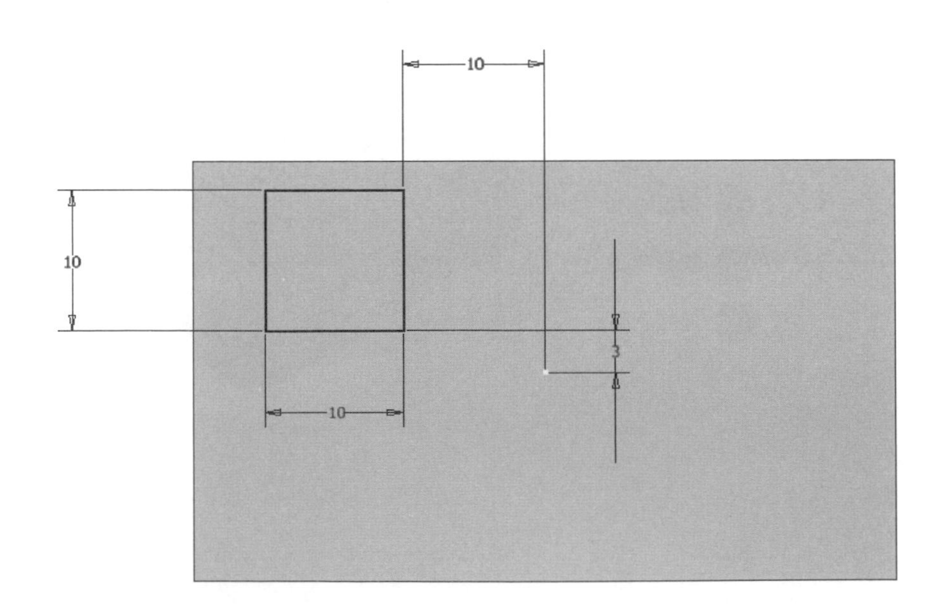

使用【擠出】並建立長度 30 的特徵。

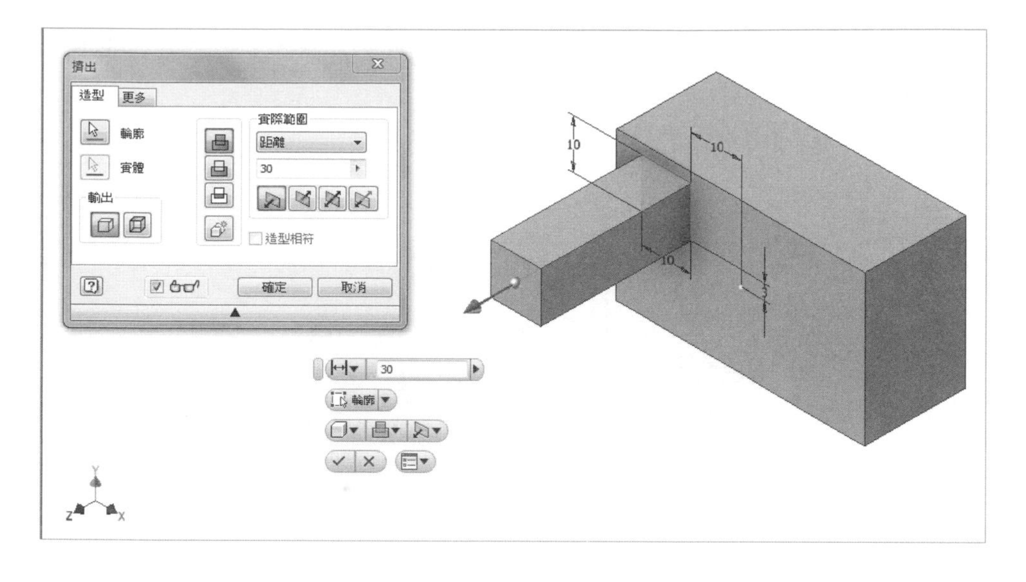

以相同的實體面再建立一張新草圖。

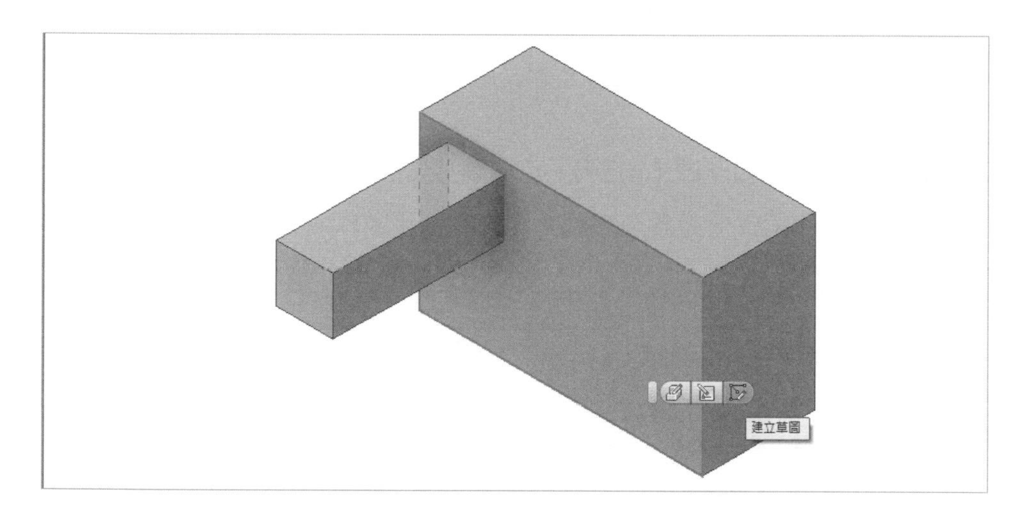

在新草圖中建立如圖面尺寸所示之圖元。

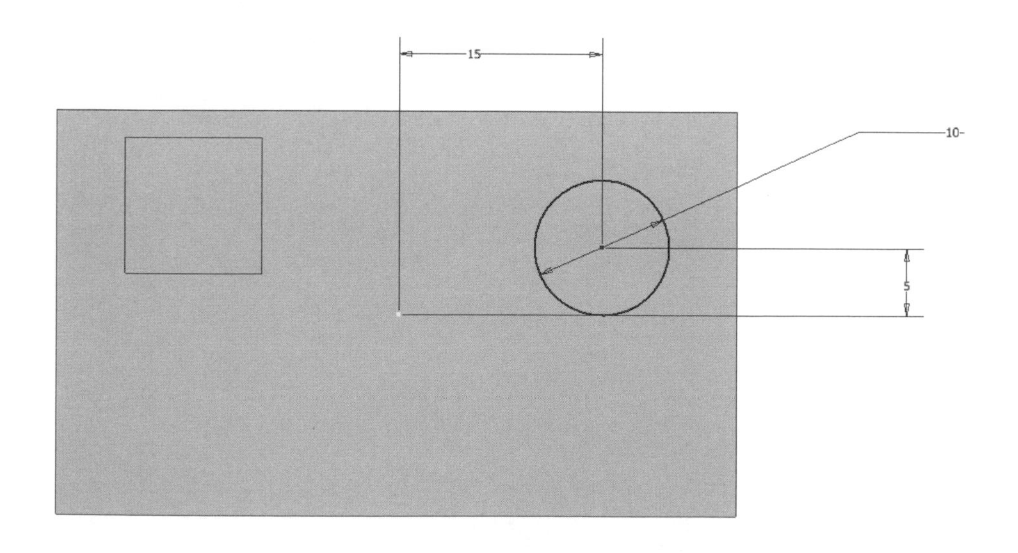

進入【擠出】功能後，這次我們改選取如圖面箭頭所示之【切割】功能，並可透過預覽功能來查看圖元被指定挖掘的深度。

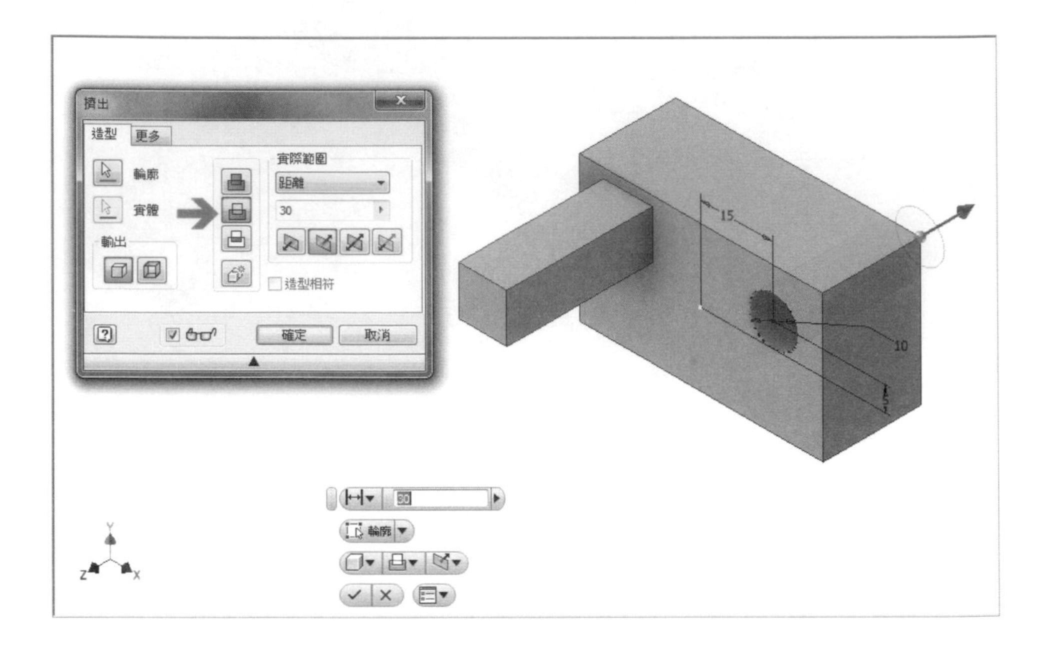

在【擠出】選項中如選擇【切割】，也可以至實際範圍項目中選擇【全部】，此項目可將圖元從草圖平面完全打穿至實體該面向的總距離深度。

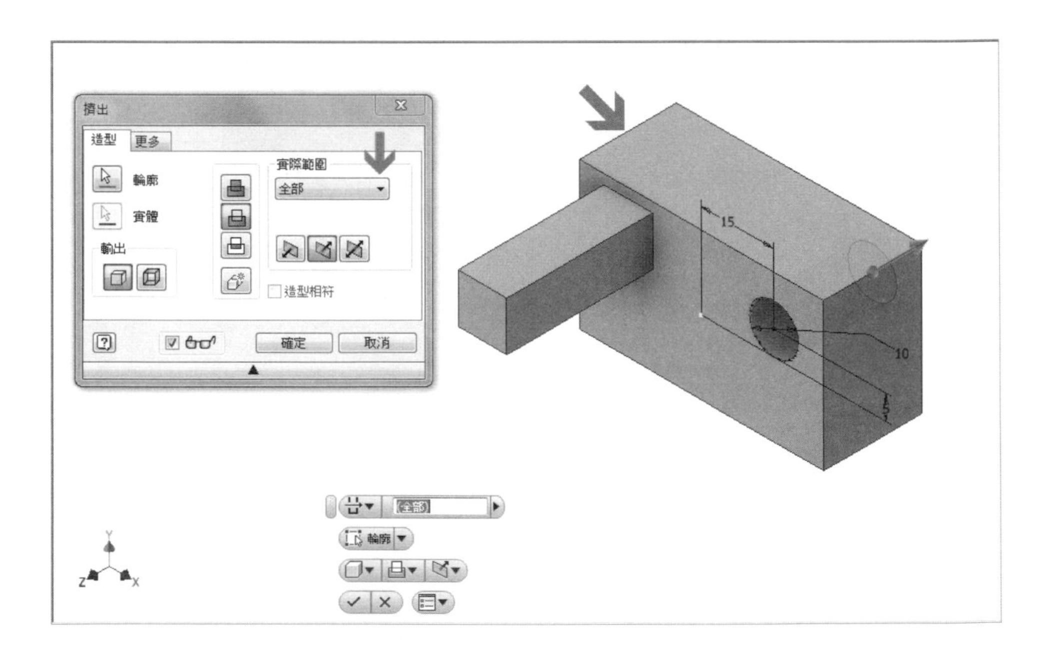

完成後，造形如下。

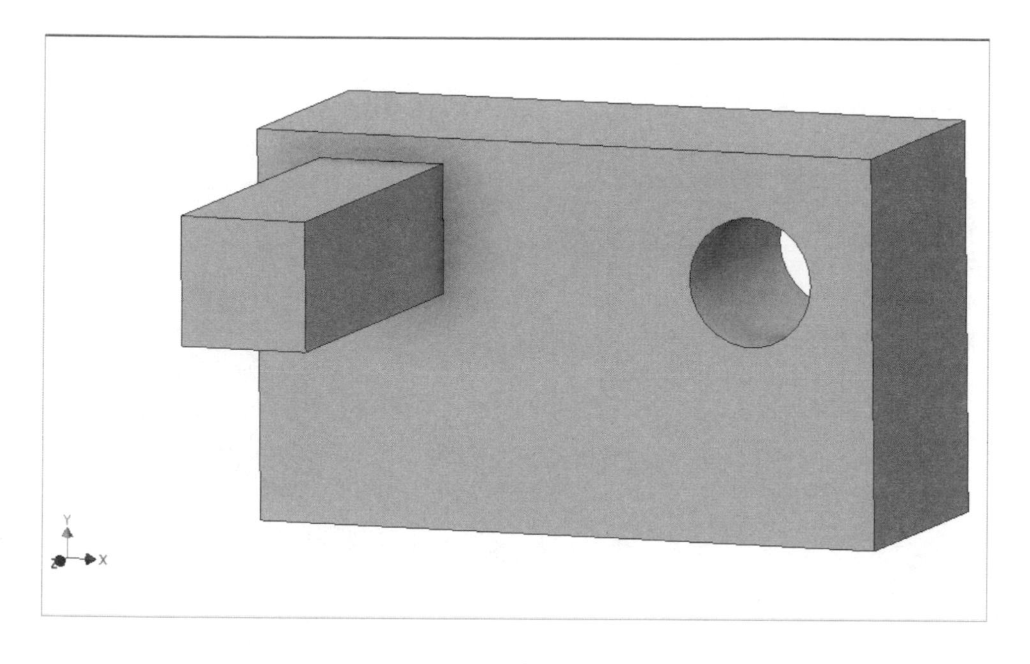

再次以相同的實體面來建立新草圖，並依照圖面尺寸繪製出對應的圖元。

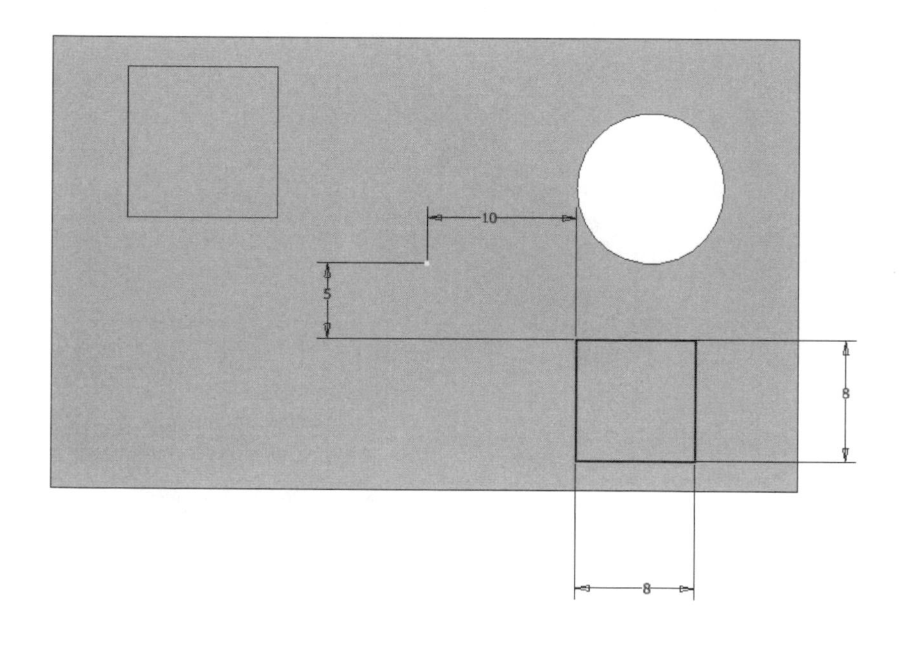

使用【擠出】功能，將所建立的圖元擠出成型距離 15 個單位。

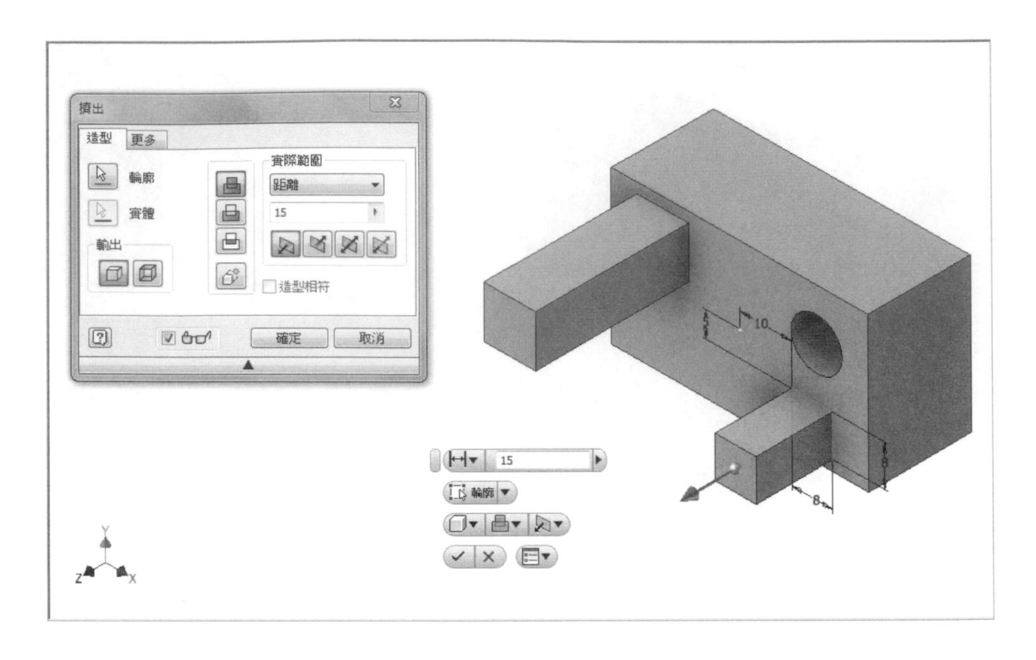

嘗試在如下圖所示之位置，建立一個新草圖，所繪製的圖元與特徵同樣高度。

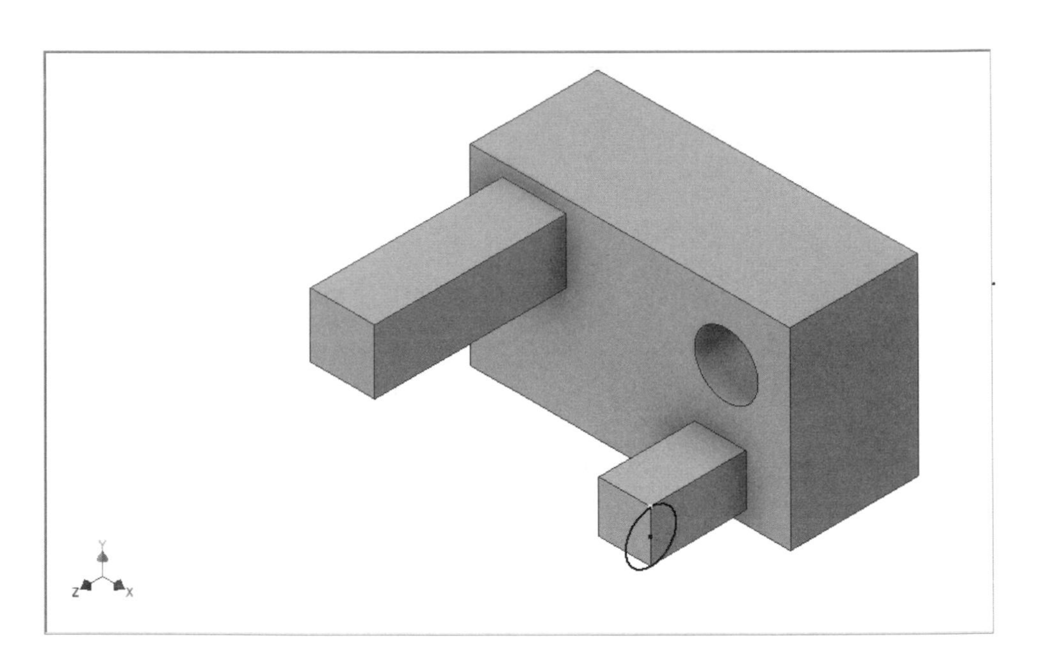

使用【擠出】工具，將草圖圖元成形，在實際範圍選項中，我們來選擇【至】來做成形的動作，此功能可選擇草圖圖元進行【接合】或【切割】動作至指定的【面】或是【點】截止。

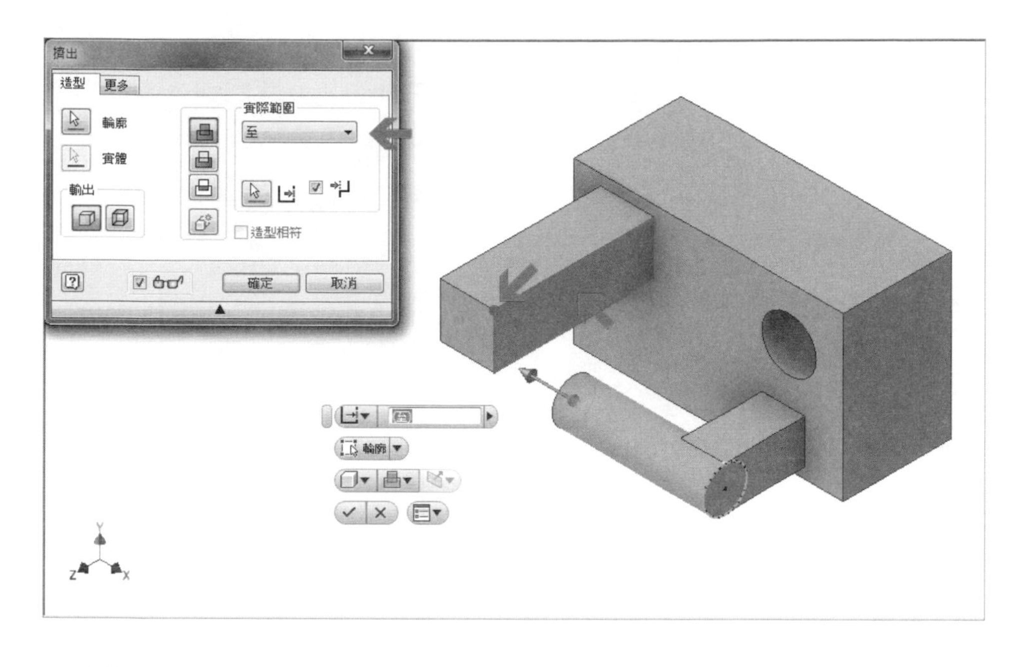

完成後，如下圖所示。

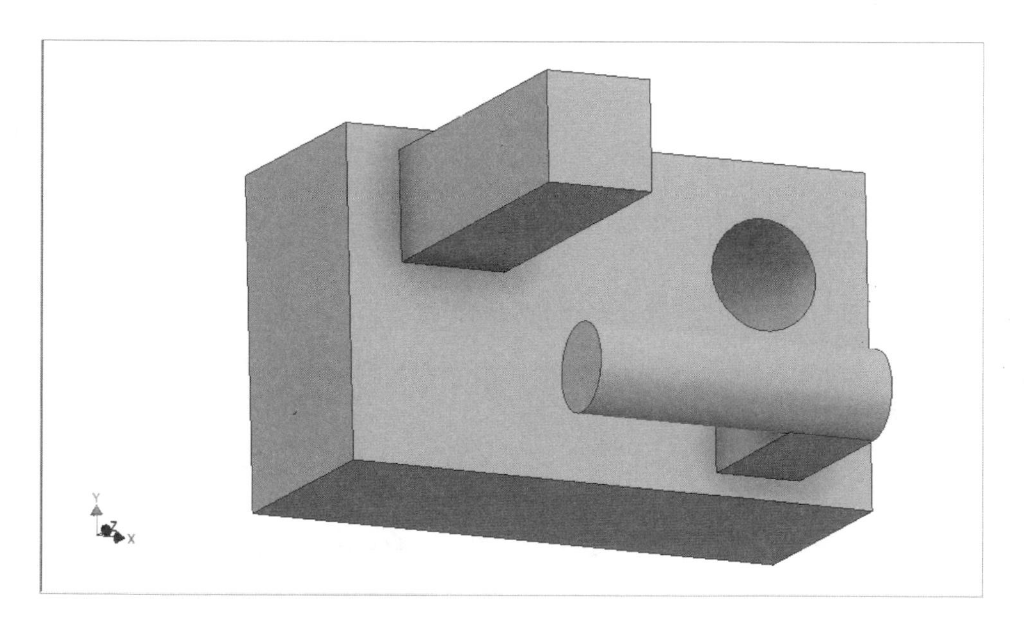

我們重新再來新建一個零件檔。

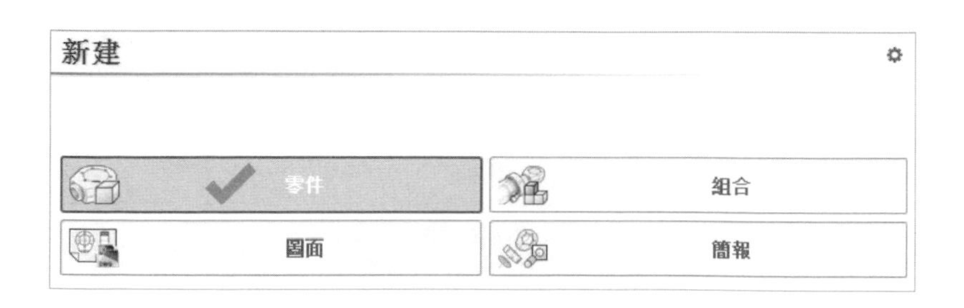

選擇一個平面後建立一張新草圖。

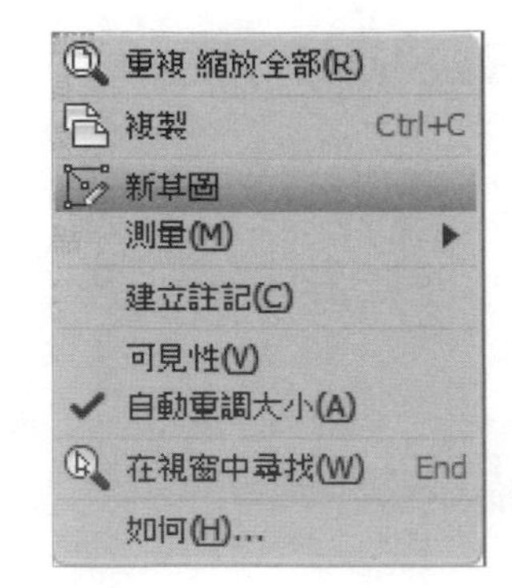

在草圖上建立與圖面所示尺寸之圖元。

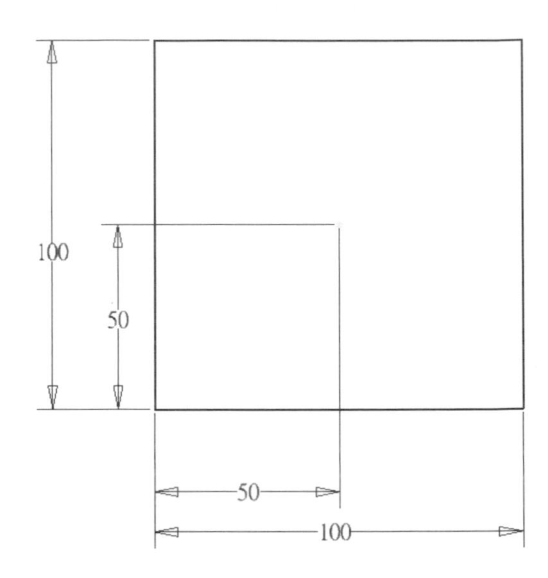

使用【擠出】功能，將距離長度設定為 100 單位。

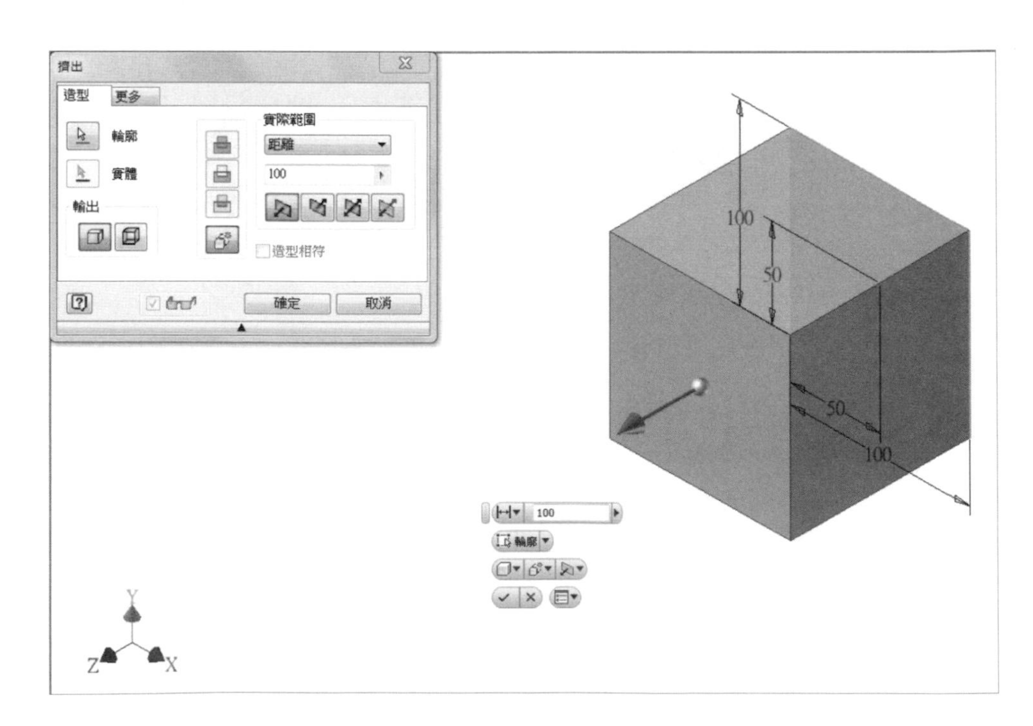

再重新建立一張新草圖，我們可把草圖基準平面設定在 XZ 平面。

零件1
實體本體(1)
視圖: Master
原點
YZ 平面
XZ 平面
XY 平面
X 軸線
Y 軸線
Z 軸線
中心點
擠出1
零件終止

以角落之端點當圓心，畫一直徑為 100 的草圖圖元。

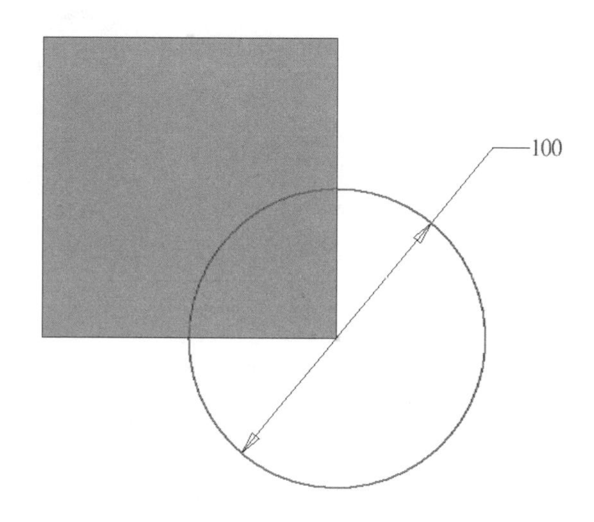

使用【擠出】功能，並將選項指定為建立【新實體】，可以將剛才的圖元獨立形成一個實體，一般來說，一個零件檔的成立為單一實體零件的構成，若使用此項目來建立二個以上的零件於單一檔案中，主要目的通常為後續運用【合併】功能來做編輯，以創造出更多元的功能運用。

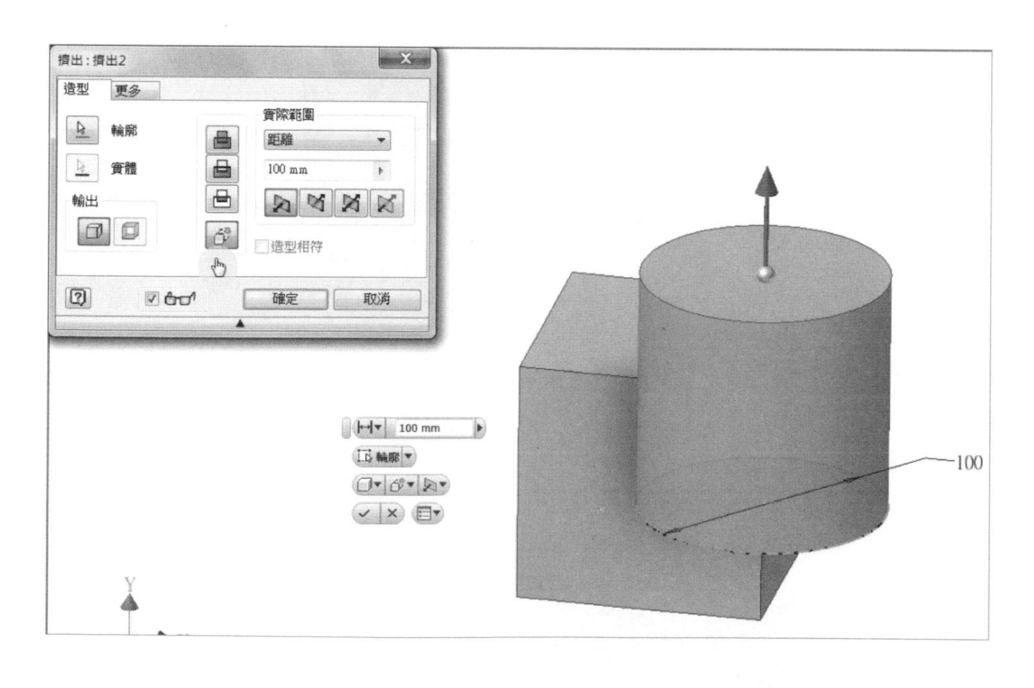

如圖所示，透過【新實體】所建立出的獨立物件。

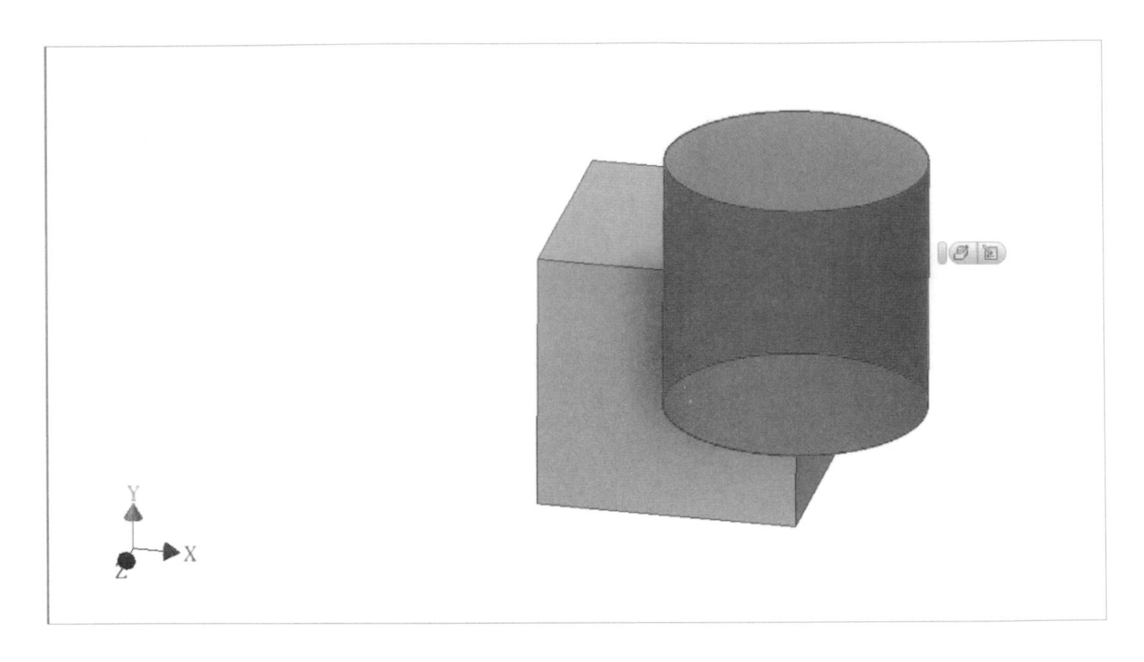

使用【擠出】功能，並將選項依照箭頭所指示，設定為【相交】，可以將二個獨立的圖元建構成一個實體，原理為二個零件重疊相交的部分將保留下來並產生出新實體。

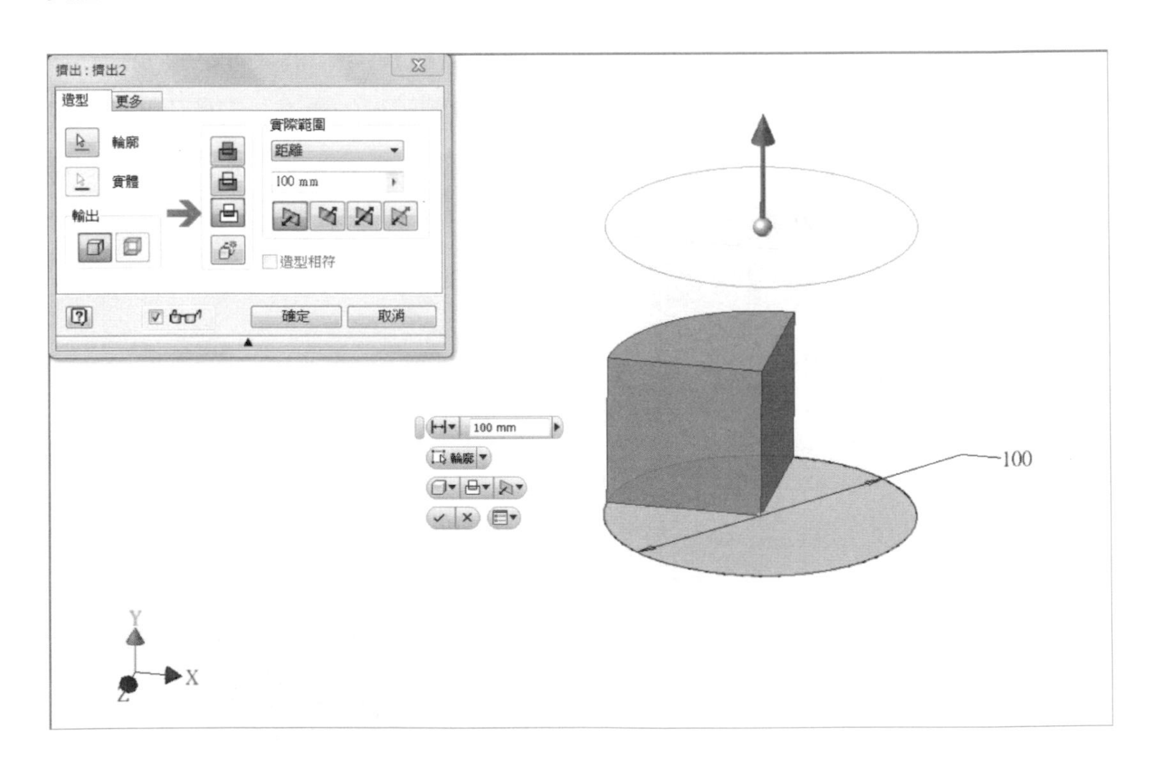

重新再開啟一個新零件檔，並指定一個基準平面，在其上方建立如圖所示之尺寸圖元。

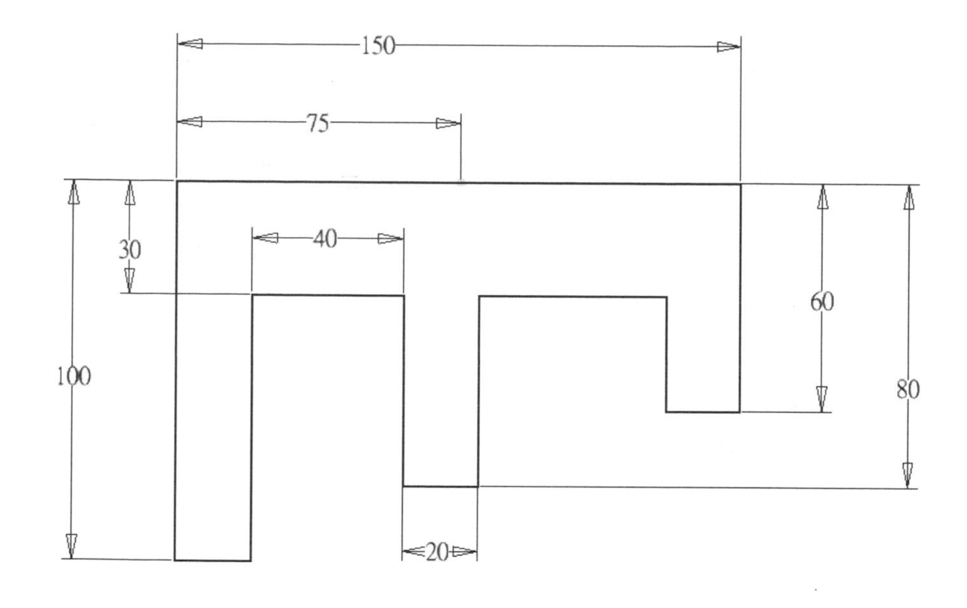

使用【擠出】功能，並將圖元成形距離 20 個單位。

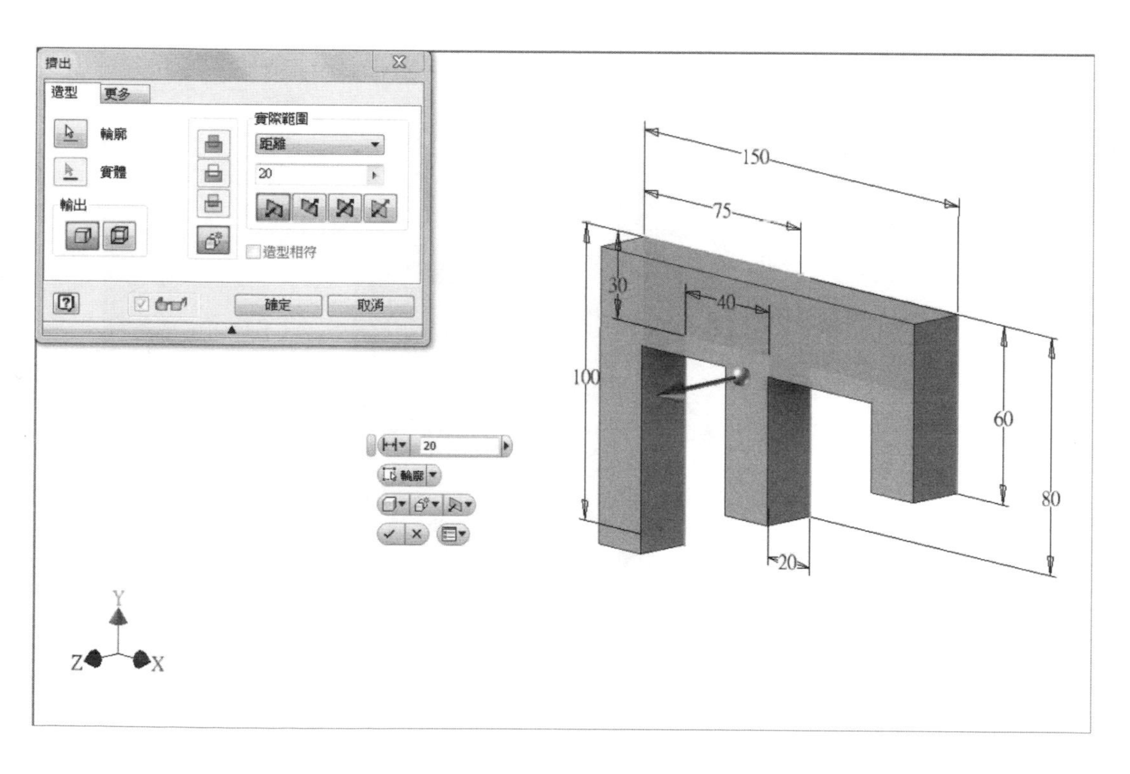

在已成形的實體中，選取如圖面所示之平面，建立一個 8×8 的矩形。

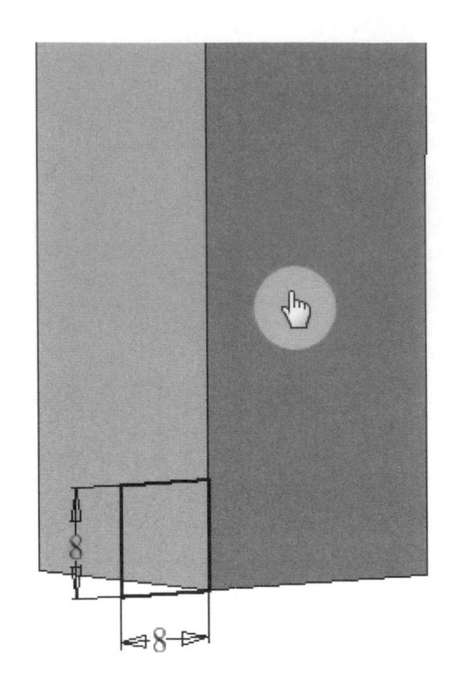

使用【擠出】功能，並將選項依照箭頭所指示，設定為【介於】，此功能可將草圖圖元依需求來指定成形的起點與終點。

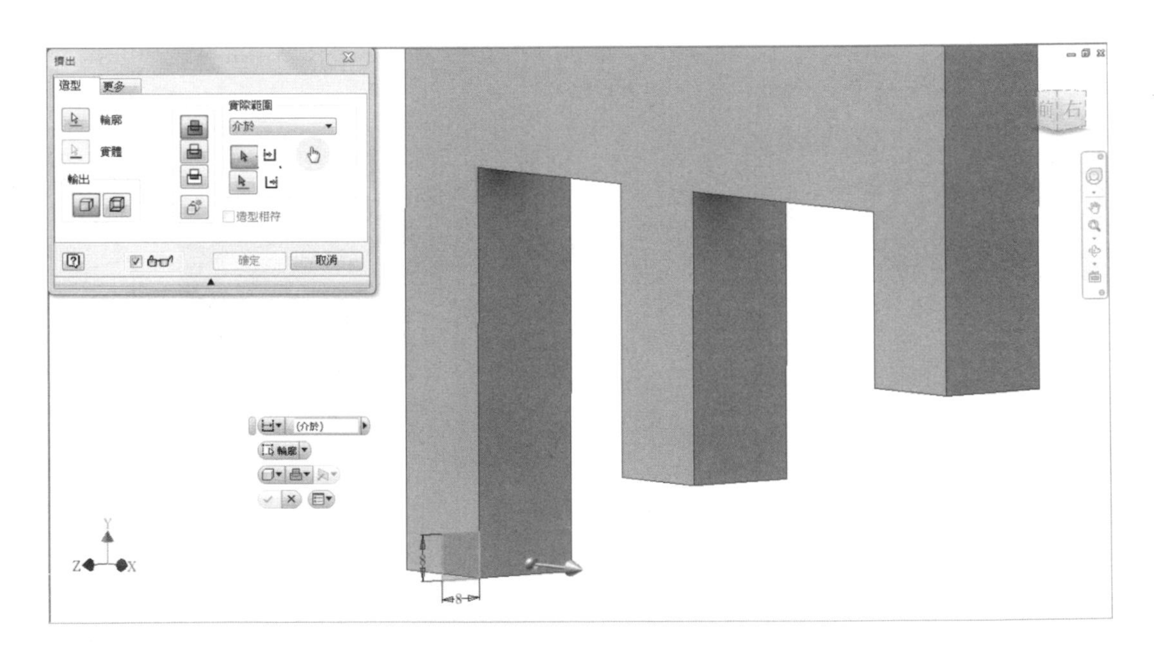

如圖所示，指定①為起始特徵面，指定②為終止特徵面。

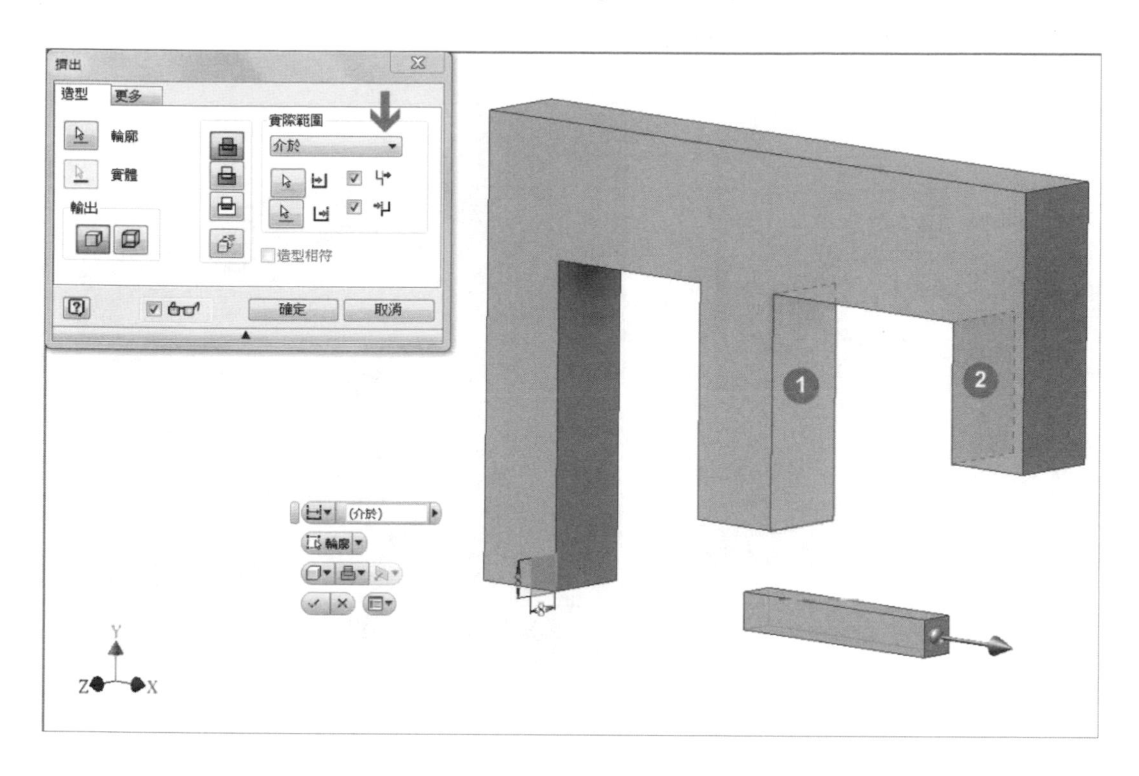

如圖所示，在箭頭指示之平面建立一新草圖，於下方角落外繪製 10×10 的矩形。

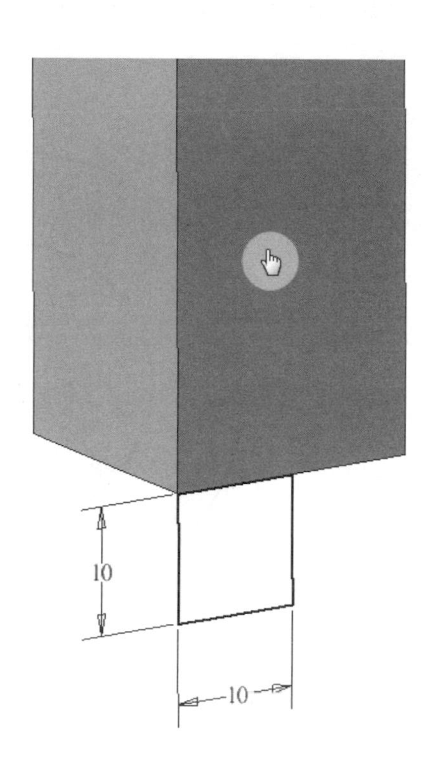

使用【擠出】功能，並將選項依照箭頭所指示，設定為【到下一個】，此功能可將草圖圖元成形至下一個接觸面截止。

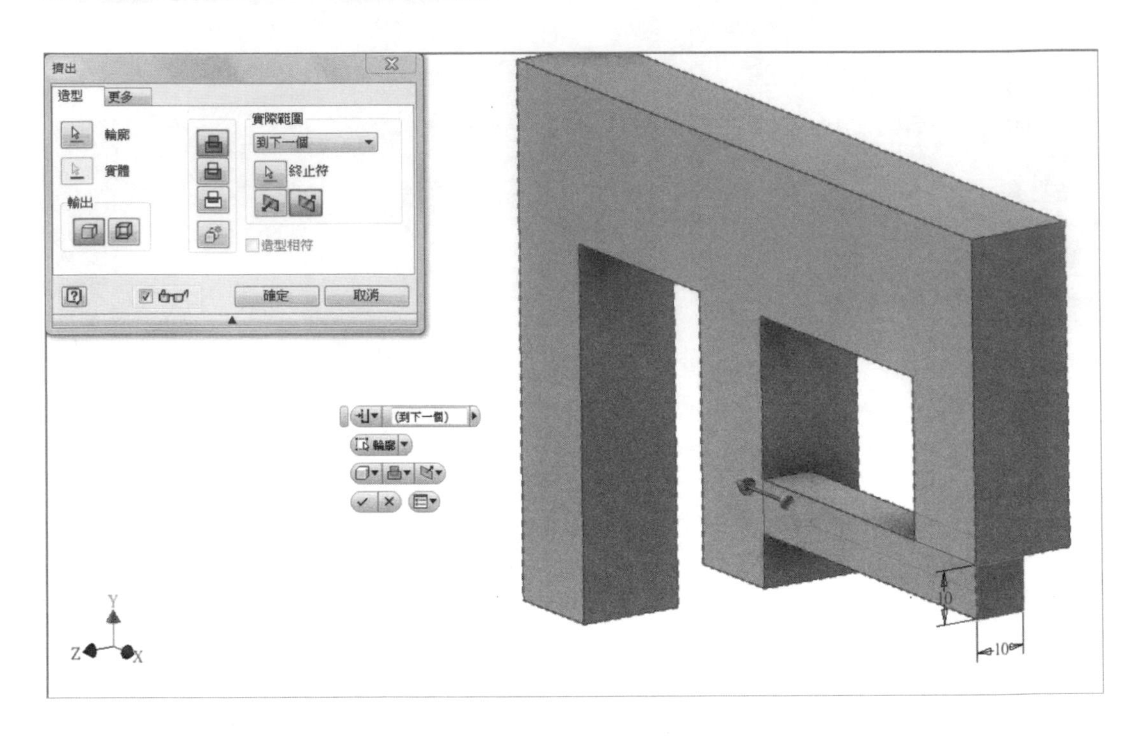

另外，我們在來了解一下關於【擠出】的特性，首先，開啟一個新零件檔，並指定一新平面來繪製草圖圖元，如下圖所示：

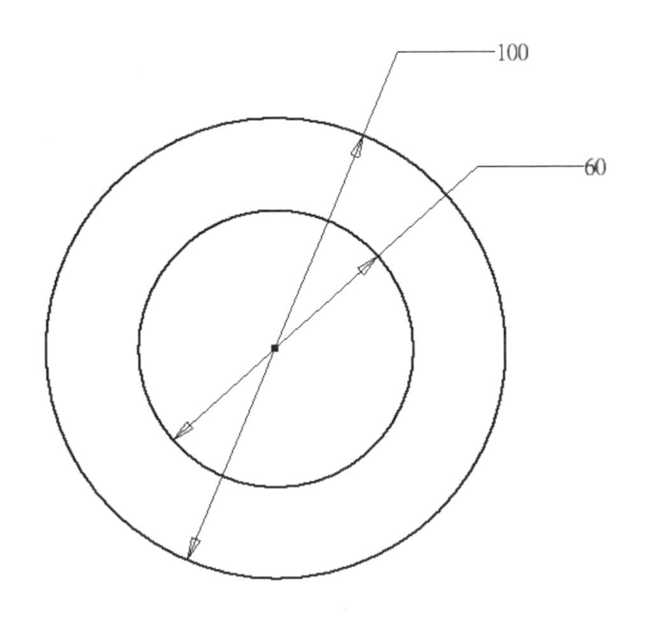

在使用【擠出】工具時，因為在一張草圖中存在著兩個封閉輪廓，此時功能上的選擇將可以自由決定要將哪個輪廓成型。

我們可以透過箭頭的移動來決定是否將外圍輪廓成型。

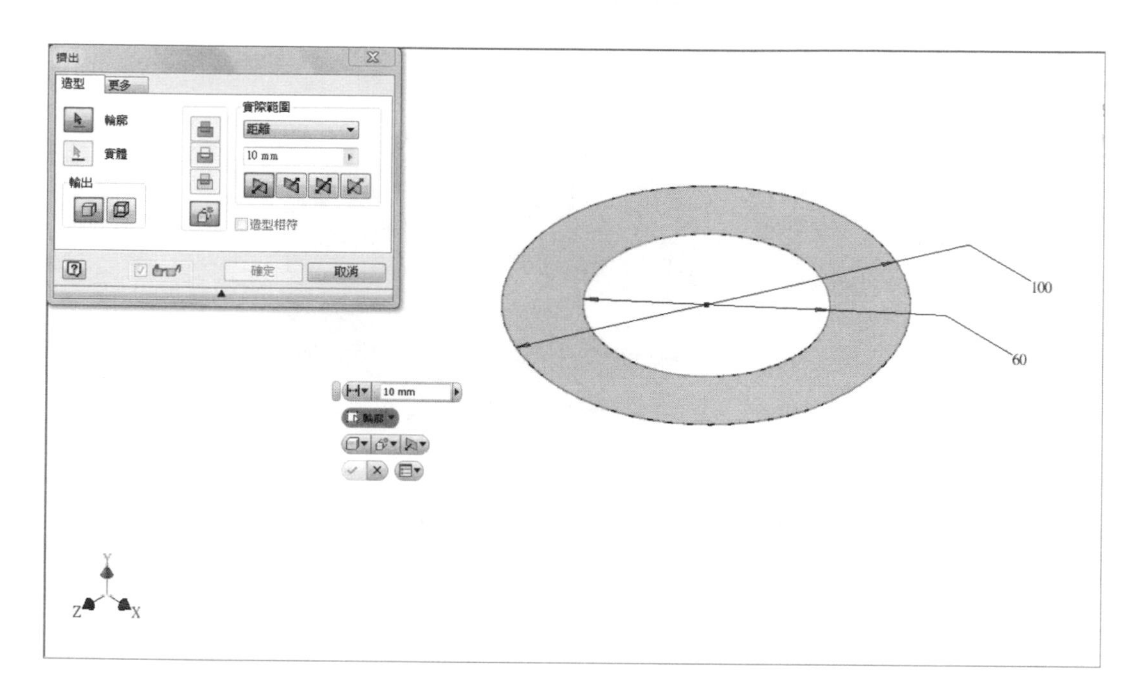

也可以選擇是否將內圈輪廓做成型，一旦成型後，外圍輪廓將在此一行為後被忽略掉。

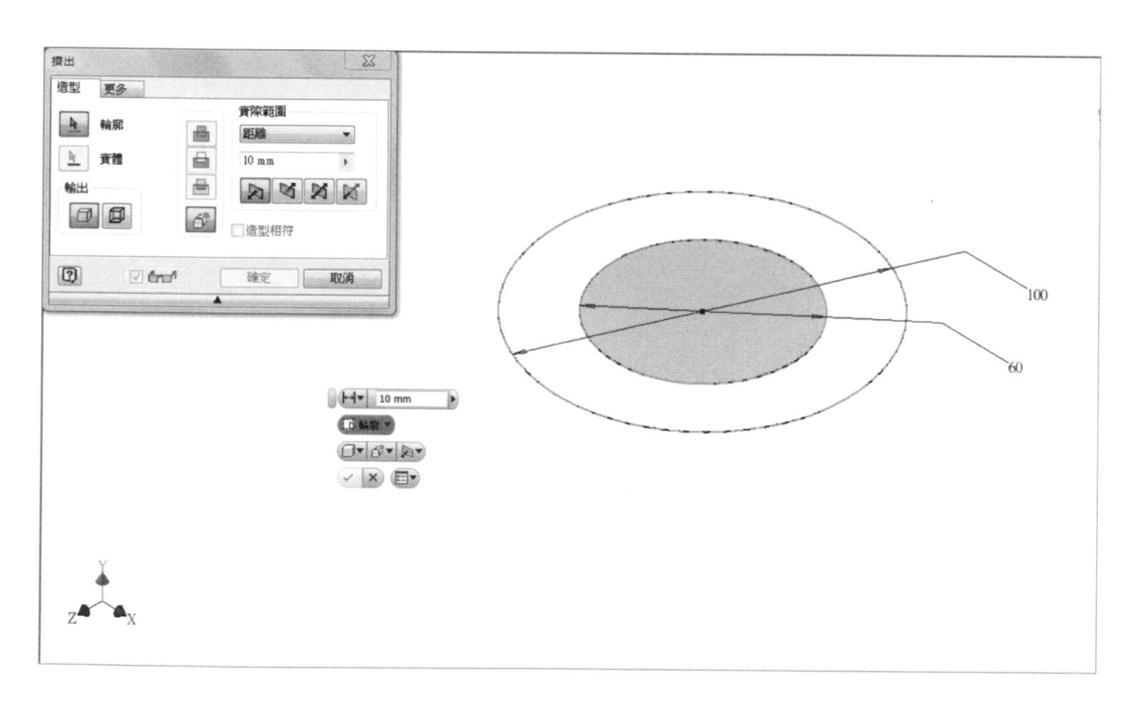

如下圖所示，已經將外圍輪廓成型，而整體特徵形態與事後使用【擠出】中的【切割】有著相同的產出結果。

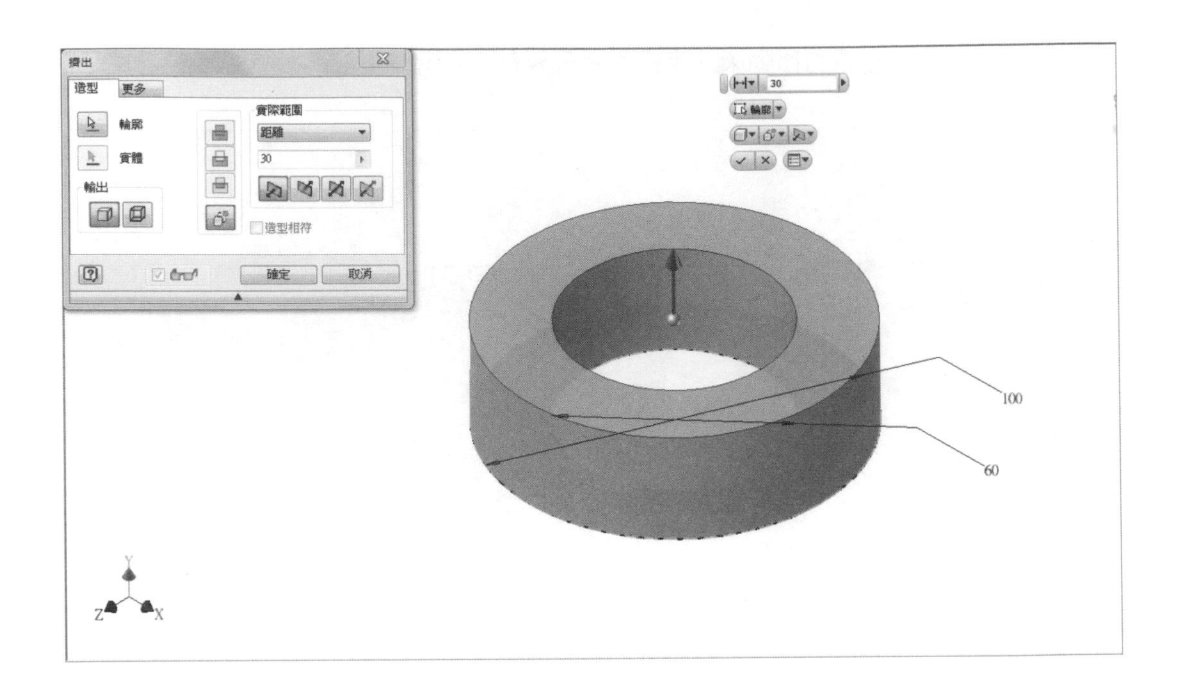

3-2 迴轉特徵

開啟新建工具選項板，選取【零件】選項後進入。

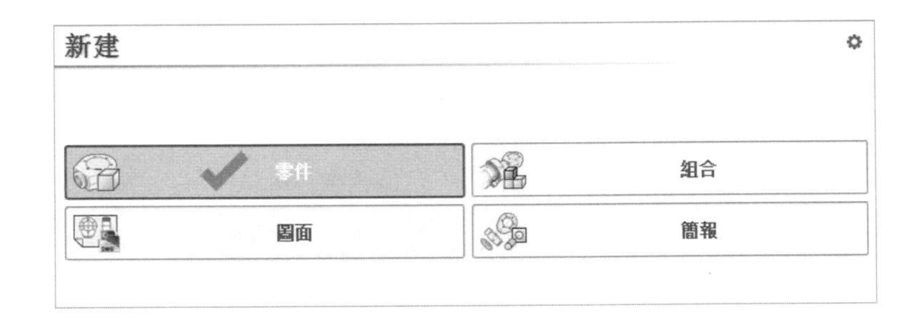

至左方的樹狀圖中選擇一工作平面來建立新草圖。

待草圖完成結束後，可使用【迴轉】進行功能編輯。

請先選擇一工作平面，並建立一張新草圖，如圖所示，在草圖中建立一直徑 200 的圓，畫一直線連接上下兩端之四分點。

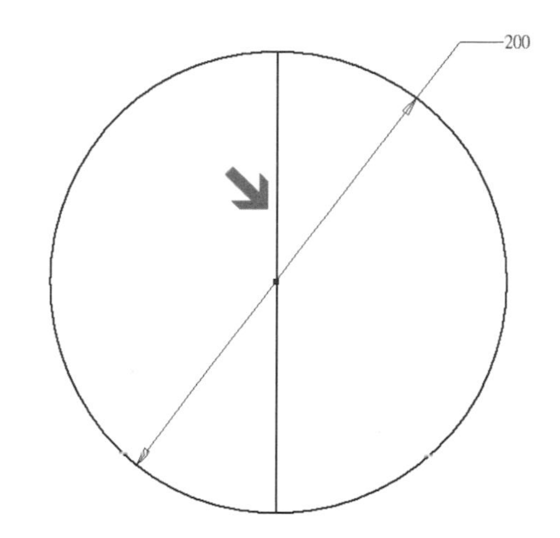

至草圖工具選項中的【修改】工作區中使用【修剪】功能。

將箭頭所示位置進行修剪後結束草圖。

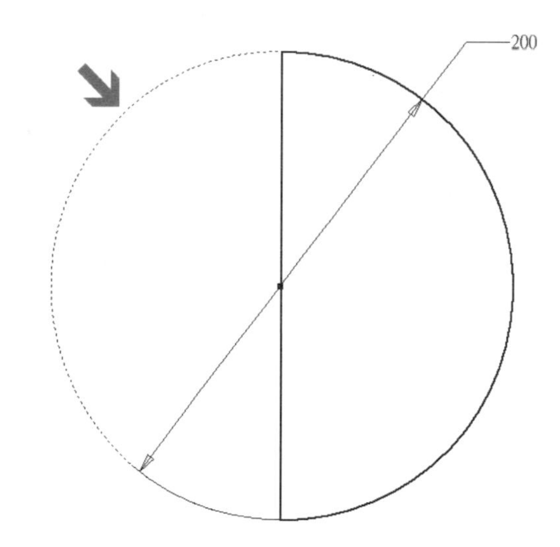

回到特徵工具列選項中選取【迴轉】功能。

進入【迴轉】功能後，需設定迴轉時所需要使用的軸線，輪廓的成形都將依軸線方向來建立，如圖面箭頭所示。

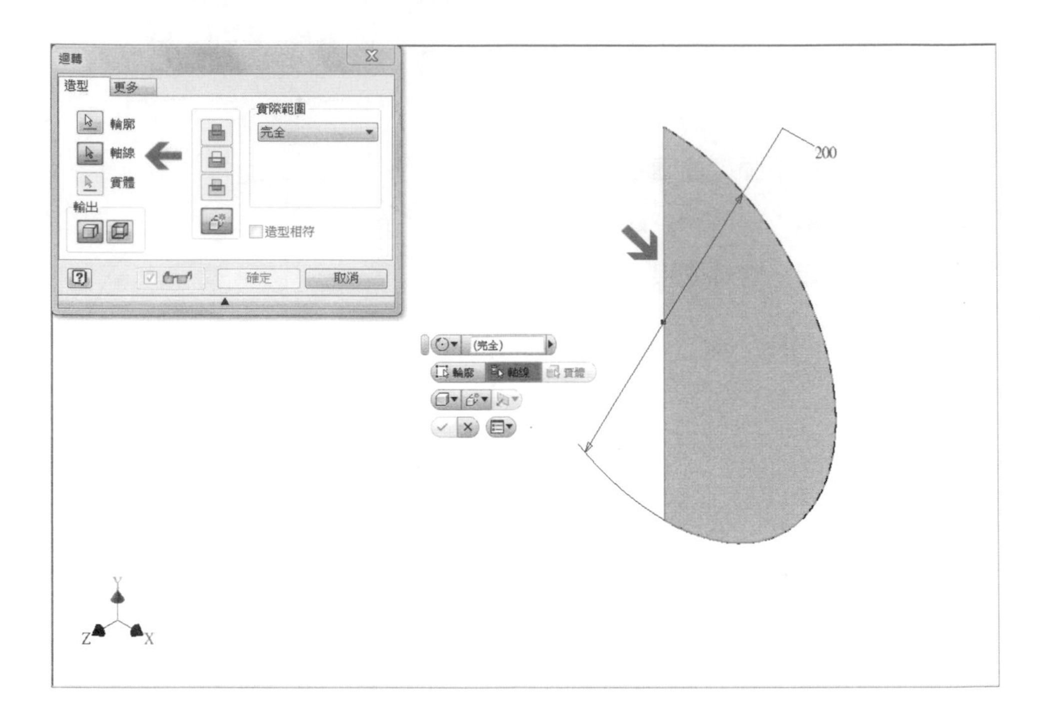

使用【迴轉】功能，將實際範圍項目選擇【完全】，則輪廓將會順著軸線進行 360 度的迴轉成型。

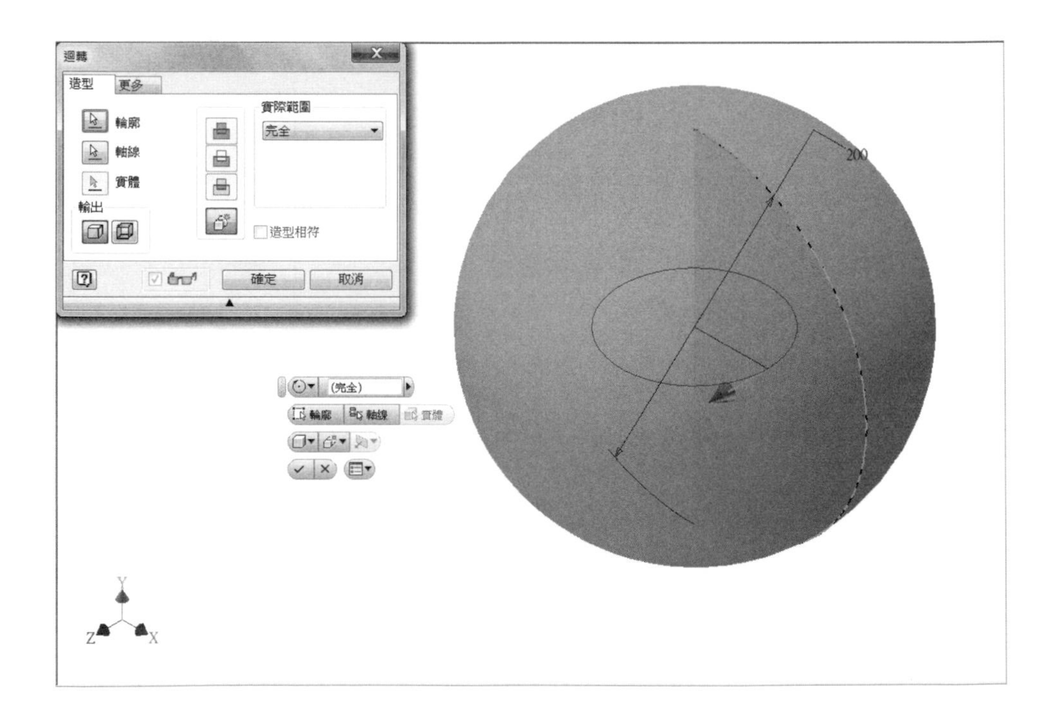

圓球特徵完成後，我們再來選擇 XY 平面來建立一張新草圖。

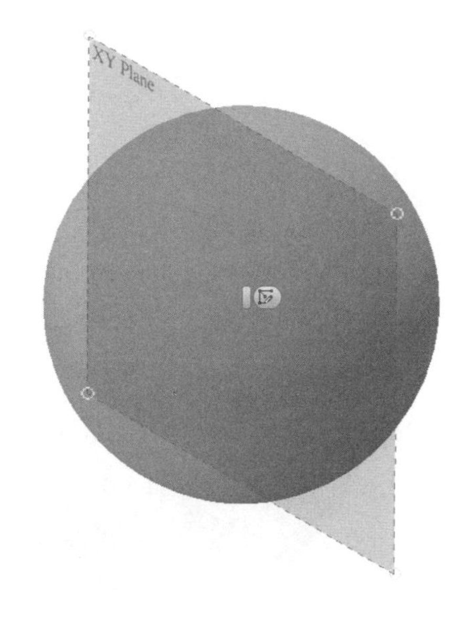

在草圖平面上繪製一條由圓心位置所拉出的直線。

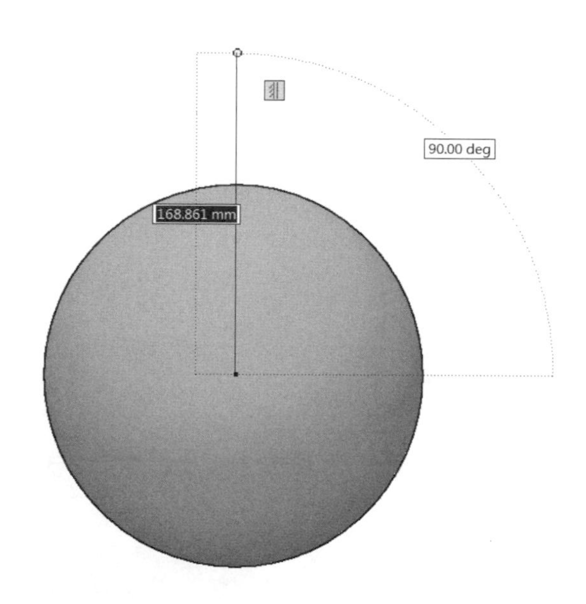

點選直線後，將滑鼠移動至上方的選項板來選取【中心線】的切換。

接著，我們再到圓球平面的邊緣四分點位置上方建立一個直徑為 45 的圓形圖元後，草圖結束。

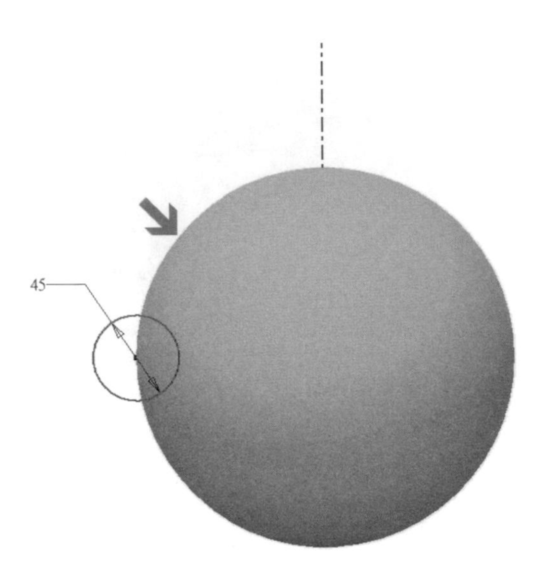

使用【迴轉】功能，因草圖中已經預先建立好中心線，所以在功能上便會以此為預設軸線來進行特徵輪廓的成型。

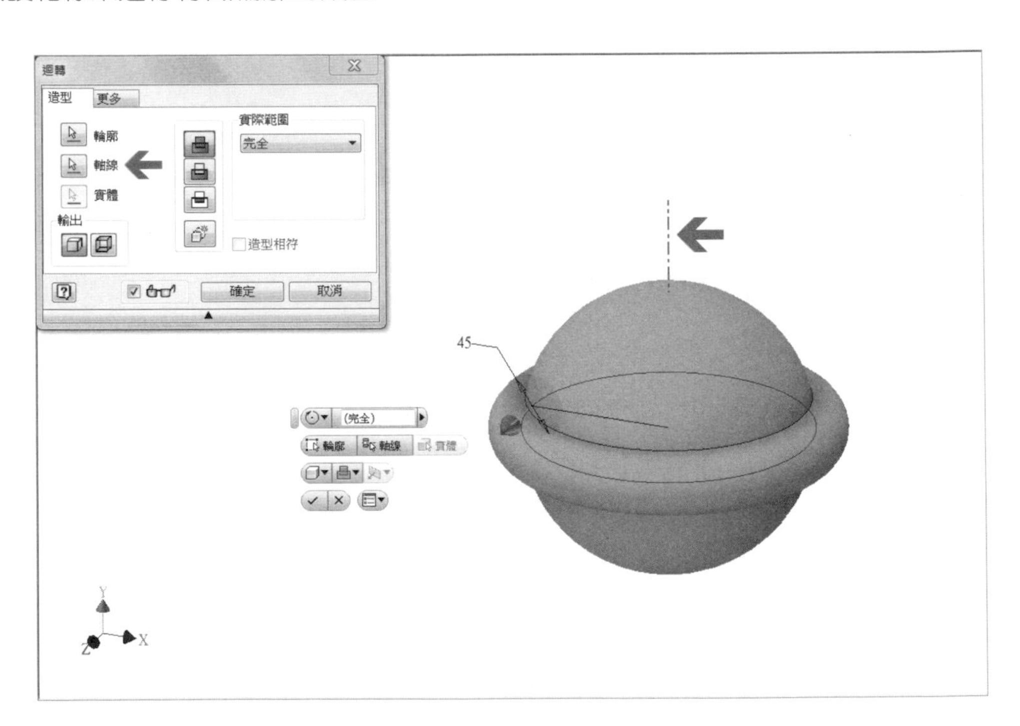

以相同的輪廓圖元，讓我們將選項改為【切割】，則草圖圖元輪廓將以中心軸線為基準，進行切割除料的動作。

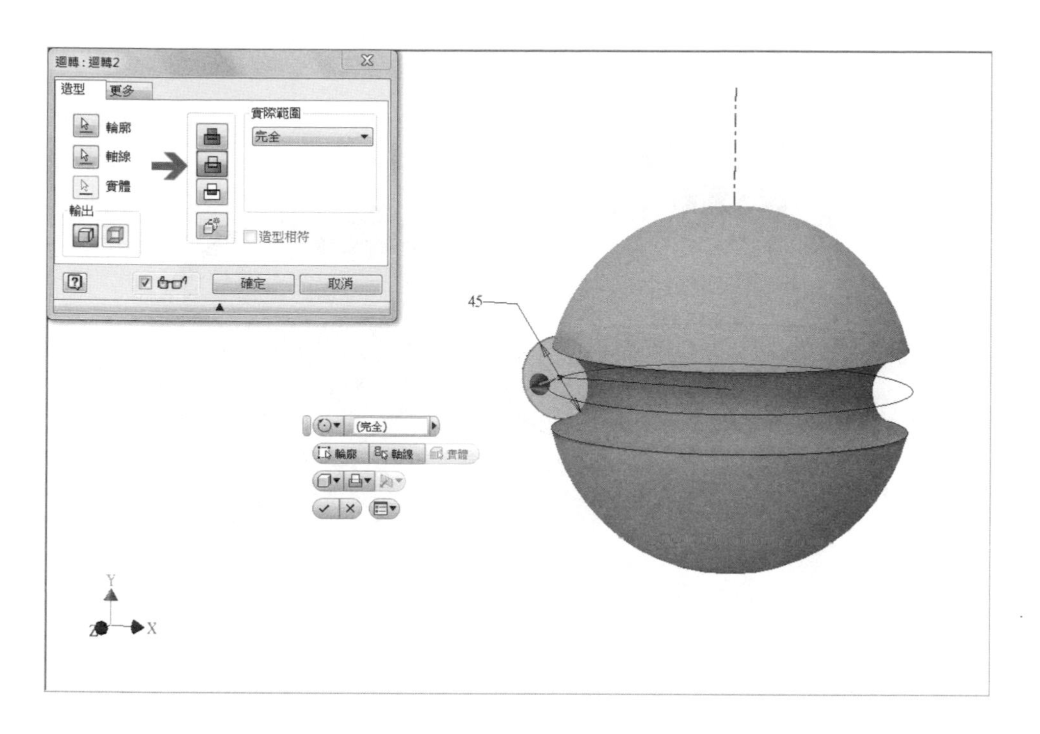

以相同的輪廓圖元，讓我們將選項改為【相交】，則草圖圖元輪廓將以中心軸線為基準，進行兩個特徵的共同涵蓋區域的保留動作。

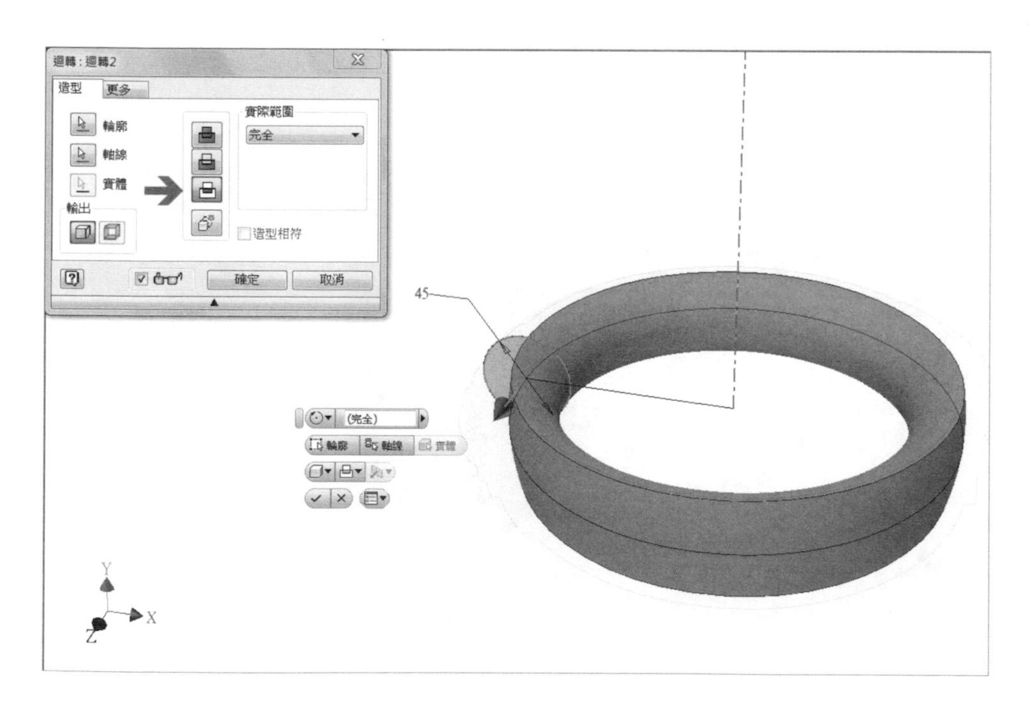

使用【迴轉】功能，將實際範圍的項目指定為【角度】，再依照設計需求來設定角度數值後，由預設軸線來進行特徵輪廓的成型。

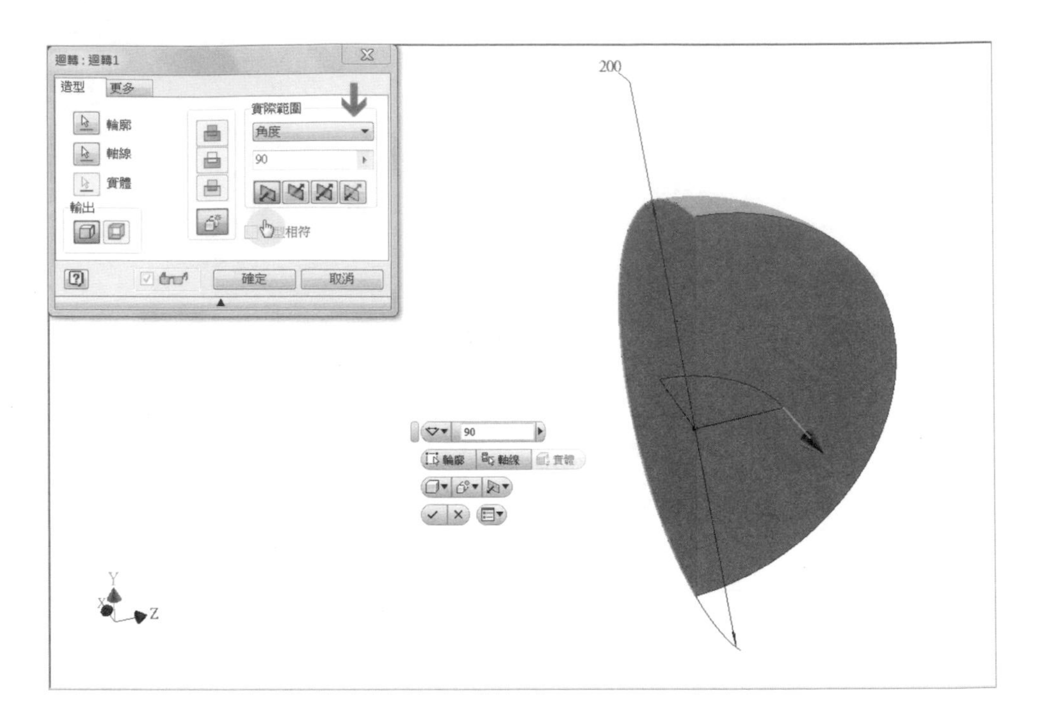

透過選項的切換，可修改軸線成型時的方向。

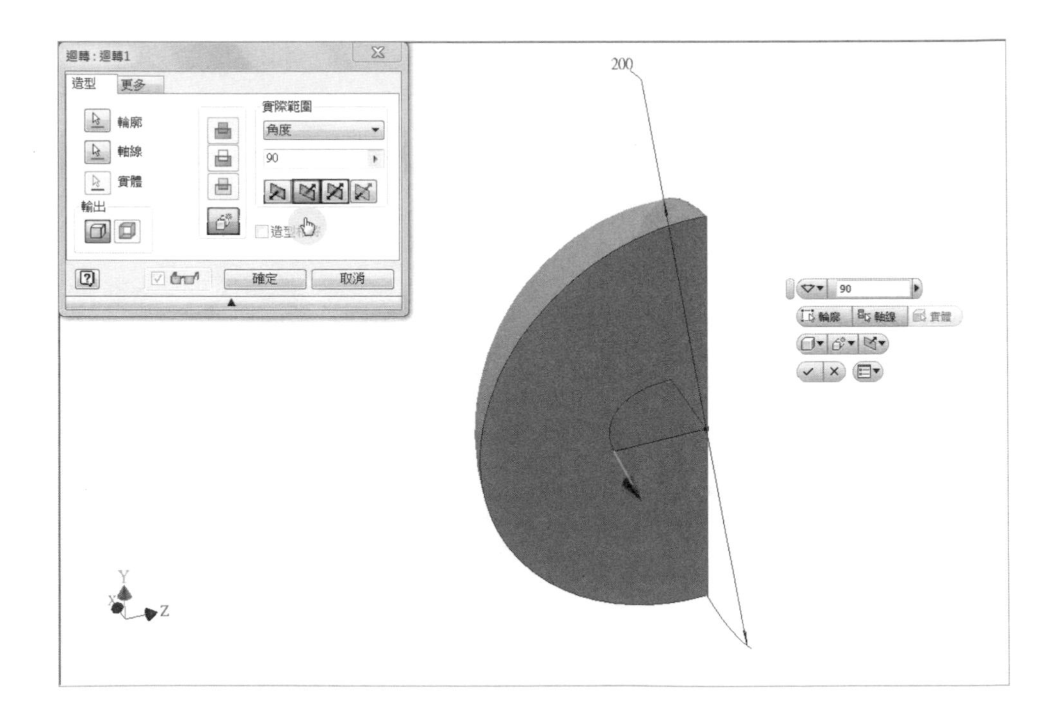

透過選項的切換，可設定依照草圖繪製時所選擇的平面來當作角度對分的基準面，將使用者所設定的角度進行兩個坊性的對等成型。

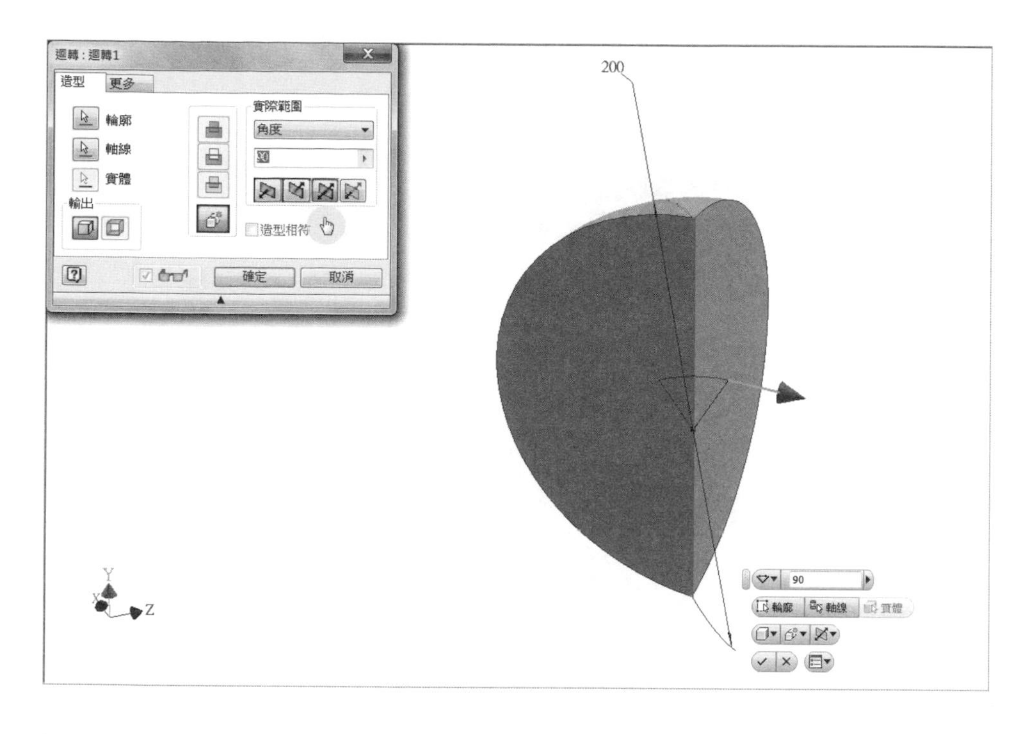

透過選項的切換，可設定依照草圖繪製時所選擇的平面來當作兩方向不同角度成型的基準面，也可使用如箭頭指示之按鍵將成型軸向翻轉。

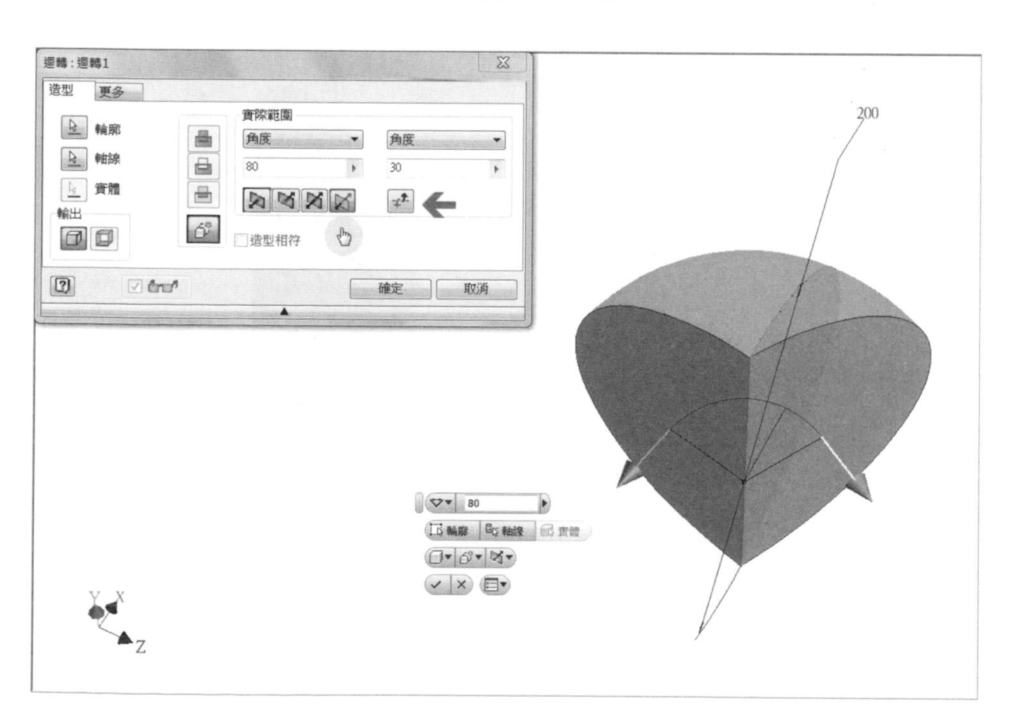

重新開啟一個新零件檔，並建立如下圖所示之草圖圖元。

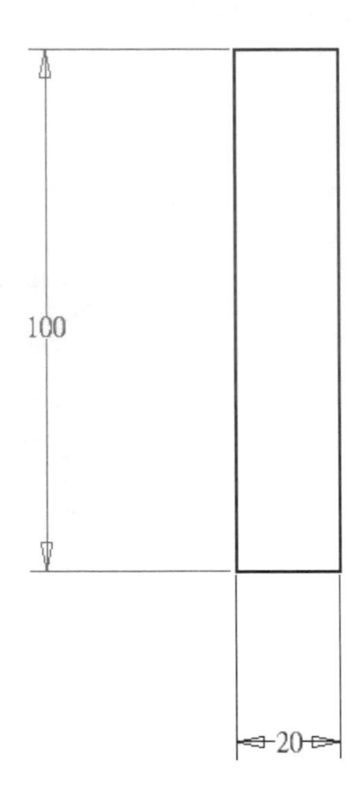

使用【擠出】工具，將草圖圖元輪廓往上建立 150mm 的距離。

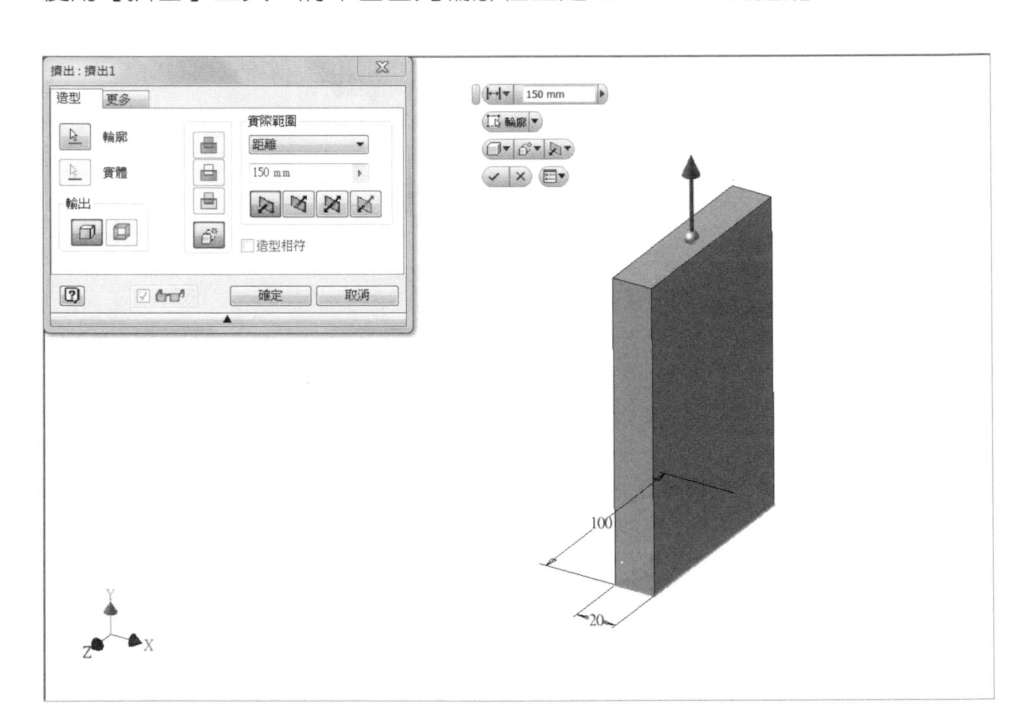

依照圖面指示，在箭頭所在建立一草圖平面，並繪製出如圖面所示之草圖圖元。

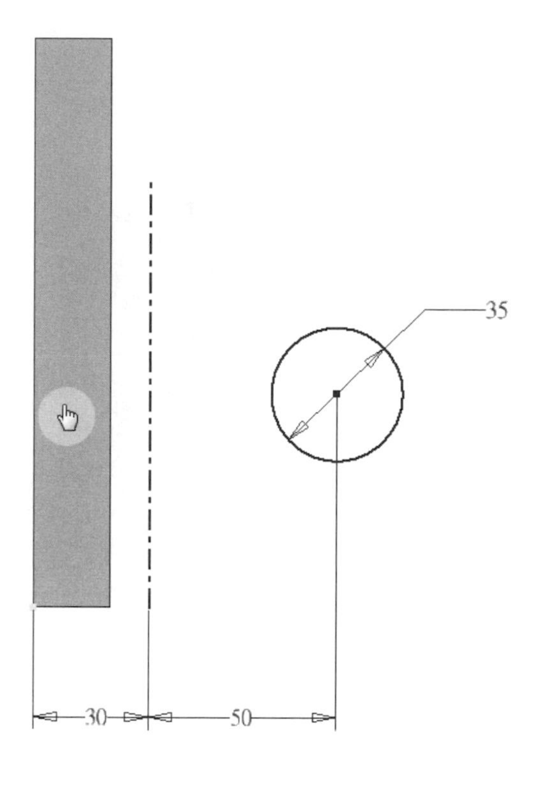

使用【迴轉】功能，將實際範圍的項目指定為【至】，可依照設計需求來指定迴轉時所許可的範圍內之面，由預設軸線來進行特徵輪廓的成型至該面對應位置時終止。

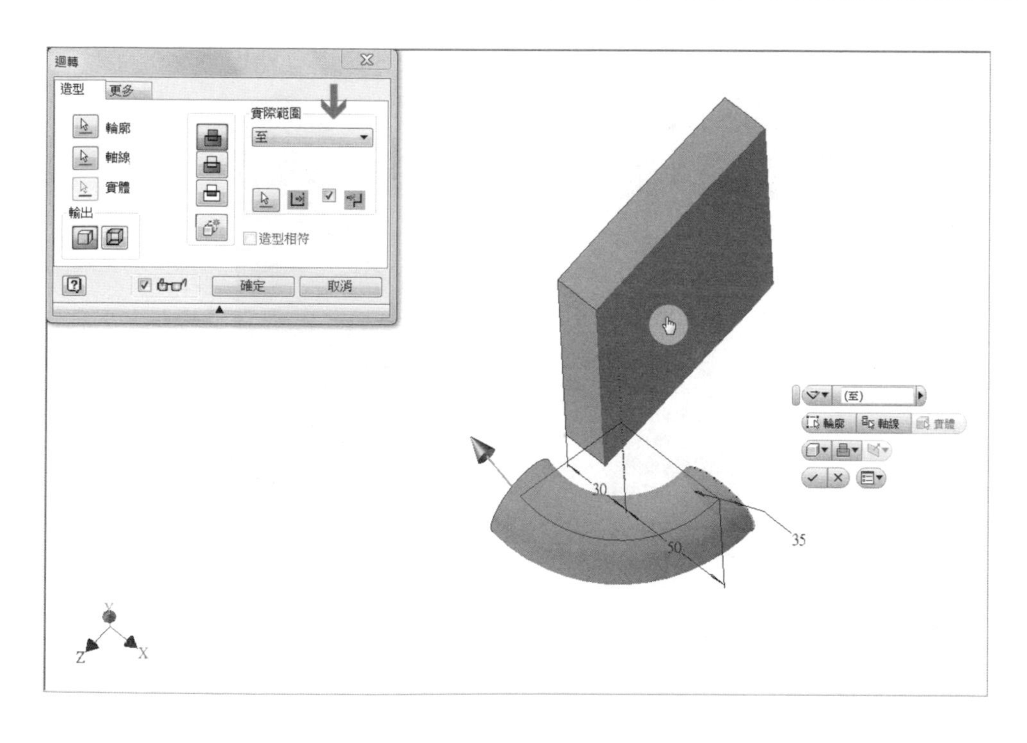

使用【迴轉】功能，將實際範圍的項目指定為【到下一個】，可依照設計需求來指定迴轉時所能接觸到之第一個特徵面。

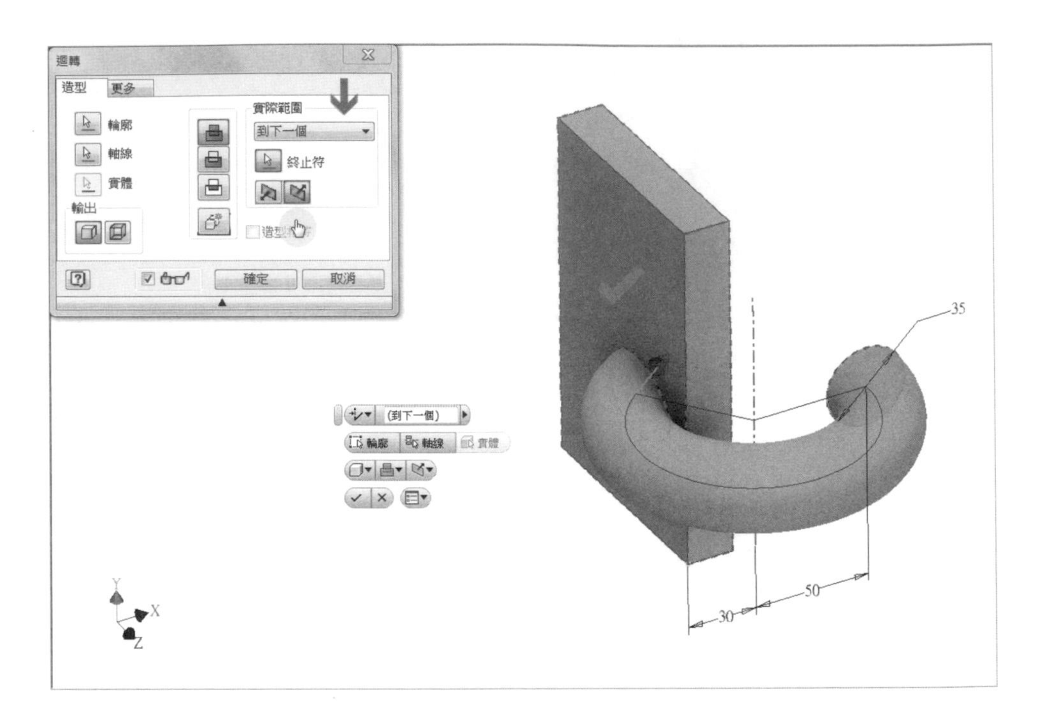

使用者也能透過如箭頭所示之選項，將成型的方向變換迴轉時所能接觸到之第一個特徵面。

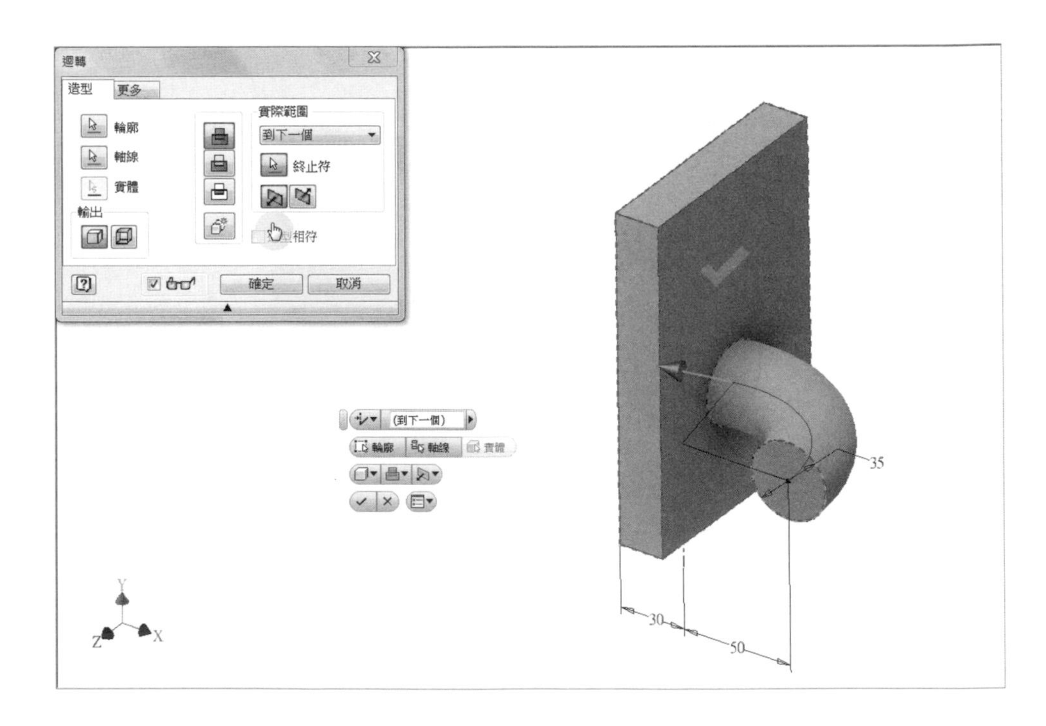

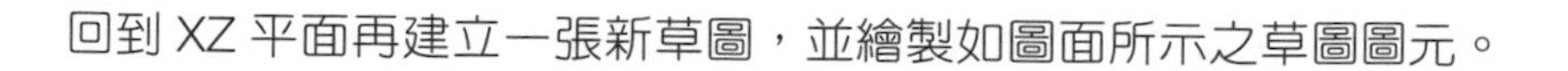

回到 XZ 平面再建立一張新草圖，並繪製如圖面所示之草圖圖元。

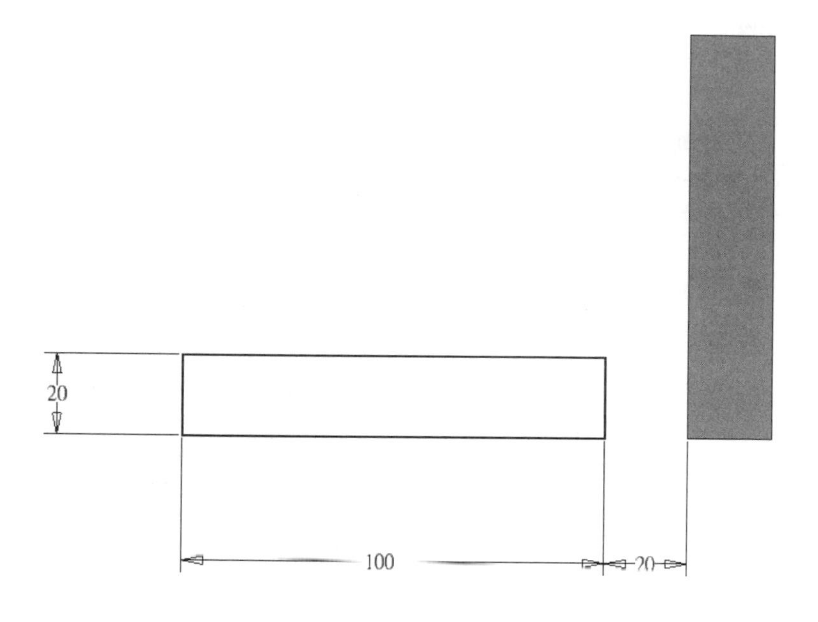

使用【擠出】功能，將草圖輪廓成型 150mm 的距離。

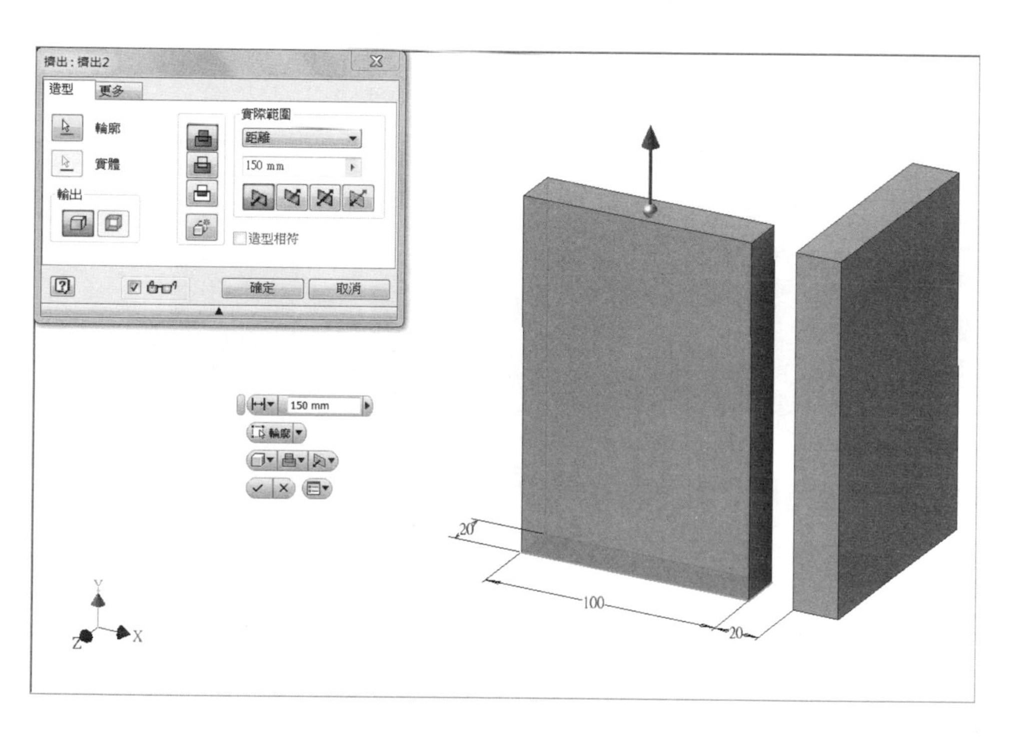

使用【迴轉】功能，將實際範圍的項目指定為【介於】。

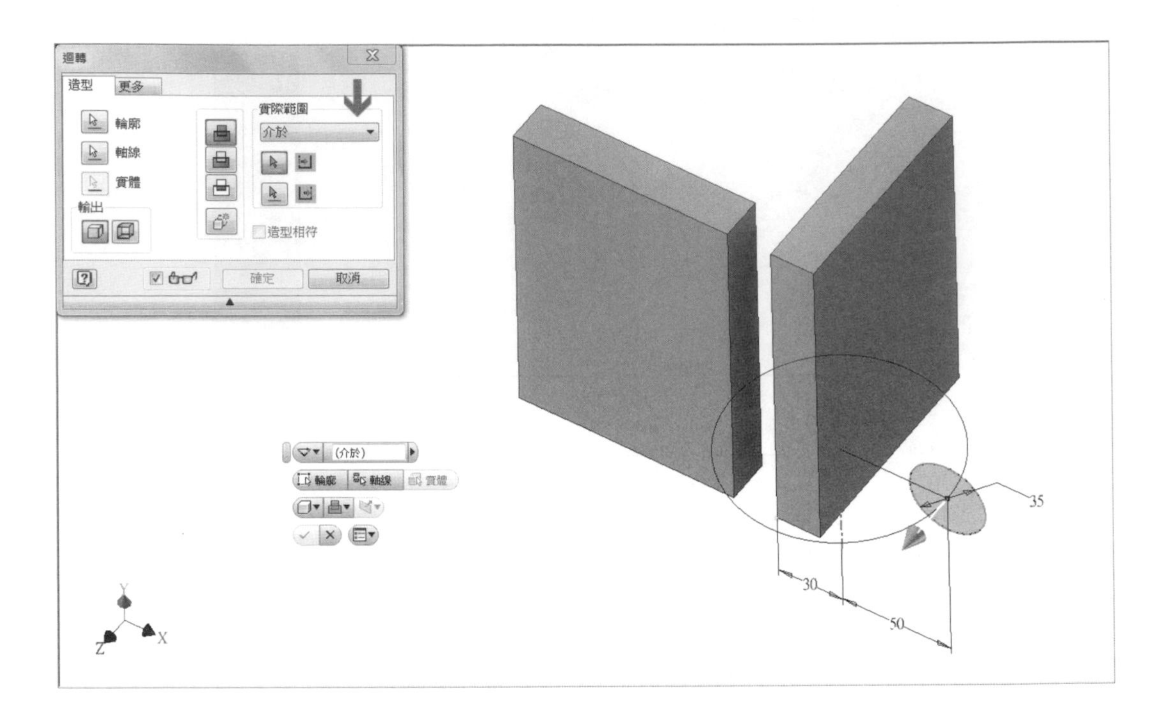

如圖所示，選擇成型時所需對應的起始面①與結束面②

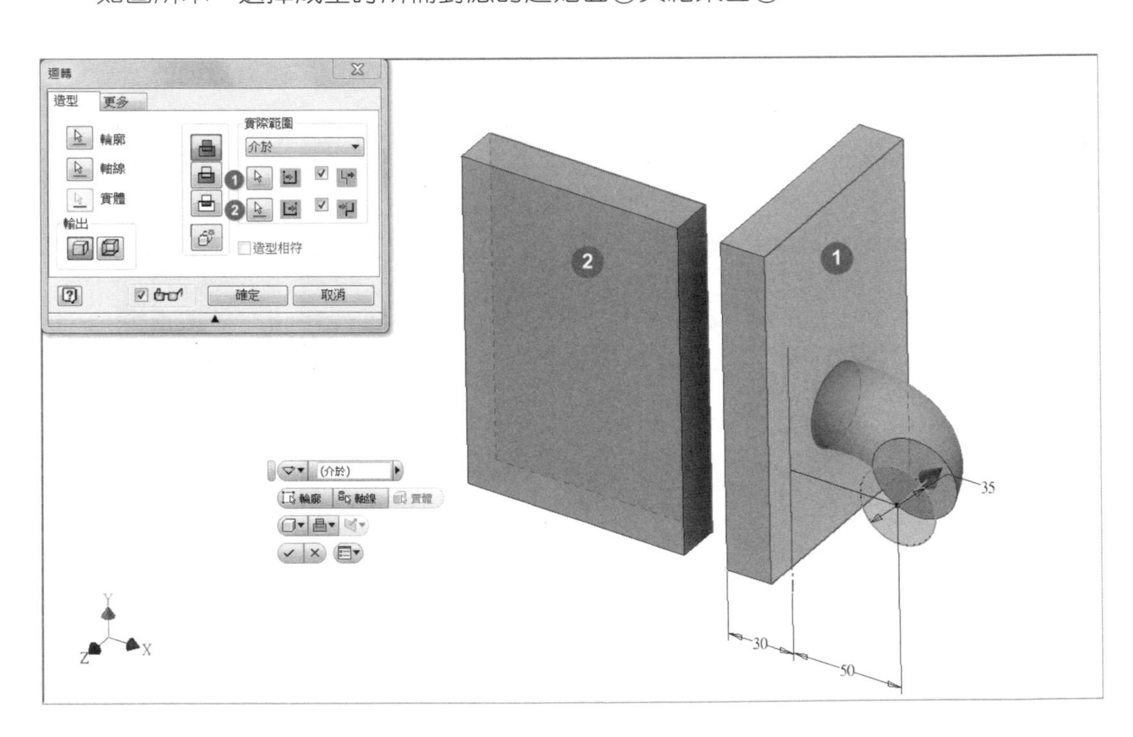

我們可發現，輪廓成型的位置是建立在與起始面相同高度。

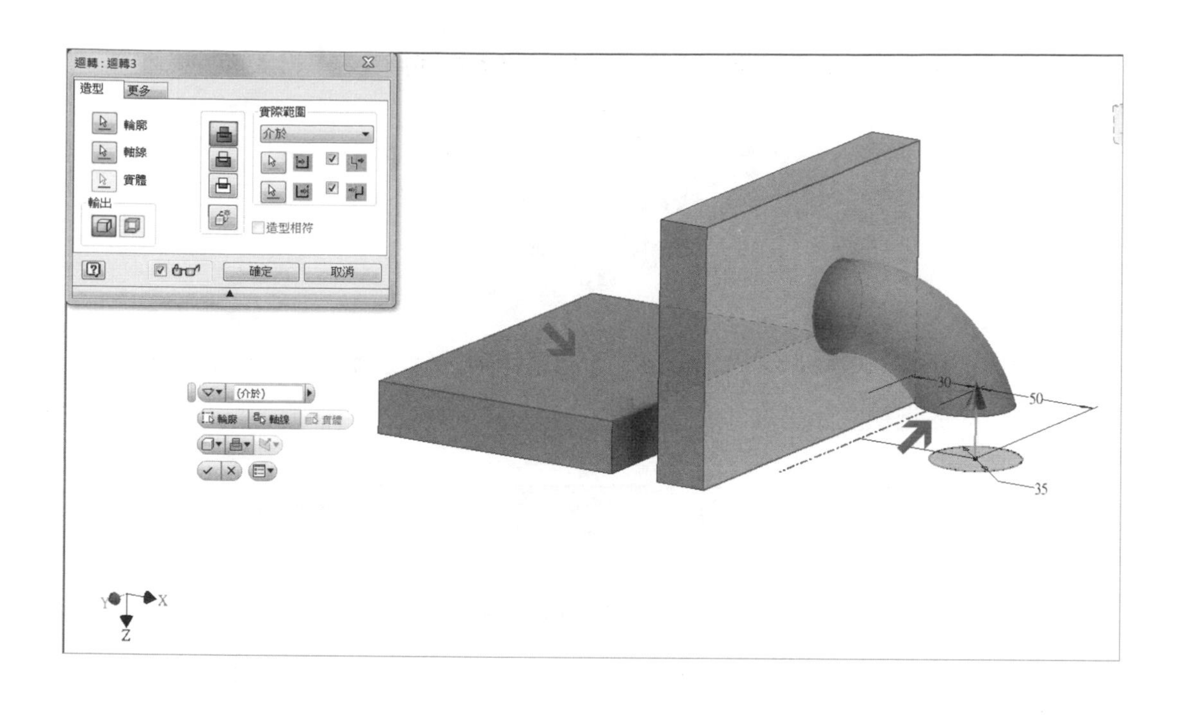

3-3 掃掠特徵

在【新建】工具選項中點選【零件】來建立一個新零件檔。

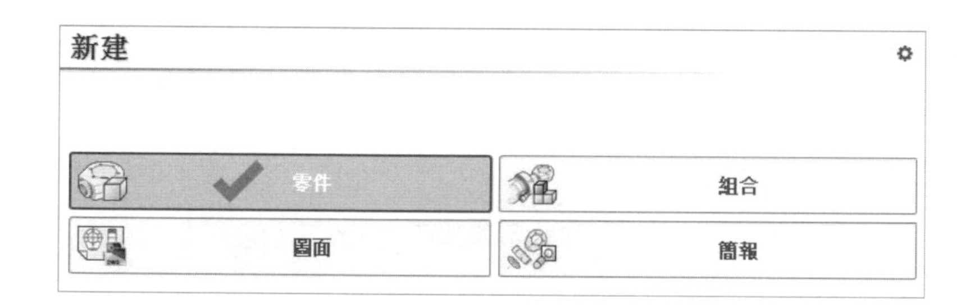

至左邊樹狀圖中選擇單一平面來建立一張新草圖。

後續草圖建立完成後，可至特徵建立工具選項板中使用【掃掠】功能。

【掃掠】功能需要有兩張獨力草圖才可啟用，如執行【掃掠】時出現如圖所示之錯誤訊息，可先行檢驗此一條件。

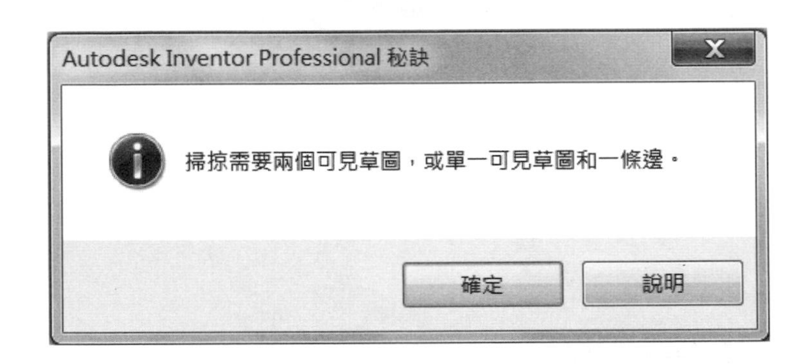

讓我們先來進行一個小範例

3-1. 在 XZ 平面建立一張新草圖，並畫出如②所示之造型與尺寸。

3-2. 在 XY 平面建立一張新草圖，並畫出如①所示之直徑 20 的圓形圖元。

3-3. 進入【掃掠】進入功能選單。

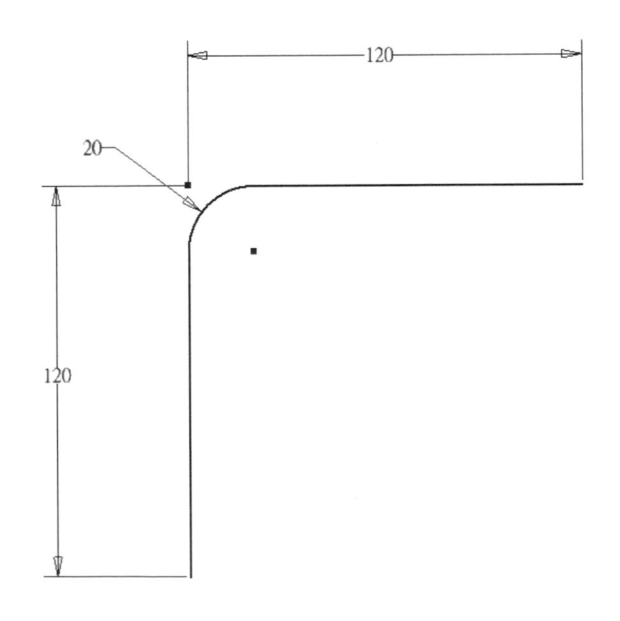

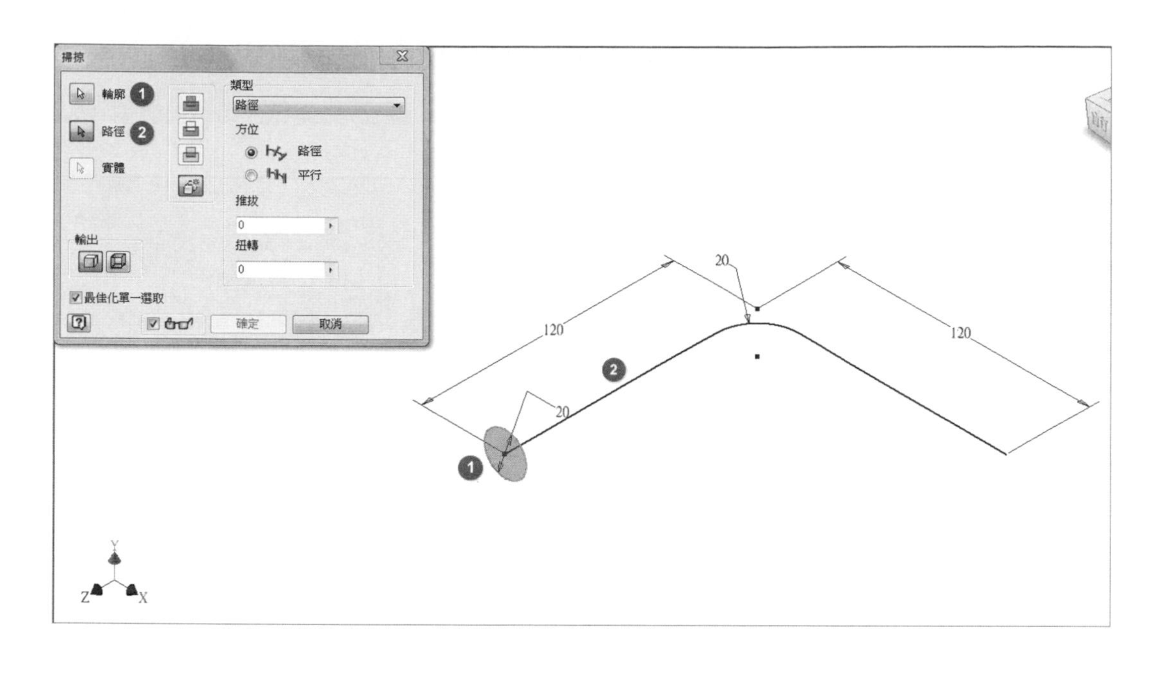

依序選擇完路徑與輪廓後，即可得到此型態之本體。

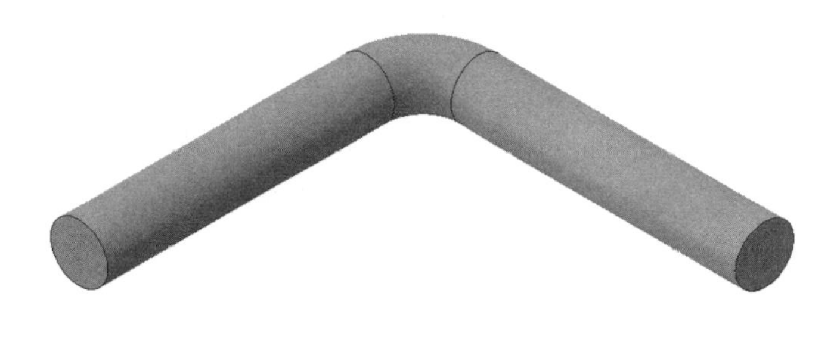

在【掃掠】功能中，如給予【推拔】角度，則圖元輪廓成型截止前將依設定之角度產生漸變效果。

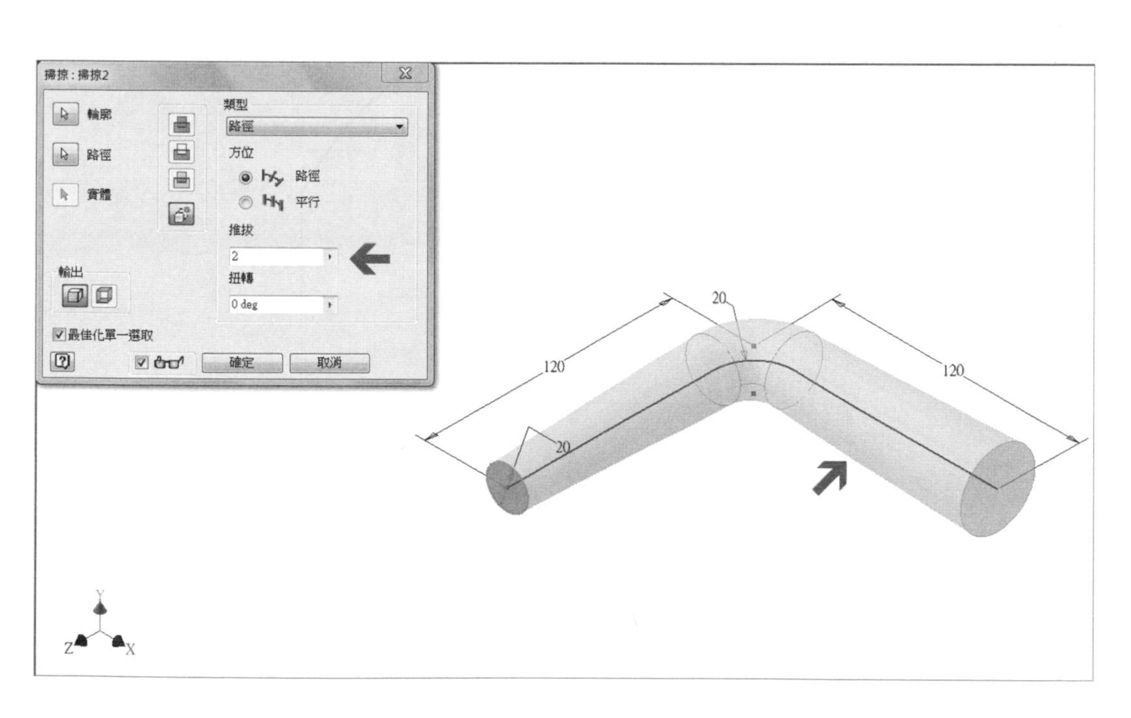

在【掃掠】功能中，如給予【推拔】角度之負角度，則圖元輪廓成型截止前將依設定之角度產生漸變效果。

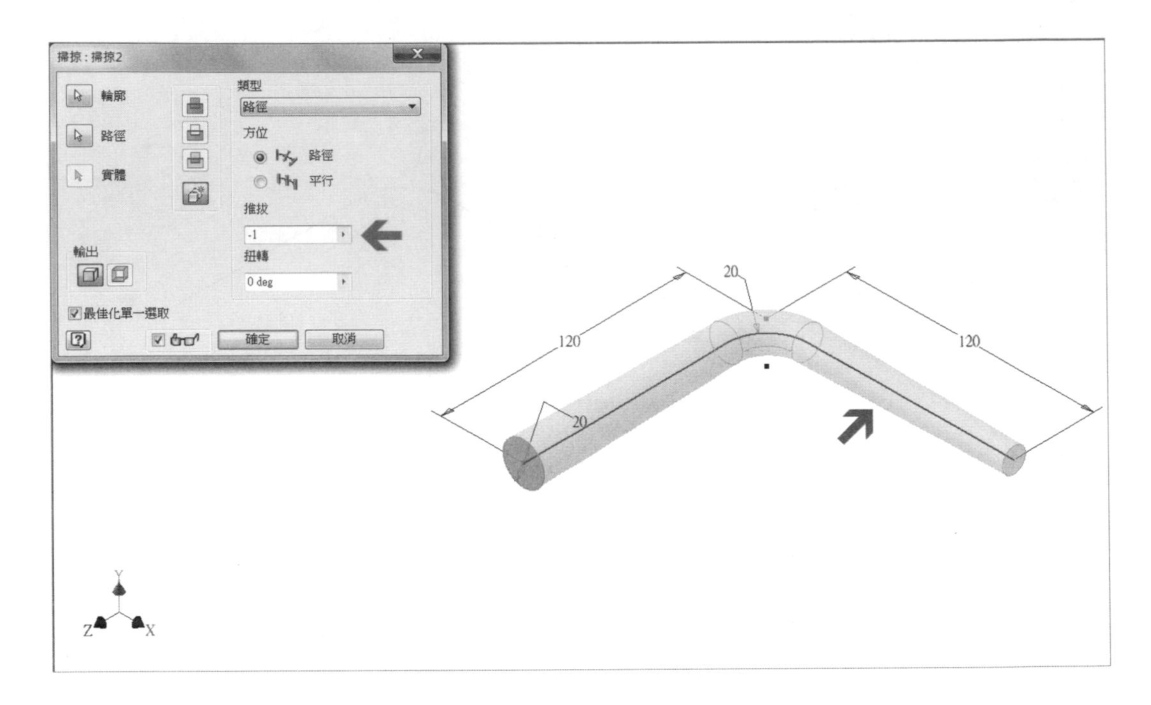

重新建立一個新零件檔，並設定ＸＺ平面來建立一張新草圖，依圖面所示畫出相關圖元。

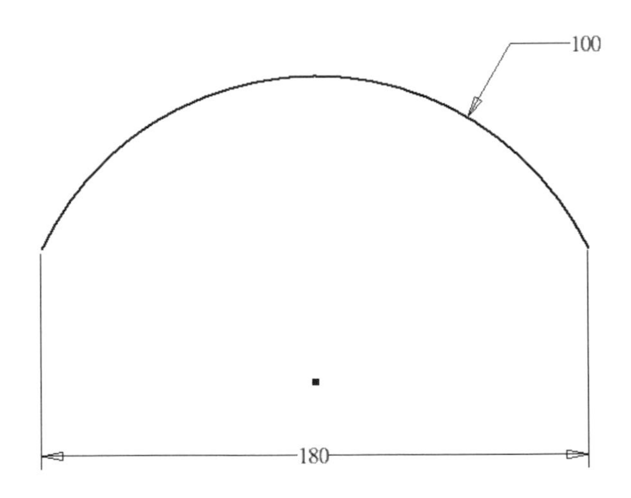

使用 YZ 平面來建立一張新草圖，並以上一張草圖之圓弧端點當基準點，繪製一圓形圖元使其重合。

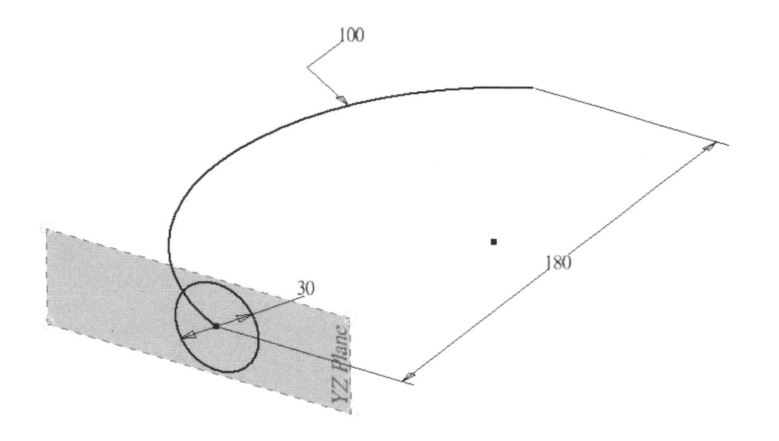

使用【掃掠】功能，將方位設定為【路徑】選項，則輪廓將會依路徑行進方向進行成型。

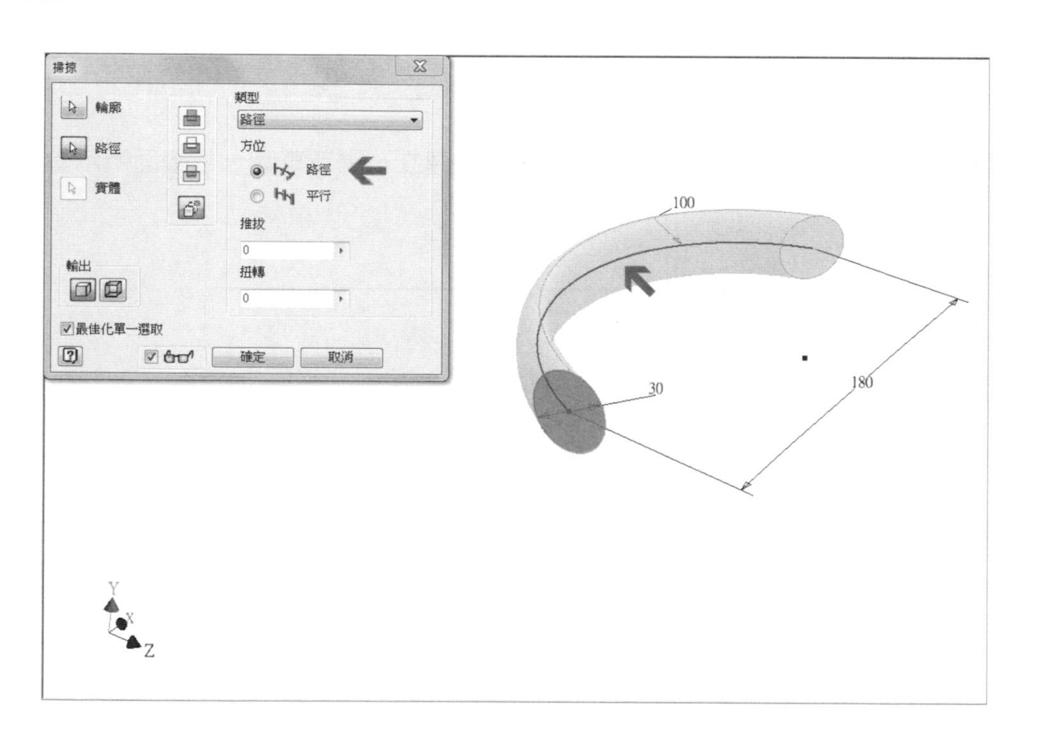

使用【掃掠】功能，將方位設定為【平行】選項，則輪廓起始面依路徑行進後將會與結束面方向產生平行效果。

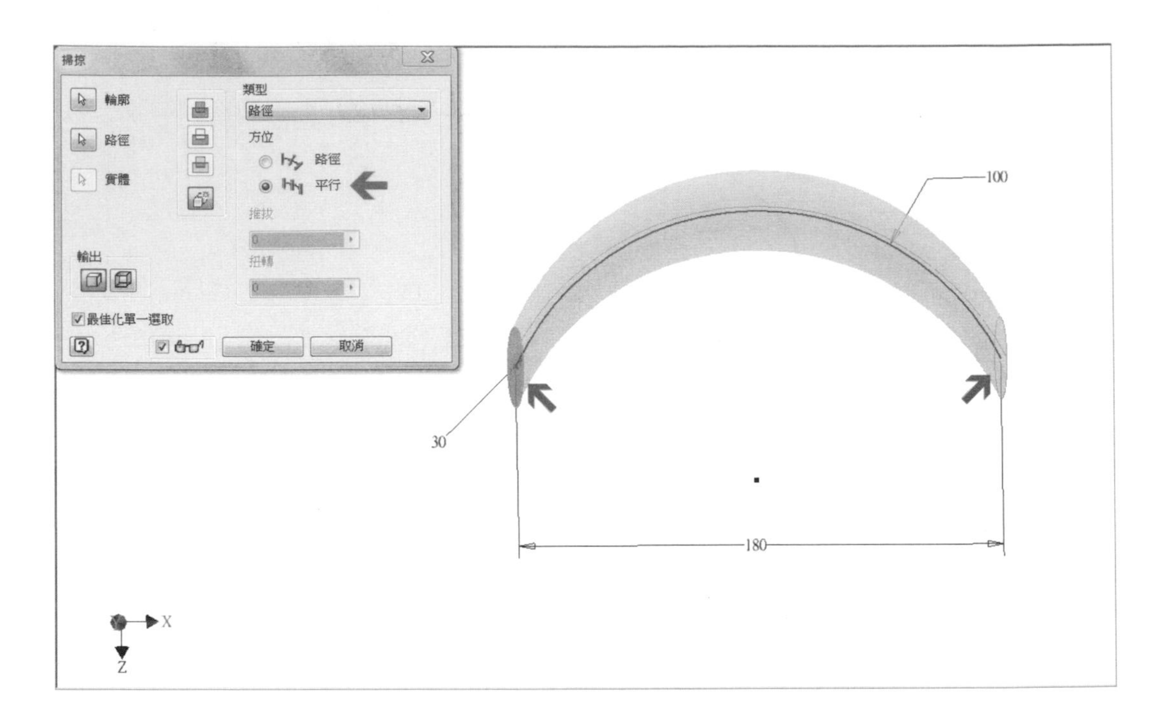

重新建立一個新零件檔，並設定 XZ 平面來建立一張新草圖，依圖面所示畫出相關圖元。

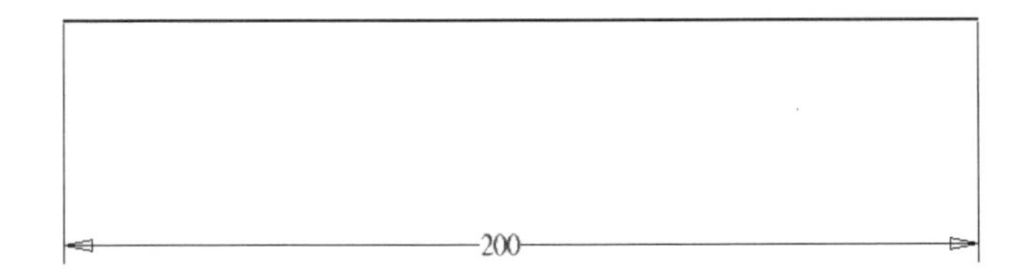

使用 XY 平面來建立一張新草圖，並以上一張草圖之線斷端點當基準點，繪製一直徑 40 之圓形圖元使其重合。

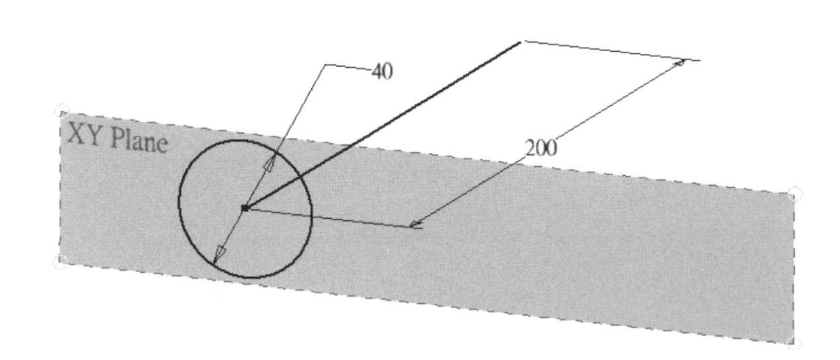

使用 XZ 平面來建立一張新草圖，依圖面所示畫出相關圖元。

至此，已經有三張草圖建立完成。

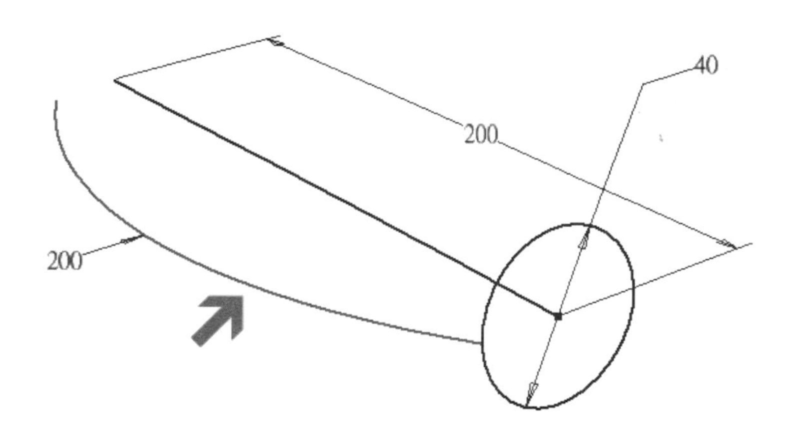

使用【掃掠】功能，將類型設定為【路徑與導引軌跡】選項，待輪廓與路徑選擇完畢後，如①所示點選第三張草圖圖元來設定為導引軌跡。

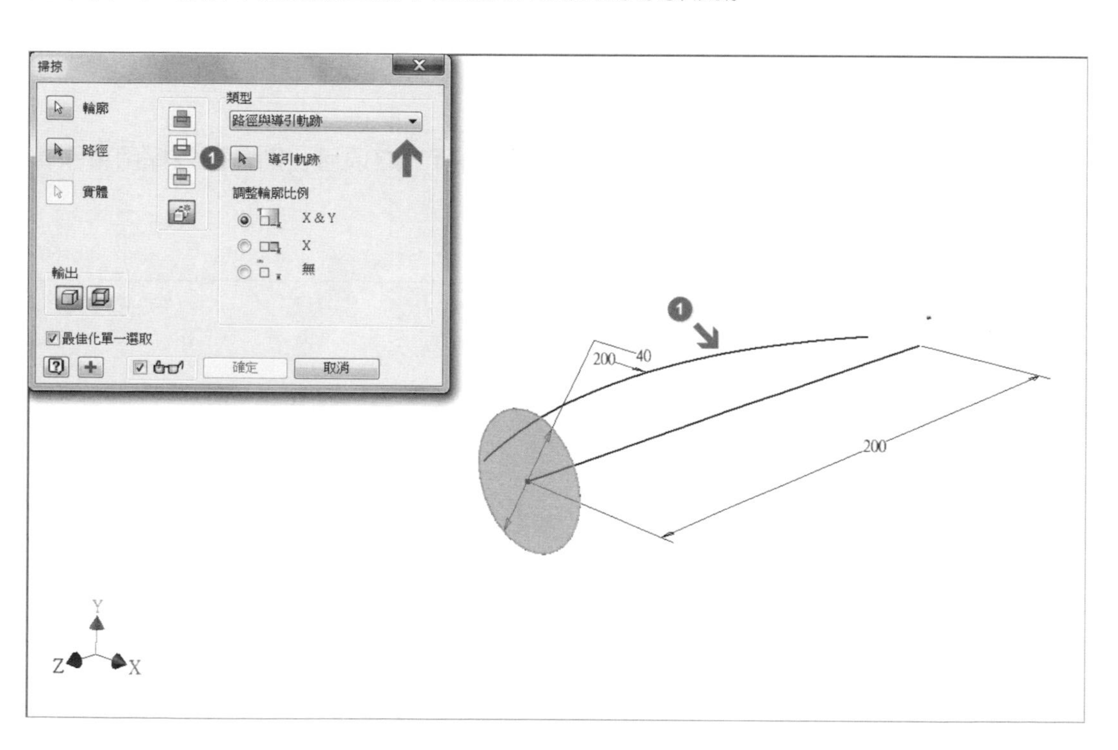

【路徑與導引軌跡】的預設輪廓比例為採用相同導引線之數據，使 X 與 Y 方向的造型做設計變更。

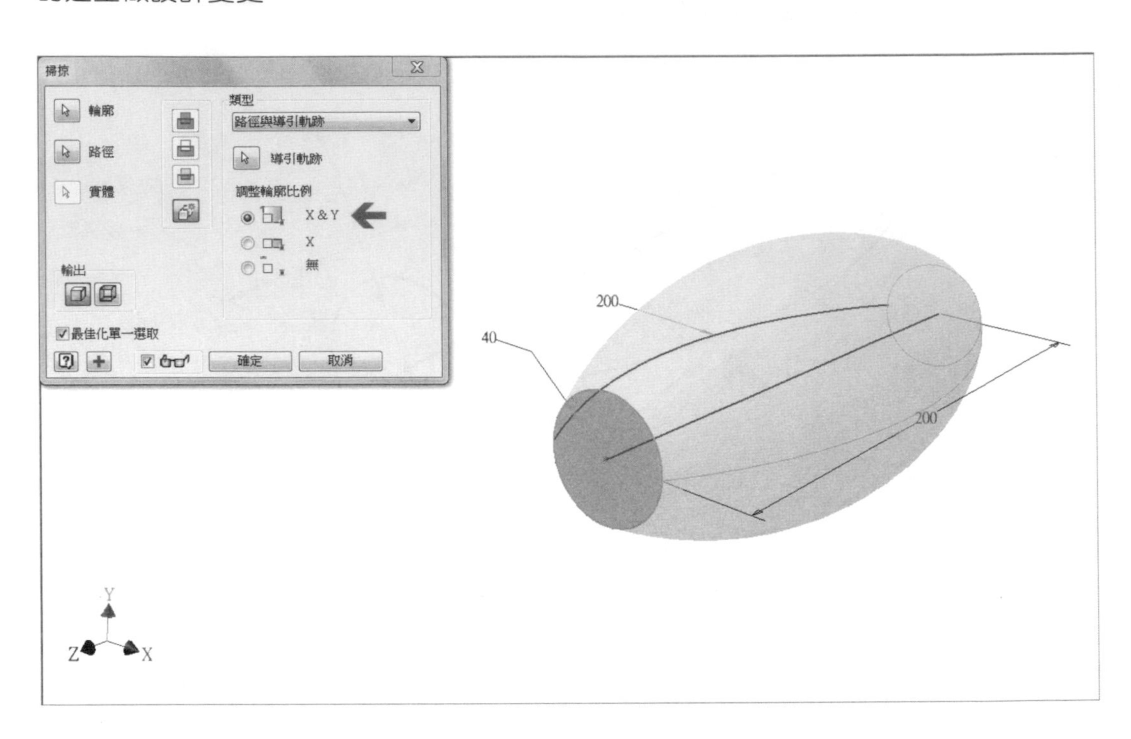

【路徑與導引軌跡】的輪廓比例如選擇如箭頭所示之項目，則圖面只採用導引線之數據，進行單方位的造型設計變更。

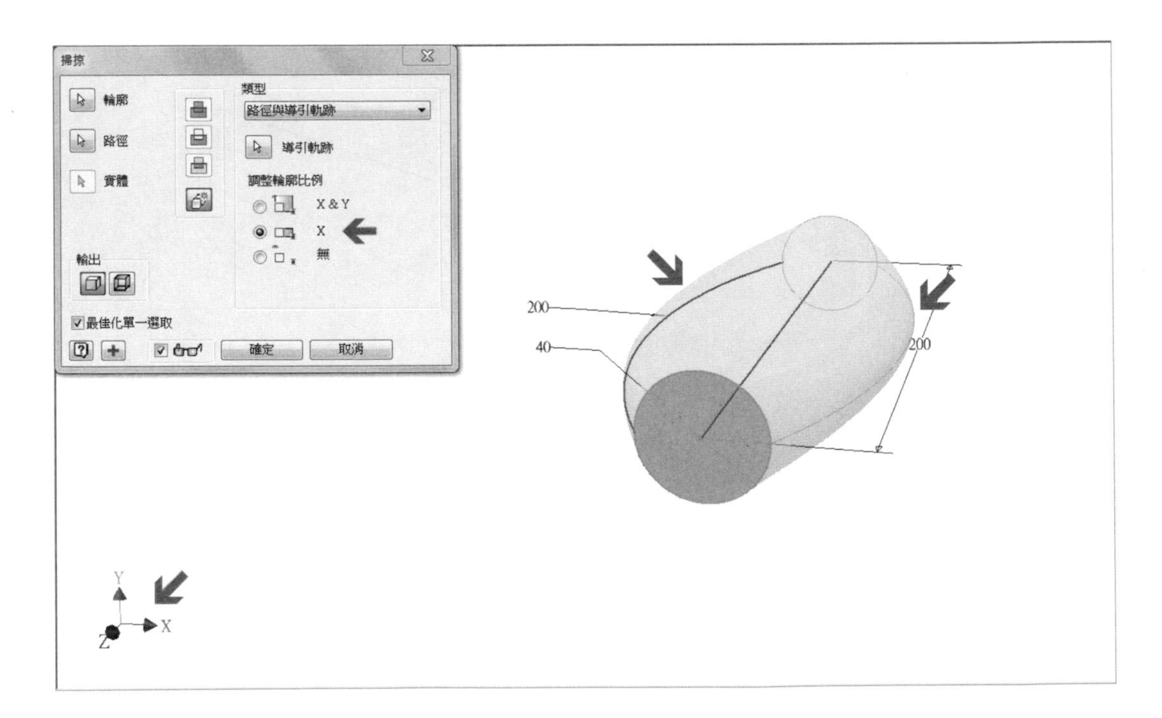

【路徑與導引軌跡】的輪廓比例如選擇如箭頭所示之項目，則圖面將不採用導引線之數據，維持原本特徵輪廓的造型。

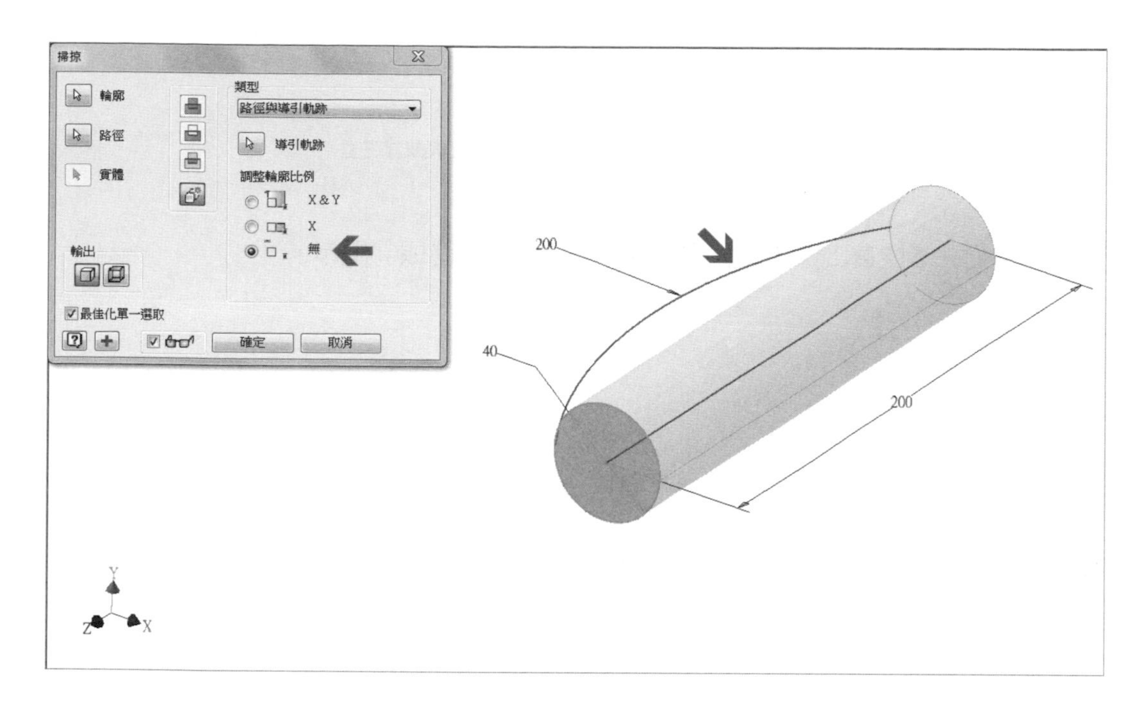

重新建立一個新零件檔，並設定 XZ 平面來建立一張新草圖，依圖面所示畫出相關圖元。

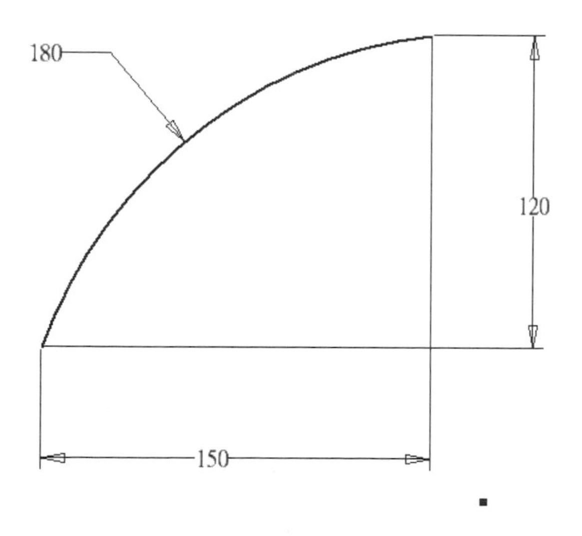

至特徵工具選項板上方可看見【平面】建立選項，可直接點選箭頭進入觀視全部的建立方式清單，選擇【在點上與曲線正垂】的項目。

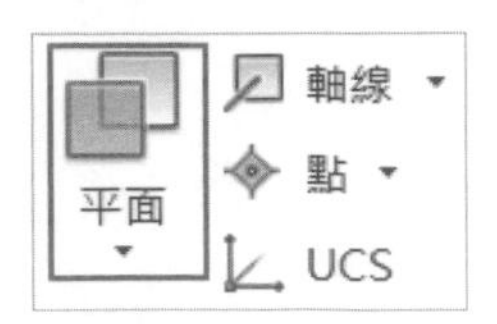

此時樹狀圖中會出現【工作平面 1】的項目，如箭頭②所示。

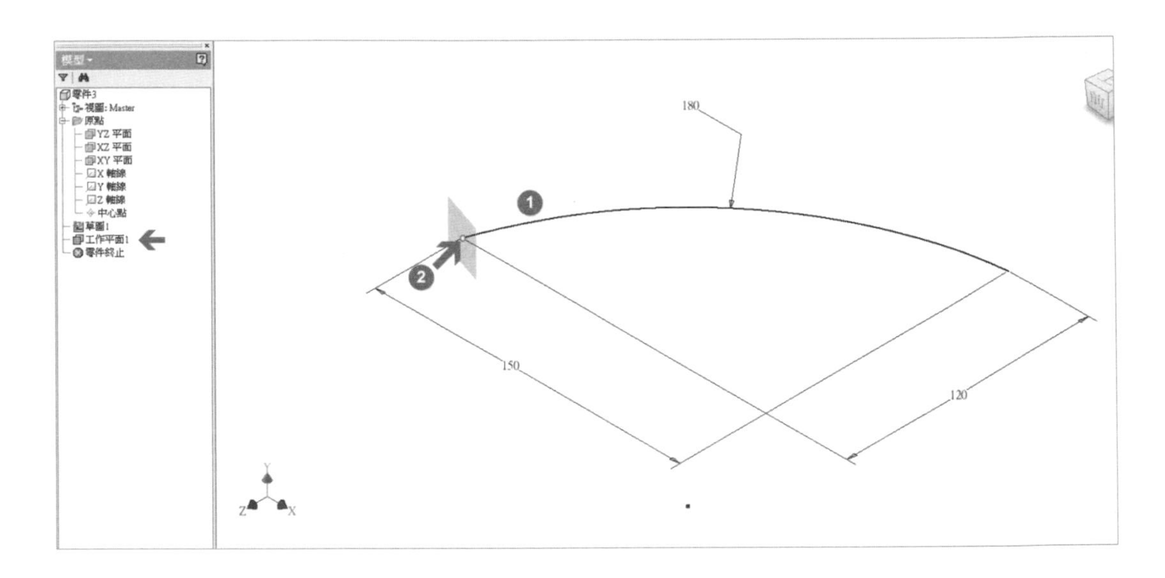

將滑鼠移動至【工作平面 1】上方，點擊滑鼠右鍵開啟出選單，選擇建立新草圖。

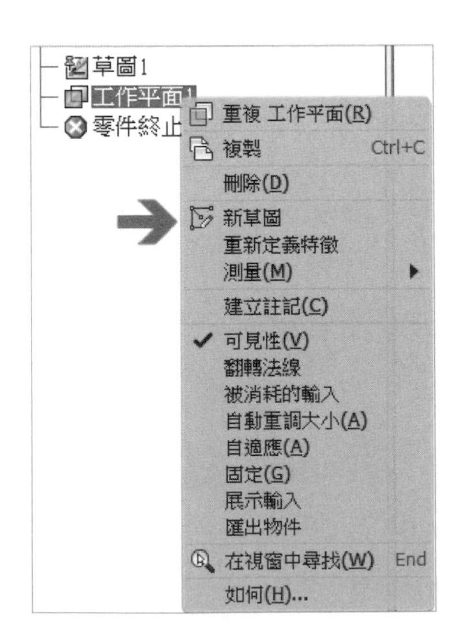

另一項做法是將滑鼠移動到畫面中的新工作平面上，點擊滑鼠左鍵後，會出現【建立草圖】的圖示，點擊後也可進入草圖繪製頁面。

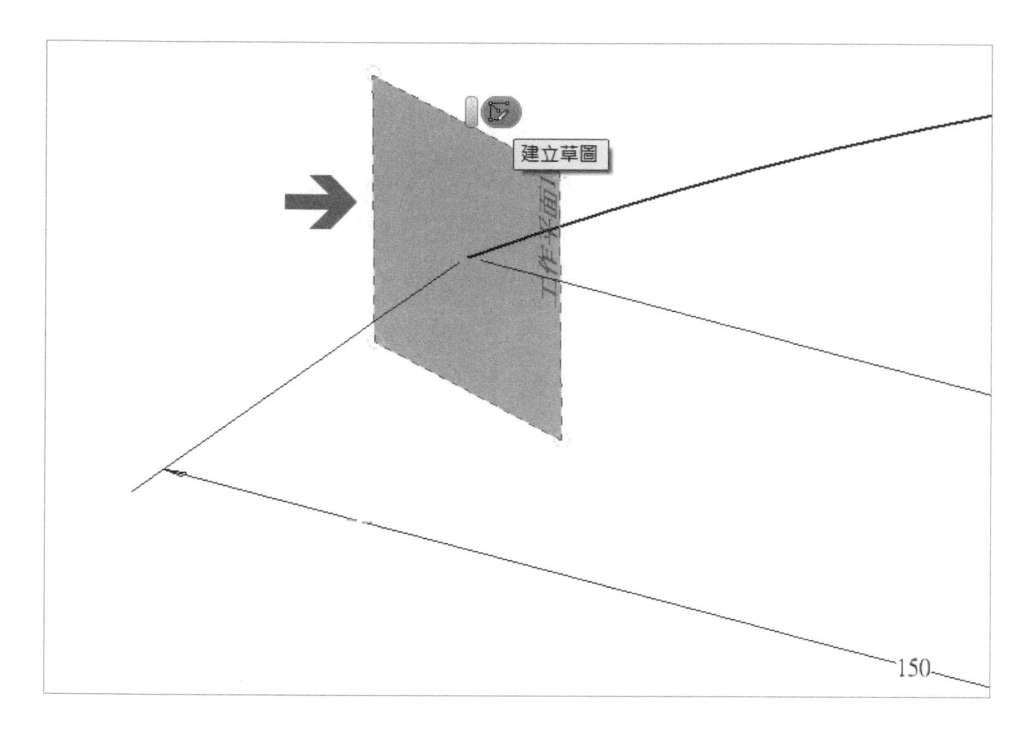

在平面上繪製如圖所示之直徑 30 的圖元，中心點與弧線端點相連。

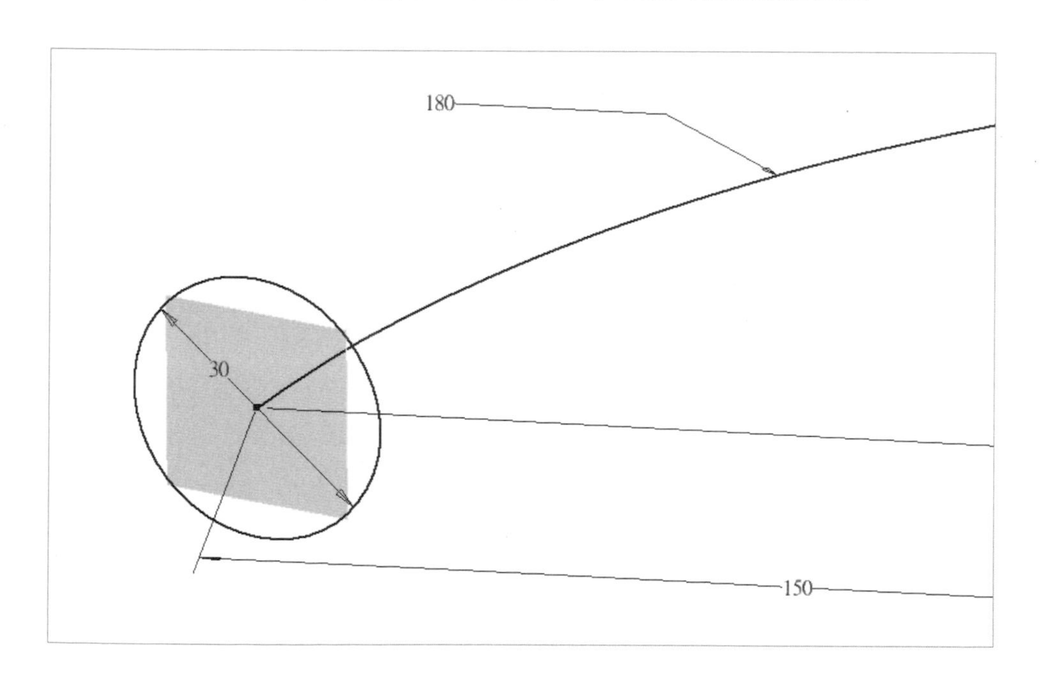

使用【掃掠】功能，將類型設定為【路徑】選項，依序選擇相對應的路徑與輪廓後，即可見完成型態預覽，確定後則完成該造型。

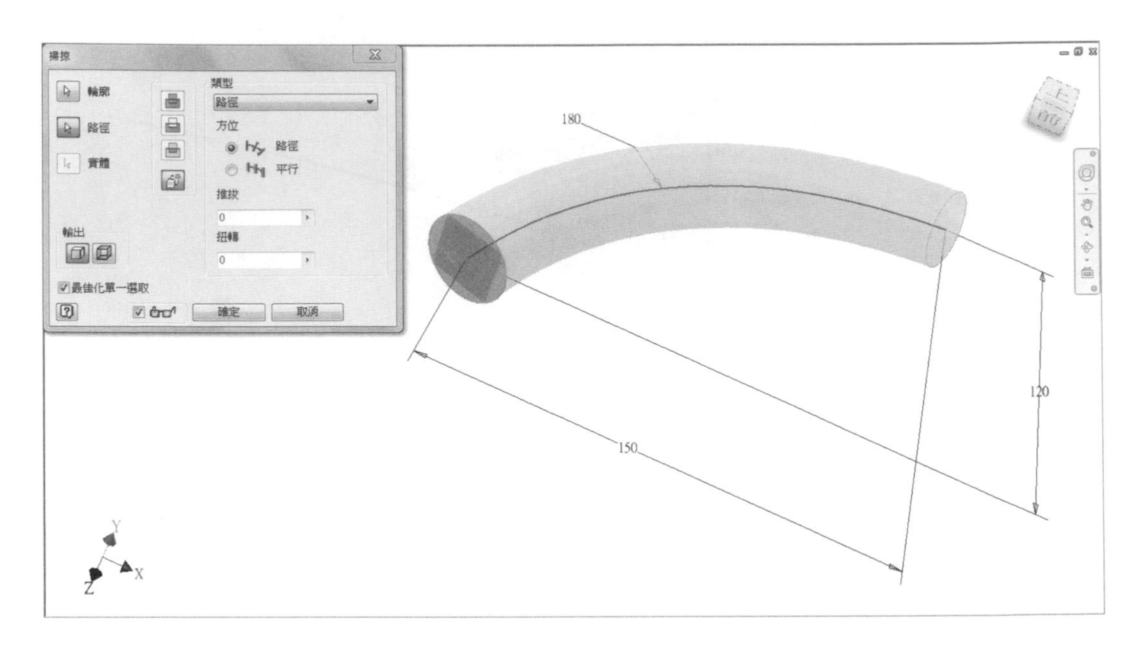

在【工作平面】上點擊滑鼠右鍵，可從選單中將【可見性】的選項勾選取消，則繪製區中的平面將被隱藏。

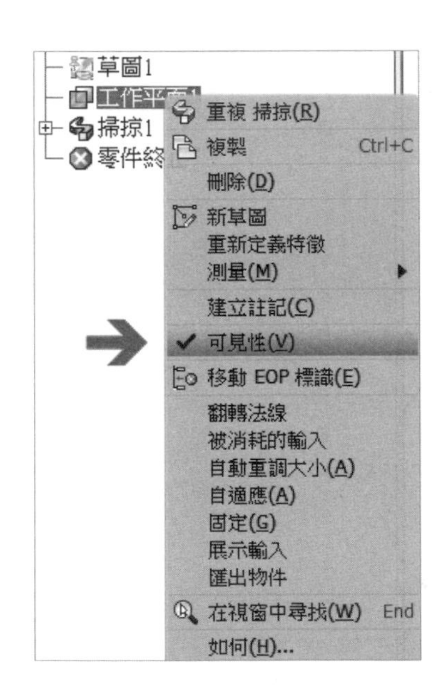

重新建立一個新零件檔，並設定 XZ 平面來建立一張新草圖，依圖面所示畫出相關圖元。

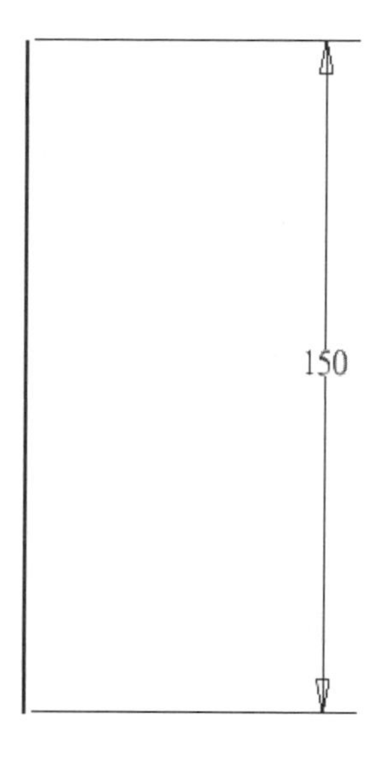

再至 XY 平面來建立一張新草圖，依圖面所示畫出相關圖元。

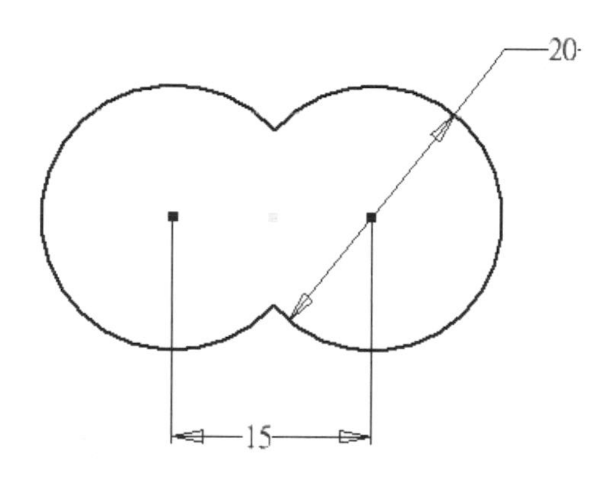

直線端點與輪廓之中心點需讓兩草圖平面做為垂直對應。

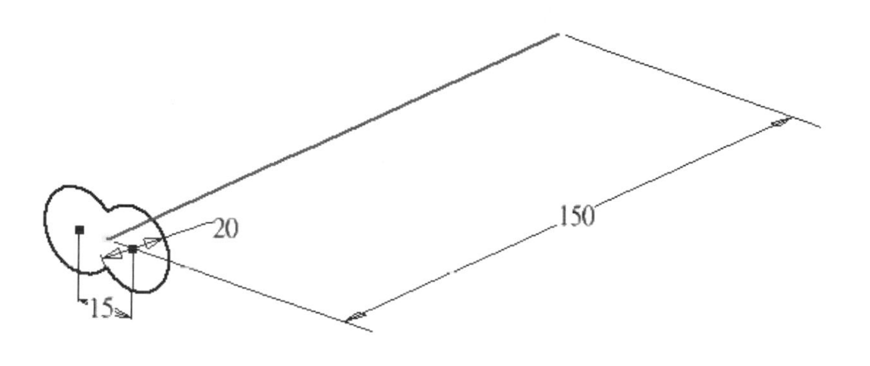

使用【掃掠】功能，將類型設定為【路徑】選項，依序選擇相對應的路徑與輪廓後，並將選單項目設定為扭轉，透過扭轉角度的設定，即可見實體型態扭轉之預覽狀態。

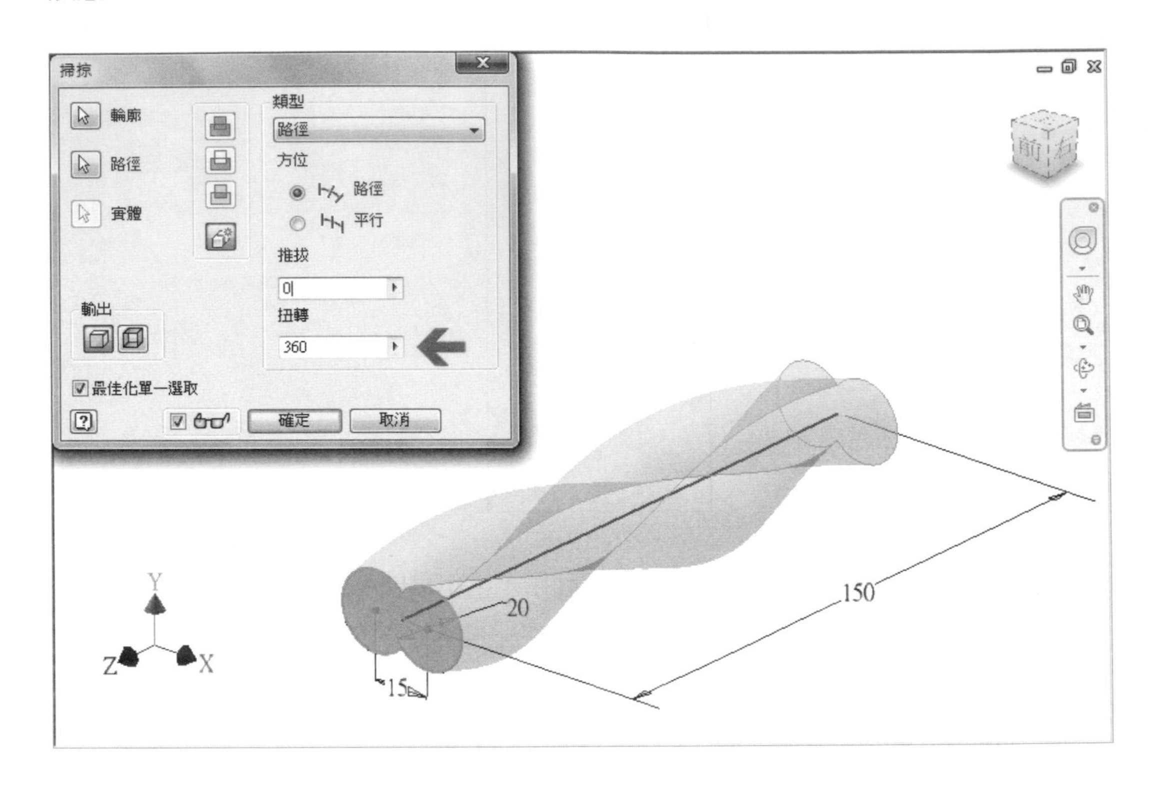

確定後則完成該造型。

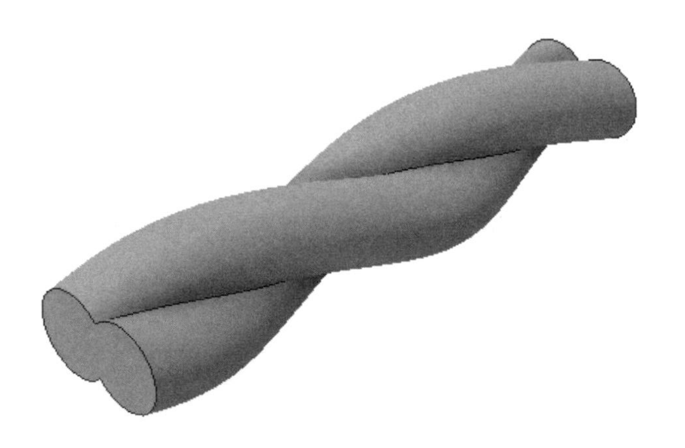

3-4 斷面混成特徵

【斷面混成】功能需要至少兩張草圖才能執行，一般都必須建立新工作平面才能達成此需求，以輪廓部分來看，工作平面都是平行建立而出，若有需要使用【導引】功能，則工作平面都採用與原輪廓基準面平行之面來運用。

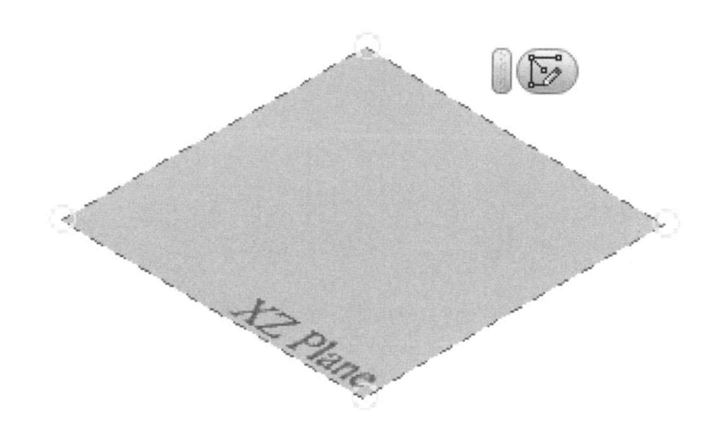

在 Inventor 中，工作平面是位於特徵工具選項板上，其內建立多種平面建立方式，本參數式軟體較為人性化且強大的部分在於軟體本身會依照使用者點選條件的過程中，自動的為使用者建立符合工作坊式的平面，如此，將更能提高繪製效率。

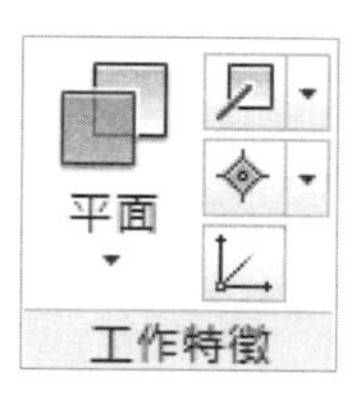

在建立一個平行的工作平面時，最便捷的方式為將滑鼠指標移動到如箭頭指示處，對著黃色圓球按壓不放後，將滑鼠往上移動，畫面上便會出現距離輸入選單，使用者便可透過輸入距離來完成工作平面的建立。

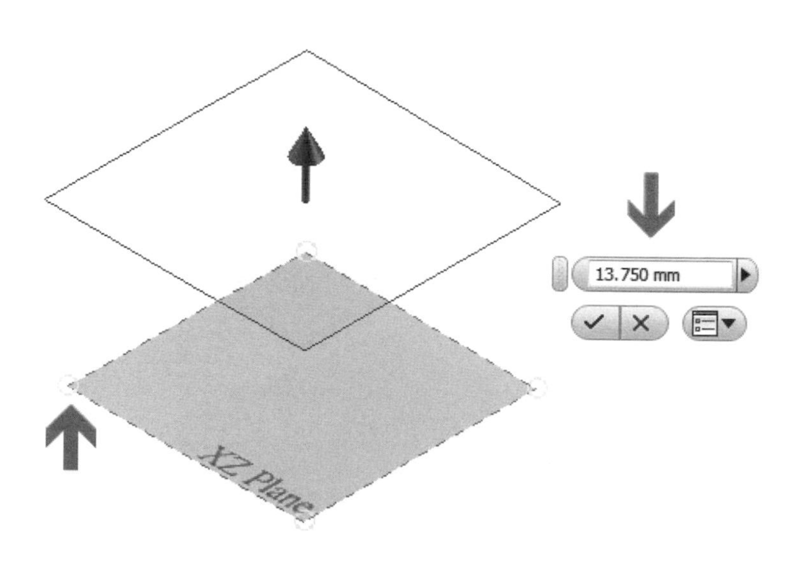

待工作平面建立完成後，如覺得工作平面會妨礙到繪圖本身的視覺效果，我們可將滑鼠移動到左邊的樹狀圖中，選擇剛才建立的工作平面，按一下滑鼠右鍵開啟選單，將可見性這個項目的勾選取消掉，則繪製區中的工作平面將暫時被隱藏。

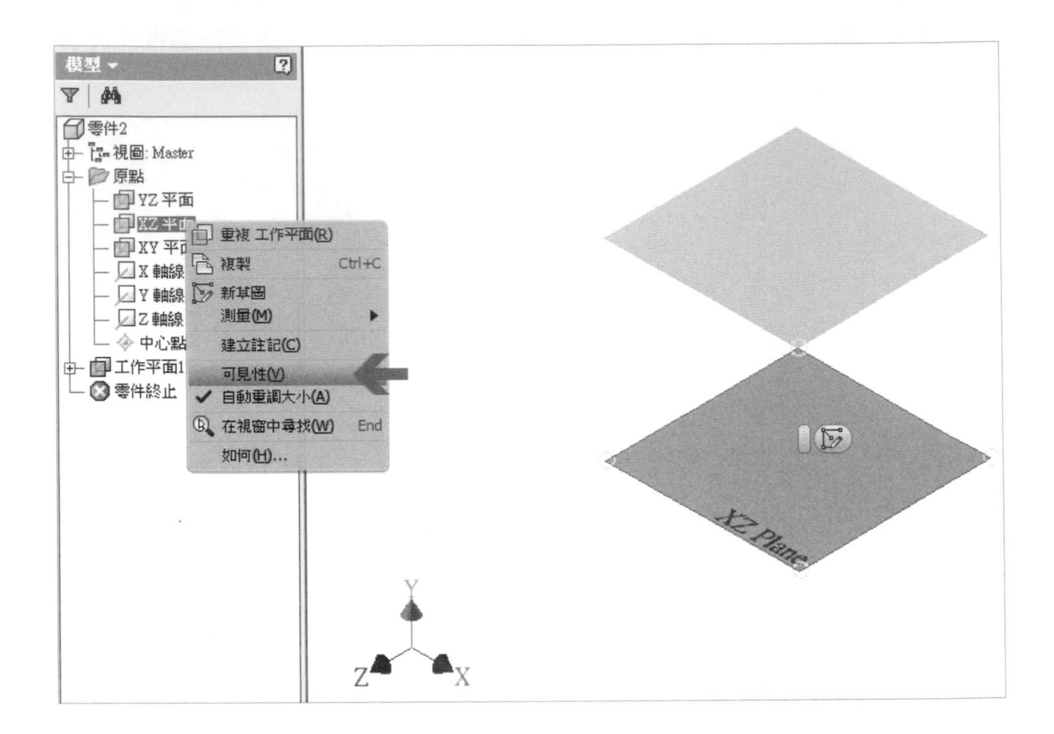

3-4-1 實作範例：圓頂平台

讓我們來進行一個簡單的範例，首先，以 XZ 平面來建立一個新的工作平面，距離可依自己決定。

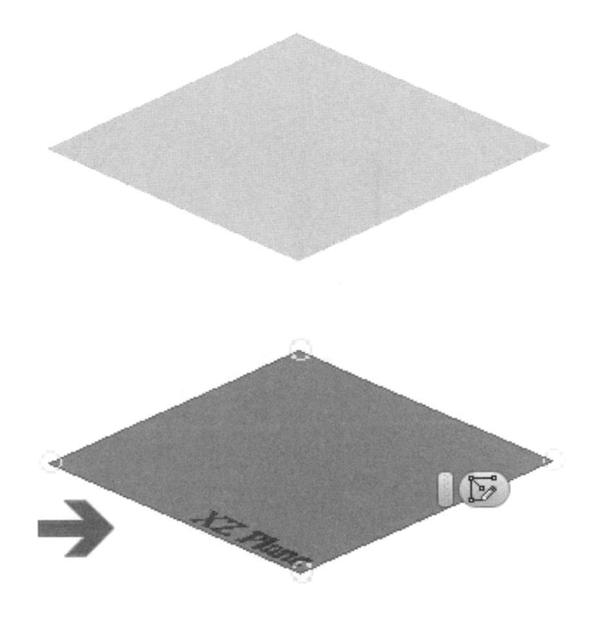

以 XZ 平面繪製如圖所示之草圖圖元，依序建立完成尺寸後，結束草圖。

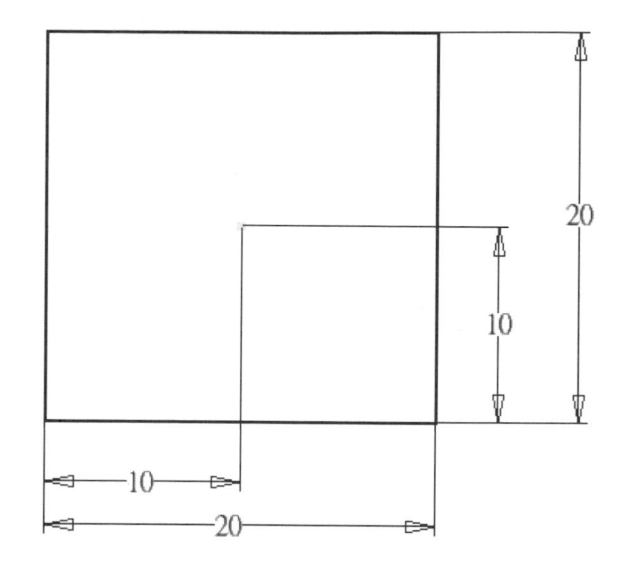

點擊新建立的工作平面，出現草圖建立選項後，點選【建立草圖】。

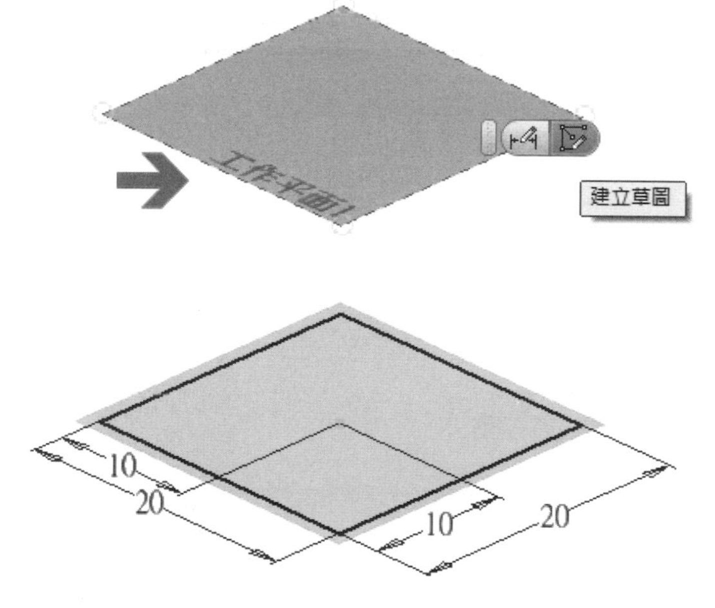

在新工作平面上建立如圖所示之草圖圖元，圓的中心點位置與原點重合。

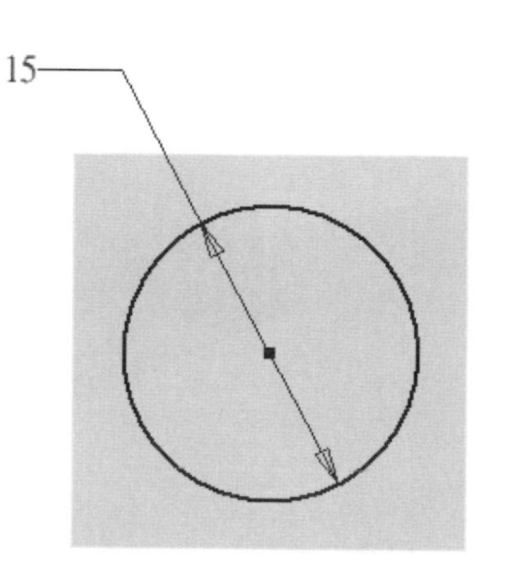

回到特徵工具選項板模式後，選擇【斷面混成】。

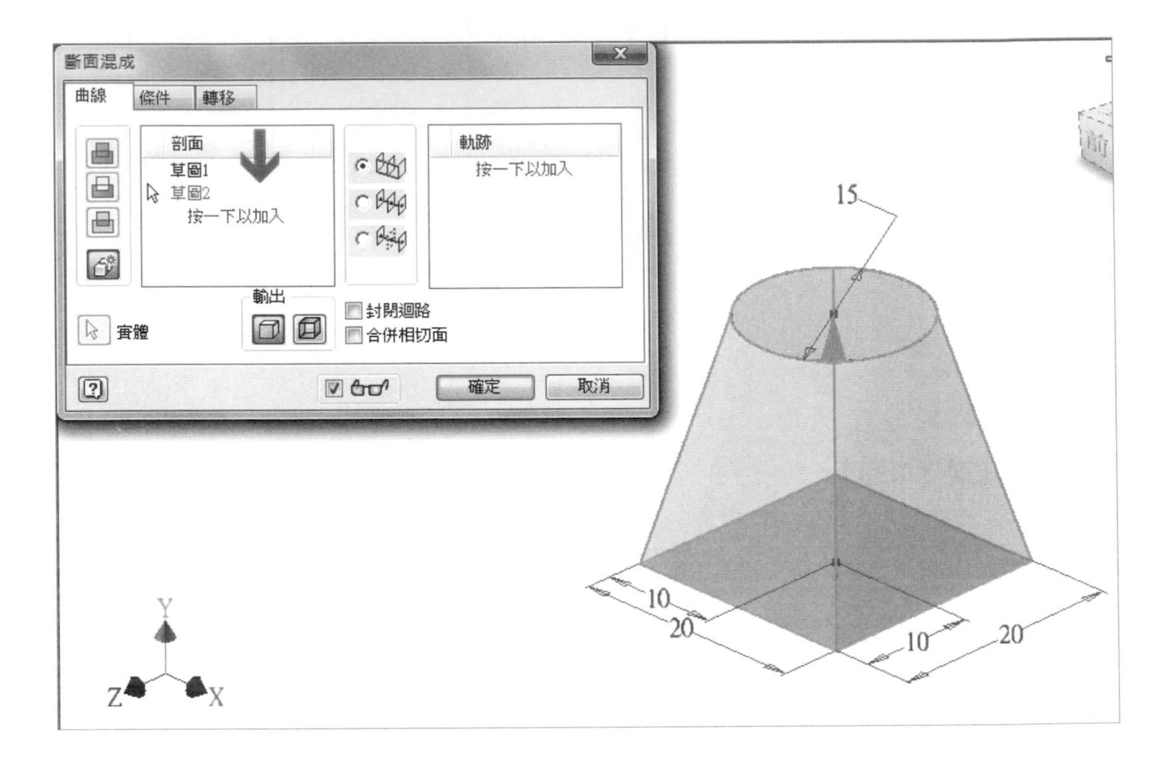

完成後如下圖。

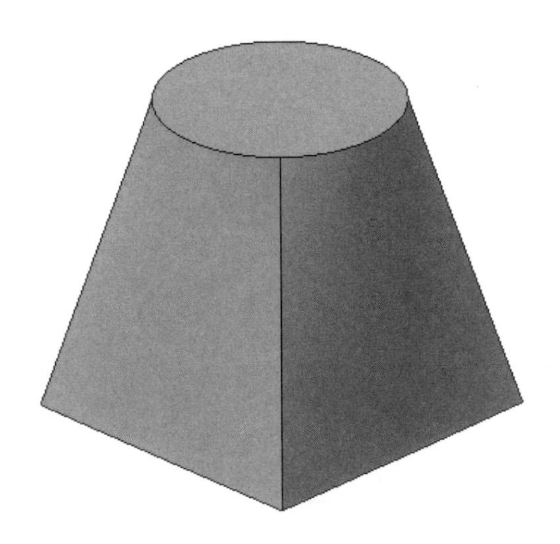

3-4-2 實作範例：圓錐

我們再來做另一項範例，首先在 XZ 工作平面上建立一張新草圖，並在其上繪製一直徑 30 的圓形圖元。

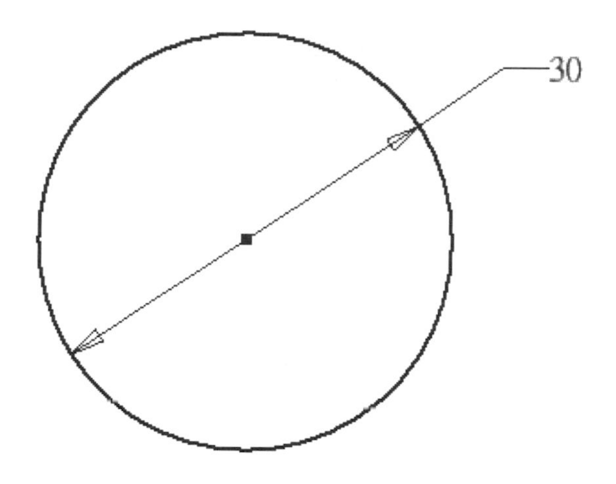

建立一新的工作平面，距離 XZ 平面 30mm 單位。

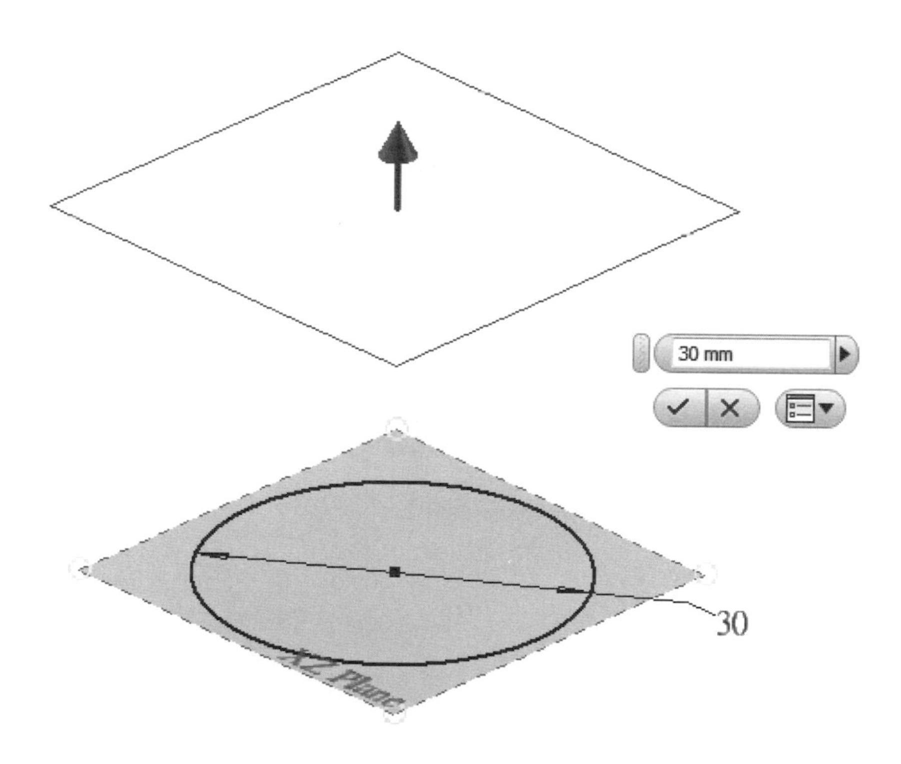

在新建立的工作平面上繪製一草圖，草圖正中央原點處以單一個點來結束這張草圖。

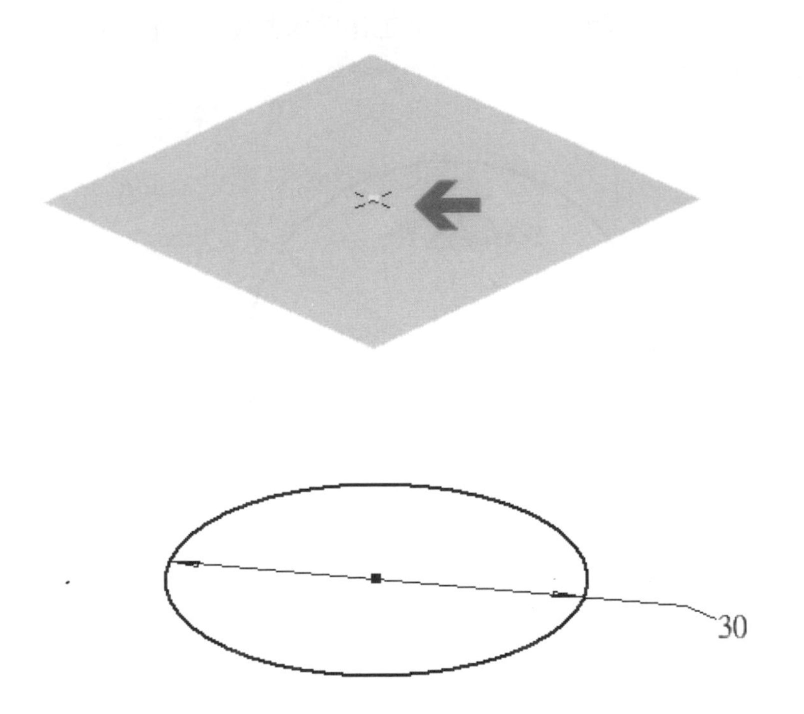

使用【斷面混成】工具，依序將兩張草圖進行成形。

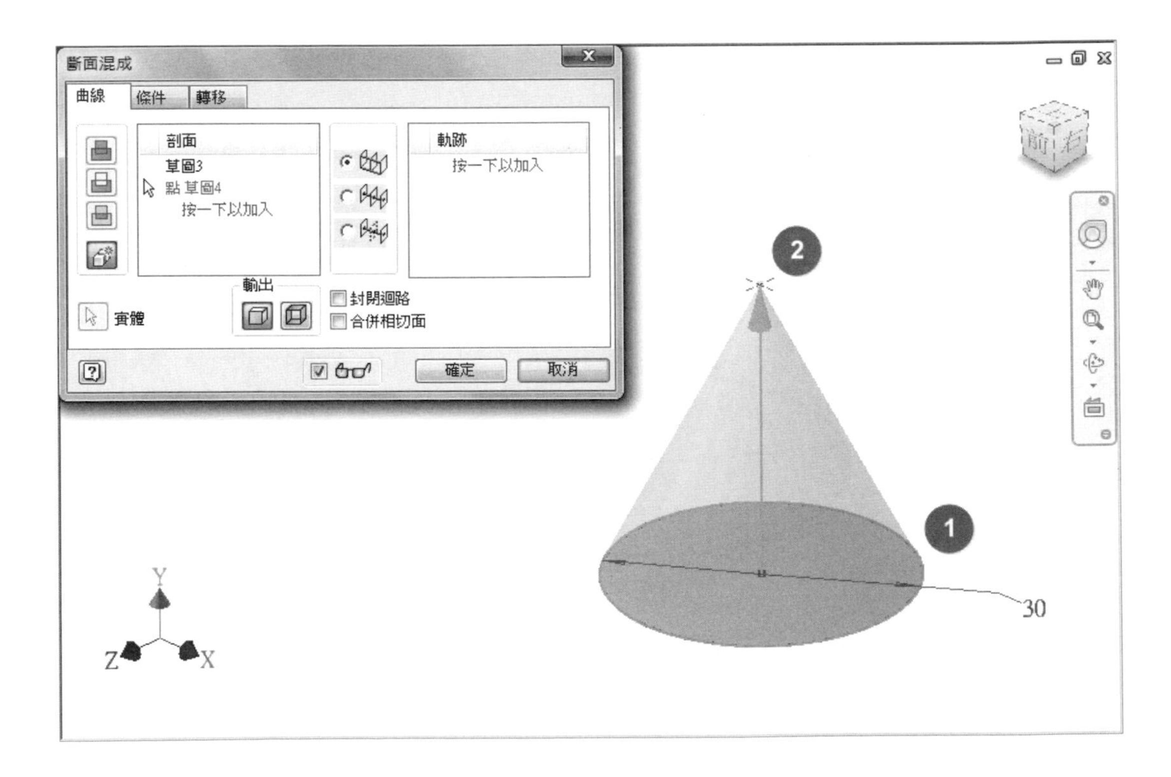

完成後如下圖所示，我們也可以了解一張封閉輪廓與單一個點也能形成一個錐形體。

3-4-3 實作範例：曲體

讓我們再來建立一張新的零件檔，以 XZ 平面來繪製一直線草圖圖元，並將其轉為建構線來當輔助用。

【此一程序為輔助用，如對建模順序有所了解時也可省略此程序】

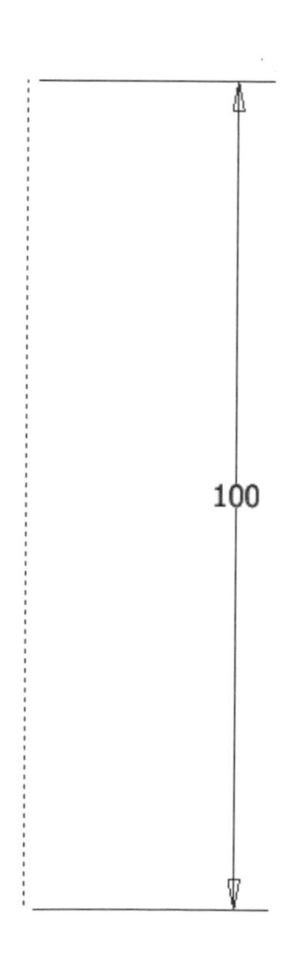

以 XY 平面來建立另一張新草圖，圖面尺寸如圖示。

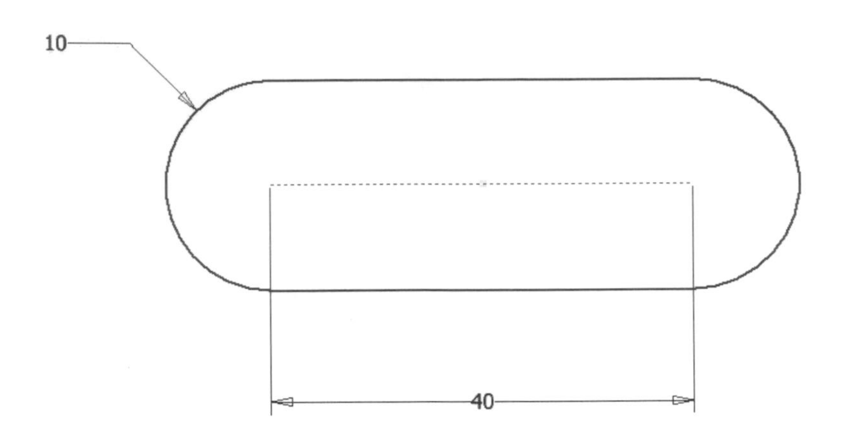

使用建立新工作平面的方式，將 XY 平面在其平行方向建立一個新的工作平面，距離可自行設定。

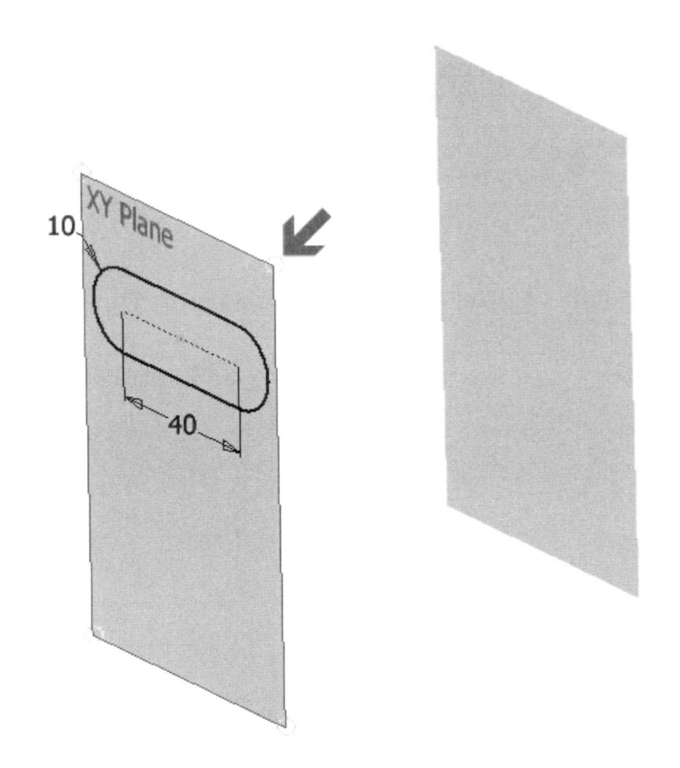

至新建立的工作平面上建立一張新草圖，而草圖圖元輪廓可以使用上方工具選項版中的【投影幾何圖形】功能，將原本 XY 工作平面上的草圖輪廓投影至當前工作平面上。

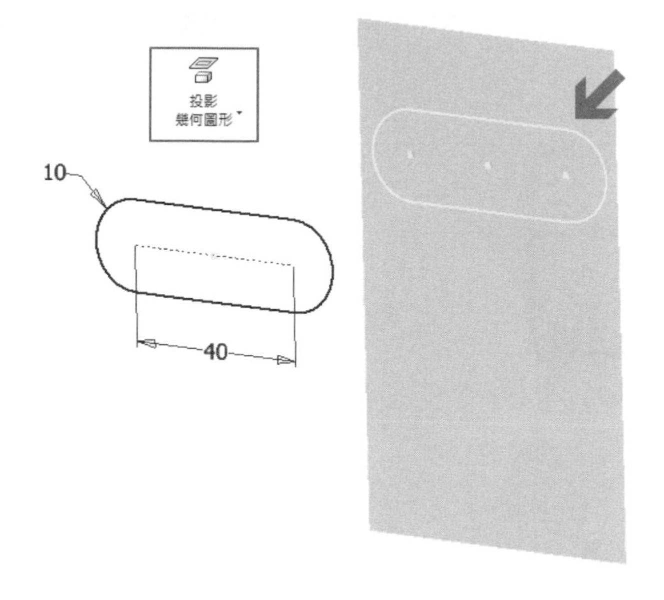

在 YZ 平面上建立一張新草圖，草圖輪廓如圖面所示，

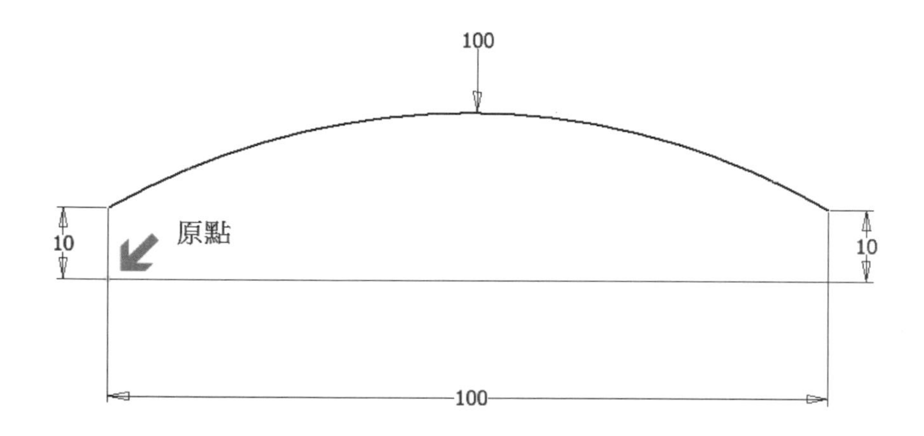

圖面完成後如下圖所示，我們將有兩張輪廓草圖與一張導引線草圖。

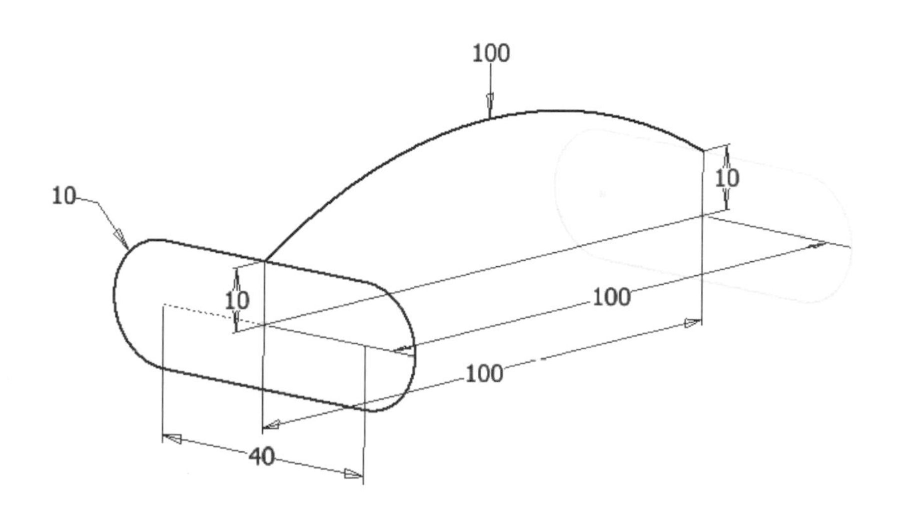

使用【斷面混成】功能，先依序將兩張草圖輪廓選取，此時會出現如附圖所示之預覽效果。

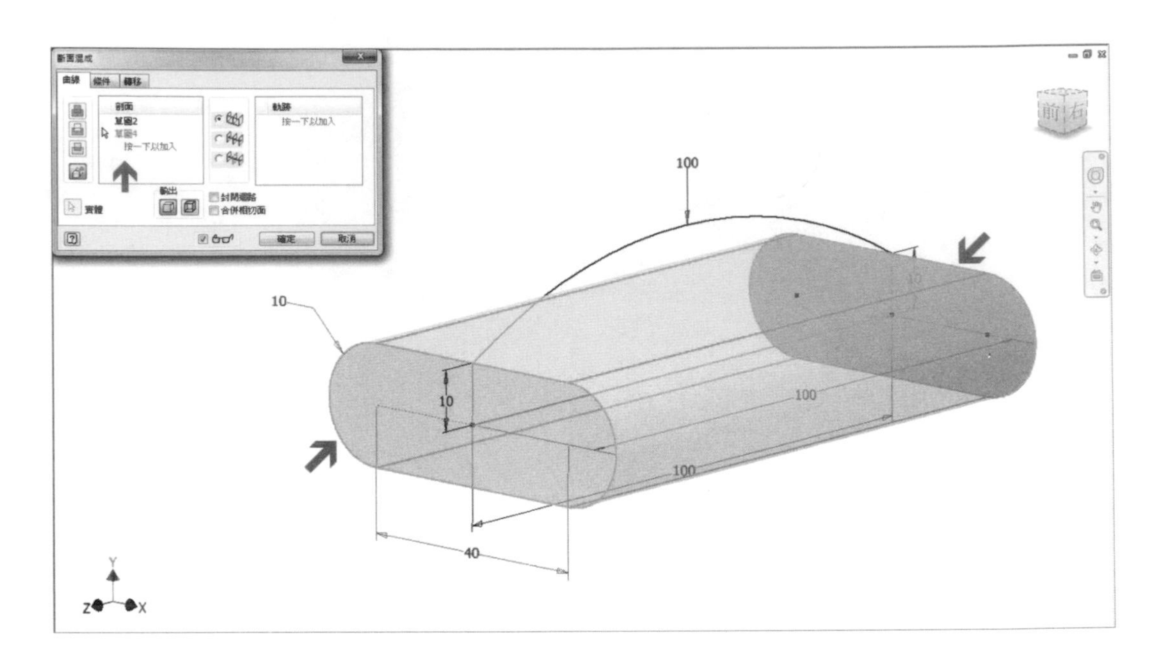

接下來，我們再到導引區域中選取在 YZ 平面上所建立的導引線。

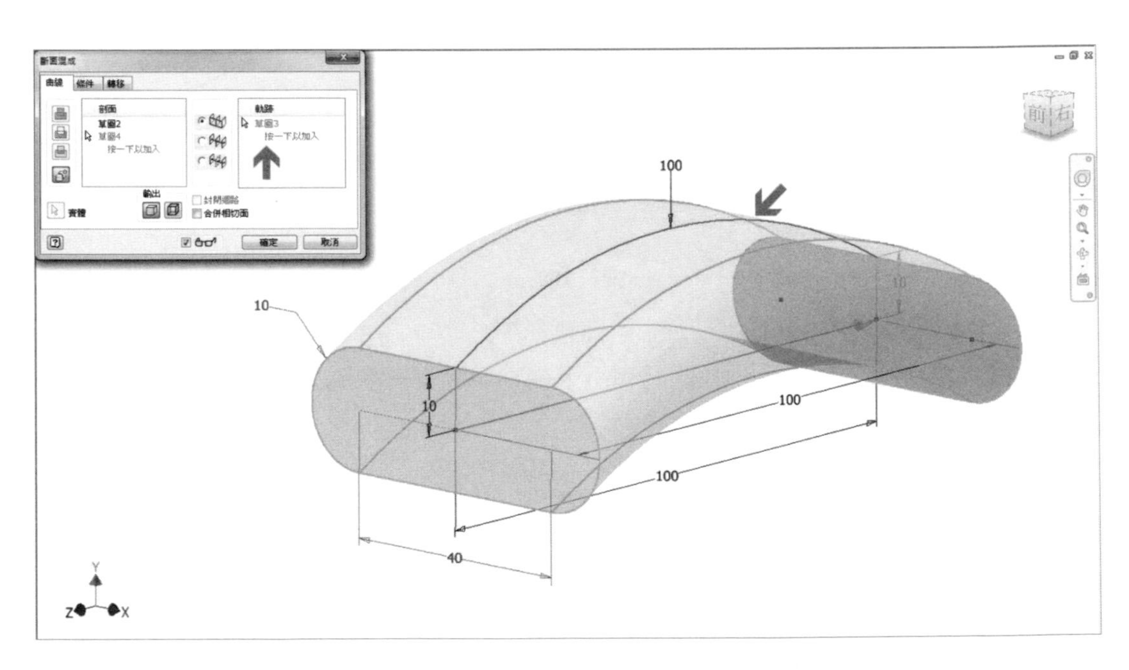

最後，我們將可得到特徵型態已呈現彎曲的結果。

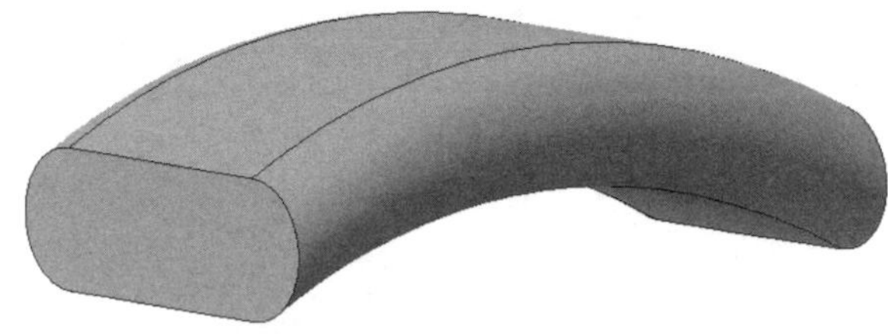

3-4-4 實作範例：聖誕星星

首先，我們在 XY 工作平面上建立一張新草圖，草圖尺寸輪廓如圖面所示。

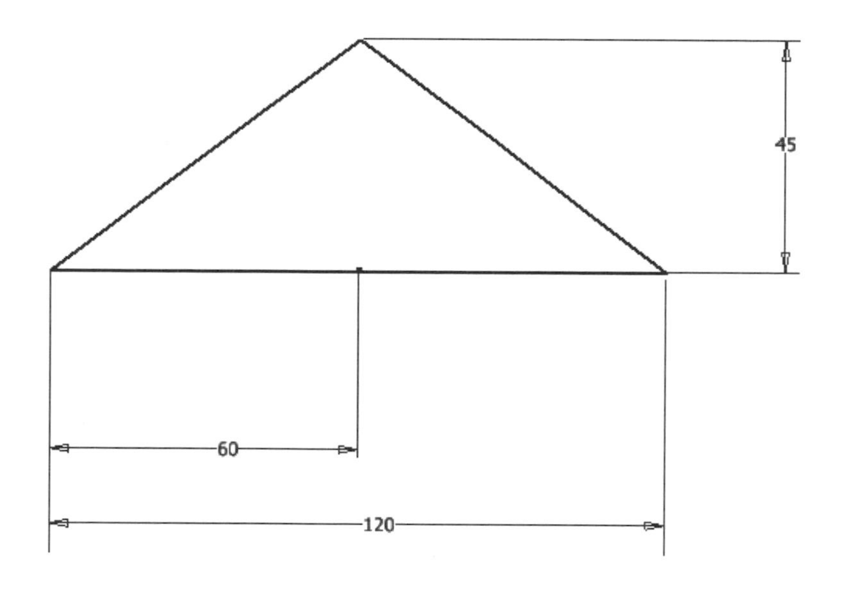

接著，我們使用新建工作平面的功能，將 XY 工作平面建立一個距離 150mm 的平行工作平面出來。

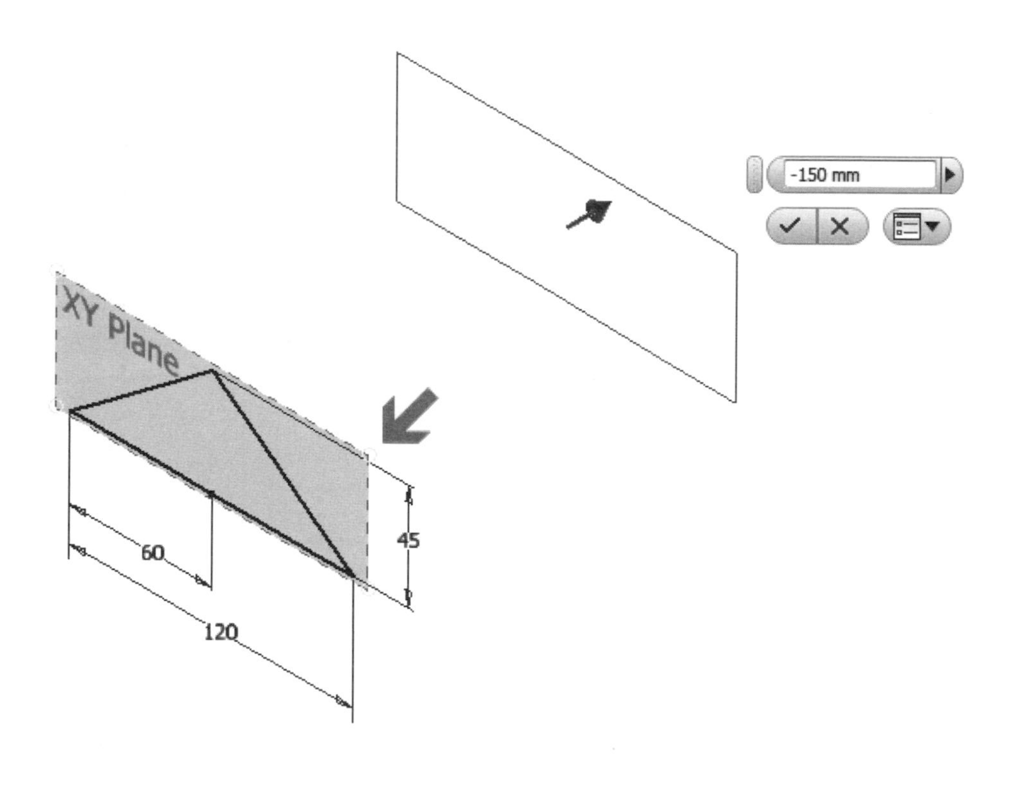

在新工作平面上建立一張新草圖。

將新工作平面轉正視後，使用草圖工具中的【點】，在對應的輪廓中間下方建立即可。

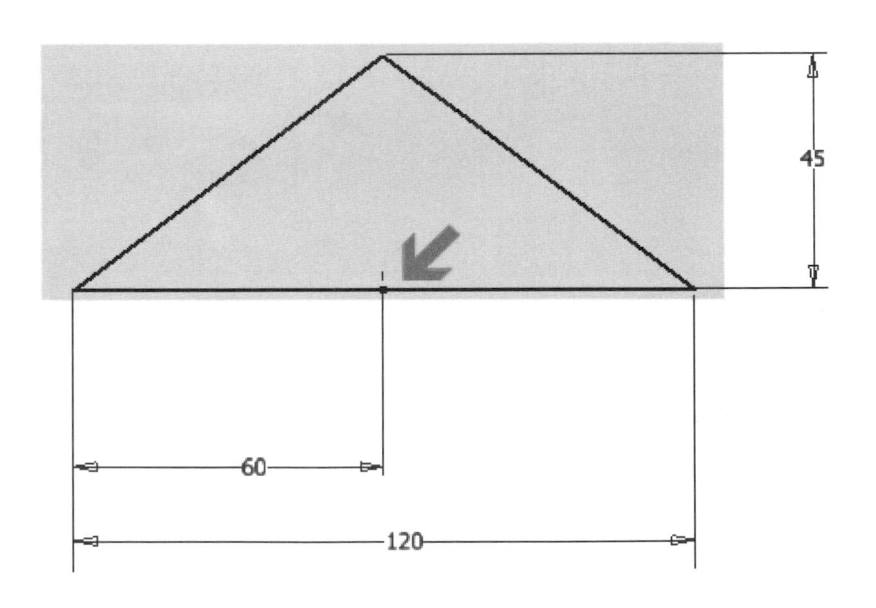

使用【斷面混成】功能，依序將草圖輪廓與點選取，此時可看見如圖所示之預覽效果。

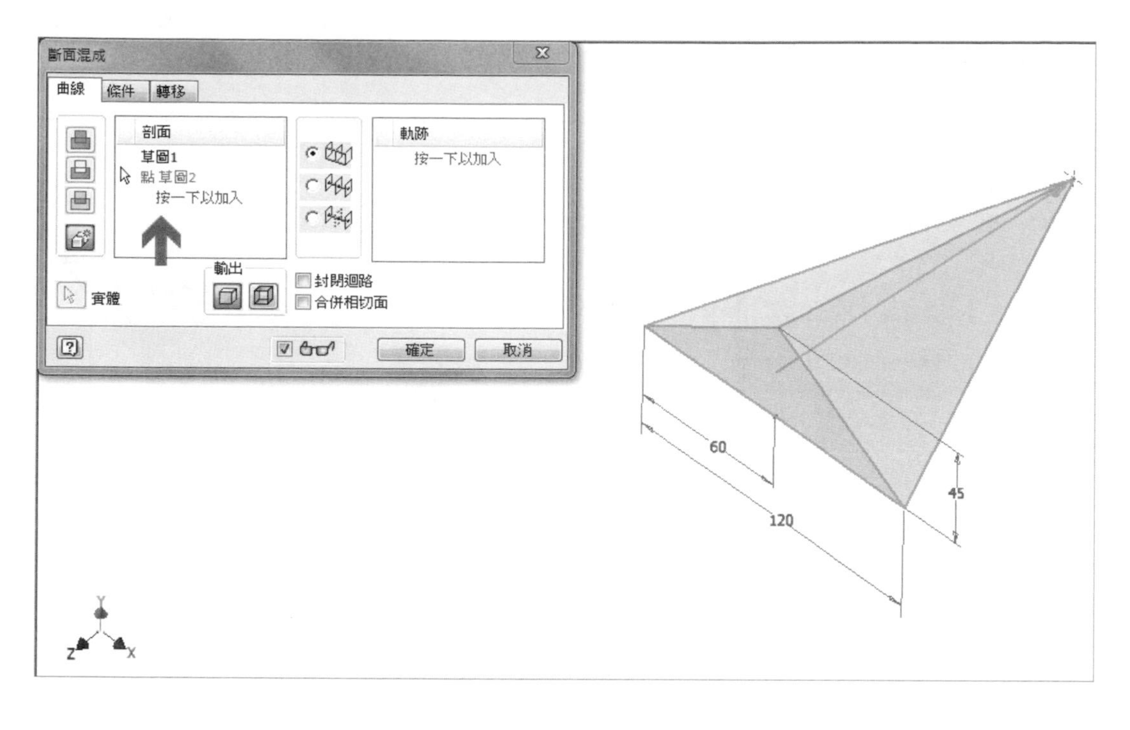

至特徵工具選項板上方選擇使用建立【軸線】功能。

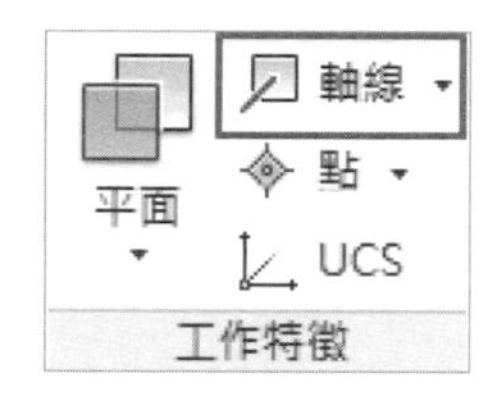

選擇【YZ 平面】與【XY 平面】讓兩個面交錯部分產生一條新的基準軸線。

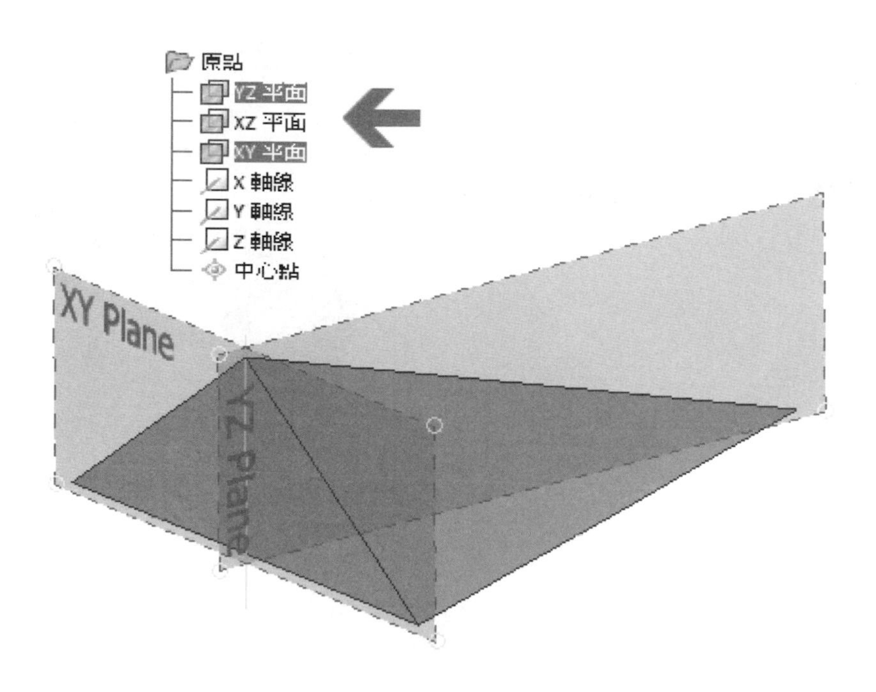

使用【環形陣列】功能，依序選取斷面混成的特徵輪廓與新建立的基準軸線。

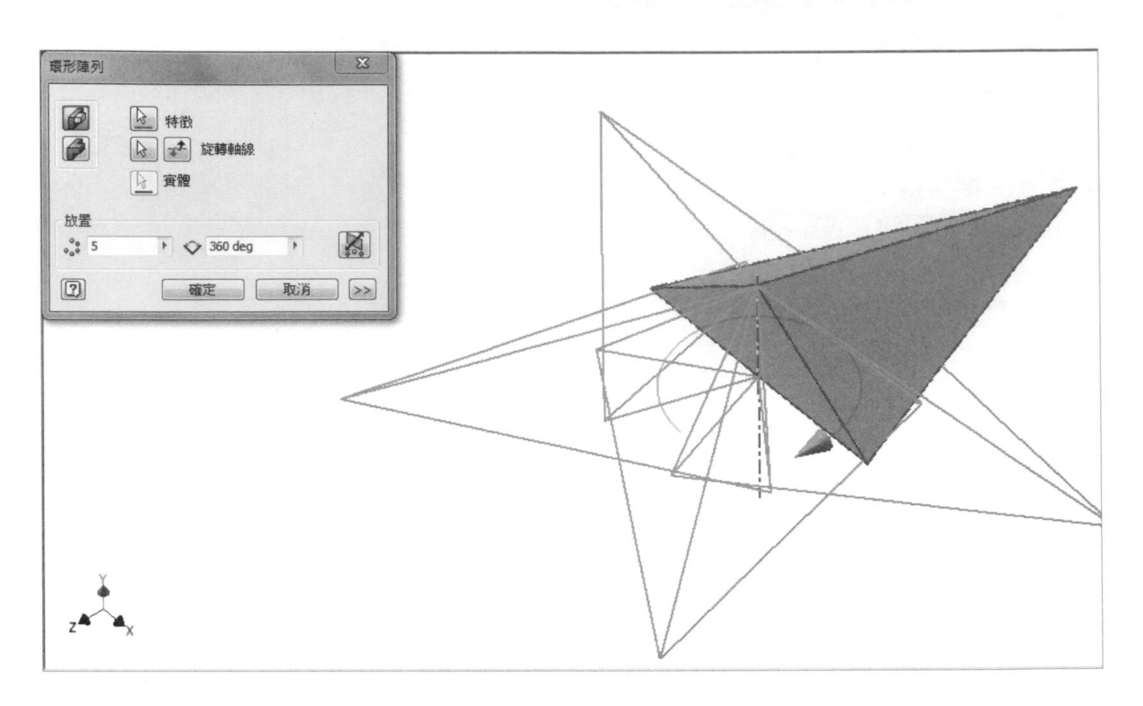

使用【鏡射】功能，將完成一半的特徵造型進行整合，特徵的選擇請從斷面混成階段開始，直至環形陣列所產生的特徵，而鏡射的基準面可選取完成後的特徵下方之平面即可。

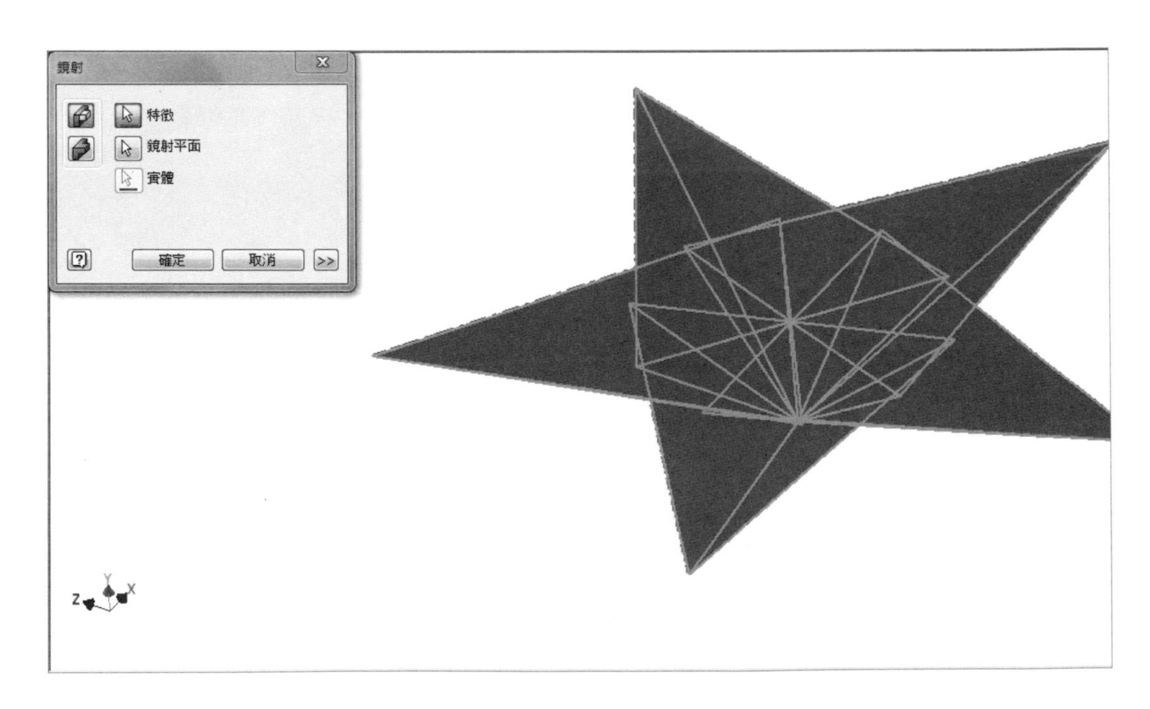

完成後，即可得到如圖所示之聖誕星星。

MEMO

第四章

其他特徵建立工具

4-1 圓角
4-2 倒角
4-3 孔特徵
4-4 拔模特徵
4-5 陣列特徵
4-6 鏡射特徵
4-7 薄殼特徵
4-8 肋特徵
4-9 螺紋特徵
4-10 分割特徵
4-11 螺旋特徵
4-12 增厚特徵
4-13 文字特徵
4-14 浮雕特徵
4-15 印花特徵
4-16 移動本體
4-17 折彎零件

4-1 圓角

選擇 XY 工作平面來建立一張新草圖，並完成如圖所示之圖面。

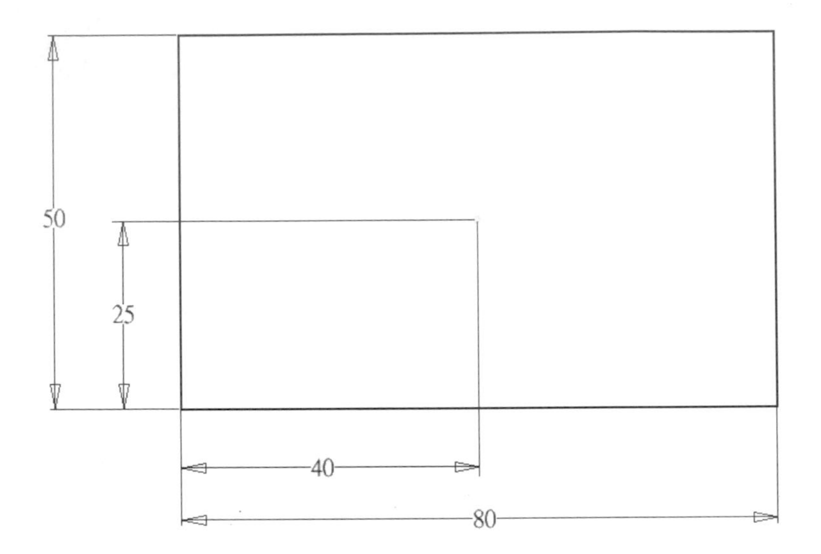

使用【擠出】工具，將草圖輪廓成形 40 個單位。

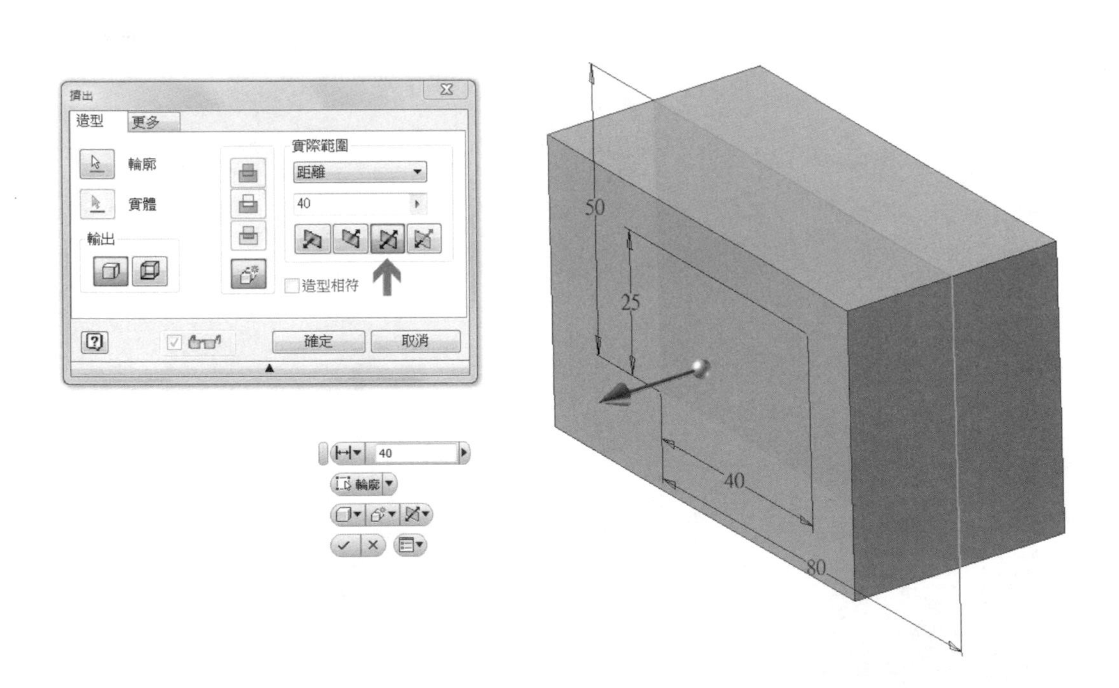

點擊工具選項板的【圓角】，可出現如圖所示之介面：

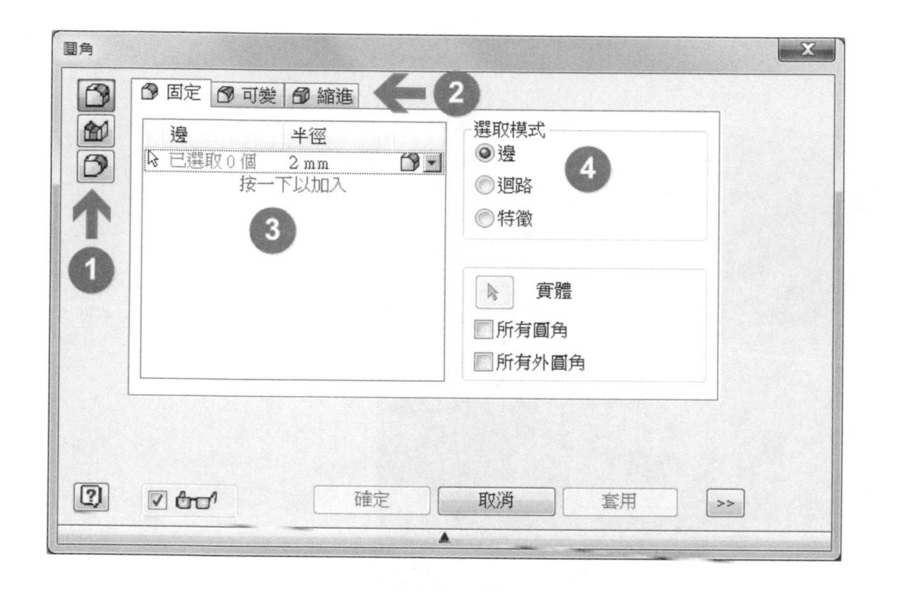

❶ 圓角形式選擇。

❷ 圓角模式選擇。

❸ 添加圓角項目及設定半徑值。

❹ 選取欲做圓角區域的條件之選取模式。

選擇【邊圓角】，將半徑設定為 5，並點擊實體上方的單一邊線，可得如圖所示之圓角特徵。

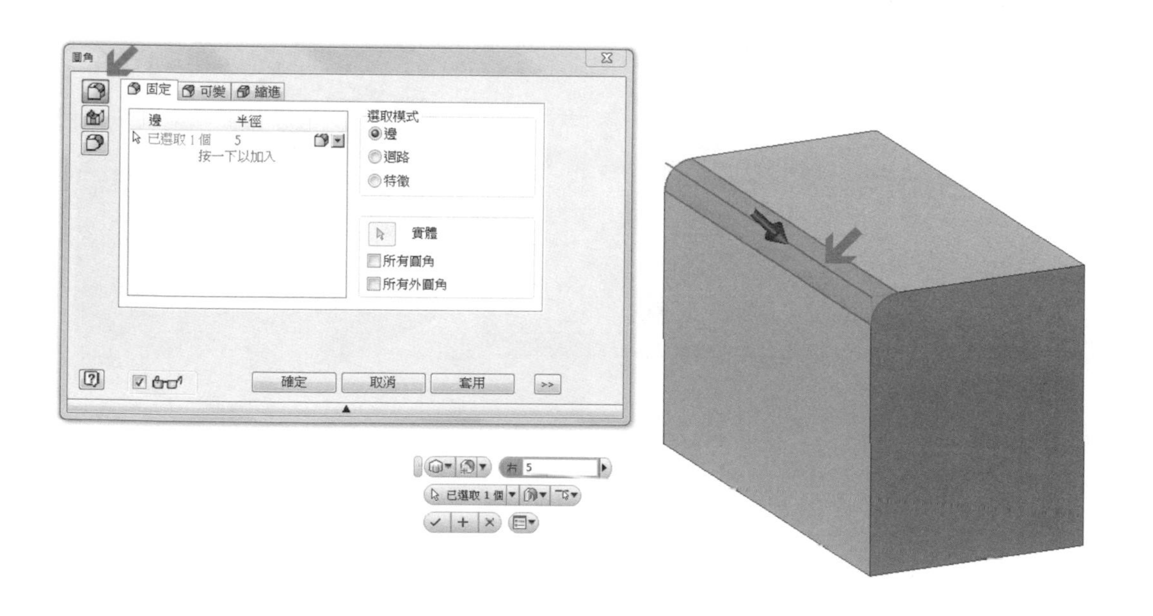

如果，在一次性的選擇中點選相鄰的三個邊線，則中間交會處之圓角特徵會製作圓滑性的變化。

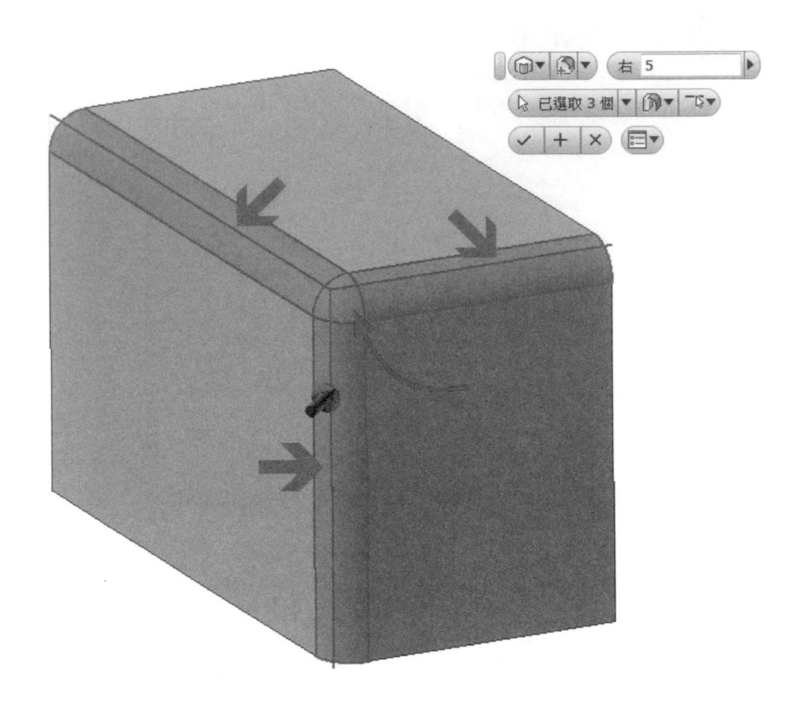

如在進行圓角特徵時，選擇【迴路模式】，則點擊實體邊緣邊線時，會自動的依照所選取的邊線產生相連邊線的迴路。

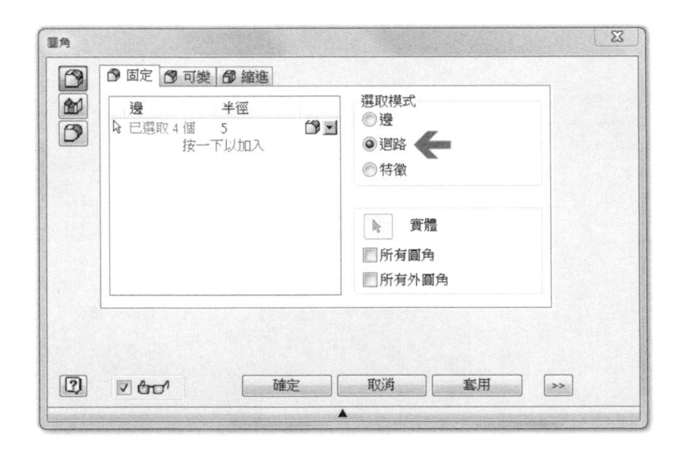

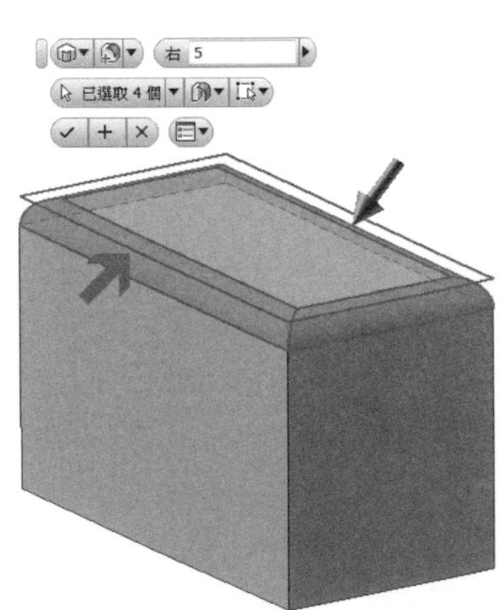

若是選擇選取模式中的【特徵】，則會將讀者所點擊到的實體全部邊緣都做指定半徑值的圓角。

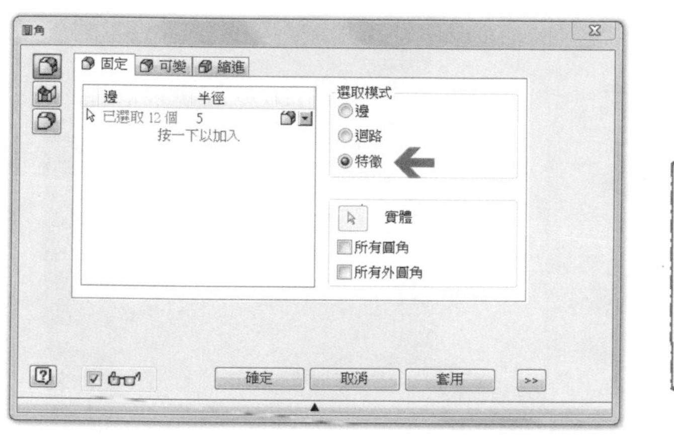

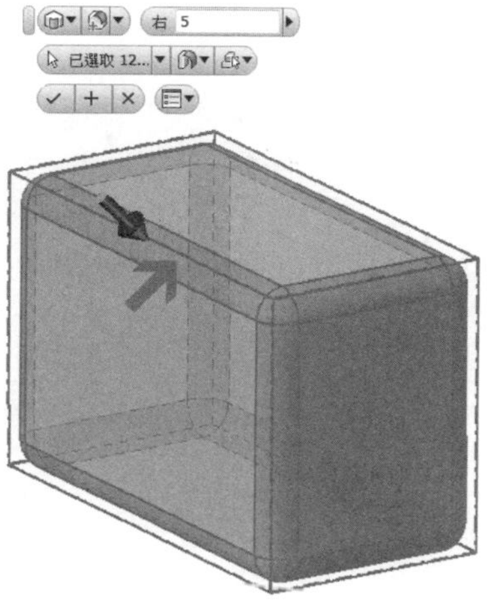

我們再來進行另一個範例，首先開啟一張新圖檔，以 XY 工作平面來建立一張新草圖，並在其上方繪製如圖所示之圖元。

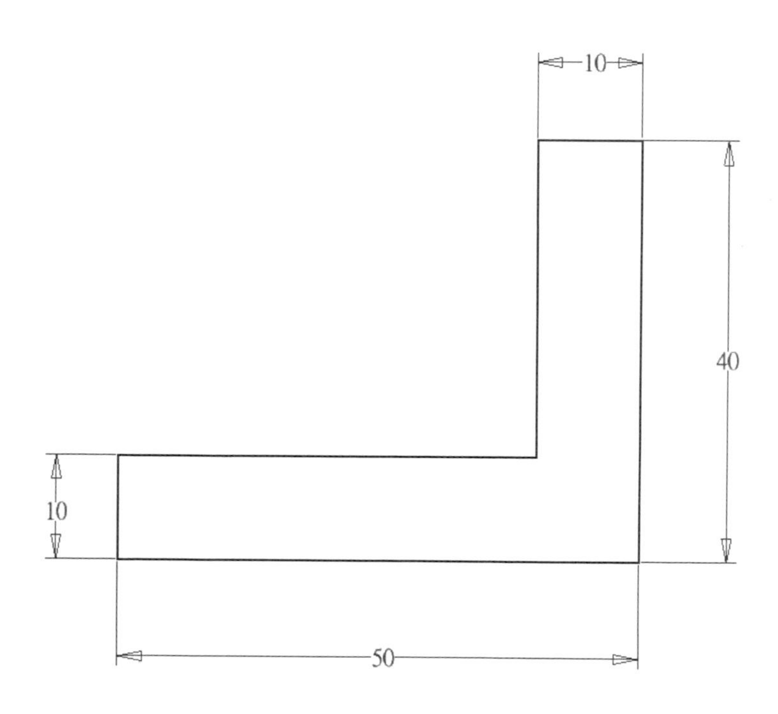

使用【擠出】工具，將草圖輪廓成形 40 個單位的厚度。

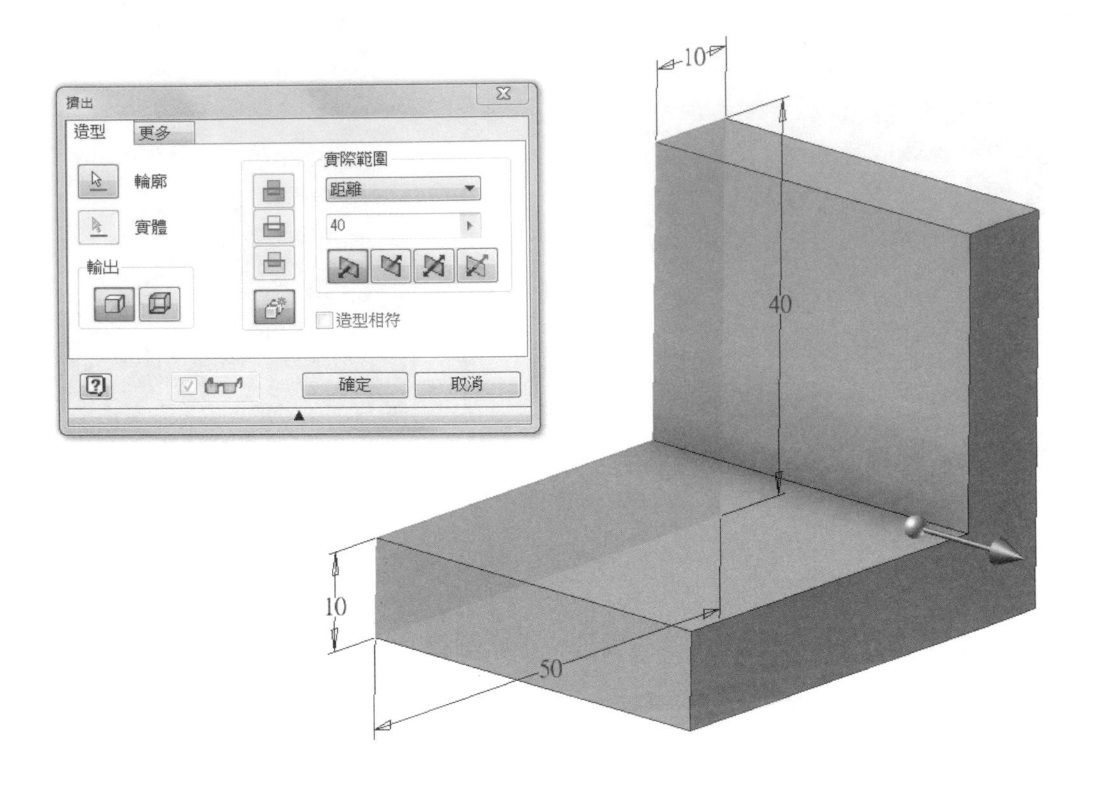

使用圓角半徑 5，在如圖面所示之邊線點擊並形成圓角，我們可以發現到，圓角除了可修飾邊緣與除料外，在內凹處所建立的圓角也會一併的輔助填料來成形。

4-1-1 全圓圓角

使用【圓角】工具，並選擇【全圓圓角】項目。

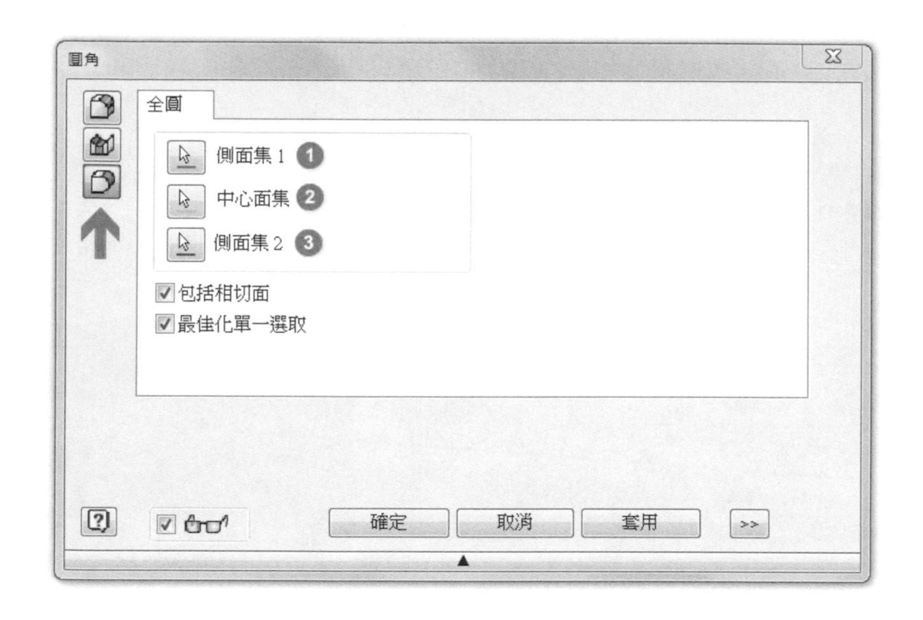

依照【全圓圓角】項目中所指定要選取的三個區域，依序在圖面特徵上點選，則可得如圖所示之圓角特徵。

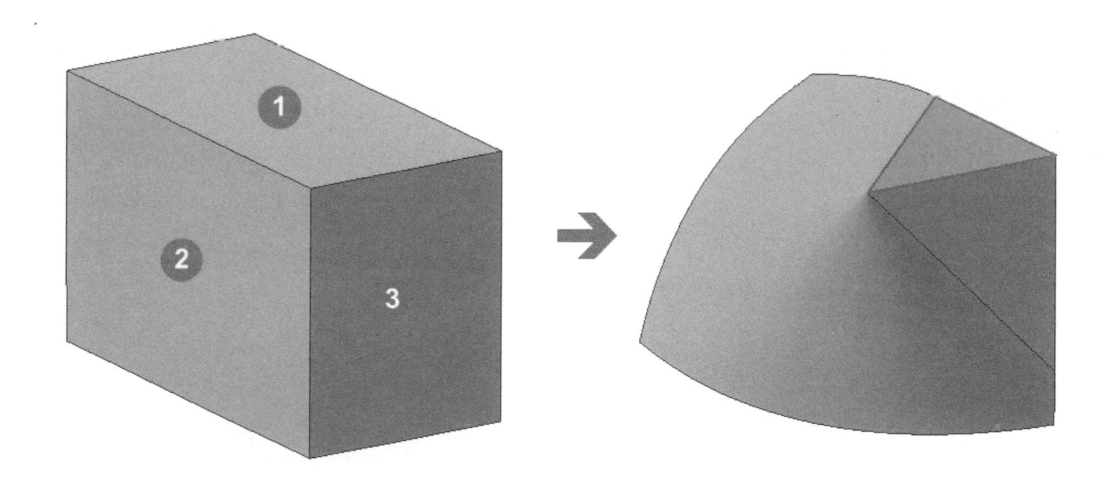

4-1-2 可變圓角

選擇圓角工具中的【可變】項目，並點擊實體上的某一邊線，讀者可以看見在介面的右邊有著起始與結束的設定，我們可以預先設定好兩端不同的半徑值，如此即可讓程式自動計算兩端成形相連的半徑變化，以達到變化半徑的目的。

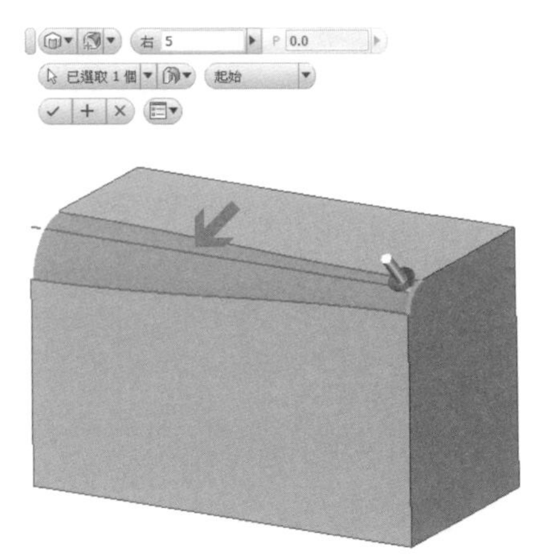

如果想要在頭尾兩端之間再建立其他的圓角半徑值，以達到想要建立的變化效果時，讀者可將滑鼠游標移動到實體邊線上，您會發現游標能在其上方建立節點，當節點建立後，介面視窗中將會出現【點 1】的名稱與相對應的半徑值，還有以數值來定義位置【介於 0 至 1】。

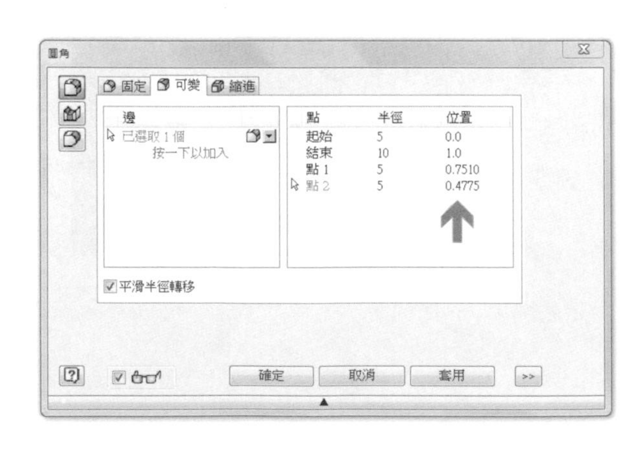

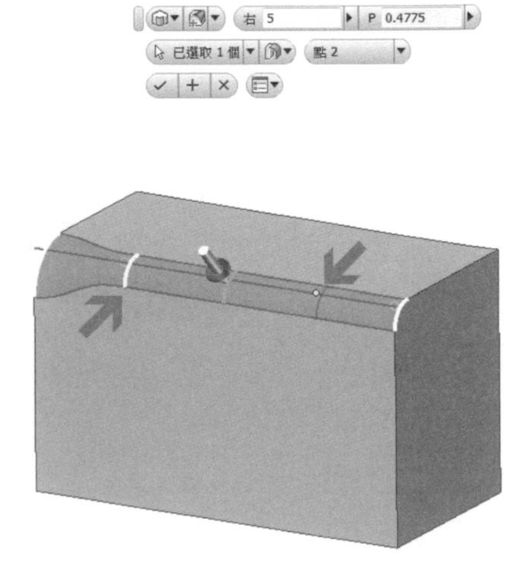

試著將【點 1】、【點 2】的位置調整至 0.75 與 0.25，就能發現到實體上的節點產生位移後的變化。

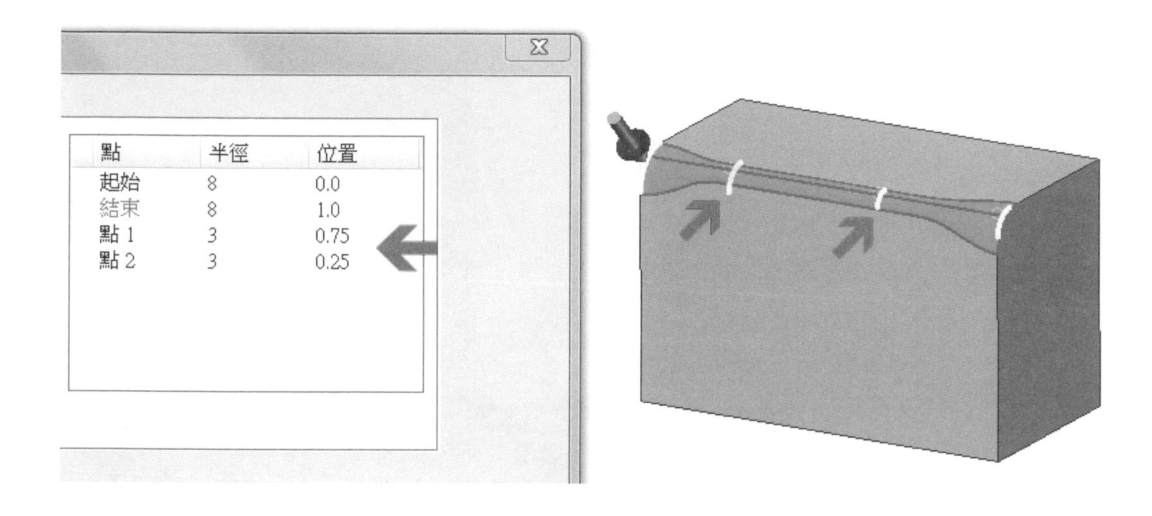

4-1-3 縮進

【縮進】這項功能需要滿足條件才可使用，首先，可使用固定模式來建立三個相鄰邊線的圓角特徵，並使其連結處產生圓滑面的效果。

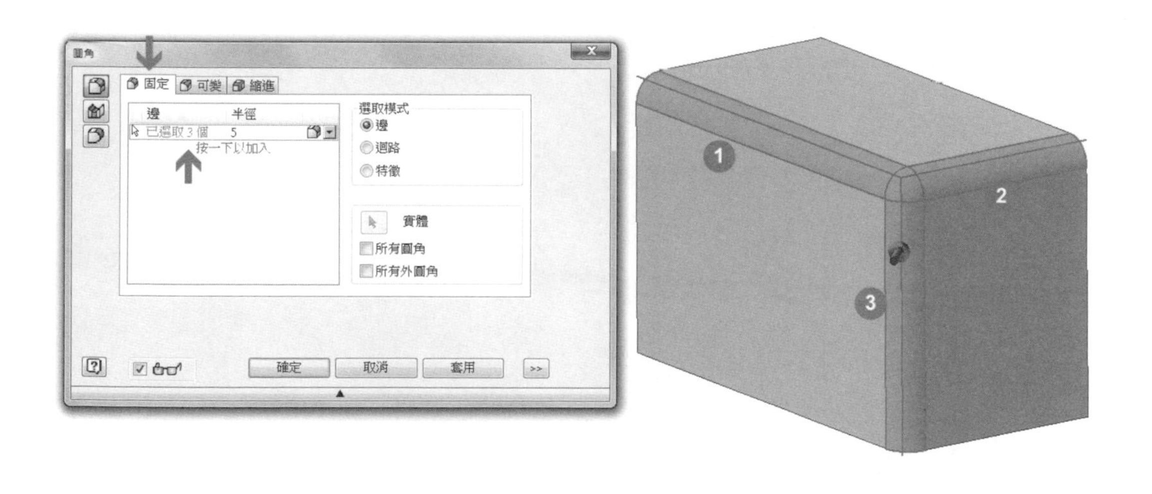

接著，我們再來點選【縮進】功能，並將滑鼠移動到三個邊線交會處的聯結點上，點擊該節點後，即可在介面視窗中見到三個邊的相關數值出現。

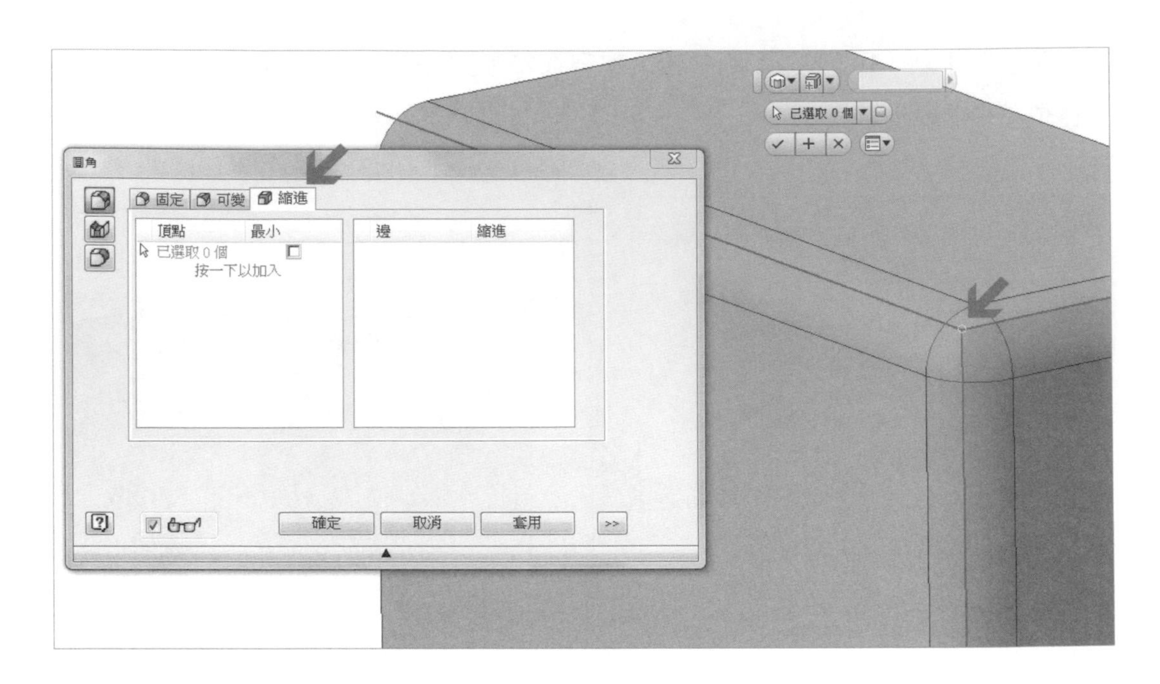

在介面視窗中點擊欲變更的圓角邊線縮進值，讀者可發現修改過的邊線圓角位置將會產生位移效果。

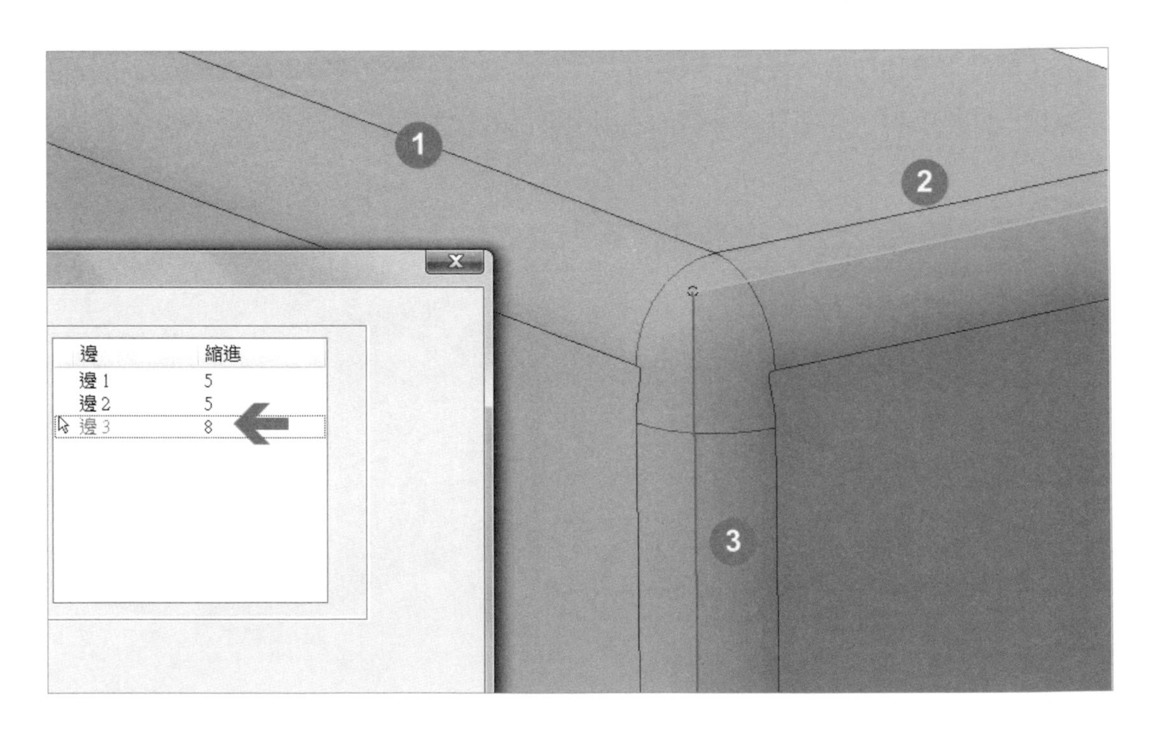

4-2 倒角

在 XY 工作平面上建立一張新草圖，並在其上方繪製草圖圖元輪廓，如下圖所示。

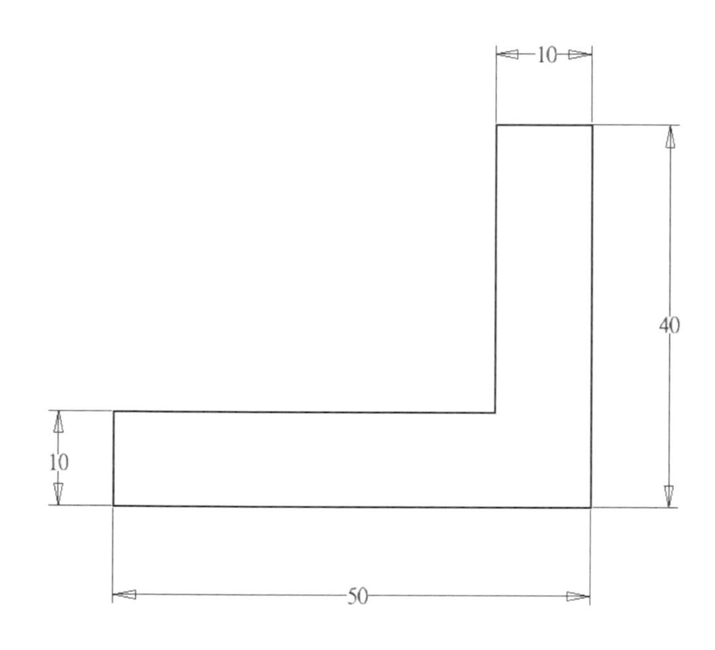

使用【擠出】工具，將繪製完成的草圖輪廓成形 40 個單位的厚度。

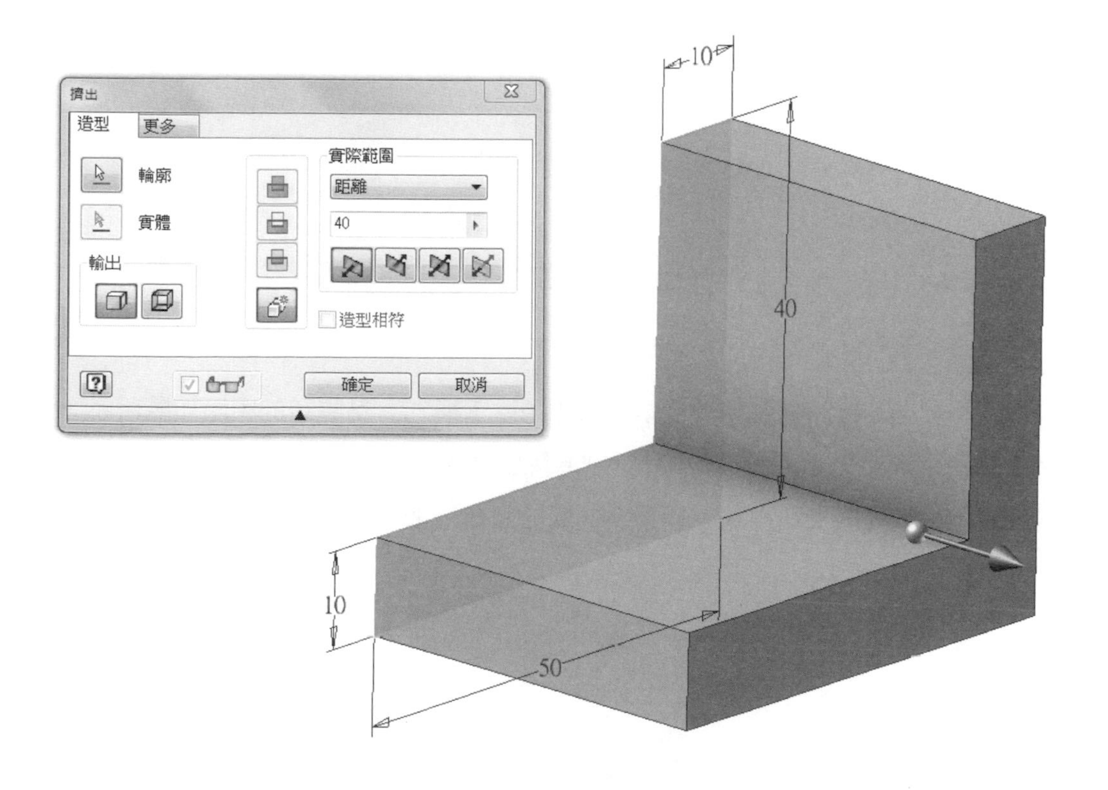

使用特徵工具選項版中的【倒角】，可見到如下圖所示之視窗介面。

❶ 倒角製作模式。

❷ 選取欲製作導角的邊線。

❸ 輸入欲建立的倒角相關數據。

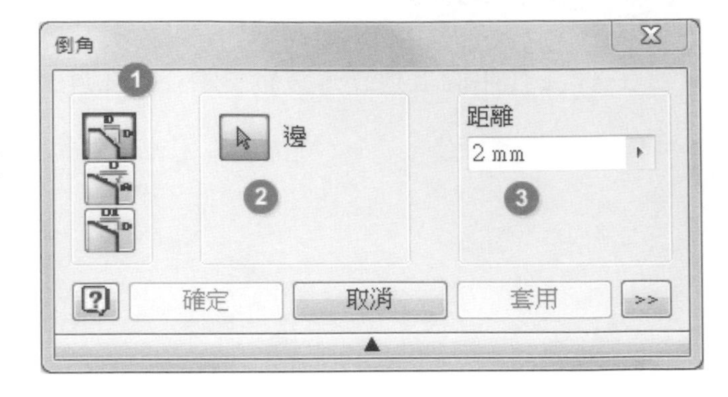

首先，我們來使用導角雙距離模式，所謂雙距離模式是指距離 1 與距離 2 都是相同的距離，先將距離設定為 5 個單位，並依圖面所示之邊線進行點擊以製作導角特徵出來。

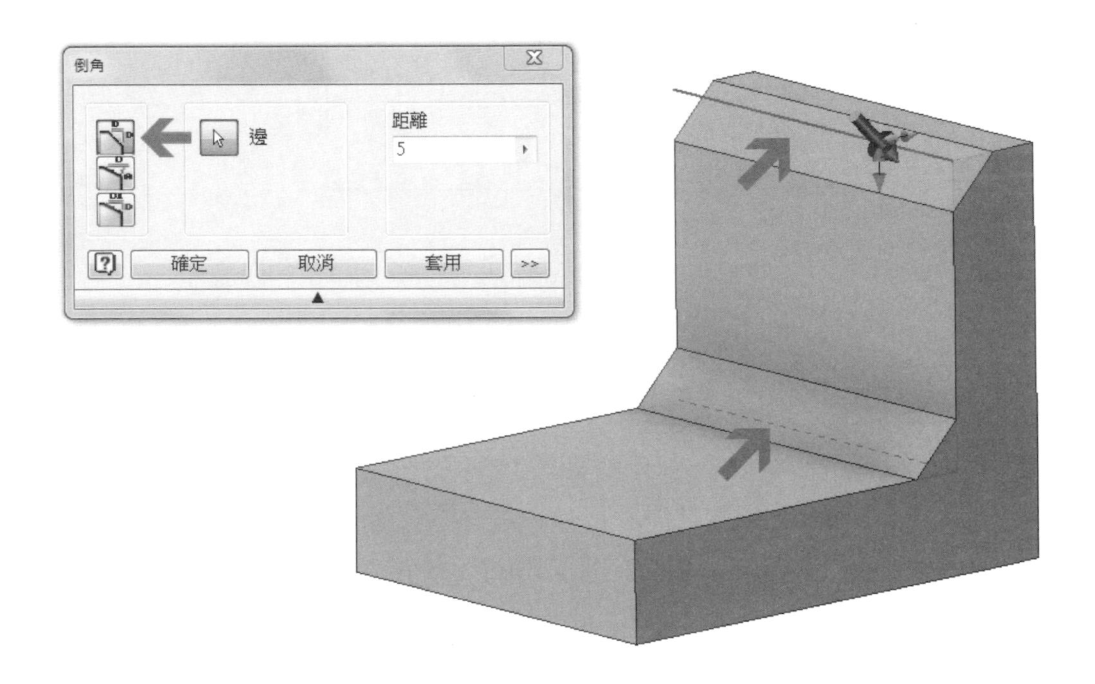

如使用倒角功能時是使用【距離】與【角度】模式，點擊時的順序如圖所示（可依個人習慣來決定點擊的順序），點選欲進行倒角的邊線，在點擊相鄰的面來進行角度的成立，點擊完成後可再輸入距離與角度的數據，即可從圖面預覽效果中見到倒角成形的變化。

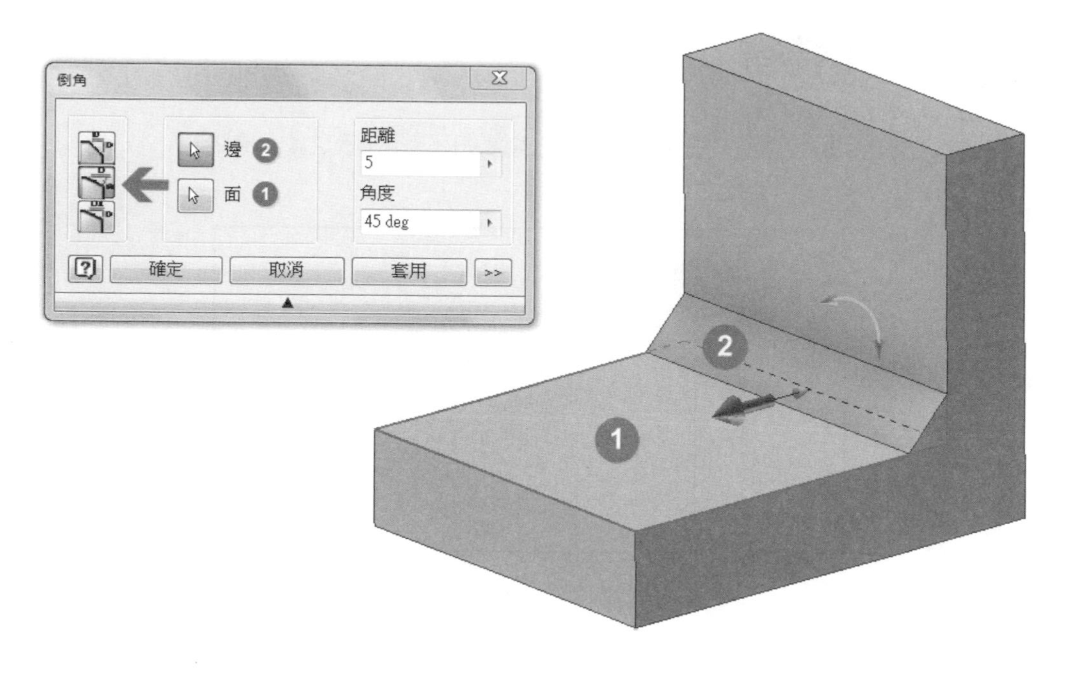

使用倒角功能時若是使用【距離 1】與【距離 2】模式，點選欲進行倒角的邊線，並輸入視窗介面上的距離 1 與距離 2 的數值，可透過反轉工具按鈕來變更兩距離的方向是否互換，點擊完成後也可再重新變更輸入兩距離的數據，並可從圖面預覽效果中見到倒角成形的變化。

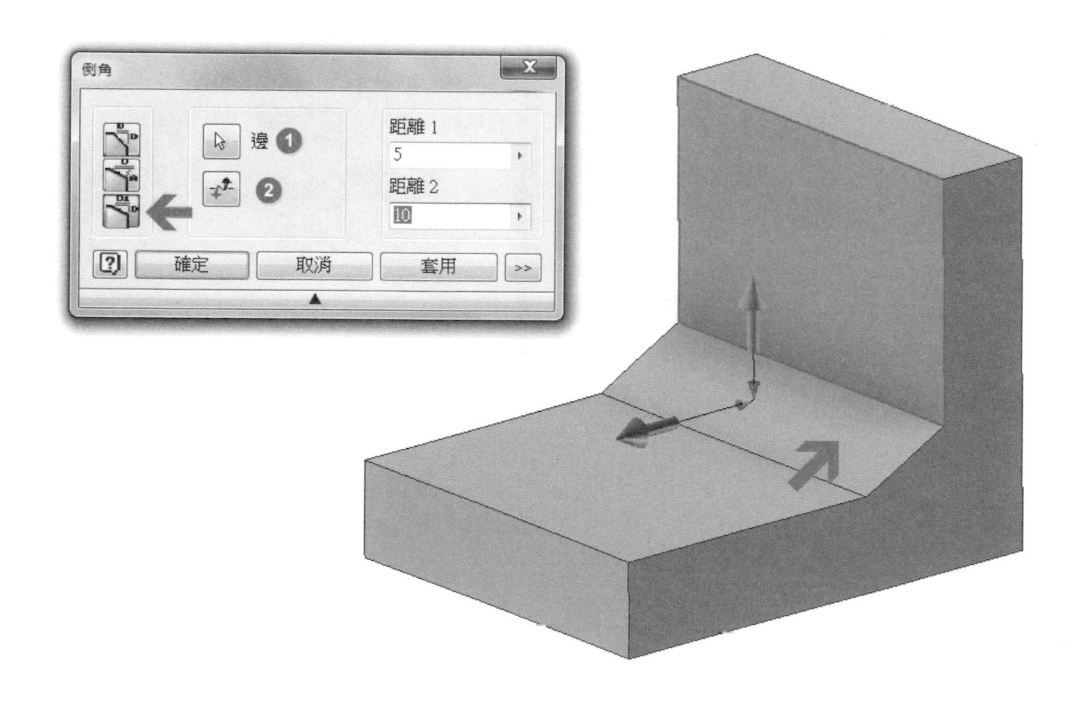

4-3 孔特徵

在 XY 工作平面上建立一張新草圖，並繪製如下圖所示之圖元輪廓。

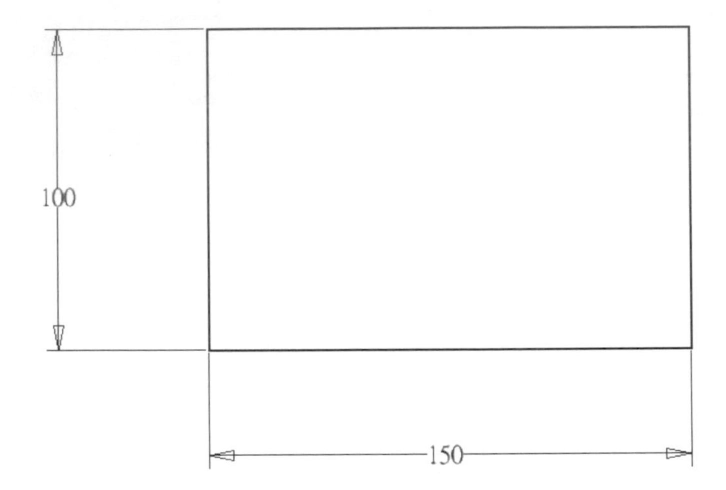

使用【擠出】工具，將所建立之草圖輪廓成形 10 個單位的厚度。

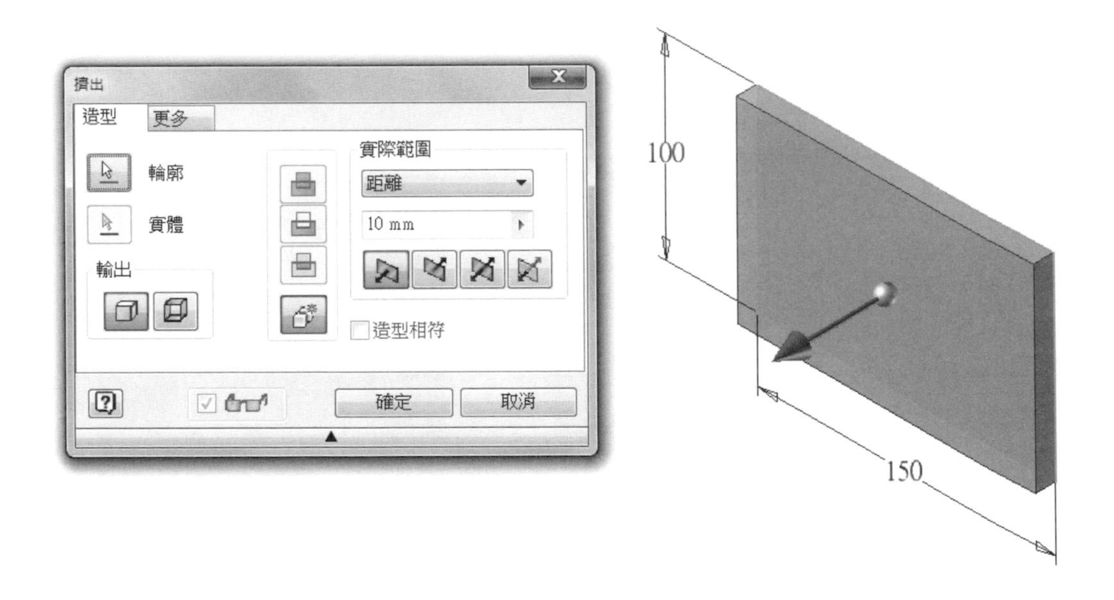

開啟特徵工具選項板中的【孔】特徵。

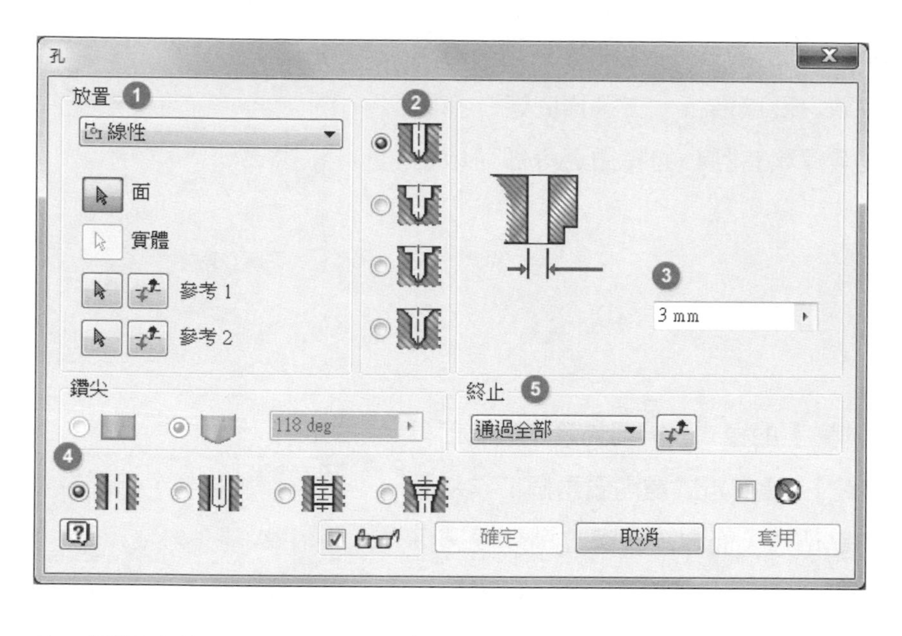

❶ 選擇孔放置在實體特徵上的方式。

❷ 選擇孔的類型以及相對應的直徑和深度。

❸ 變更孔徑的大小或相關尺寸數據。

❹ 選擇螺紋的方式。

❺ 定義孔的終止方式。

再【線性】模式上，先決定孔將在哪一個面上進行，在選擇該平面的 X 與 Y 的邊線來成為參考距離的條件，藉此來控制孔的位置。

如要使用【參考草圖】的模式，則須預先在實體面上建立一張新草圖，並在草圖上建立【點】，其位置尺寸需要先定義完成。

如要使用【同圓心】的模式，一般都是在具有圓角或圓弧、圓柱等特徵之區域進行，在選擇完建立孔特徵的平面後，只要選擇具有圓心的特徵邊緣即可取得同圓心之參考點。

如要使用【參考點】的模式，需要先建立特徵工具選項板中的【工作點】，建立方式是需要兩個工作平面交會處來形成新的點位置，而方向的建立則需要選擇實體的邊線來完成。

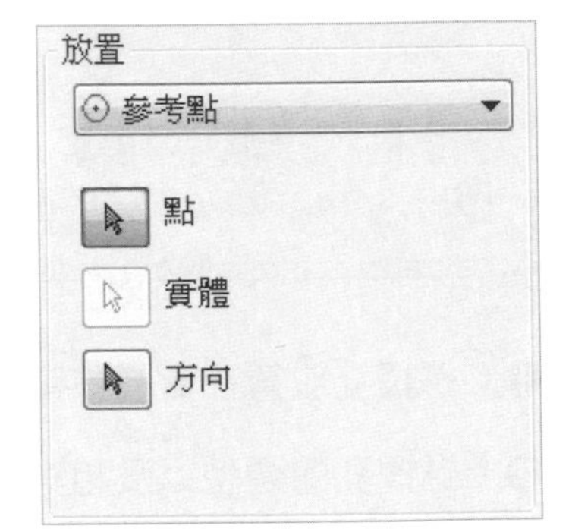

指定孔類型以及相應的直徑和深度：

鑽孔：具有指定的直徑，並與平物面齊平。

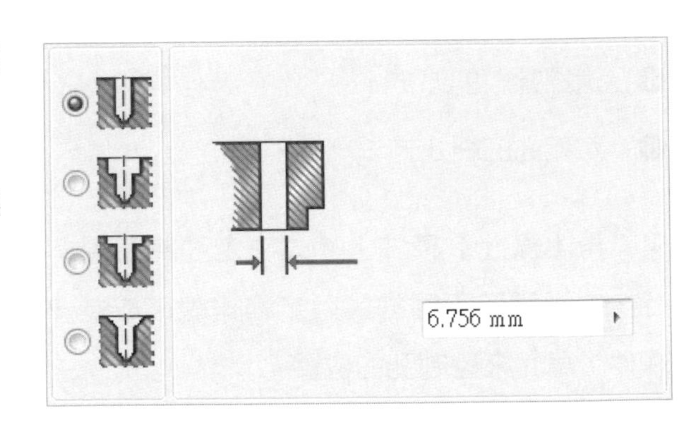

柱坑：具有指定的直徑，柱坑直徑和柱坑深度。不能將推拔攻牙孔與柱坑配合使用。

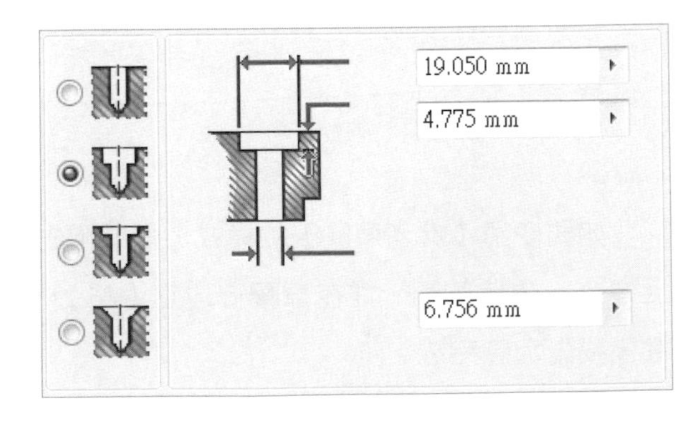

淺柱坑：具有指定的直徑、淺柱坑直徑和淺柱坑深度。對孔和螺紋深度的測量從淺柱坑的底面開始。

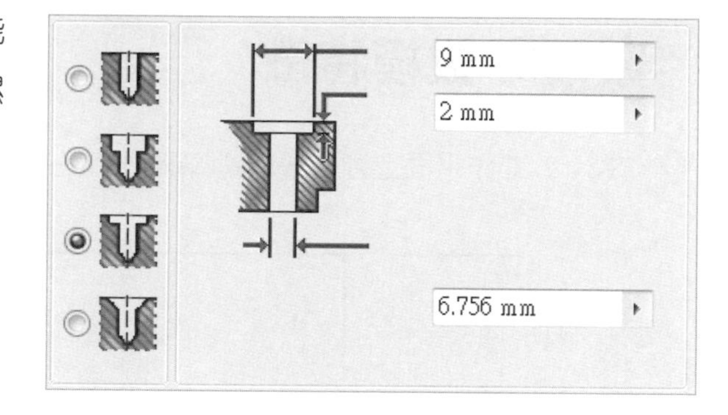

錐坑：具有指定的直徑、錐坑直徑和錐坑深度。

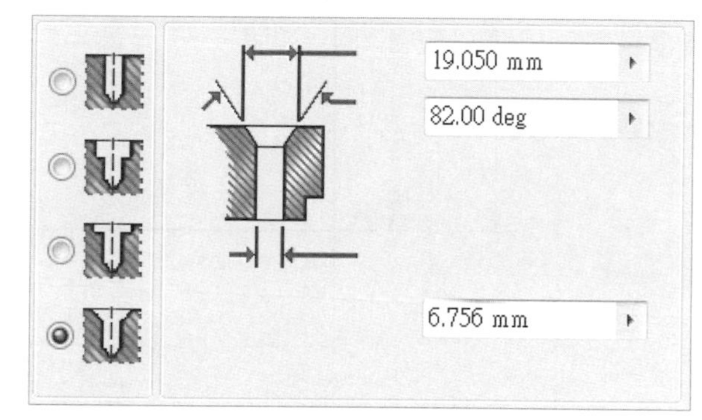

指定鑽尖類型：

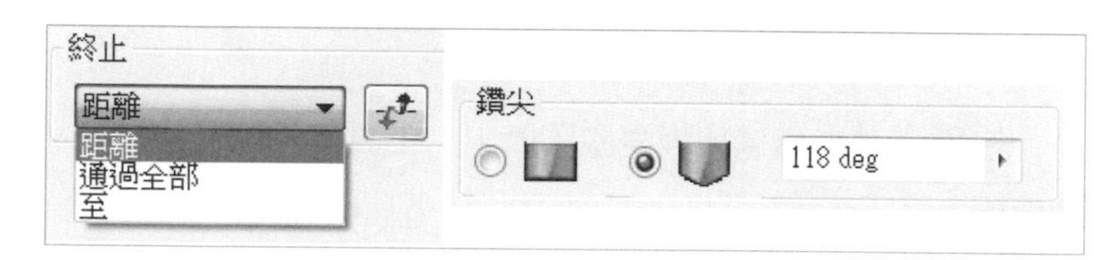

平頭	建立一個平頭鑽尖。
角度	在模型中選取幾何圖形來測量自訂角度或展示標示，角度的正方向是以孔軸線為起點，正垂於平物面，逆時鐘測量出來的。

螺紋方式：

簡單孔	建立不帶螺紋的簡單孔。
間隙孔	建立將公差設定為與特定結件配合的標準的、不帶攻螺紋的孔。
攻牙孔	建立一個具有定義的螺紋的孔。
推拔攻牙孔	建立一個具有定義的推拔螺紋的孔。

4-4 拔模特徵

在ＸＹ工作平面上建立一張新草圖，並在其上方建立如圖所示之草圖輪廓。

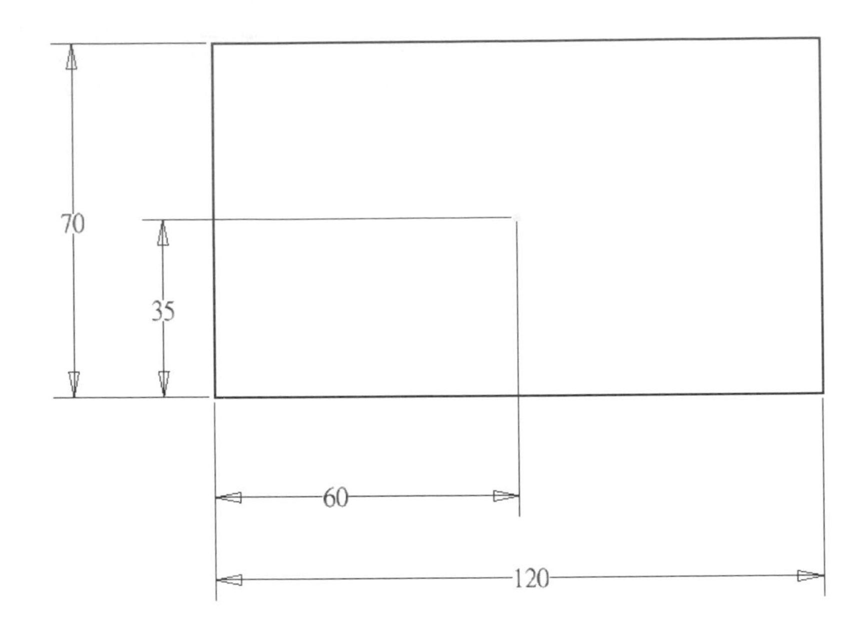

使用特徵工具選項板中的【擠出】工具，將繪製完成的草圖輪廓成形 50 個單位的厚度。

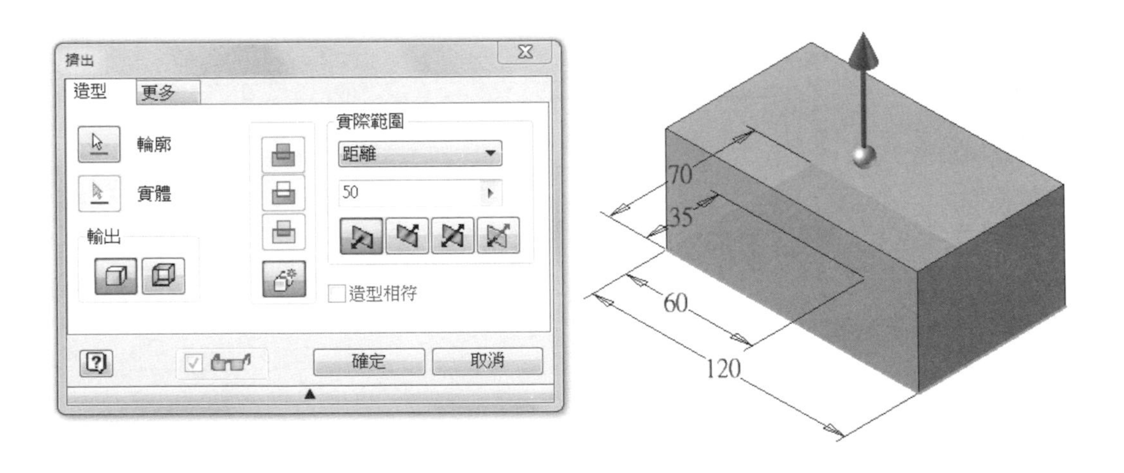

在成形後的實體上方平面建立一張新草圖輪廓，並以【中心矩形】的方式繪製一草圖輪廓後，使用特徵工具選項板中的【擠出】，採用【切割】的項目將輪廓往實體內部挖除 40 個單位的空間。

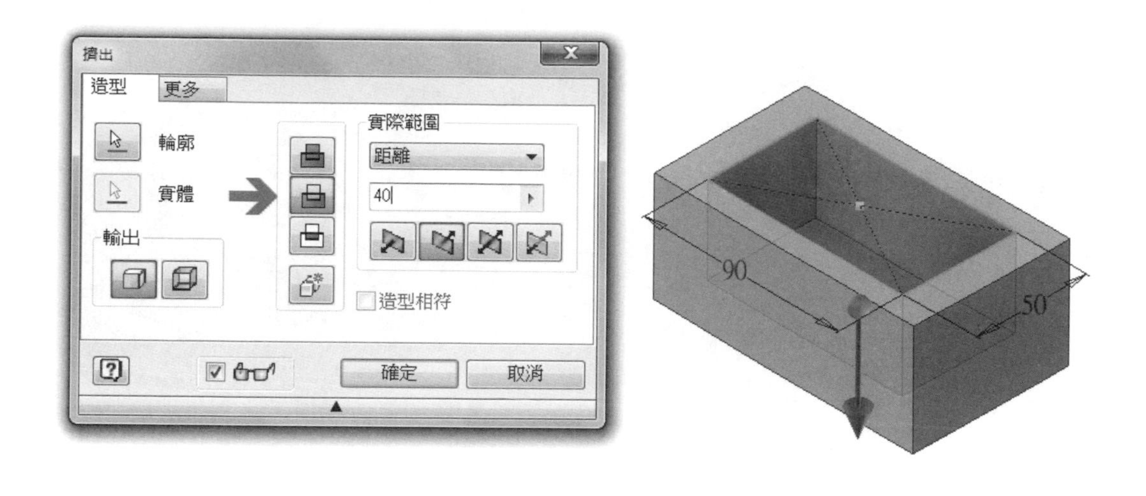

點選工具選項板中的【拔模】工具。

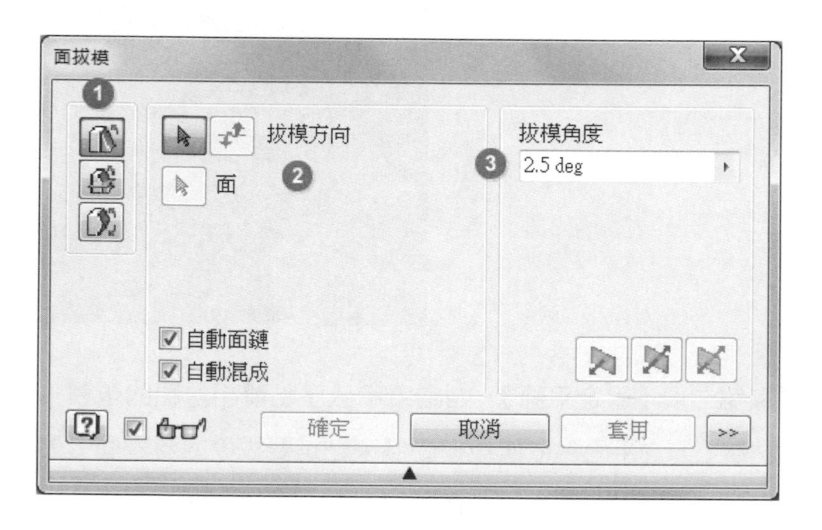

❶ 選擇拔模工具項目。

❷ 依照選取的拔模運用方式所產生的相關對應輸入選項。

❸ 拔模控制項目。

在拔模工具項目中選取第一項【固定邊】，如圖所示依序點擊相對應的位置，先建立拔模方向，所以先點擊上方之邊線，依據邊線方向不同，拔模的方向也會改變，接著，我們再來點擊拔模面，如圖面是點擊在上方的實體平面上的區域，完成後，輸入欲建立的拔模角度即可由預覽圖看出拔模狀況（拔模角度也可輸入負值的角度）。

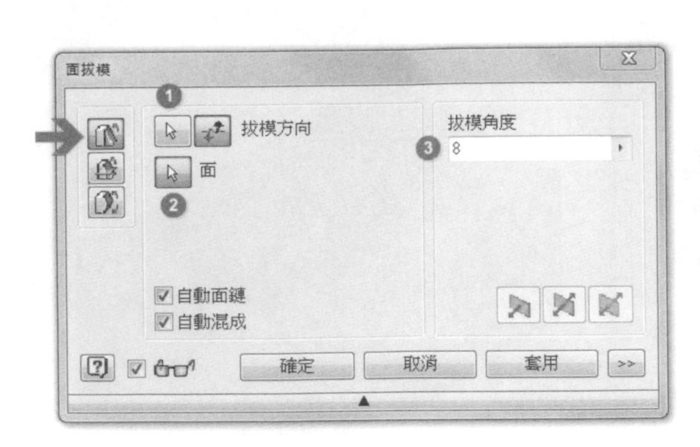

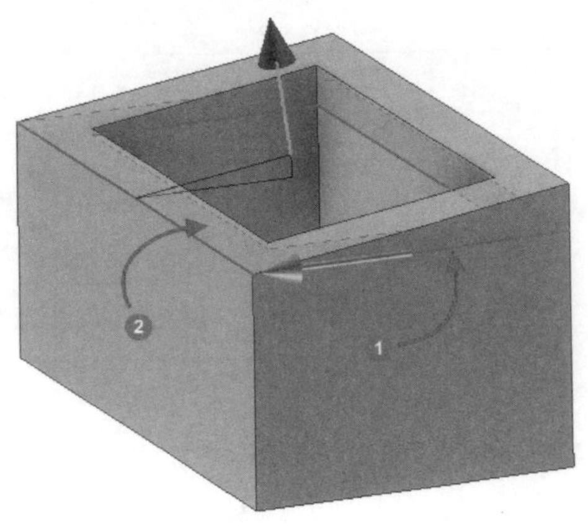

換個角度來看，點擊的邊線與拔模方向及角度的關係可明顯的看出差異。

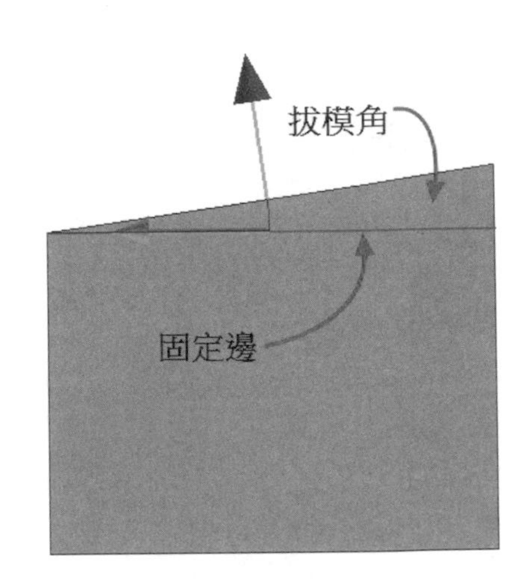

在拔模工具項目中選取第二項【固定平面】，如圖所示依序點擊相對應的位置，先建立拔模方向，所以先點擊上方之平面，依據拔模區域來點選要拔模的實體面，如圖所示是在周圍四個面進行拔模，所以我們可以一邊翻轉方向一邊來點選，完成後，輸入欲建立的拔模角度即可由預覽圖看出拔模狀況(拔模角度也可輸入負值的角度)。

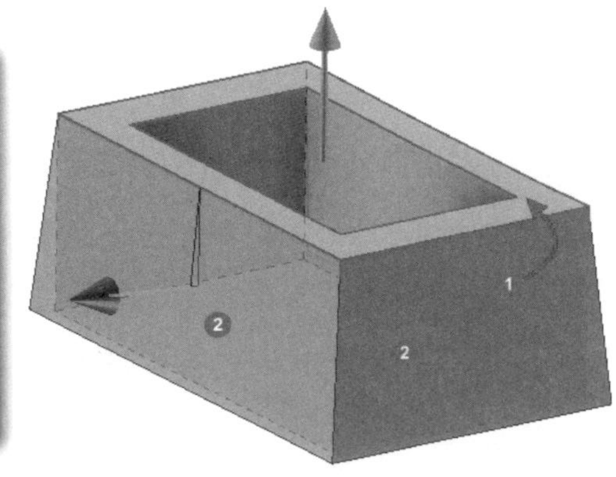

換個角度來看，固定平面是保持不變的部分，而根據我們所點擊的拔模面所製作出的拔模效果會依照角度大小與正負值的不同而改變。

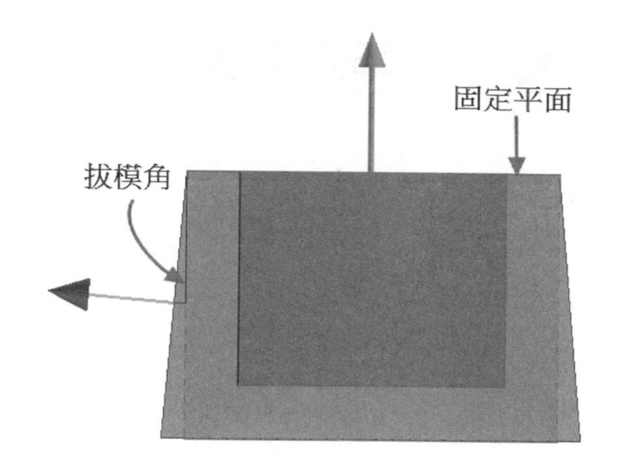

在拔模工具項目中選取第三項【分模線】，如圖所示依序點擊相對應的位置，先建立拔模方向，所以先點擊實體上方之平面或欲建立拔模區域的平面，再點擊實體中的分模面（XY 工作平面或額外建立的平面），接著再來點選要拔模的面，我們可以一邊翻轉方向一邊來逐一點選，完成後，輸入欲建立的拔模角度即可由預覽圖看出拔模狀況（拔模角度也可輸入負值的角度）。

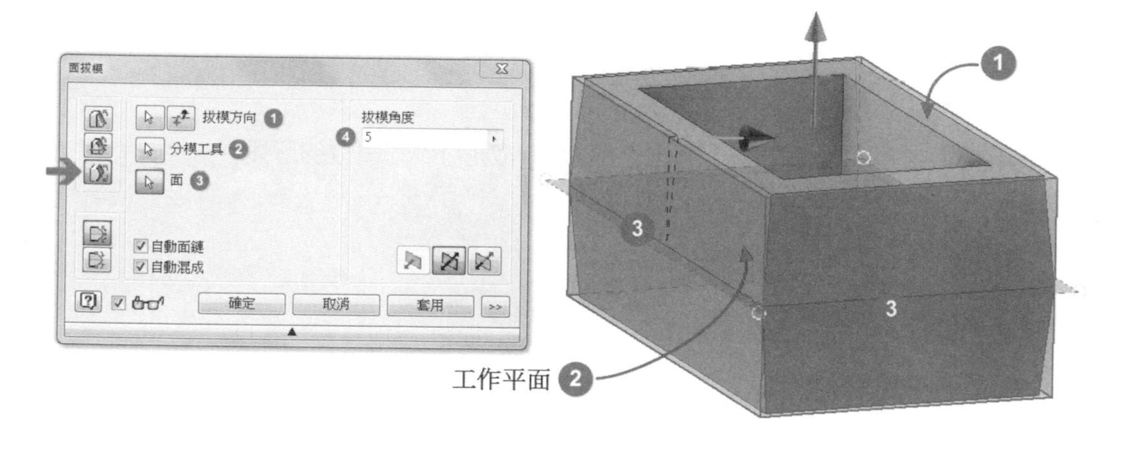

換個角度來看，分模線是由平面所建立完成，而根據我們所點擊的拔模面及分模線位置所對應出的拔模效果會因正負值的不同而改變。

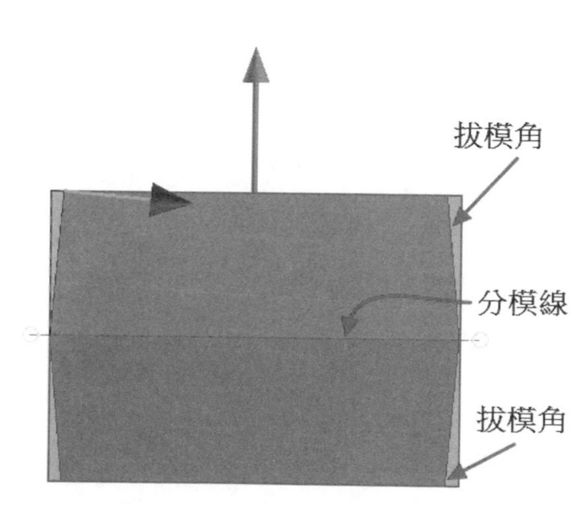

4-5 陣列特徵

4-5-1 環形陣列

在 XY 工作平面上建立一張新草圖，並繪製出如圖所示之圖元。

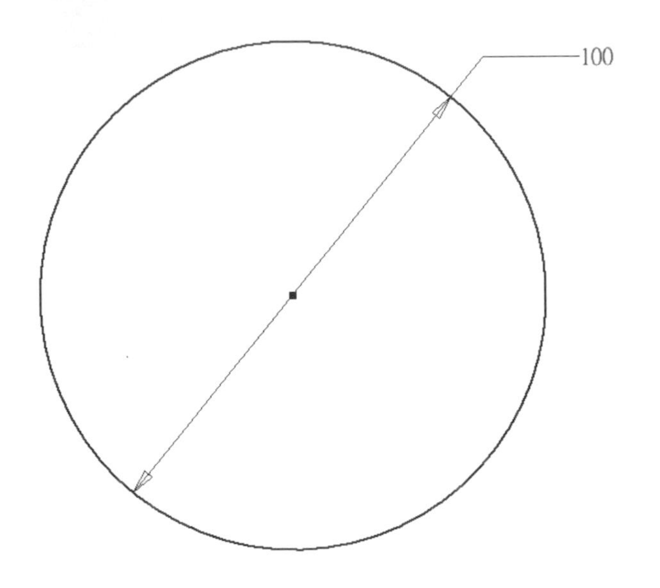

使用特徵工具選項板中的【擠出】，並將其成形 10 個單位的厚度。

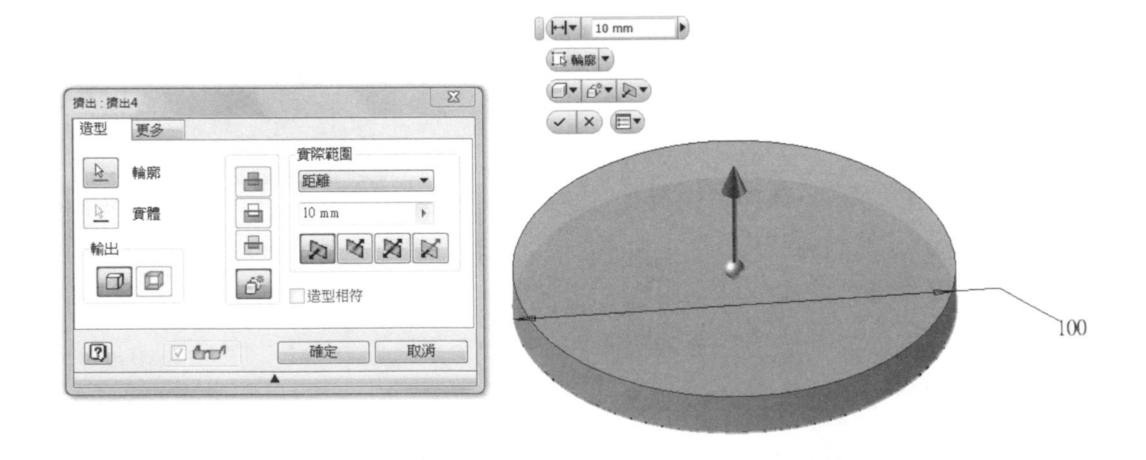

在實體上方之面建立一張新草圖，並在其上方建立如圖所示之封閉輪廓。

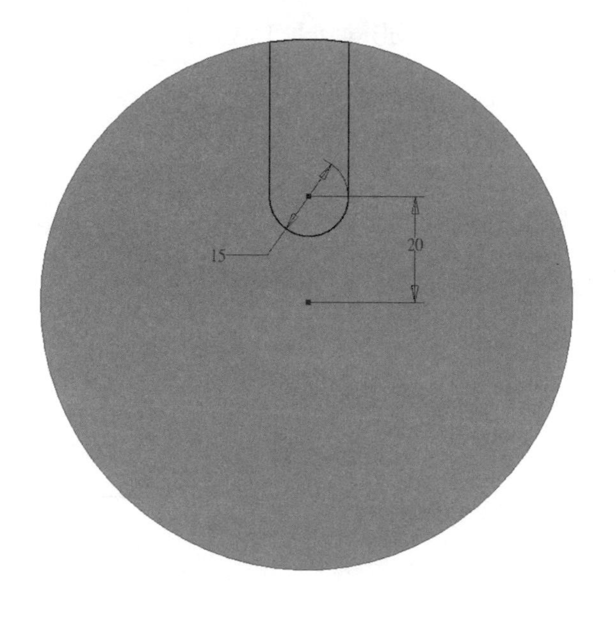

使用工具選項板中的【擠出】工具，並採用切割功能將其除料 10 個單位。

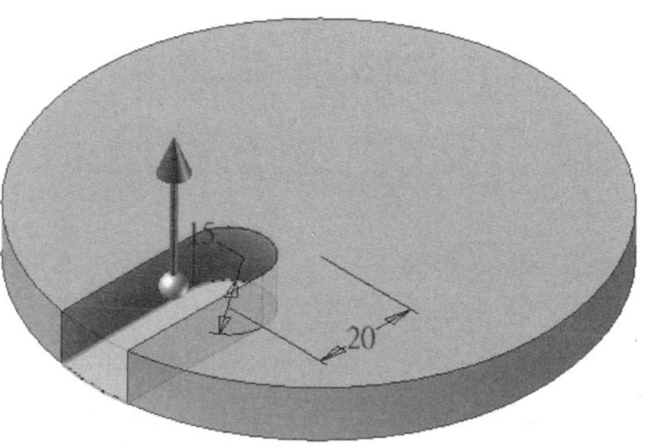

使用特徵工具選項板中的【圓角】，在圖面所示之二個區域建立半徑為 5 的圓角。

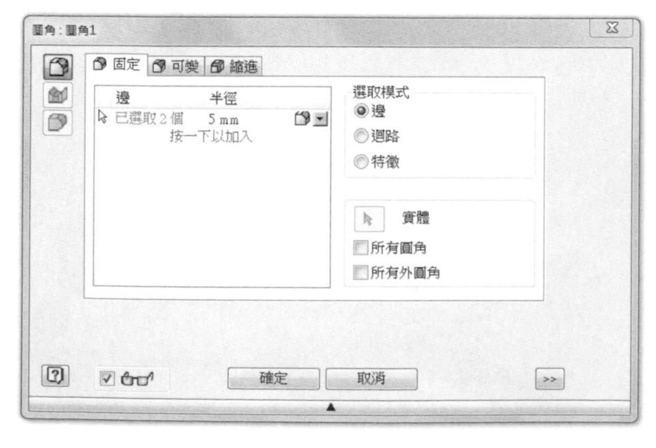

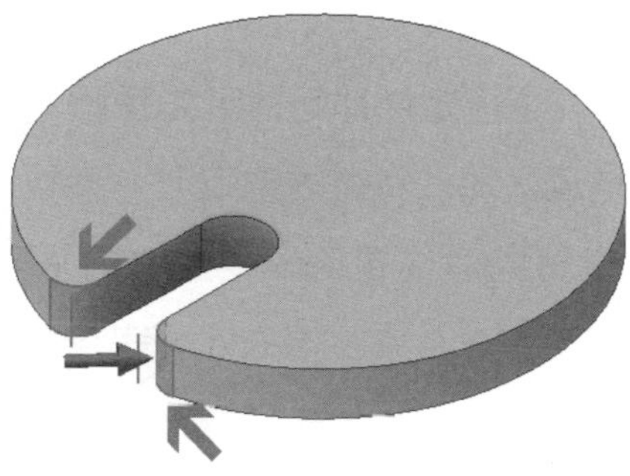

使用特徵工具選項板中的【環形陣列】工具，其介面如圖所示。

❶ 選擇環形陣列時所選取的物件類型。

❷ 點選欲進行環形陣列的物件。

❸ 選擇環形陣列所需要的軸線或自行建立的基準軸。

❹ 輸入環形陣列的數量（總數量已包含原本的特徵）。

❺ 輸入環形陣列所要進行的角度範圍。

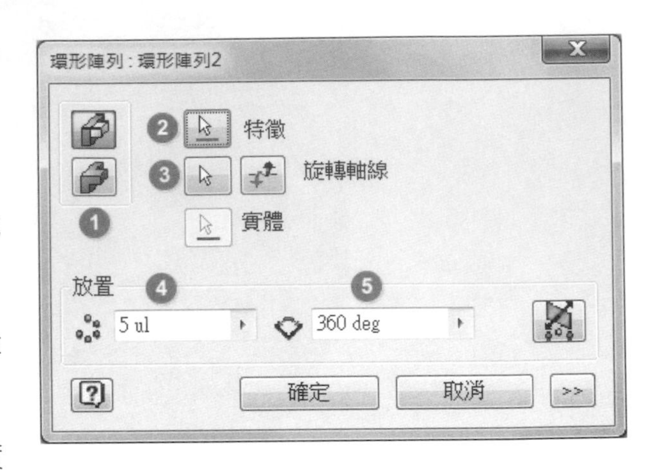

使用【環形陣列】工具，點選已除料的部分及圓角來當作特徵條件，再點選實體外圍的圓弧面，即可選取到軸線，在本功能的運用上若是點選圓柱或圓孔面都可得到其對應的軸線，當軸線選取完成後即可輸入陣列所需要的總數量及建立角度範圍，相關特徵都會在預覽效果中呈現出來。

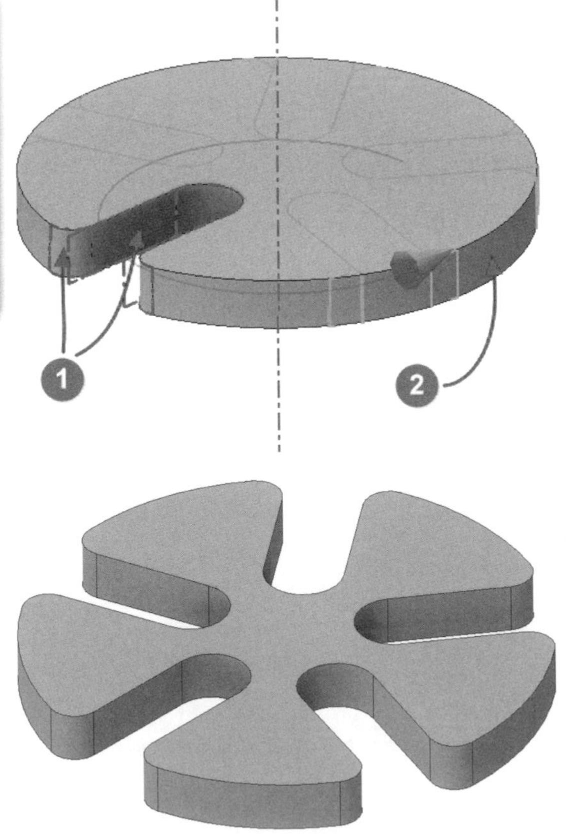

點選確定後即可得到如圖所示之結果，關於特徵的選取上，不論是填料成形或是除料等特徵，都可在陣列後將其原本的效果完整的運用。

已經建立好的陣列特徵，會依照建立的總數量而在左邊的樹狀圖中出現相對應的複本數量，如有不需要讓其顯示的區域，可在對應的複本上方點擊滑鼠右鍵來開起初選單，選擇【抑制】項目讓原本已經出現的特徵消失，此功能不適合運用在最初的特徵上，後續如要將消失的特徵再次開啟出來，只要依照相同程序將【抑制】解除即可。

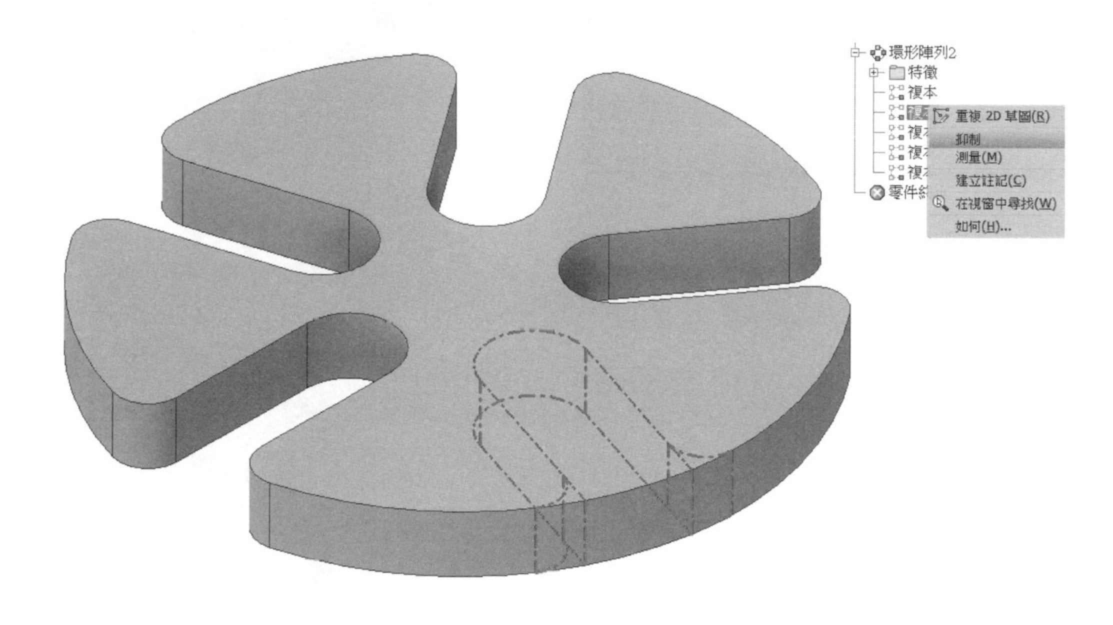

4-5-2 矩形陣列

在 XY 工作平面上建立一張新草圖，並在其上方建立如圖所示之草圖輪廓。

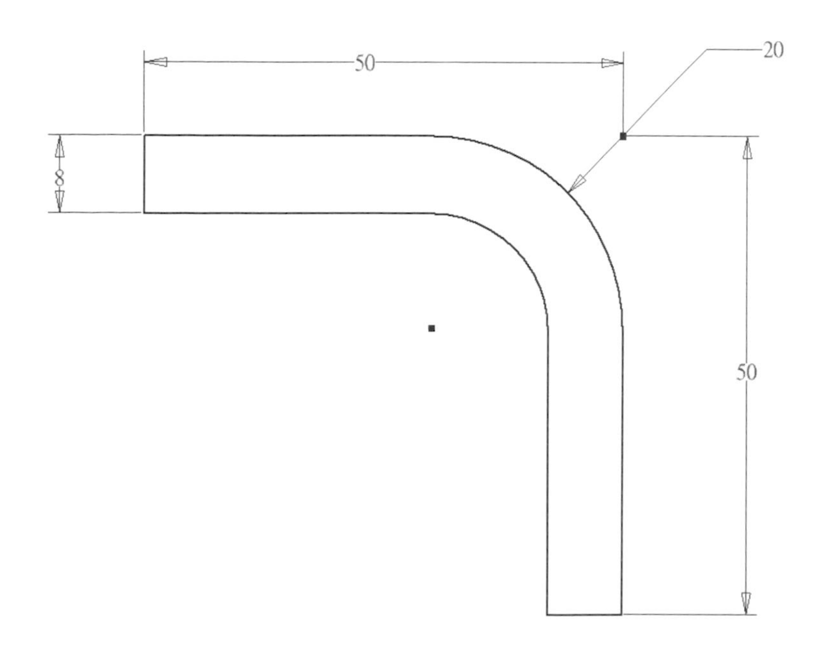

使用特徵工具選項版的【擠出】工具，將草圖輪廓往兩方向成形 100 個單位厚度。

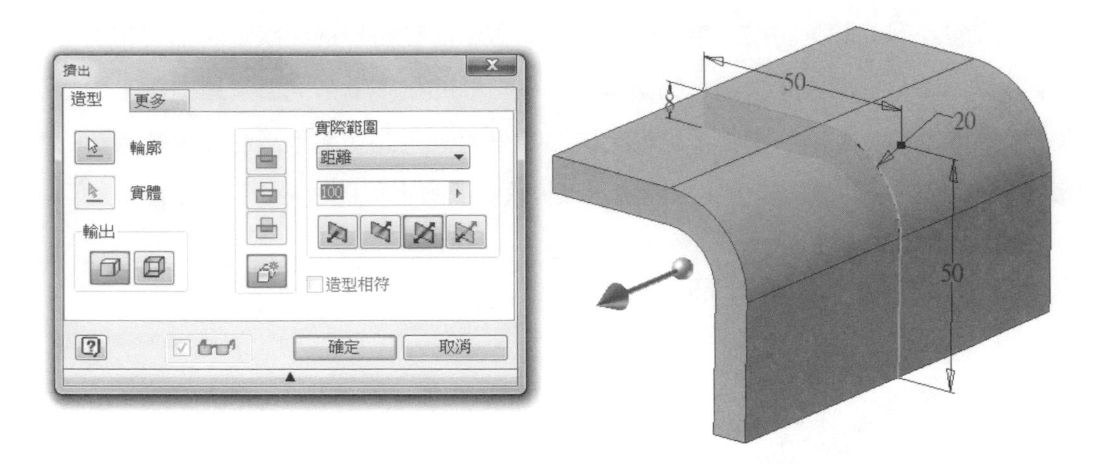

在成形後之實體上方建立一張新草圖，並繪製如圖所示之草圖圖元。

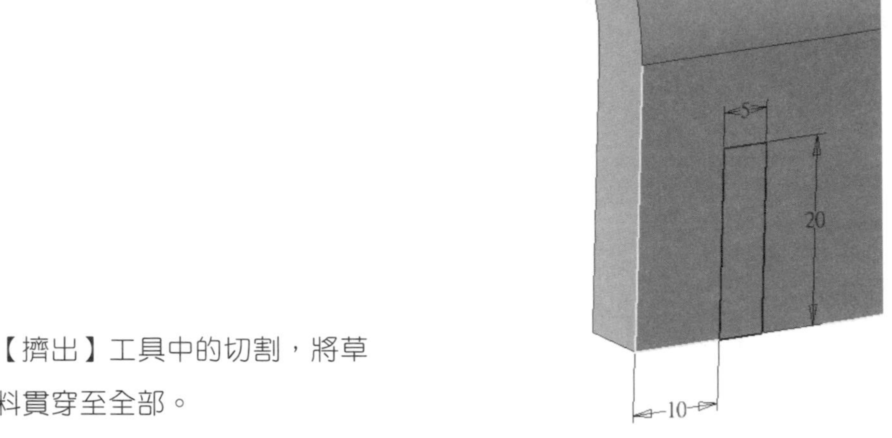

使用【擠出】工具中的切割，將草圖輪廓除料貫穿至全部。

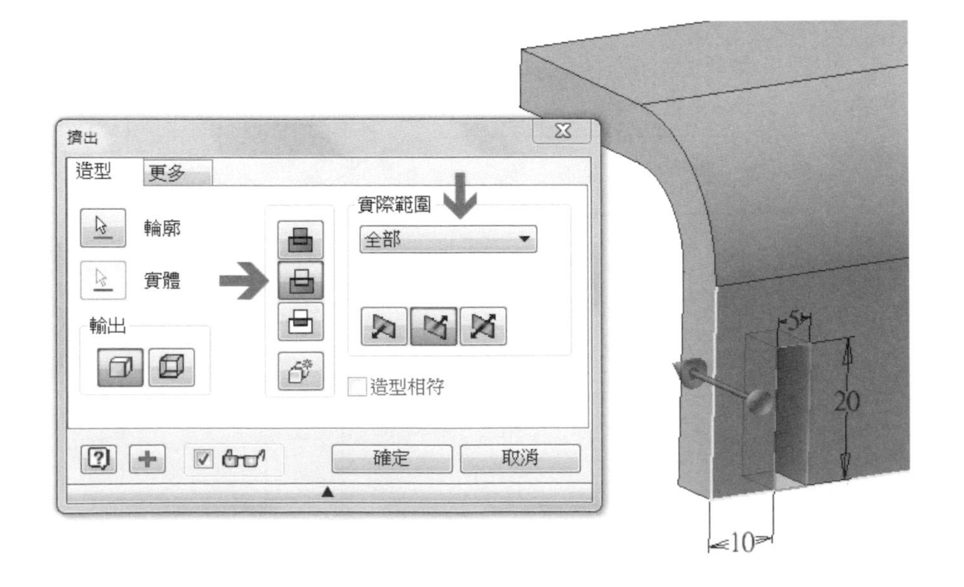

點擊特徵工具列上之【矩形陣列】工具：

❶ 選取陣列特徵及其類型。

❷ 點選實體上之邊線來建立陣列方向，並輸入陣列數量與間距。

❸ 點選實體上之另一邊線來建立陣列方向，並輸入陣列數量與間距。

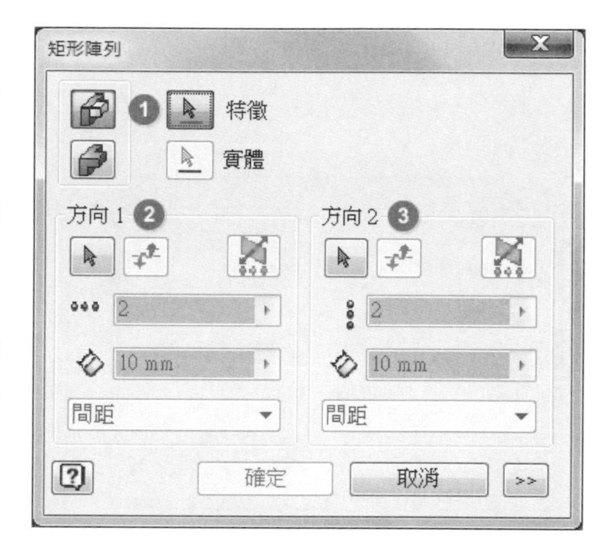

進入【矩形陣列】的介面後，先選取已經移除切割的區塊來做為陣列的特徵，在點擊下方邊線來建立陣列的方向，輸入陣列總數量為 6，並將間距訂為 15 個單位，則陣列除料完成。

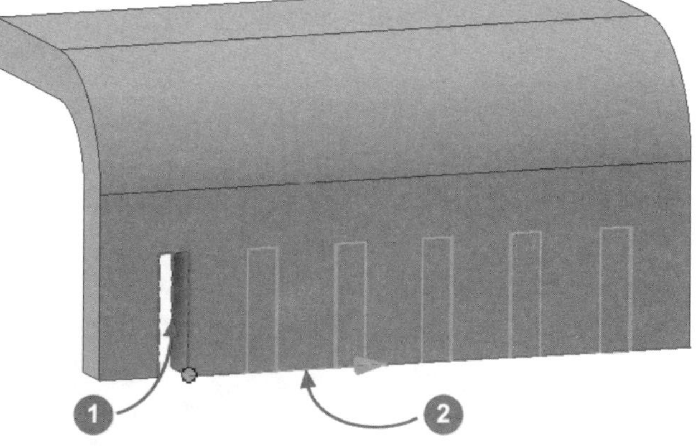

請在 XY 工作平面上建立一張新草圖，並繪製出如圖所示之草圖輪廓。

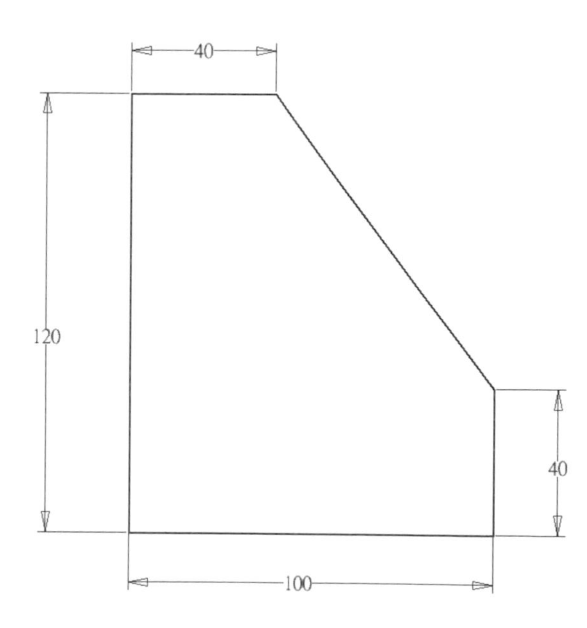

使用特徵工具選項版的【擠出】工具，並將草圖輪廓成形 5 個單位厚度。

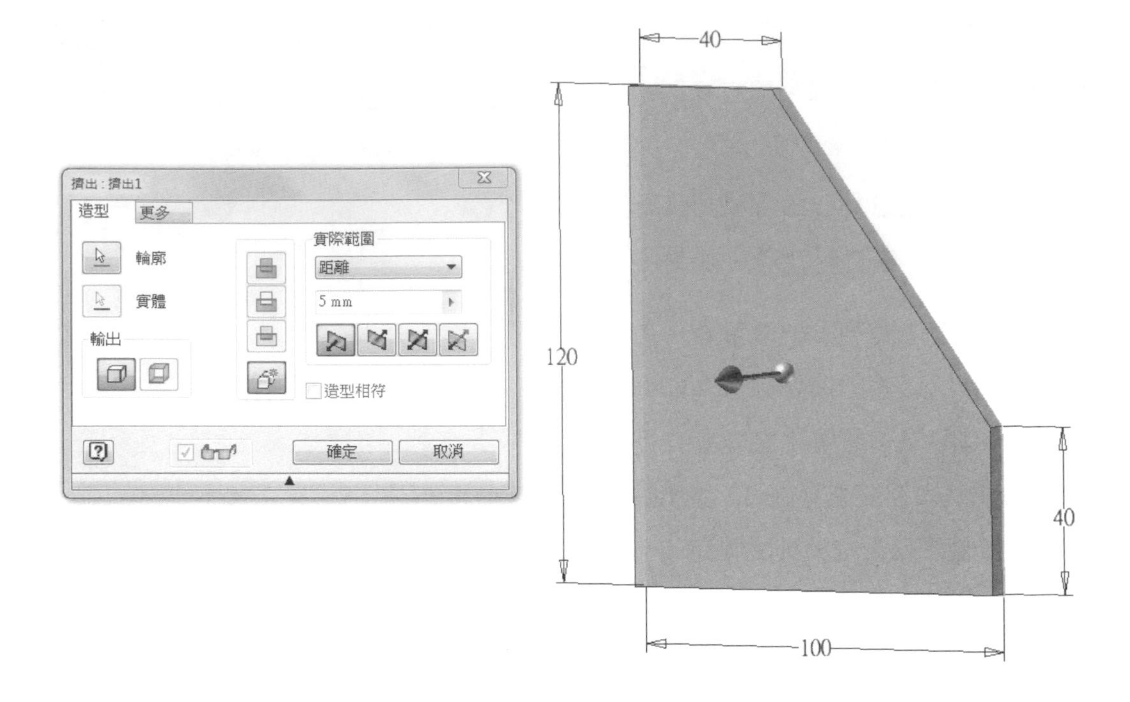

在已經成形厚度的實體左下方建立一張新草圖（原點處），並繪製出如圖所示之草圖輪廓。

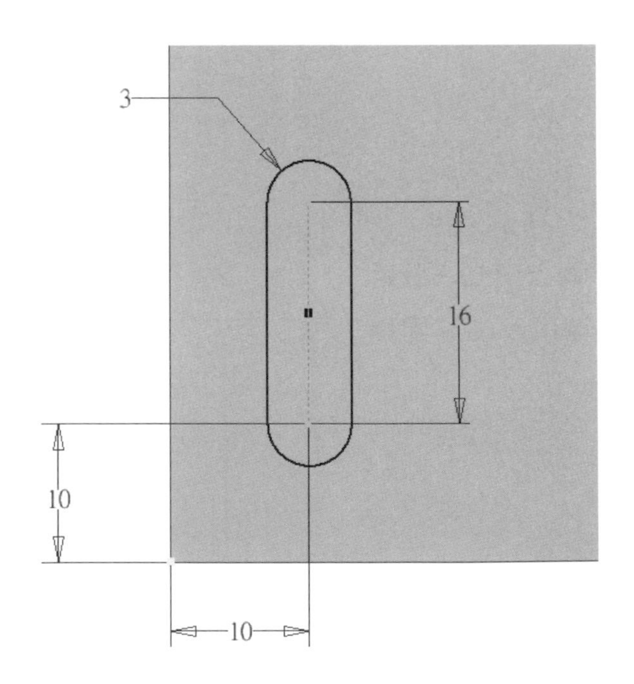

使用特徵工具選項版的【擠出】工具，並選擇【切割】項目，將草圖輪廓進行深度 5 個單位的切割除料。

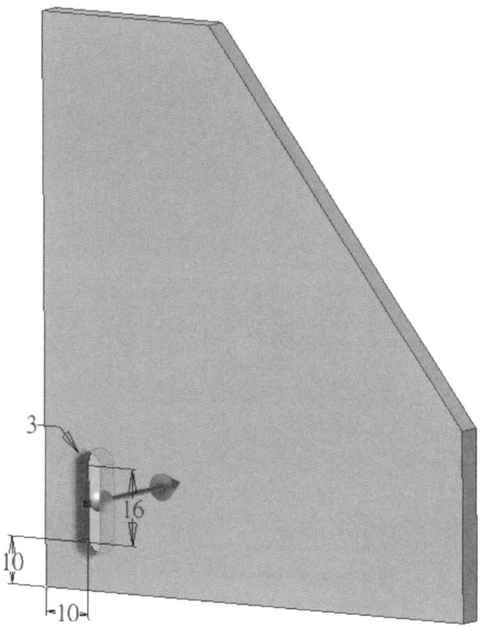

使用特徵工具選項版的【矩形陣列】，先選取剛才切割除料後的輪廓當作特徵，再點選下方的邊線成為陣列的方向 1，並輸入總數量 6 個，間格距離為 15mm。

選取左方的邊線成為陣列的方向 2，並輸入總數量 3 個，間格距離為 40mm。

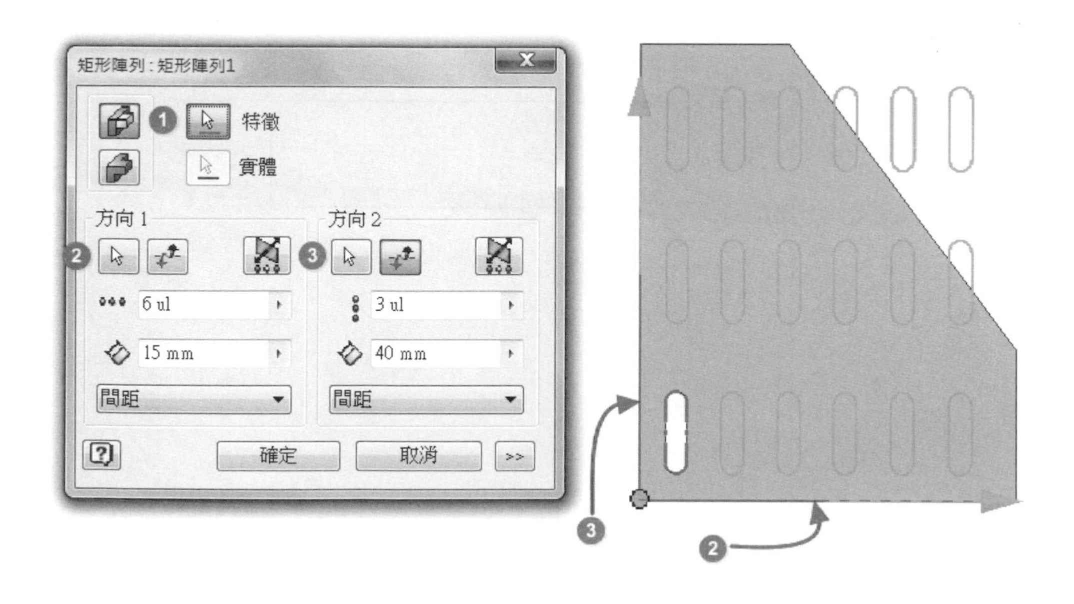

陣列完成後，可使用【抑制】項目，將實體輪廓外的陣列複本進行抑制。

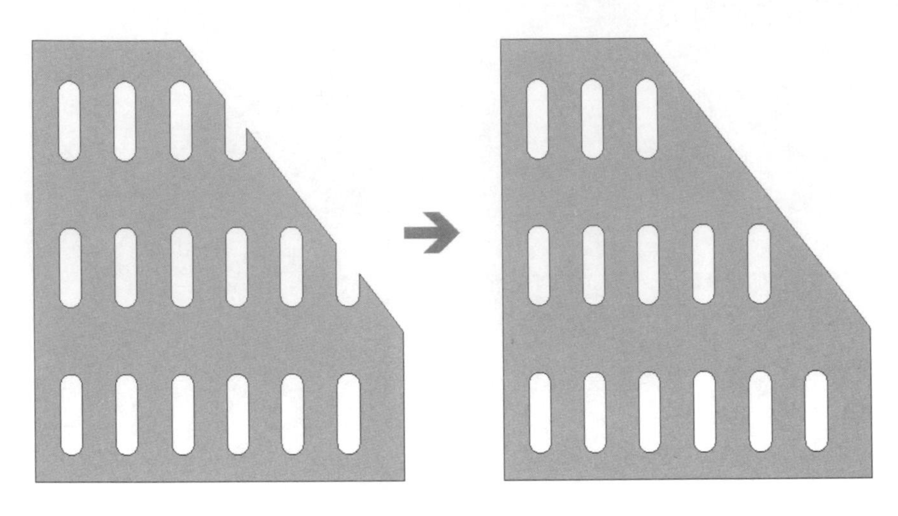

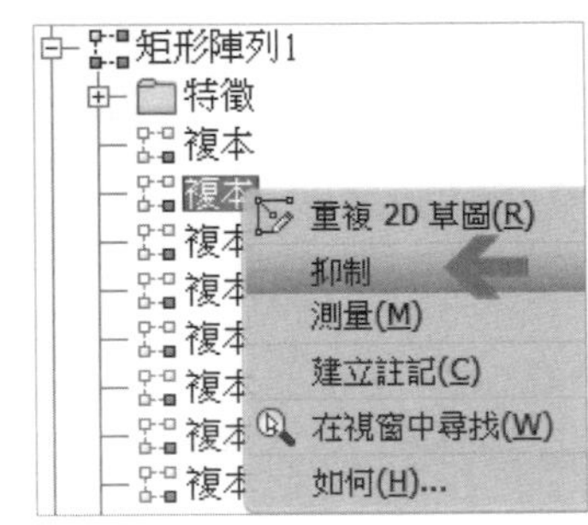

在 XZ 工作平面上建立一張新草圖，並在其上方建立如圖所示之草圖輪廓。

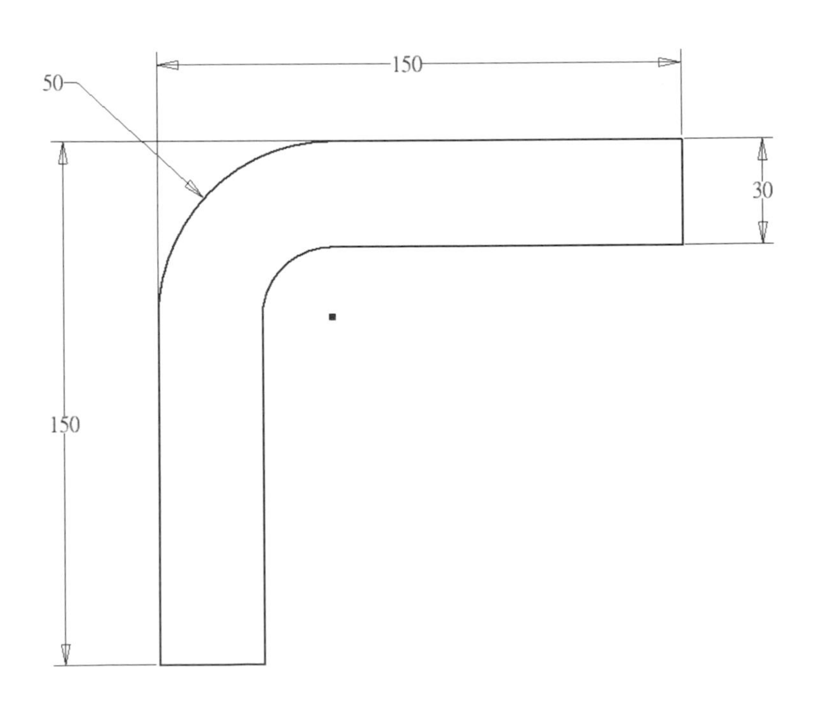

使用特徵工具選項版的【擠出】工具，並將草圖輪廓成形 10 個單位的厚度。

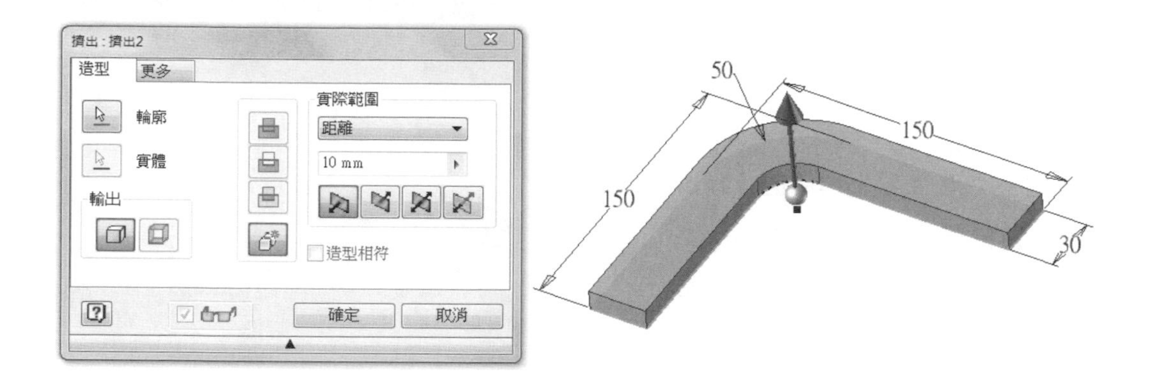

使用特徵工具選項版的【孔】，採用【線性】的方式置放於實體的上方平面處，參考兩個邊線的距離為 15mm 及 20mm。

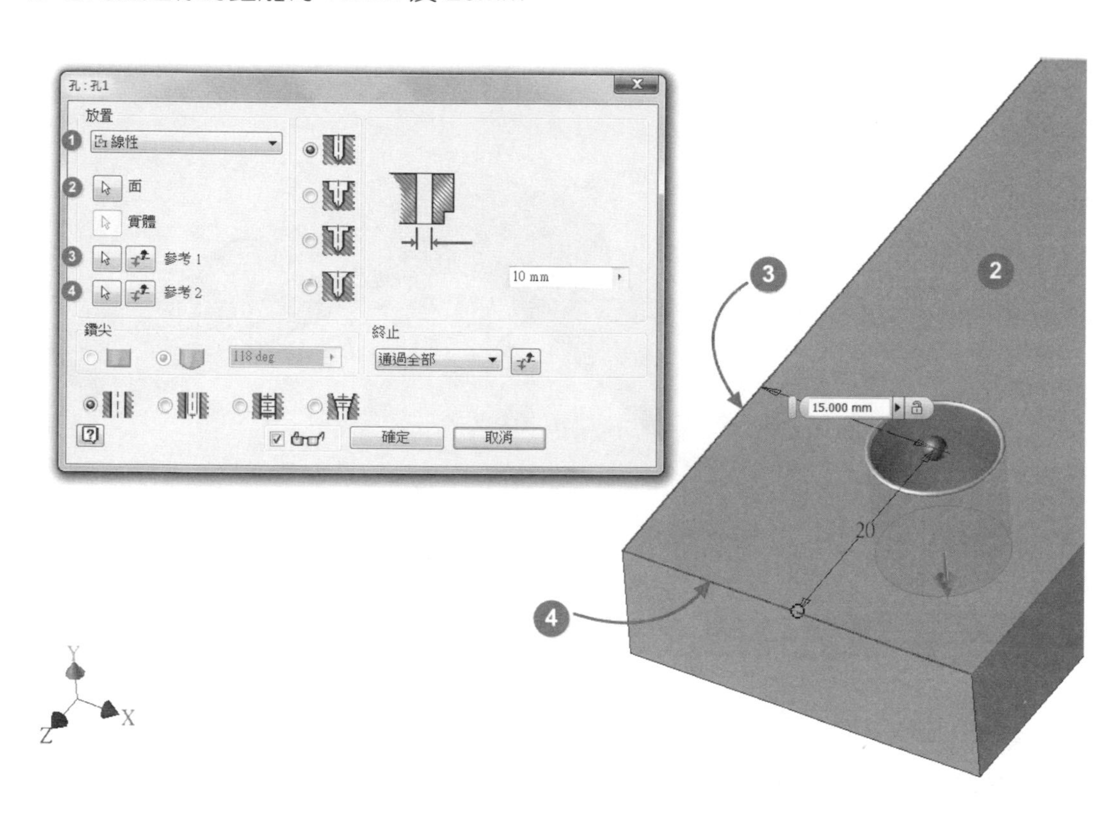

接下來，一樣在實體上方平面建立一張新草圖，並採用【投影幾何圖形】的草圖工具將箭頭指示處的邊線進行投影。

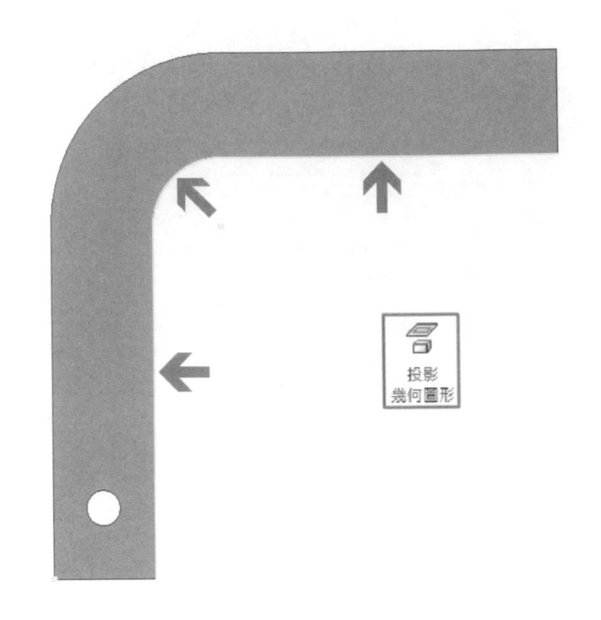

使用特徵工具選項版的【矩形陣列】，選擇建立好的孔來成為特徵，選取投影完成的曲線來成為方向 1 的條件，並在下方的陣列型式選擇【曲線長度】，可透過預覽圖看見特徵已經與曲線一般方向的陣列完成。

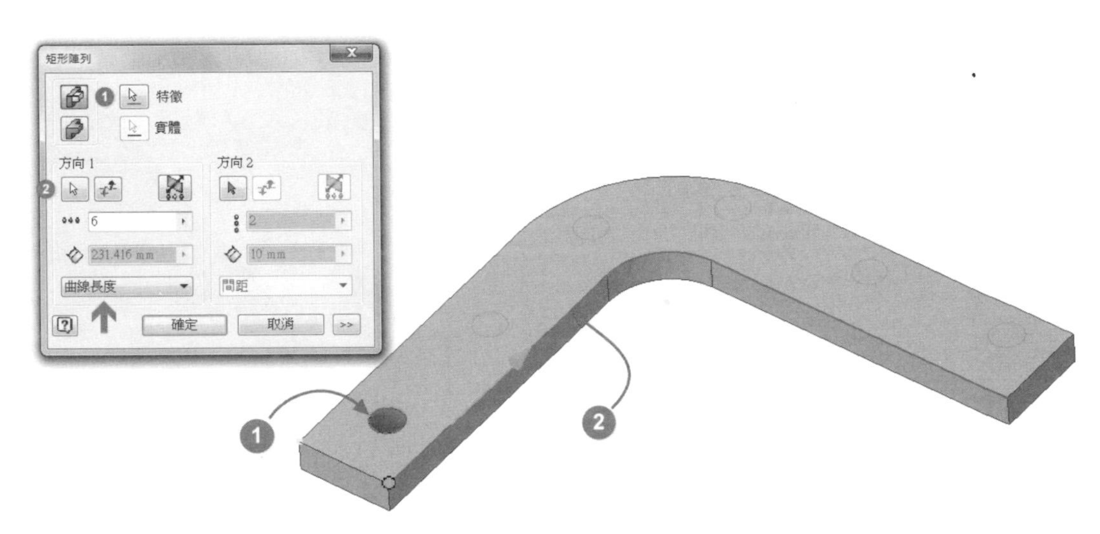

4-6 鏡射特徵

在 XY 工作平面上建立一張新草圖，並繪製如圖所示之草圖輪廓。

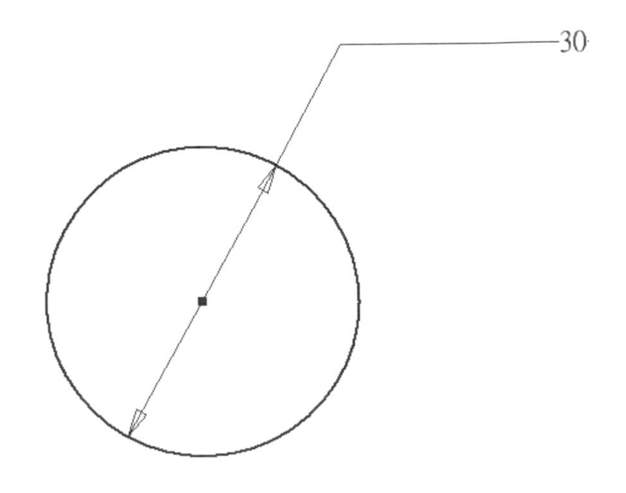

使用特徵工具選項版的【擠出】工具，採用雙向擠出成形 120mm 的距離。

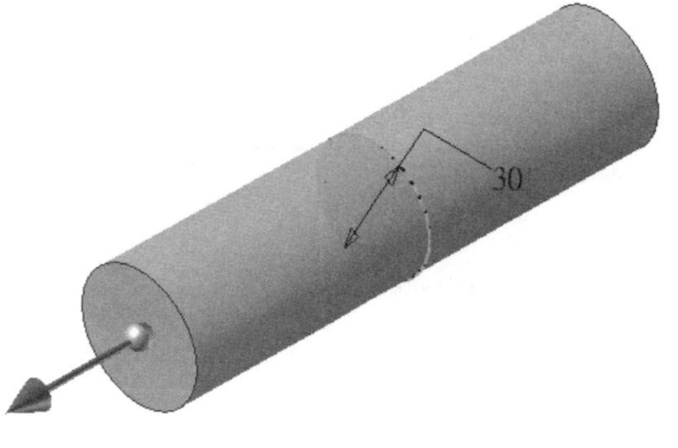

將成形後的圓柱平面建立一張新草圖，以相同的圓心來建立一個直徑 80 的圓。

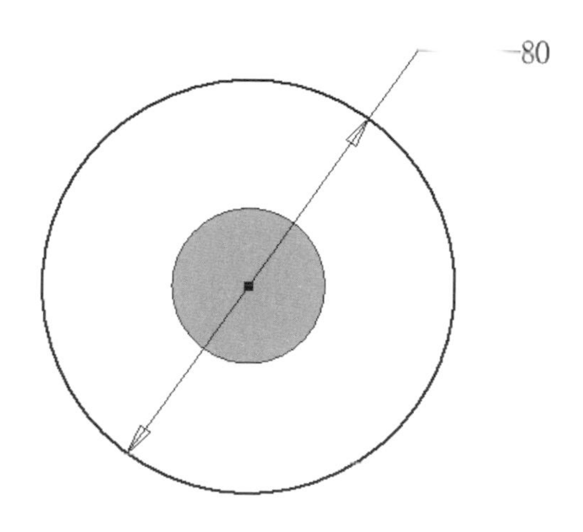

使用特徵工具選項版的【擠出】，並將直徑 80 的草圖輪廓成形 50mm 距離。

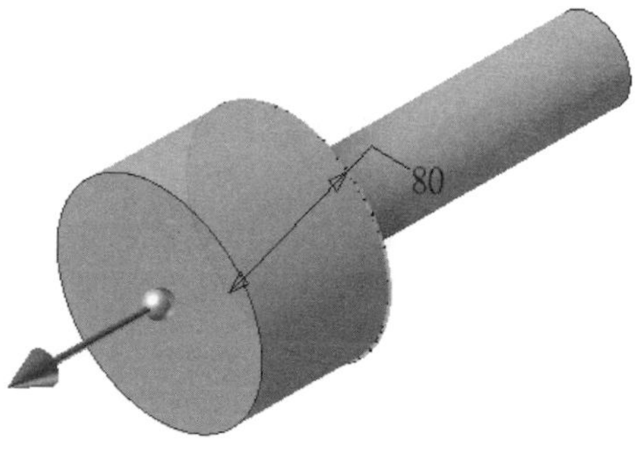

使用特徵工具選項板的【鏡射】，將直徑 80 的圓柱選取以成為特徵，再點選 XY 工作平面來成為鏡射平面（一般實體上的平面也可成為鏡射平面），確定之後即可將特徵鏡射複製一份到鏡射平面等距離的另一端。

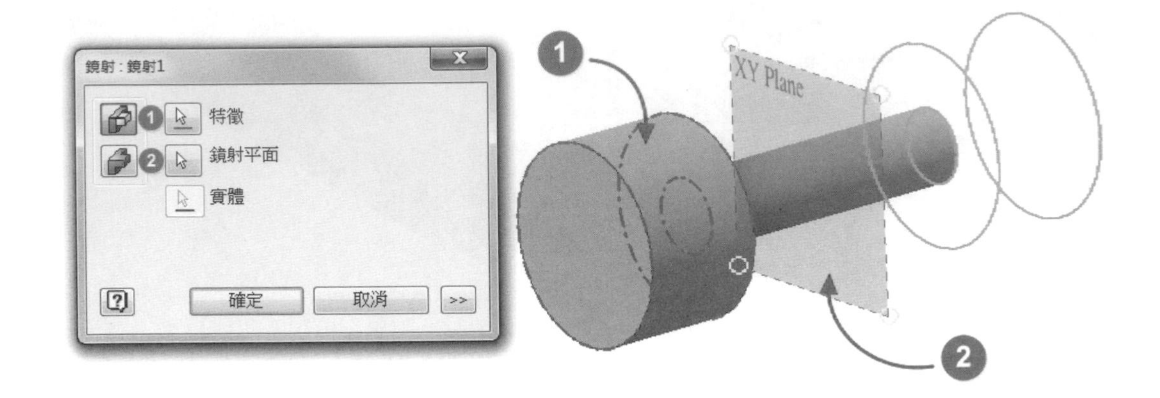

使用特徵工具選項板的【圓角】，並在圓柱邊緣建立 5mm 的圓角半徑。

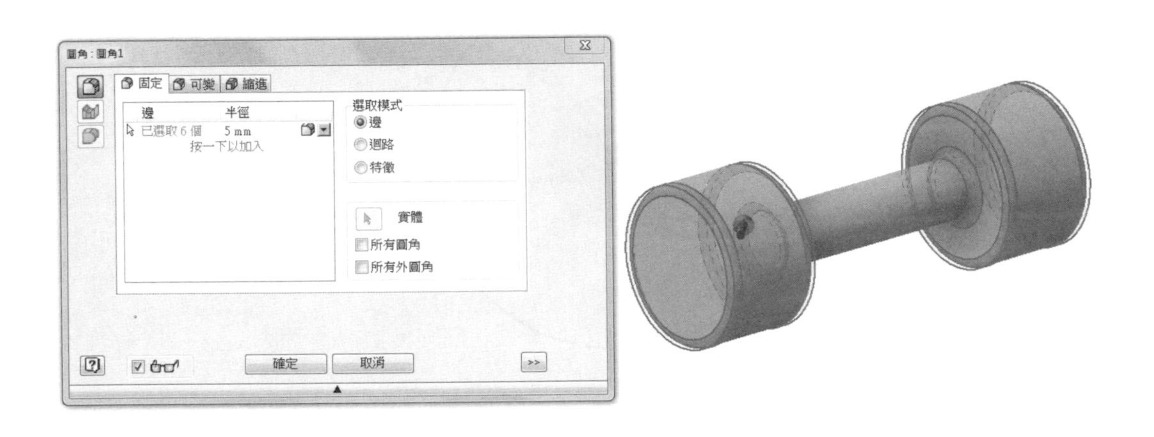

4-7 薄殼特徵

在 XY 工作平面上建立一張新草圖，並繪製出如圖面所示之草圖輪廓。

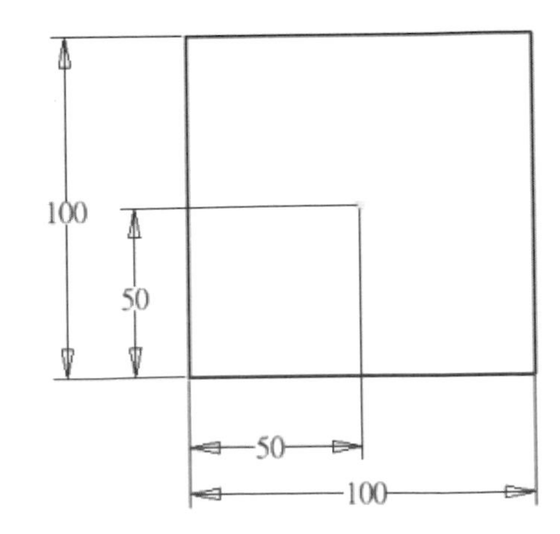

使用特徵工具選項板的【擠出】工具，並將草圖輪廓成形厚度 100mm。

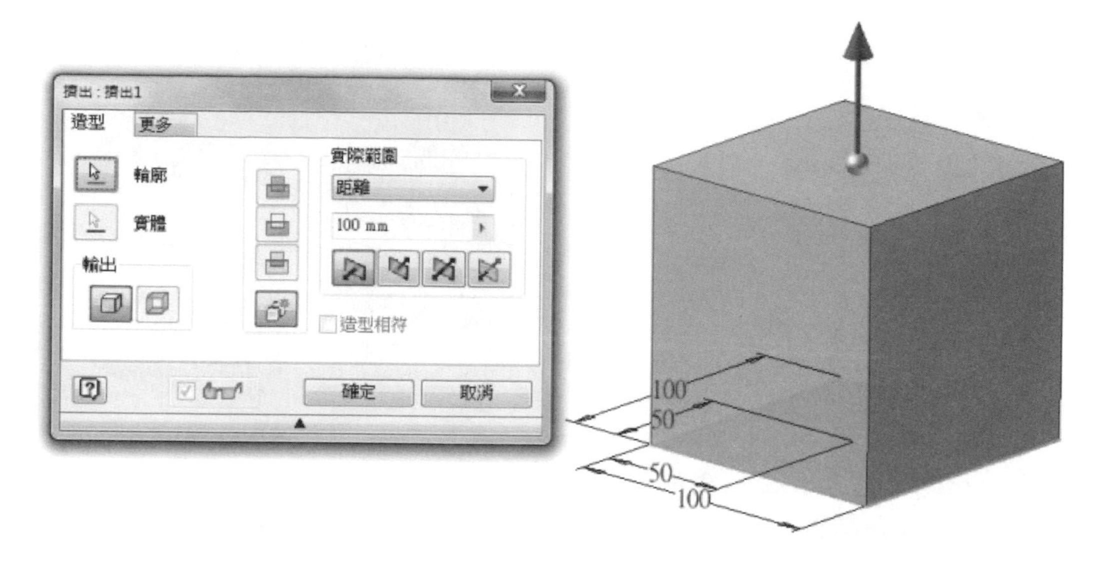

使用特徵工具選項板的【薄殼】功能，其介面如下：

❶ 選擇薄殼厚度保留方向。

❷ 點選不列入薄殼厚度計算的實體面。

❸ 薄殼保留厚度值。

使用【薄殼】功能，將厚度設定為 10 個單位，並將實體的其中一面移除。

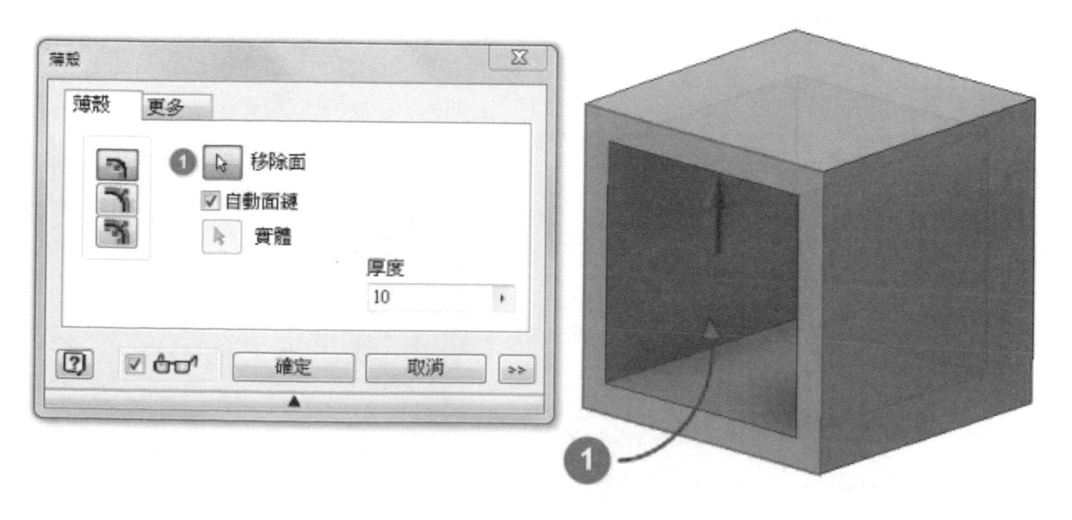

選擇薄殼工具中的【內側】，可看見預留厚度的方式是由實體面往內計算。

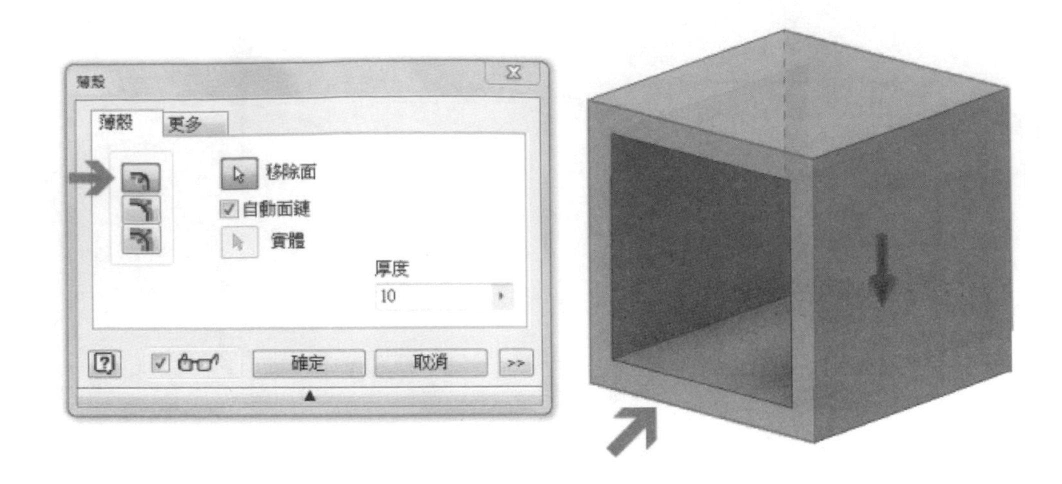

選擇薄殼工具中的【外側】，可看見預留厚度的方式是由實體面往外計算。

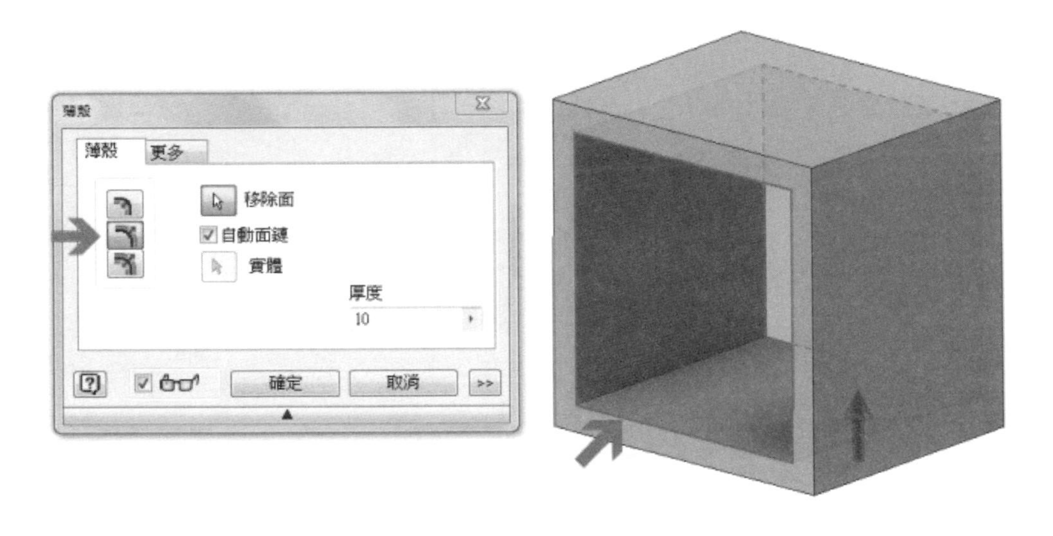

選擇薄殼工具中的【兩側】，可看見預留厚度的方式是由實體面往內外兩側等分計算。

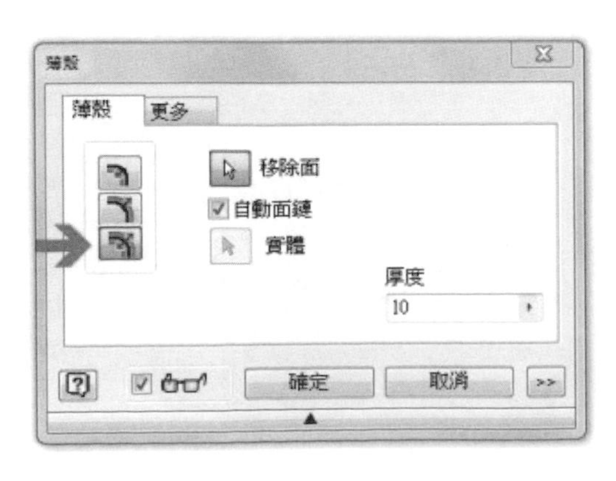

在使用【薄殼】工具時，若將右下方的展開按鍵點開時，可進行不等厚度的薄殼設定。

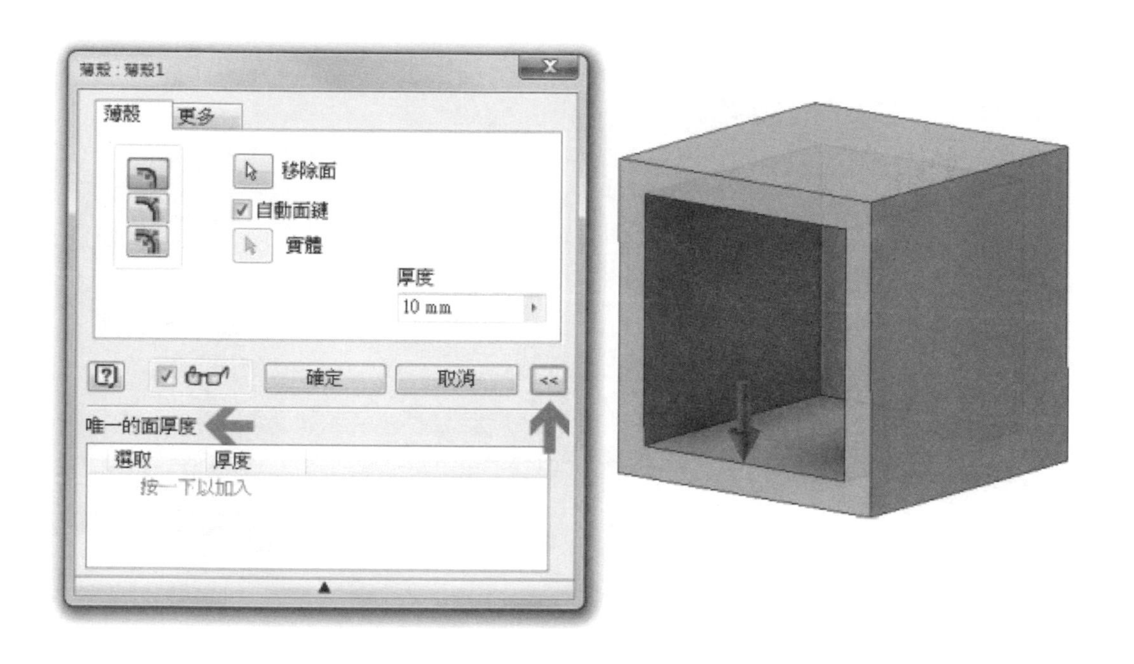

首先，可在【唯一的面厚度】選項中進行點擊，並輸入厚度為5，接著到實體的面上點一下滑鼠左鍵進行選取使用此設定的面。

依序再點擊相鄰的另一個面，我們可以發現到實體薄殼的預留厚度已經有了變化，原本應該是預留厚度 10mm，但由於也設定到唯一的面厚度為 5mm 的兩個面，所以，在整體的厚度變化上將會產生兩個不同厚度的情況。

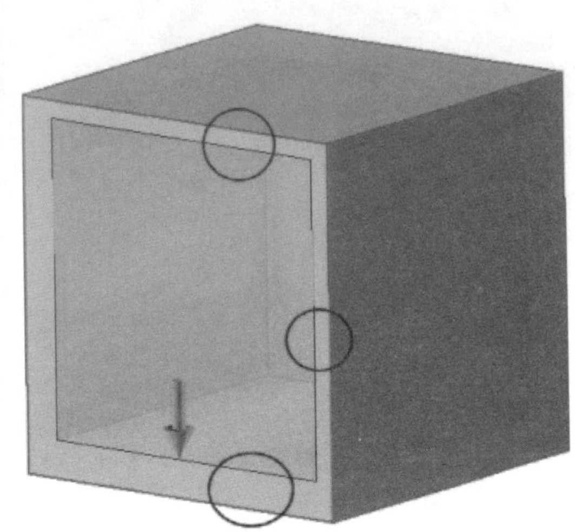

完成後如圖所示，可將實體製作成不同厚度的特徵效果。

4-8 肋特徵

在 XY 工作平面建立一張新草圖，並繪製出如圖所示之草圖輪廓。

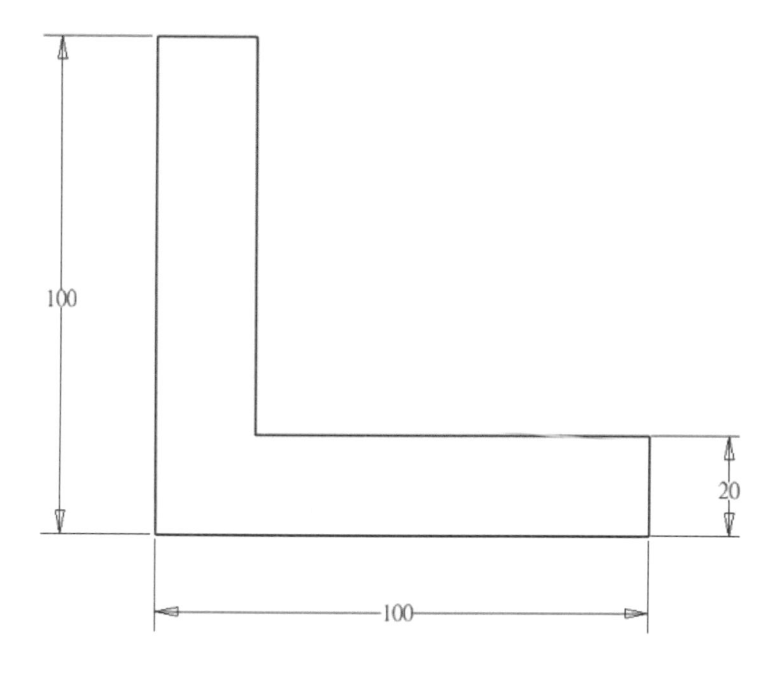

使用特徵工具選項板的【擠出】工具，並將草圖輪廓往兩方向成形 100mm 的厚度。

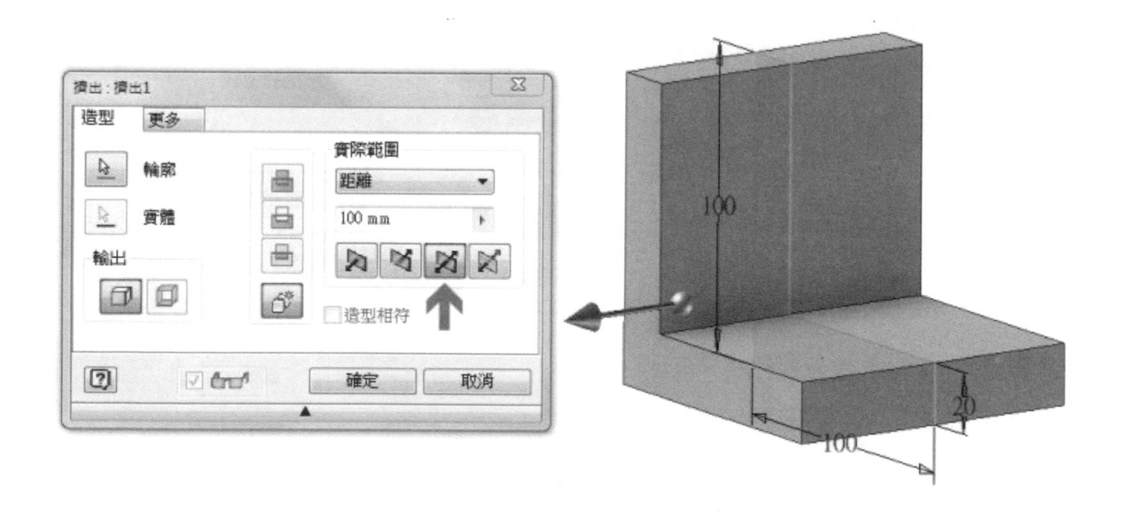

在 XY 工作平面上建立一張新草圖，依靠著特徵邊緣繪製一條線段，距離如圖面所示，若無法順利抓取到實體邊緣時，可搭配【投影幾何圖形】的工具使用。

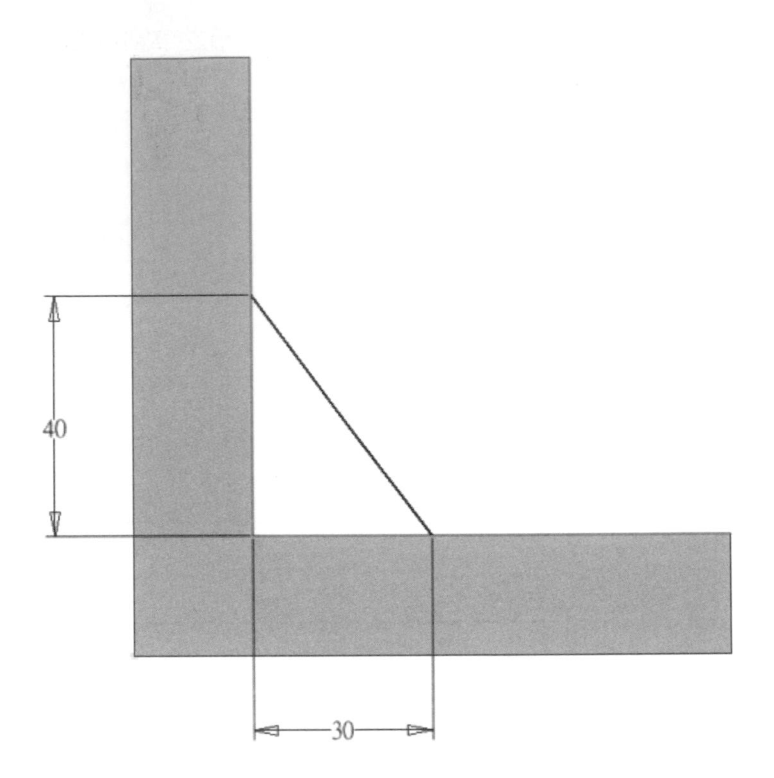

選擇特徵工具選項板的【肋】，可開啟如下介面：

❶ 選擇建立肋材時要正垂於草圖或平行於草圖。

❷ 選擇肋材的類型。

❸ 選擇建立肋材時所需要用到的草圖輪廓。

❹ 設定肋材的厚度。

❺ 設定肋材是否為有限的厚度或是延伸至實體上。

使用特徵工具選項板的【肋】，選擇【平行於草圖平面】，點選已經繪製好的草圖線段後，設定肋材厚度為 5 個單位，並將肋材的延展方向設定為兩方，以及延伸至實體上，我們可以從預覽圖上見到肋材建立後的樣式。

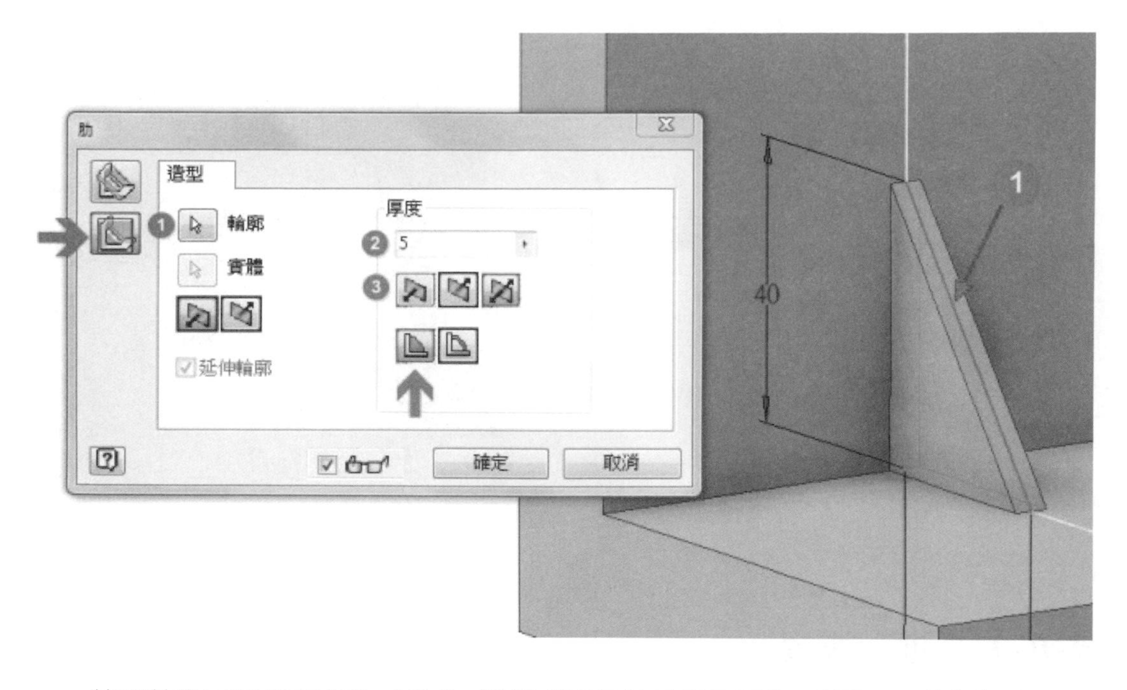

使用特徵工具選項板的【肋】，選擇【平行於草圖平面】，點選已經繪製好的草圖線段後，設定肋材厚度為 5 個單位，並將肋材的延展方向設定為兩方，以及使用有限的造型，我們可以從預覽圖上見到肋材建立後的樣式。

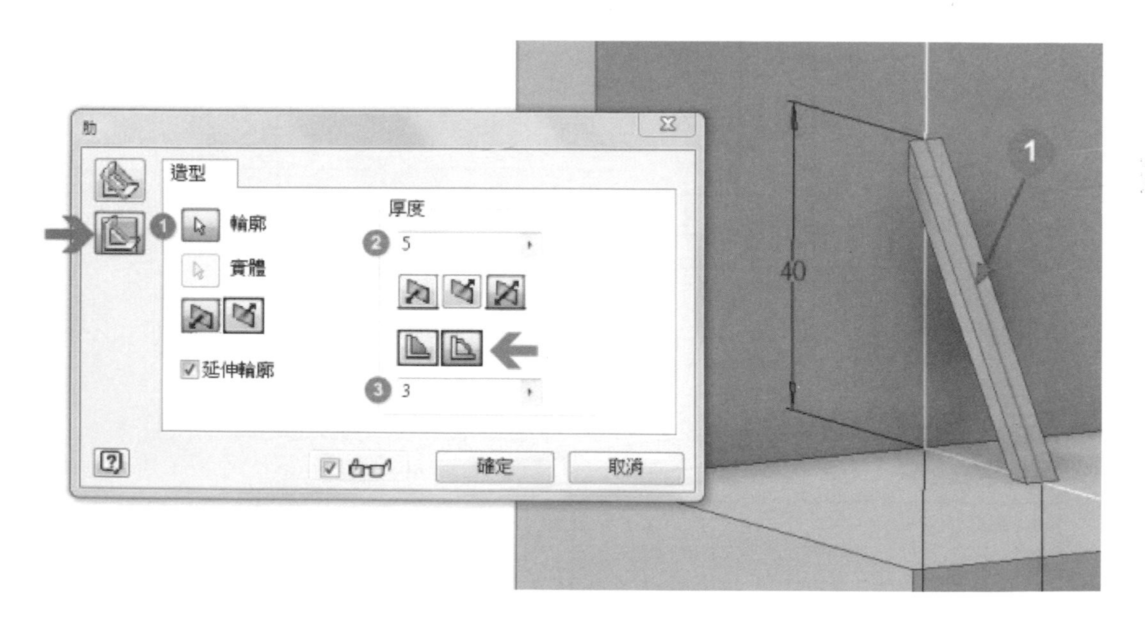

若是將介面下方的【延伸輪廓】勾選取消，我們可以從預覽圖面上看出肋材只會依照草圖線段的位置來建立，並不會將頭尾兩端的面延伸至實體上結合。

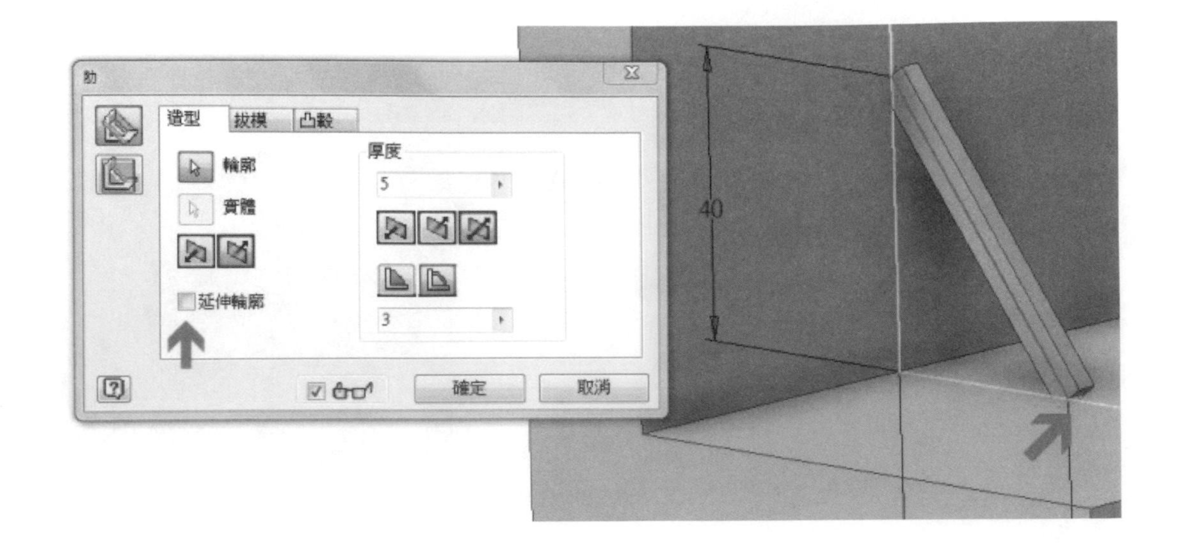

4-8-1 肋 – 拔模

在 XY 工作平面建立一張新草圖，並繪製如圖面所示之草圖輪廓。

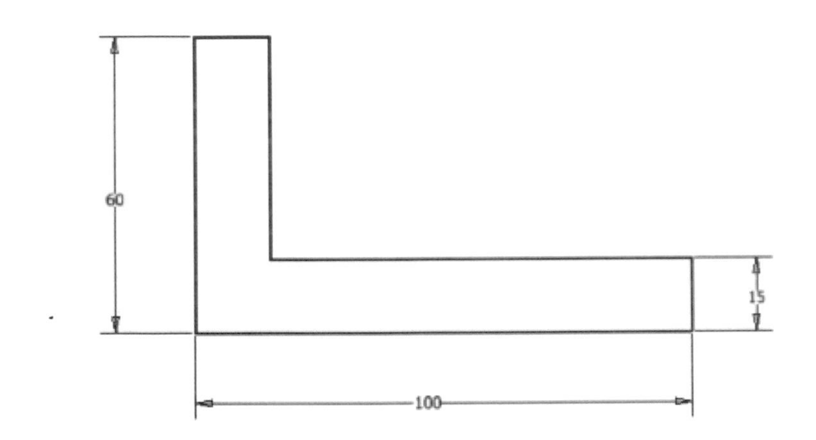

使用特徵工具選項板的【擠出】工具，並往兩個方向成形 100mm 厚度。

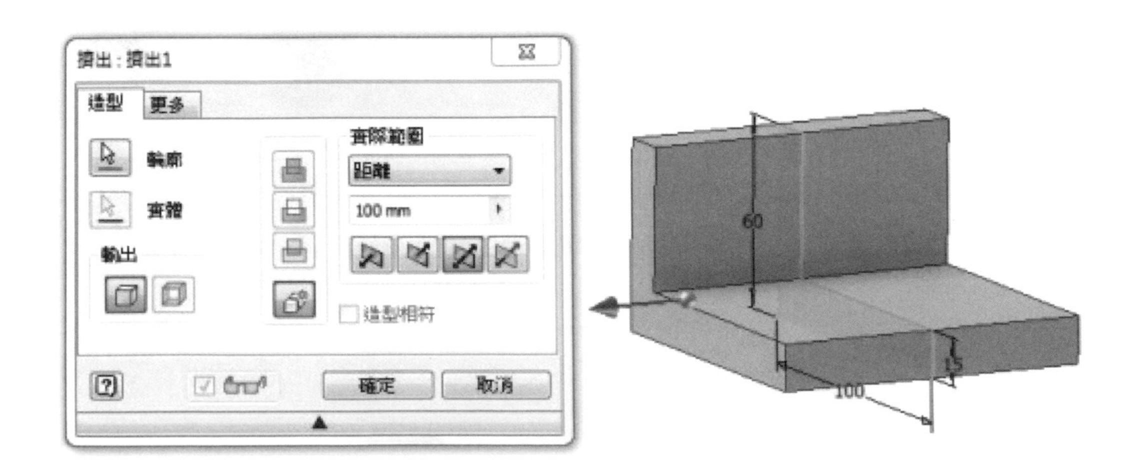

在特徵工具選項板中選擇【平面】，如圖面所示，依序點擊三個點來建立新的工作平面。

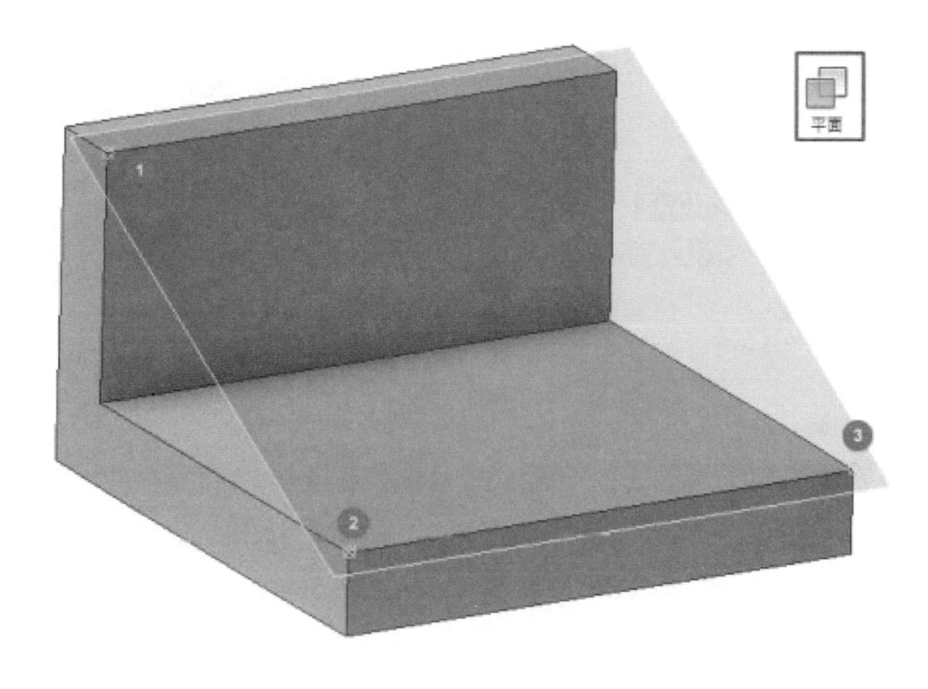

在新的工作平面上繪製一張新草圖，草圖的線段圖元必須要與兩方實體邊緣相連。

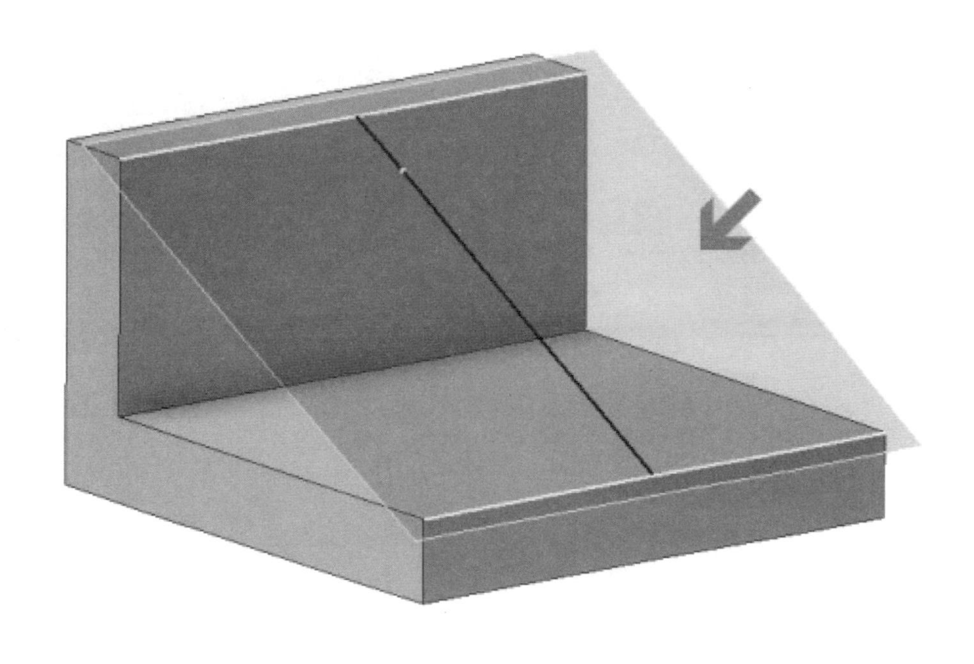

使用工具選項板的【肋】功能，點選【正垂於草圖平面】，並選取繪製完成的線段來建立肋材，厚度設定為 5 個單位。

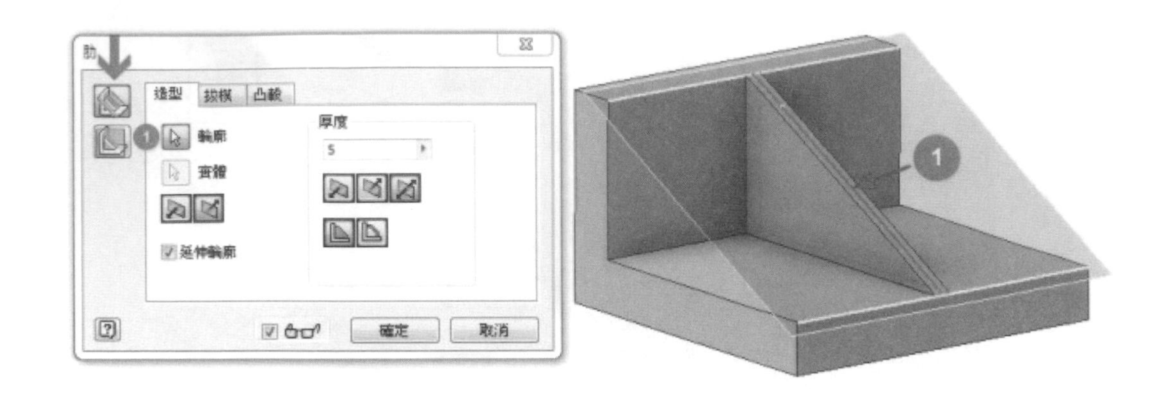

接著，我們可以切換到肋材介面中的【拔模】項目，設定拔模角為 5 度，並將繪圖區的畫面翻正，即可看出肋材在經過拔模設定後的造型改變，也可透過【在頂部】與【在根部】來建立不同型態的肋材拔模。

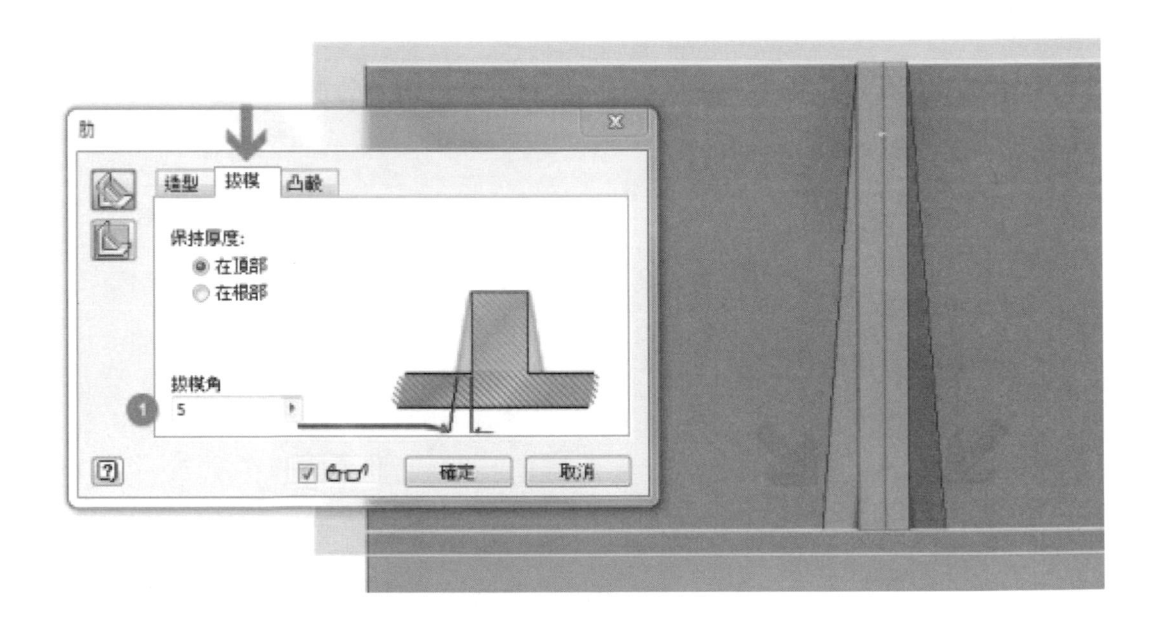

4-9 螺紋特徵

在 XY 工作平面上建立一張新草圖，並繪製出如圖面所示之草圖輪廓。

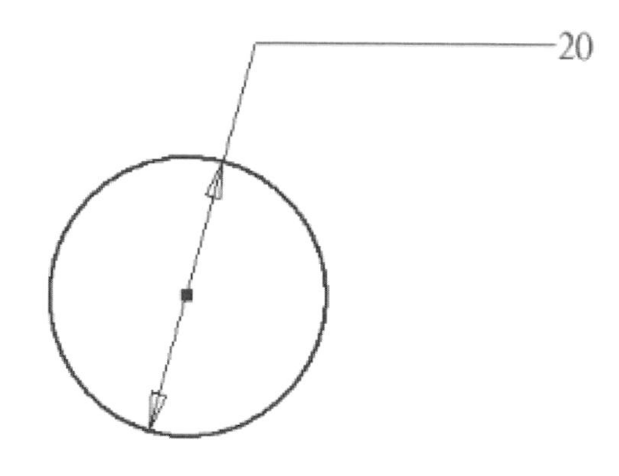

使用特徵工具選項板的【擠出】工具，並將草圖輪廓成形 50 個單位厚度。

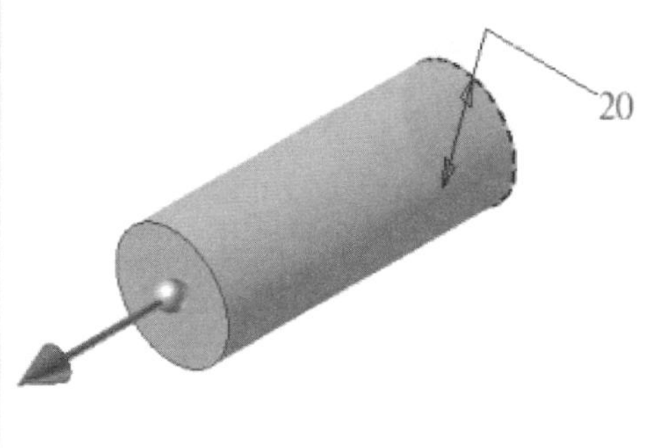

至特徵工具選項板中點選【螺紋】工具：

❶ 選擇圓柱面或圓孔面。

❷ 指定螺紋效果是否與指定深度等長。

❸ 指定螺紋效果在起點位置距離多少後才開始進行。

❹ 指定螺紋效果所呈現的總距離。

選擇特徵工具選項板中的【螺紋】，點選圓柱面來建立螺紋面，並將偏移值定為10 個單位，螺紋長度設定為 40 個單位。

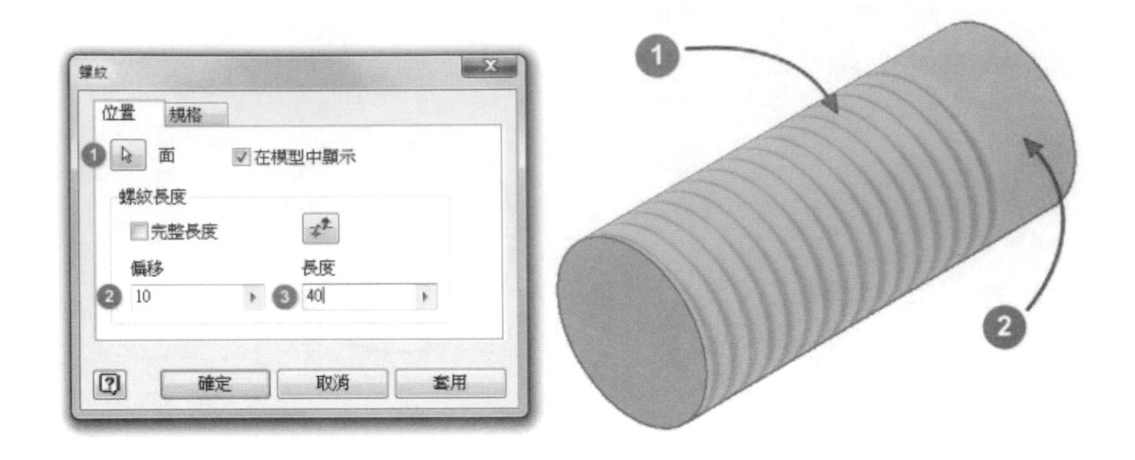

在到【規格】項目中進行相關控制的設定，一般在啟用螺紋控制時，系統已經將圓柱（孔）的徑值大小等數據配對完成，所以有些項目除非有必要變更，不然是可以直接套用此預設設定。

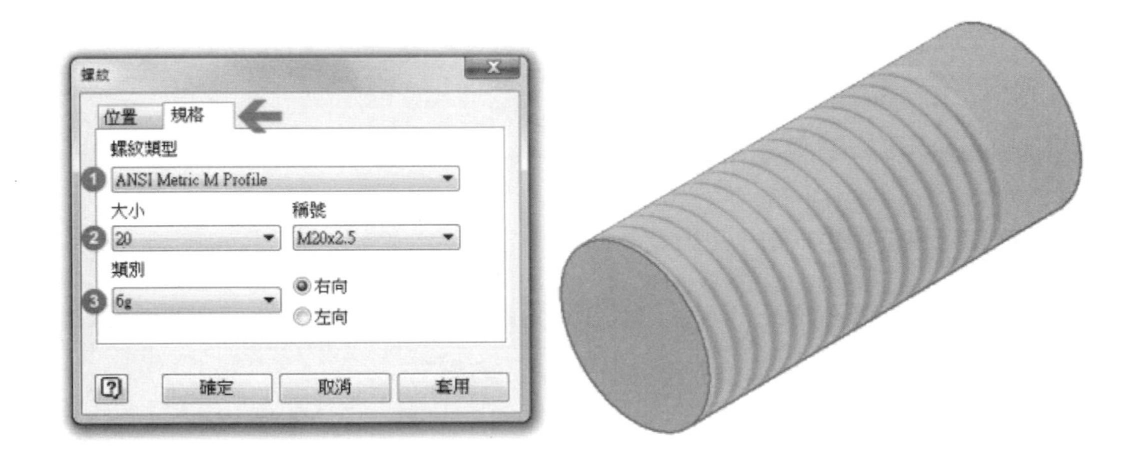

❶ 可選擇 ANSI 或 ISO 等規格的螺紋類型。

❷ 依照繪製圖面所顯示出的徑值大小及對應的螺紋稱號。

❸ 選取所選大小的節距。

在 XZ 工作平面上建立一張新草圖，並依照圖面所示繪製出草圖輪廓。

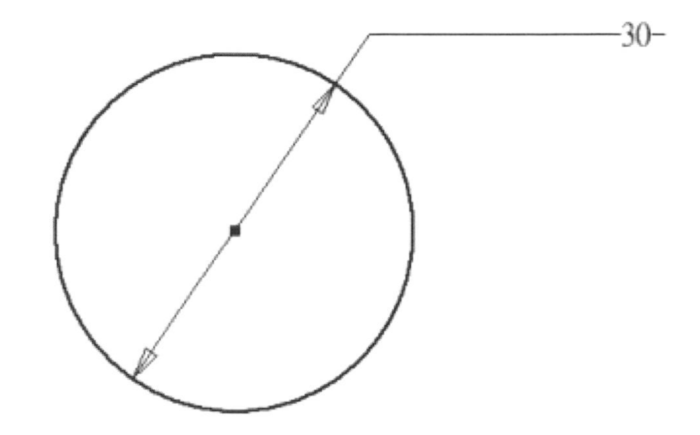

使用特徵工具選項板的【平面】工具，將 XZ 工作平面往上建立一個距離 40 個單位的新工作平面。

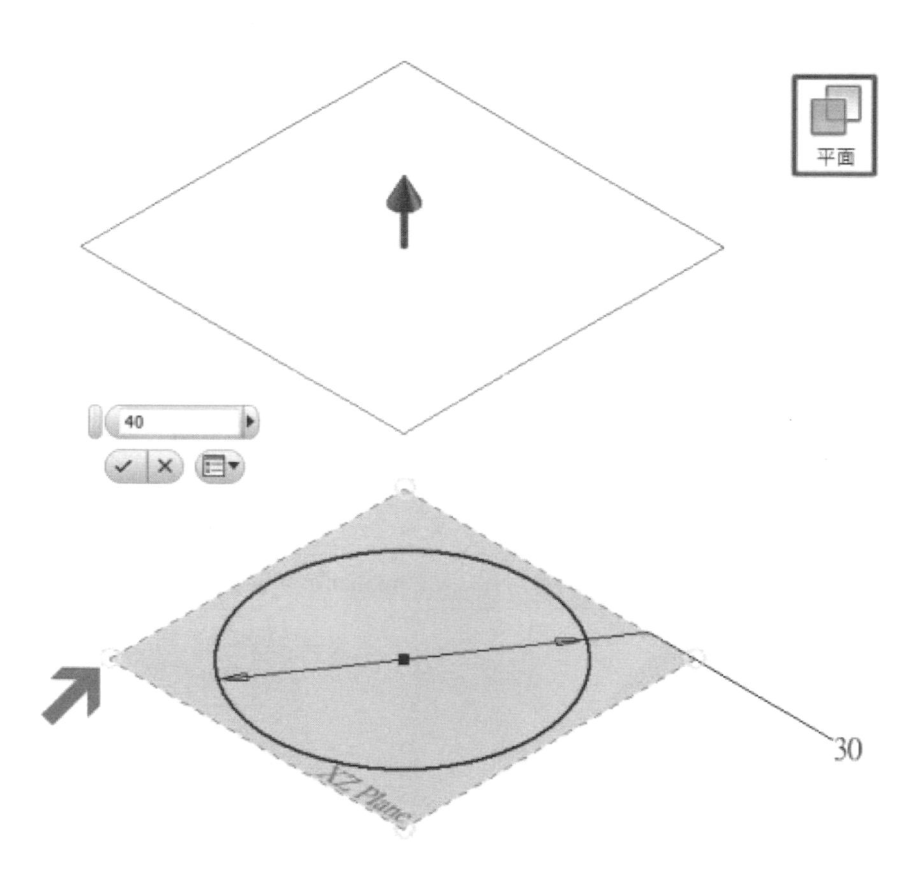

在新工作平面上建立一張新草圖，並將視圖翻正，以相同圓心來建立一個同心圓，其直徑為 30 個單位。

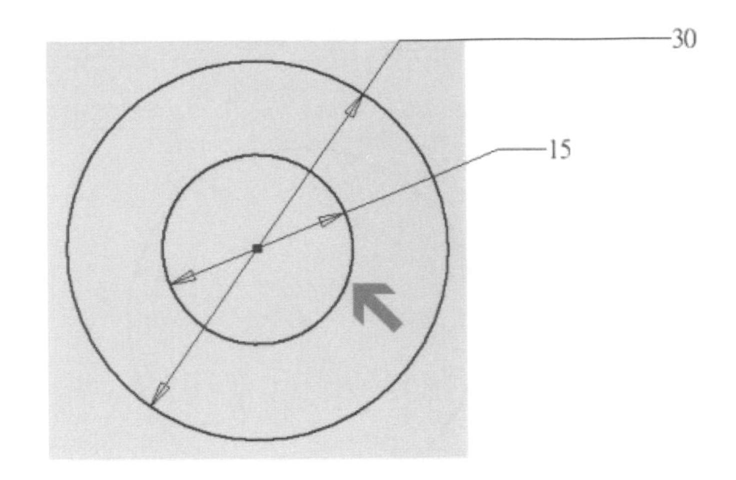

使用特徵工具選項板的【斷面混成】工具，並將兩個草圖輪廓依序選取成形。

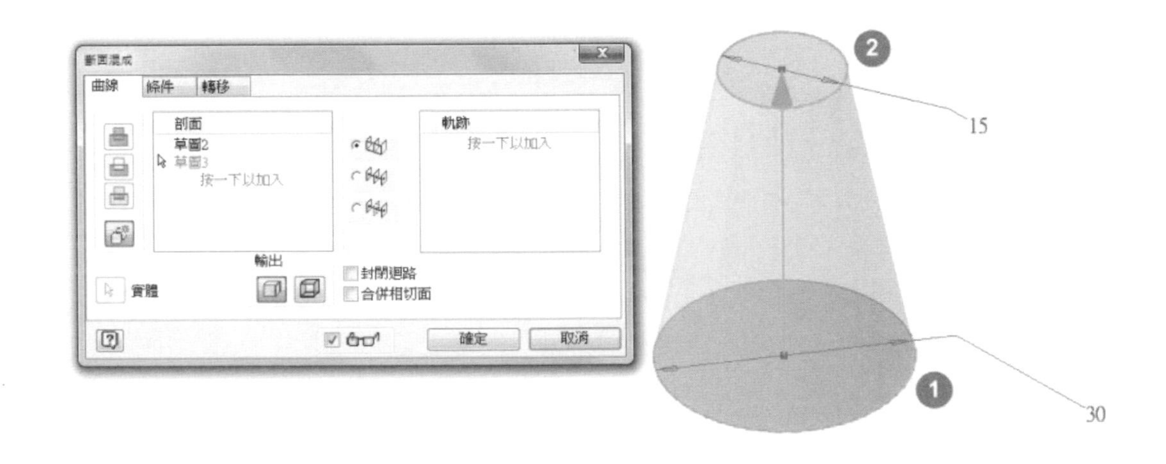

使用特徵工具選項板的【螺紋】工具，並點選圓錐體的側面，從預覽圖即可看出，即使是錐形的面也可以使用螺紋效果。

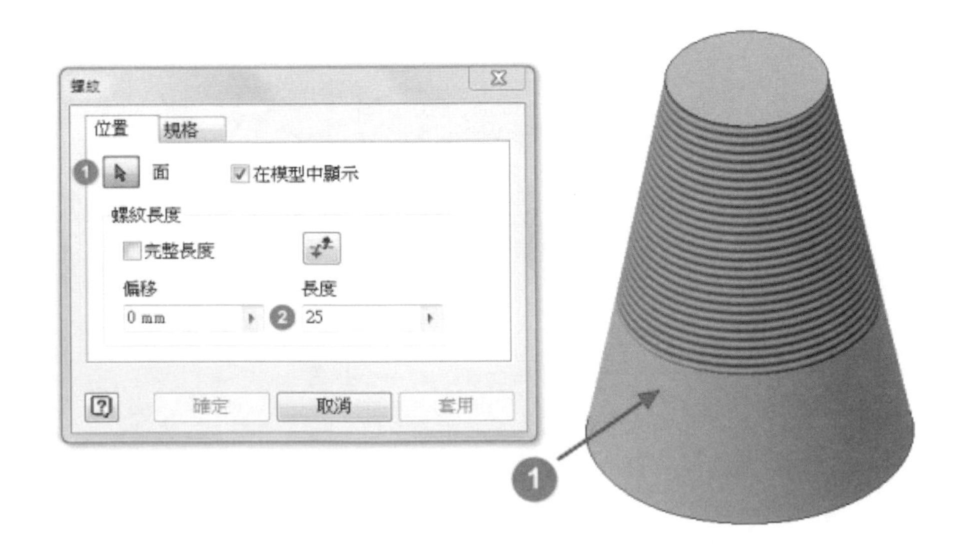

4-10 分割特徵

使用 XY 工作平面來建立一張新草圖，並繪製出如圖所示之草圖輪廓。

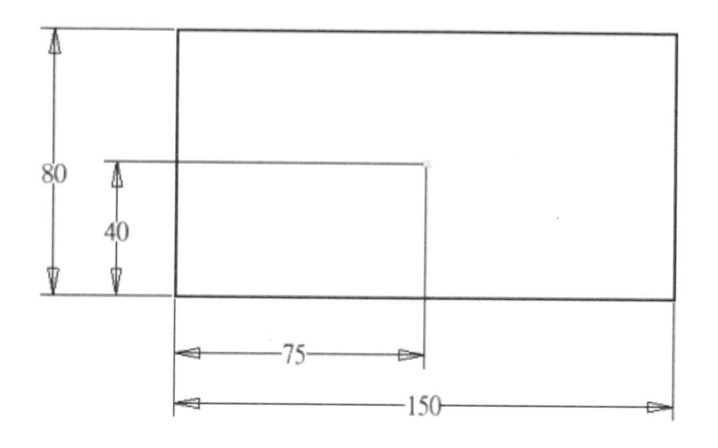

使用特徵工具選項板的【擠出】工具，並採用兩邊等距成形的方式來建立 50mm 的厚度。

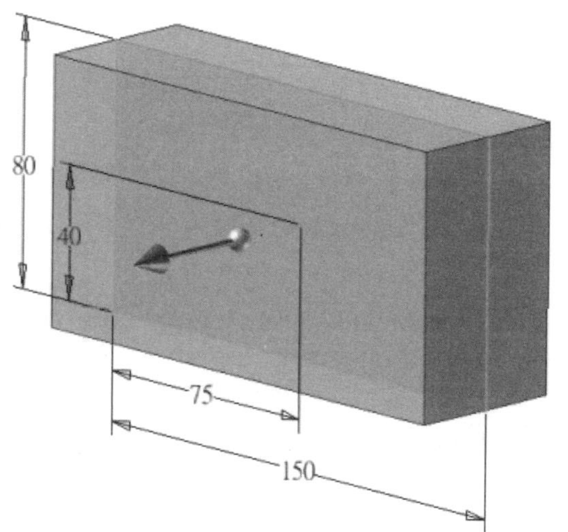

點選特徵工具選項板的【分割】工具，其介面如下圖：

❶ 選擇分割的模式。

❷ 選取用於分割面的 2D 草圖、3D 草圖、工作平面或曲面。

❸ 選取要分割的實體或是面。

❹ 選取要分割之零件或曲面本體的一個或多個面，或是全部。

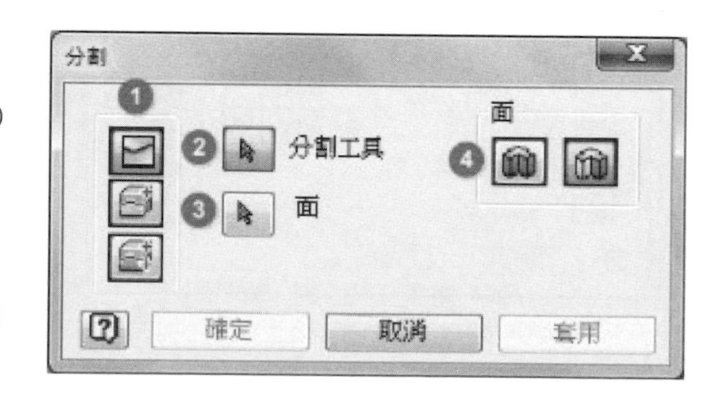

進入【分割】工具中，選擇【分割面】項目，使用 XZ 工作平面來成為分割工具，再點選實體正面來成為欲分割的實體面。

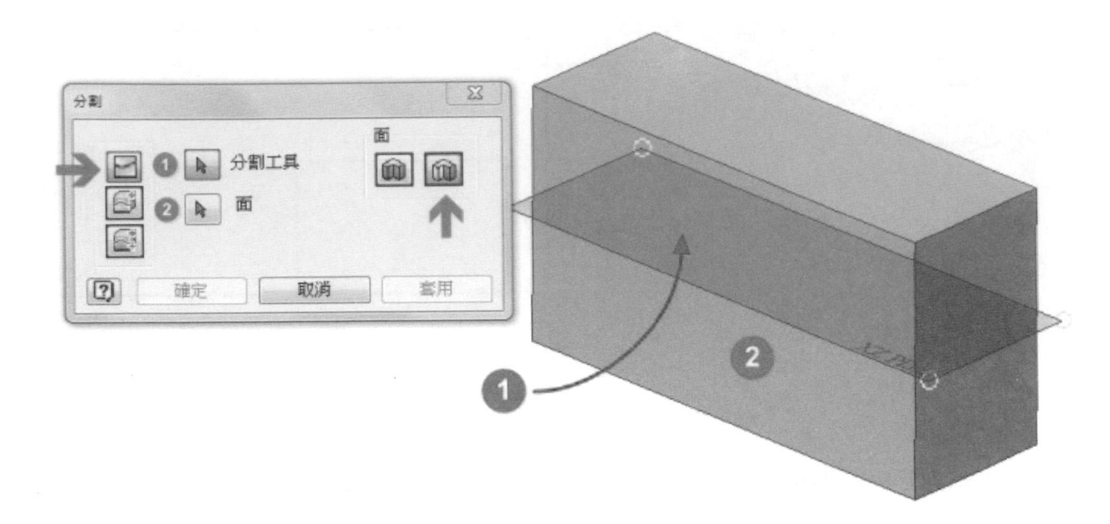

分割完成後可見到實體的變化，因只有選取實體前方的面來進行切割，所以，該實體面已被一分為二的形成兩個獨立面，但側邊相鄰的面卻沒有被分割而保持原本型態。

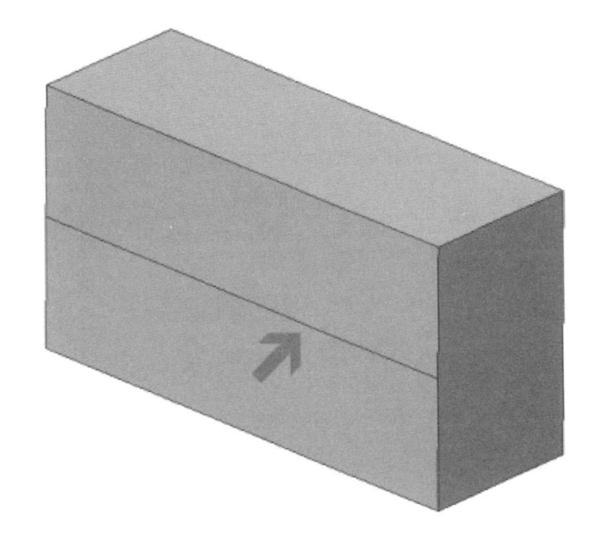

重複上個流程後，我們進行【切割】工具時，選擇【修剪實體】模式，將 XZ 工作平面設定為分割工具，並點選實體成為主分割項目，移除實體不需要的區塊則是用選項中的移除方向來決定切割除料的區域。

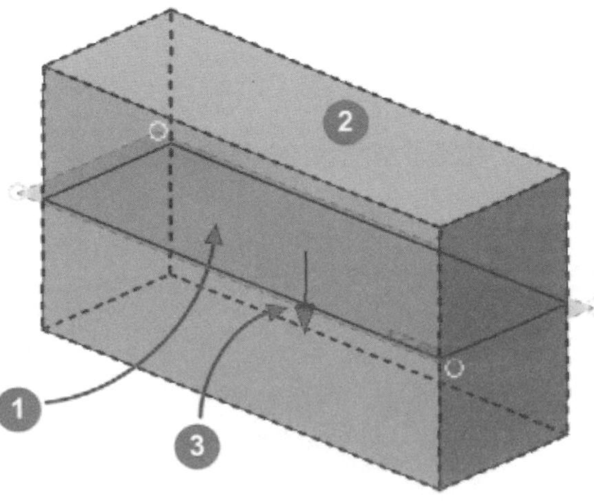

如圖所示，已經將分割工具以下的實體完全移除。

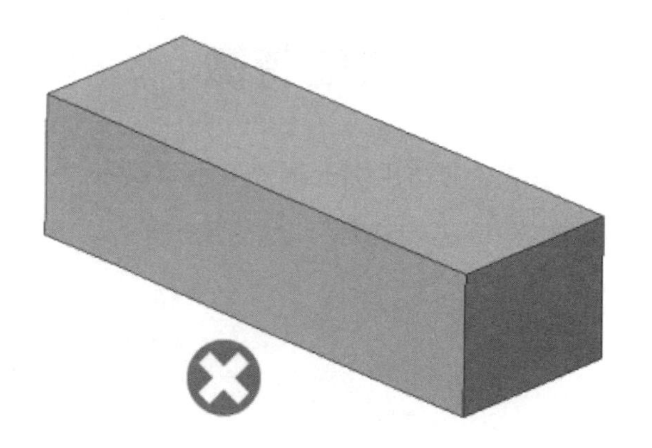

重複上個流程後，我們進行【切割】工具時，選擇【分割實體】模式，將 XZ 工作平面設定為分割工具，並點選實體成為主分割項目。

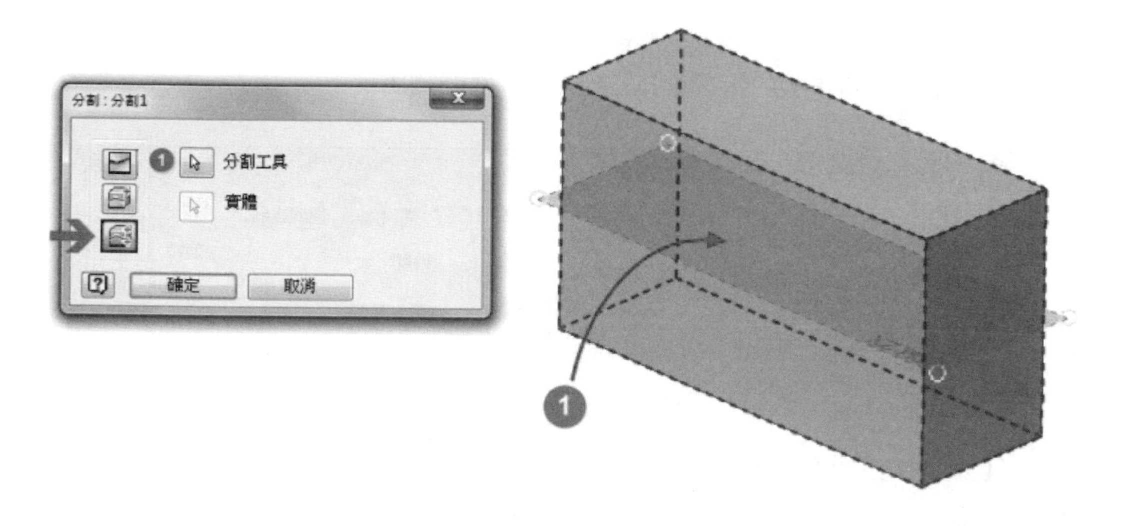

如圖所示，已經利用分割工具將實體完全分割成兩個獨立實體。

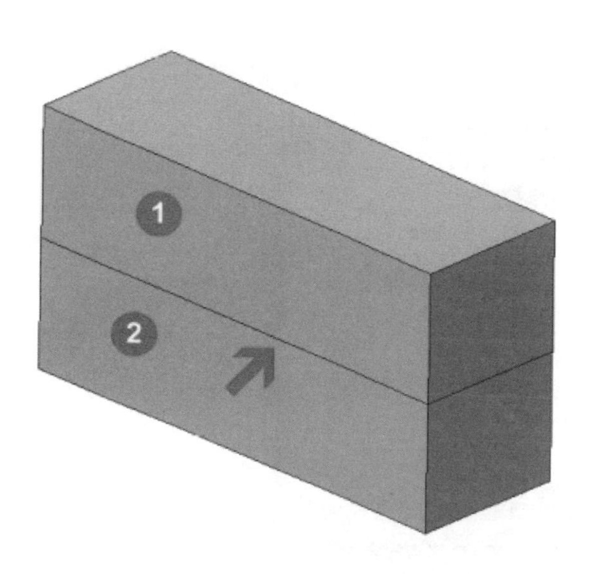

4-11 螺旋特徵

在 XY 工作平面上建立一張新草圖，並繪製出如圖所示之草圖輪廓。

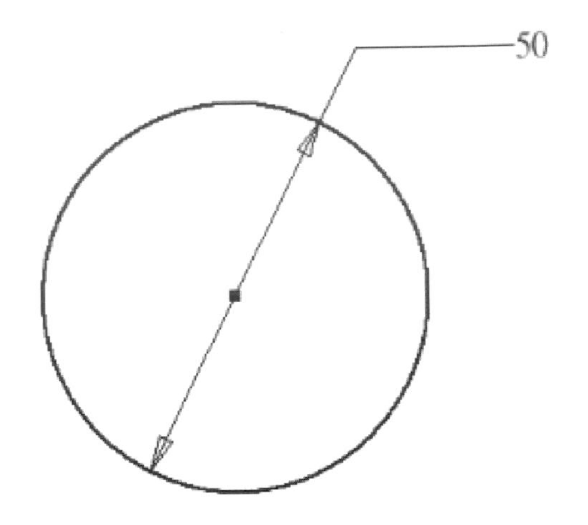

使用特徵工具選項板的【螺旋】工具，其介面如圖所示：

❶ 選取一個草圖輪廓，輪廓可以是開放或封閉。

❷ 選取一個軸線來成為螺旋的基準軸。

❸ 選擇螺旋建立時為順時針或是逆時針。

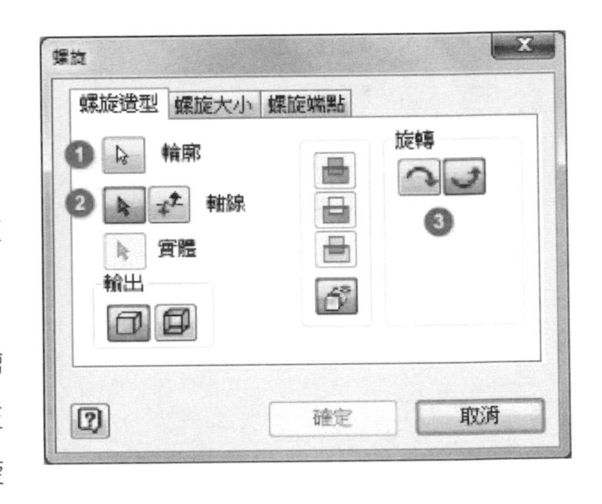

在【螺旋】工具選項中，先點選繪製完成的草圖圖元來成為輪廓，在到左方的樹狀圖中選擇 Y 軸來成為建立螺旋時的軸線。

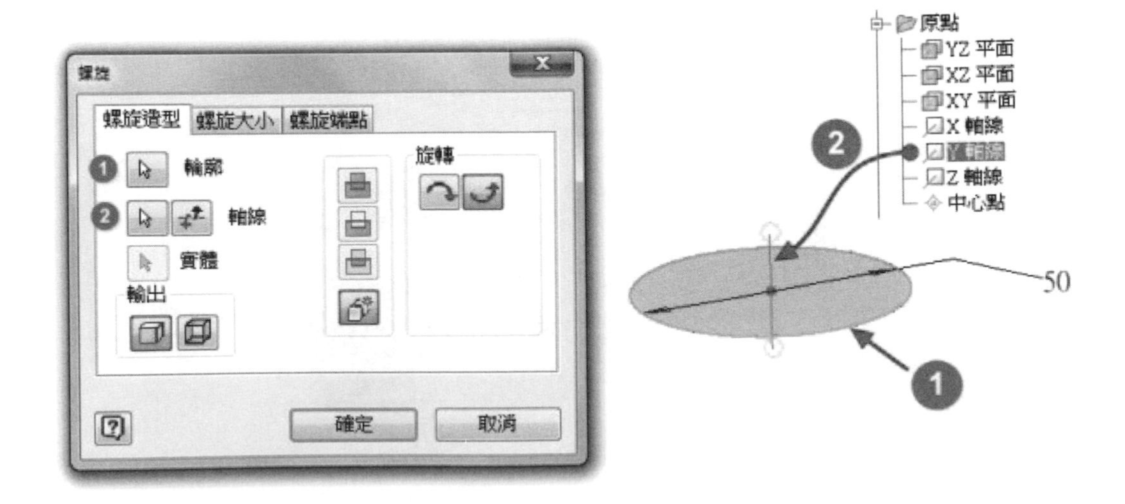

將設定模式移動到【螺旋大小】，並選擇欲使用的類型方式【節距與迴轉圈數】，節距我們先設定為 20 個單位，迴轉數則設定為 5 圈。

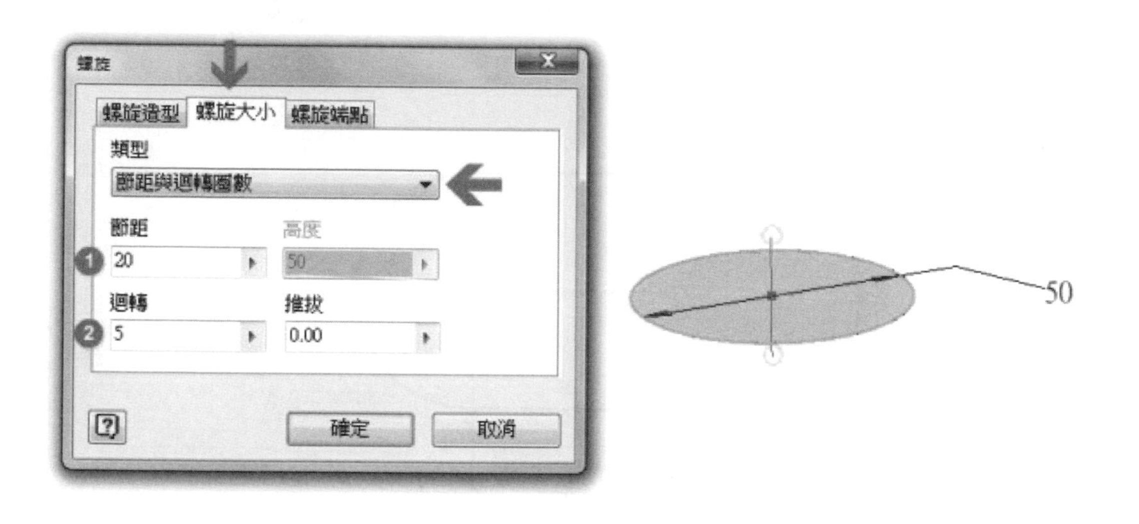

完成後即可見到螺旋功能已經從原本的草圖輪廓成形，並依照所設定的圈數與距離來建立出實體特徵。

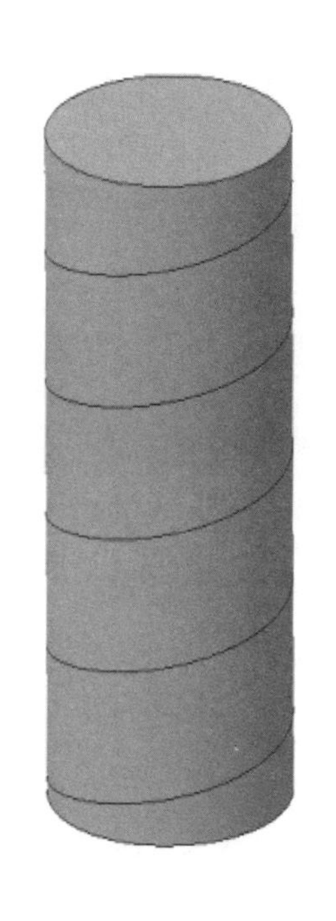

4-12 增厚特徵

在 XY 工作平面建立一張新草圖，並在其上方繪製如圖所示之草圖輪廓。

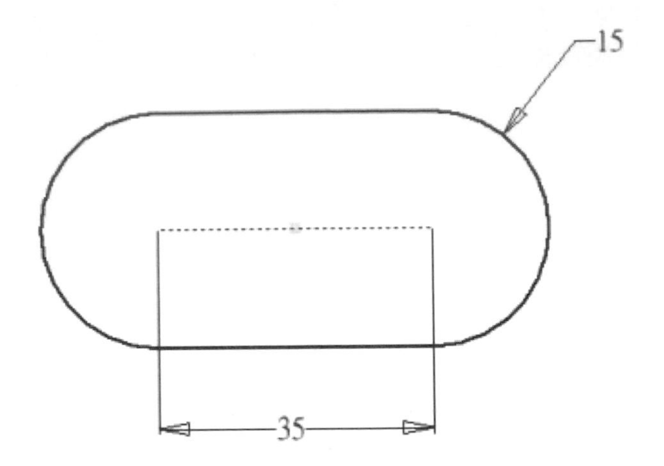

再建立一張新草圖，並依圖面尺寸建立相同輪廓，此張草圖必須與上一草圖呈現互垂並交集。

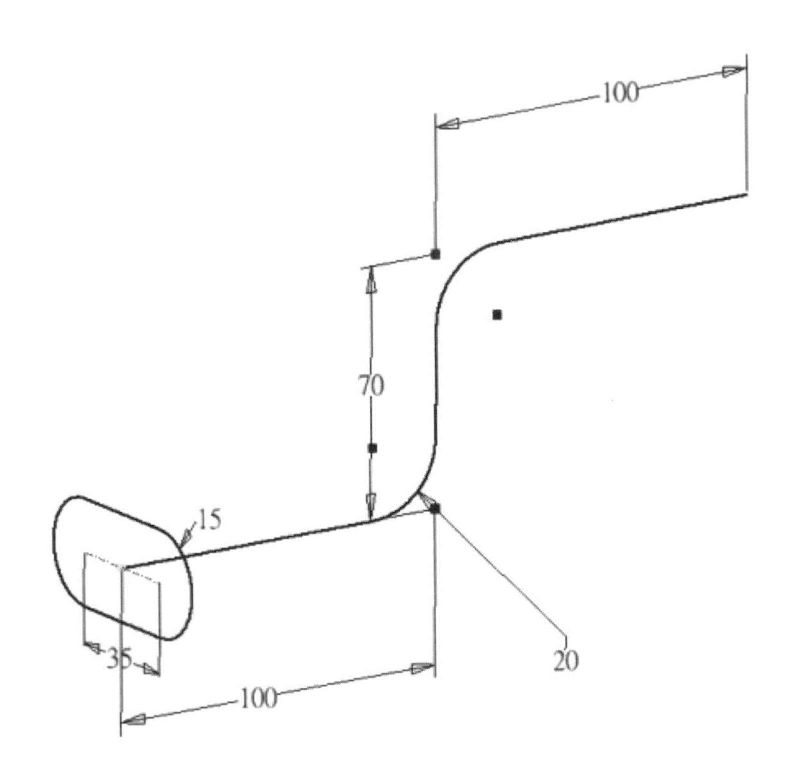

使用特徵工具選項板的【掃掠】工具，將兩張草圖運用並製作成一實體。

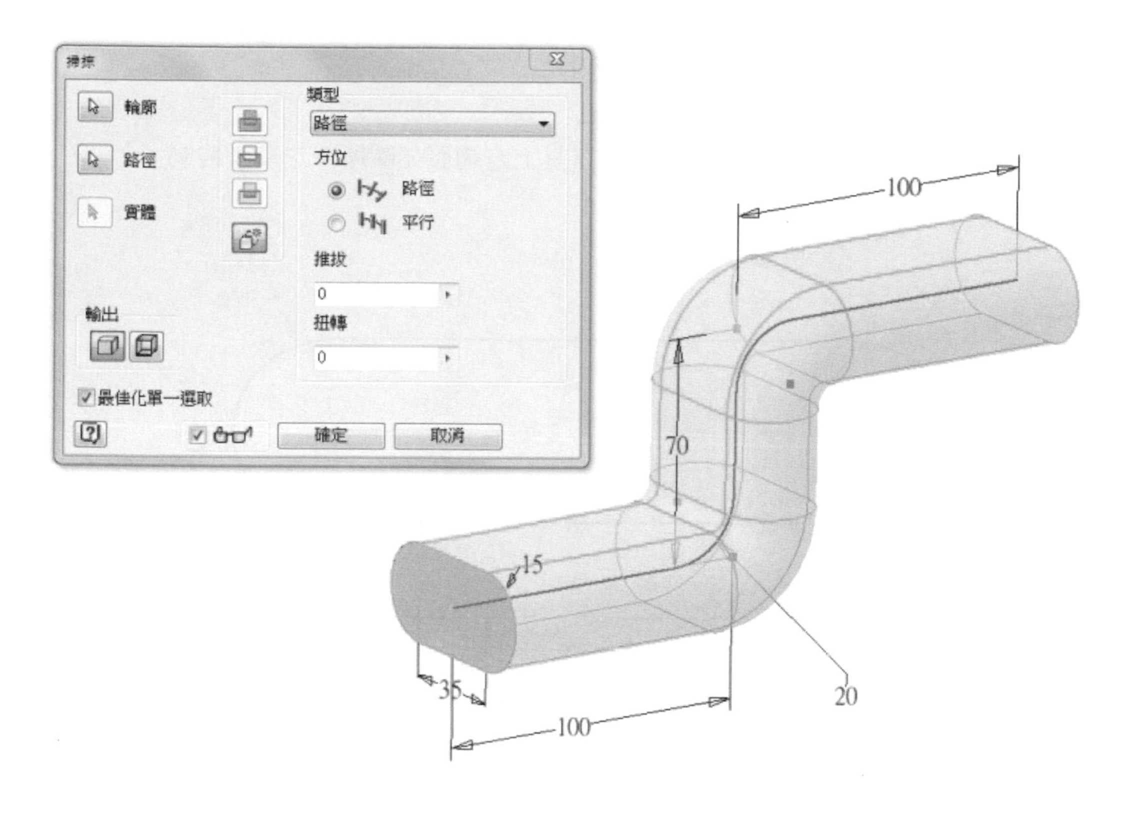

使用特徵工具選項板的【增厚】工具，再選取已經掃掠成形的實體前方平面或欲再延展距離的實體平面皆可，距離設定為 20 個單位，確定之後即可見到成形的實體已經往前延展厚度。

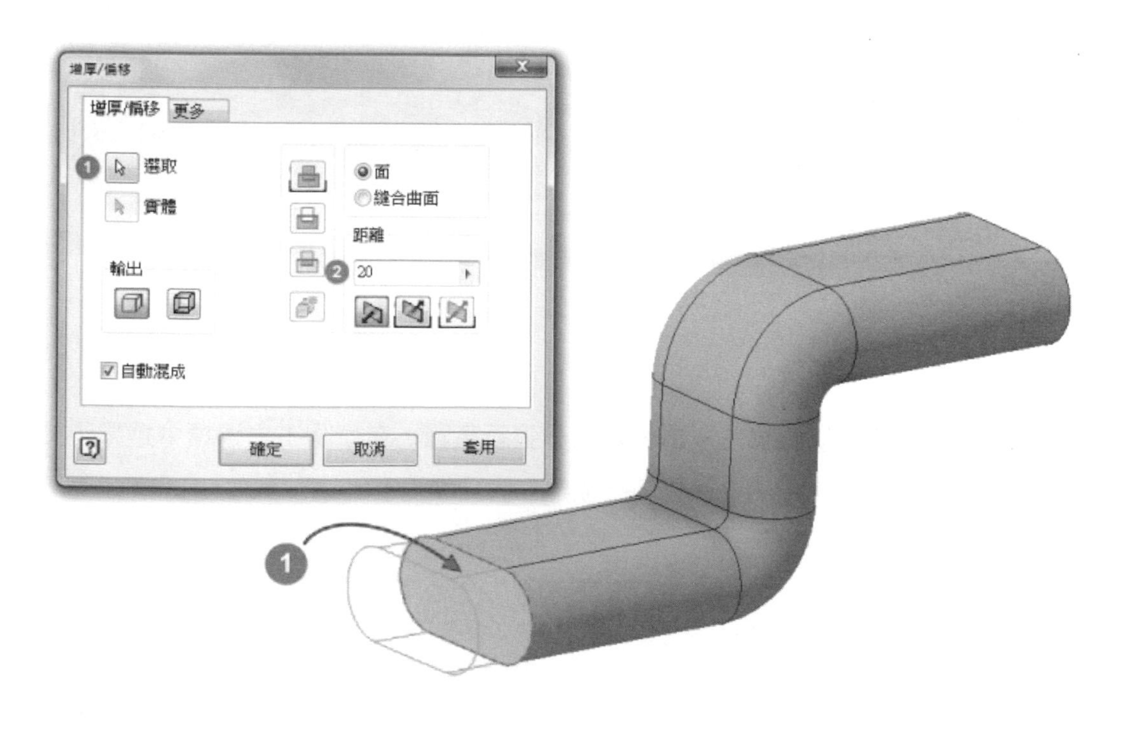

4-13 文字特徵

在 XY 工作平面建立一張新草圖，並在其上方繪製如圖所示之草圖輪廓。

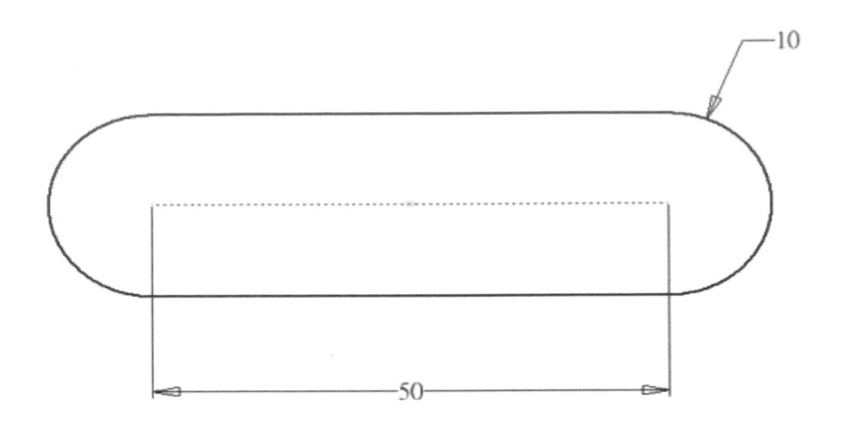

使用特徵工具選項板的【擠出】，並將草圖輪廓成形 5mm 單位的厚度。

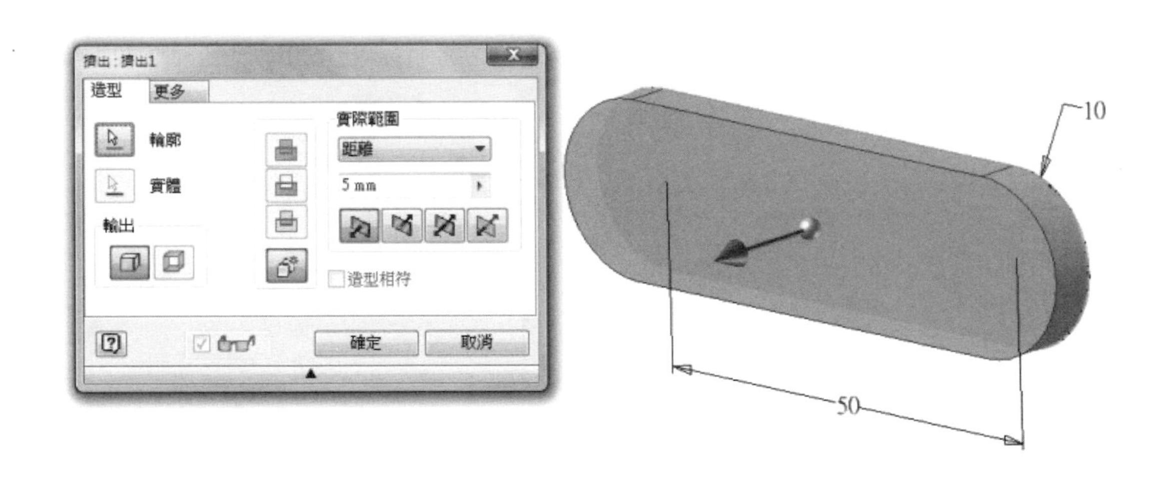

在已經成形的實體輪廓前方的面建立一張新草圖，在草圖工具選項中選擇【文字】工具，將字高設定為 5mm，並寫上欲建立的文字內容。

如要再次修改文字內容時，可點擊文字後按滑鼠右鍵開起出選單，選擇【編輯文字】即可修改。

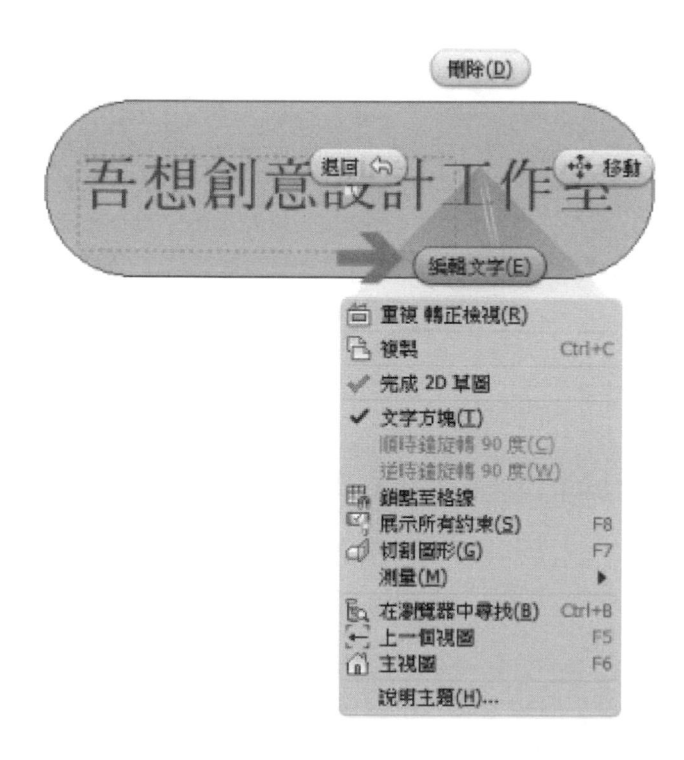

文字建立完成後，可使用特徵工具選項板的【擠出】，將距離設定為 0.5mm 厚度，則文字特徵及建構完成，如希望文字是以凹陷的方式建立，在使用擠出工具時可將其設定為切割模式。

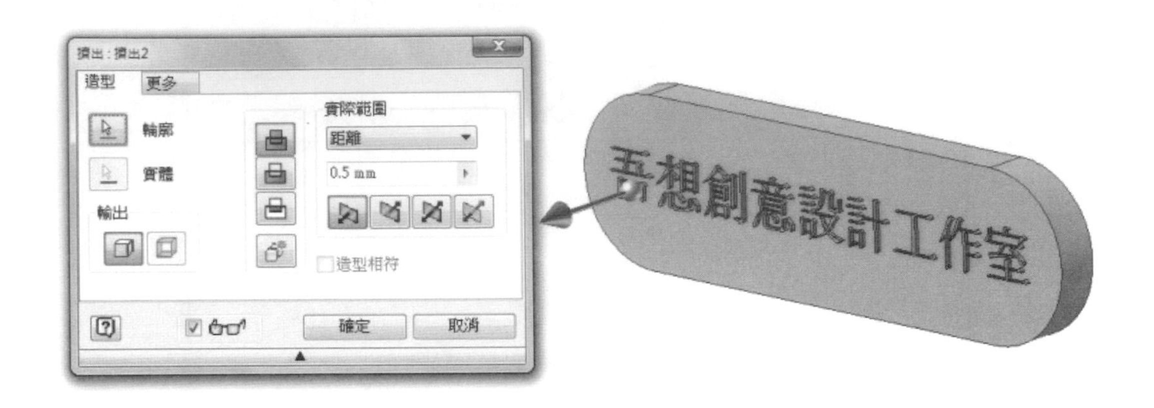

4-14 浮雕特徵

在 XY 工作平面建立一張新草圖，並依圖面所示尺寸建立草圖輪廓。

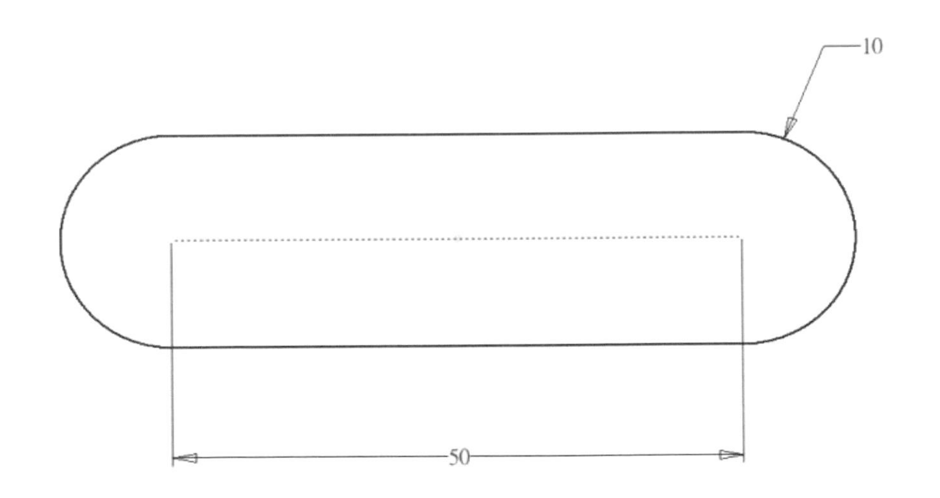

使用特徵工具選項板的【擠出】功能，並將草圖輪廓成形 5mm 的厚度。

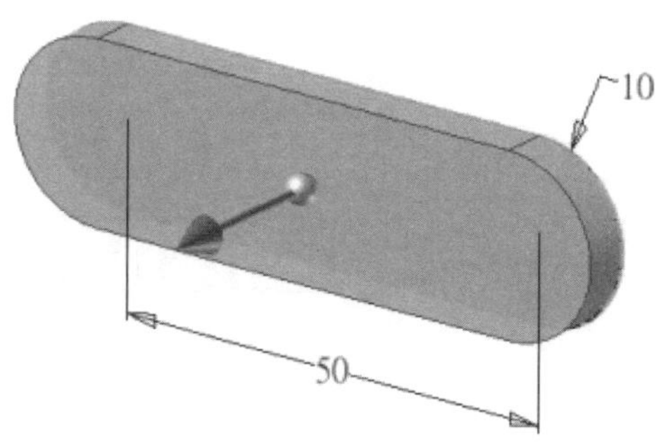

使用特徵工具選項板的【平面】工具，將 XY 工作平面往前建立一個新工作平面，其間隔距離設定為 20mm。

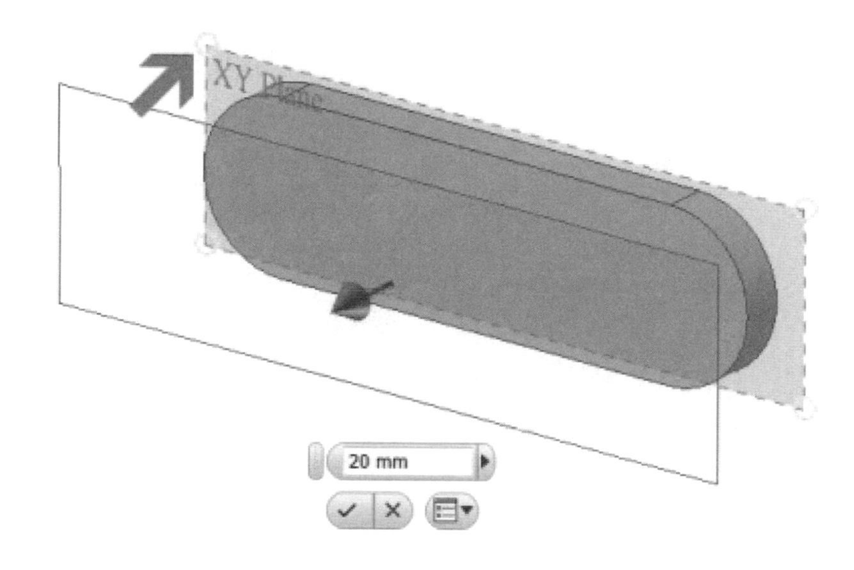

在新建立的工作平面上建立一張新草圖，並依照輪廓繪製出相同中心基準的【槽】。

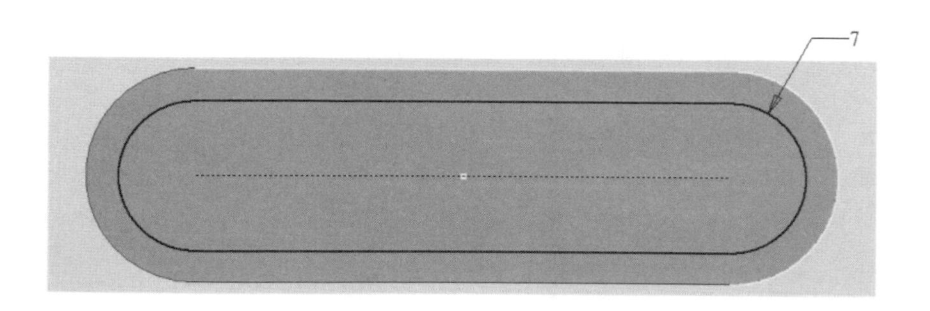

點擊特徵工具選項板的【浮雕】，點選新工作平面建立的草圖輪廓，設定深度為 1mm，並將浮雕模式選擇【從面雕刻】。

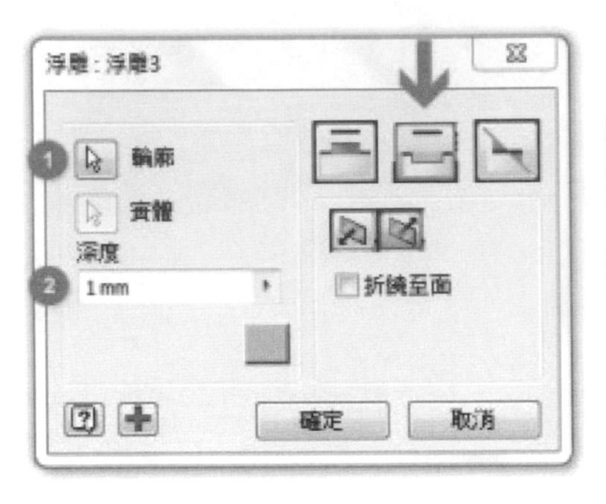

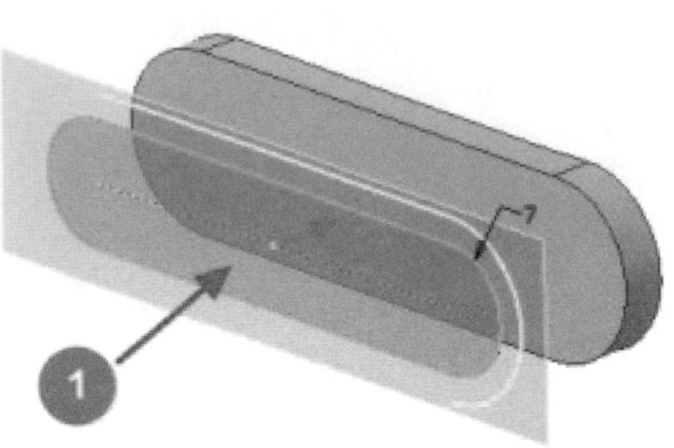

完成後，即可見到實體已被輪廓往內部切割 1mm 深度。

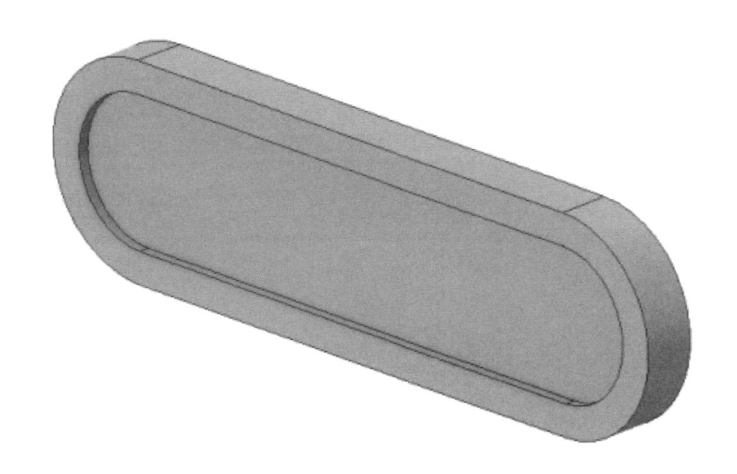

點擊特徵工具選項板的【浮雕】，點選新工作平面建立的草圖輪廓，設定深度為 1mm，並將浮雕模式選擇【從面浮雕】。

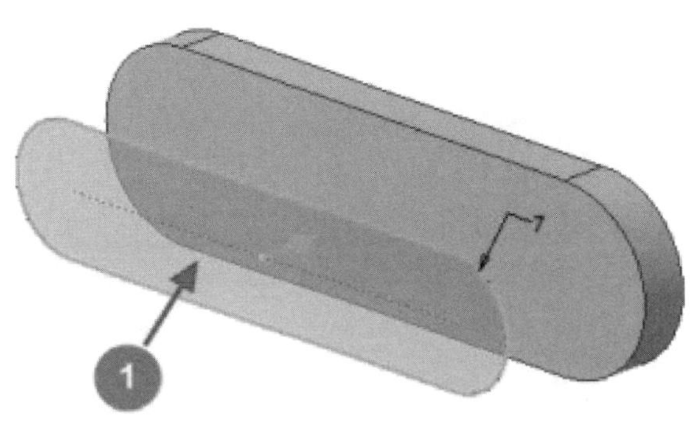

完成後，即可見到實體已往外部成形增厚 1mm 距離。

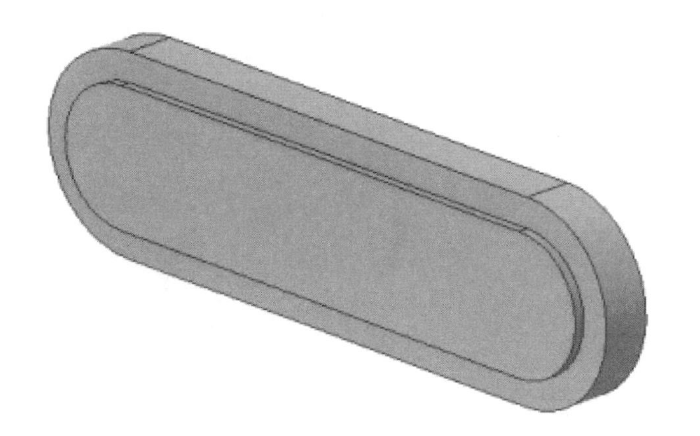

如果點擊特徵工具選項板的【浮雕】，點選新工作平面建立的草圖輪廓，並將浮雕模式選擇【從平面浮雕／雕刻】。

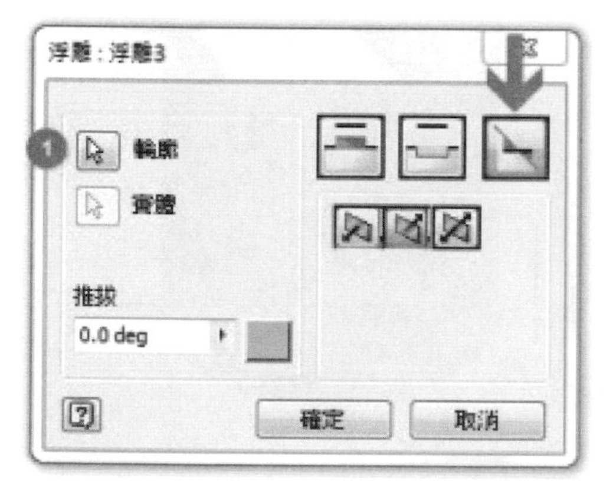

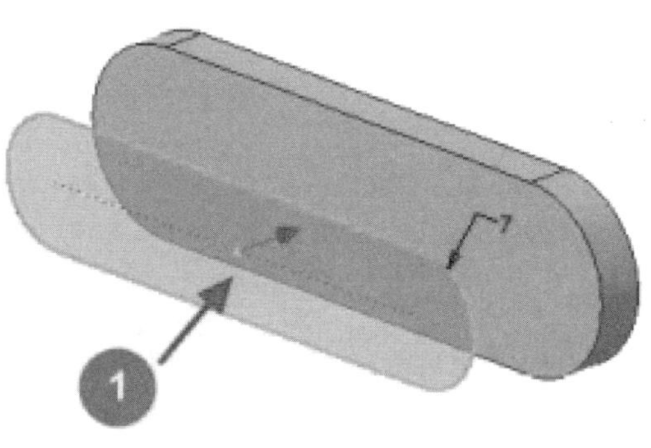

其結果將是從新建立的工作平面直接成形至實體的對應連接面上。

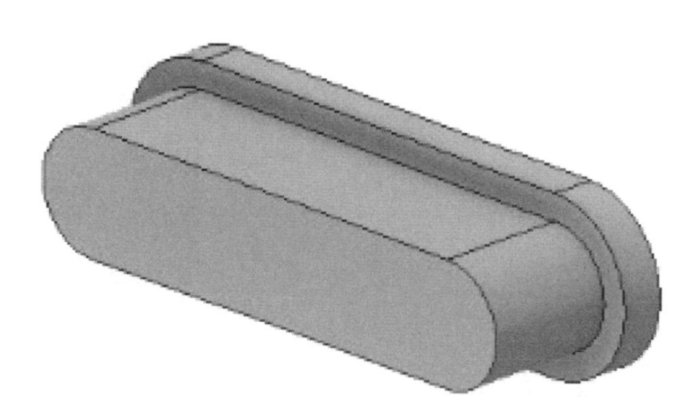

在 XZ 工作平面上建立一張新草圖，並繪製出如圖所示之草圖輪廓。

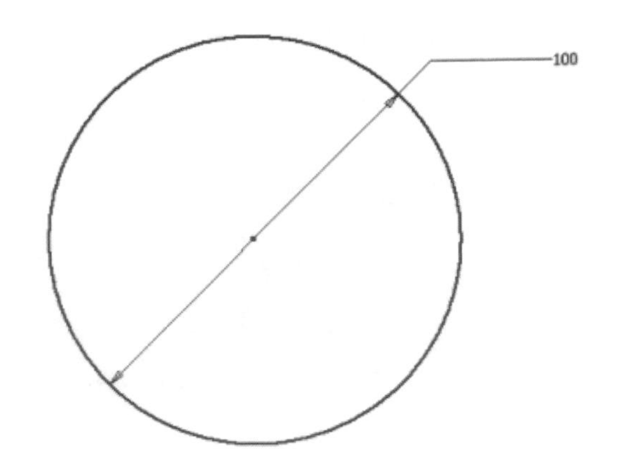

使用特徵工具選項板的【擠出】工具，將草圖輪廓成形 100mm 的距離。

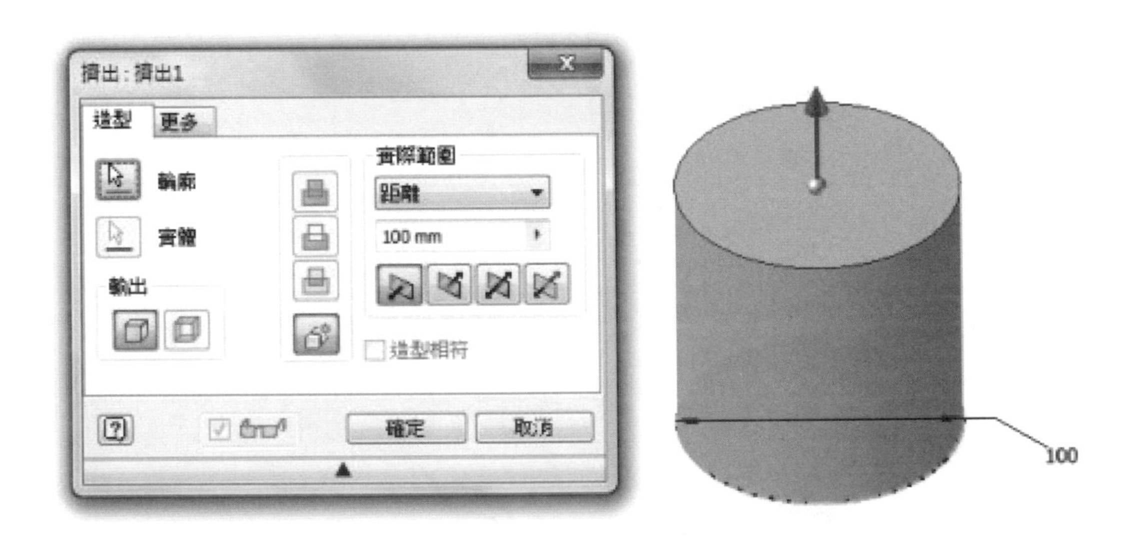

使用特徵工具選項板的【平面】工具來建立新工作平面，指定 XY 平面後，往前 100mm 單位的距離。

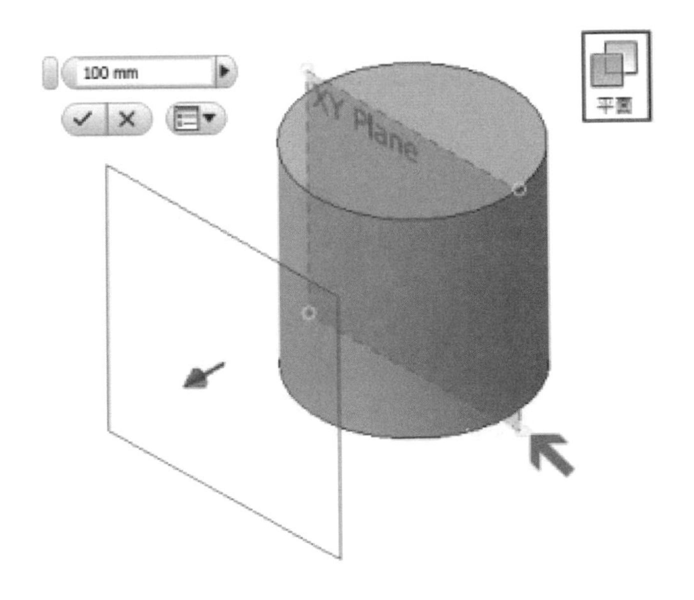

在新工作平面上建立一張新草圖，使用草圖工具的【雲形線－控制頂點】，草圖形態如圖所示即可，但務必讓草圖輪廓能超出實體邊緣之外。

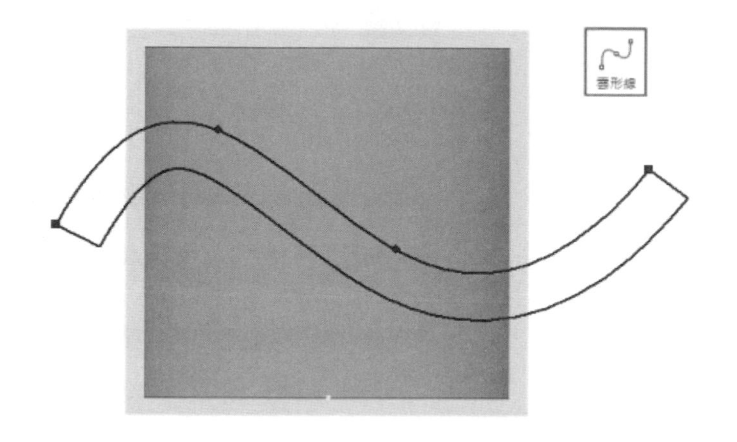

使用特徵工具選項板的【浮雕】工具，點選繪製完成的草圖成為輪廓，將深度設定為 1mm，並選擇【從面雕刻】，將選項中的【折繞至面】開啟，再點選實體的圓柱面來建立浮雕。

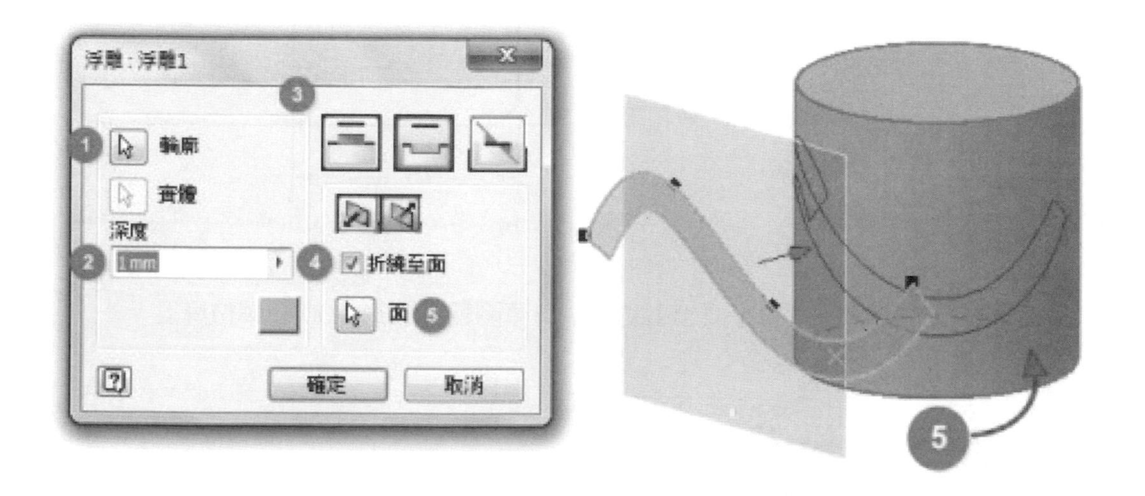

完成後即可見到輪廓已從圓柱面切割完成，如草圖建立時未能超出圓柱邊緣範圍時，將無法完整呈現折繞效果，只能呈現刻印切割該對應位置的特徵而已。

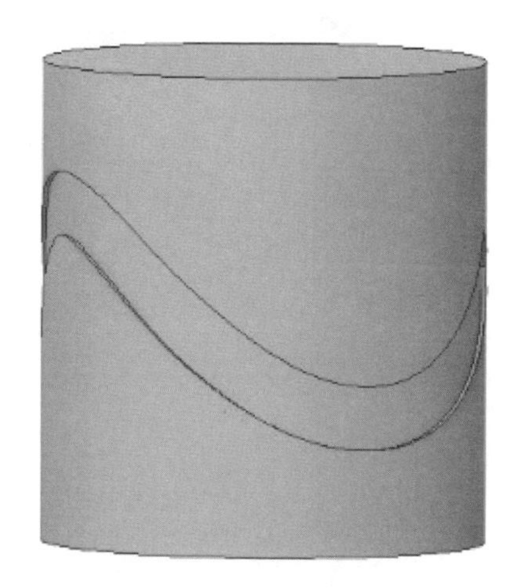

4-15 印花特徵

可使用美工軟體或是微軟的小畫家工具來建立一圖形檔，如 JPG 或 PNG 等類型檔案。

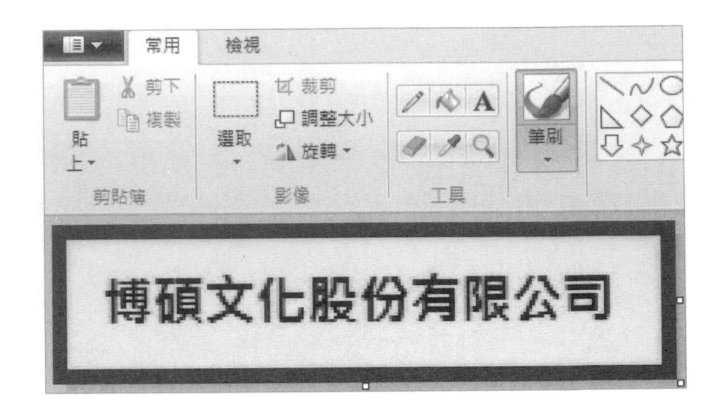

在 XZ 工作平面建立一張新草圖，其圖面輪廓如圖所示。

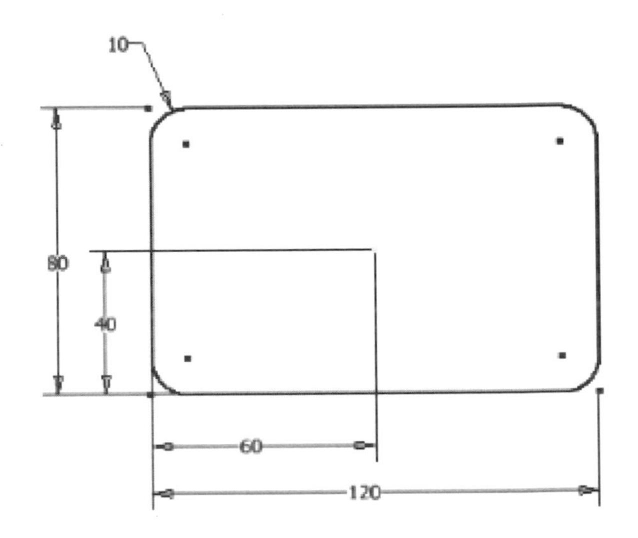

使用特徵工具選項板的【擠出】功能，將草圖輪廓成形 100 個單位厚度。

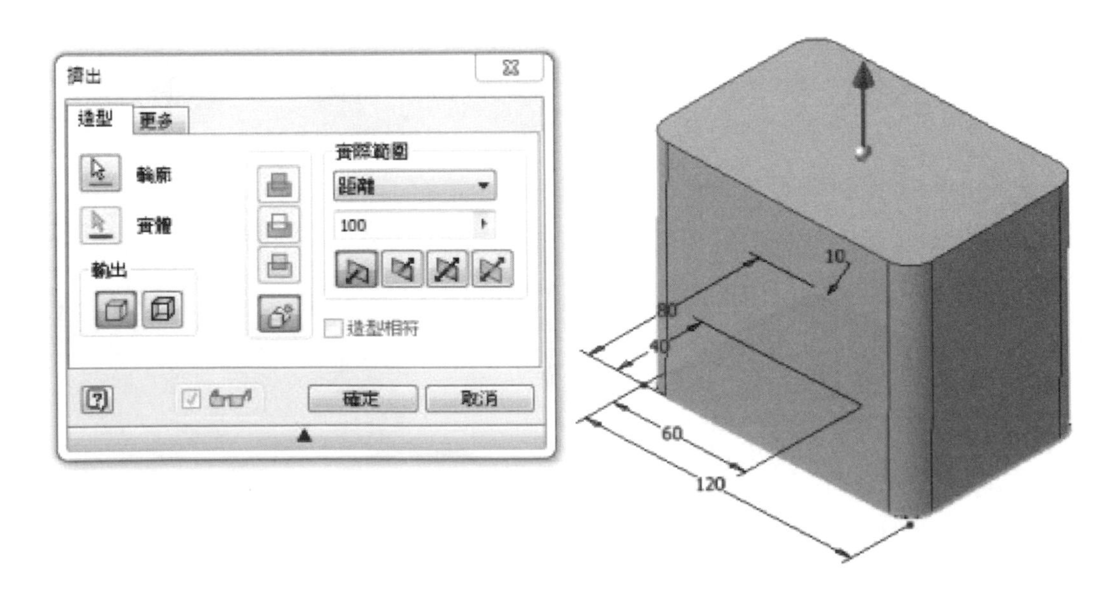

使用特徵工具選項板的【平面】工具來建立一張新工作平面，選擇 XY 工作平面來當作基準面，並往前方 100 個單位距離來建立新工作平面。

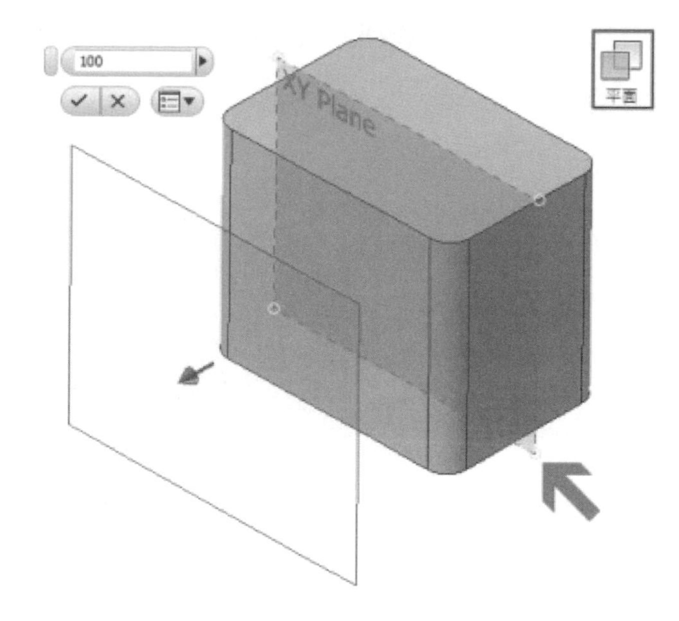

進入新工作平面建立草圖，至上方工具選項板中點選【影像】工具，將自己建立好的圖形檔案選取進來，如要變更圖片的比例大小或是旋轉角度，可以透過點擊角點來進行變更。

將選取進來的圖形檔大小控制在實體範圍之內即可。

使用特徵工具選項板的【印花】工具，點擊草圖內建立的影像，再點選欲投射的面上。

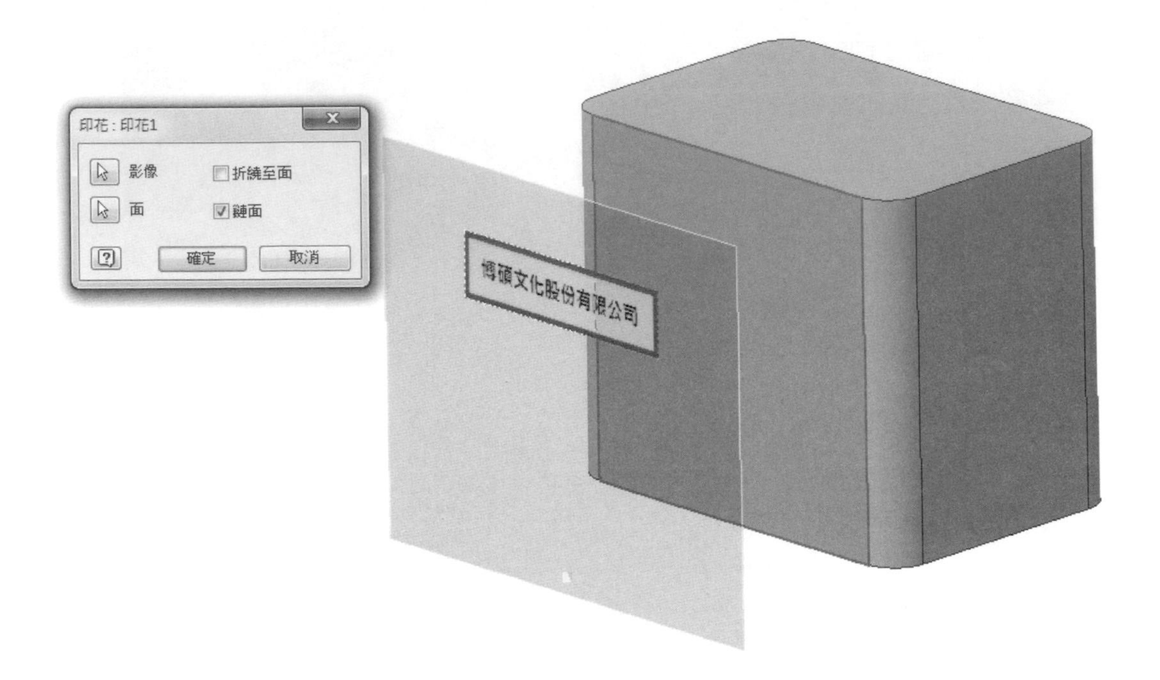

完成後，即可見到我們所建立的圖形檔已經黏附在實體面上與實體結合。

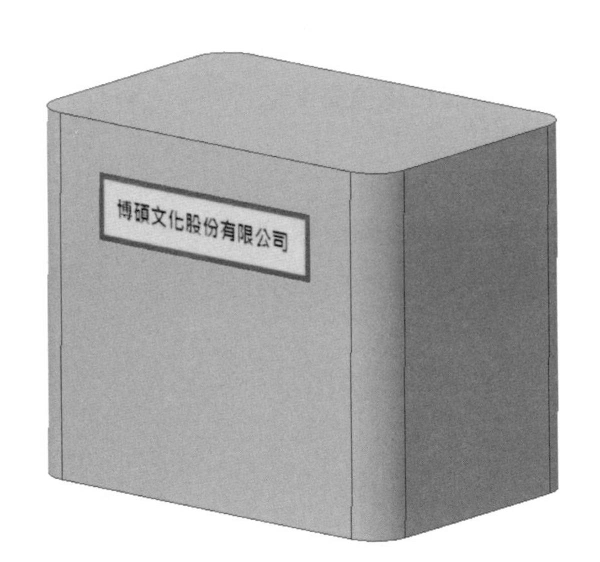

再來嘗試一下另一種效果，首先，要將圖形檔案進行大小的變更，其長度必須要大於欲投射圖片的面，如圖面所示。

使用特徵工具選項板的【印花】工具，點擊草圖內建立的影像，再點選欲投射的面上，將介面中的【折繞至面】開啟。

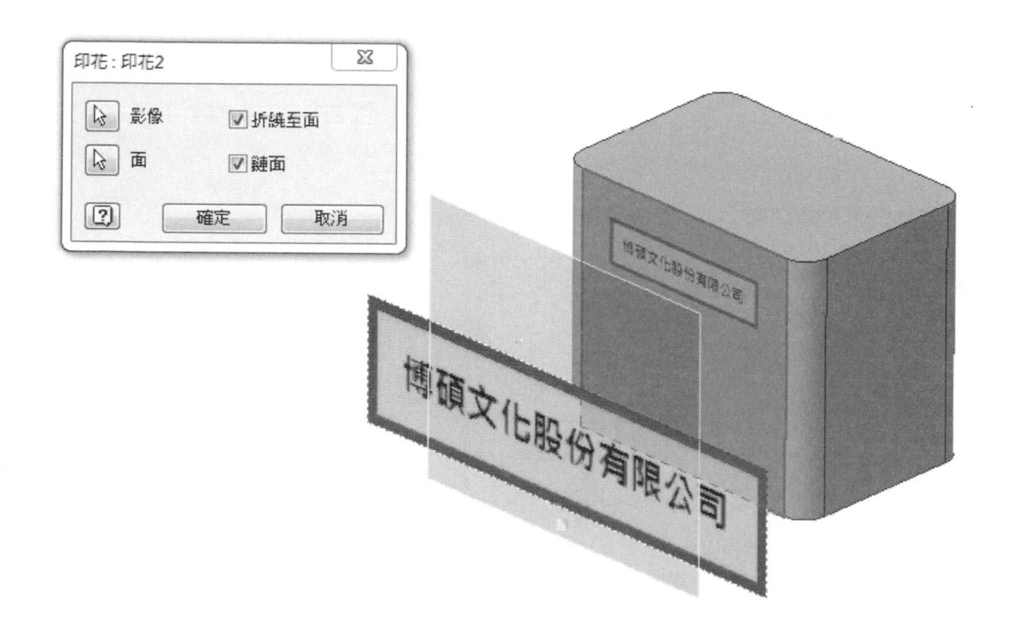

完成後，如圖面所示可看出圖形檔會依照實體輪廓在貼覆時配合其彎曲效果而改變。

4-16 移動本體

在 XZ 工作平面上建立一張新草圖，並依照圖面所示繪製出草圖輪廓。

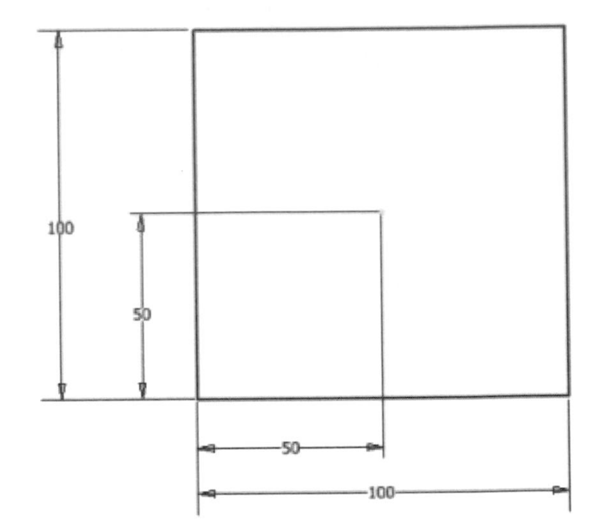

使用特徵工具選項板的【擠出】工具，將草圖輪廓往兩個方向成形 100mm 單位的距離。

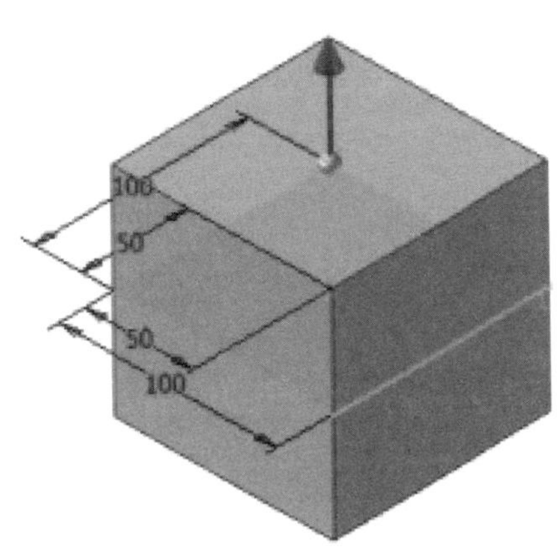

選擇實體輪廓前方的面來建立一張新草圖，並依靠角落端點來建立一直徑 50 的草圖輪廓，使用修剪讓其形成一個半圓。

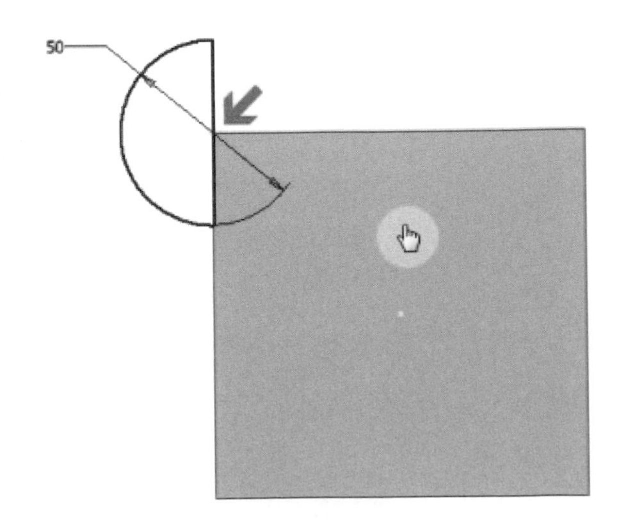

使用特徵工具選項板的【迴轉】功能，選擇建立【新實體】的模式來建立一個新圓球體而不與原本的方塊聯集。

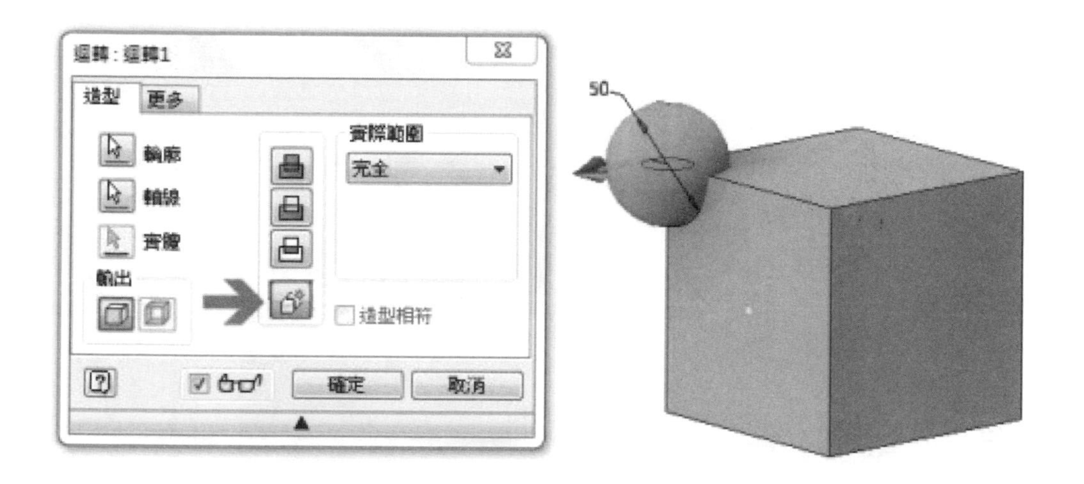

使用特徵工具選項板的【移動本體】功能，選擇方塊來成為本體的條件，在介面中可以將模式定位在【自由拖曳】的模式，搭配當前的 UCS 座標方位，將 X 軸的位置移動－100，Y 軸的移動位置為 50，我們可透過預覽圖了解方塊在移動後的位置會在何處。

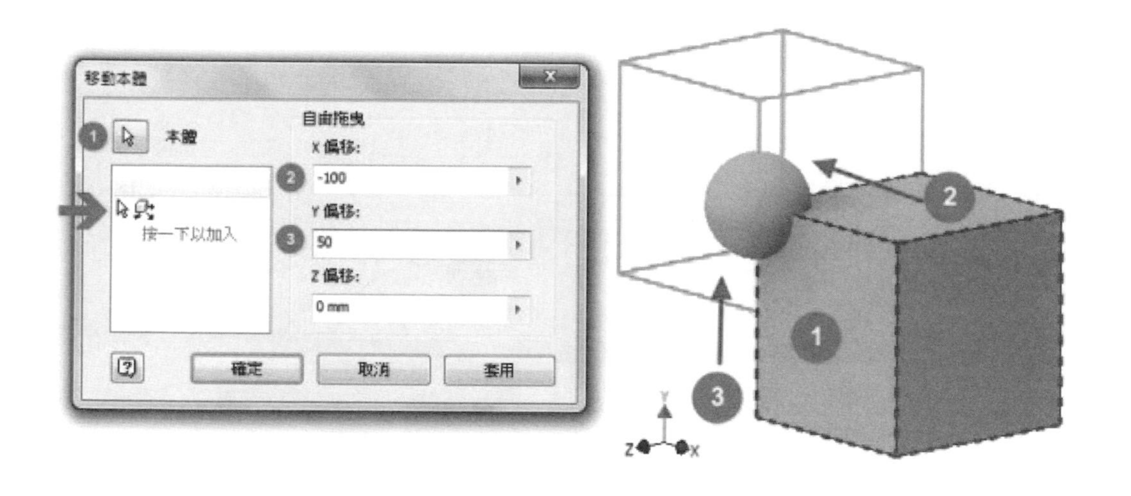

使用特徵工具選項板的【移動本體】功能，選擇方塊來成為本體的條件，在介面中可以將模式定位在【沿射線移動】的模式，將特徵本體位置設定 150 個單位，而移動的方向則需要去點擊實體的邊線來建立，我們可透過預覽圖了解方塊在移動後的位置會在何處。

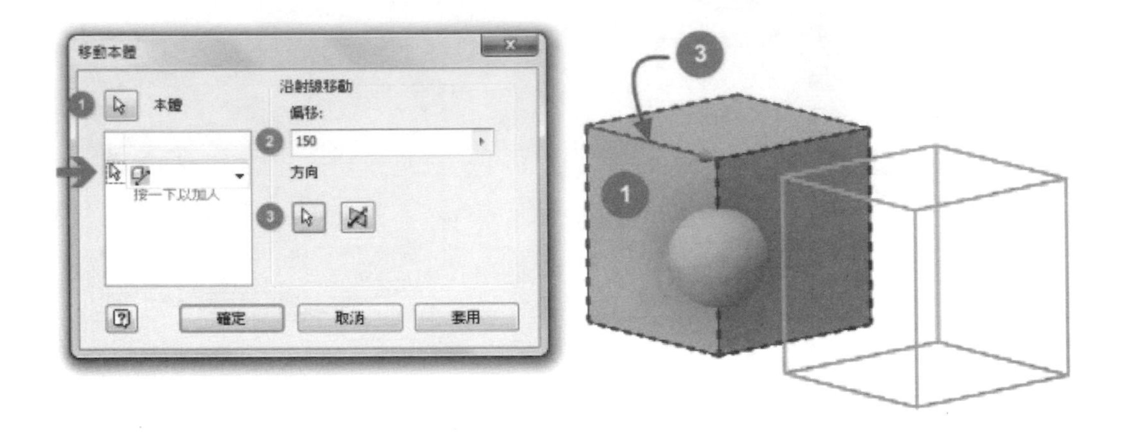

使用特徵工具選項板的【移動本體】功能，選擇方塊來成為本體的條件，在介面中可以將模式定位在【繞直線旋轉】的模式，將特徵本體角度設定 180 度，而旋轉的方向則需要去點擊實體的邊線來當作旋轉軸，我們可透過預覽圖了解方塊在旋轉後的位置會在何處。

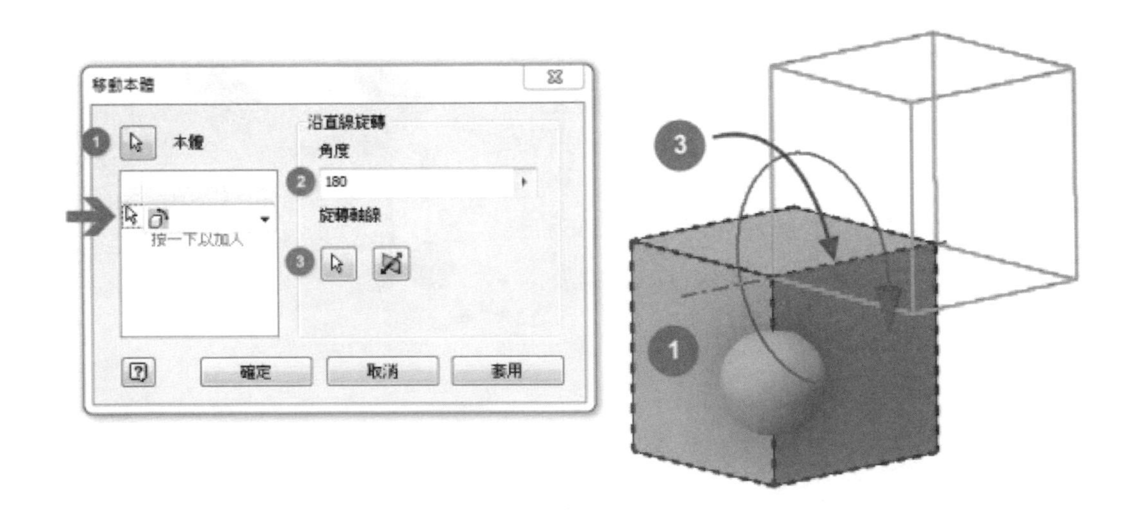

4-17 折彎零件

在 XY 工作平面建立一張新草圖，並依照圖面所示來繪製出草圖輪廓。

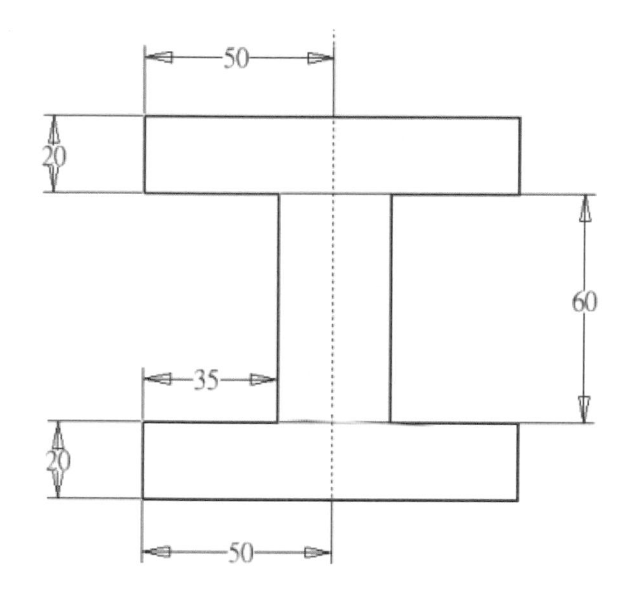

使用特徵工具選項板的【擠出】工具，將草圖輪廓往兩方向建立 500mm 單位的距離。

在完成的實體上方建立一張新草圖，繪製一條線段並距離前方邊緣 150 單位。

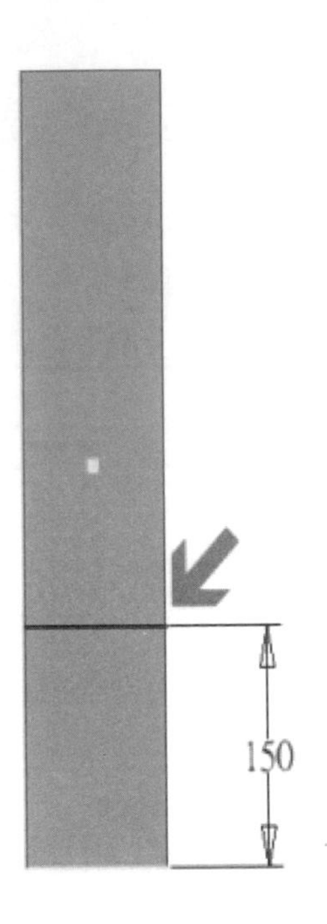

使用特徵工具選項板的【折彎零件】工具，選擇草圖線段來成為折彎線的條件，在依照工作需求來選擇折彎項目，並輸入相對應的數值來完成，如採用半徑＋角度模式，將半徑設定為 20，角度設定為 45 即可將實體進行折彎，若方向是選擇兩方向，則折彎的模式將會兩方向同時進行。

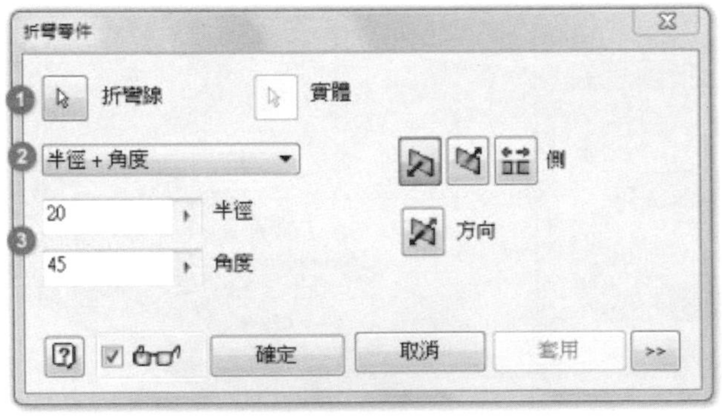

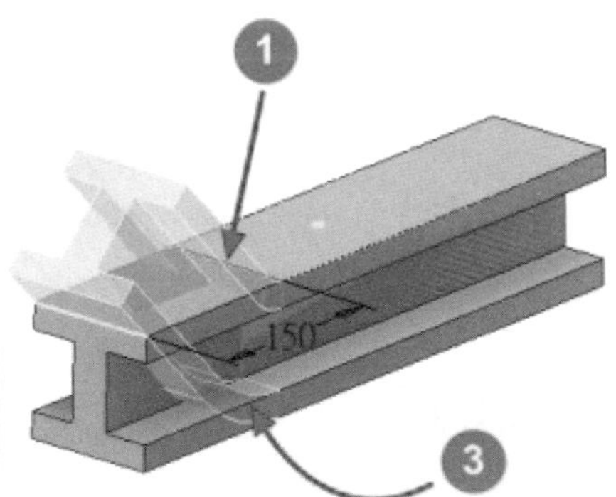

第五章

工作平面

Inventor

在繪製模型的過程中，每一項特徵都需要一張草圖才能完成，而最基本的三個基本面是無法滿足特徵較多的實體建模，所以，必須要利用有效的方式來建立新的工作平面，以滿足建模所需要繪製草圖的條件，雖然建立工作平面的方式有相當多種，但絕大部分都會以半智慧型的方式來建立，不需要刻意的去選單點擊建立方式，只要能在模型上點選相關條件即可建立完成。

5-1 自平面偏移

在ＸＹ工作平面建立一張新草圖，並繪製出如圖所示之草圖輪廓。

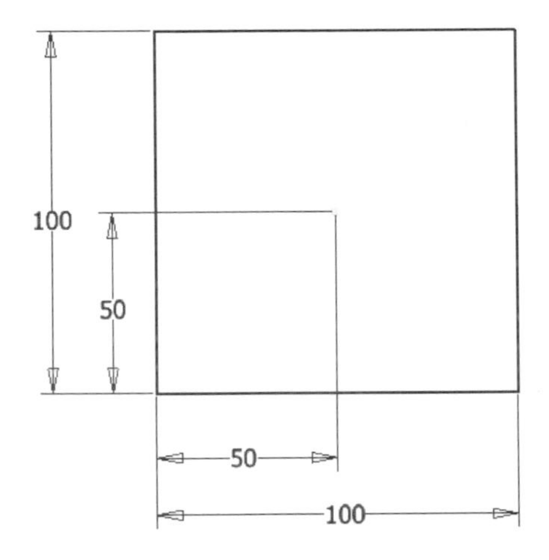

使用特徵工具選項板的【擠出】工具，並使用兩個方向成形 100 個單位的厚度。

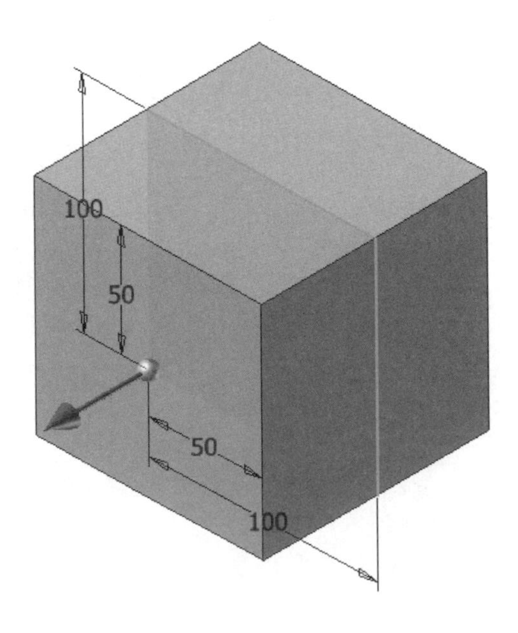

使用特徵工具選項板中的【平面】功能，並點選【自平面偏移】項目，選擇樹狀圖中的ＸＹ平面來擔任來源基準面，將滑鼠游標移動至畫面上的ＸＹ平面角落黃色圓圈處，滑鼠左鍵按壓不放往前方拖曳出去，即可見到輸入距離的選項，輸入距離 100 後即可完成新工作平面的建立。

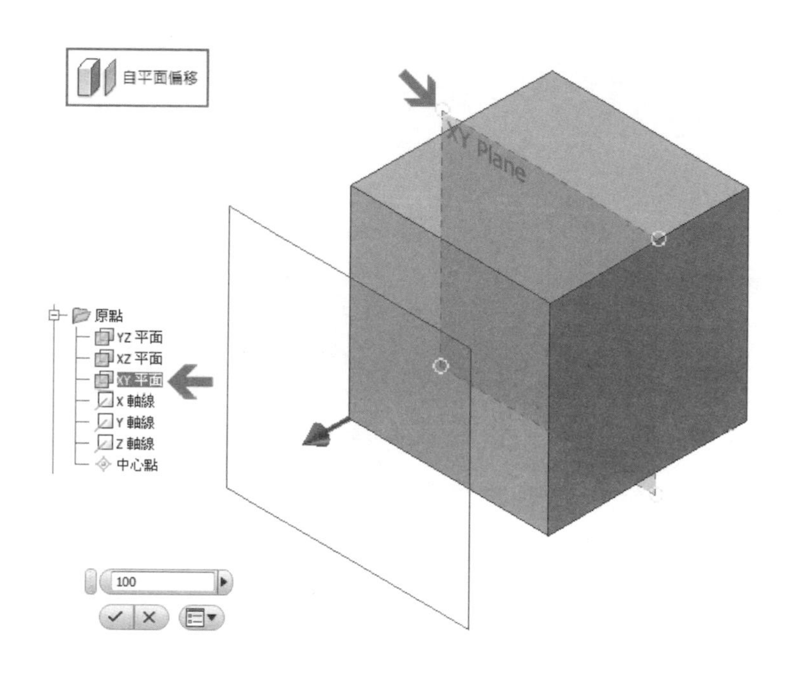

另一種建立方式為，先點擊實體平面後再輸入欲建立新工作平面的距離即可完成。

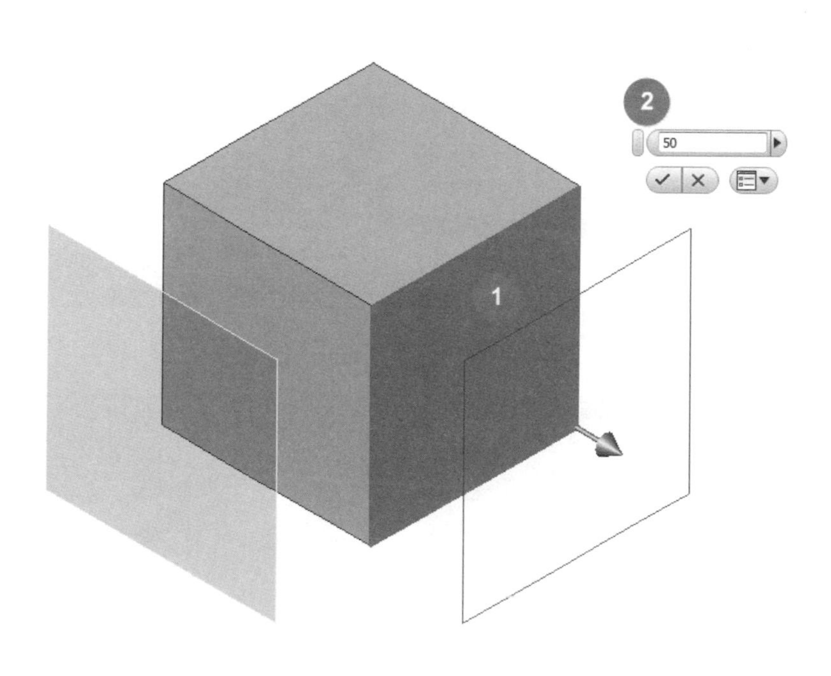

任何一個新建立的工作平面都可以翻轉方向，只要先點選新工作平面後，按一下滑鼠右鍵即可開啟出選單，選取【翻轉法線】即可將工作平面的正反面互換。

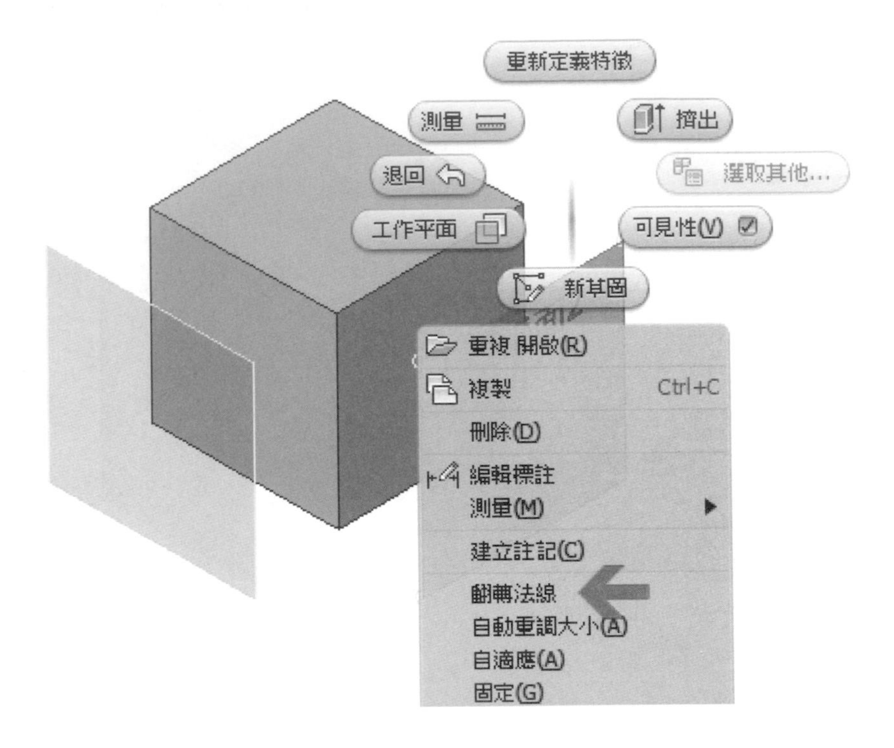

【橙色】代表正面，【藍色】代表反面，兩者的區別在於繪製完草圖後若要成形厚度時，正面將代表 Z 軸正向位置，實體將會以此方向優先建立。

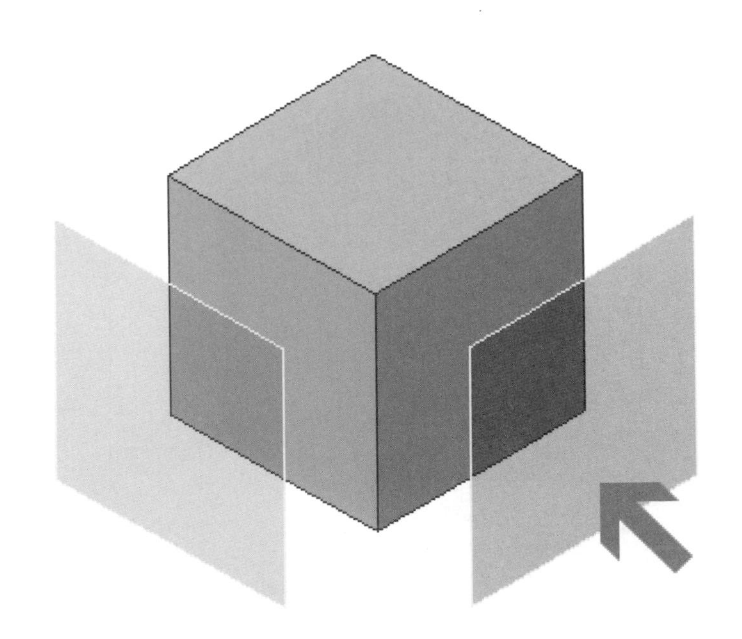

5-2 與平面平行且穿過點

在ＸＹ工作平面建立一張新草圖，並在其上方繪製一正五邊形，每邊長度為 50 個單位。

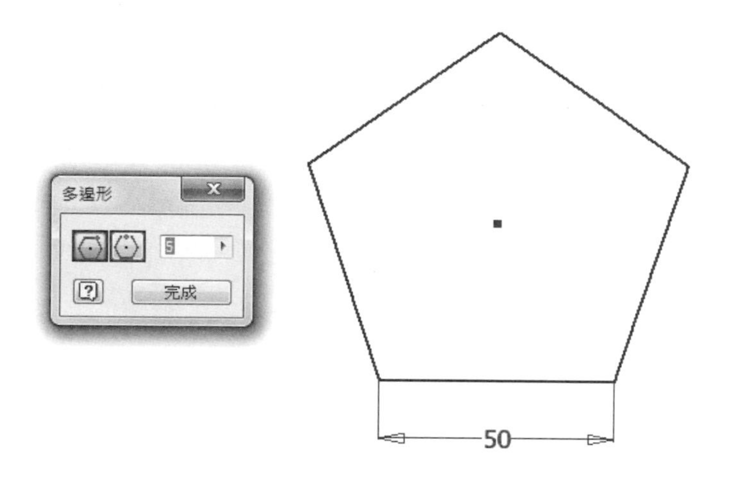

使用特徵工具選項板的【擠出】，並使用兩方向成形厚度 50 個單位。

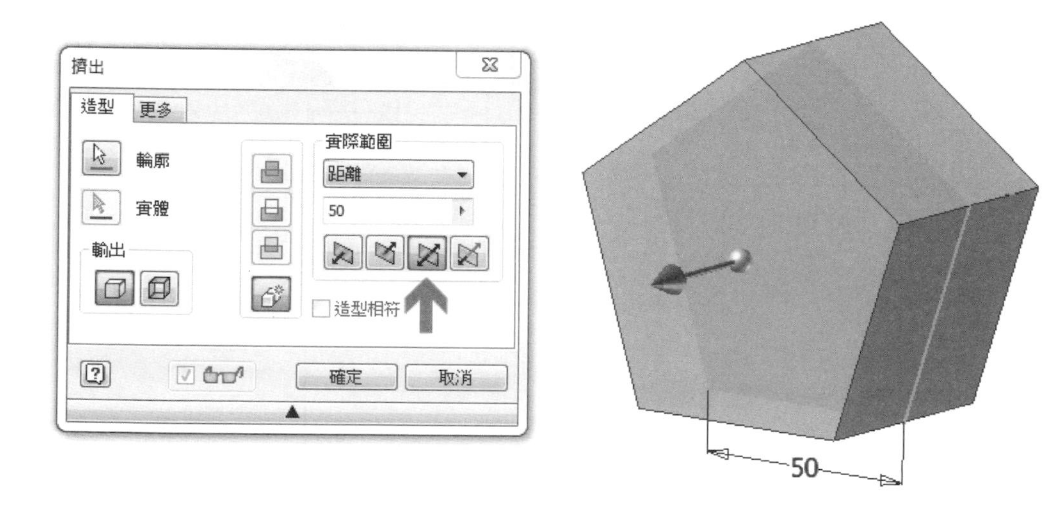

使用特徵工具選項板的【平面】工具，點選【與平面平行且穿過點】的項目，選擇樹狀圖中的 XZ 平面來當基準面，並在實體上點擊一個端點，則會建立出一個與 XZ 平面平行的新工作平面至點擊的端點處。

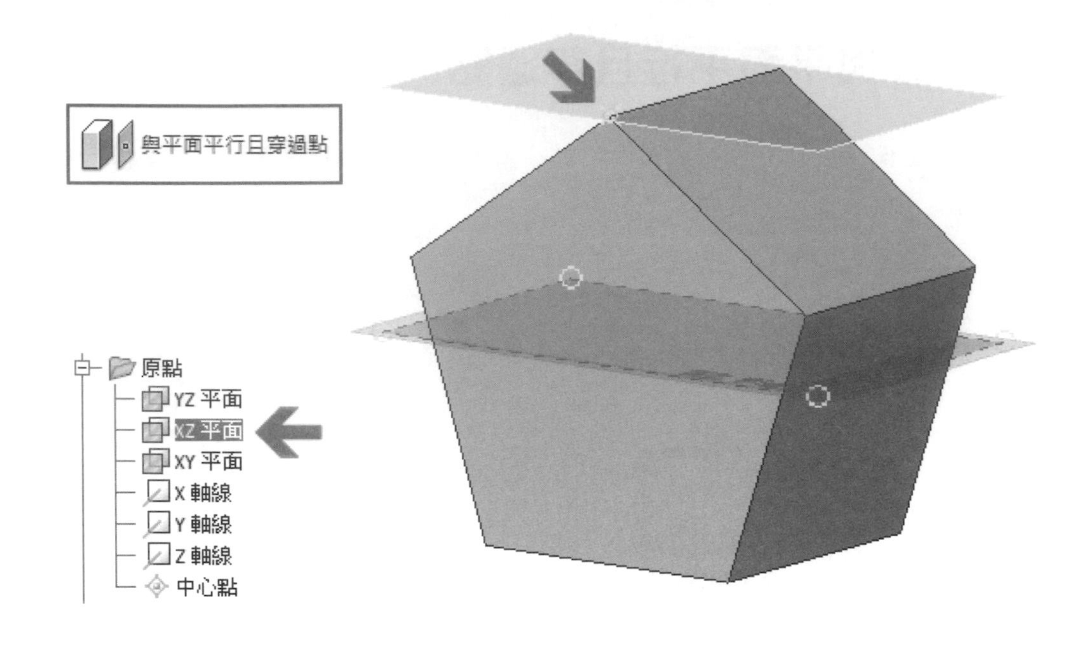

5-3 兩個平面之間的中間平面

在 XY 工作平面建立一張新草圖，並依圖面所示繪製出草圖輪廓。

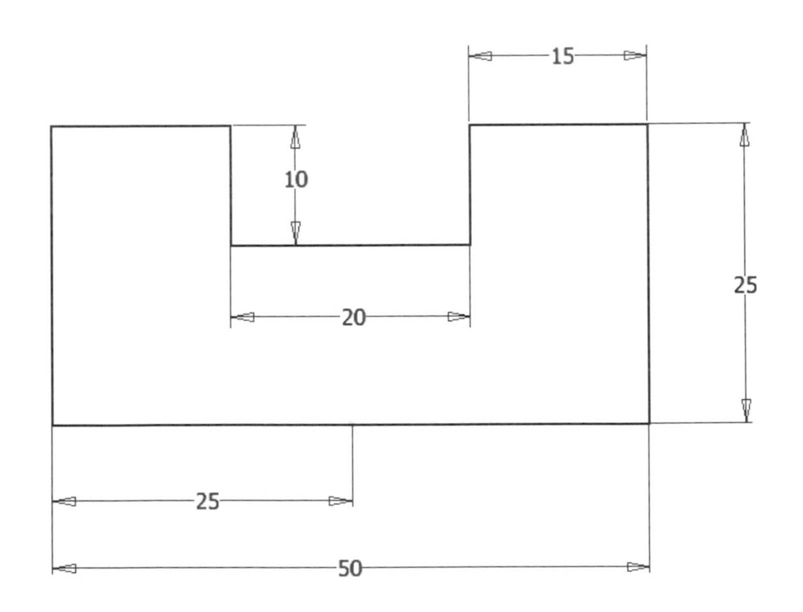

使用特徵工具選項板的【擠出】工具，將草圖輪廓往兩方向共填料 20 個單位厚度。

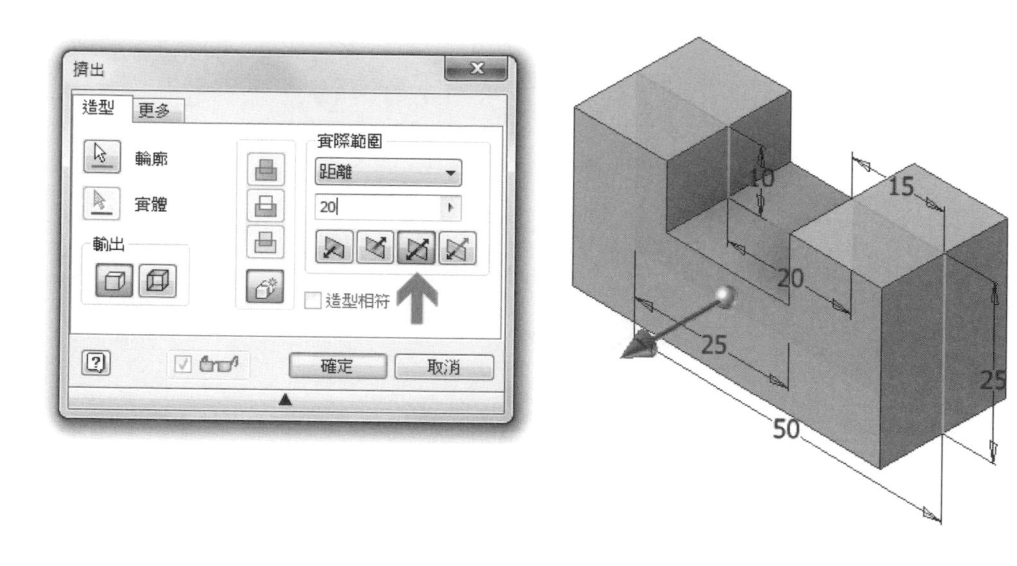

使用特徵工具選項板的【平面】，點選【兩個平面之間的中間平面】項目，並點擊實體具有平行條件的兩個平面來使用此功能，則兩平面之正中距離將會建立出新工作平面。

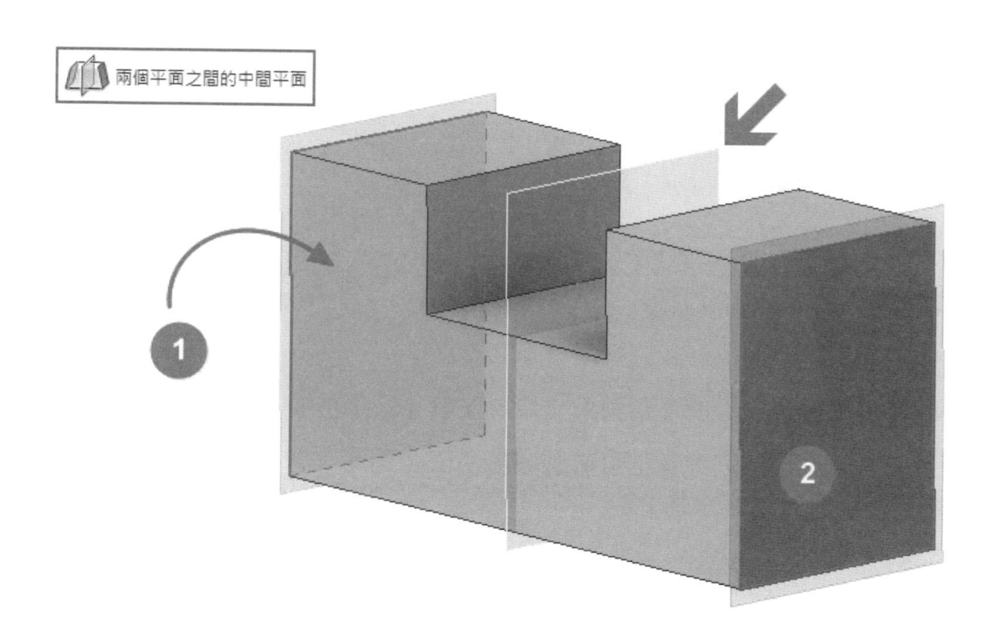

5-4 圓環的中間平面

在 XY 工作平面上建立一張新草圖，並依照圖面所示繪製出中心線與輪廓。

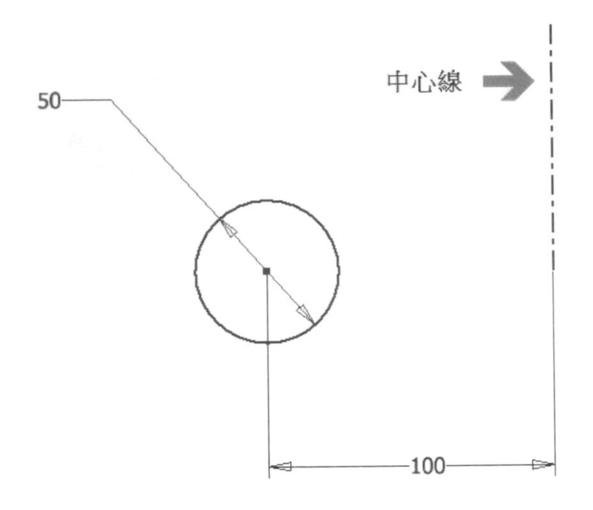

使用特徵工具選項板的【迴轉】工具，將草圖輪廓成形為環。

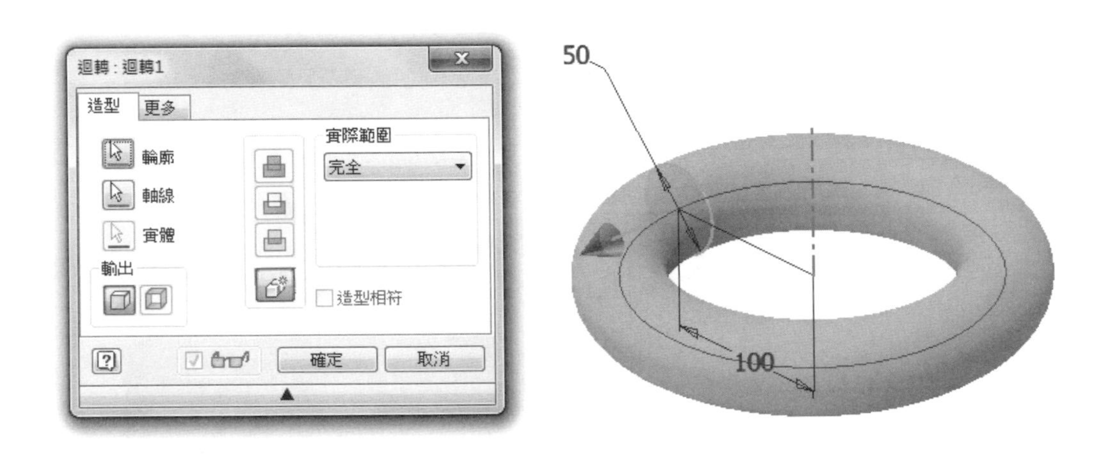

使用特徵工具選項板的【平面】工具，點選【圓環的中間平面】項目，並直接在圓環的實體面上點選，則建立出位於圓環橫切正中間的工作平面。

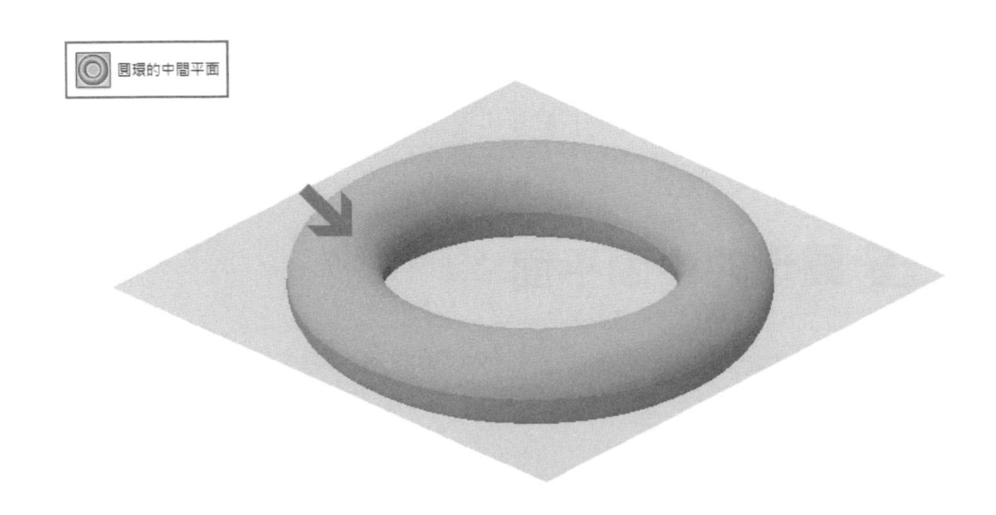

5-5 繞邊旋轉平面的角度

在 XY 工作平面上建立一張新草圖，並繪製出如下圖所示之草圖輪廓。

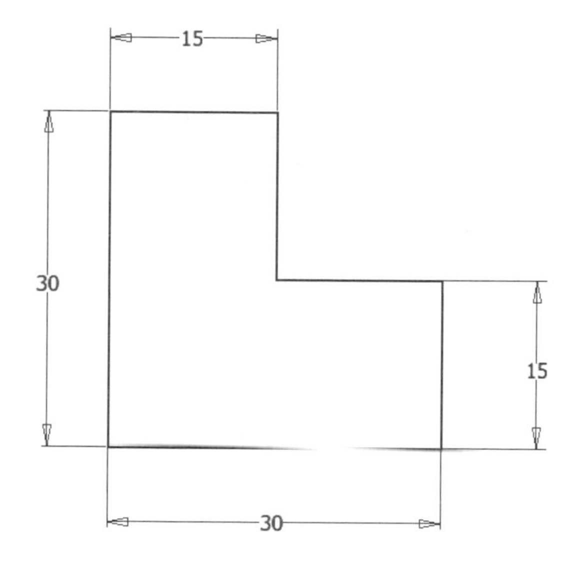

使用特徵工具選項板的【擠出】，並使用對稱功能將草圖輪廓成形 20 個單位的厚度。

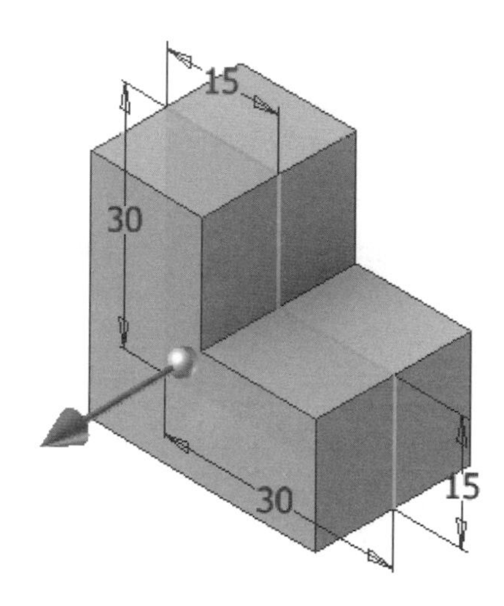

使用特徵工具選項板的【平面】，點選【繞邊旋轉平面的角度】，先點選實體上的邊線，在點擊相鄰的實體面或工作平面，此時就會出現角度輸入的訊息視窗，在欄位上輸入欲旋轉的角度數值即可建立出具有角度的工作平面。

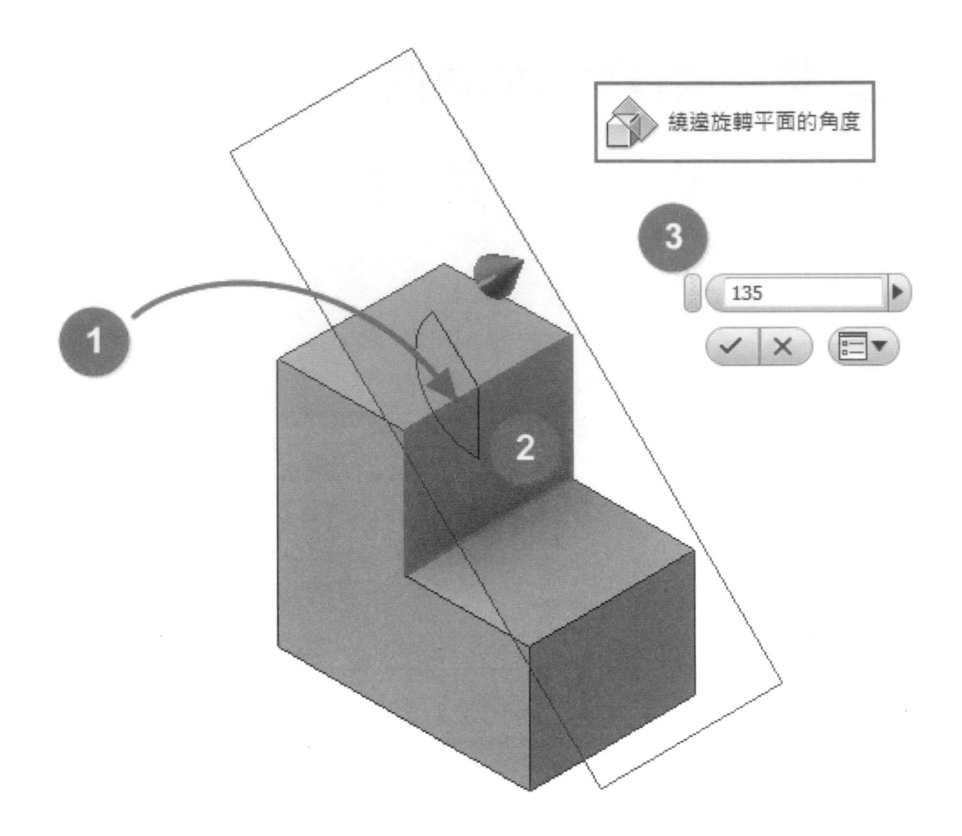

5-6 三點

在 XY 工作平面上建立一張新草圖，並依圖面所示繪製出草圖輪廓。

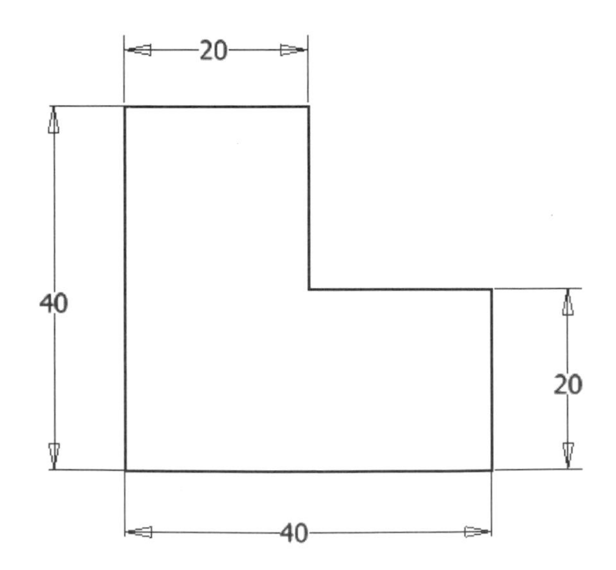

使用特徵工具選項板的【擠出】，並使用對稱功能將草圖輪廓成形 40 個單位的厚度。

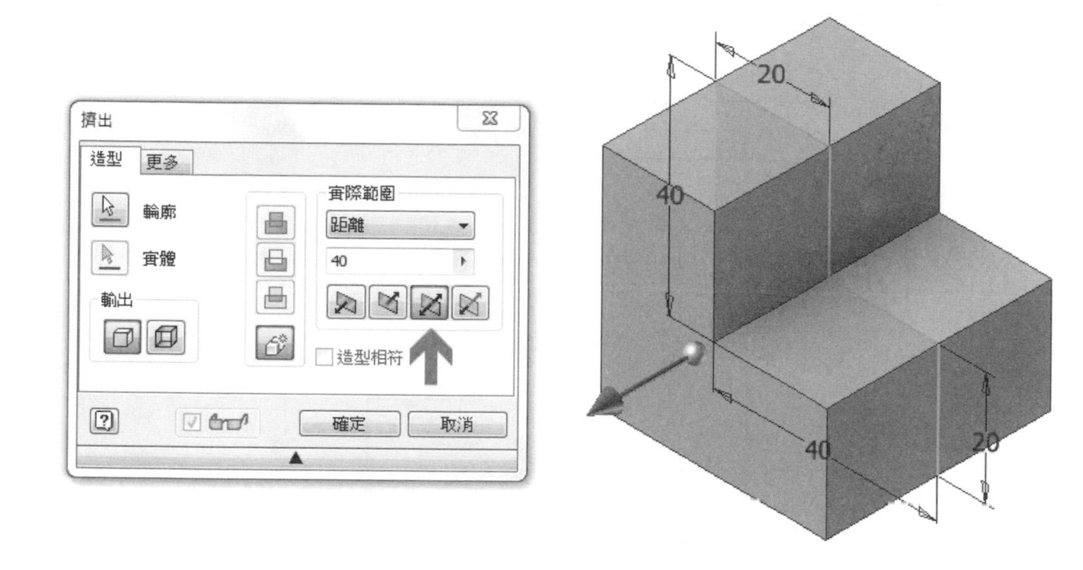

使用特徵工具選項板的【平面】，選擇【三點】項目，保持選取的原則（三點不共面），依序點擊三個實體上的端點即可建立出新的工作平面。

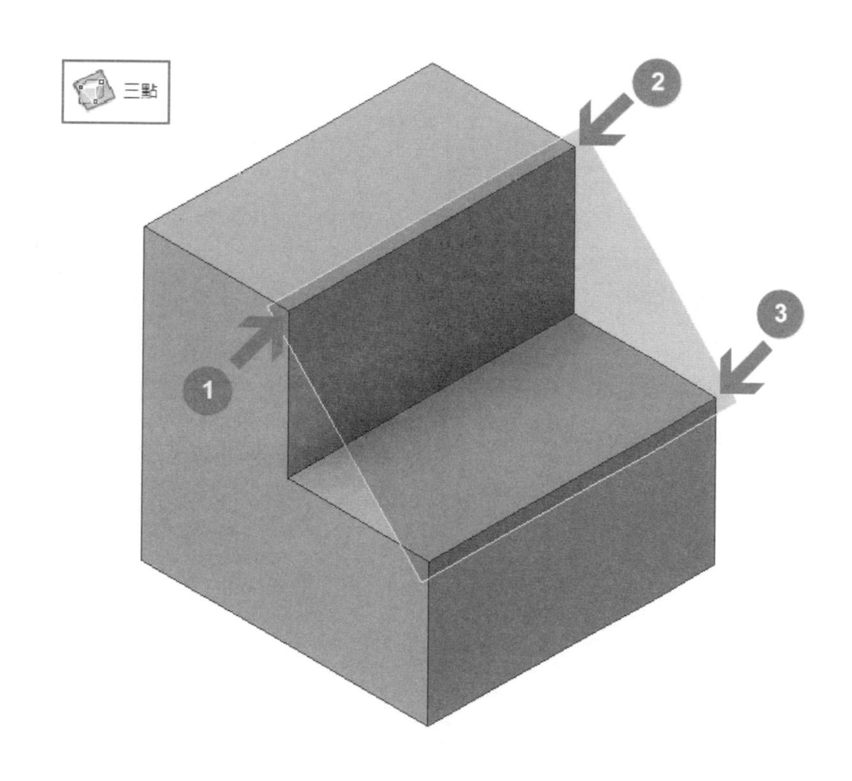

5-7 兩個共平面邊

在 XY 工作平面上建立一張新草圖，並依圖面所示繪製出草圖輪廓。

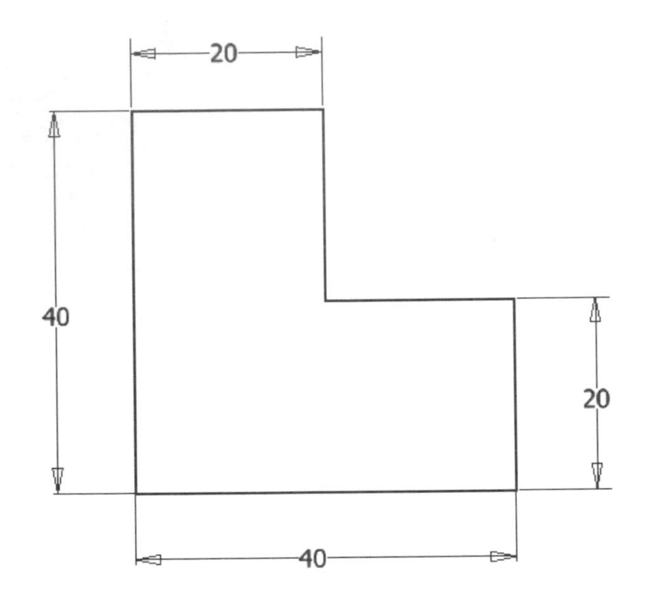

使用特徵工具選項板的【擠出】，並使用對稱功能將草圖輪廓成形 60 個單位的厚度。

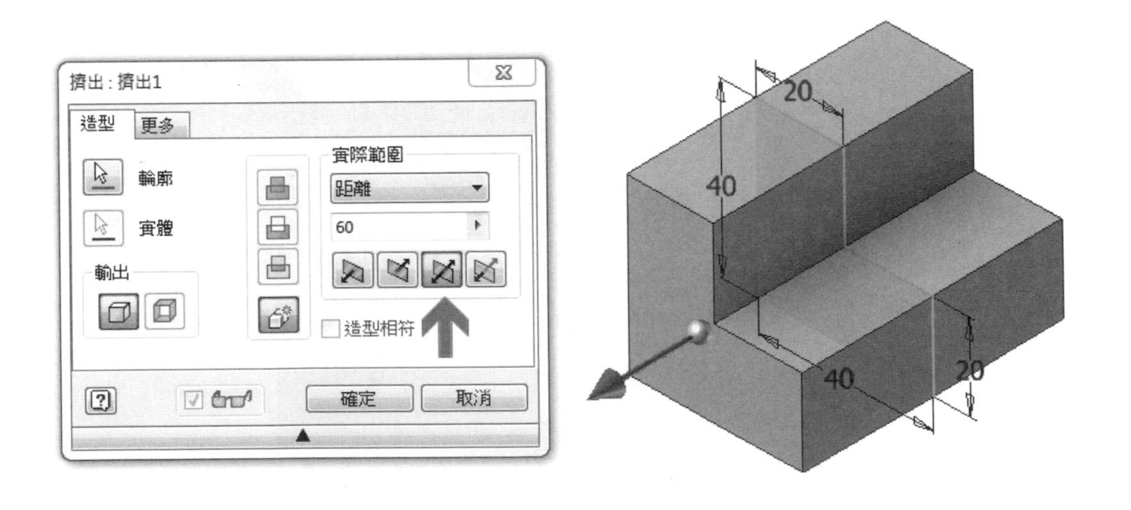

使用特徵工具選項板的【平面】，選擇【兩個共平面邊】項目，依序點擊二個實體上的邊線即可建立出新的工作平面。

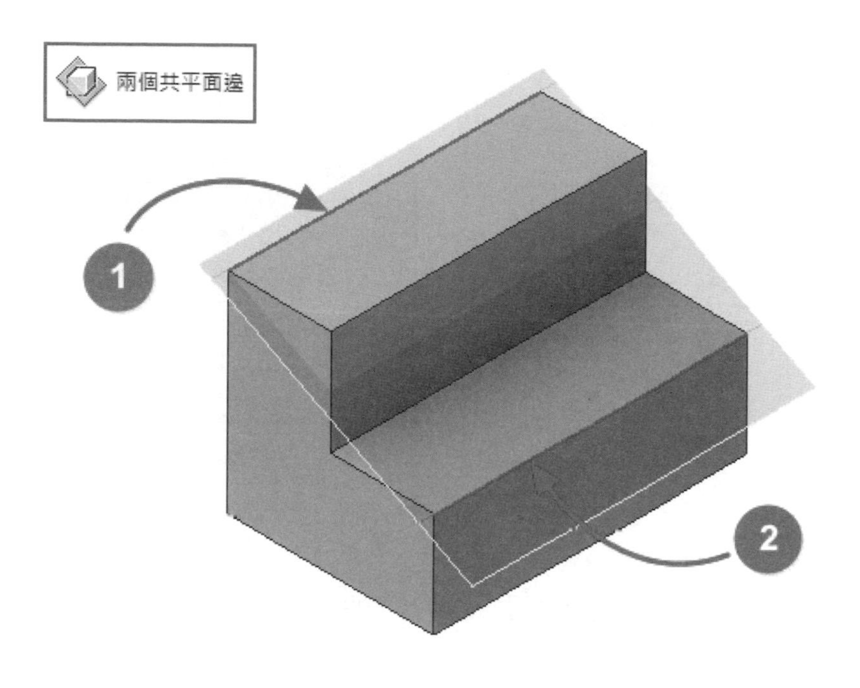

5-8 與曲面相切且穿過邊

在 XY 工作平面上建立一張新草圖，並依圖面所示繪製出草圖輪廓。

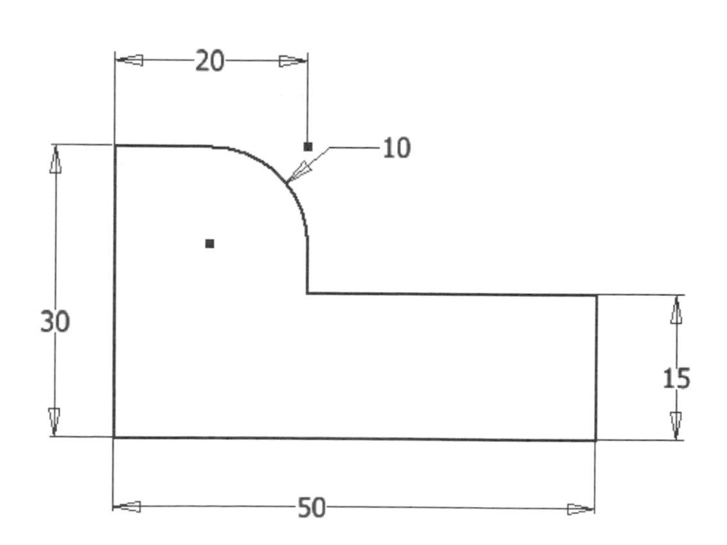

使用特徵工具選項板的【擠出】，並使用對稱功能將草圖輪廓成形 30 個單位的厚度。

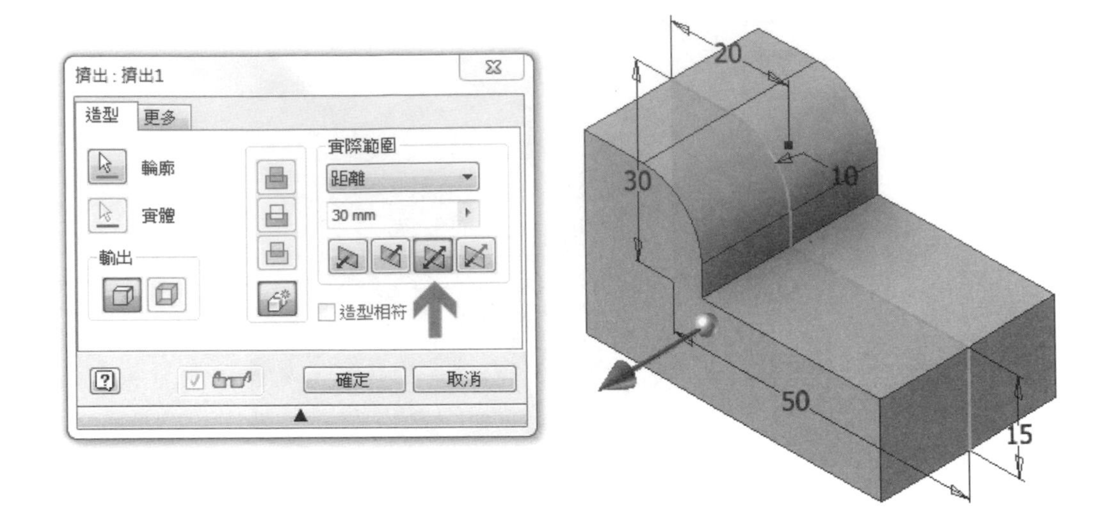

使用特徵工具選項板的【平面】，選擇【與曲面相切且穿過邊】項目，依序先點選實體上的邊線，再點選實體上與建立平面與之接觸的相切面，即可建立出新的工作平面。

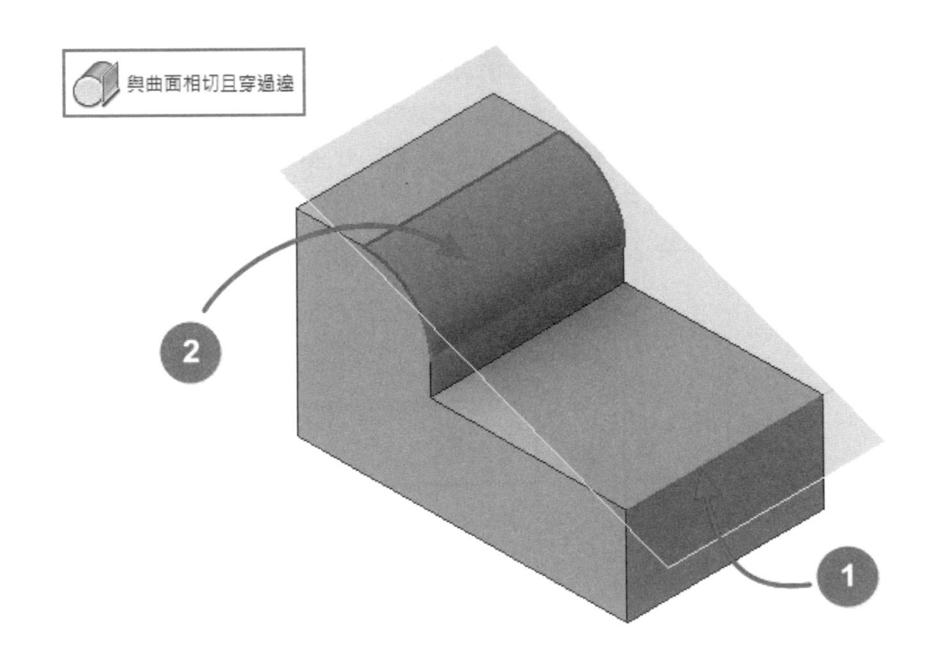

5-9 與曲面相切且穿過點

在 XY 工作平面上建立一張新草圖，並依圖面所示繪製出草圖輪廓。

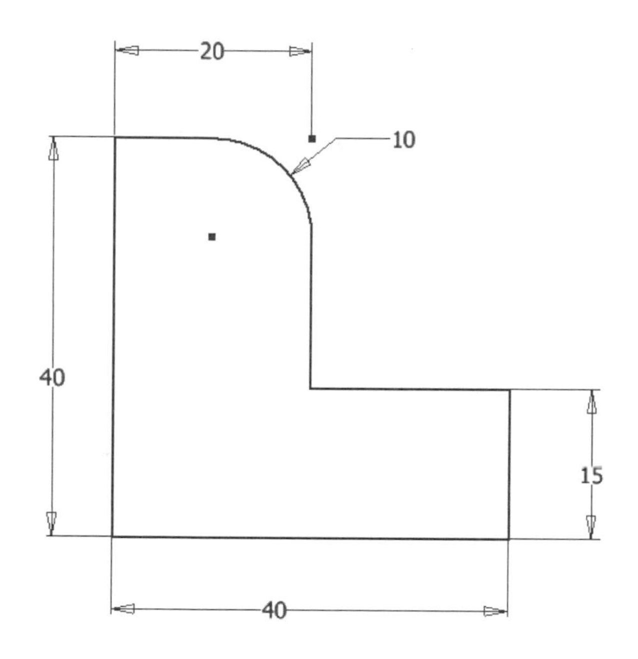

使用特徵工具選項板的【擠出】，並使用對稱功能將草圖輪廓成形 40 個單位的厚度。

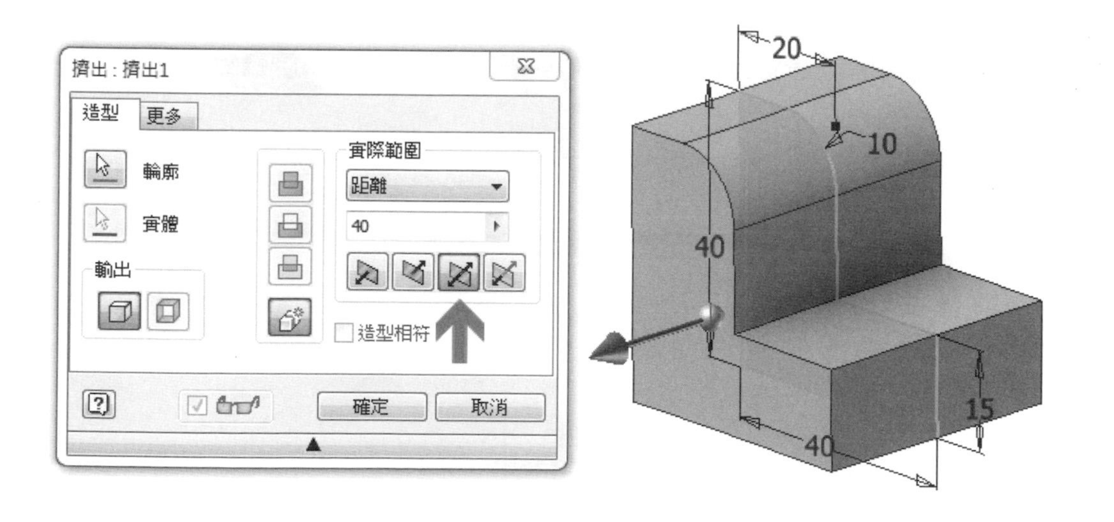

使用特徵工具選項板的【平面】，選擇【與曲面相切且穿過點】項目，依序先點選實體上的圓弧面，再點選實體上欲建立平面與之相切的端點，即可建立出新的工作平面。

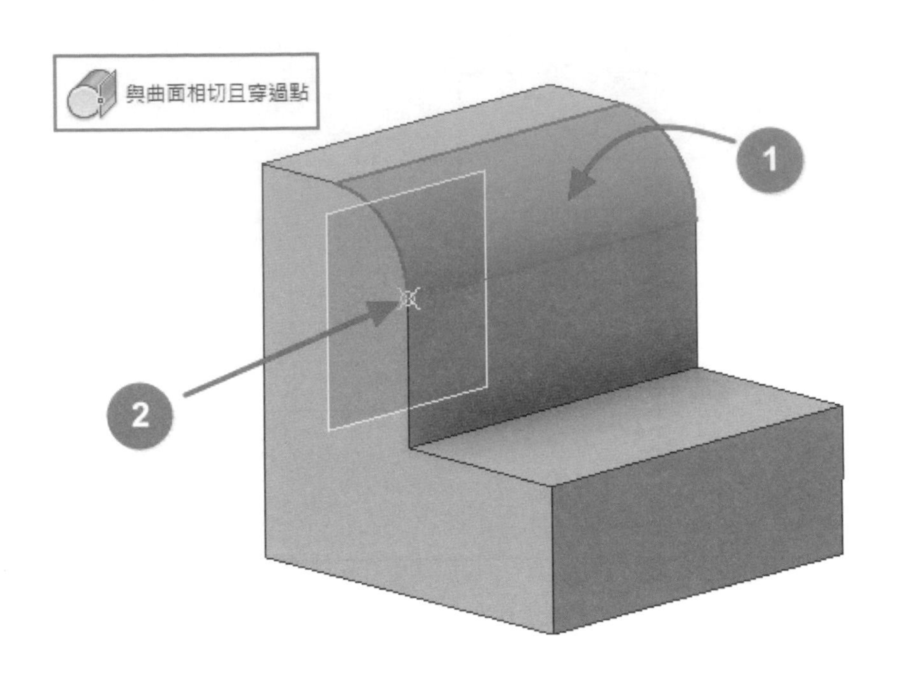

5-10 與曲面相切且與平面平行

在 XY 工作平面上建立一張新草圖，並依圖面所示繪製出草圖輪廓。

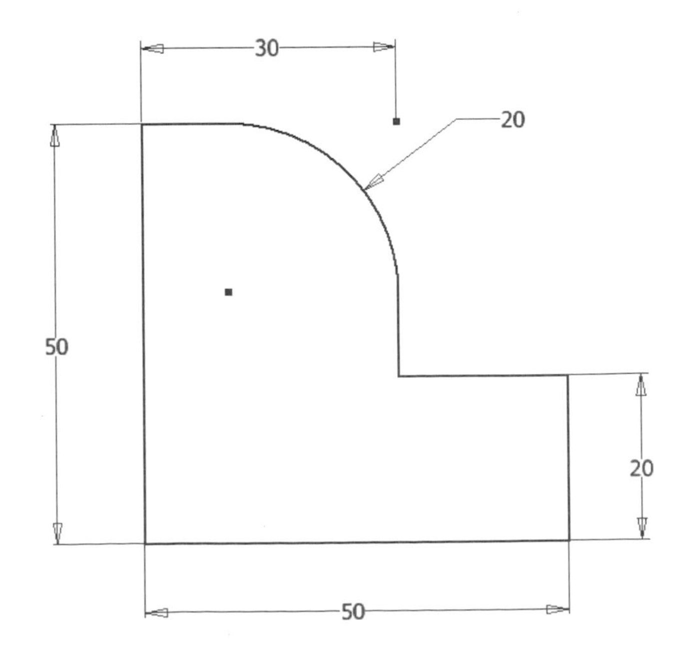

使用特徵工具選項板的【擠出】，並使用對稱功能將草圖輪廓成形 40 個單位的厚度。

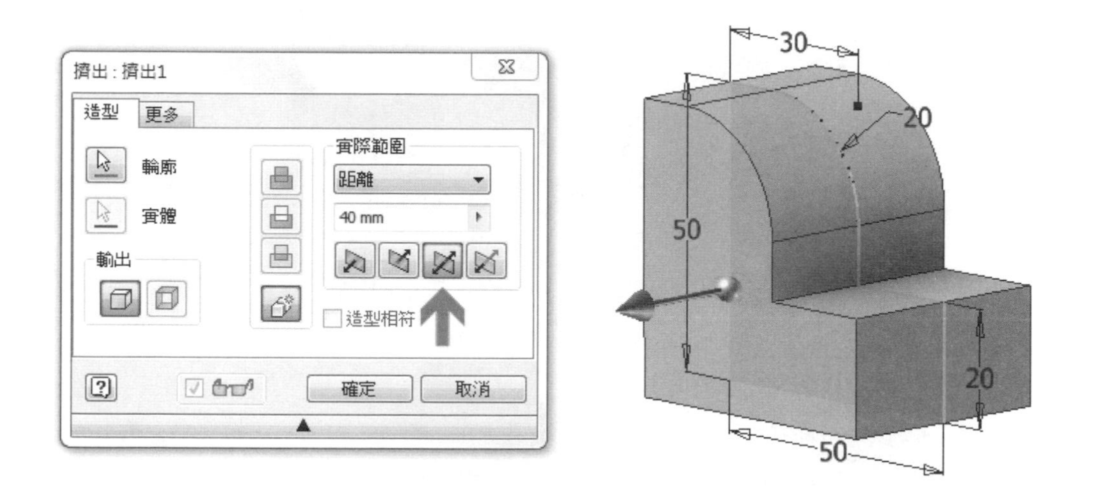

使用特徵工具選項板的【平面】，選擇【繞邊旋轉平面的角度】項目，依序先點選實體上的面，再點選實體上的邊線，輸入角度數值為 45，即可建立出基準的工作平面。

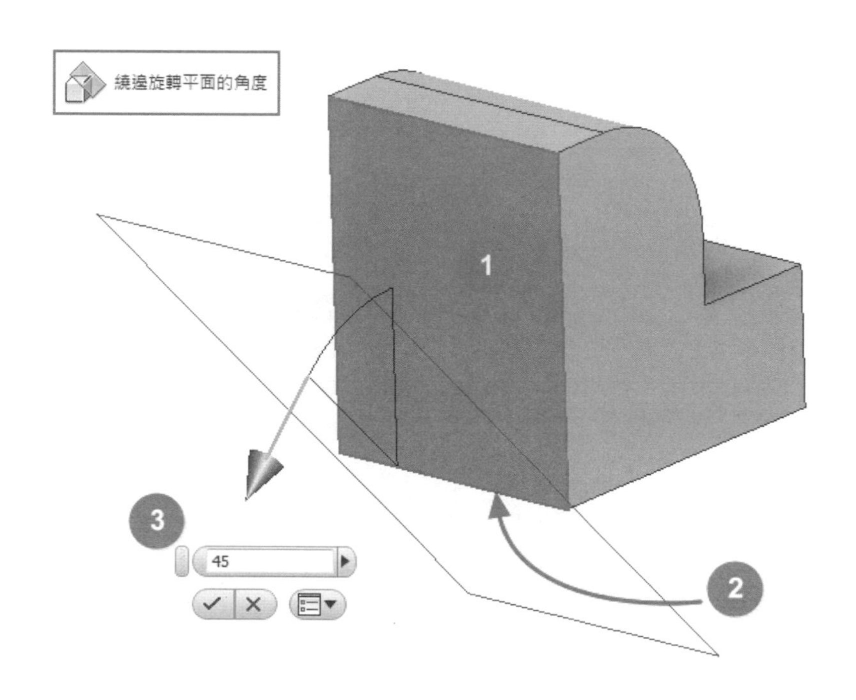

點選建立完成的新工作平面，按一下滑鼠右鍵開啟功能選單，選擇【翻轉法線】來變更工作平面的正反面。

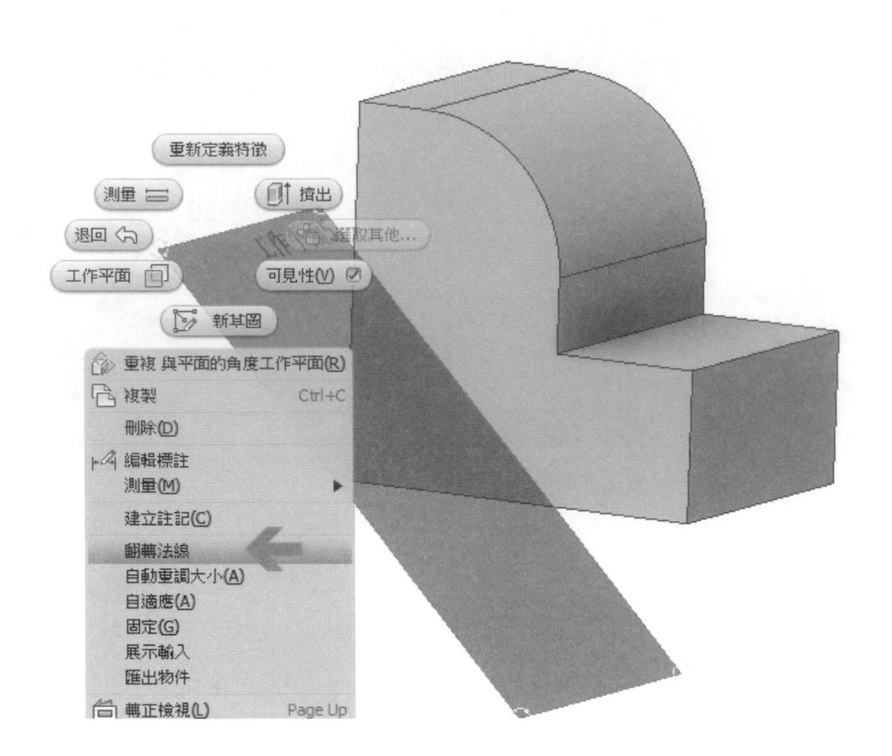

使用特徵工具選項板的【平面】，選擇【與曲面相切且與平面平行】項目，依序先點選第一個建立完成的工作平面，再點選實體上欲建立平面與之相切的圓弧面，即可建立出具有平行條件的工作平面。

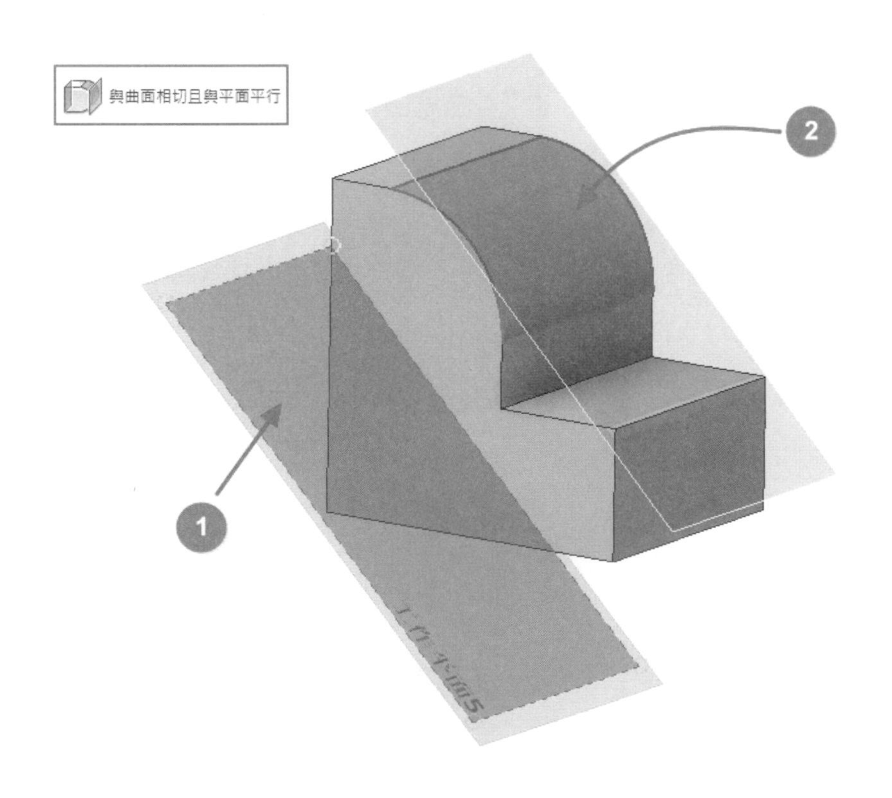

5-11 與軸線正垂且穿過點

在 XY 工作平面上建立一張新草圖，並依圖面所示繪製出草圖輪廓。

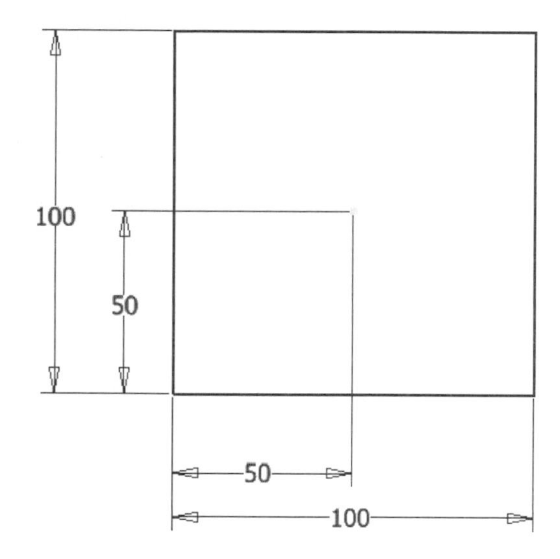

使用特徵工具選項板的【擠出】，並使用對稱功能將草圖輪廓成形 100 個單位的厚度。

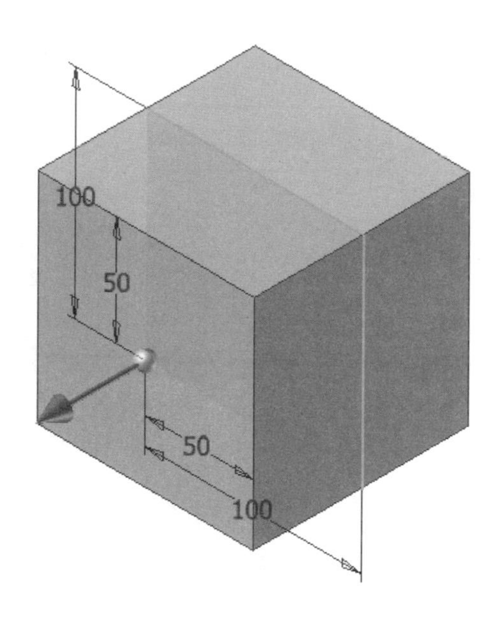

使用特徵工具選項板的【平面】，選擇【與軸線正垂且穿過點】項目，依序先點選實體輪廓的邊線，再點選實體上欲建立平面並與之正垂的端點，即可建立出新的工作平面。

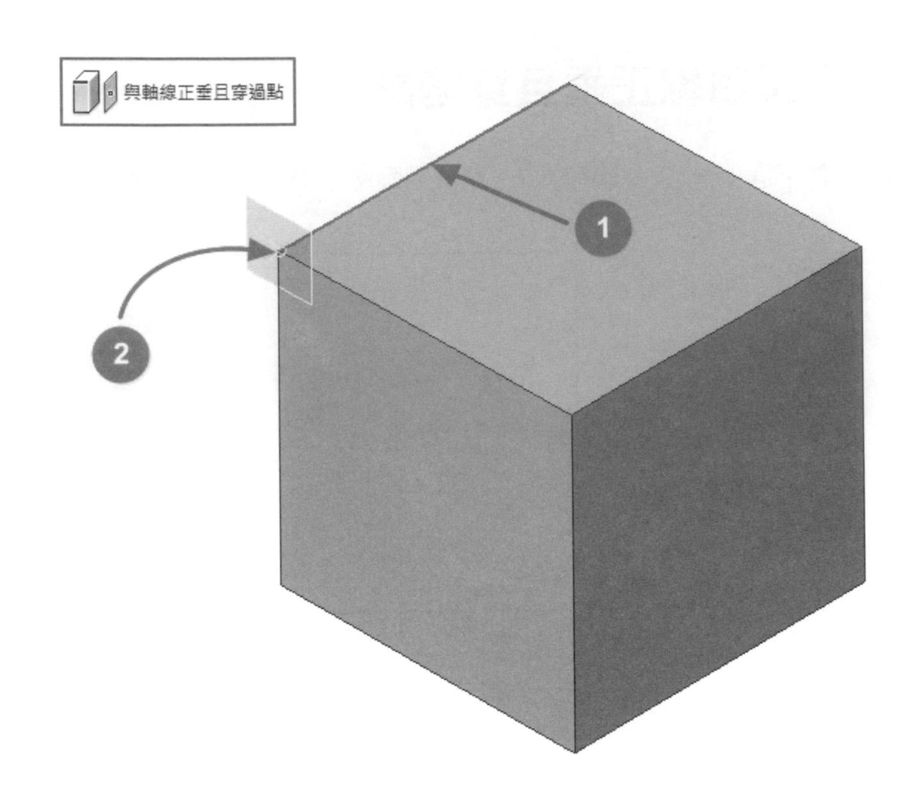

另一種使用方式，使用特徵工具選項板的【平面】，選擇【與軸線正垂且穿過點】項目，可先選擇樹狀圖上的 XYZ 基準軸線，再點選實體上欲建立平面並與之正垂的端點，即可建立出新的工作平面。

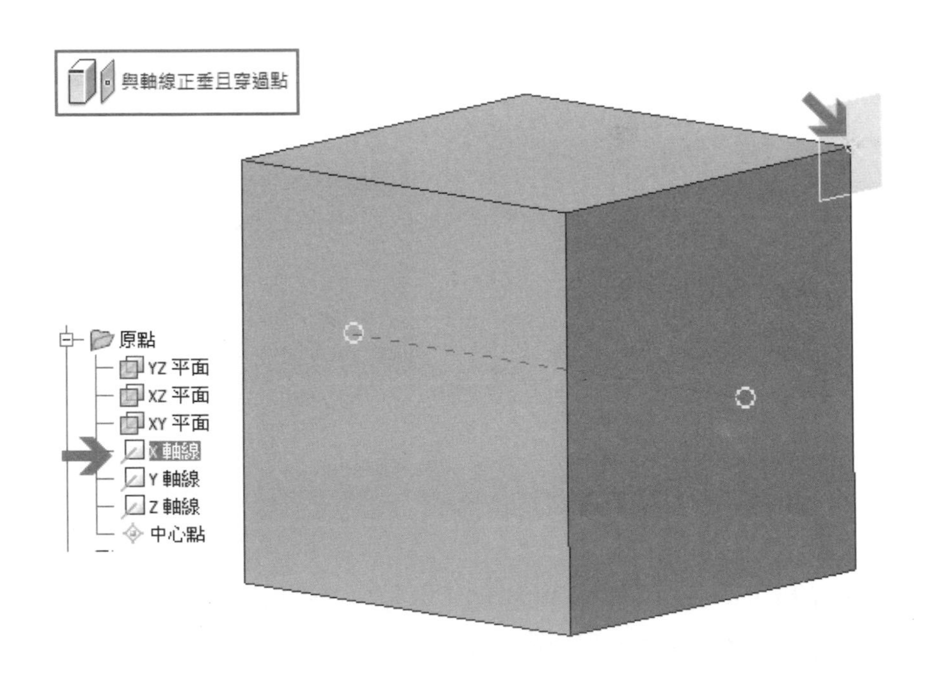

5-12 在點上與曲線正垂

在 XZ 工作平面上建立一張新草圖，可以使用雲型線來建立一條不規則曲線。

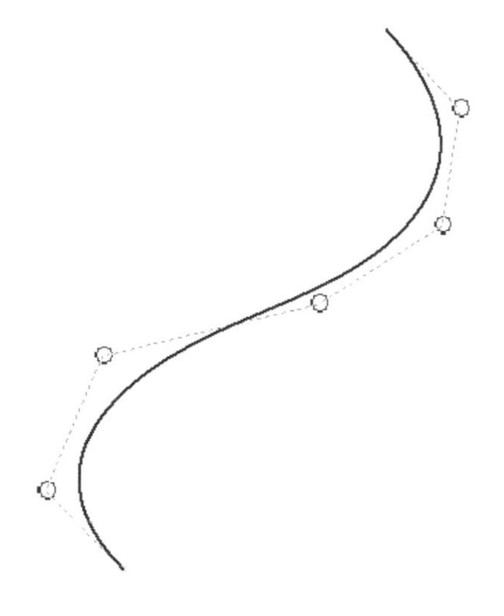

使用特徵工具選項板的【平面】，選擇【在點上與曲線正垂】項目，先點選曲線圖元，再點選曲線上的端點，即可建立出新的工作平面。

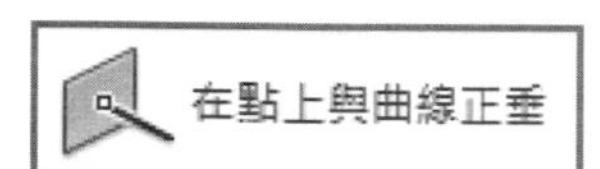

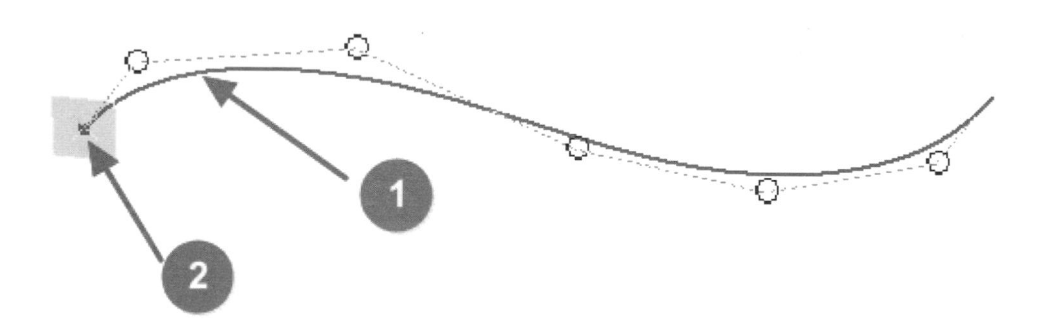

MEMO

第六章

軸線

6-1 位於直線或邊上

6-2 與直線平行且穿過點

6-3 穿過兩點

6-4 兩個平面的交集

6-5 與平面正垂且穿過點

6-6 穿過圓或橢圓邊的中心點

6-7 穿過迴轉的面或特徵

在建立特徵的過程中，我們很常利用 X、Y、Z 軸來做為環形陣列等工具的基準軸，但對於距離原點較遠的區域往往需要有新的軸線來輔助，為此，建立新的軸線將會是輔助的最佳選擇，由於該功能也屬於半智慧型的工具，有些項目不需要刻意的進入到選單中去點選，只要能將相關條件點出即可建立新的軸線。

6-1 位於直線或邊上

在 XY 工作平面上建立一張新草圖，並繪製出如圖所示之草圖輪廓。

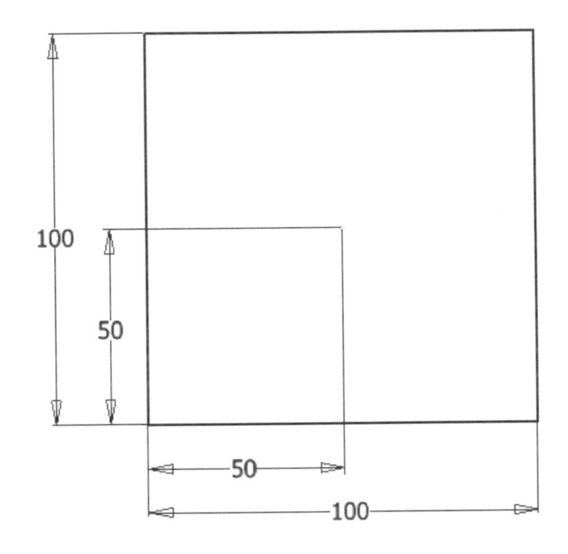

使用特徵工具選項板的【擠出】，並將草圖輪廓成形 50 個單位的厚度。

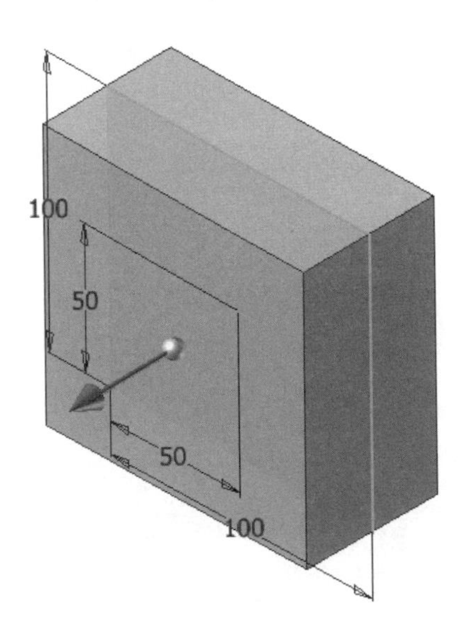

使用特徵工具選項板的【軸線】功能，選擇【位於直線或邊上】項目，將滑鼠游標移動到實體的邊線上點一下左鍵，即可建立出與邊線同方向的新軸線。

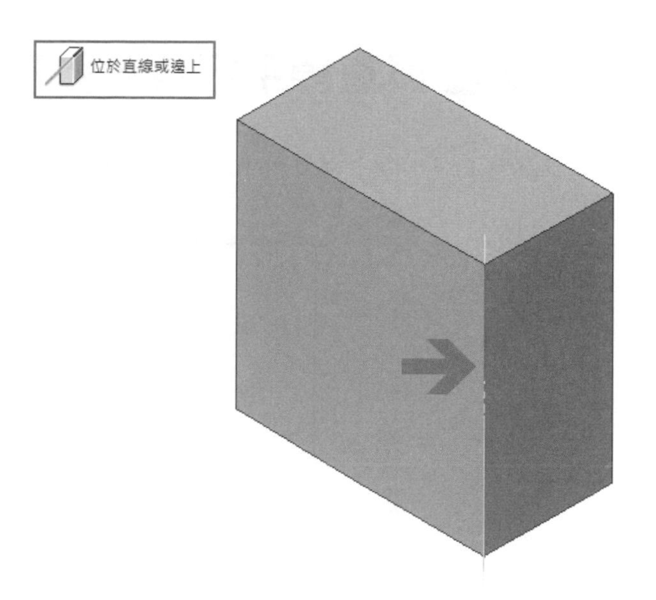

使用特徵工具選項板的【軸線】功能，選擇【位於直線或邊上】項目，將滑鼠游標移動到實體上方額外繪製的草圖線段上點一下左鍵。

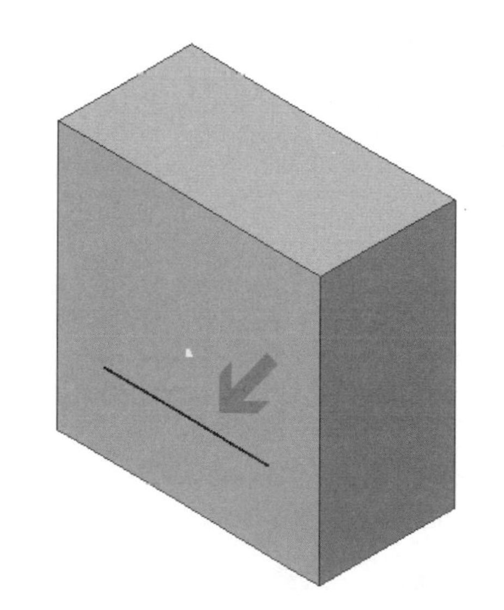

即可建立出與草圖直線同方向的新軸線。

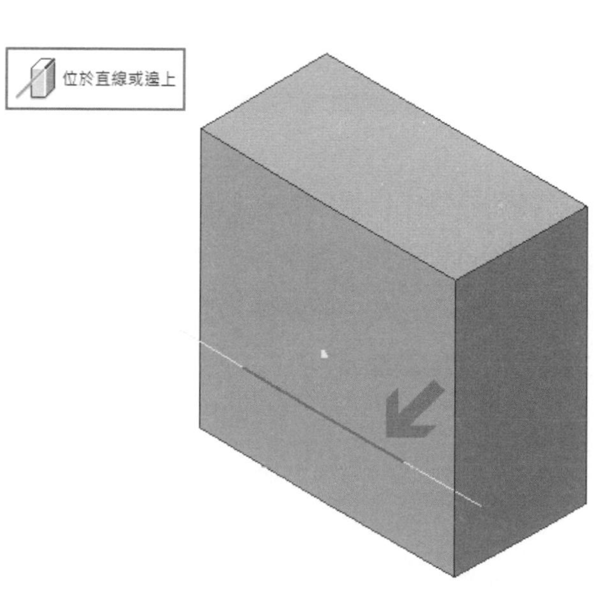

6-2 與直線平行且穿過點

在 XY 工作平面上建立一張新草圖，並繪製出如圖所示之草圖輪廓。

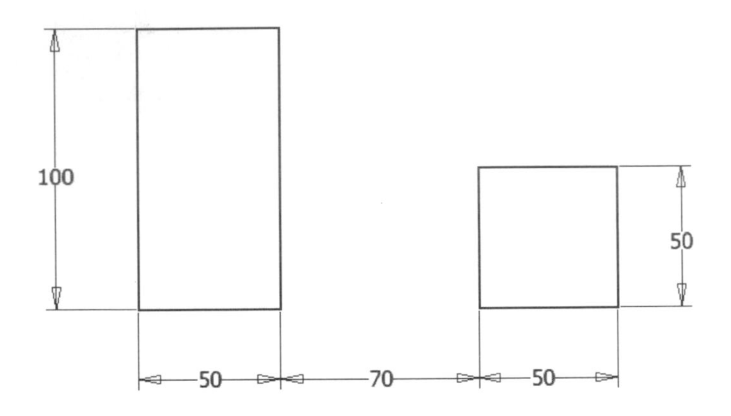

使用特徵工具選項板的【擠出】，並將草圖輪廓成形 50 個單位的厚度。

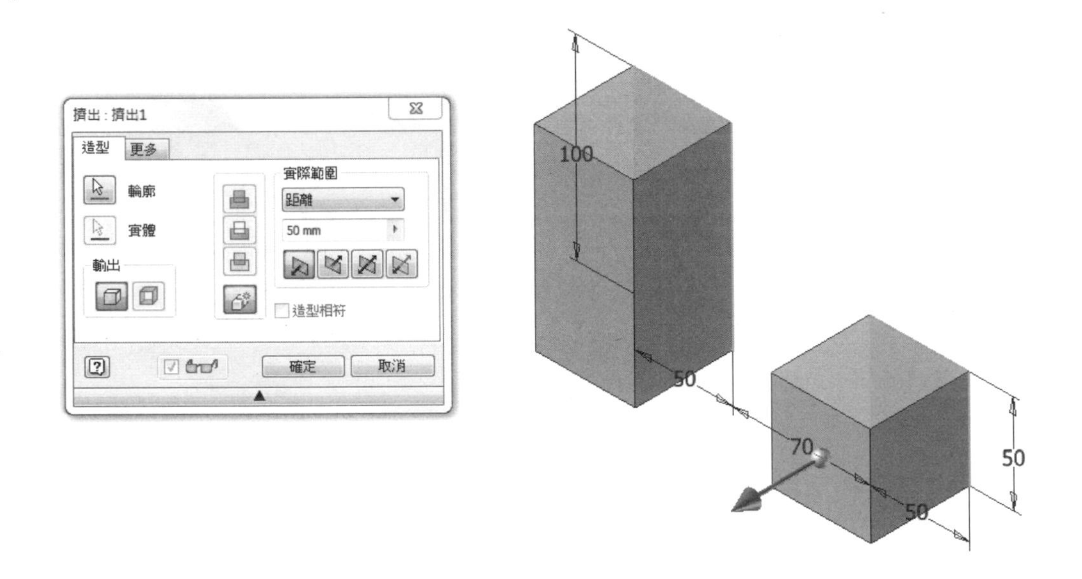

使用特徵工具選項板的【軸線】功能，選擇【與直線平行且穿過點】項目，將滑鼠游標移動到實體的邊線上先點一下左鍵來選取，再點擊一下實體上方的端點即可建立出與邊線同方向的新軸線，即便點選的邊線與點是在不同的特徵上，也依然可以建立出相對應的軸線。

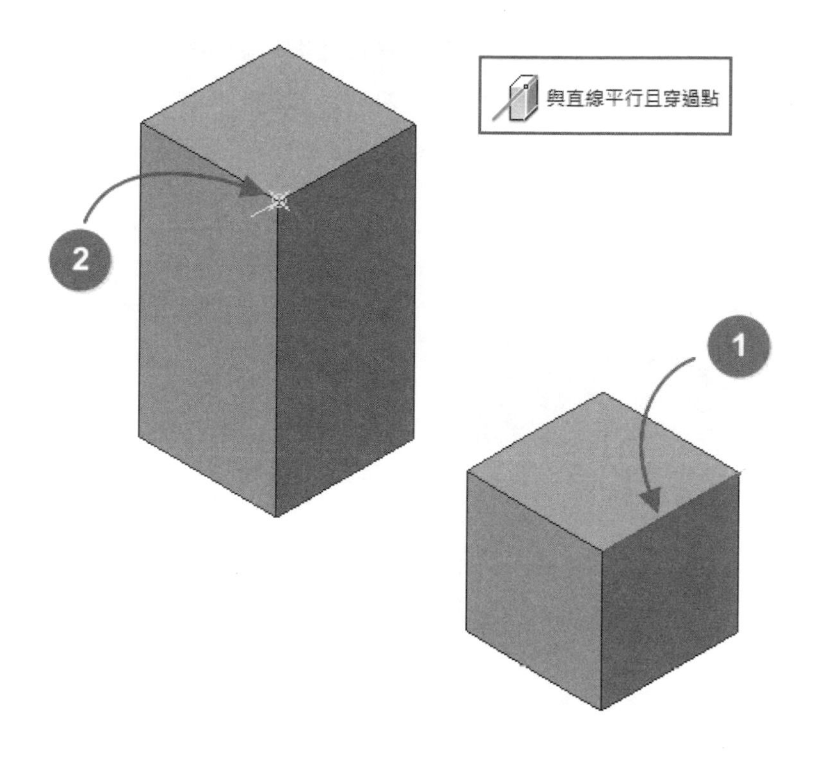

使用特徵工具選項板的【軸線】功能，選擇【與直線平行且穿過點】項目，將滑鼠游標移動到實體的邊線上點一下左鍵，在至實體邊線上的終點位置點擊一下，即可建立出與邊線同方向的新軸線。

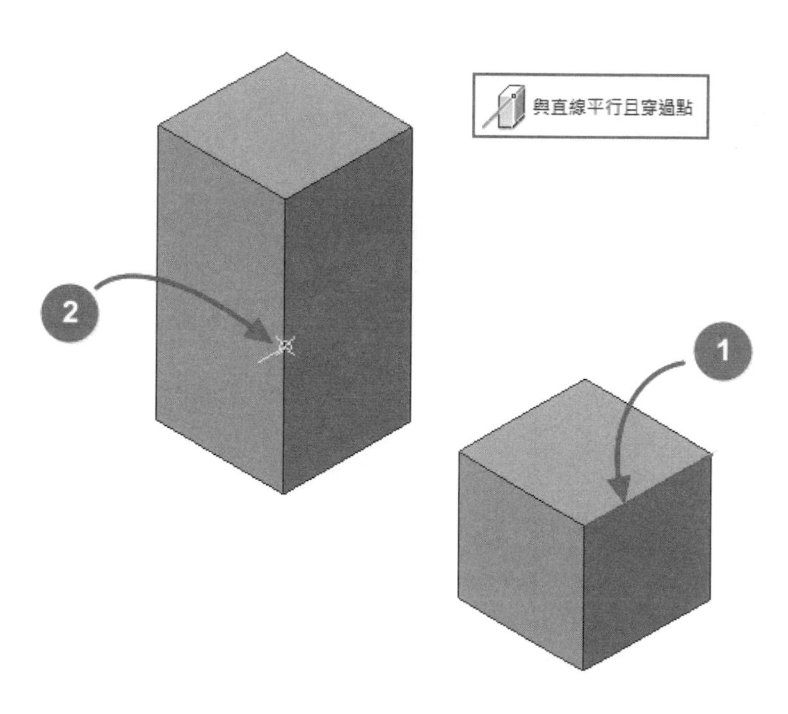

使用特徵工具選項板的【軸線】功能，選擇【與直線平行且穿過點】項目，將滑鼠游標移動到實體上方所繪製的草圖線段上點一下左鍵，再去點選實體邊線上的端點或中點，即可建立出與邊線同方向的新軸線。

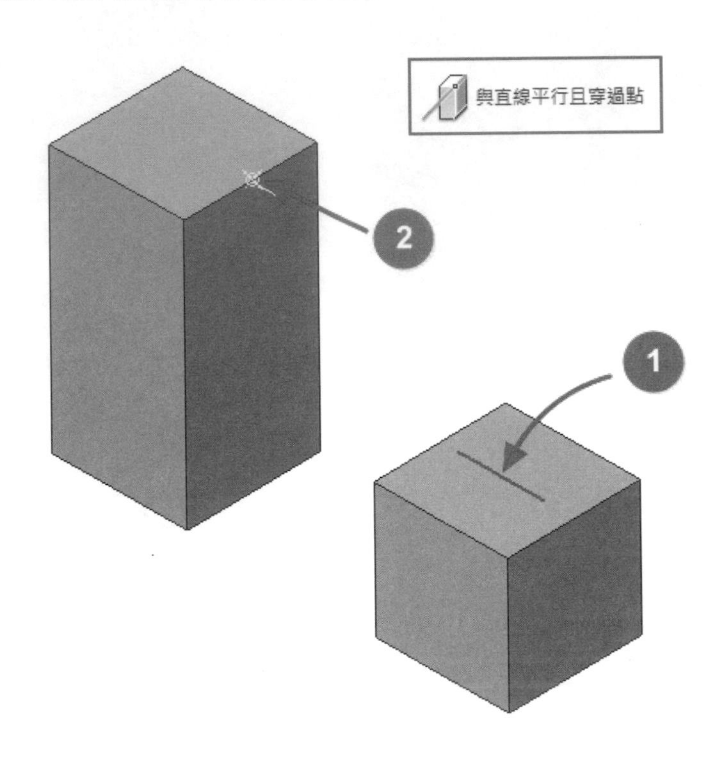

6-3 穿過兩點

在 XY 工作平面上建立一張新草圖，並繪製出如圖所示之草圖輪廓。

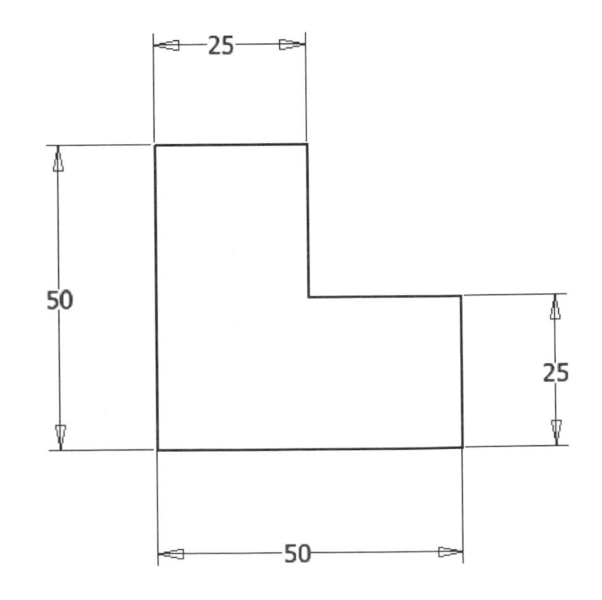

使用特徵工具選項板的【擠出】，並將草圖輪廓成形 30 個單位的厚度。

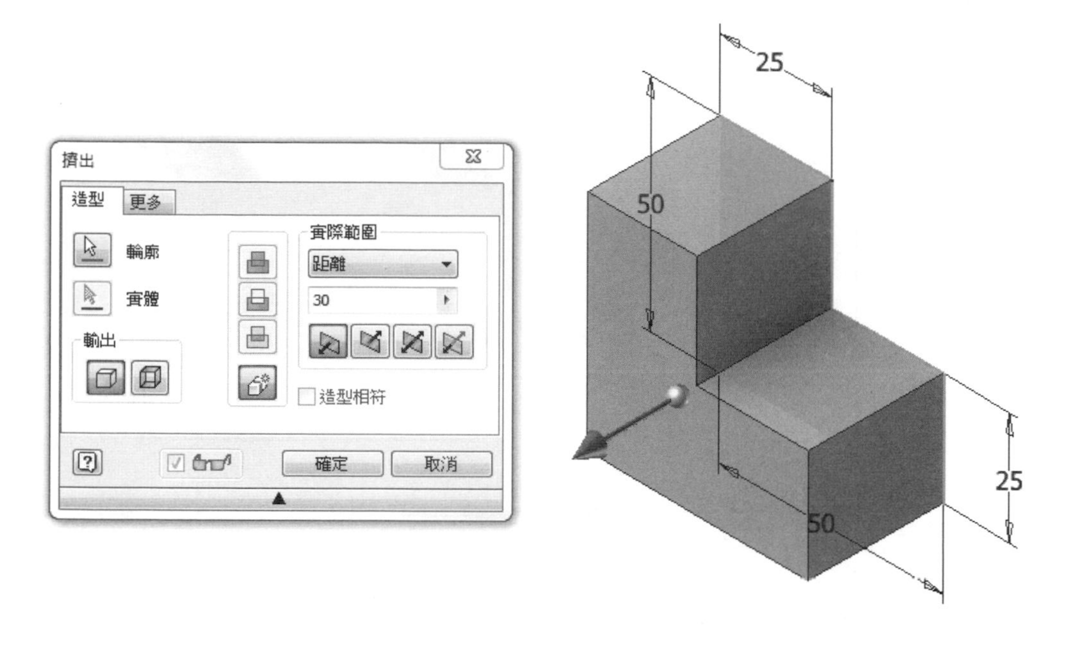

使用特徵工具選項板的【軸線】功能，選擇【穿過兩點】項目，將滑鼠游標移動到實體的邊線上之端點，依序點擊一下左鍵，即可建立出穿過兩個點的新軸線。

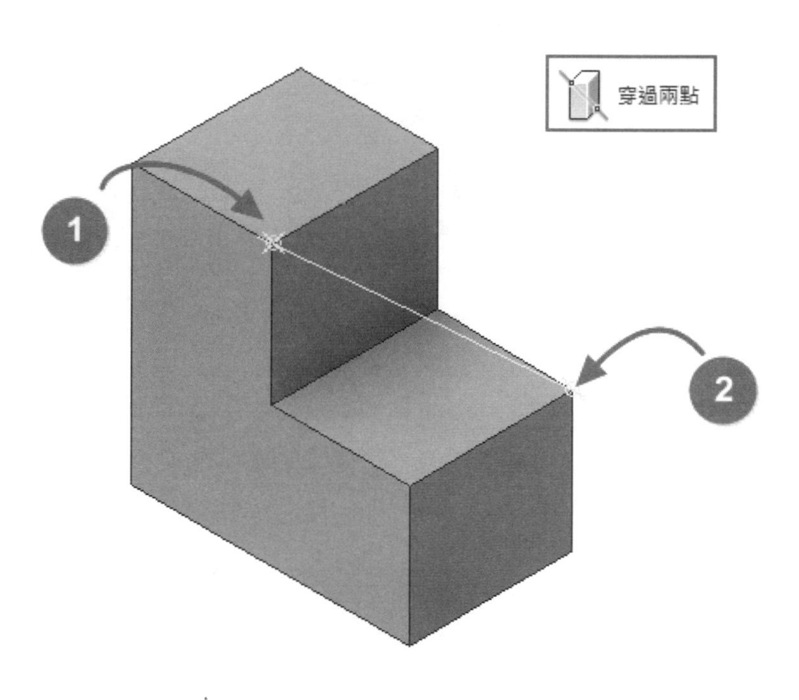

6-4 兩個平面的交集

在 XY 工作平面上建立一張新草圖，並繪製出如圖所示之草圖輪廓。

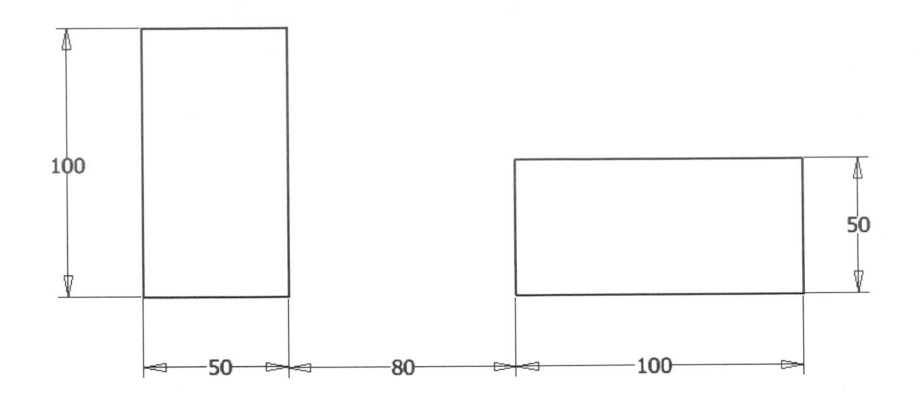

使用特徵工具選項板的【擠出】，並將草圖輪廓成形 50 個單位的厚度。

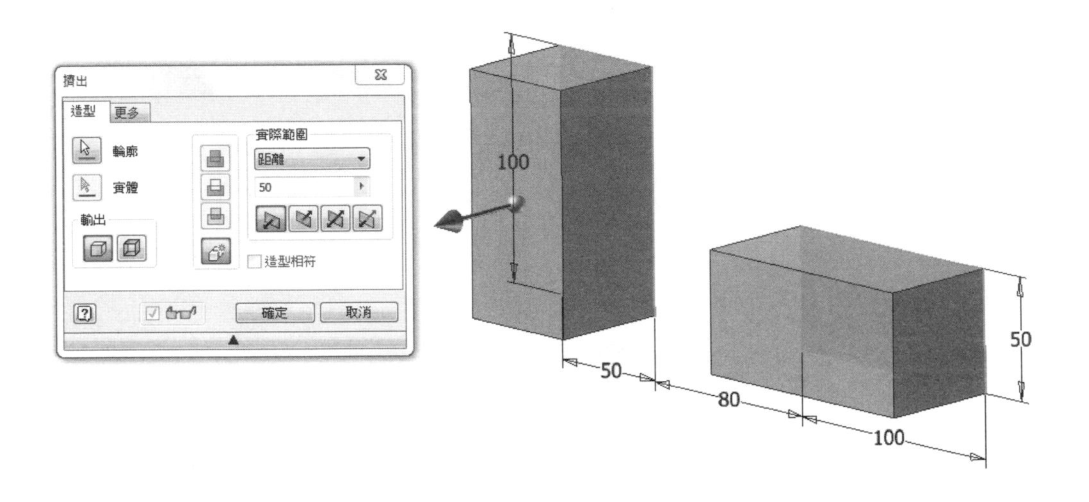

使用特徵工具選項板的【軸線】功能，選擇【兩個平面的交集】項目，將滑鼠游標移動到實體的面上，依序點擊一下左鍵，即可建立出穿過兩個平面延伸交會所產生的新軸線。

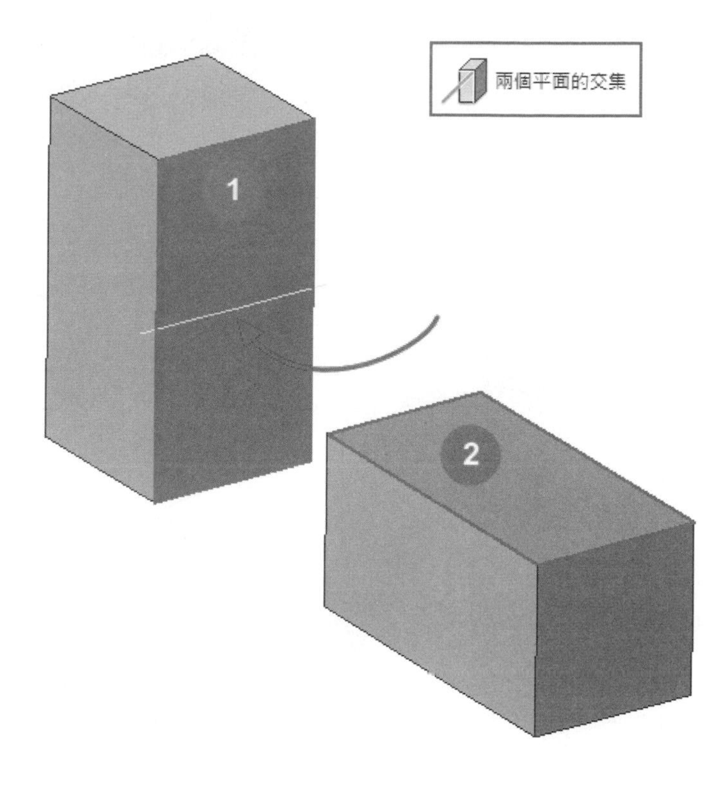

使用特徵工具選項板的【平面】功能，選擇【繞邊旋轉平面的角度】項目，將滑鼠游標移動到實體的邊線上點擊一下左鍵，再點選相鄰的實體面，輸入欲旋轉的角度後即可建立出新的工作平面。

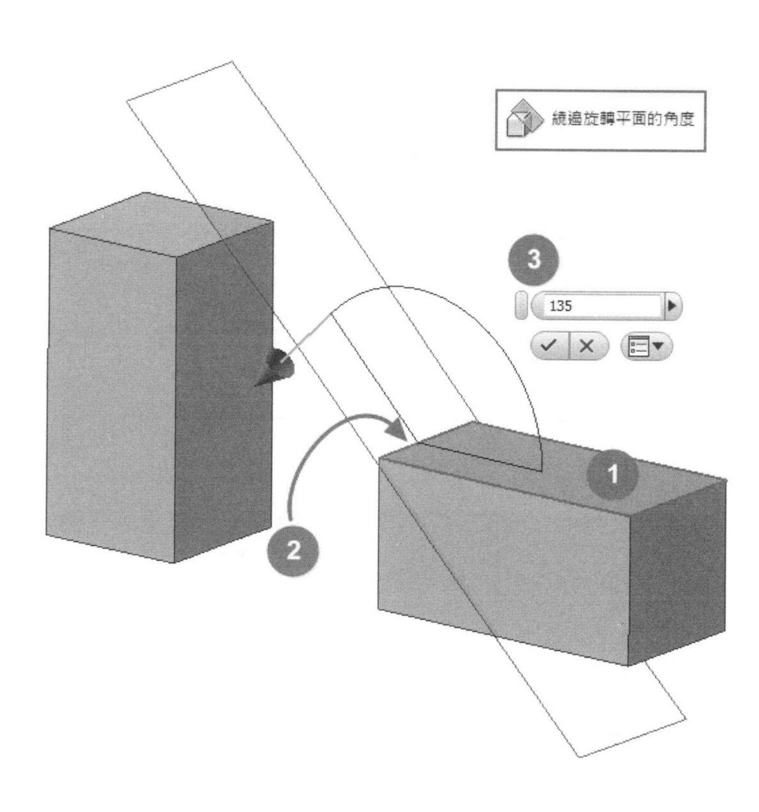

使用特徵工具選項板的【軸線】功能，選擇【兩個平面的交集】項目，將滑鼠游標移動到實體的面上，點擊一下左鍵，再到剛建立完成且具有角度的工作平面上點擊一下左鍵，即可建立出相交於兩個平面的新軸線。

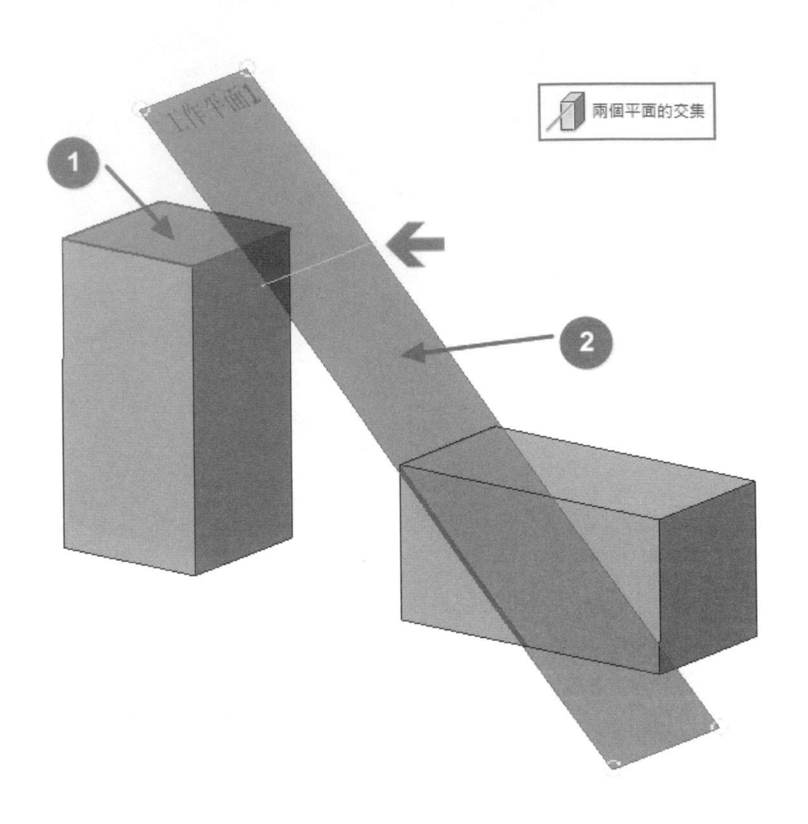

6-5 與平面正垂且穿過點

在 XY 工作平面上建立一張新草圖，並繪製出如圖所示之草圖輪廓。

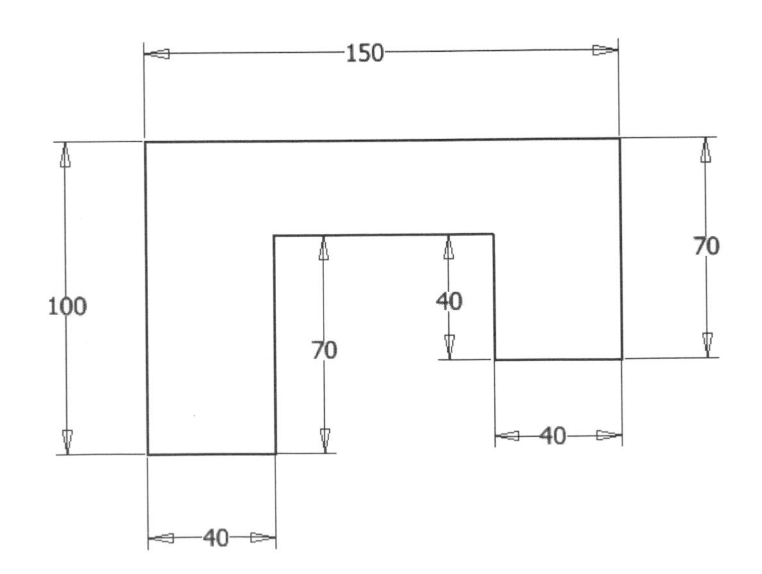

使用特徵工具選項板的【擠出】，並將草圖輪廓成形 30 個單位的厚度。

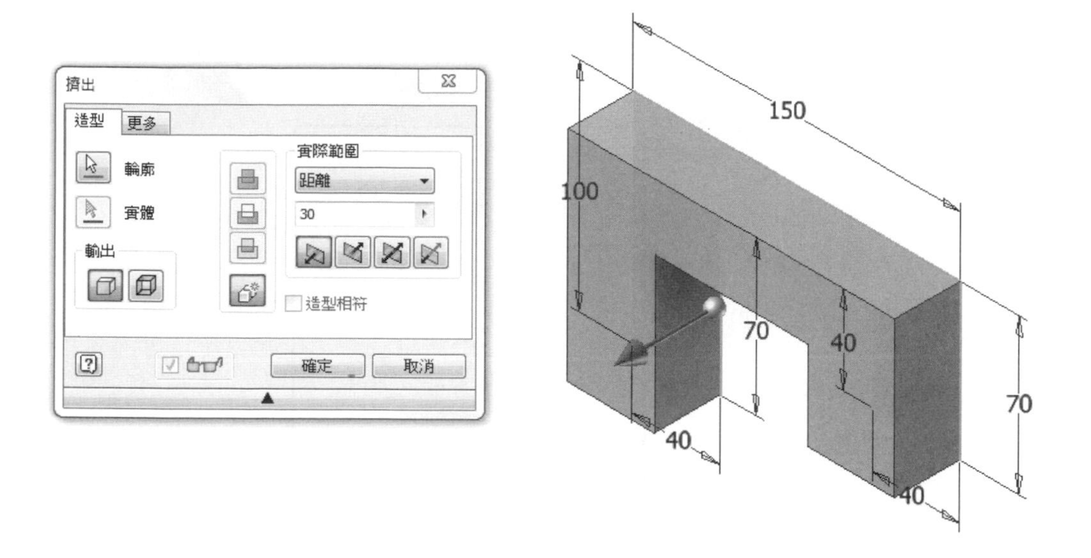

使用特徵工具選項板的【軸線】功能，選擇【與平面正垂且穿過點】項目，將滑鼠游標移動到實體的面上點一下左鍵，在點一下欲建立軸線之端點，即可建立出正垂且穿過點的新軸線。

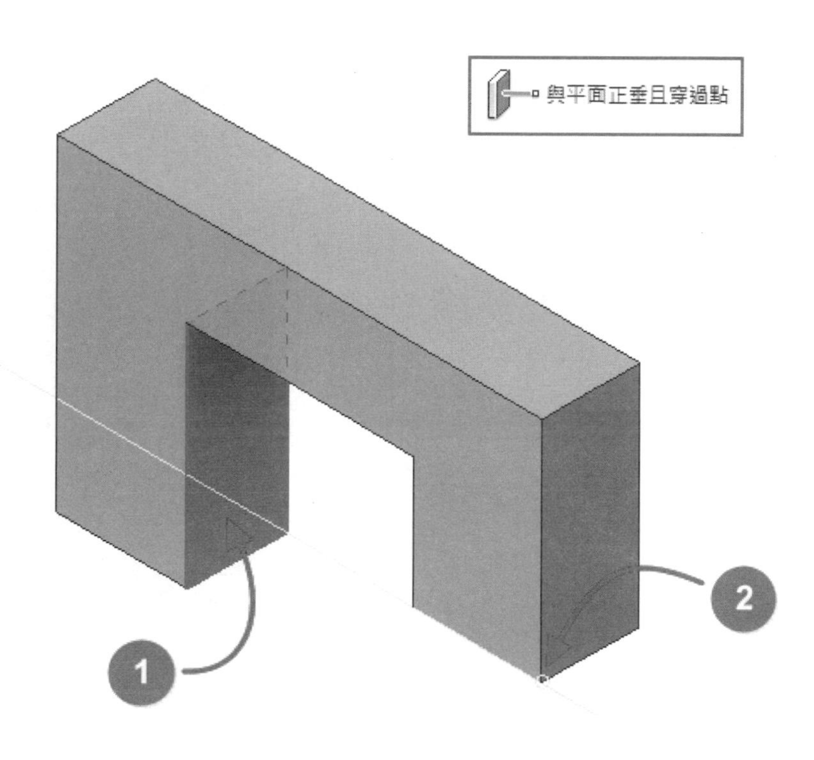

6-6 穿過圓或橢圓邊的中心點

在 XY 工作平面上建立一張新草圖，並繪製出如圖所示之草圖輪廓。

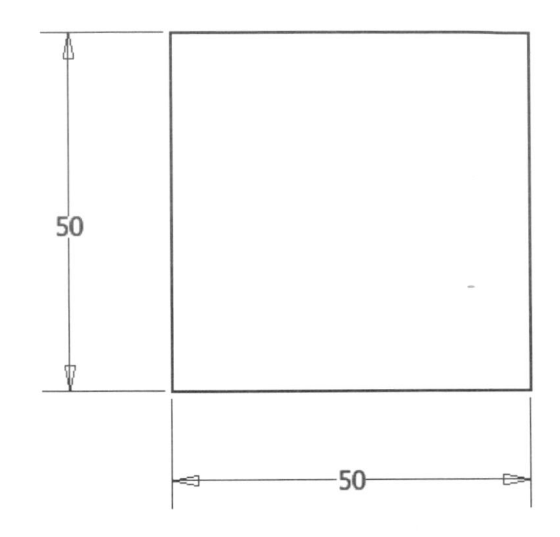

使用特徵工具選項板的【擠出】，並將草圖輪廓成形 10 個單位的厚度。

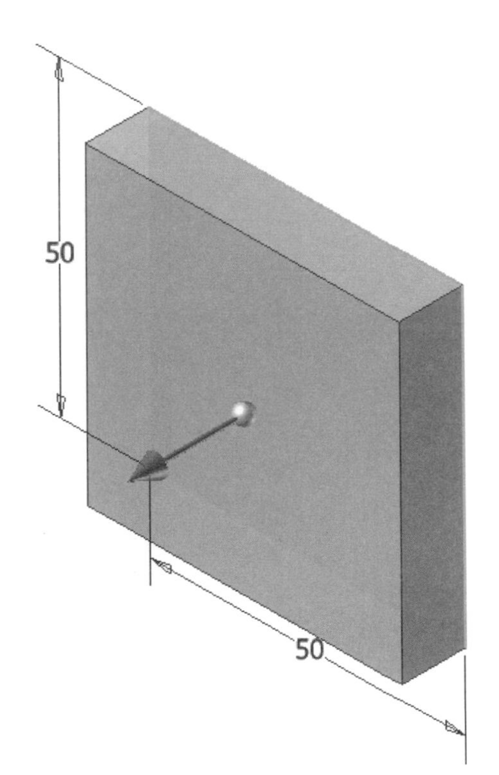

使用特徵工具選項板的【圓角】工具，並建立一個半徑為 10 的圓角。

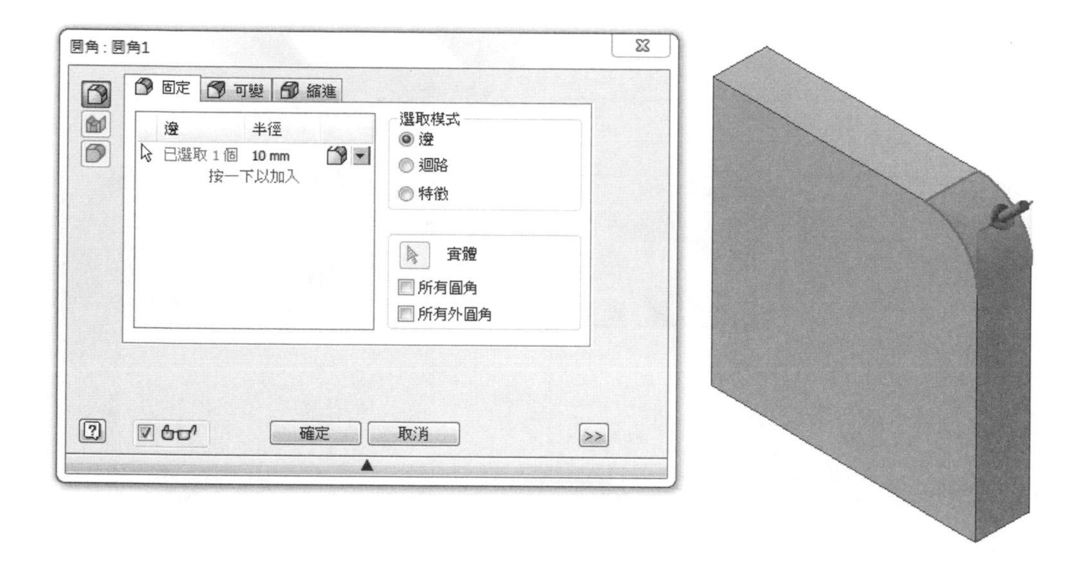

在實體正前方之平面上建立一張新草圖，並繪製出如圖所示之草圖輪廓。

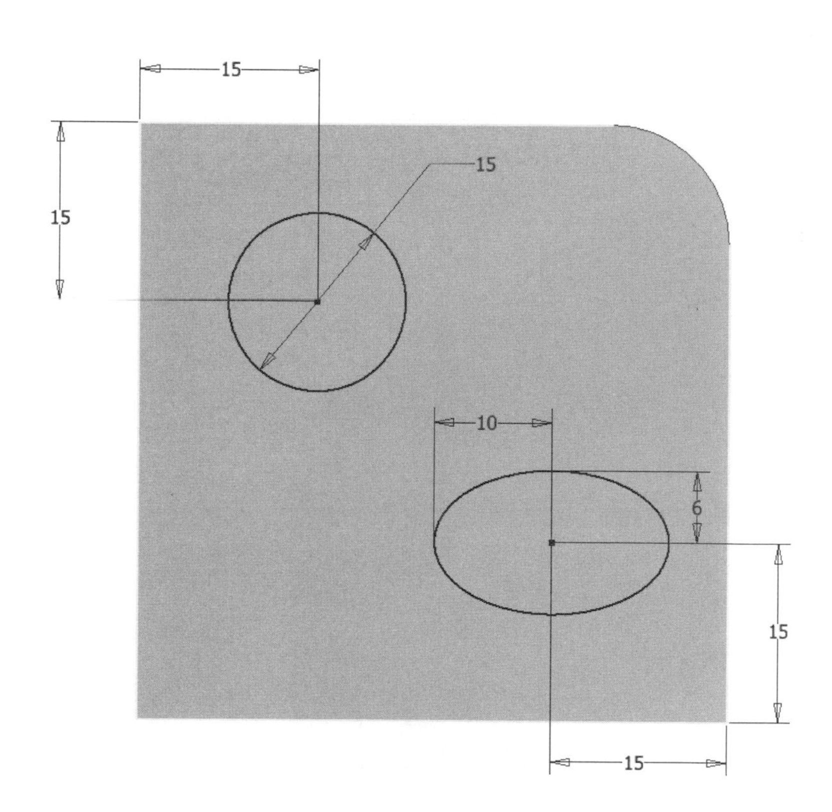

使用特徵工具選項板的【擠出】，並將草圖輪廓成形 5 個單位的厚度。

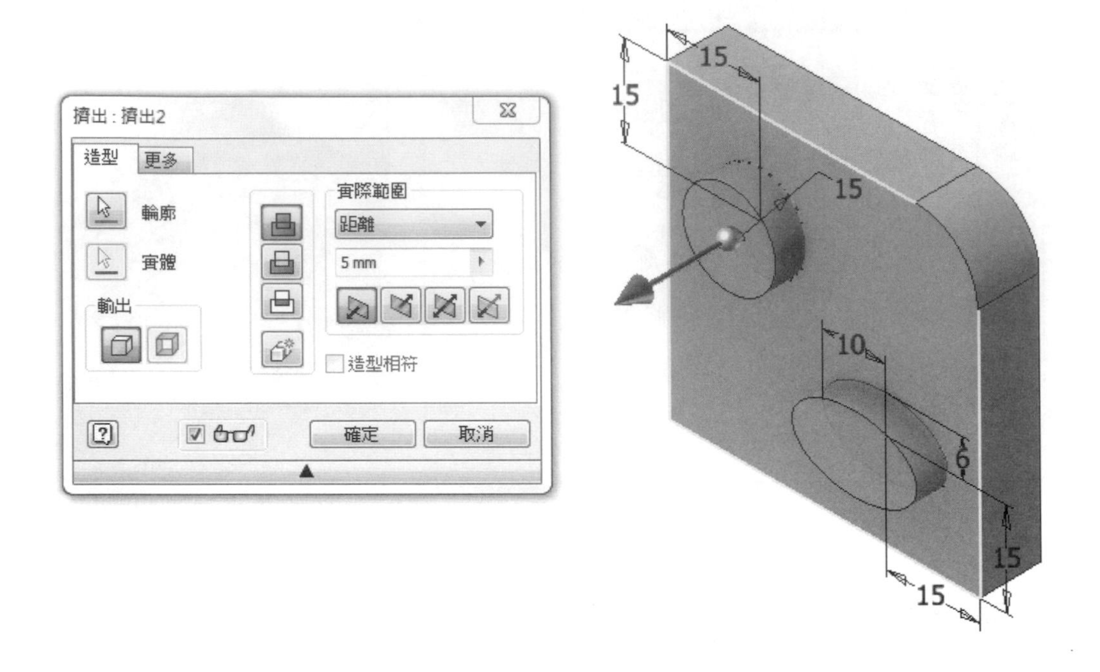

使用特徵工具選項板的【軸線】功能，選擇【穿過圓或橢圓邊的中心點】項目，將滑鼠游標移動到相對應的圓角、圓或橢圓的邊線上點擊一下左鍵，即可建立出新軸線。

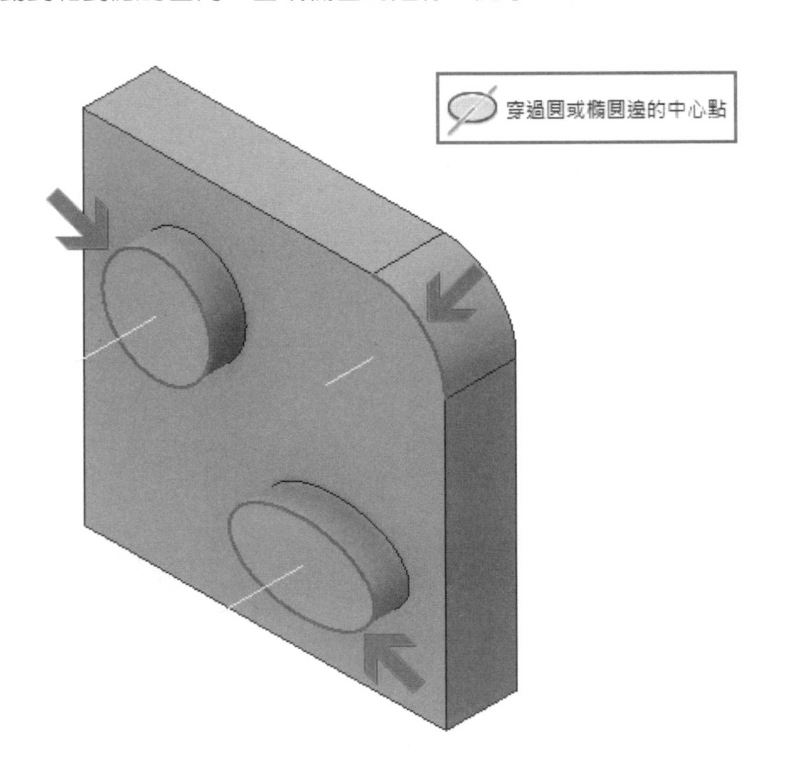

6-7 穿過迴轉的面或特徵

在 XY 工作平面上建立一張新草圖，並繪製出如圖所示之草圖輪廓。

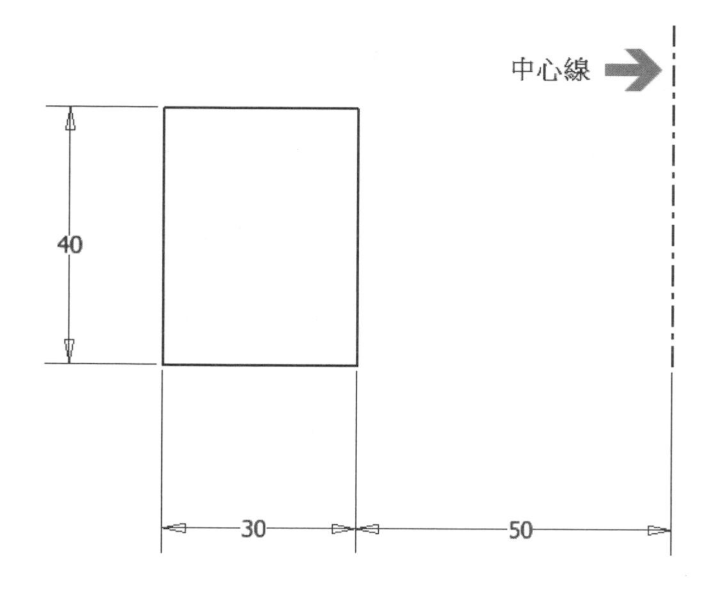

使用特徵工具選項板的【迴轉】，並將草圖輪廓完整迴轉成一環狀實體。

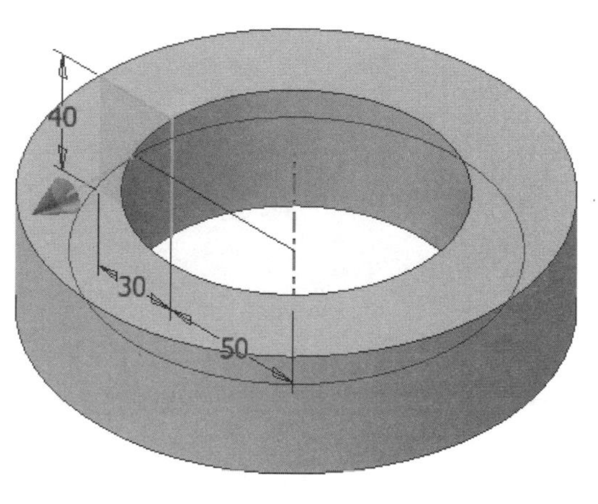

使用特徵工具選項板的【軸線】功能，選擇【穿過迴轉的面或特徵】項目，將滑鼠游標移動到實體的圓弧面上點擊一下左鍵，即可建立出新軸線。

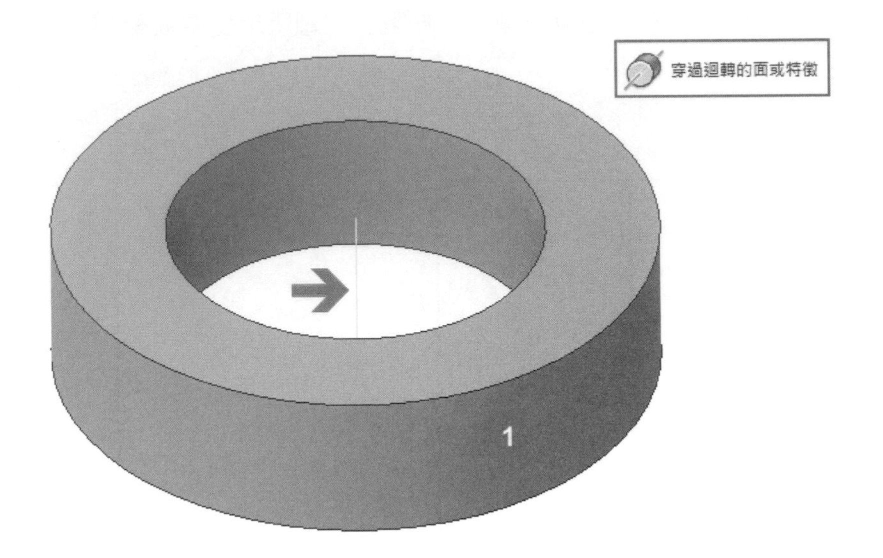

第七章

精選範例

7-1 七巧板
7-2 三層櫃
7-3 杯墊
7-4 玻璃杯
7-5 白板吸鐵
7-6 戒指糖
7-7 三角鐵
7-8 方形容器
7-9 拐杖糖
7-10 元寶
7-11 置筷架
7-12 USB 隨身碟
7-13 神奇寶貝球
7-14 美國隊長盾牌
7-15 任天堂紅白機搖桿
7-16 超級任天堂搖桿
7-17 手電筒

7-1 七巧板

關於七巧板的歷史最初可以追溯到宋朝，古時候用來招呼客人所使用的案幾（几）稱之為【燕几】，當時北宋有一位進士名叫黃伯思，他為了應付平日招呼客人時所經常要按照人數多寡來排列的案幾（几）而煩惱，於是便設計了六件長方形的案幾（几），可依照當日宴客人數來調整位置，之後又增加了一件小几，若是將七件案幾（几）全部組合在一起將會形成一個大的長方形，若是將其分開更能組合成不同擺設樣式，而這也是現代七巧板的原型了，而後人也稱此設計為燕几圖。

明朝有位人士名叫戈汕，他依照北宋的燕几圖原理來加以改造，設計出一款由十三件不同的三角案幾（几），透過組合方式可以有多達一百多種的造型，組合起來就像是一隻蝴蝶展翅的型態，後人便稱這款設計叫【蝶翅几】。

七巧板在明、清兩代被發展出來，距今也約有一千多年的歷史，現代有不少幼兒園或是國民小學的教育學習中都以教學輔具的型態來實施，通常，七巧板的玩法是需由七塊不同大小造形的板塊所拼湊出主題型態，但因造型上的限制，所以無法呈現如曲線結構等形態，但對於意象的呈現卻也能給小朋友們想像力、觀察力、注意力、創造力的啟發與學習有相當大的幫助，在拼組的過程中必須將板與板之間相連，或者點與點的連接，線與線或線與點的接觸才算是符合一般的玩法。

簡易的七巧板做法其實在家裡就可以自己動手做，只要有剪刀與厚紙板即可，而在本精選範例中也將帶著各位實際的完成繪製，但本章節尚未介紹到組合件的建立與運用，所以只提供設計的方式讓讀者能自行完成繪製，並透過此方法來了解七巧板的設計方式。

1. 首先，我們將一張正方形的紙張製作出十六等分的間隔，並依序訂好後續需要繪製連線裁切的節點。

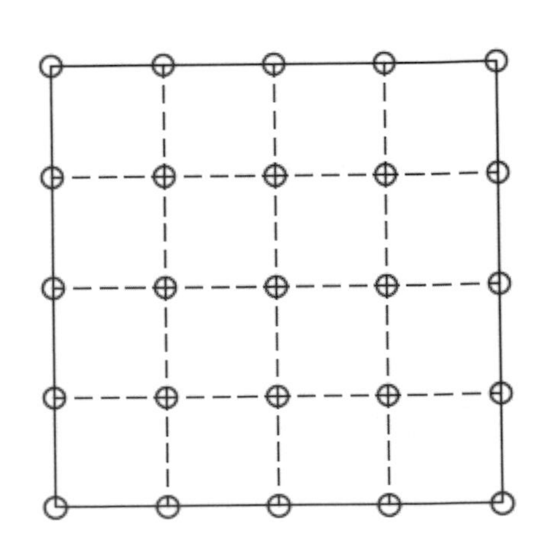

2. 從最左上角點繪製一條線段至最右下角點，將正方形分成兩大區塊。

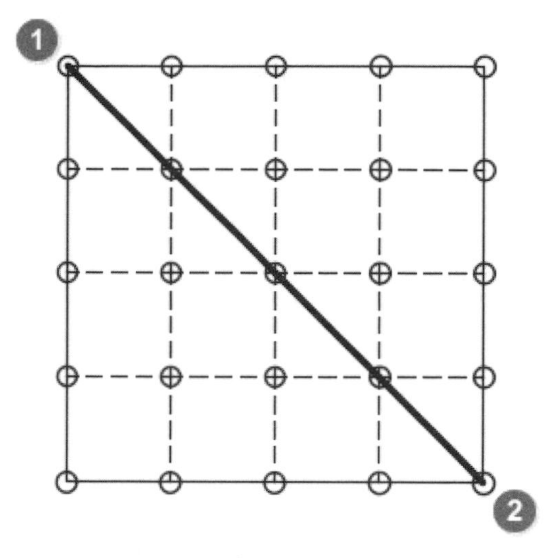

3. 從中間上方的節點繪製一條線段至右側中間的節點，使其與第一個線段呈現平行。

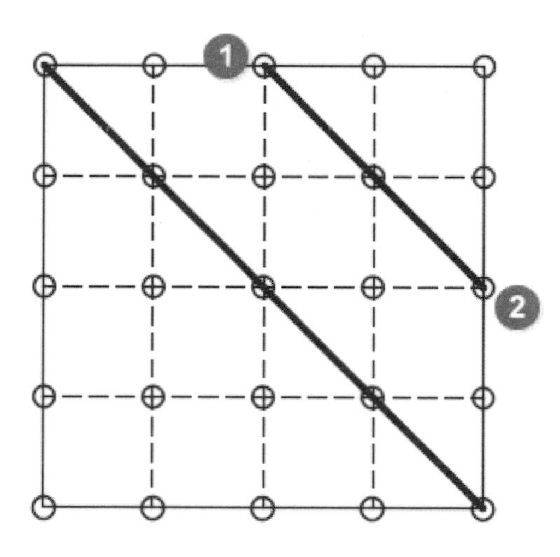

4. 從中間正上方繪製一條線段，並將其停止在如圖所示之節點上。

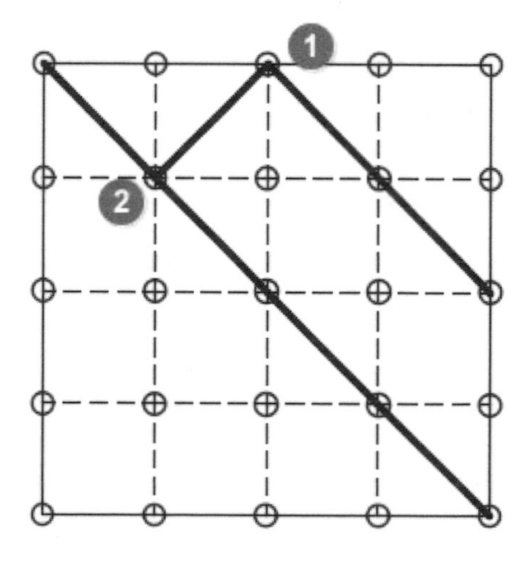

5. 如圖所示，從左下方繪製一條線段至箭頭指示定點處。

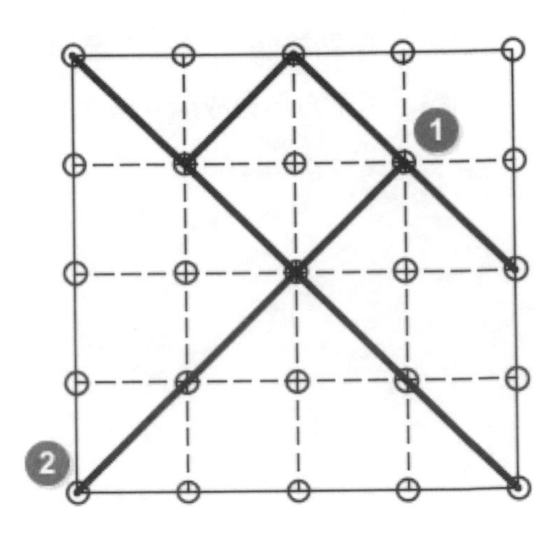

6. 最後，如圖所示將兩節點繪製一條線段將段落區分，此時，七巧板的型態已經繪製完成，讀者也可以拿起剪刀依照線段的位置將其裁減，一組自製的教學輔具即大功告成。

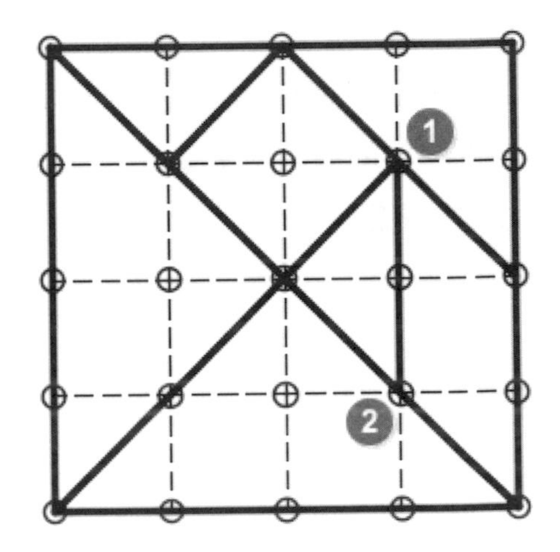

現在我們來嘗試用 Inventor 來繪製七巧板，依照繪製流程，讀者請先在工作平面上建立一張新草圖。

建立新草圖

STEP 1 使用【點】功能，在草圖平面的原點上建立一個單點。

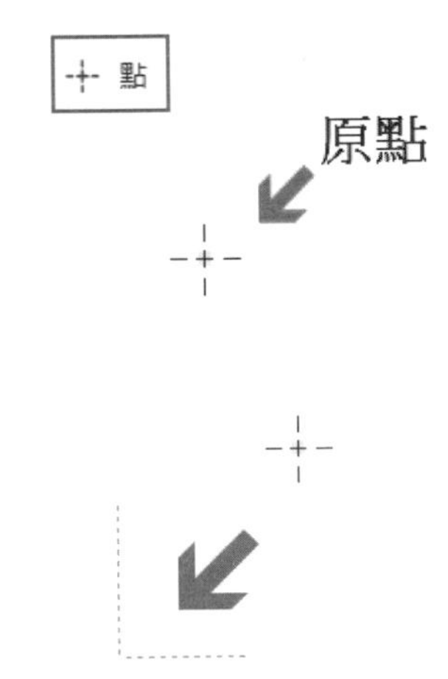

STEP 2 在原點附近使用建構線繪製出一小段互垂的線段，該線段是用來後續建立矩形陣列時所需要的方向識別。

STEP 3 使用【矩形陣列】，選取原點上方的單點當作欲陣列之幾何圖形，並將方向一與方向二的條件選取由建構線所建立的輔助線段，兩方向的陣列總數量各為五個，而間距部分則設定在 20 個單位。

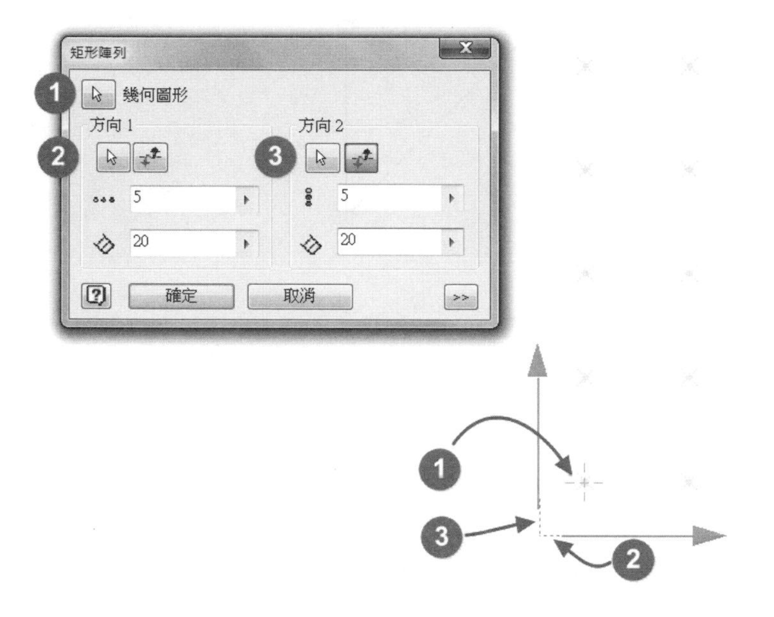

STEP 4 陣列完成後可在繪圖區中見到如圖所示之 25 個單點，此圖面在繪製每一個七巧板的模型中都將運用到，故後續將不再做此流程之說明。

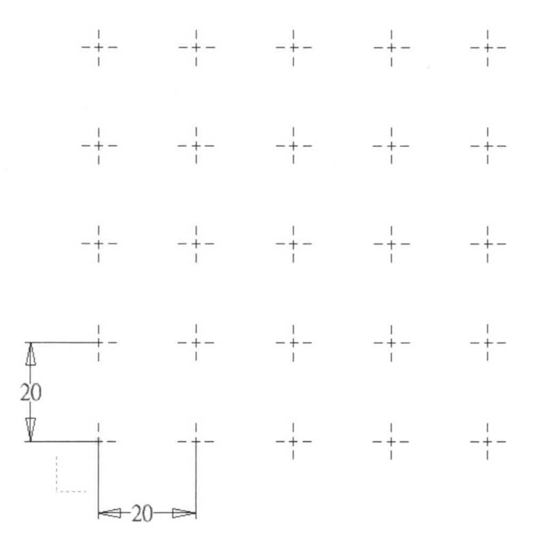

建立第一塊零件

STEP 5 在如圖所示之節點上繪製線段，完成一個三角形。

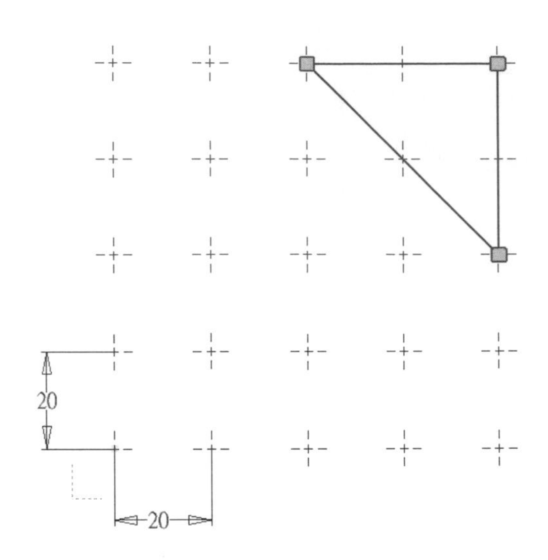

STEP 6 使用【擠出】將完成後的草圖圖元產生 5 個單位的厚度。

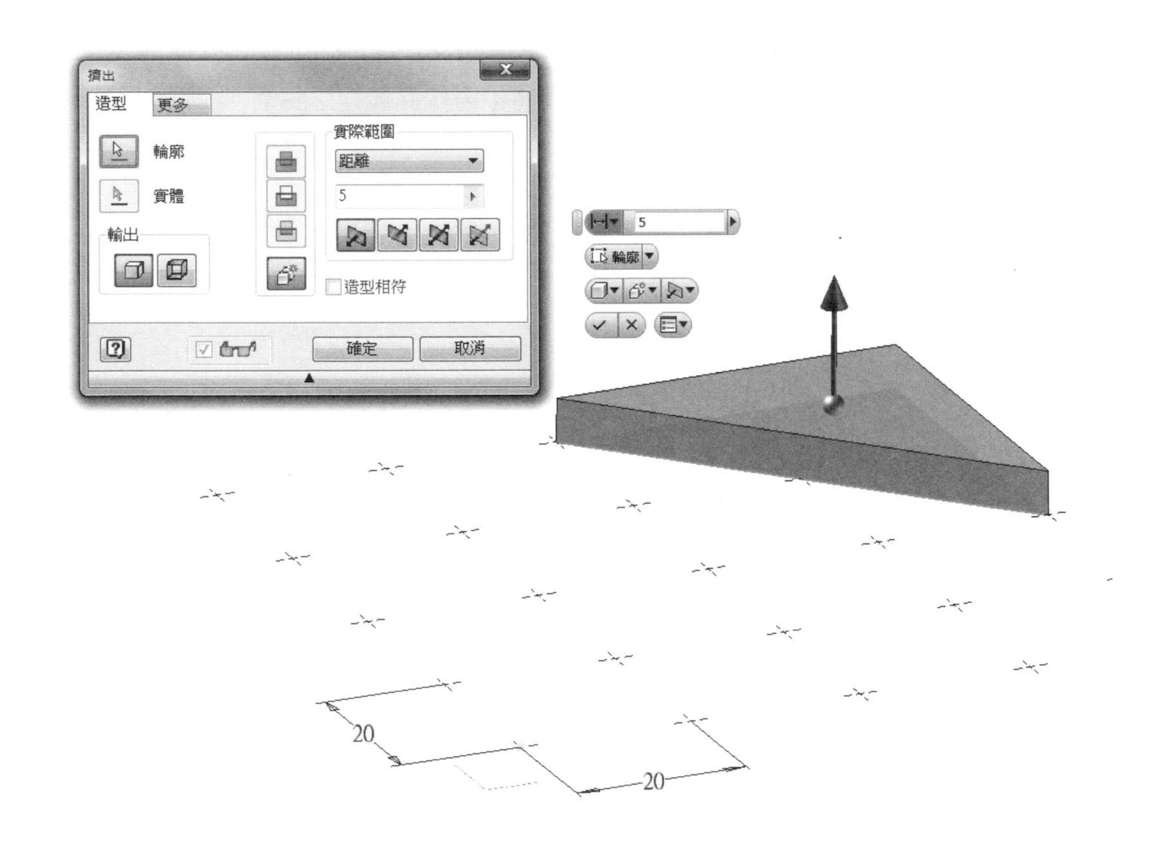

STEP 7 | 將滑鼠移動到左邊樹狀結構圖的特徵上，點擊滑鼠右鍵開啟出功能選單，並在選單下方的【性質】做點擊進入。

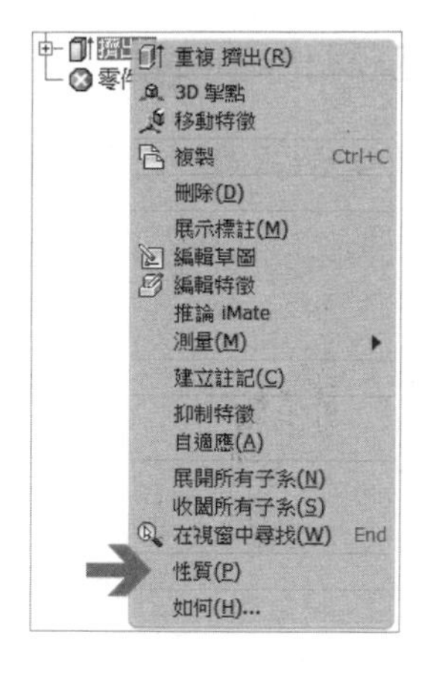

STEP 8 | 在【特徵性質】的介面中，點擊特徵外觀的欄位可進行特徵本體的外觀顏色或是材質樣式。

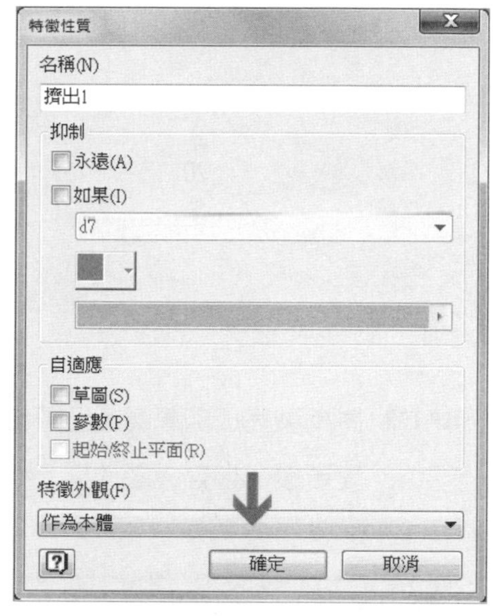

STEP 9 | 特徵外觀的選單出現後，讀者可見到如圖所示之清單，內有各式材質及顏色可供選擇，因選取時是在左邊樹狀結構圖中的特徵項目點選，所以，在選取好材質顏色時將會整體性的進行材質顏色的變更。

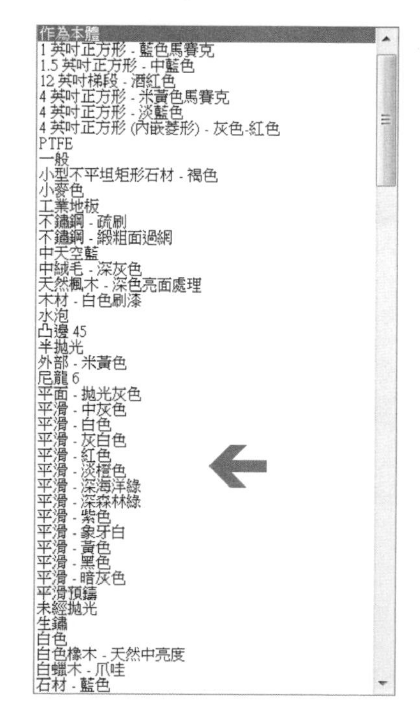

STEP 10 | 如要在後續以組合件的方式來呈現，請先重複之前的程序來完成各部分零件的獨立繪製，並個別儲存零件檔即可。

建立其他零件

STEP 11 重新開啟一張新草圖，並在如圖面所示之節點上繪製出對應的線段，完成一個七巧板零件的輪廓圖元。

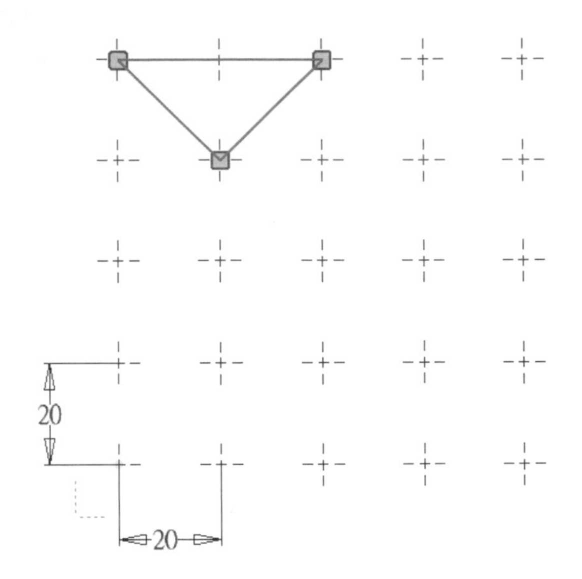

STEP 12 將繪製完成的草圖圖元擠出 5 個單位，並依自己的喜好將其進行外觀顏色的變更後，儲存成零件檔。

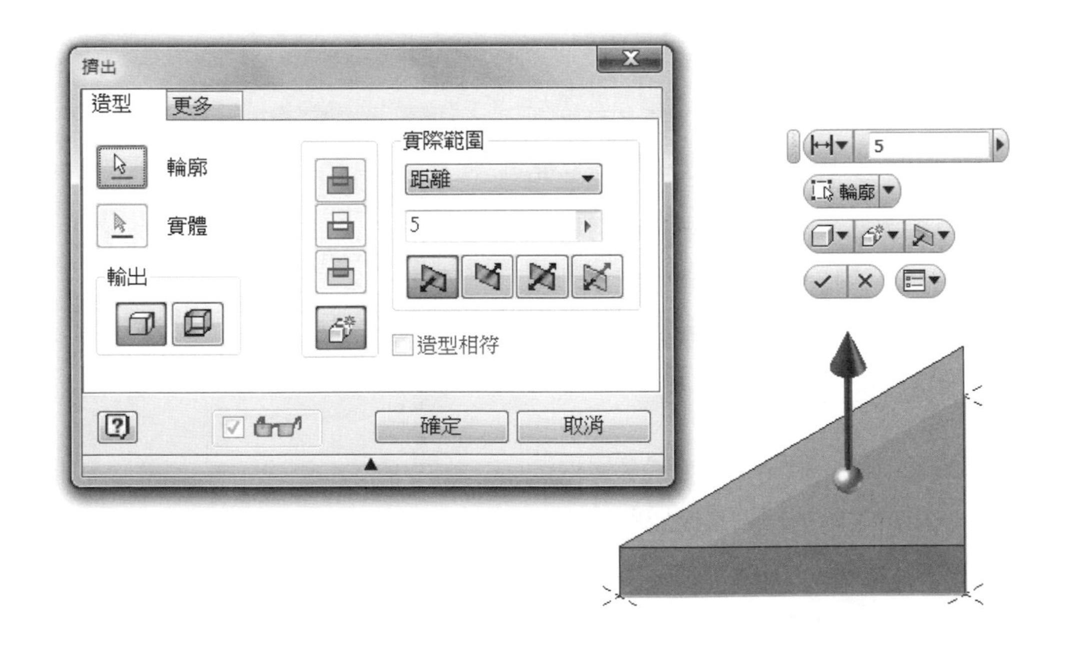

STEP 13 重新開啟一張新草圖，並在如圖面所示之節點上繪製出對應的線段，完成一個七巧板零件的輪廓圖元。

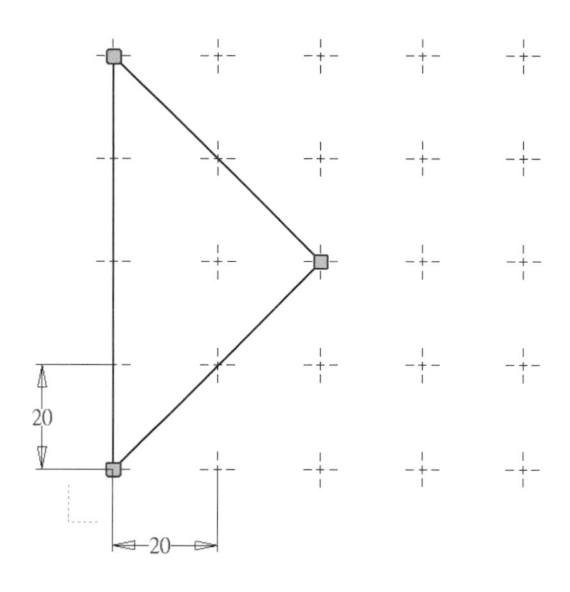

STEP 14 將繪製完成的草圖圖元擠出 5 個單位，並依自己的喜好將其進行外觀顏色的變更後，儲存成零件檔。

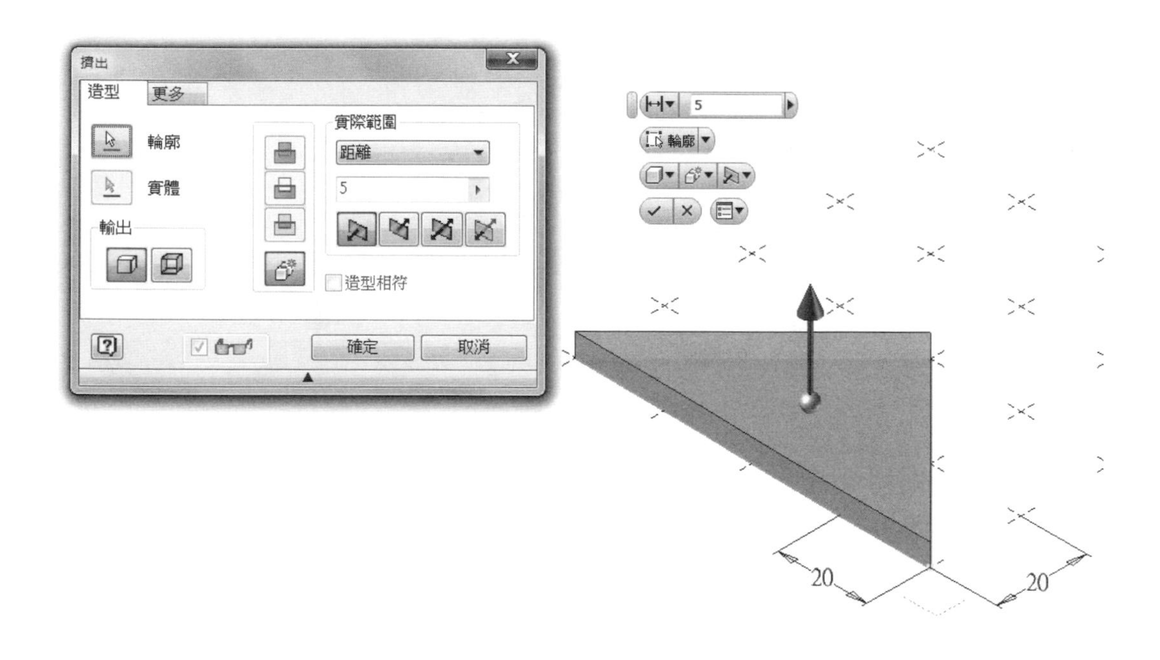

STEP 15｜重新開啟一張新草圖，並在如圖面所示之節點上繪製出對應的線段，完成一個七巧板零件的輪廓圖元。

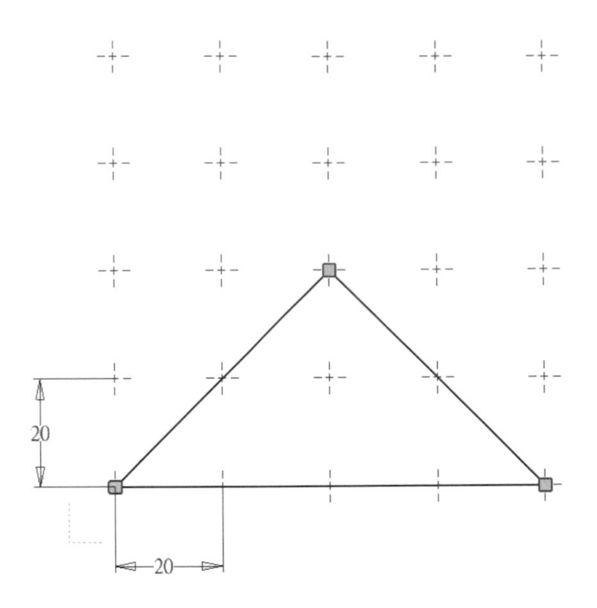

STEP 16｜將繪製完成的草圖圖元擠出 5 個單位，並依自己的喜好將其進行外觀顏色的變更後，儲存成零件檔。

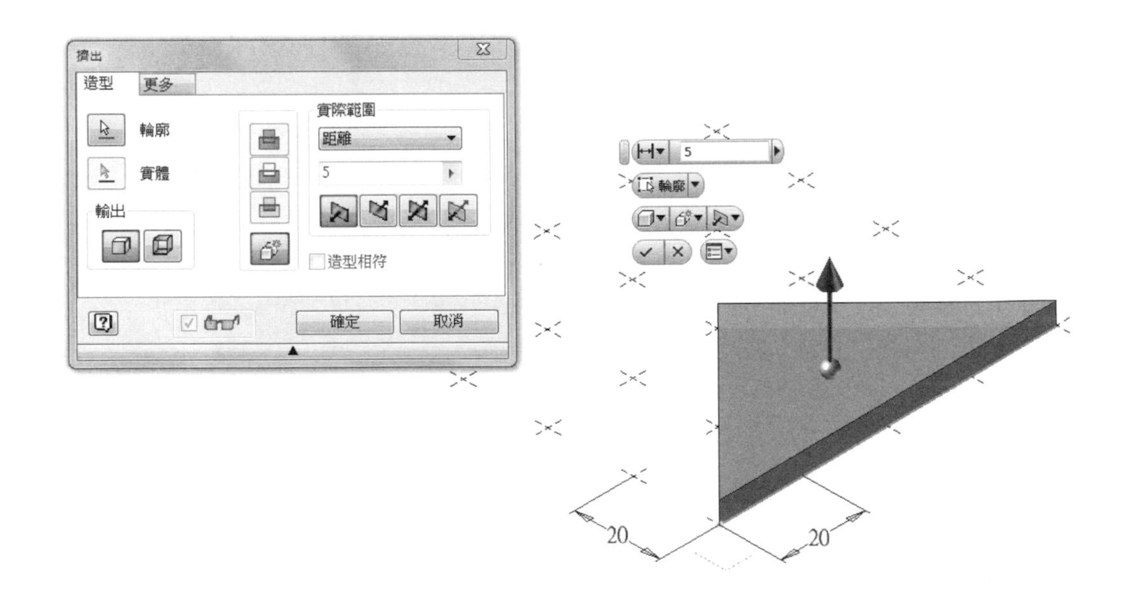

STEP 17 重新開啟一張新草圖，並在如圖面所示之節點上繪製出對應的線段，完成一個七巧板零件的輪廓圖元。

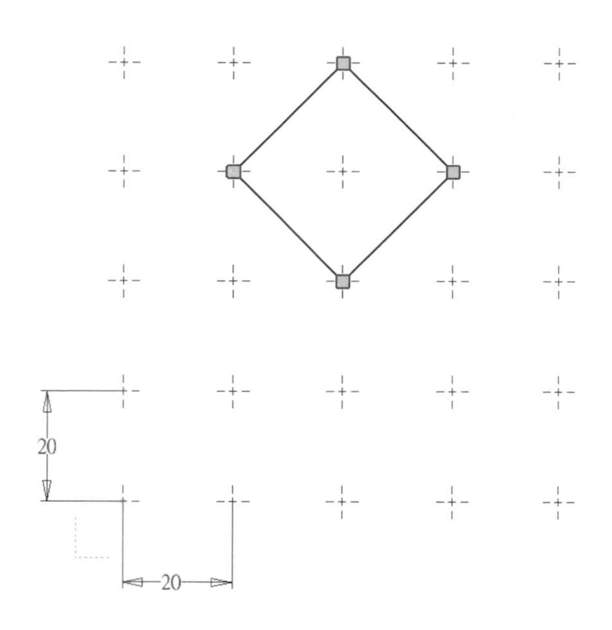

STEP 18 將繪製完成的草圖圖元擠出 5 個單位，並依自己的喜好將其進行外觀顏色的變更後，儲存成零件檔。

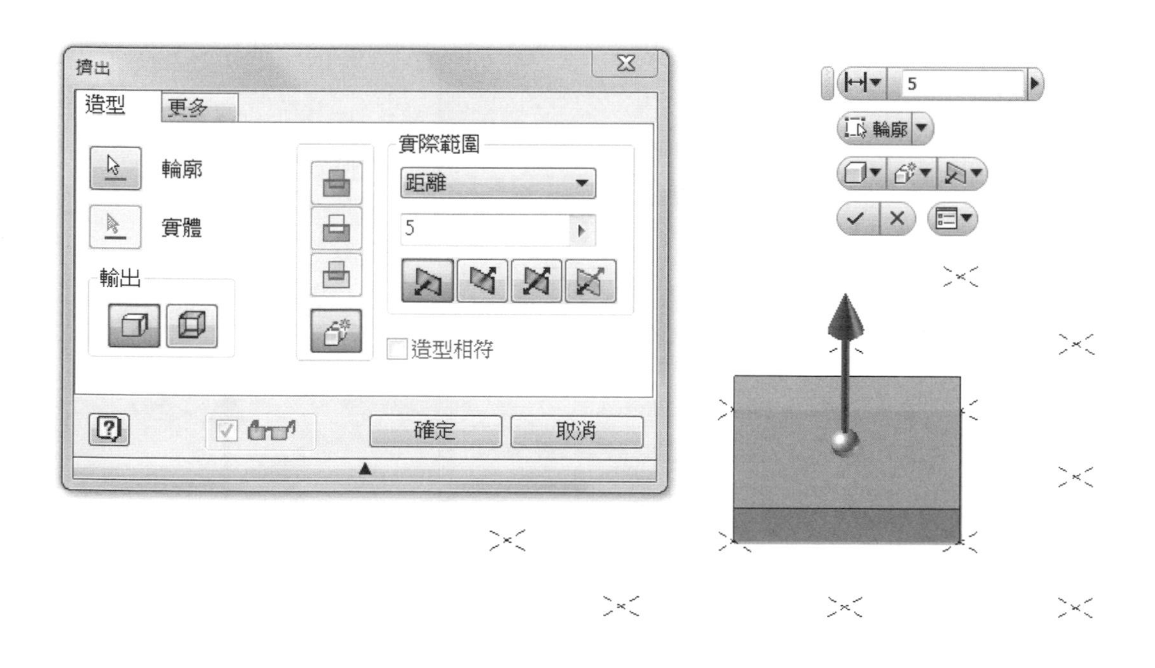

STEP 19 重新開啟一張新草圖，並在如圖面所示之節點上繪製出對應的線段，完成一個七巧板零件的輪廓圖元。

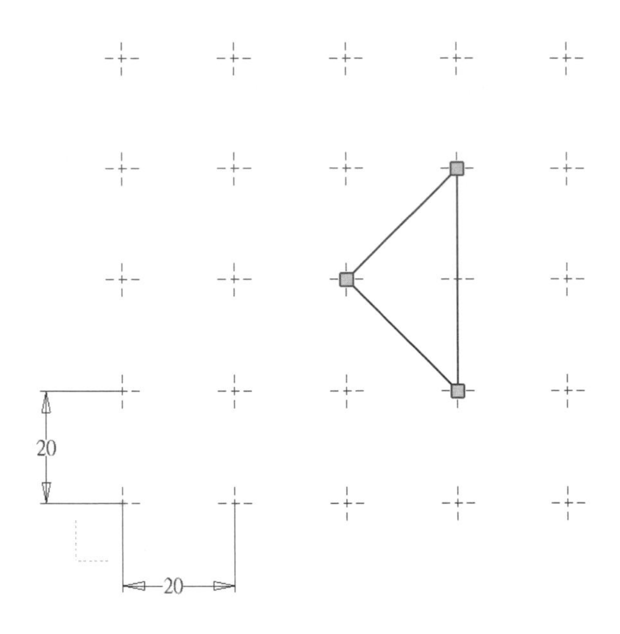

STEP 20 將繪製完成的草圖圖元擠出 5 個單位，並依自己的喜好將其進行外觀顏色的變更後，儲存成零件檔。

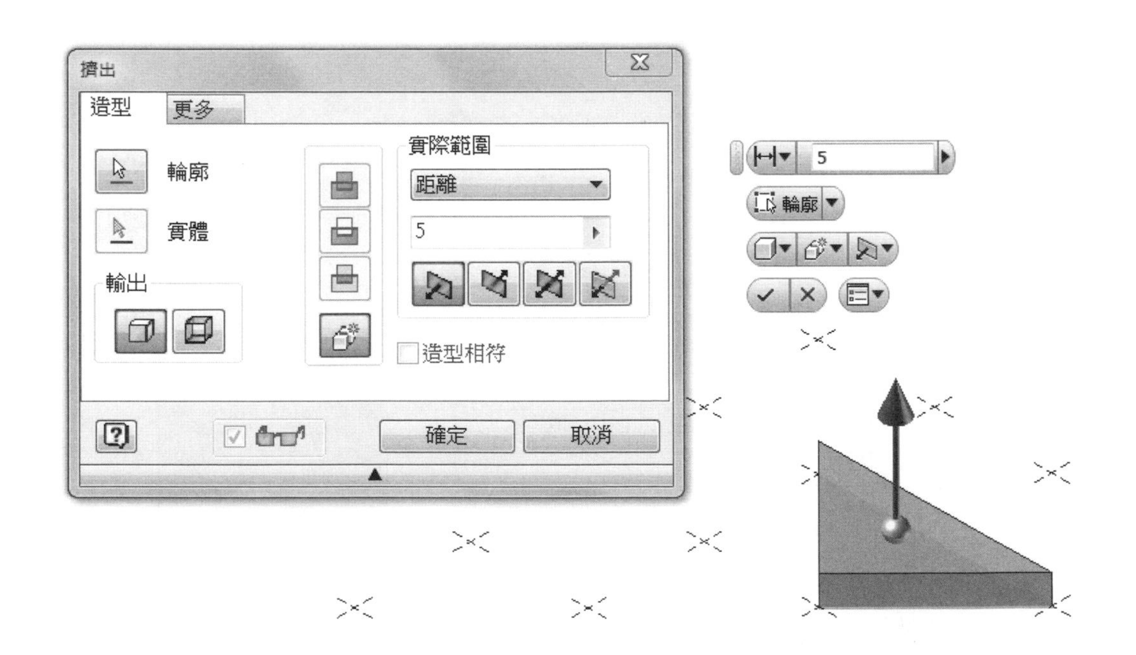

STEP 21 重新開啟一張新草圖，並在如圖面所示之節點上繪製出對應的線段，完成一個七巧板零件的輪廓圖元。

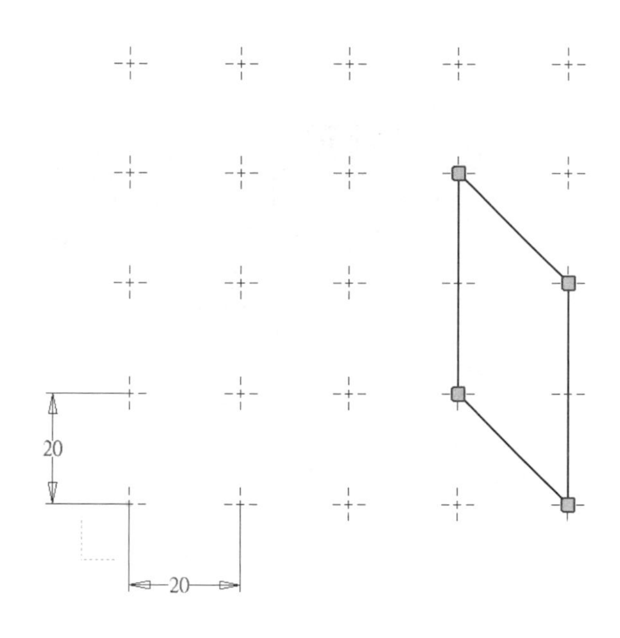

STEP 22 將繪製完成的草圖圖元擠出 5 個單位，並依自己的喜好將其進行外觀顏色的變更後，儲存成零件檔。

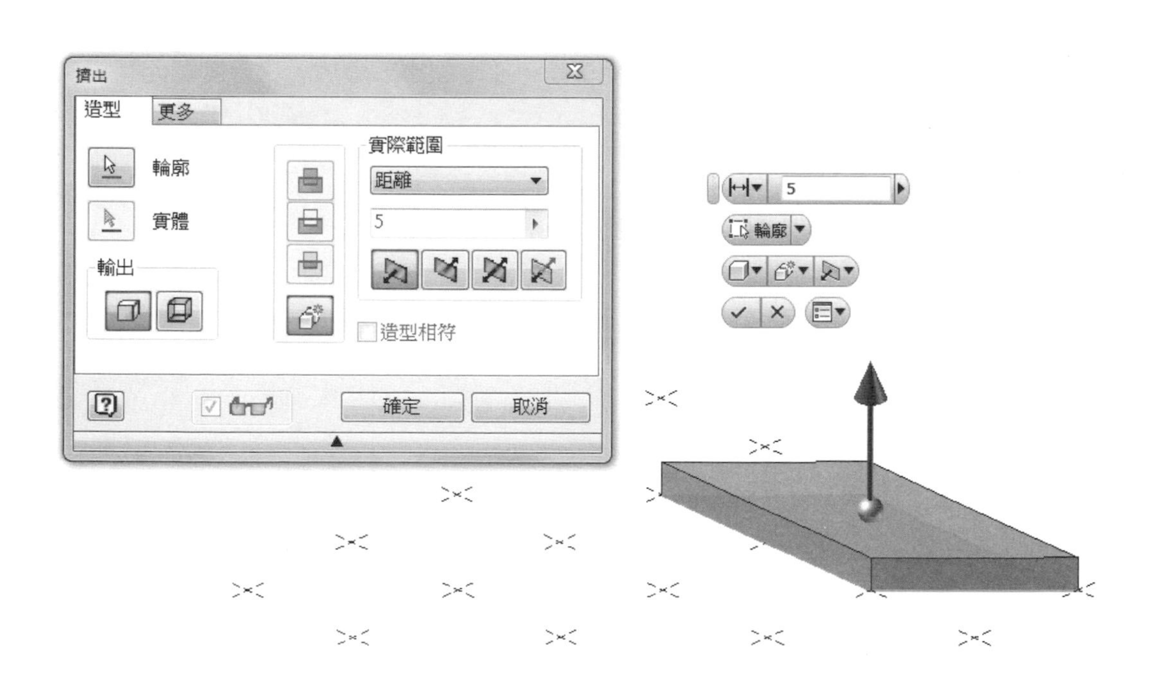

STEP 23 當全部特徵本體都完成後如下圖所示，若讀者是在組合件中進行特徵的約束，則可仿現實中的拼接模式來進行排列，若您也擁有 3D 列印機，也可將這七個零件列印成形，一組標準的七巧板即告完成。

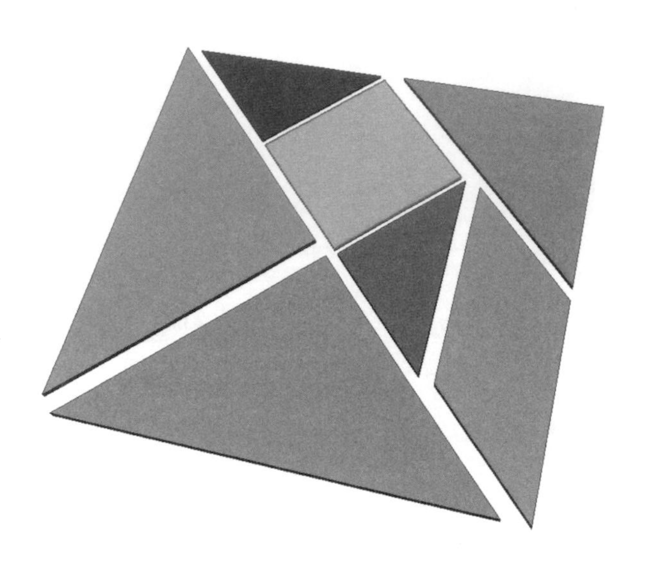

7-2 三層櫃

STEP 1 使用 XY 工作平面來建立一張新草圖，並繪製出如圖所示之草圖圖元輪廓。

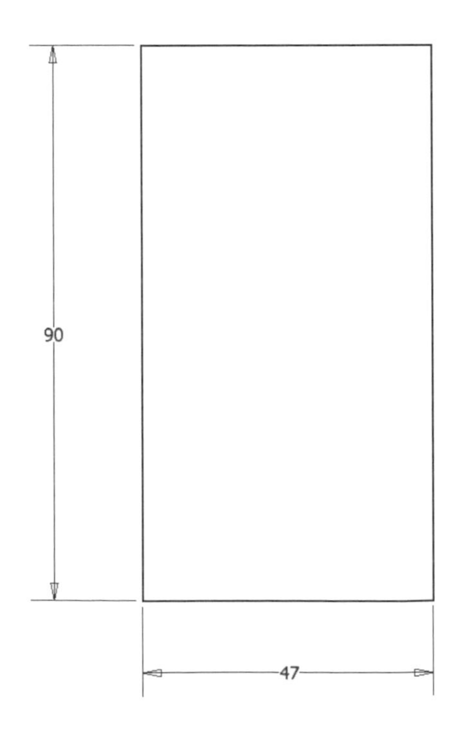

STEP 2 使用特徵工具選項板的【擠出】工具，將草圖輪廓成形３０mm 的厚度。

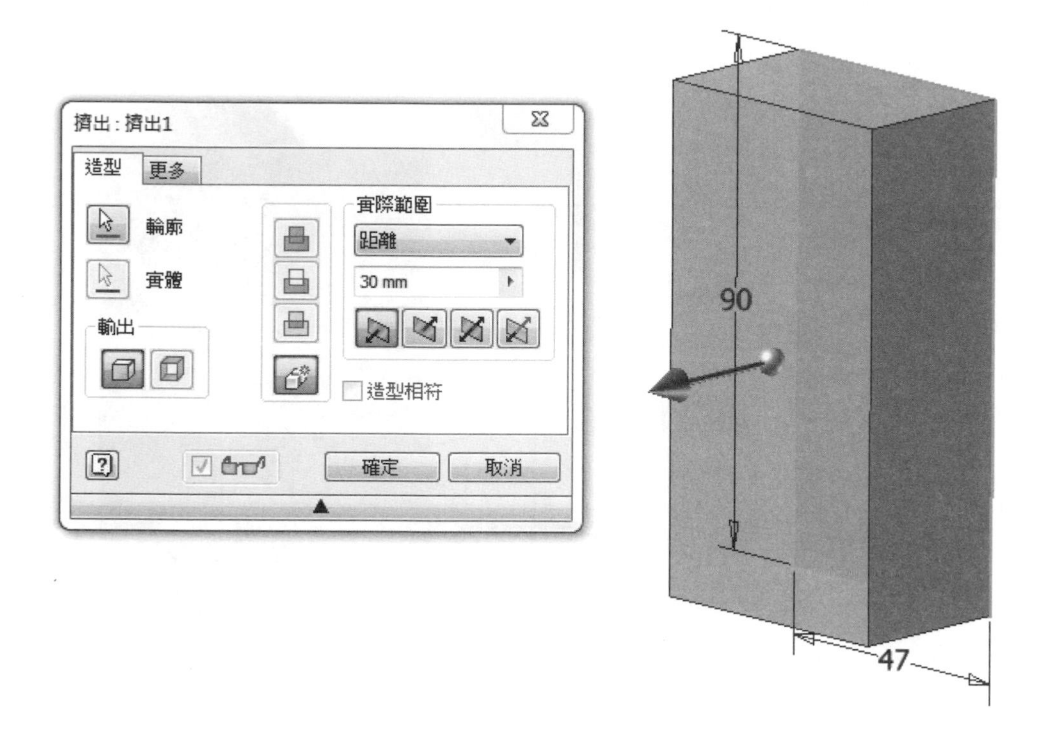

STEP 3 在實體輪廓的前方平面上建立一張新草圖，繪製出如圖所示之草圖圖元，並使用草圖選項中的矩形陣列工具，將輪廓往上方複製出如圖所示之數量即可。

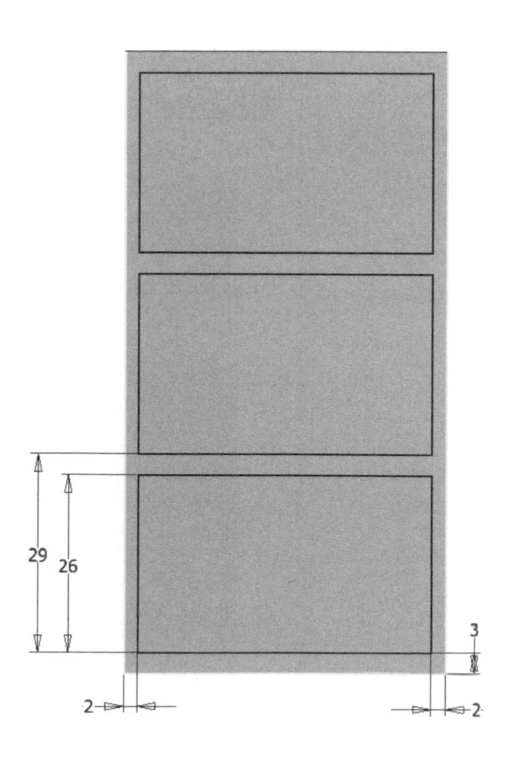

STEP 4 使用特徵工具選項板的【擠出】項目，將繪製的輪廓使用【切割】方式往內除料 28mm 深度。

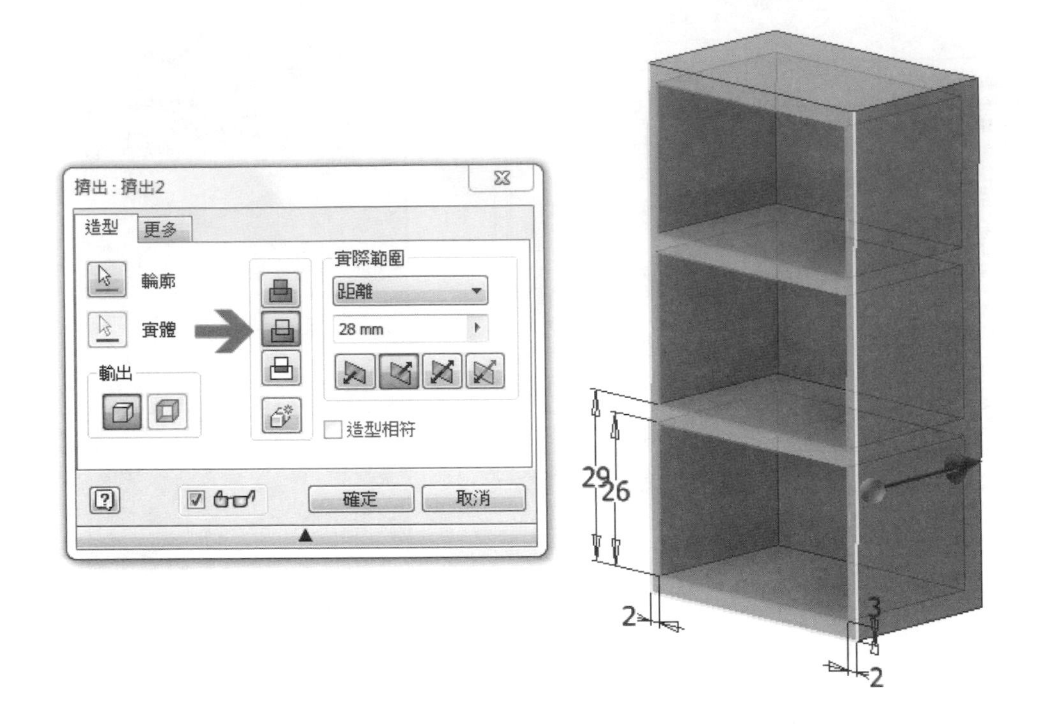

STEP 5 使用工具選項板上方的【外觀】項目，將外觀顏色調整成【樺木－天然拋光】或是自己喜歡的外觀都可以，待實體外觀改變後，一個三層櫃就完成了。

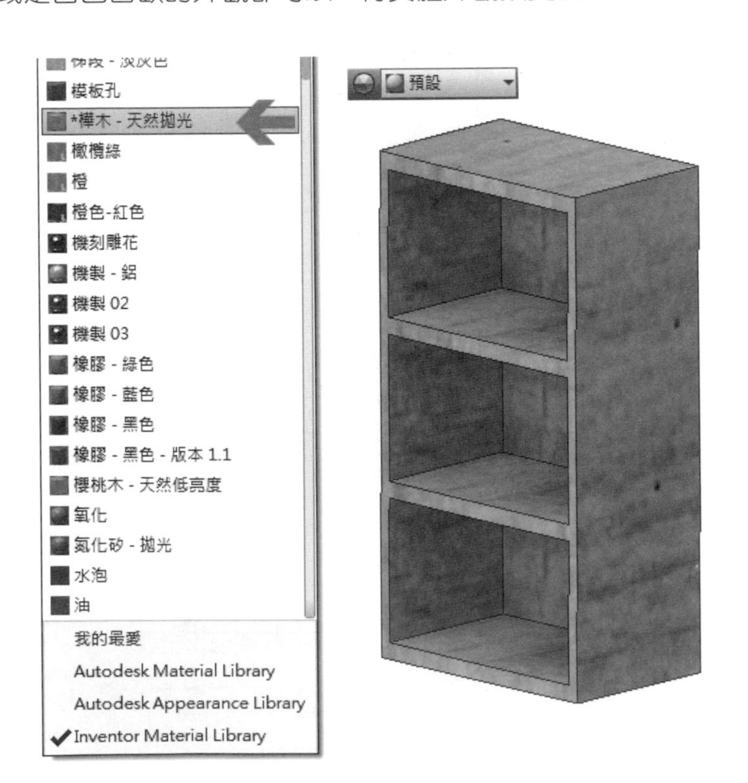

7-3 杯墊

STEP 1 在ＸＺ工作平面上建立一張新草圖，並如圖所示完成草圖輪廓。

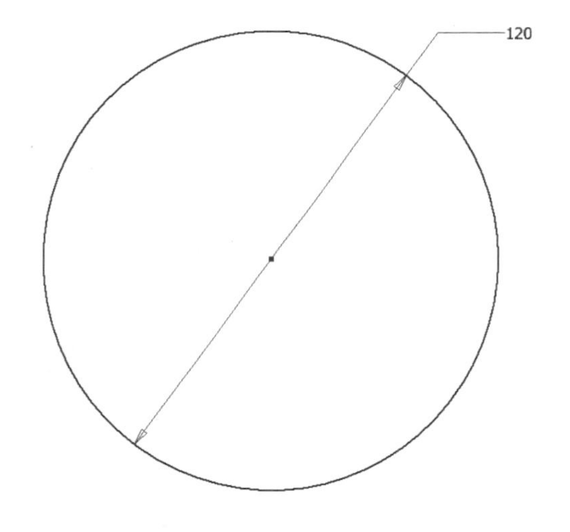

STEP 2 使用特徵工具選項板的【擠出】工具，將草圖輪廓往上方成形１０mm的厚度。

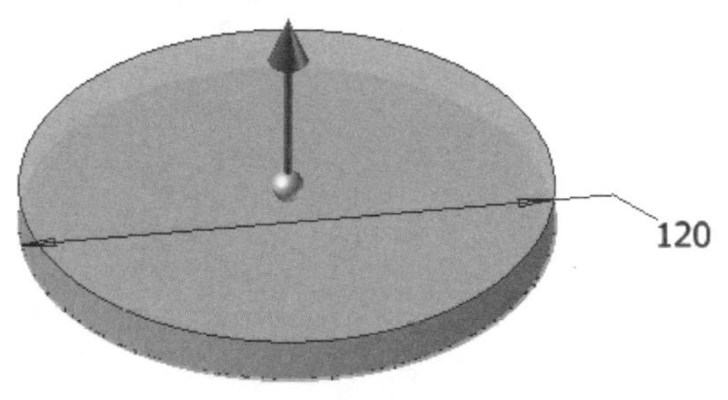

STEP 3 在已經完成的實體特徵上方平面建立一張新草圖，並如圖所示繪製出兩個同心圓。

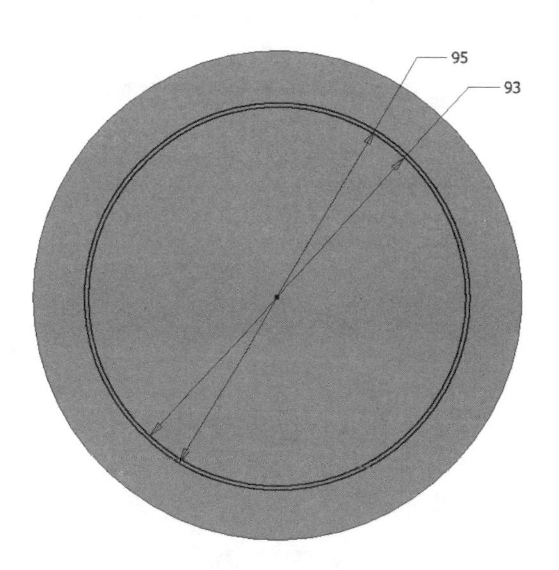

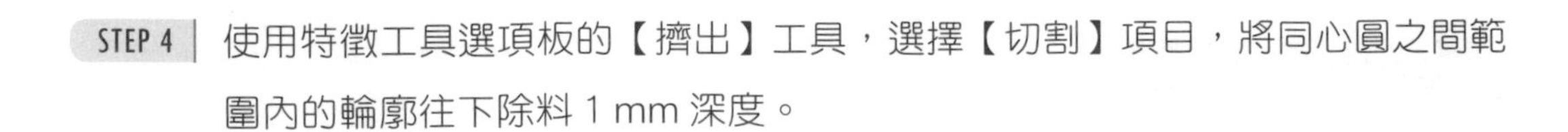

STEP 4 使用特徵工具選項板的【擠出】工具，選擇【切割】項目，將同心圓之間範圍內的輪廓往下除料 1 mm 深度。

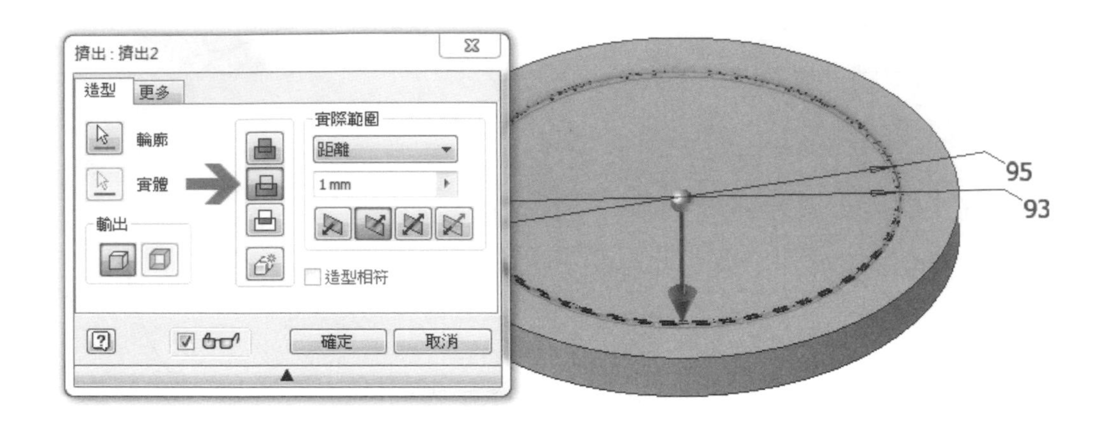

STEP 5 使用特徵工具選項板的【圓角】工具，將箭頭指示處進行 1 mm 的圓角。

STEP 6 使用特徵工具選項板的【圓角】工具，將實體外圍上下方進行 3 mm 的圓角。

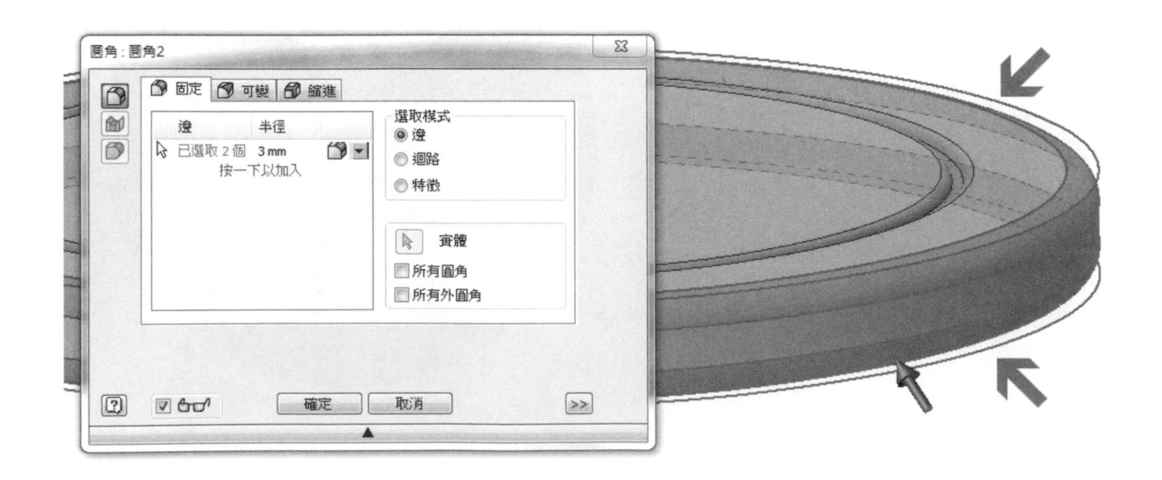

STEP 7 最後，在到工具選項板上方的【外觀】項目，選擇【軟木－粗面】或是自己喜歡的外觀顏色，待模型外觀改變後即完成杯墊模型。

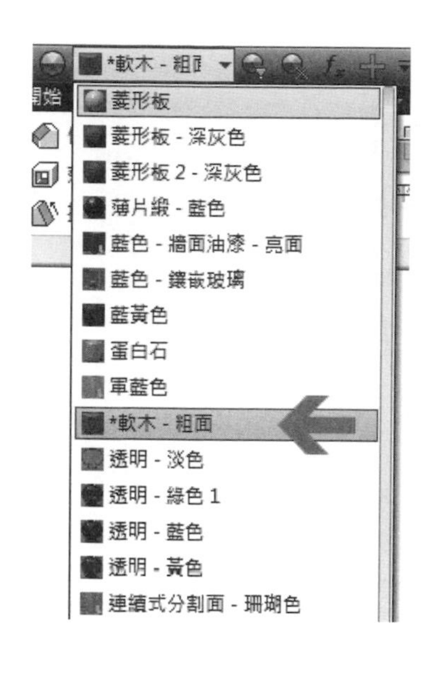

7-4 玻璃杯

STEP 1 使用ＸＹ工作平面來建立一張新草圖，並繪製出如圖所示之草圖輪廓。

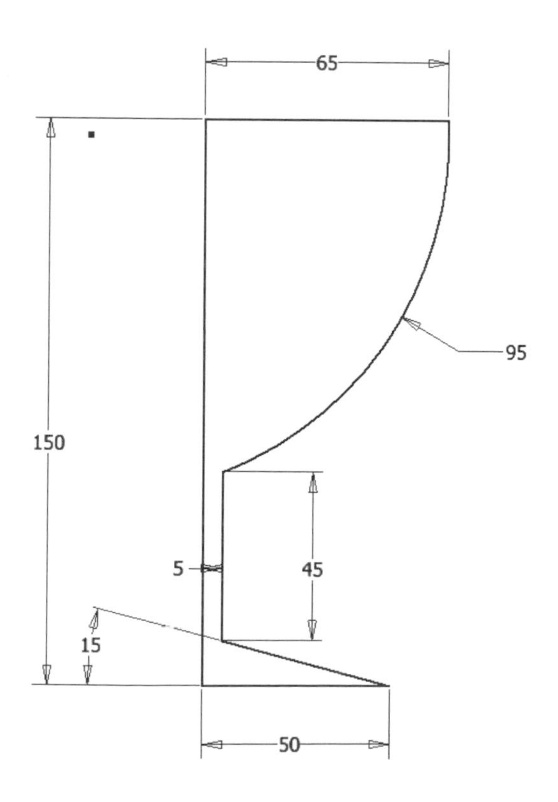

STEP 2 使用草圖工具選項板的【偏移】工具，點選如箭頭所示之圓弧後按滑鼠右鍵以開啟快捷選單，將【迴路選取】的選項取消後再按一次滑鼠右鍵開啟選單，並選擇【繼續】來進行偏移。

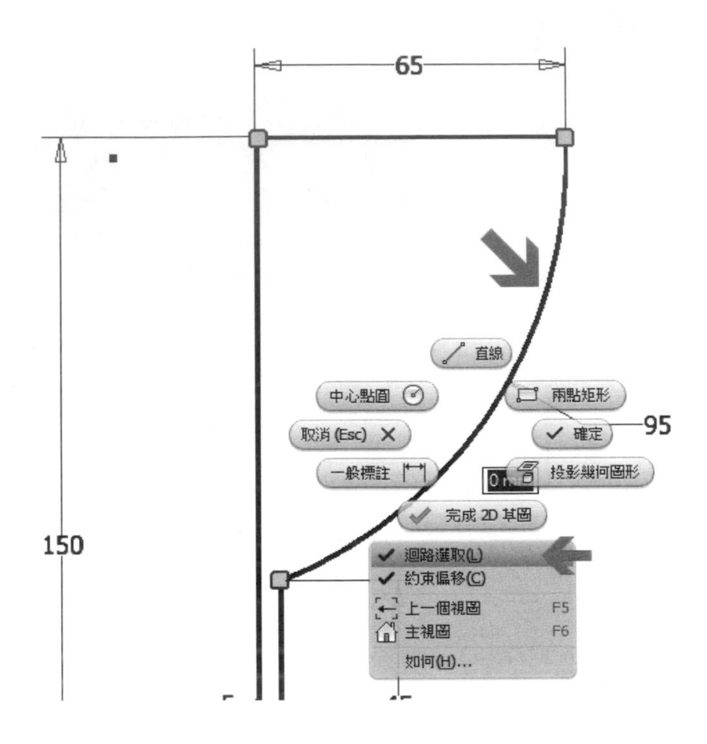

STEP 3 將偏移進去內部距離 3mm 的圓弧進行【延伸】，因圖元為圓弧，所以偏移後的頭尾兩端是無法銜接到邊線，故必須靠延伸來進行銜接。

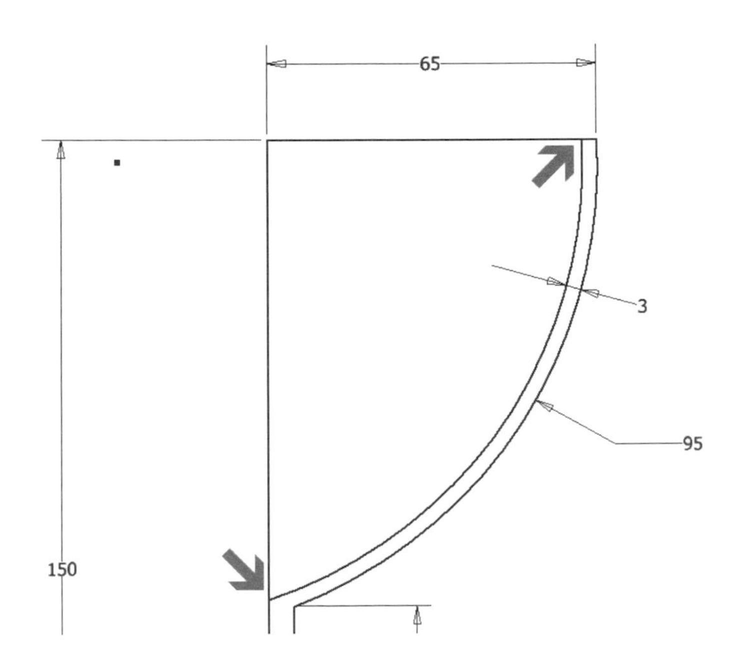

STEP 4 | 使用【修剪】與【圓角】工具，將草圖輪廓進行修飾。

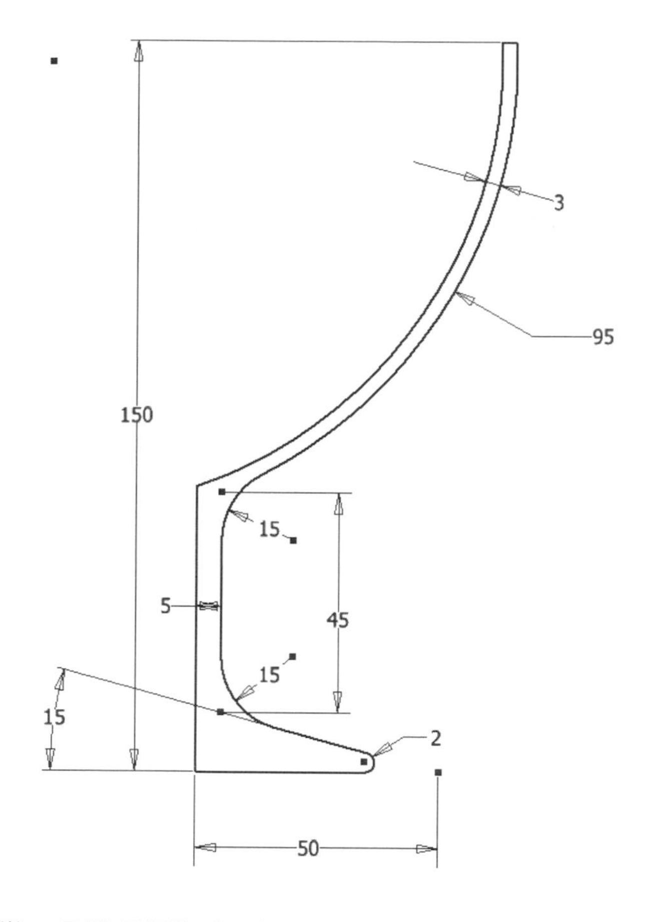

STEP 5 | 使用特徵工具選項板的【迴轉】工具，將草圖輪廓進行完全迴轉。

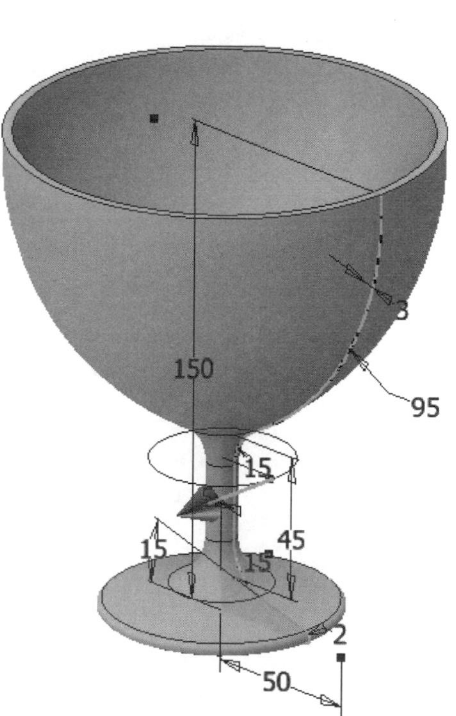

STEP 6 將杯口內外側邊緣進行【圓角】，並給予半徑 1 mm 的半徑值。

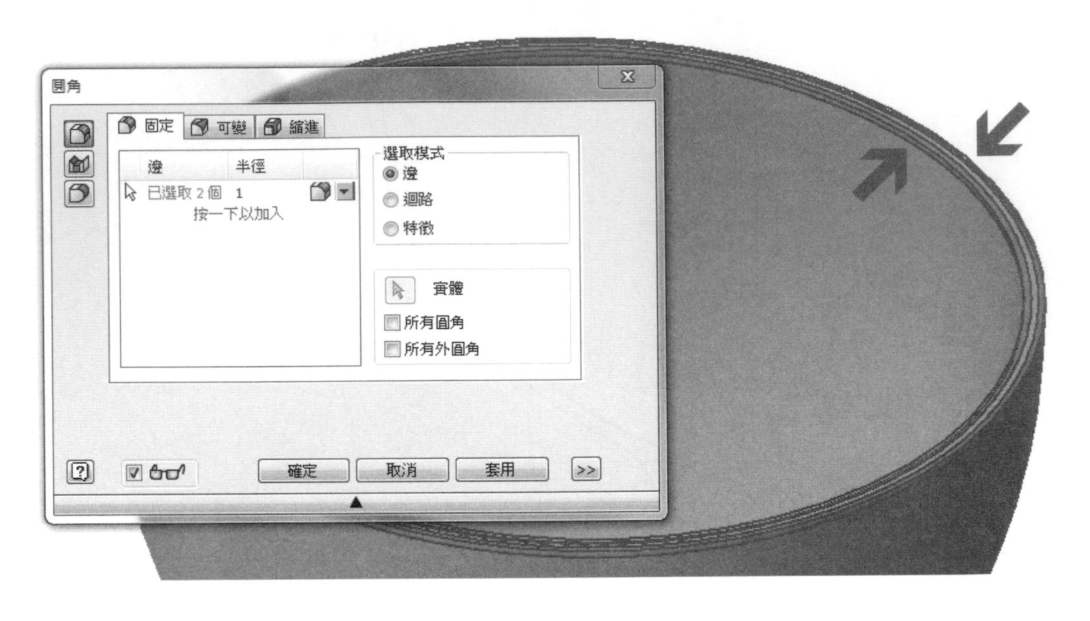

STEP 7 至工具選項板上方的【外觀】來選取適當的材質外觀來貼覆，如【透明－淡色】或是自己喜歡的外觀材質，待材質變換完畢後即完成一個玻璃杯。

7-5 白板吸鐵

STEP 1 | 在 XY 工作平面建立一張新草圖，並依照圖面所示之尺寸繪製出草圖輪廓。

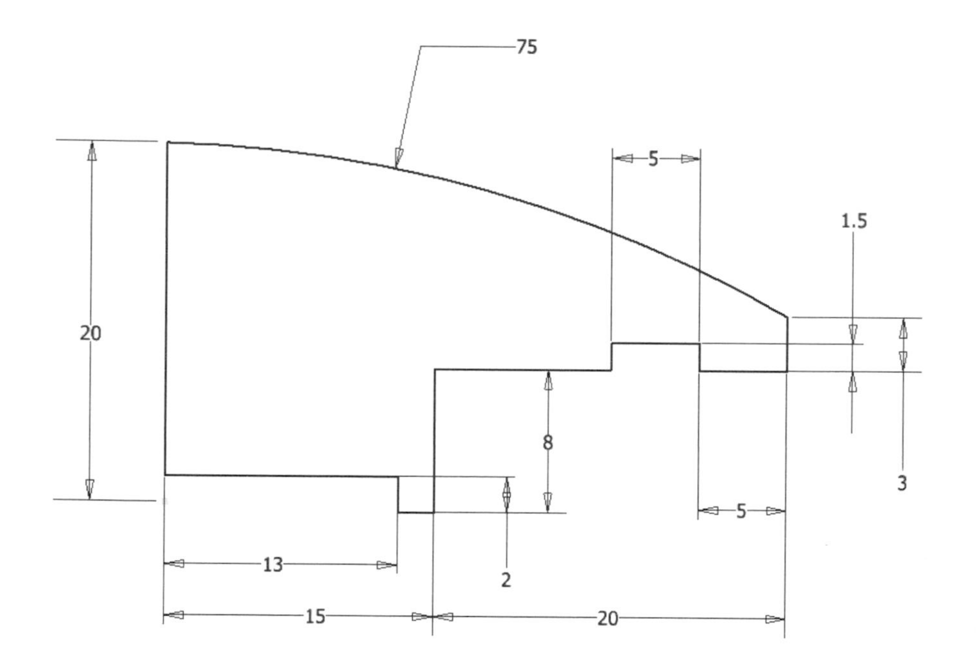

STEP 2 | 使用特徵工具選項板的【迴轉】工具，將草圖輪廓迴轉成形。

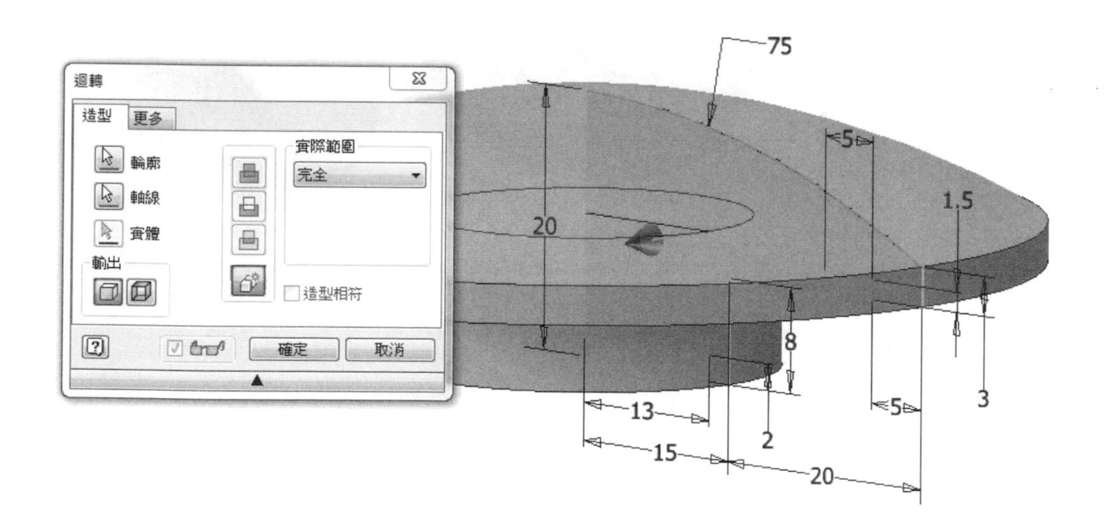

STEP 3 使用特徵工具選項板的【圓角】工具，將實體外圍輪廓上方製作 2 mm 的圓角半徑。

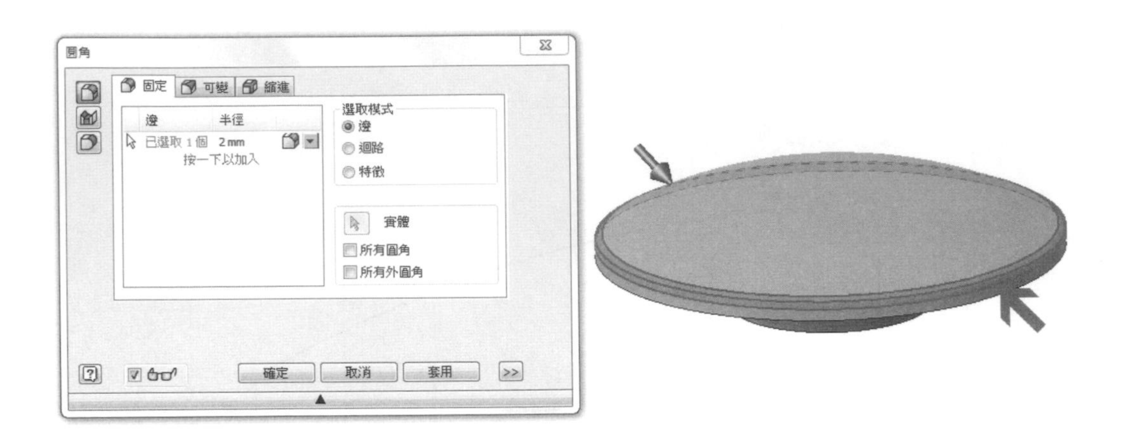

STEP 4 到工具選項板上方選取【外觀】項目，選取【平滑－紅色】或是其他自己喜歡的外觀材質顏色後，待外觀改變則白板吸鐵即完成。

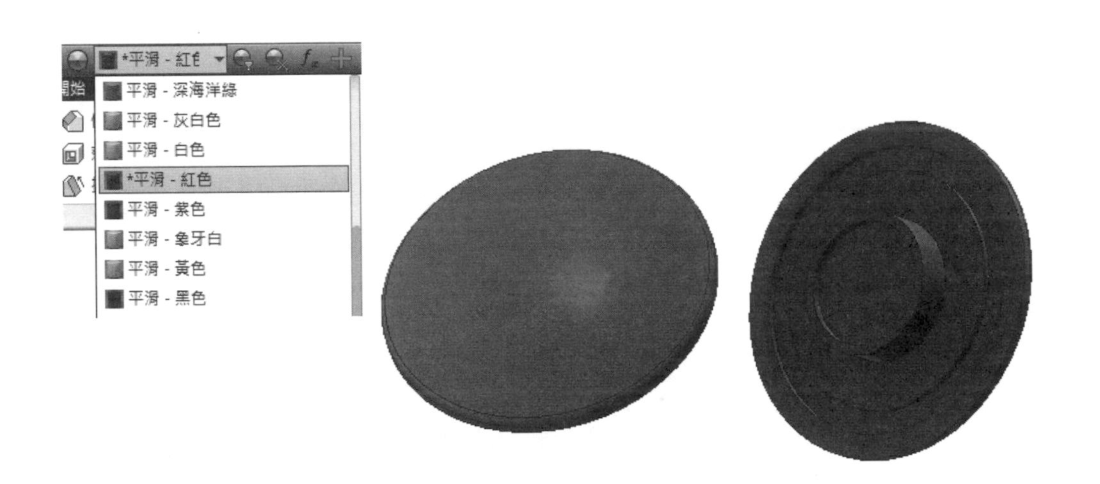

7-6 戒指糖

STEP 1 在 XZ 工作平面建立一張新草圖，並繪製出如圖所示之草圖輪廓。

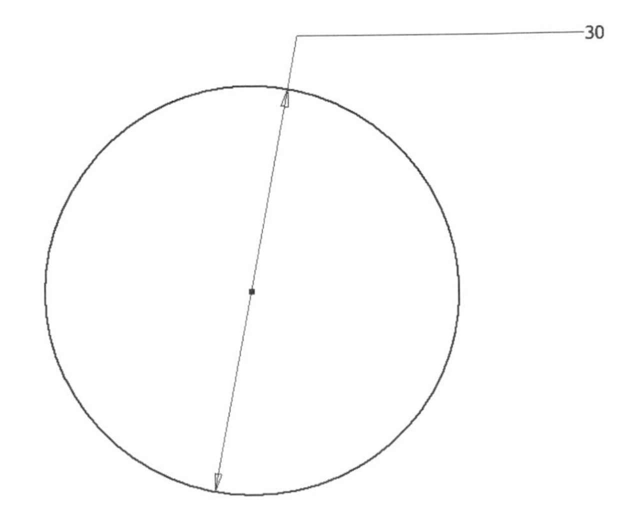

STEP 2 使用特徵工具選項板的【擠出】工具，並將草圖輪廓成形 1mm 厚度。

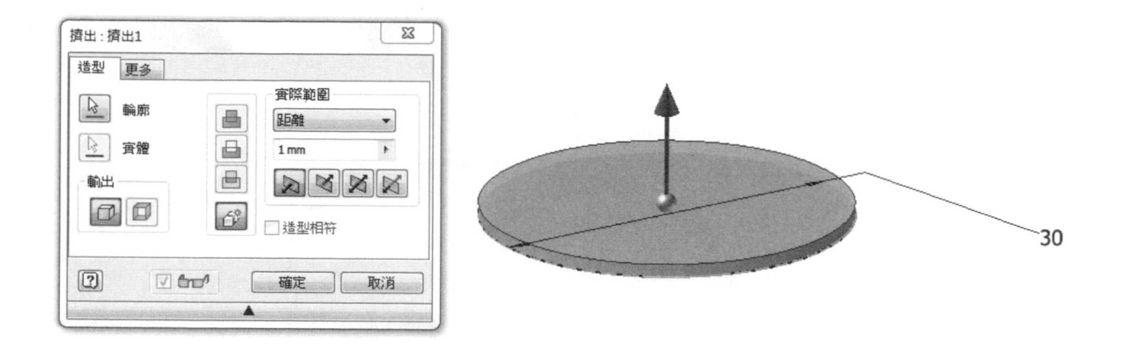

STEP 3 使用 XY 工作平面建立一張新草圖，如圖面所示將草圖輪廓完成。

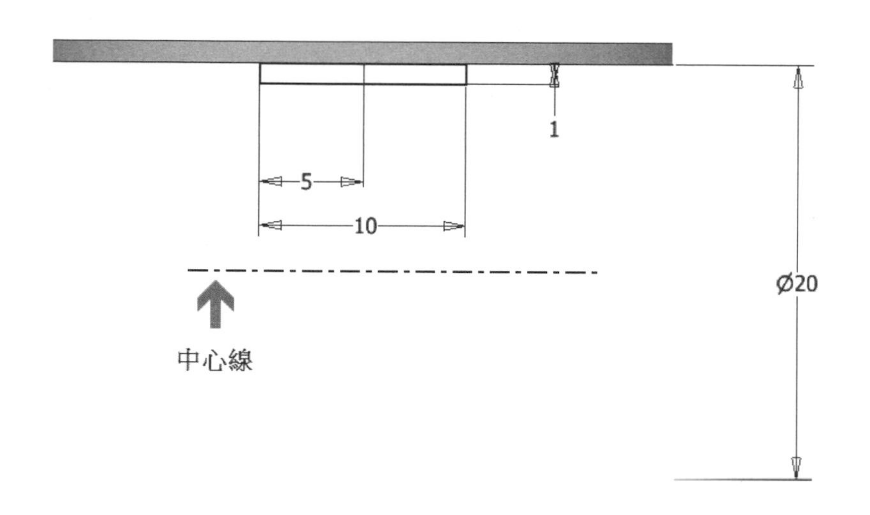

STEP 4 使用特徵工具選項板的【迴轉】工具，將草圖輪廓進行完全迴轉。

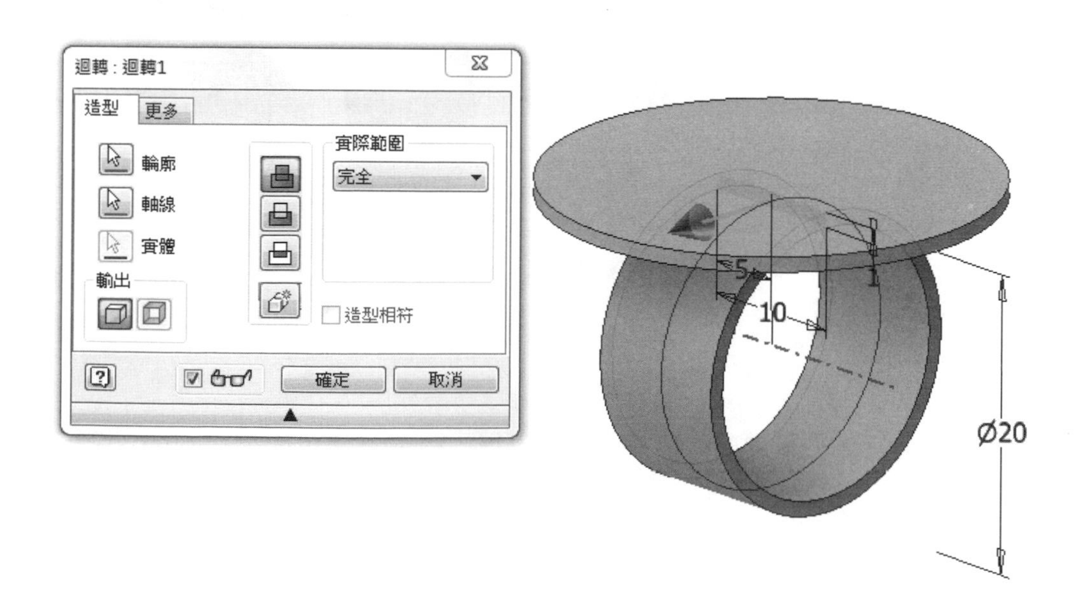

STEP 5 | 使用 YZ 工作平面來建立一張新草圖，並繪製出如圖所示之草圖輪廓。

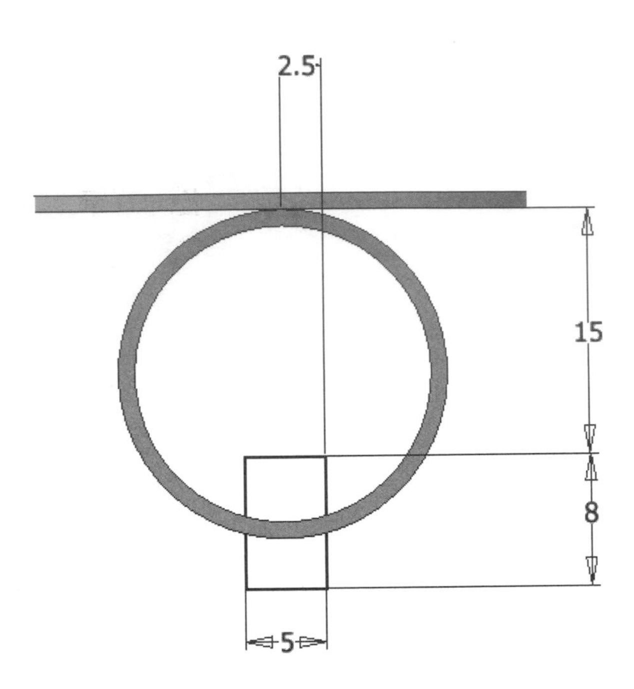

STEP 6 | 使用特徵工具選項板的【擠出】工具，使用【切割】方式將草圖往兩方向共切割 10mm。

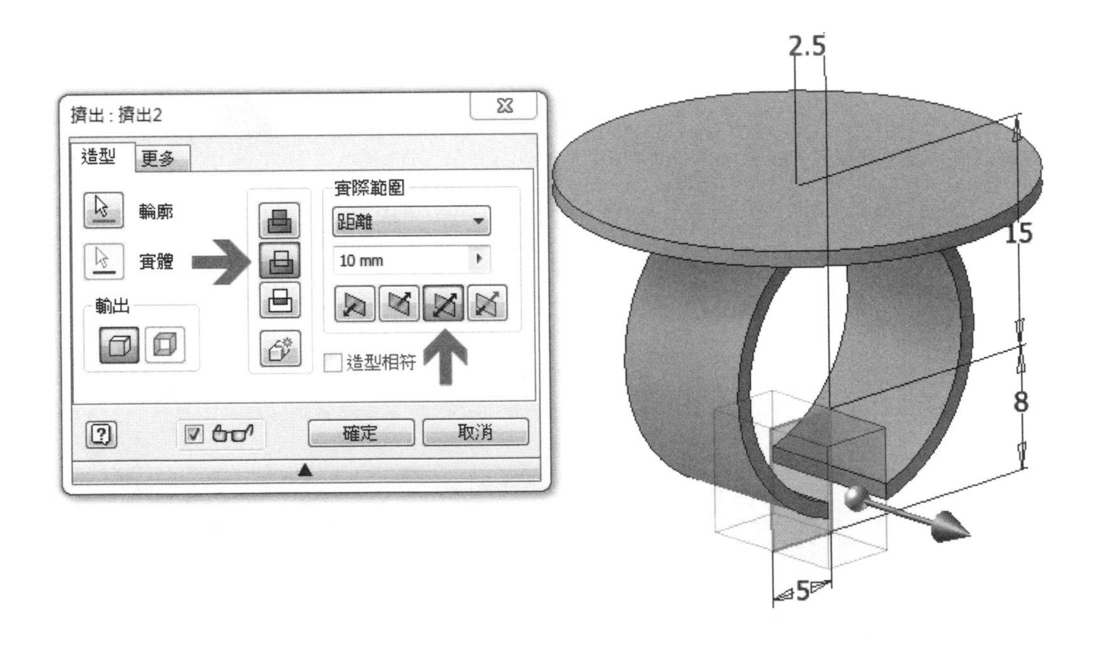

STEP 7 | 使用特徵工具選項板的【圓角】工具，將箭頭指示處進行 5mm 半徑的圓角。

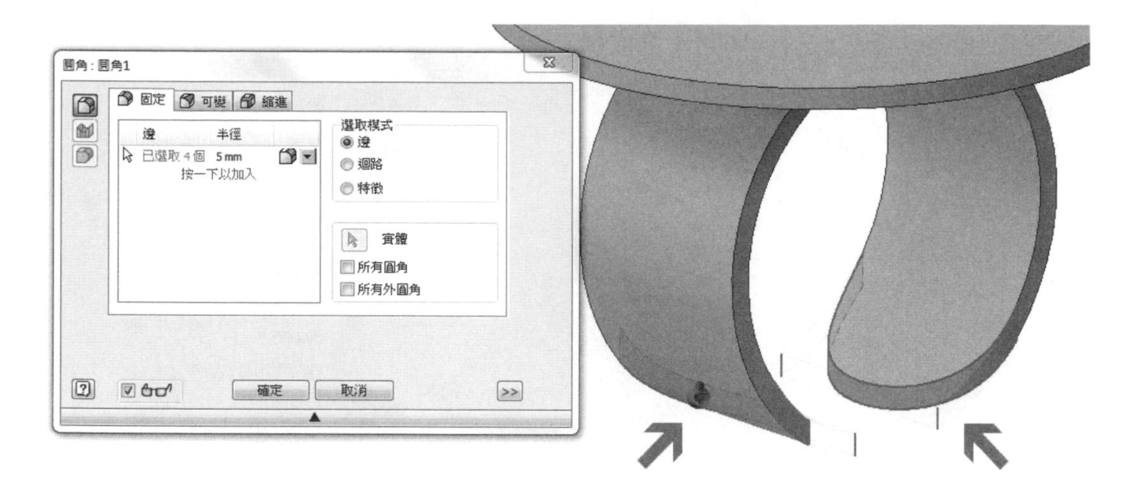

STEP 8 在 YZ 工作平面上繪製一張新草圖，並依圖面所示繪製出草圖輪廓。

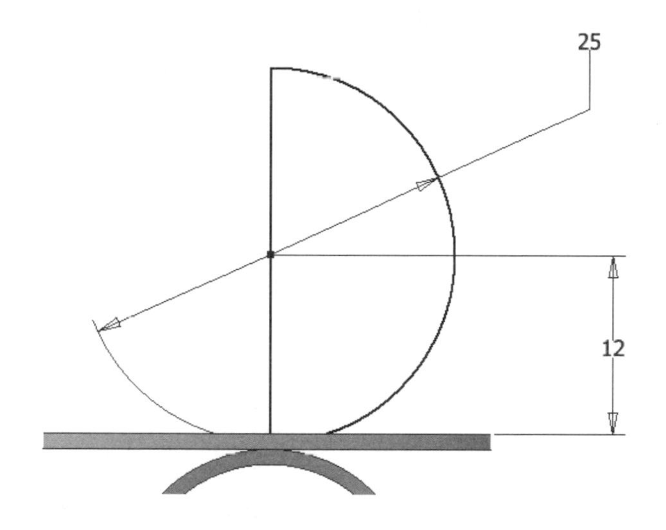

STEP 9 使用特徵工具選項板的【迴轉】工具，將草圖輪廓進行完全迴轉。

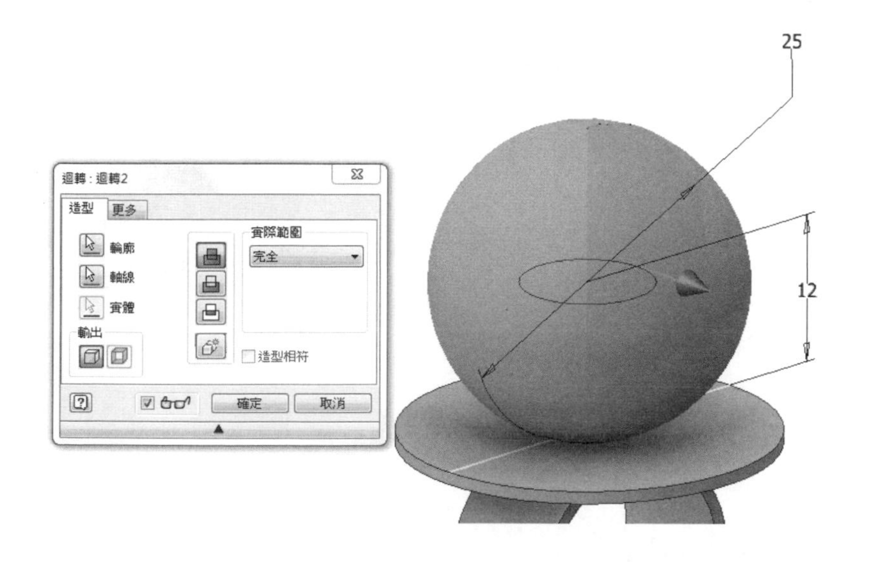

STEP 10 模型建構完成後，可至左邊樹狀圖中同時點選數個特徵，再按一下滑鼠右鍵以開啟選單，選擇【性質】項目。

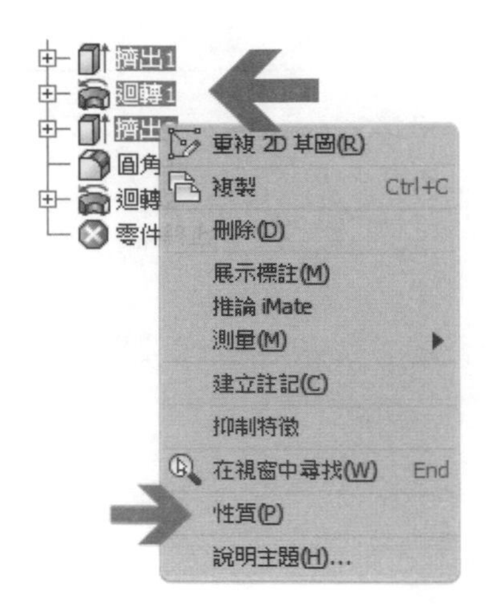

STEP 11 進入【特徵性質】的選單後，可依照自己的喜好或是模型應有的設定來使用相關的材質與顏色效果。

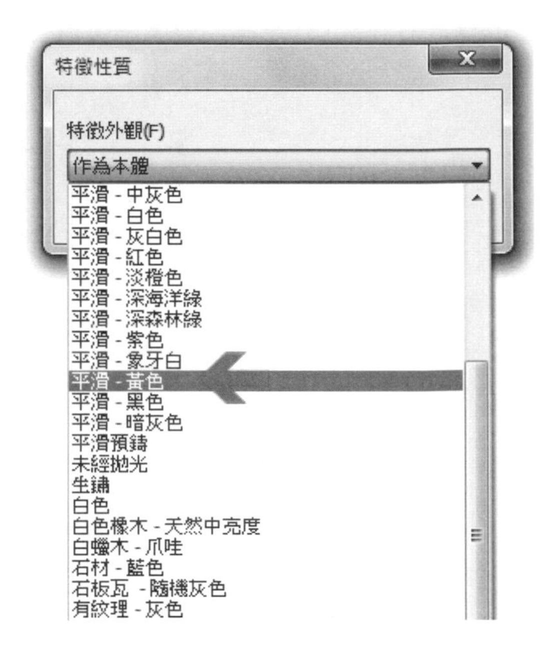

STEP 12 將所有部分都套入材質外觀顏色後，一個簡易的戒指糖模型即完成。

7-7 三角鐵

STEP 1 在 YZ 工作平面上建立一張新草圖，病如圖所示繪製出草圖輪廓。

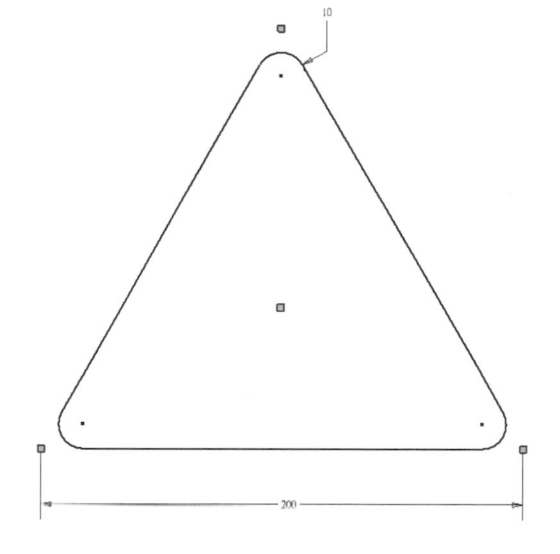

STEP 2 將左下方的圓角圖元進行刪除。

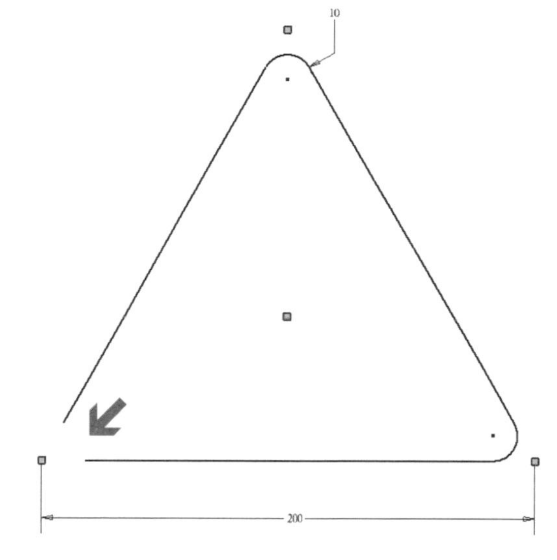

STEP 3 使用特徵工具選項板的【平面】工具，選取【與軸線正垂且穿過點】，並依圖面順序點擊以製作出新的工作平面。

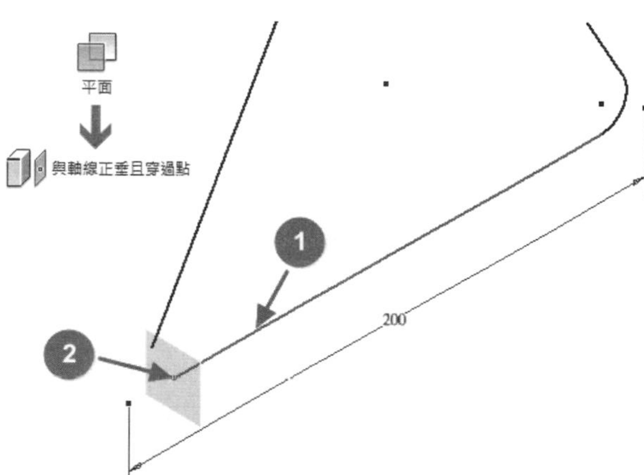

STEP 4 在新建立的工作平面上建立一張新草圖。

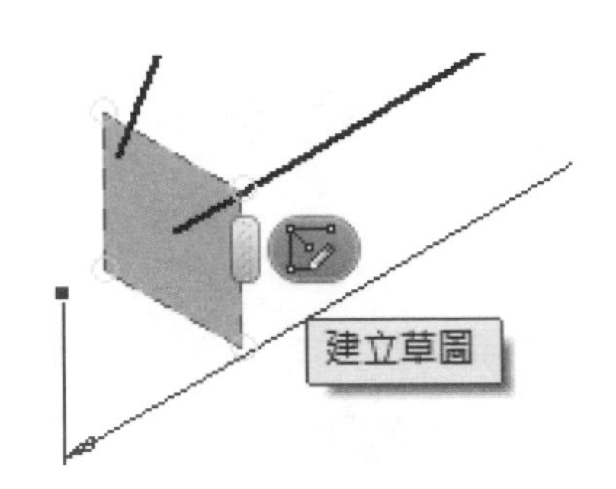

STEP 5 在新工作平面上繪製一個直徑１０的圓。

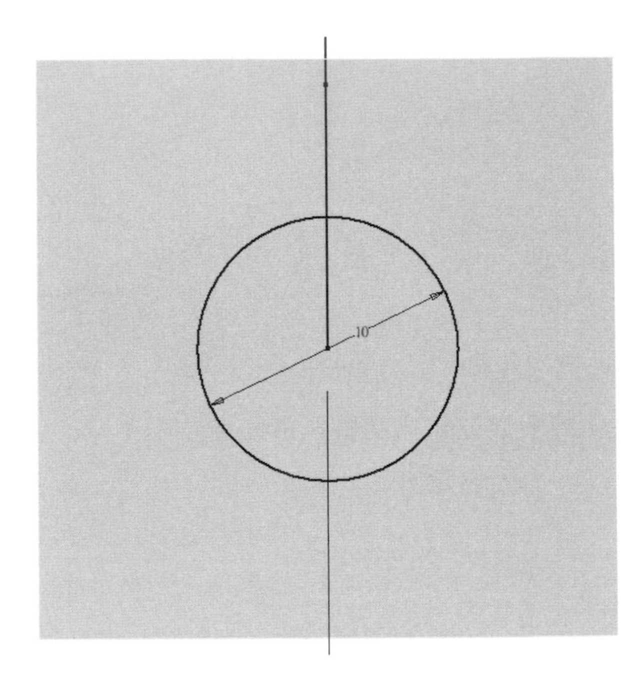

STEP 6 使用特徵工具選項板的【掃掠】工具，依序點擊路徑與輪廓以建立出實體。

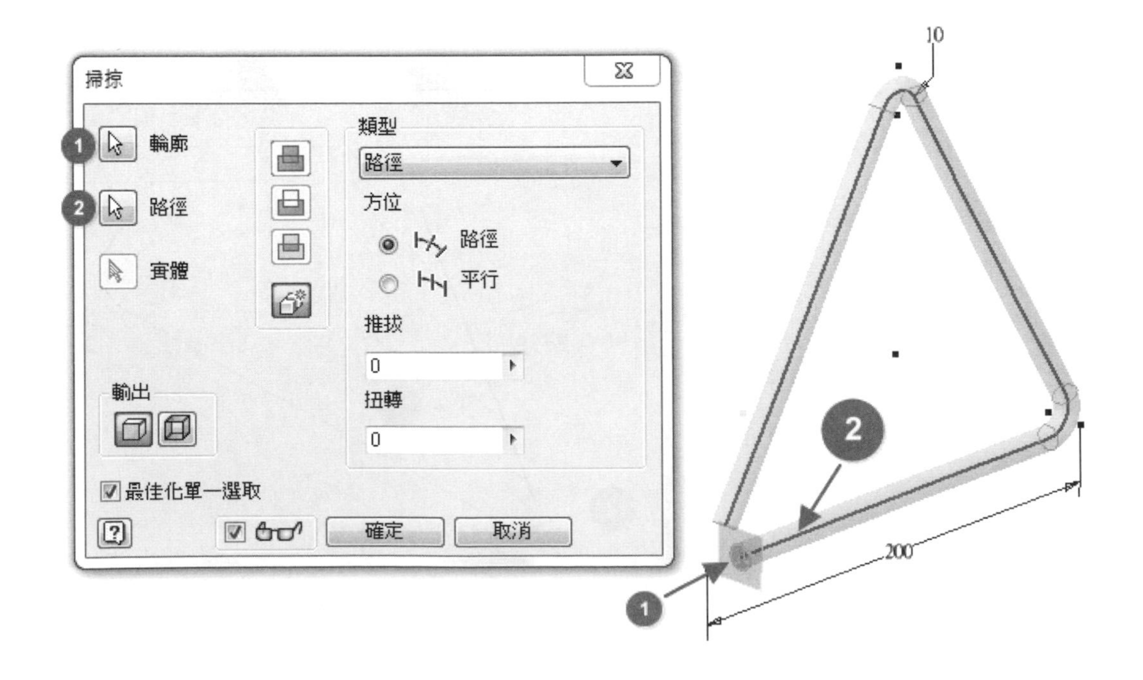

STEP 7 實體建立後，可至左方的樹狀圖中將工作平面項目進行【可見性】的關閉。

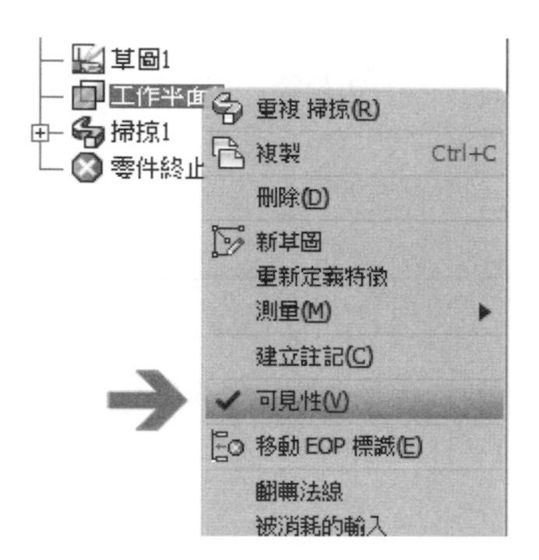

STEP 8 至工具選項板上方點選【外觀】項目，選擇自己喜歡的材質顏色後，三角鐵模型即完成。

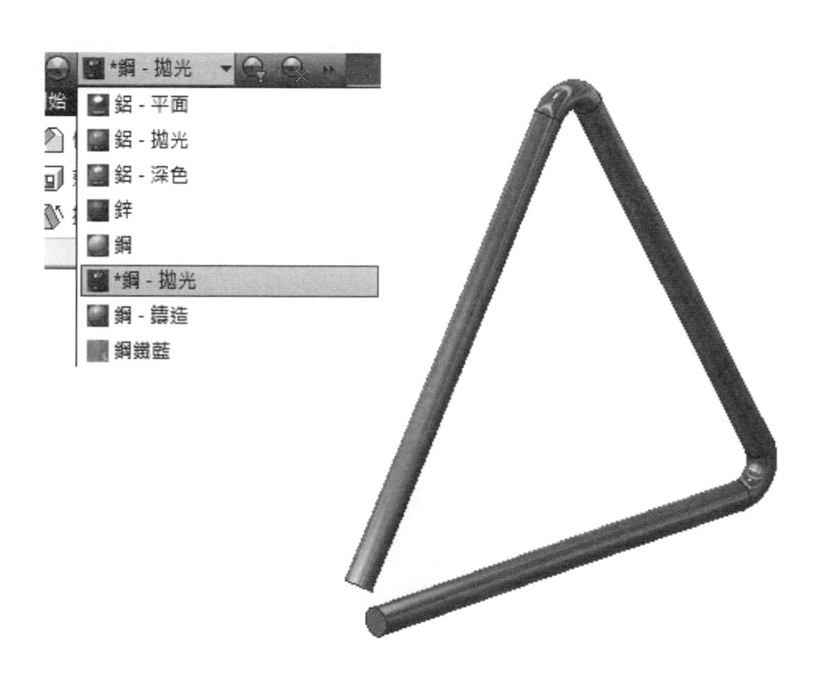

7-8 方形容器

STEP 1 在 XZ 工作平面上建立一張新草圖，並如圖所示繪製出草圖輪廓。

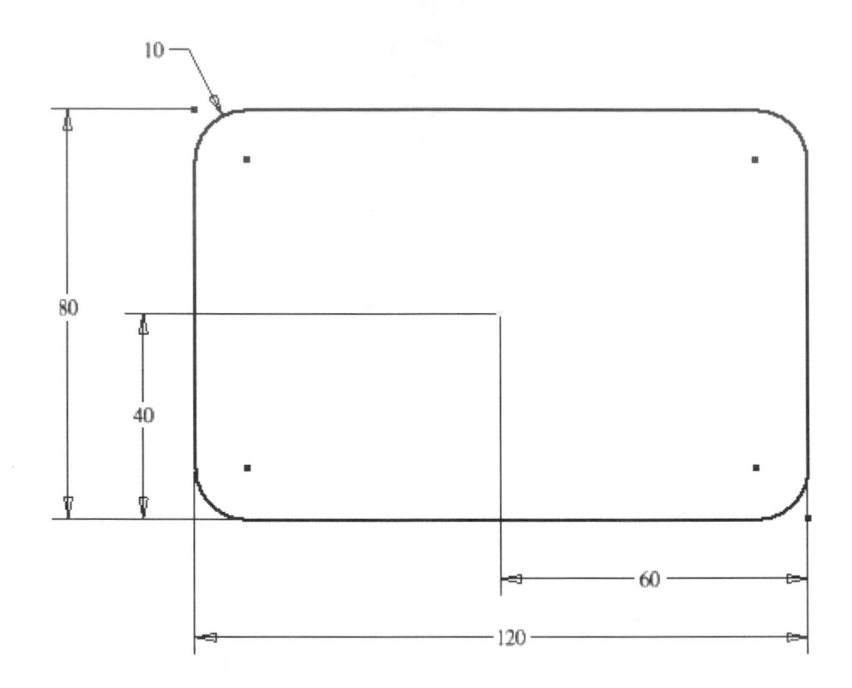

STEP 2 使用特徵工具選項板的【擠出】工具，並將草圖輪廓成形 50mm 的厚度。

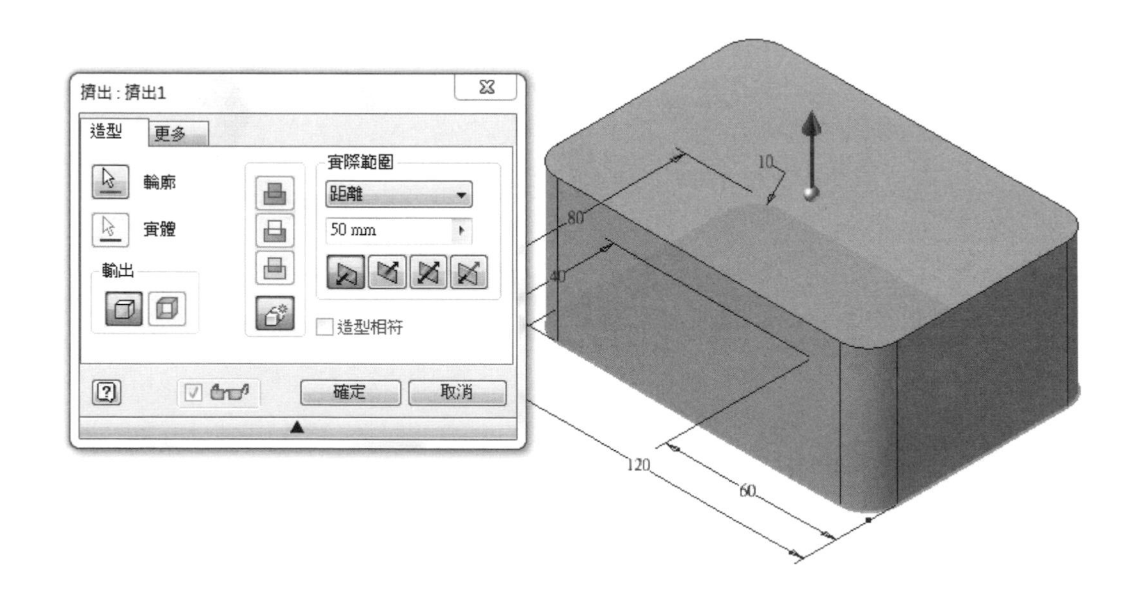

STEP 3 使用特徵工具選項板的【圓角】工具，將實體下方邊緣製作 10mm 的圓角半徑。

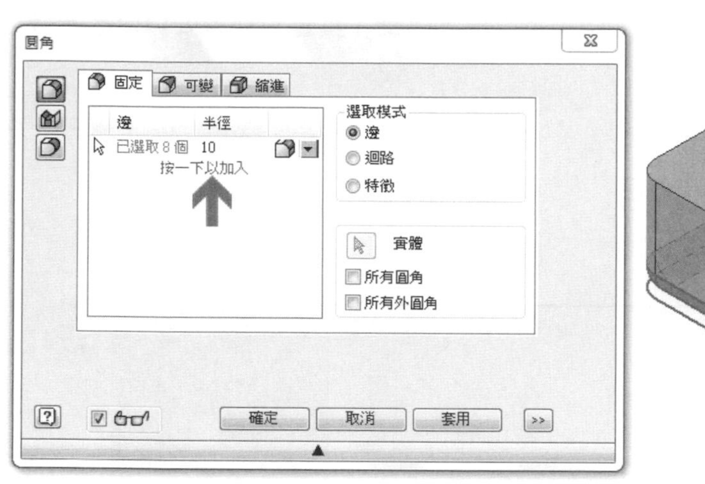

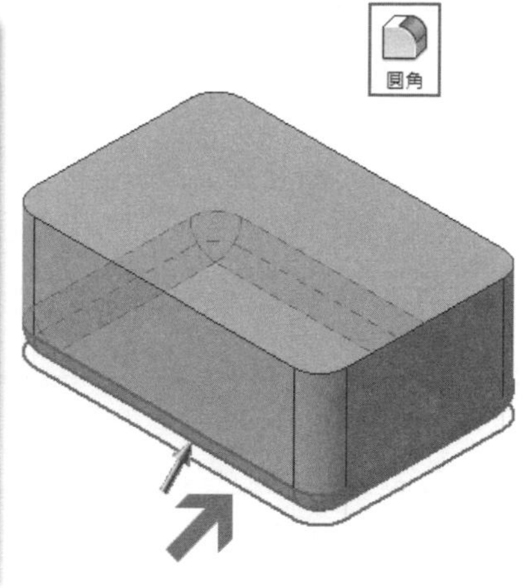

STEP 4 使用特徵工具選項板的【薄殼】項目，將厚度設定為 3，並移除掉實體上方的平面。

STEP 5 使用 YZ 工作平面來建立一張新草圖，只要能與實體交錯的工作平面都可以用來建立。

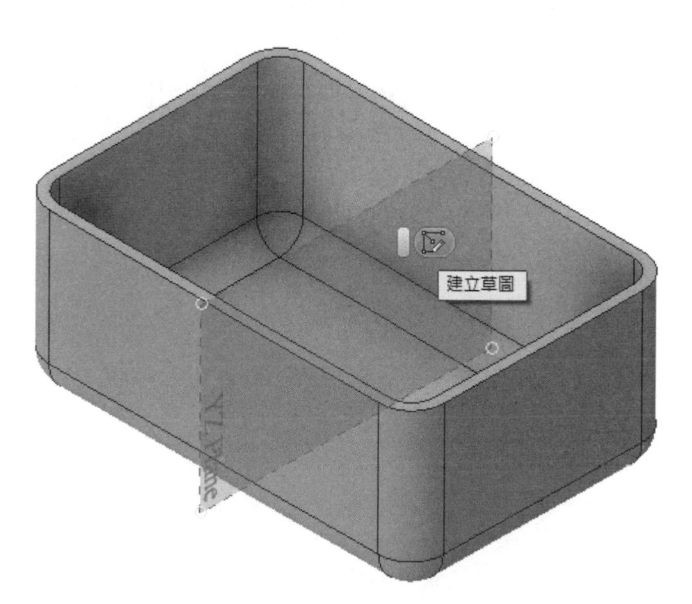

STEP 6 在 YZ 工作平面上繪製出如圖所示之草圖輪廓，其輪廓必須要與實體邊緣相連接。

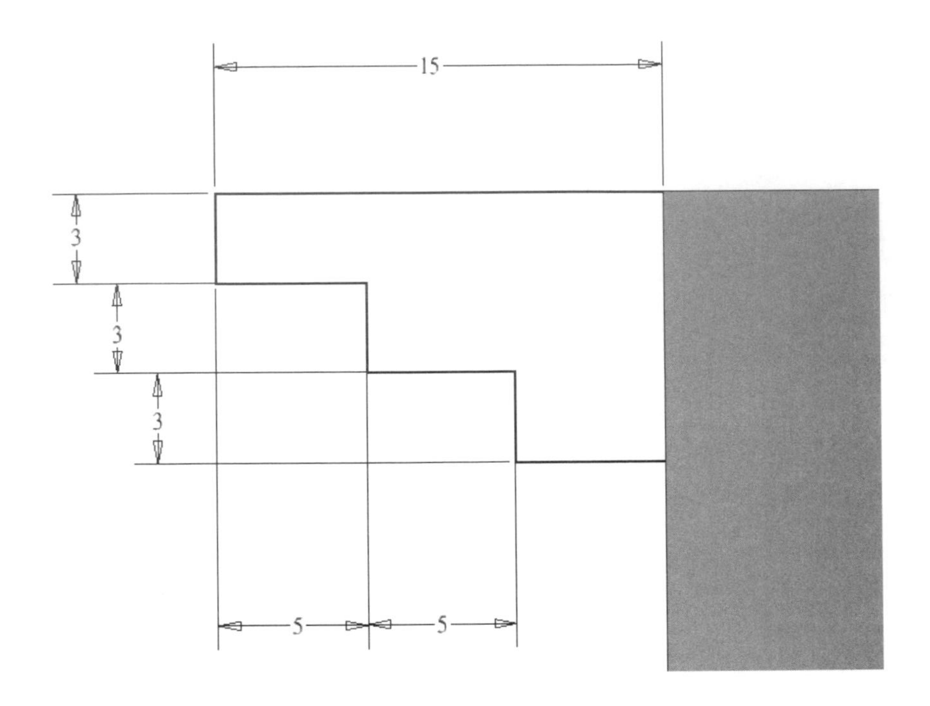

STEP 7 使用特徵工具選項板的【掃掠】工具，選取完草圖輪廓後，可直接點選實體外觀的邊緣，此動作將會把外圍輪廓當成路徑迴路來選取運用。

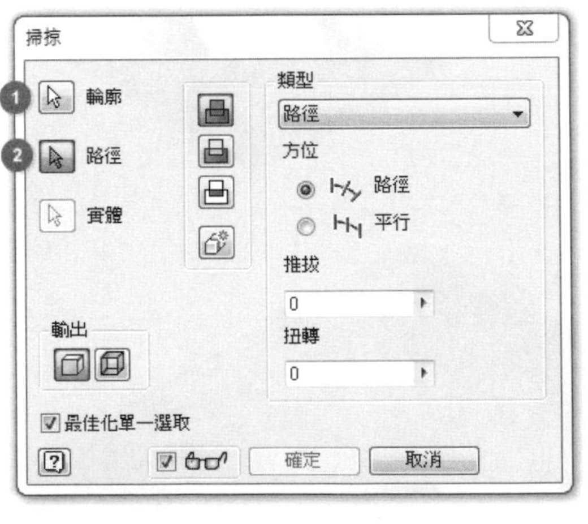

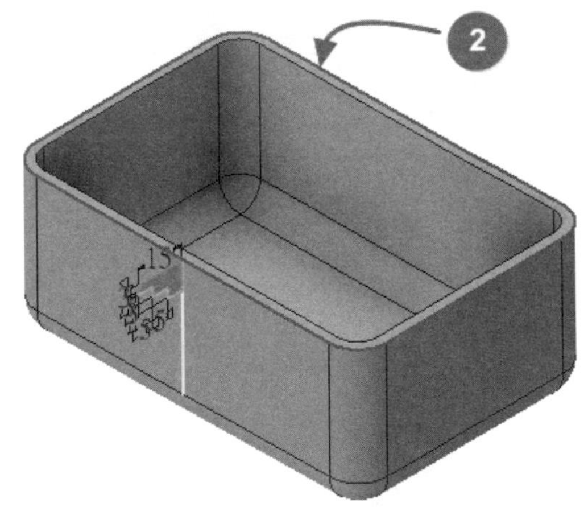

STEP 8 掃掠完成後可見到如圖所示之特徵出現。

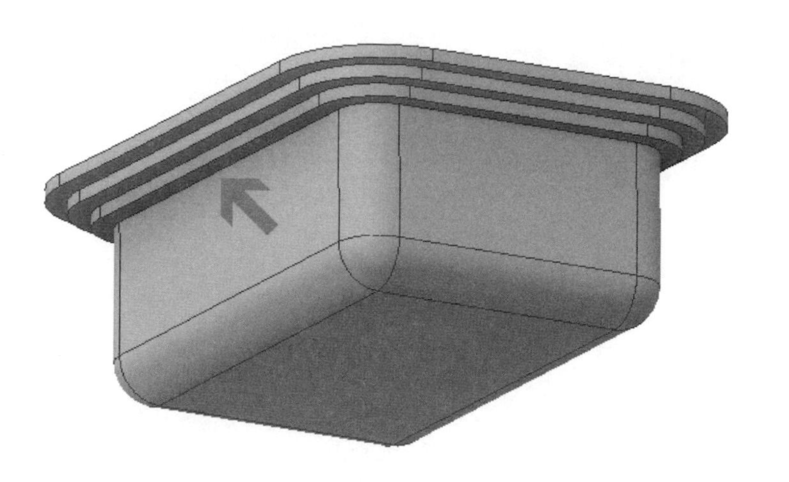

STEP 9 使用特徵工具選項板的【倒角】工具，將雙距離設定為 6。

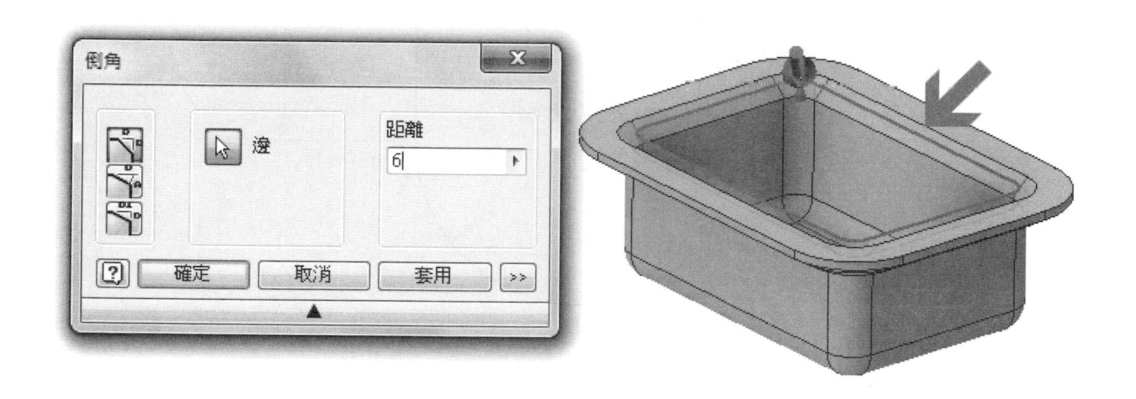

STEP 10 模型完成後，可至工具選項板上方點選【外觀】，並依自己喜好或模型所需使用的材質外觀顏色來運用，如此方形容器的製作即完成。

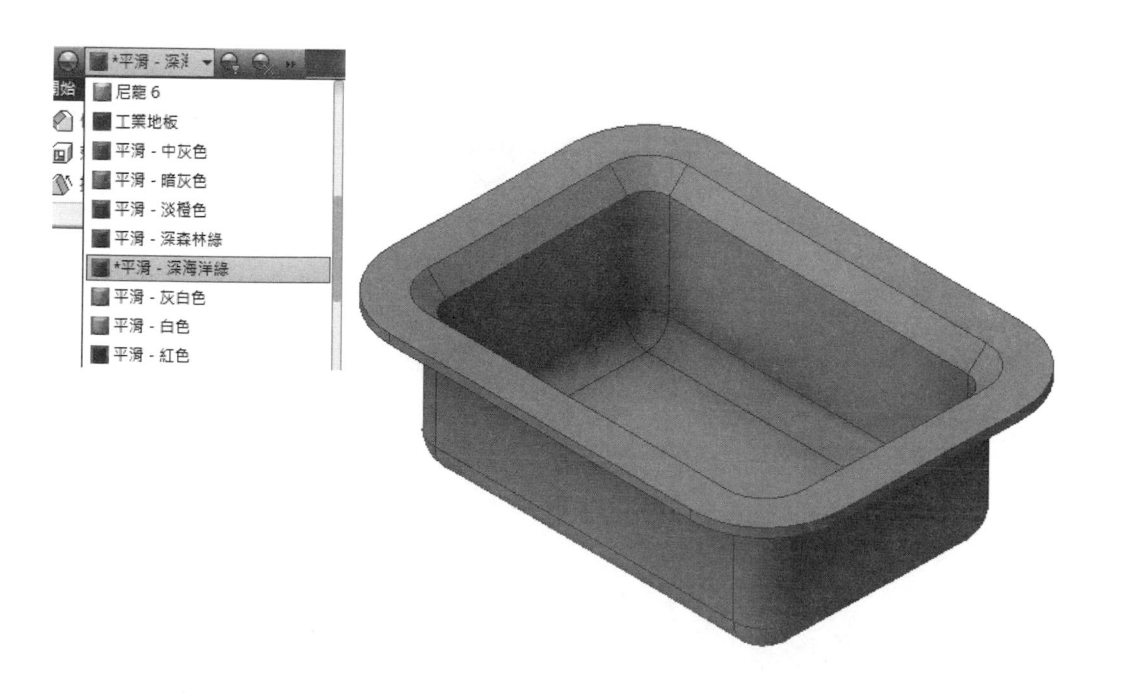

7-9 拐杖糖

STEP 1 在 XZ 工作平面建立一張新草圖，並依圖面所示繪製出草圖輪廓。

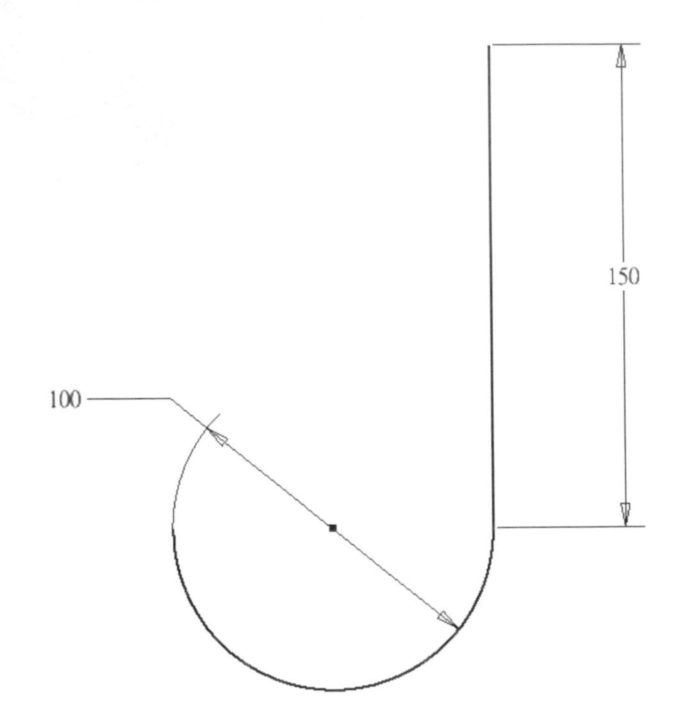

STEP 2 使用特徵工具選項板的【平面】，並選取【與軸線正垂且穿過點】，依序點擊來建立一張新的工作平面。

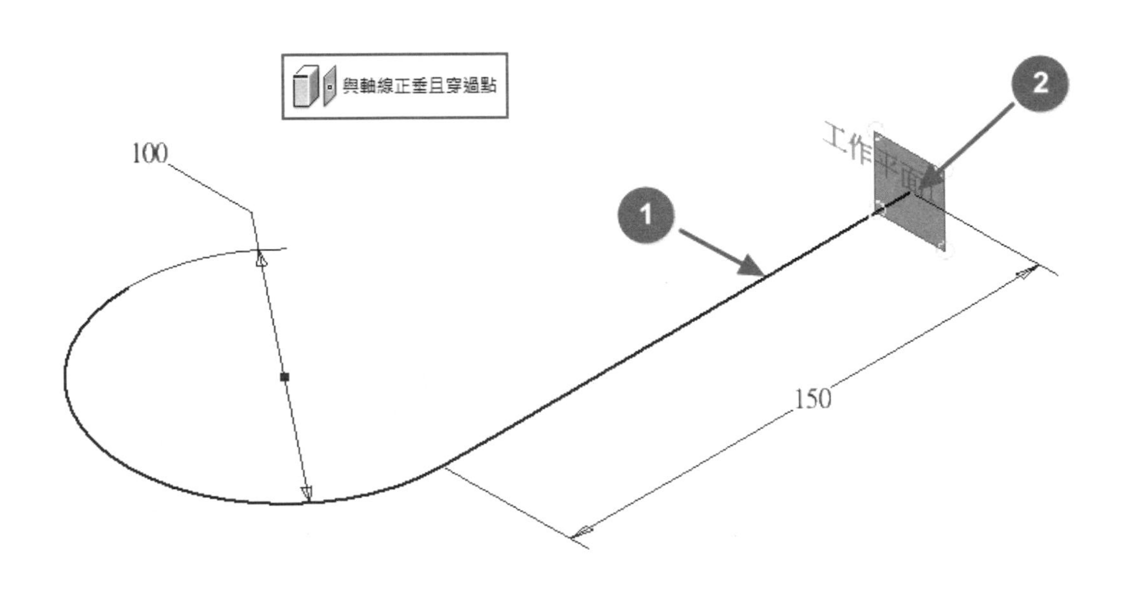

STEP 3 使用特徵工具選項板的【掃掠】工具，依序點選輪廓與路徑後以完成實體。

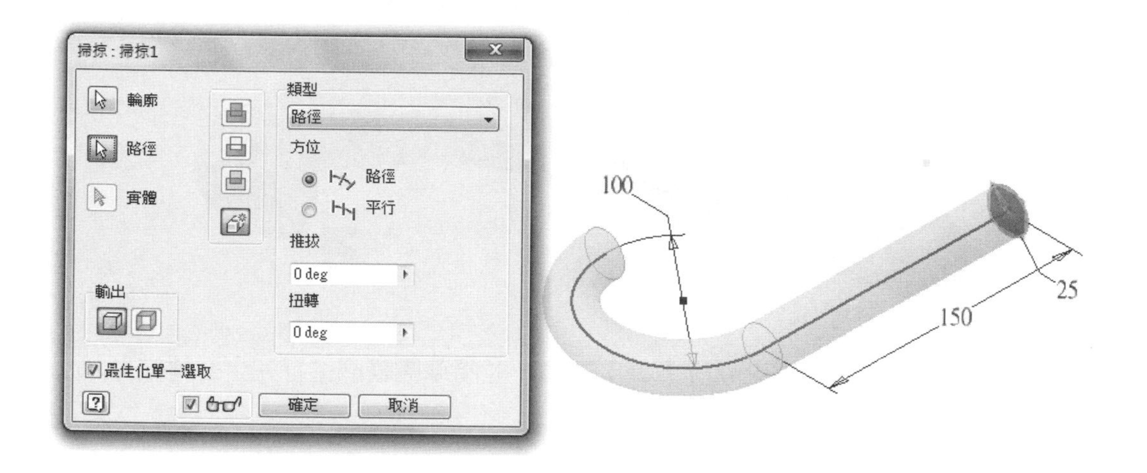

STEP 4 在已經成形的實體平面上建立一張新草圖，草圖輪廓的圓與外觀大小相等，並使用修剪工具將其製作成半圓以方便後續迴轉。

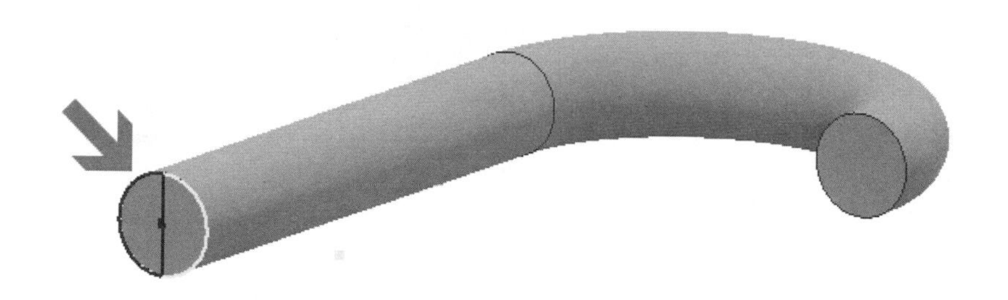

STEP 5 使用特徵工具選項板的【迴轉】工具，並將草圖輪廓進行完全迴轉成形。

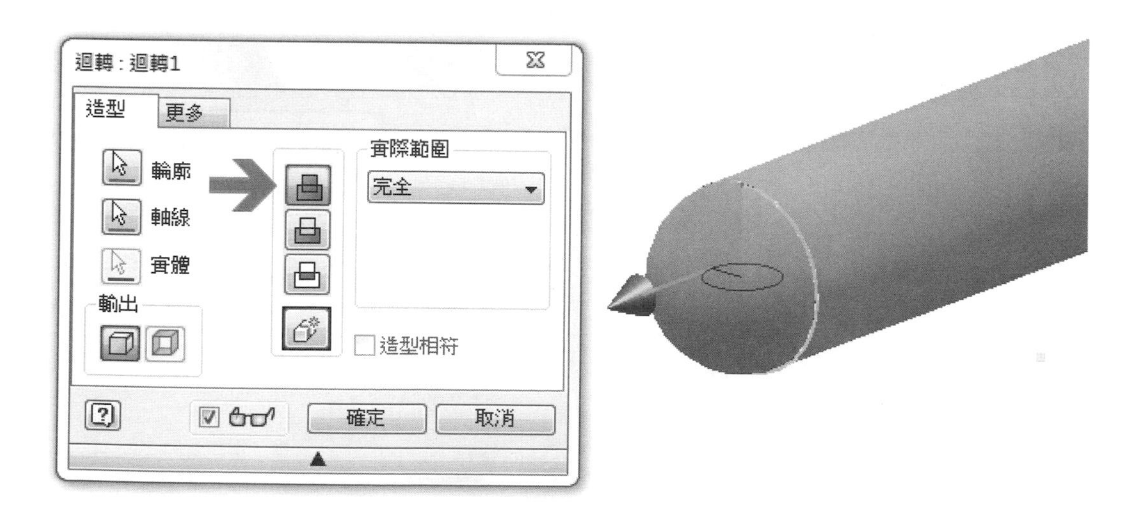

STEP 6 在已經成形的實體另一個平面上建立一張新草圖，草圖輪廓的圓與外觀大小相等，並使用修剪工具將其製作成半圓以方便後續迴轉。

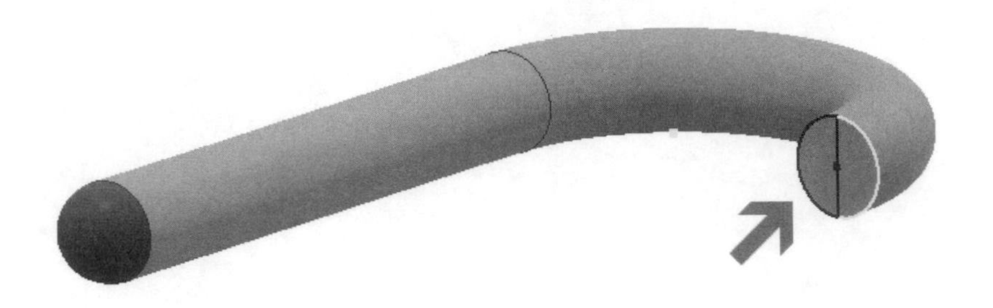

STEP 7 使用特徵工具選項板的【迴轉】工具，並將草圖輪廓進行完全迴轉成形。

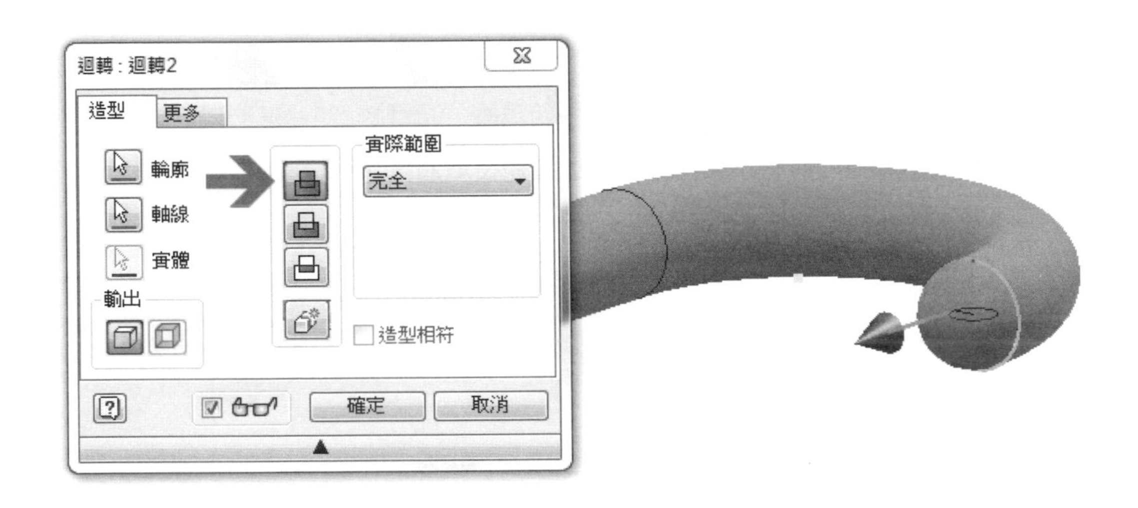

STEP 8 選擇特徵工具選項板的【平面】工具，點選【自平面偏移】的項目後，將 XZ 工作平面網上 50mm 建立一個新工作平面。

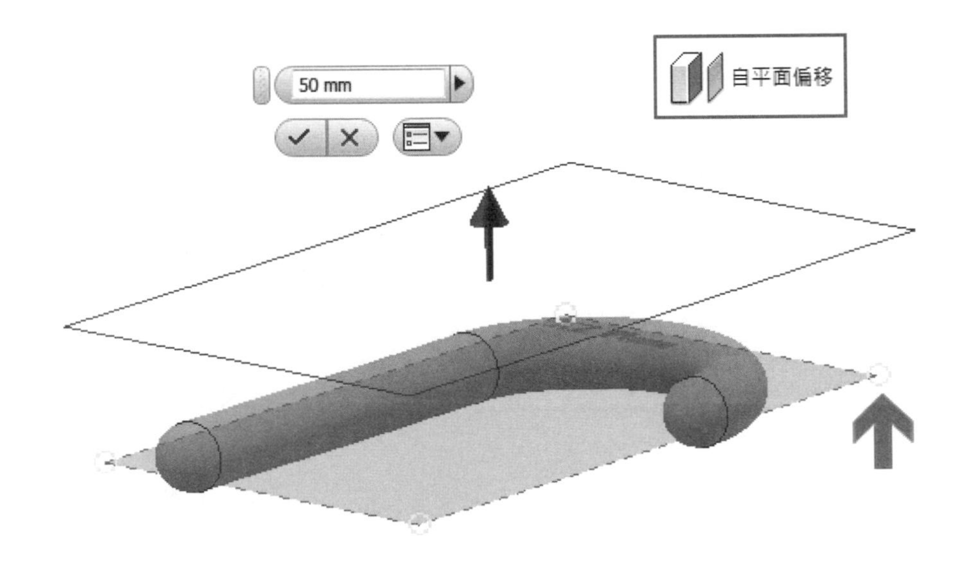

STEP 9 在新工作平面上繪製如圖所示之草圖圖元，並在旁邊繪製一條建構線來做為輔助之用。

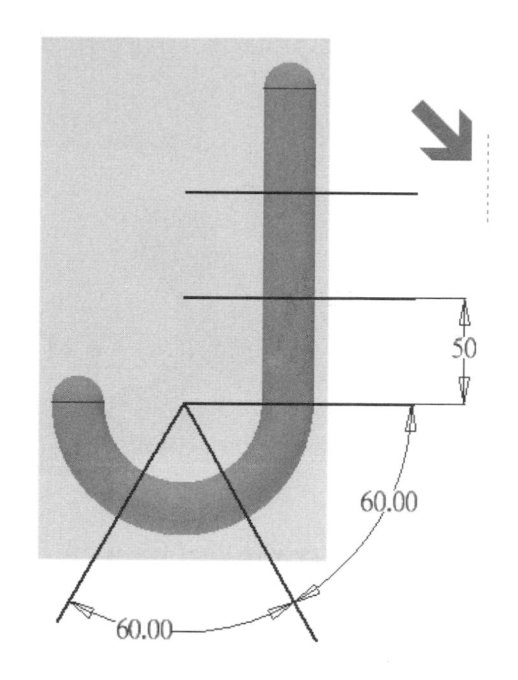

STEP 10 將滑鼠移動到左邊樹狀圖上，在剛建立完成的草圖上按一下滑鼠右鍵來開啟選單，並將【共用草圖】項目開啟。

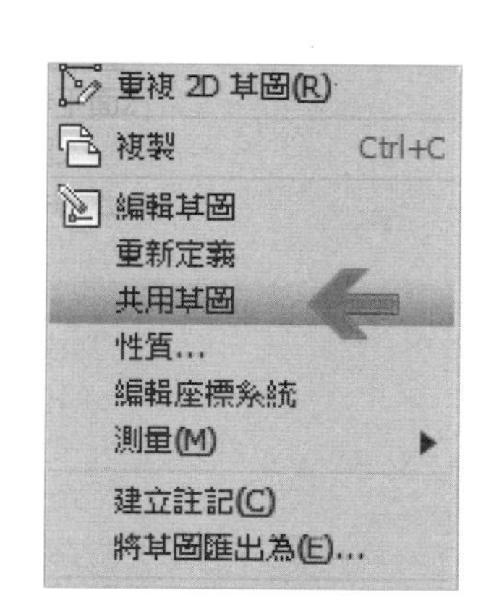

STEP 11 使用特徵工具選項板上的【分割】，選擇【分割實體】模式，並點選單一線段圖元來做為分割工具，一個圖元只能進行分割一次，所以，這階段要依照讀者自訂的分割數量來決定反覆製作的次數。

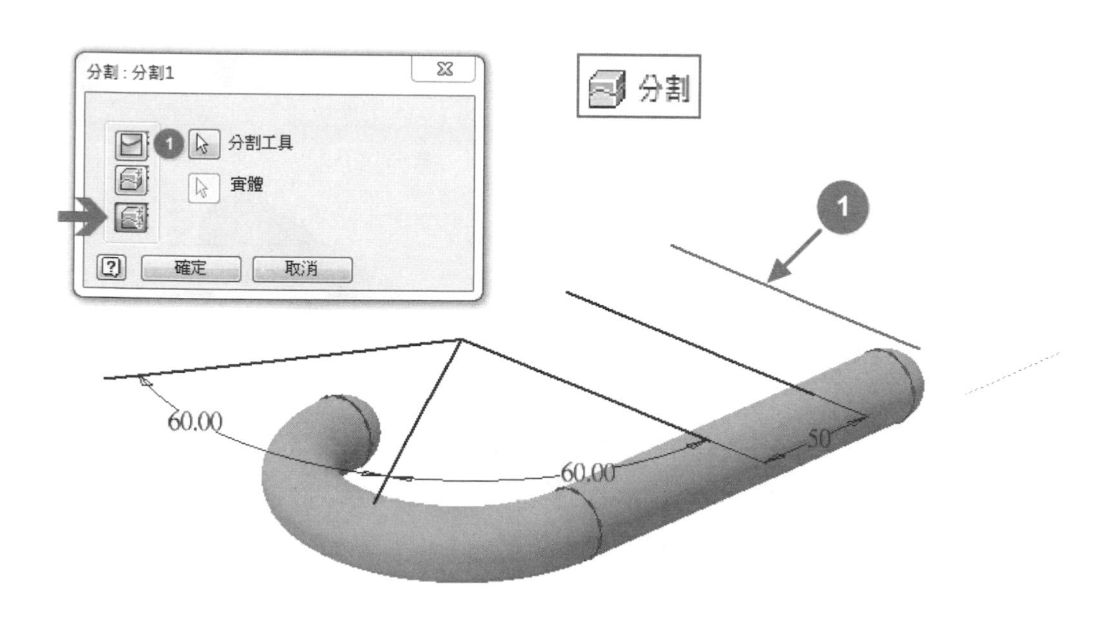

STEP 12 【切割】完成後，我們可以見到在實體上已經被分成數個獨立的實體了。

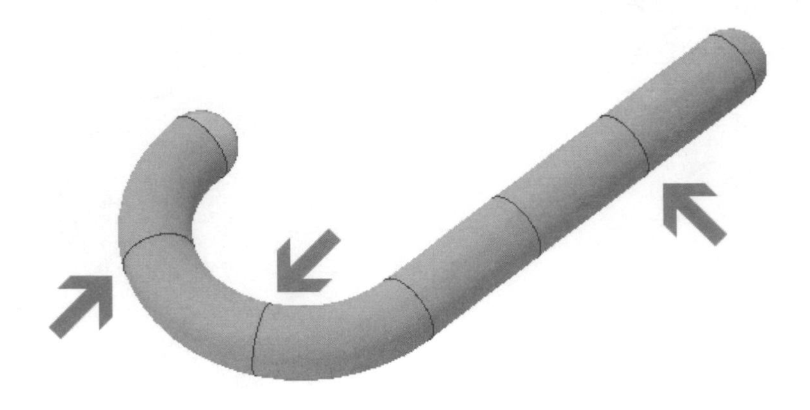

STEP 13 至工具選項板的上方點選【外觀】，並依照自己喜好或是工作上所需運用的外觀材質來進行設定。

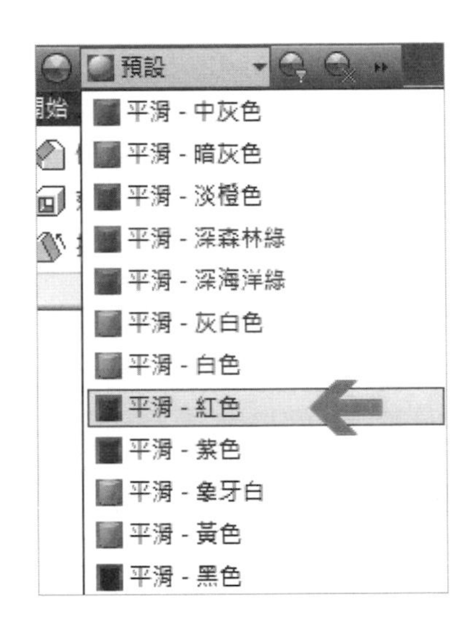

STEP 14 完成後，一個拐杖糖的模型即完成。

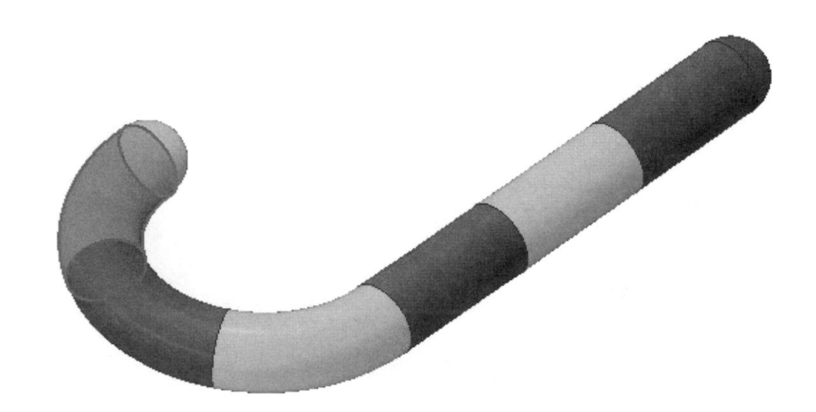

7-10 元寶

STEP 1 在 XZ 工作平面上建立一張新草圖，並繪製出如圖所示之草圖輪廓。

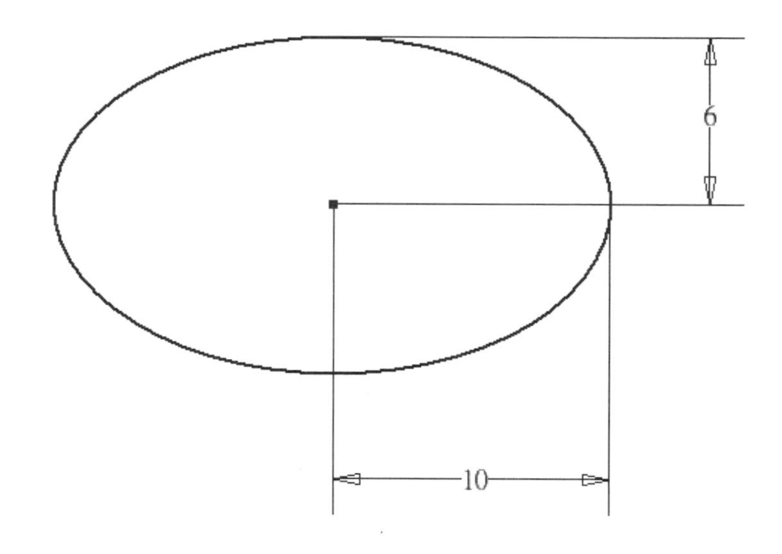

STEP 2 使用特徵工具選項板的【自平面偏移】項目，將ＸＺ工作平面往上方距離 15mm 處再建立一張新的工作平面。

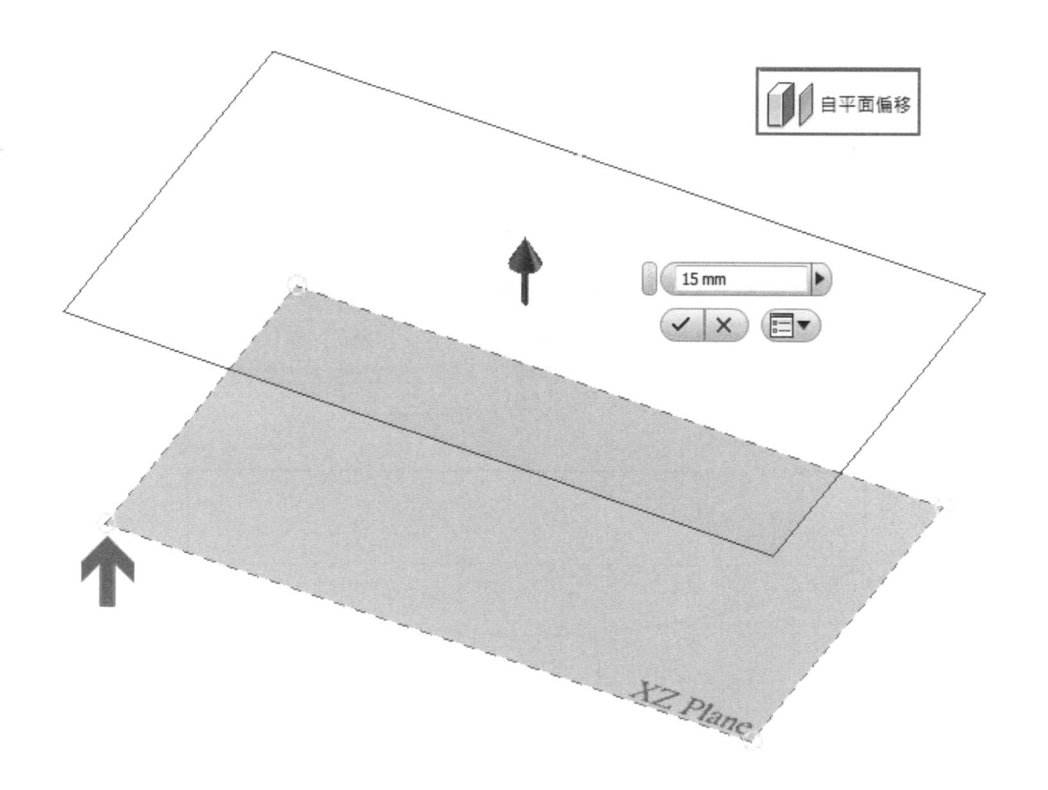

STEP 3 在新的工作平面上建立一張新草圖，並繪製出如圖所示之草圖輪廓。

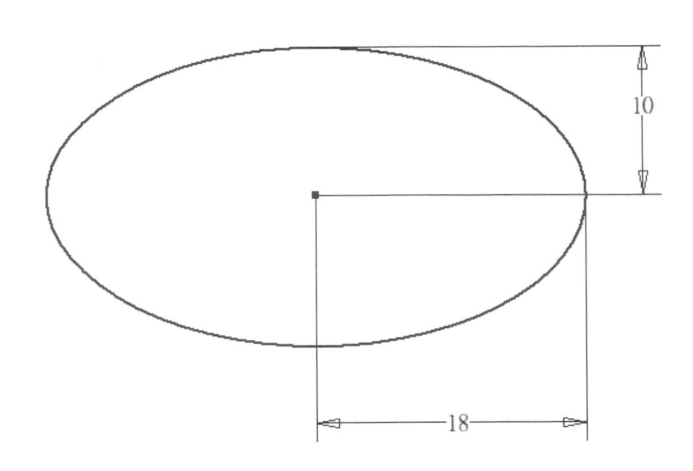

STEP 4 使用特徵工具選項板的【斷面混成】項目，依序將兩張草圖輪廓點選以成形實體。

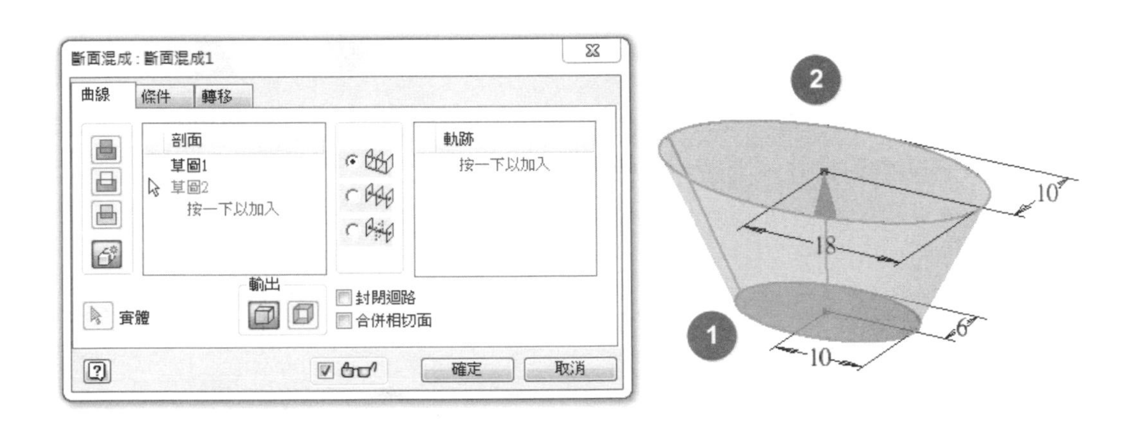

STEP 5 在 XY 工作平面上建立一張新草圖，並在其上方繪製一圓弧圖元，其兩端必須與兩側端點相接，因此輪廓是做為【擠出切割】使用，所以實體外的區域可以任意繪製出封閉輪廓來輔助即可。

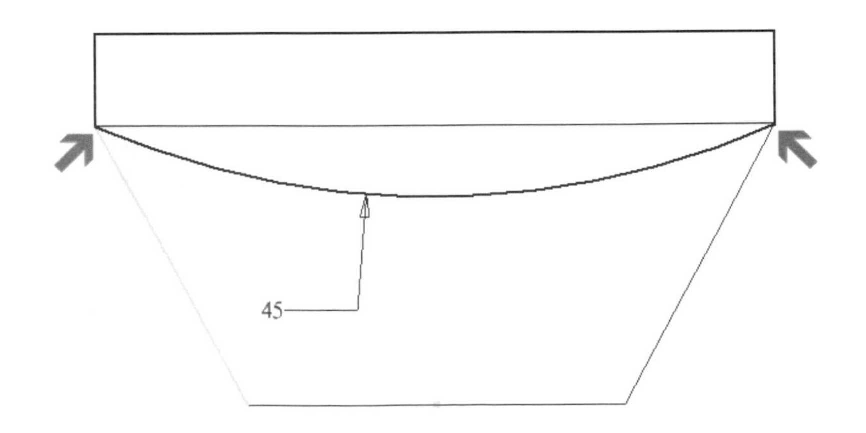

STEP 6 使用特徵工具選項板的【擠出】工具，選擇【切割】模式後，將草圖輪廓往兩個方向共切割３０mm 的距離。

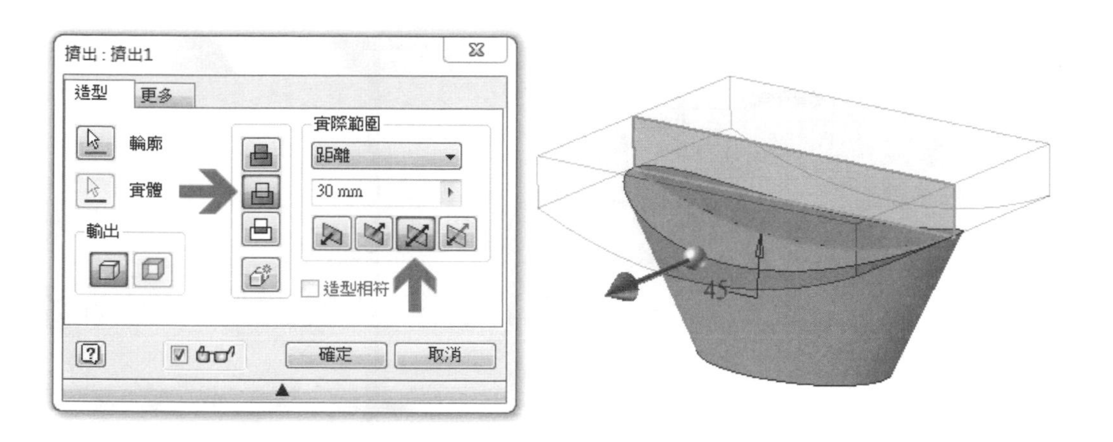

STEP 7 使用ＸＹ工作平面來建立一張新草圖，並依圖面所示將草圖輪廓繪製完成，因此輪廓是做為【迴轉】使用，所以必須要將中間繪製的橢圓進行修剪。

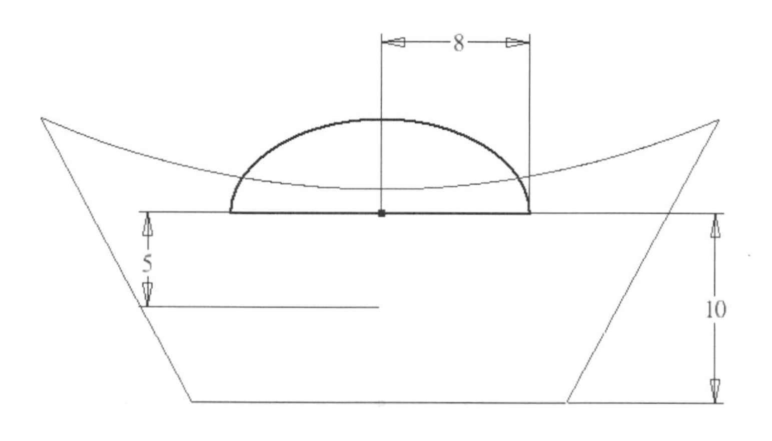

STEP 8 使用特徵工具選項板的【迴轉】項目，將會治好的橢圓輪廓進行完全迴轉。

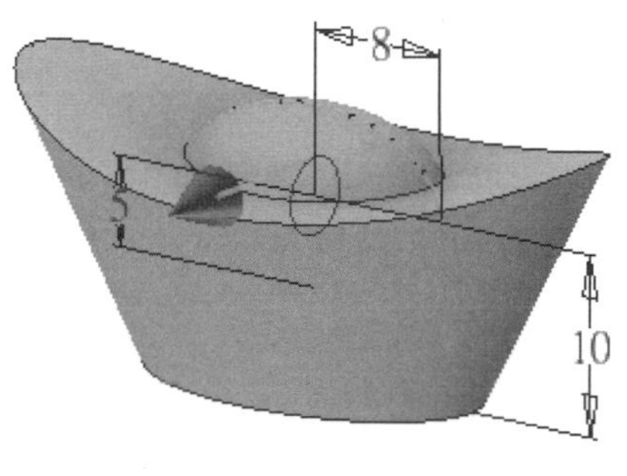

STEP 9 使用特徵工具選項板的【圓角】工具，將下方邊緣進行 3 mm 的圓角特徵。

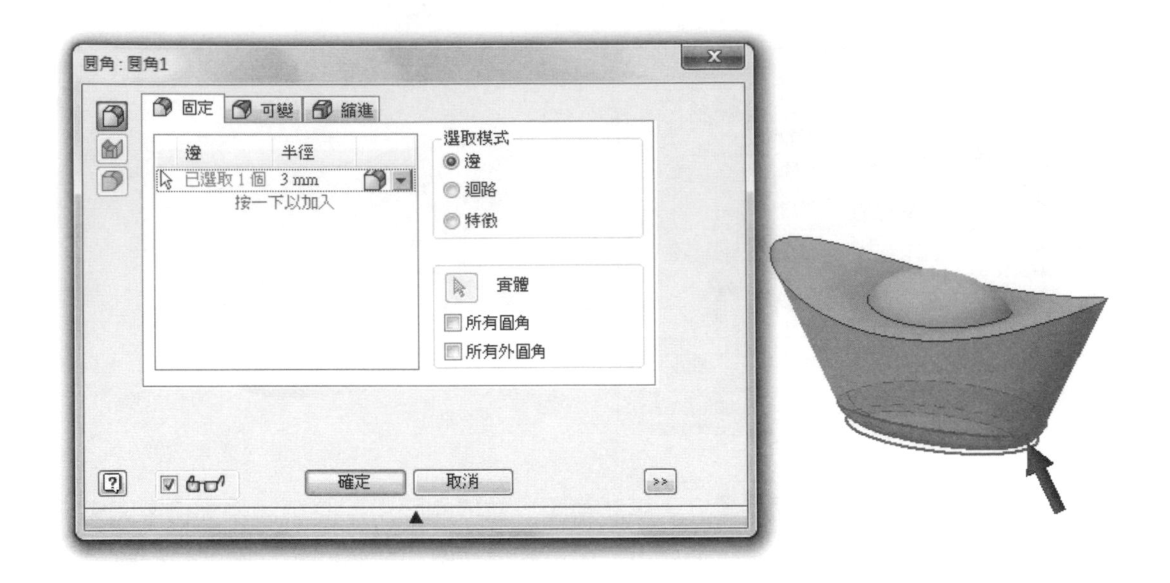

STEP 10 使用特徵工具選項板的【圓角】工具，將上方邊緣進行 1mm 的圓角特徵。

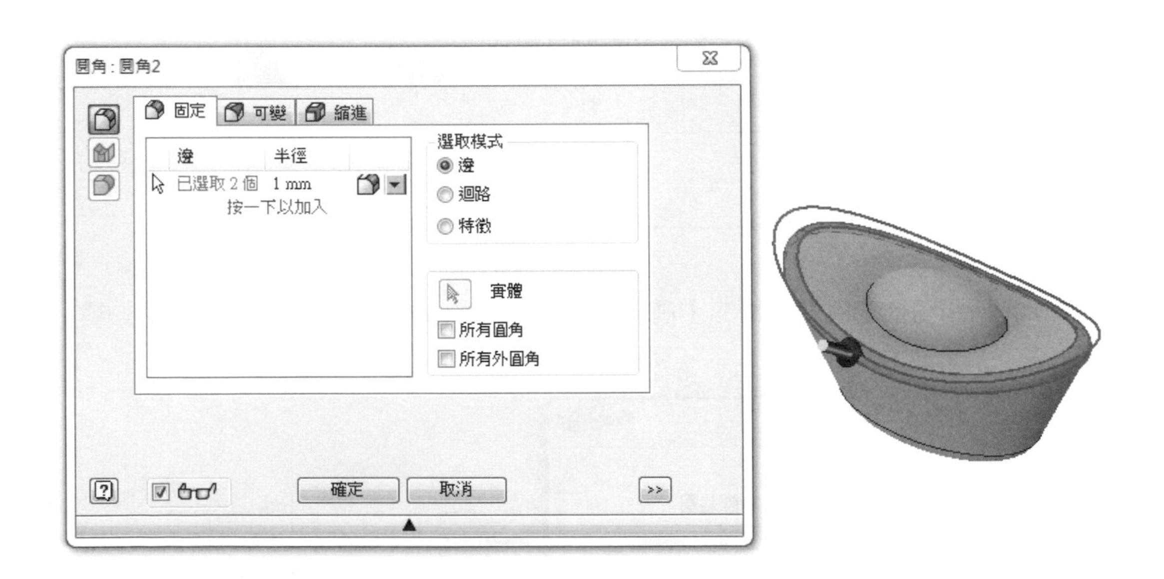

STEP 11 使用特徵工具選項板的【圓角】工具，將中間橢圓邊緣進行 1mm 的圓角特徵。

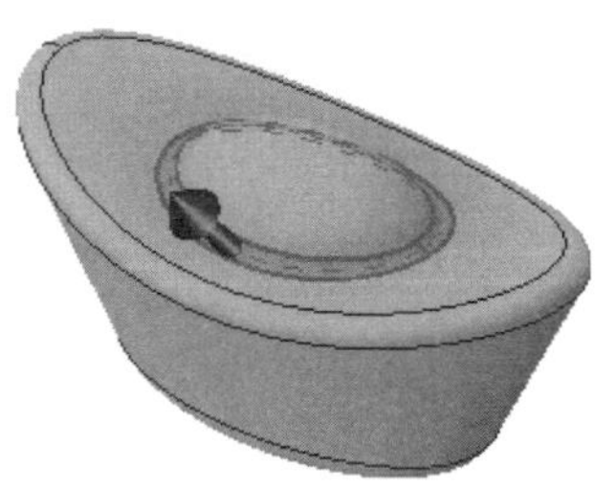

STEP 12 模型建立完成後，可至選項板上方點選【外觀】工具，依照自己喜歡的外觀材質顏色進行變更後，金元寶的模型即完成。

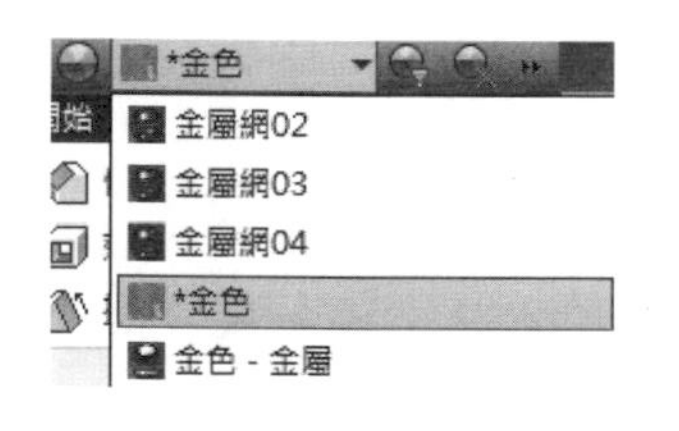

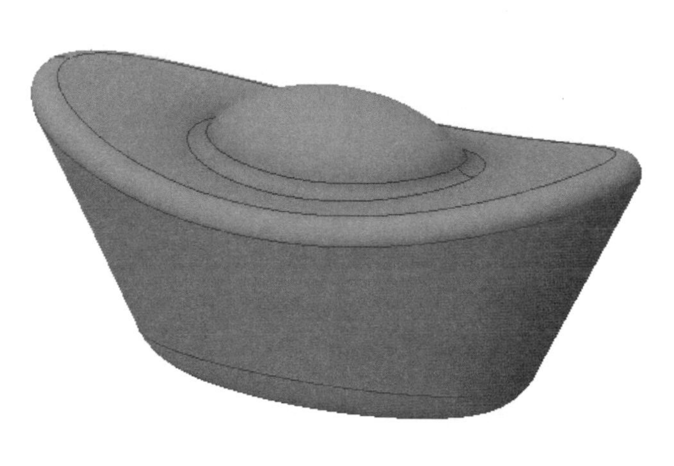

7-11 置筷架

STEP 1 在 XY 工作平面建立一張新草圖，並將如圖所示之草圖輪廓繪製完成。

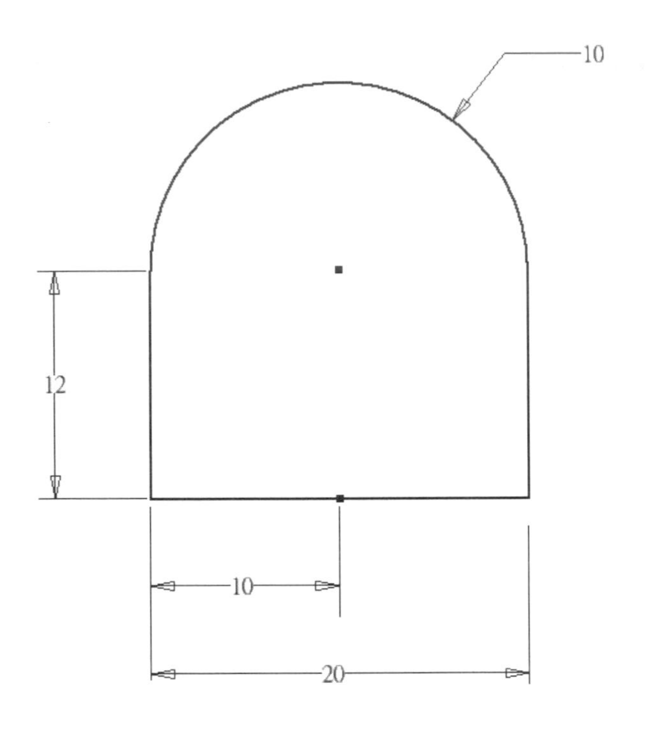

STEP 2 使用特徵工具選項板的【平面】工具，選擇 XY 工作平面後在距離 60mm 處建立一個新的工作平面。

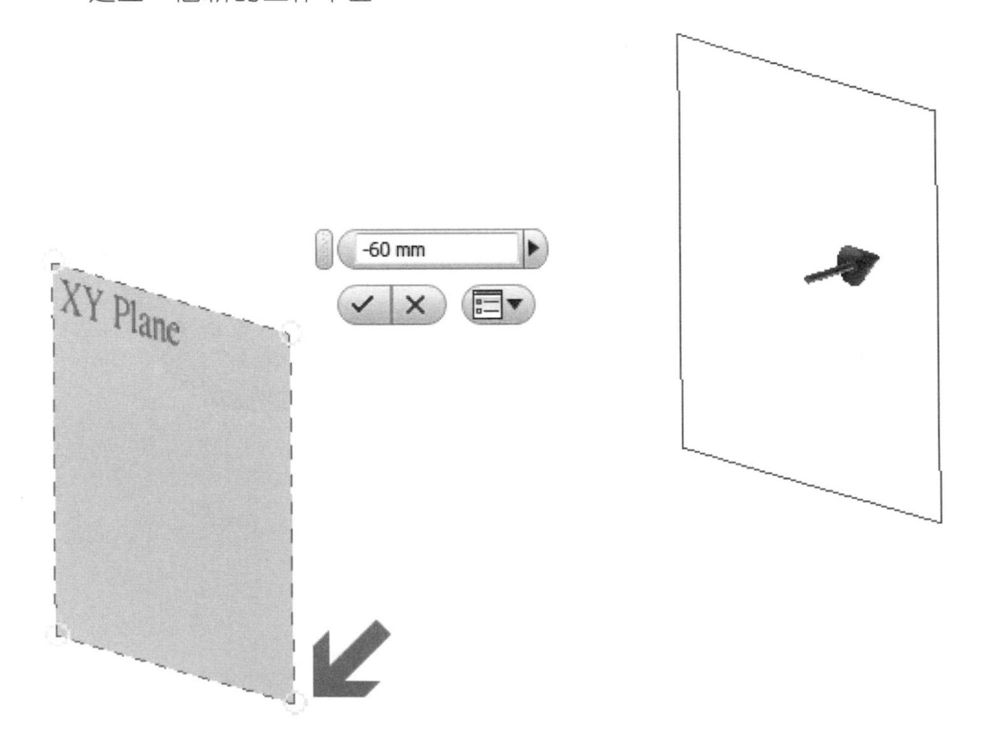

STEP 3 進入新工作平面後，使用草圖工具選項板的【投影幾何圖形】項目，將第一張草圖輪廓投影至新工作平面上。

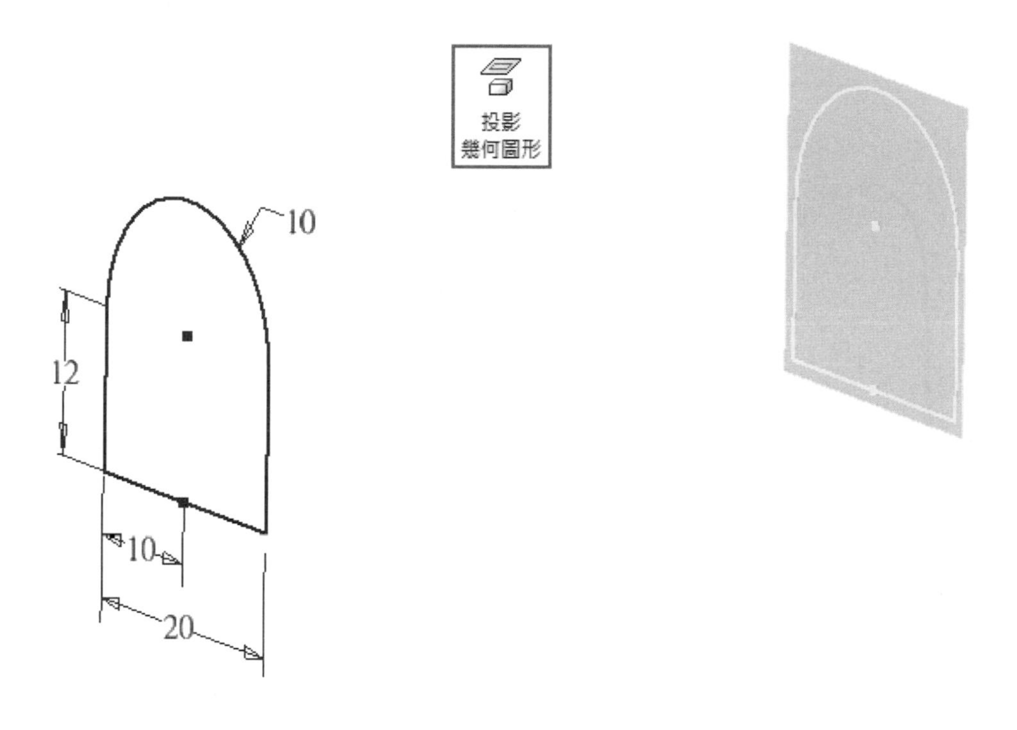

STEP 4 選擇ＹＺ工作平面來建立一張新草圖，並在其上繪製一圓弧圖元，其兩端必須與兩張草圖輪廓有接合。

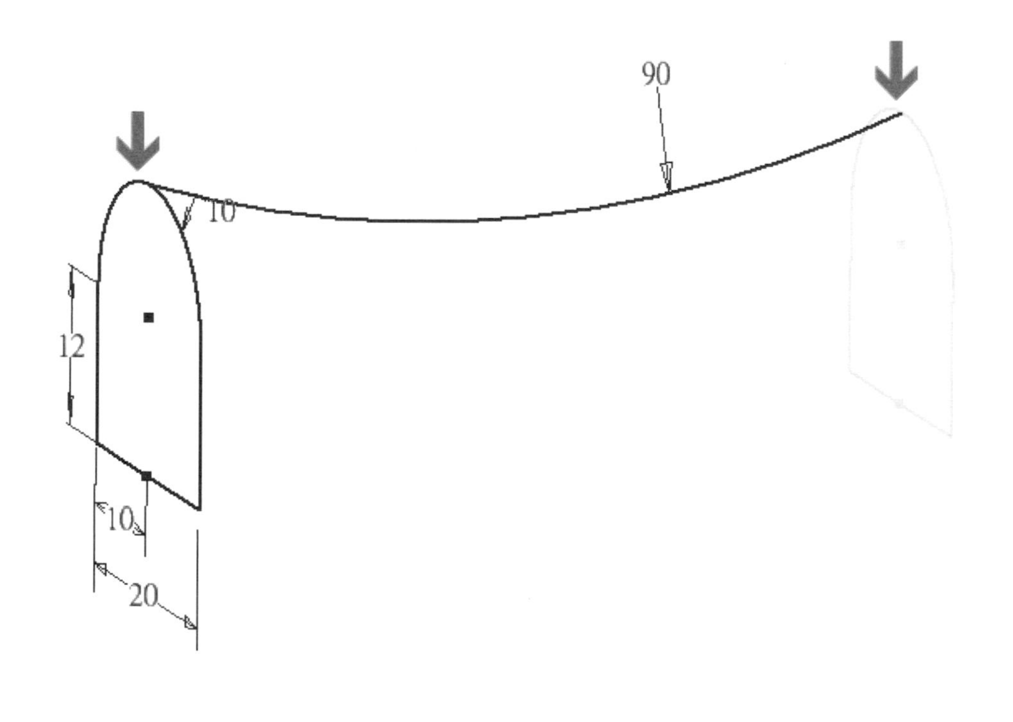

STEP 5 選擇ＹＺ工作平面來建立一張新草圖，並在其上繪製一直線圖元，其兩端必須與兩張草圖輪廓有接合。

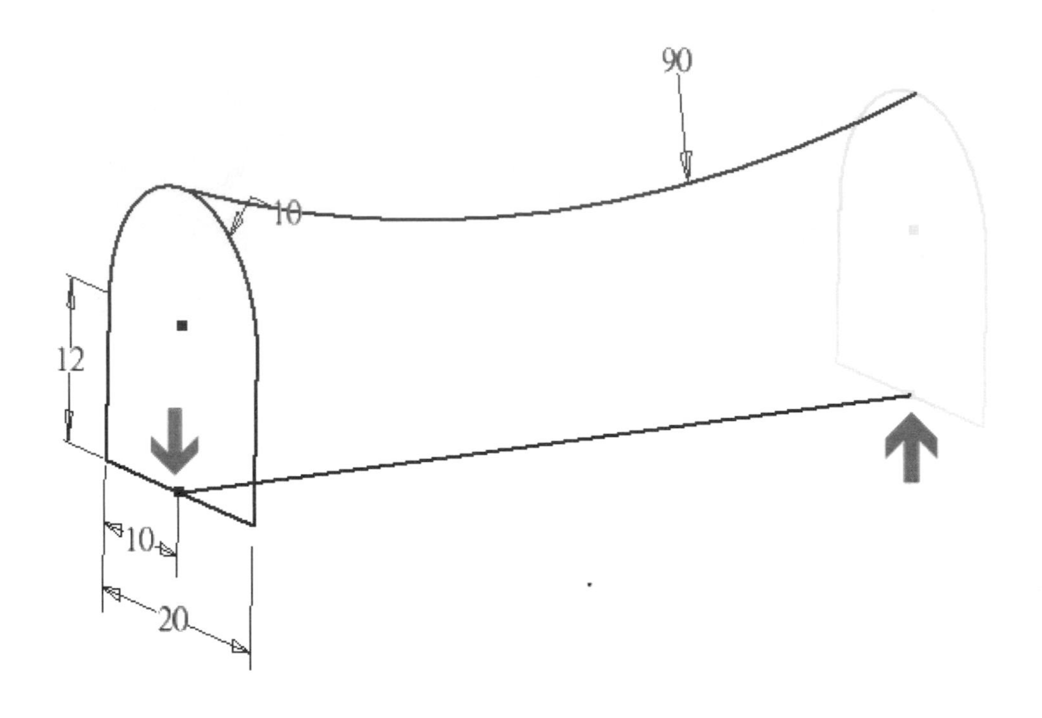

STEP 6 使用特徵工具選項板的【斷面混成】工具，依序將兩張草圖輪廓選取後，再將圓弧與直線的草圖運用在【軌跡】項目以成為導引曲線。

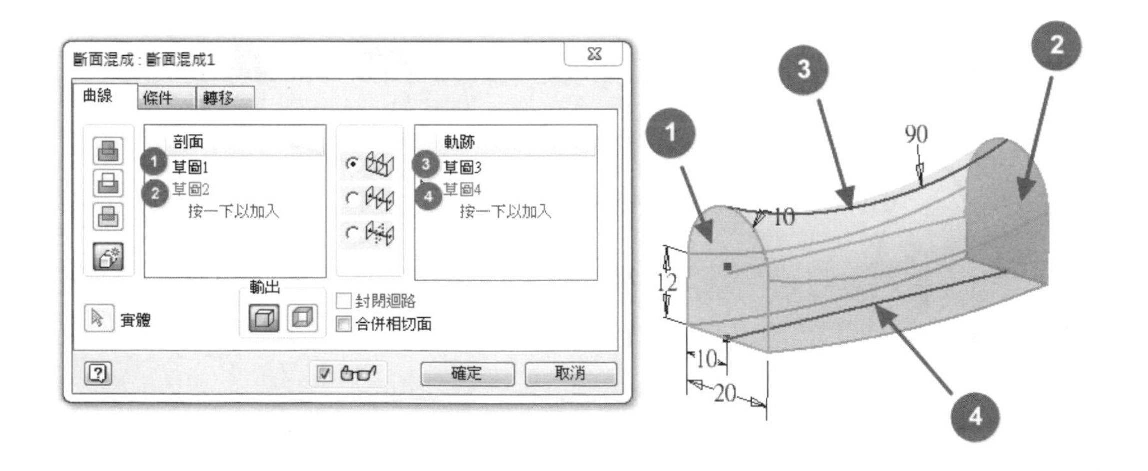

STEP 7 模型繪製完成後，可透過選項板上方的【外觀】來進行材質顏色的變更，則置筷架即完成。

7-12 USB 隨身碟

STEP 1 首先，我們到ＸＺ平面來建立一張新草圖，並依圖面尺寸所示，繪製出如下之圖元。

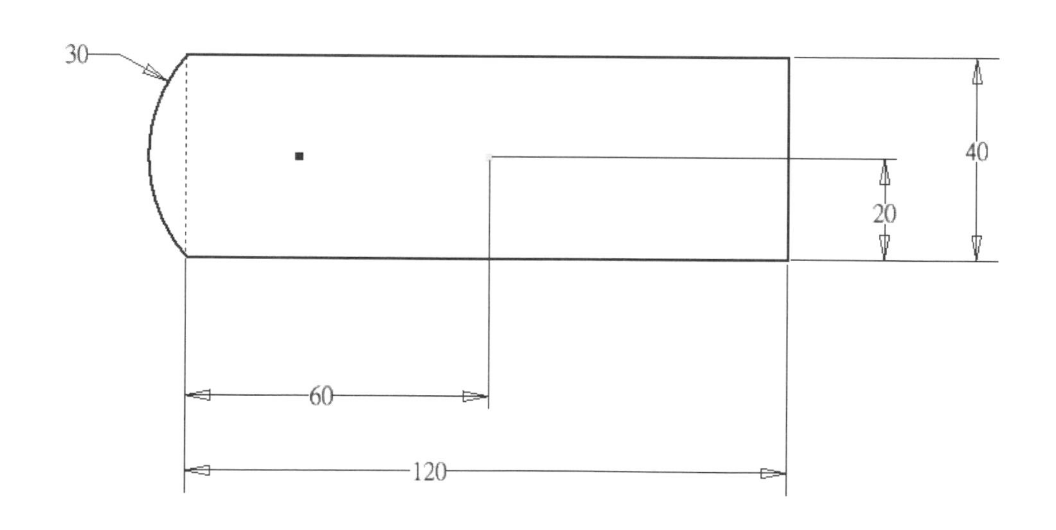

STEP 2 完成草圖後，使用【擠出】工具，選擇【對稱】項目，將距離擠出 16mm。

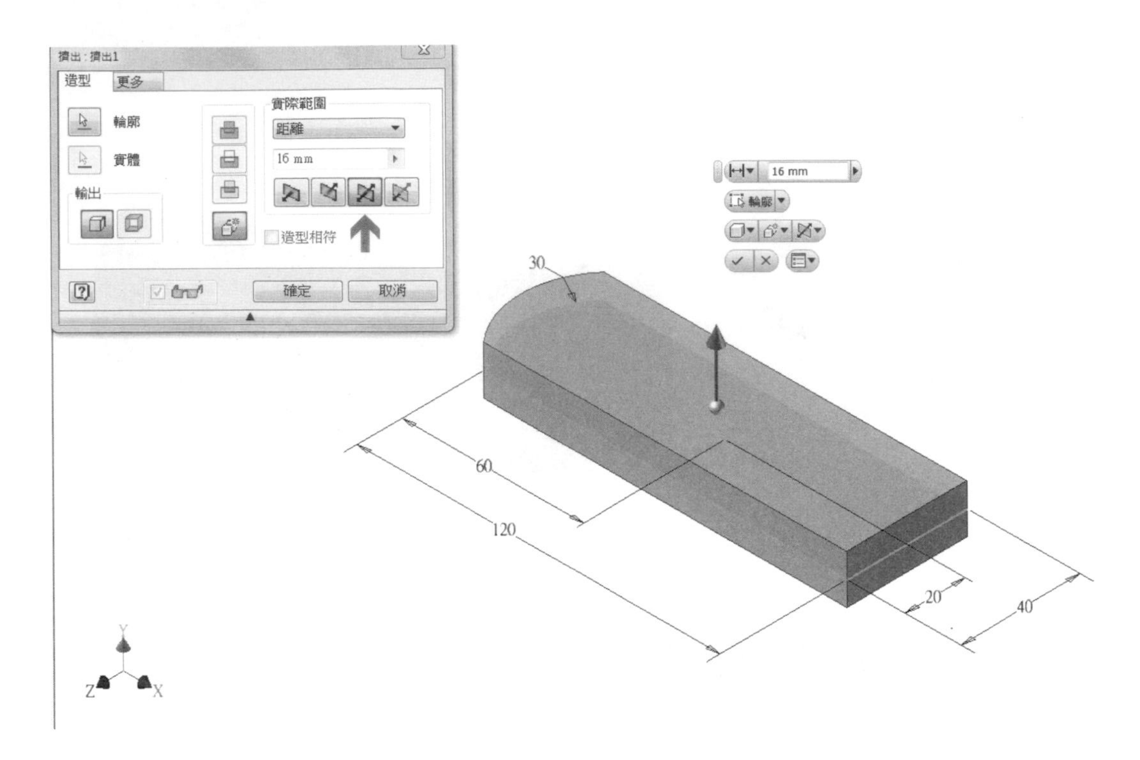

STEP 3 以 YZ 平面來建立一個新工作平面，距離 75mm。

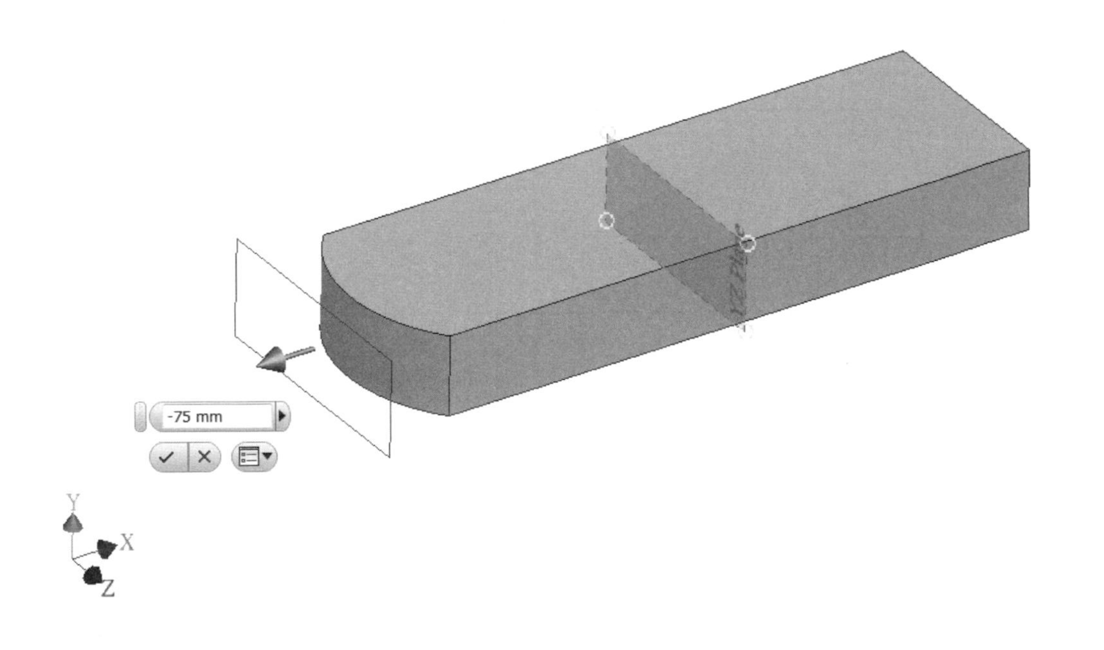

STEP 4 | 點選新建立的工作平面，按滑鼠右鍵開啟初選單，選擇【翻轉法線】來讓工作平面的正反面置換。

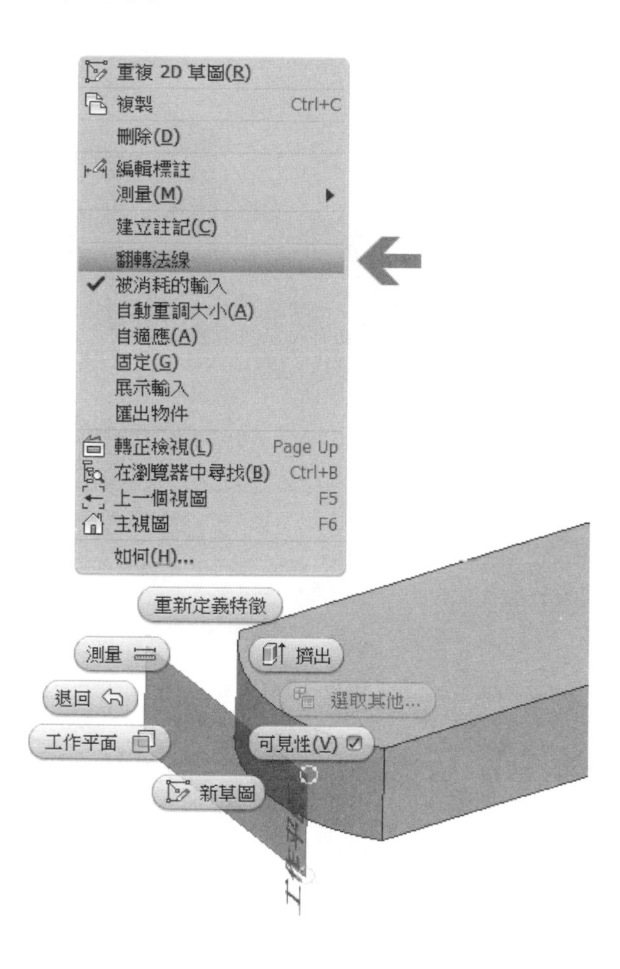

STEP 5 | 選擇新工作平面來繪製一張新草圖，繪製出如下圖之草圖圖元。

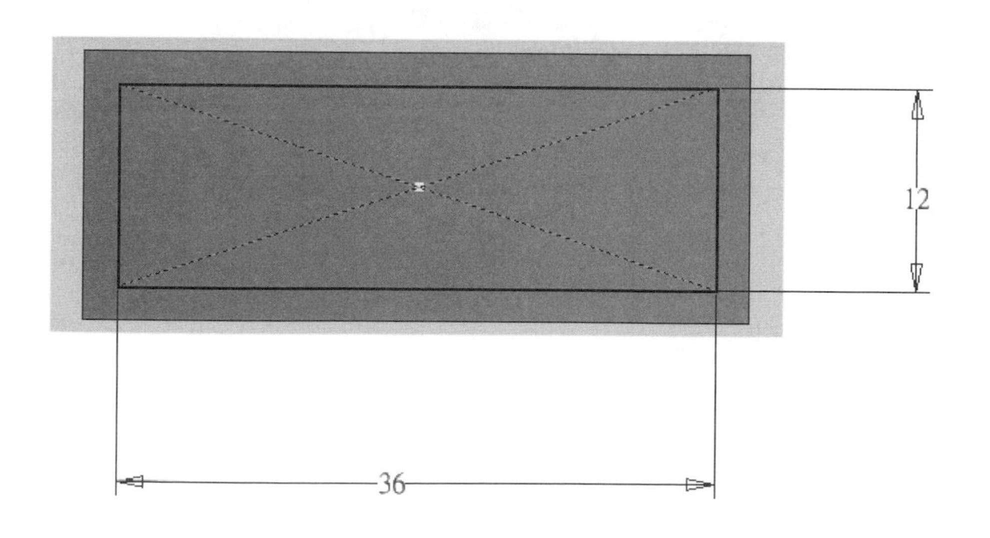

STEP 6 使用【擠出】工具，將實際範圍的項目選擇【至】，接著再到實體特徵處點擊欲成型至接觸面，如箭頭所示。

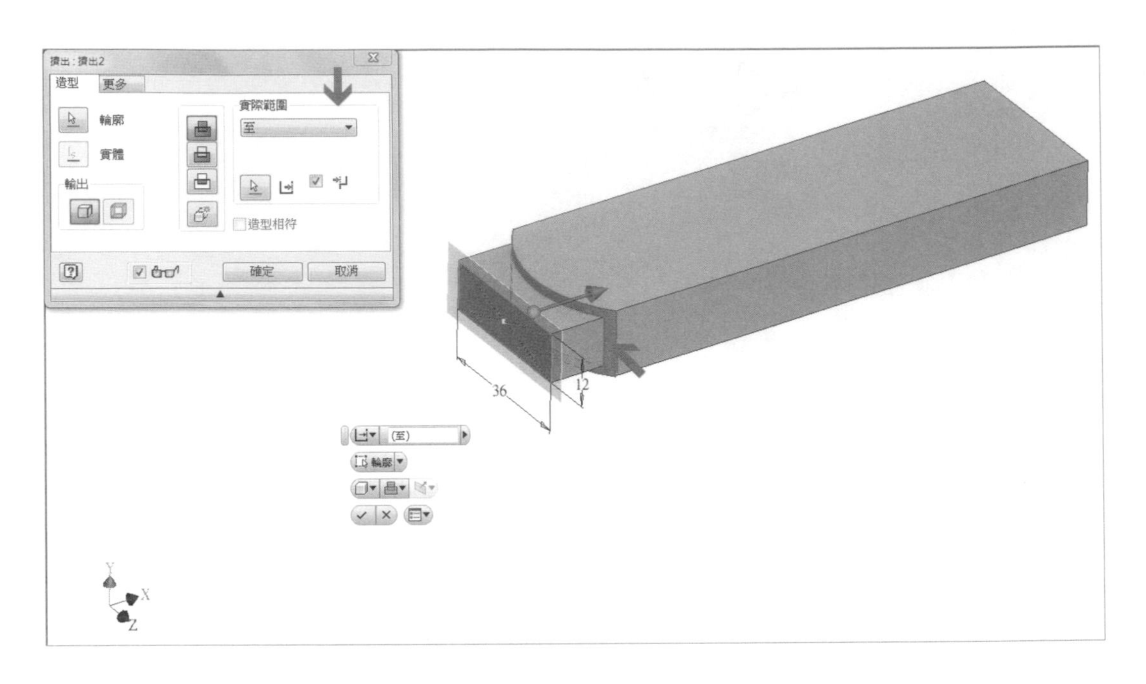

STEP 7 完成後，我們可以再點擊一次新建立的工作平面，按滑鼠右鍵開啟出選單，並將【可見性】取消，以暫時隱藏工作平面的視覺效果。

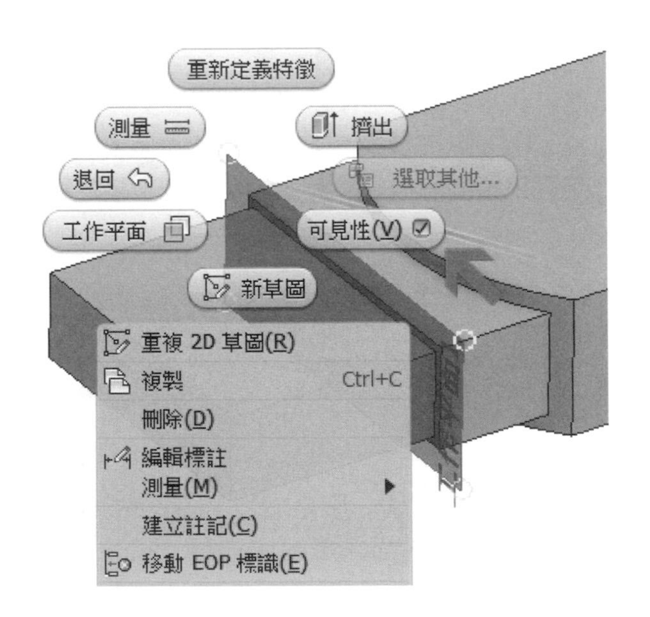

STEP 8 在如圖面所示之位置建立一草圖，尺寸如圖面所示。

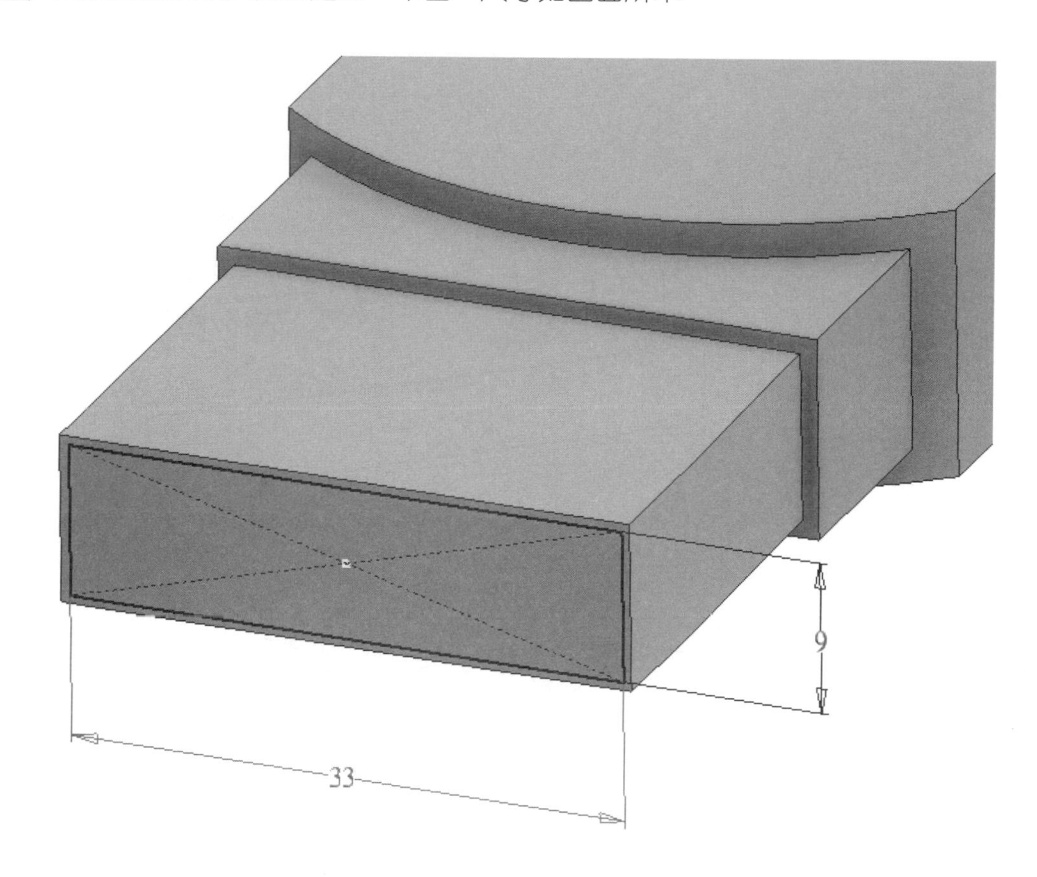

STEP 9 使用【擠出】工具，將實際範圍的項目選擇【距離】，並使用【切割】功能，將實體特徵往內切割除料 25mm。

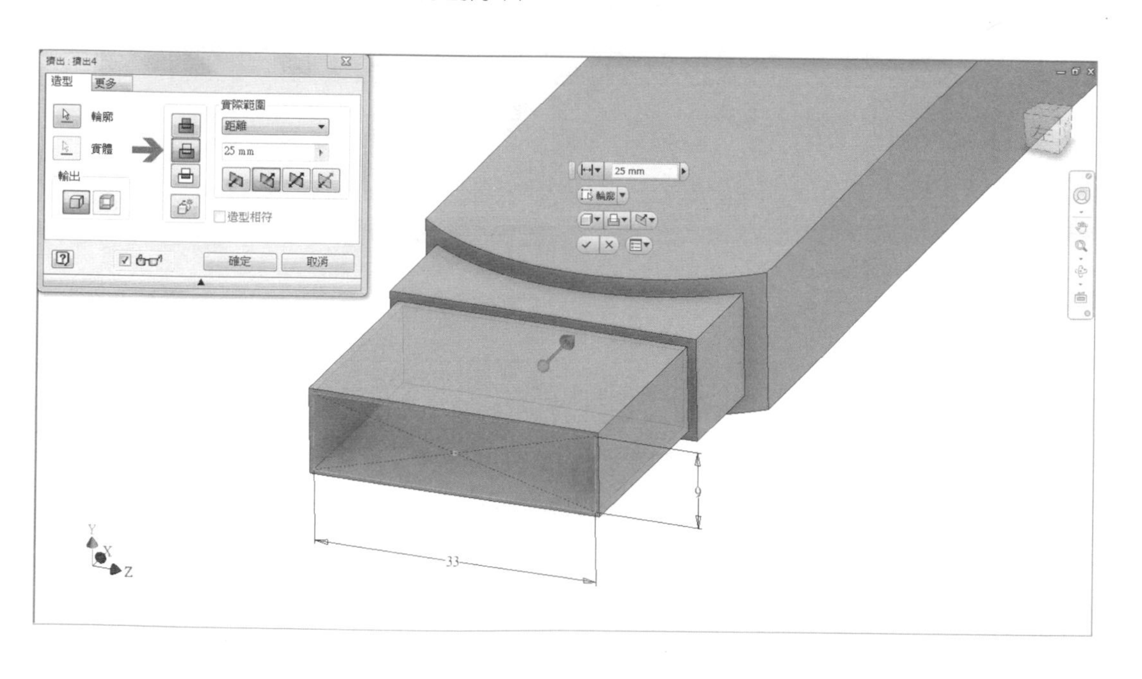

STEP 10 到除料後之平面上建立一張新草圖。

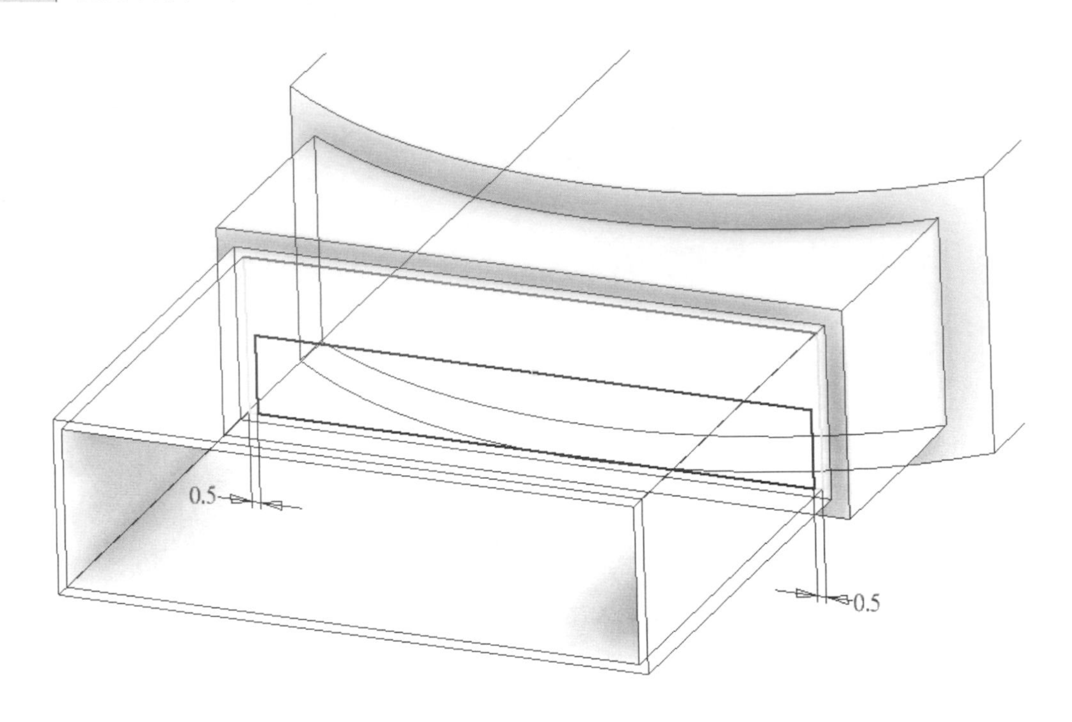

STEP 11 草圖圖元建立方式如附圖。

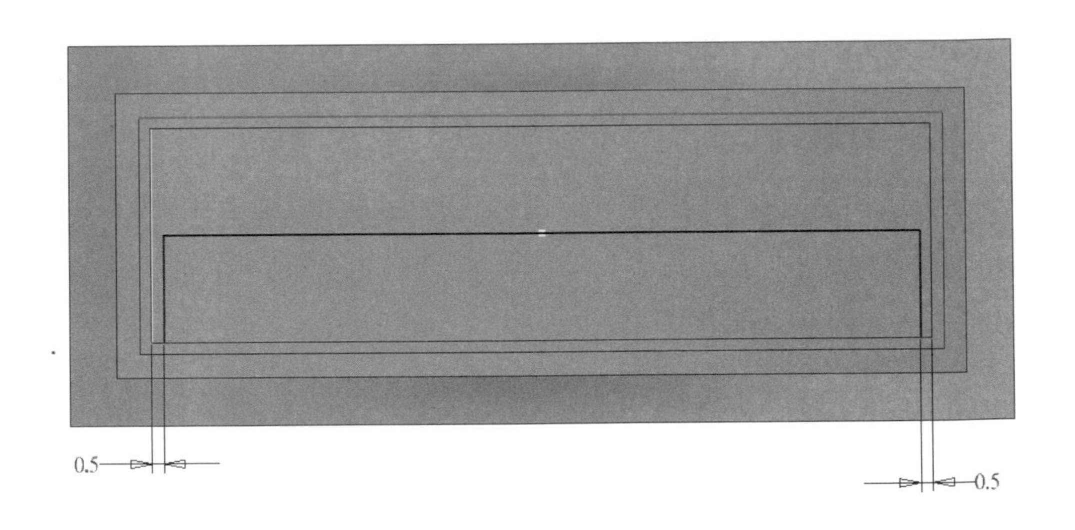

STEP 12 使用【擠出】工具，將實際範圍的項目選擇【距離】，並將草圖輪廓成型 24mm，保留一小段空間不與原外框重合，如箭頭所示。

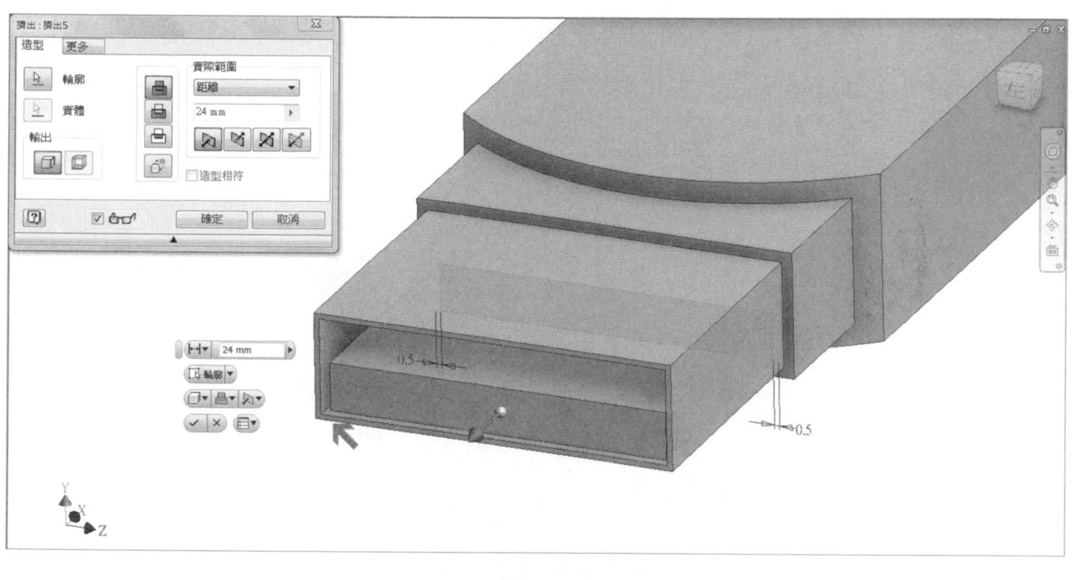

STEP 13 在實體特徵上，如箭頭所示之位置建立一草圖，從中心處對分，並建立寬度為 1mm 之矩形圖元。

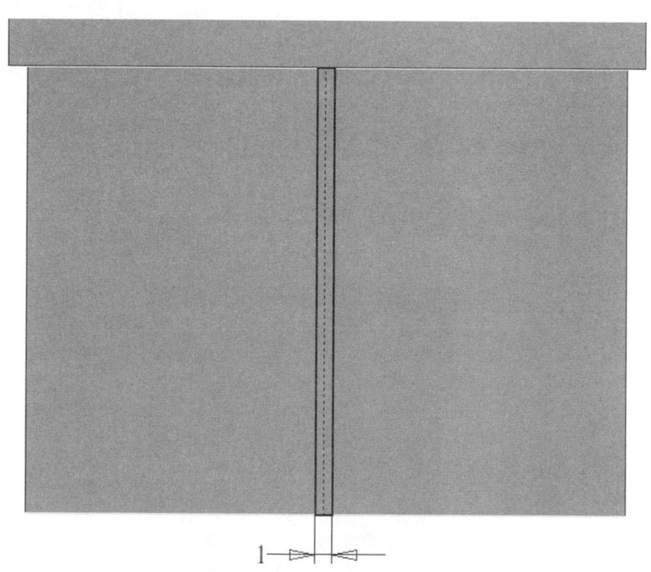

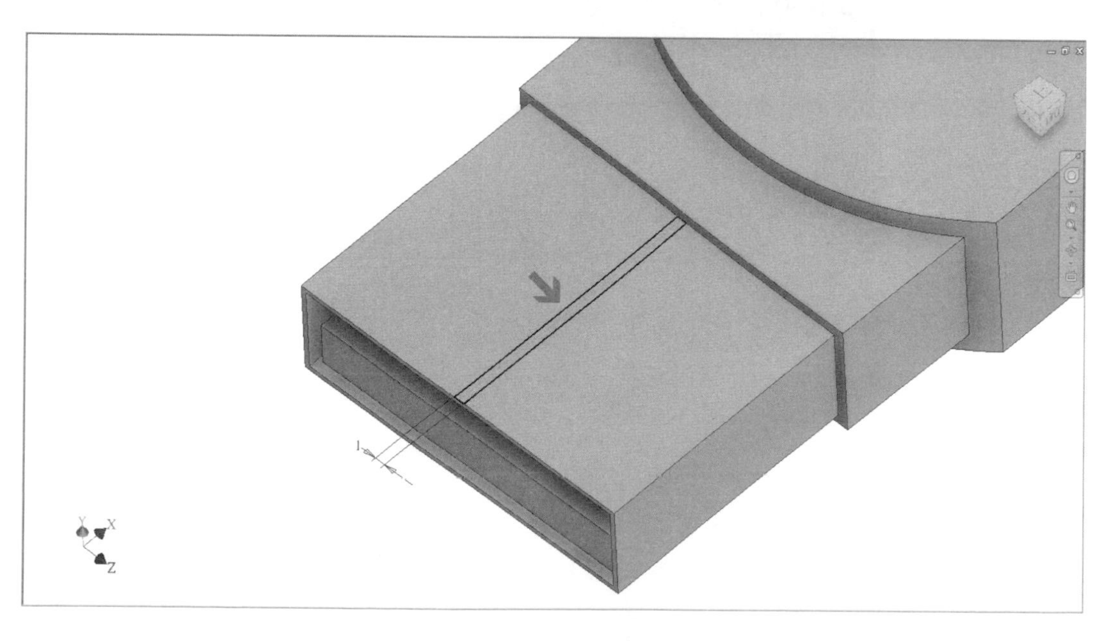

STEP 14 使用【擠出】工具，將實際範圍的項目選擇【距離】，再使用【切割】工具，將草圖輪廓往下方切割除料 0.3mm，不使其切破穿透該區域即可。

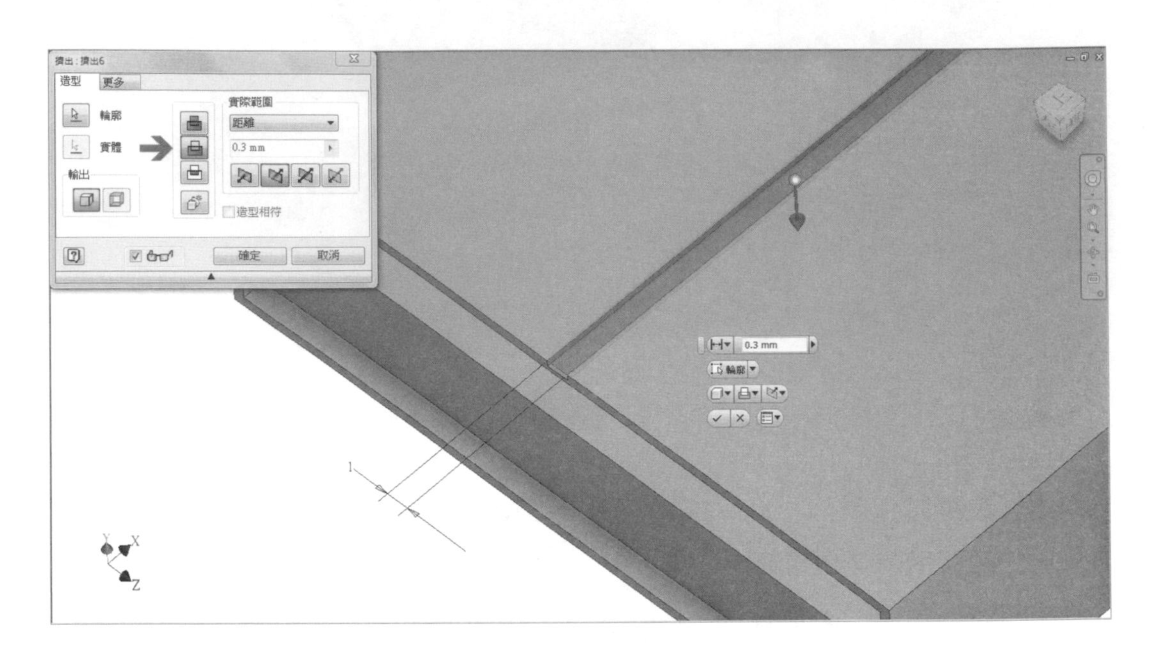

STEP 15 在如圖面鎖視之位置建立一張新草圖，圖元尺寸如附圖所示。

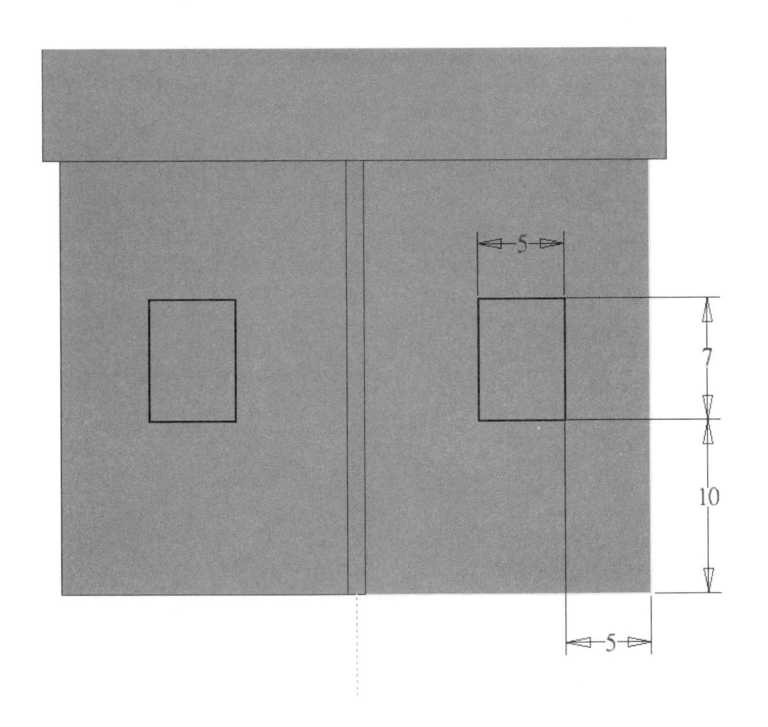

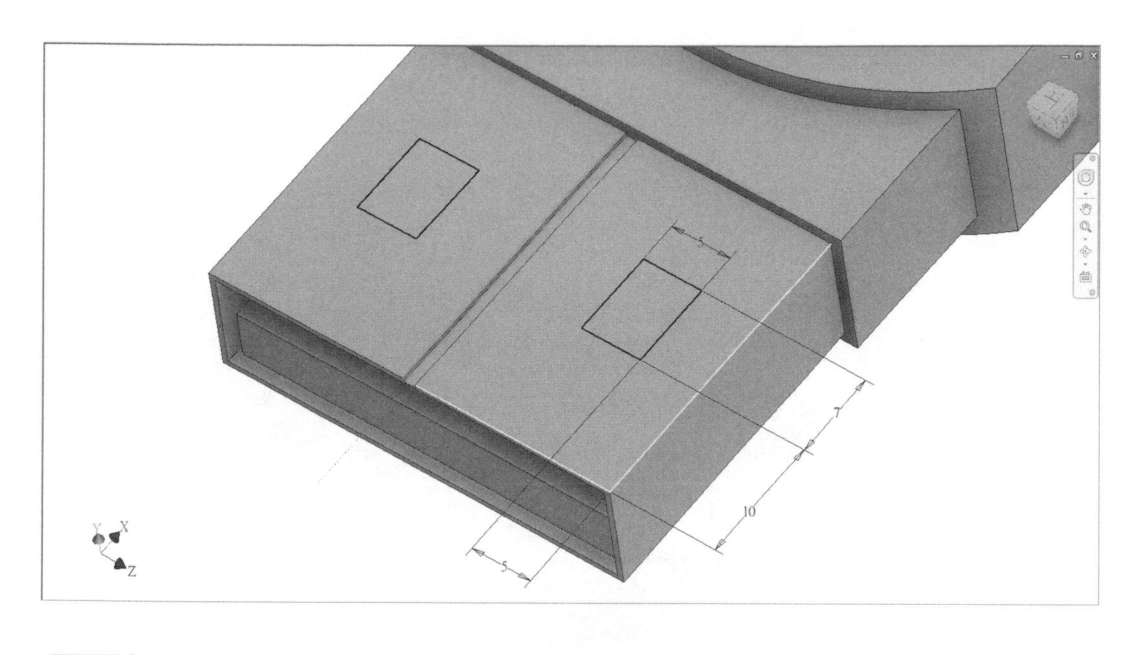

STEP 16 使用【擠出】工具，將實際範圍的項目選擇【距離】，再使用【切割】工具，將草圖輪廓往下方切割除料 1mm，使其切破穿透該區域即可。

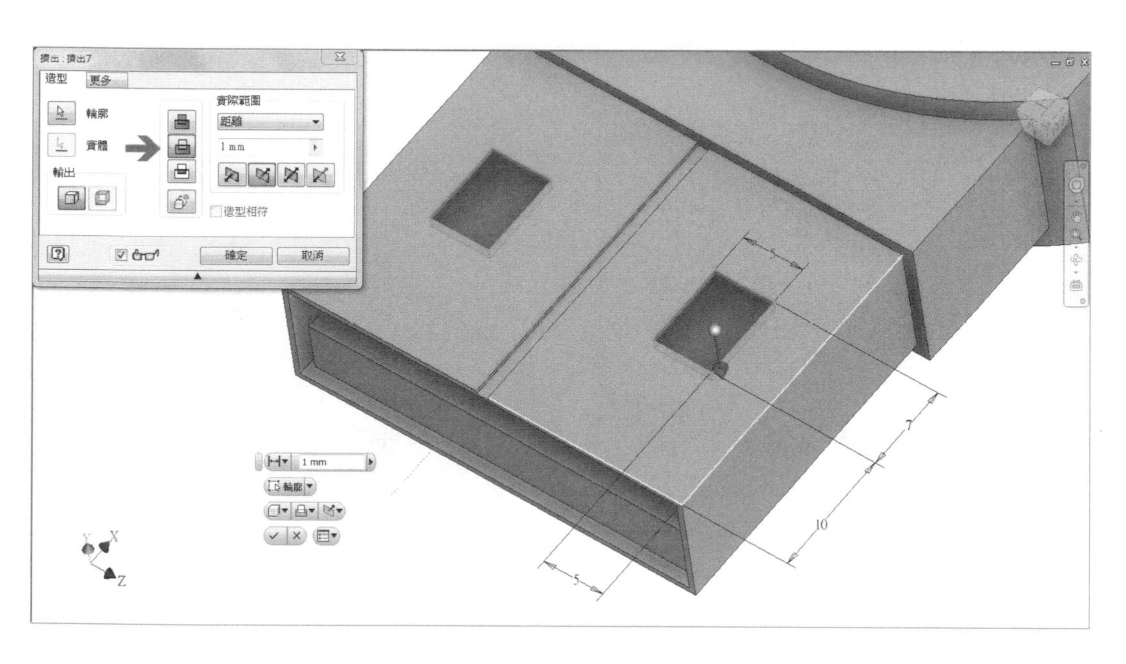

STEP 17 | 使用特徵工具選項中的【鏡射】，特徵選取①、②項目，鏡射平面選擇如箭頭所示之 XZ 平面。

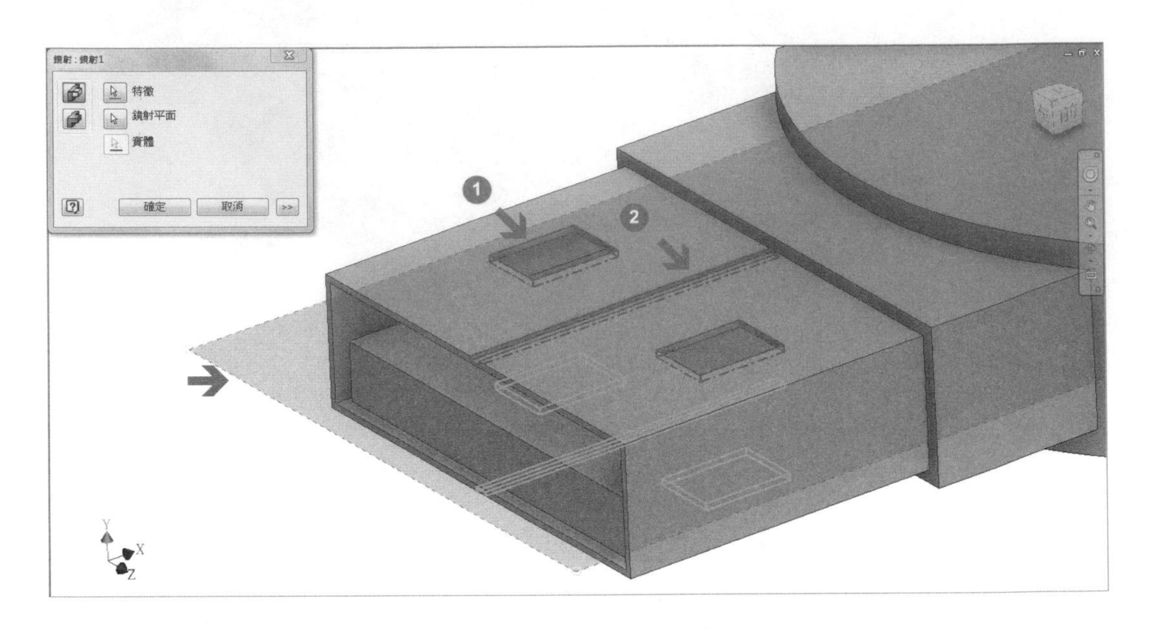

STEP 18 | 在圖面所示之後端位置建立二個邊為 20mm 的圓角。

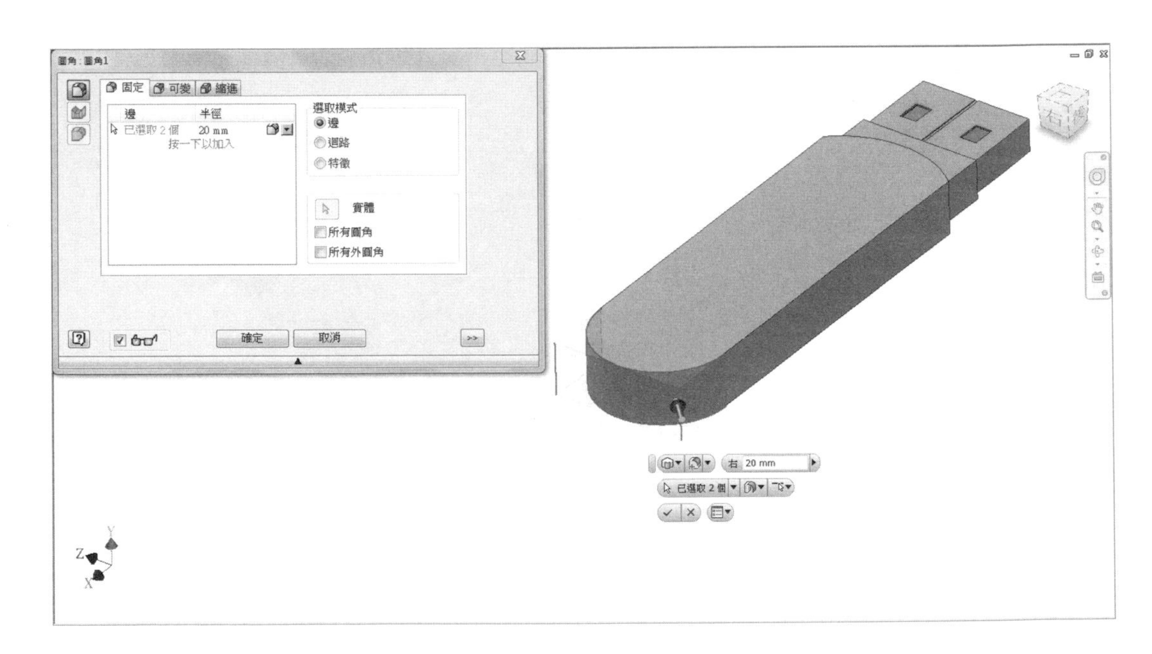

STEP 19 在圖面所示之位置建立二個邊為 5mm 的圓角。

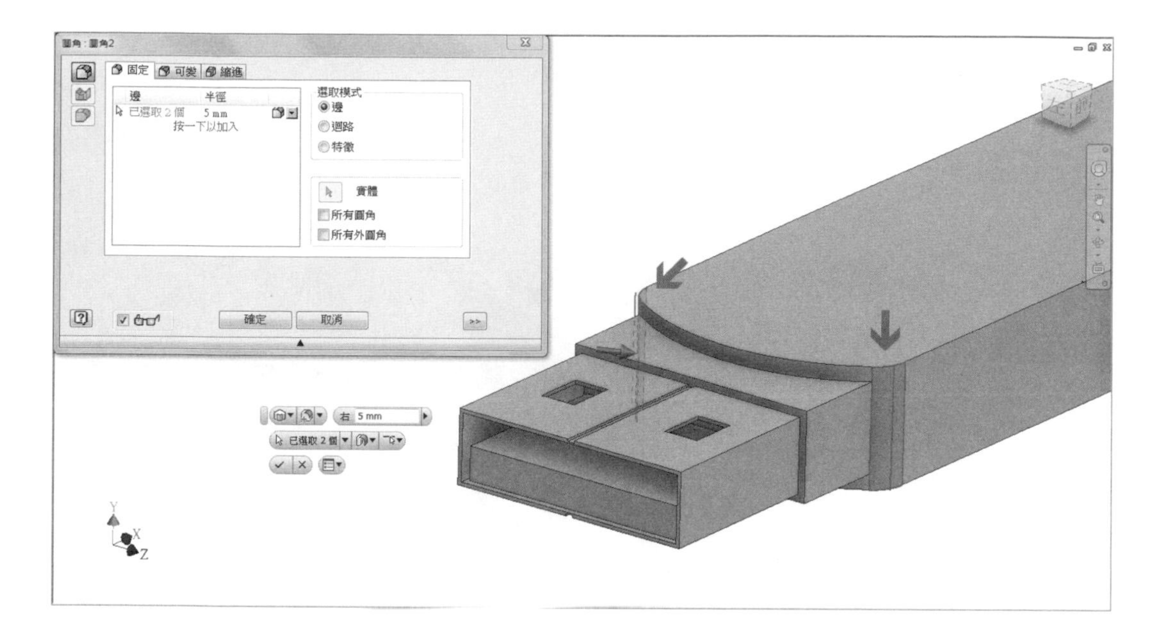

STEP 20 在圖面所示之位置建立上下二圈外圍輪廓為 2mm 的圓角。

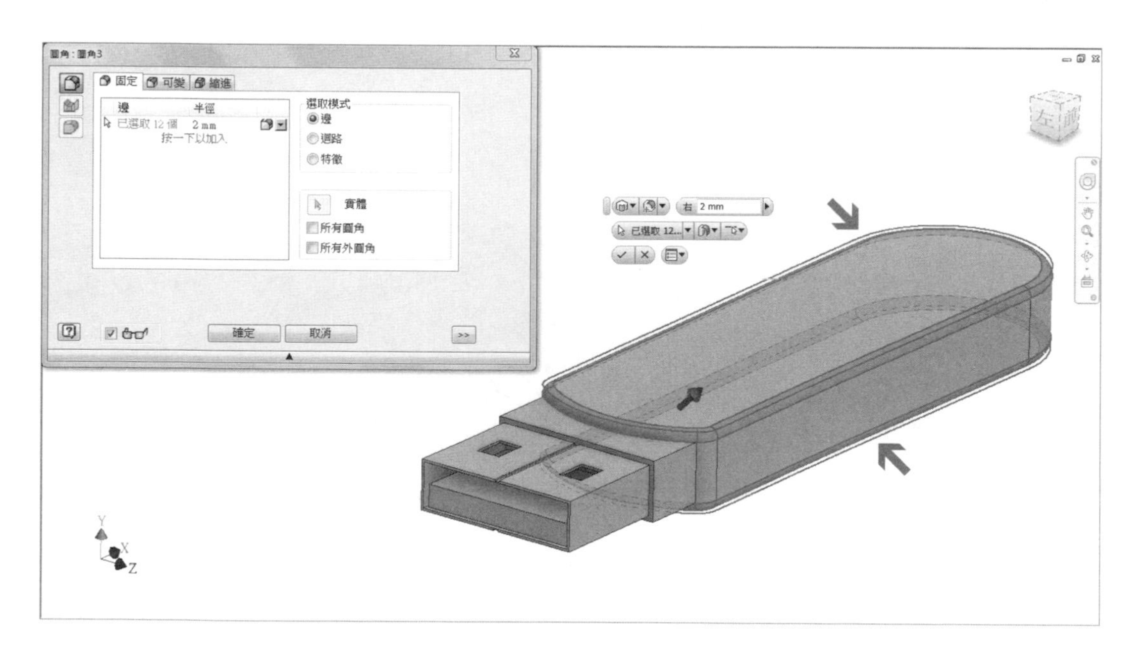

STEP 21 在圖面所示之位置建立四個邊為 1mm 的圓角。

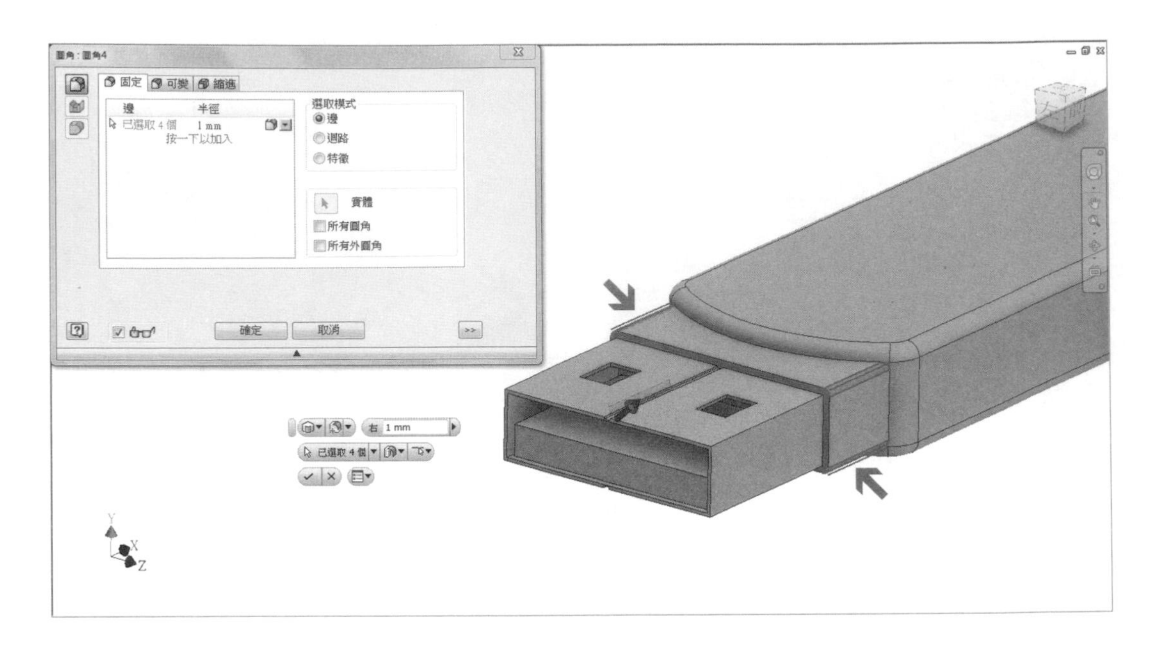

STEP 22 在圖面所示之位置建立一圈為 0.5mm 的圓角。

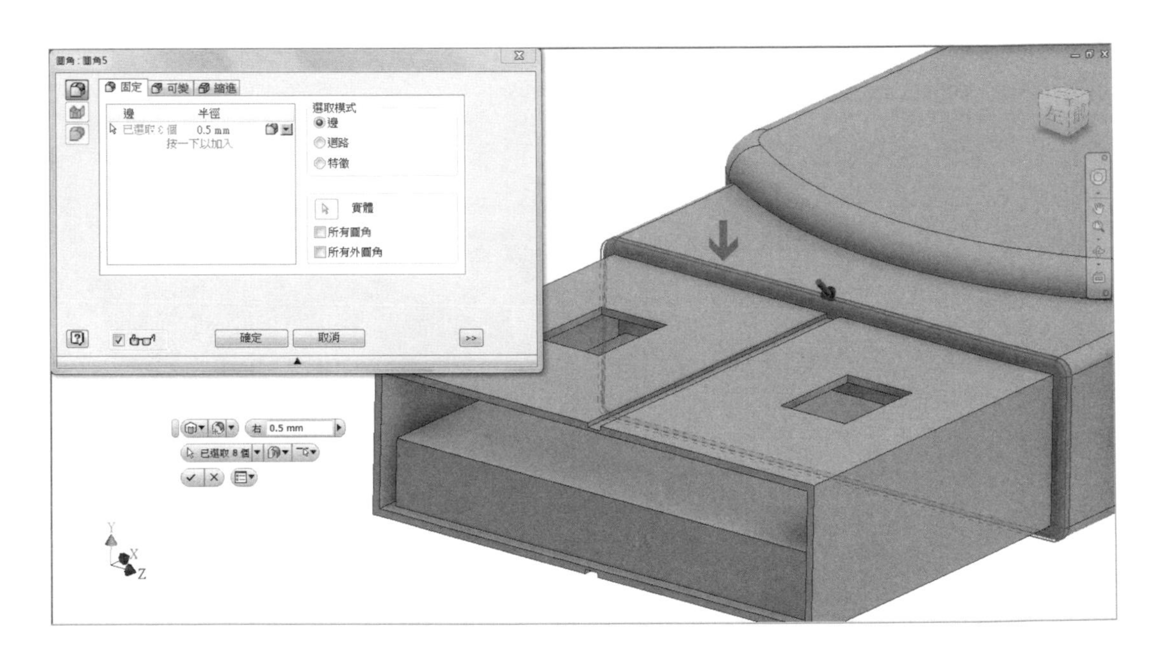

STEP 23 在圖面所示之位置建立四個邊為 0.5mm 的圓角。

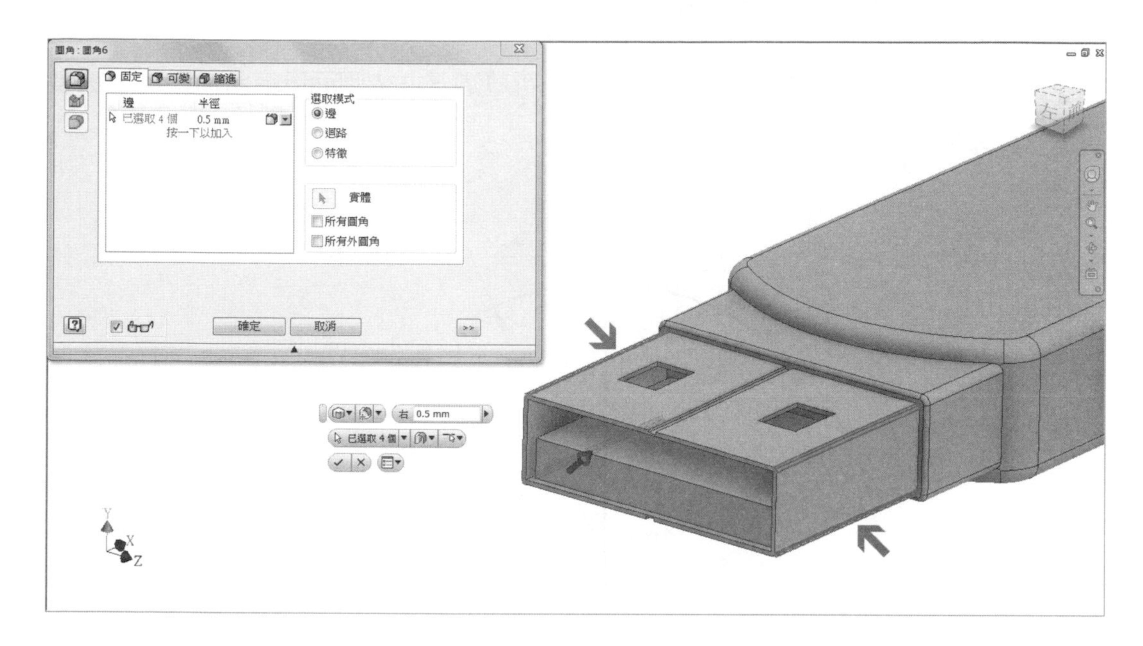

STEP 24 完成實體後，可給予材質屬性並渲染，圖面即完成。

7-13 神奇寶貝球

STEP 1 首先，我們在 XY 工作平面建立一張新草圖，並依圖面所示將草圖輪廓繪製完成。

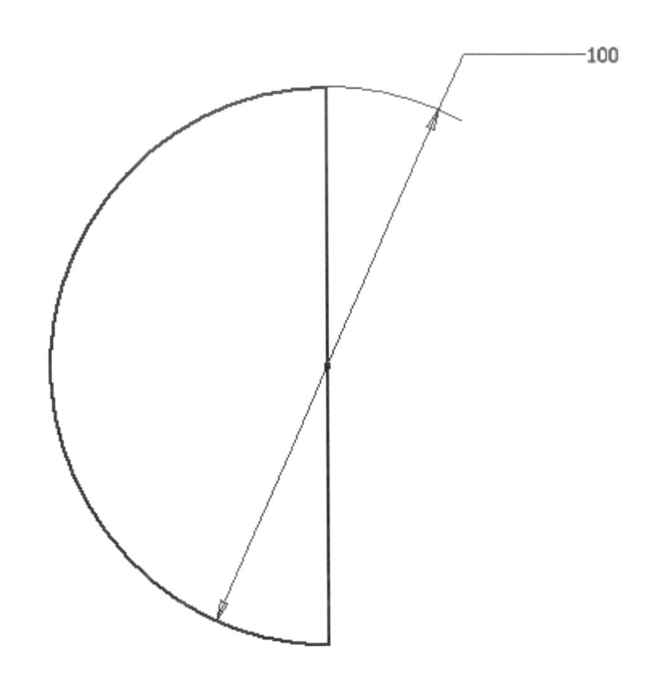

STEP 2 使用特徵工具選項板的【迴轉】工具，並將草圖輪廓迴轉成形一個圓球體。

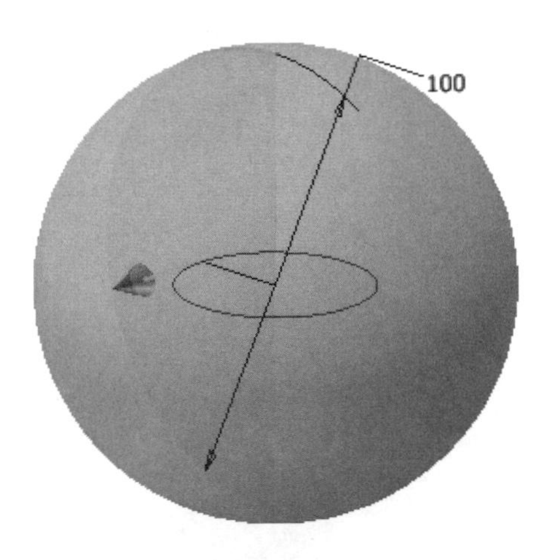

STEP 3 再到 XY 工作平面建立一張新草圖，並依圖所示之尺寸繪製出草圖輪廓，因輪廓為迴轉切割使用，所以必須建立輔助基準線或是中心線，另外切割區域的草圖必須完全封閉。

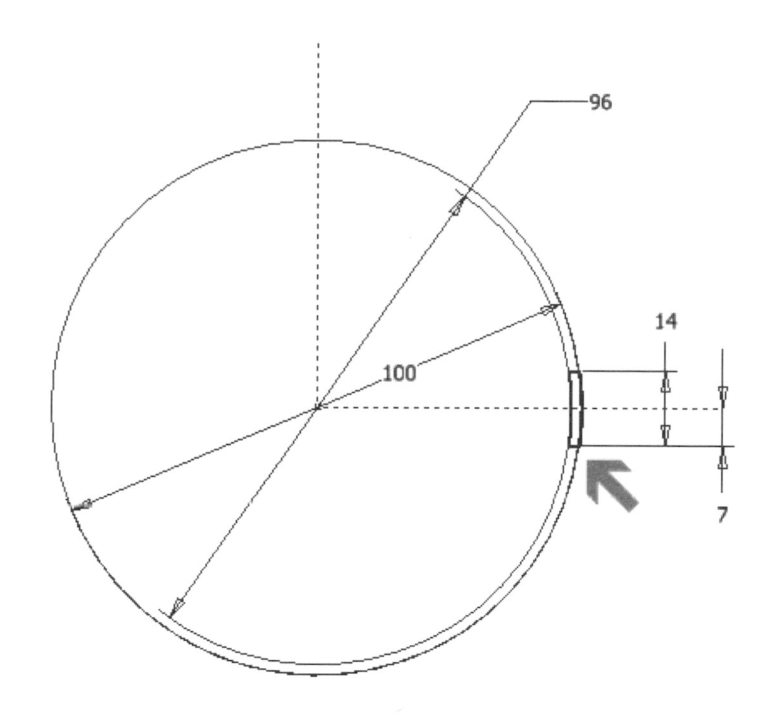

STEP 4 使用特徵工具選項板的【迴轉】工具，選擇【切割】模式，並將草圖輪廓迴轉切割掉中間的環狀區域。

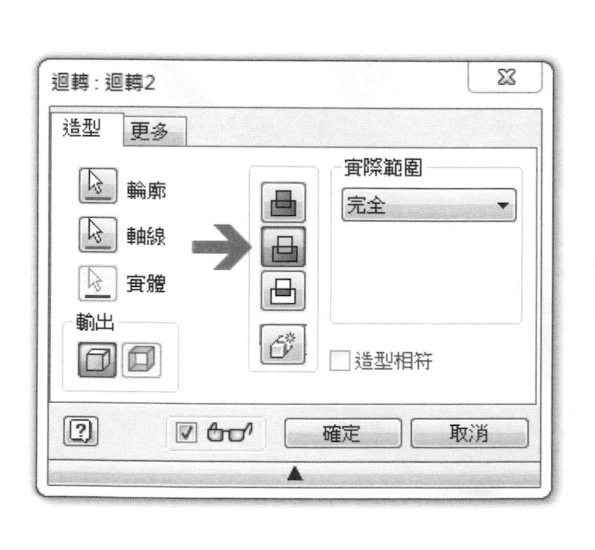

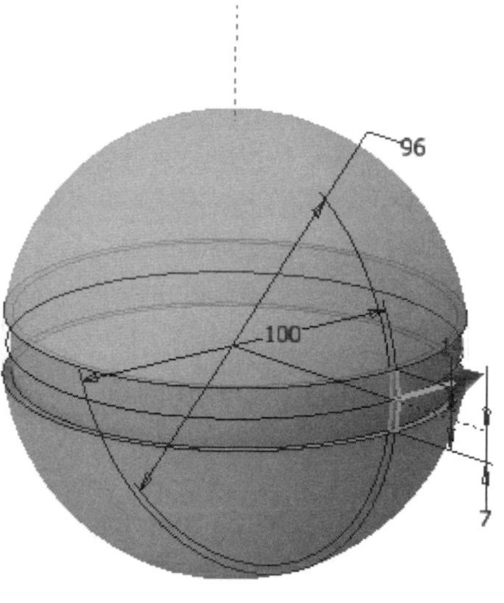

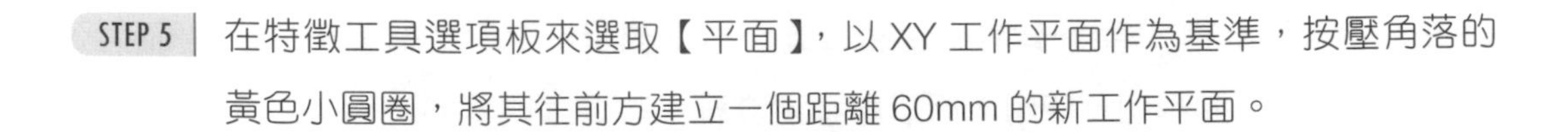

STEP 5 在特徵工具選項板來選取【平面】，以 XY 工作平面作為基準，按壓角落的黃色小圓圈，將其往前方建立一個距離 60mm 的新工作平面。

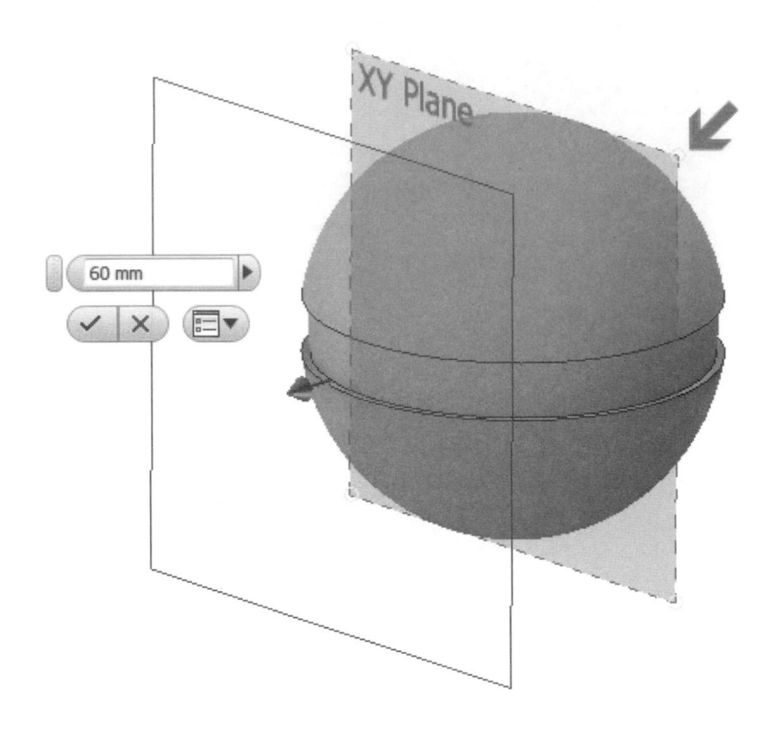

STEP 6 在新建立好的工作平面上繪製一草圖輪廓，其圓心需在圓球體的正中心。

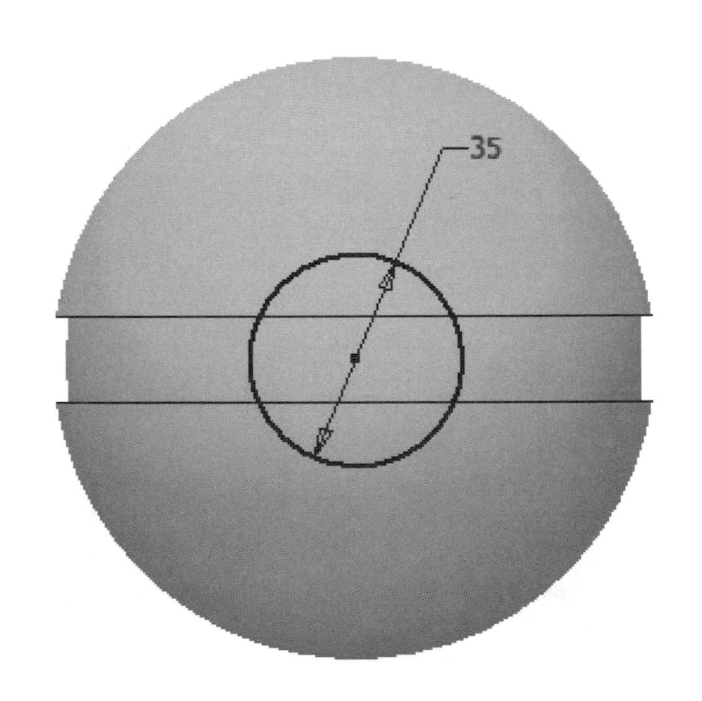

STEP 7 | 使用特徵工具選項板的【擠出】，選擇【切割】模式，將實際範圍改為【至】，並將剛繪製完成的草圖輪廓成形至中間切割過的區域上。

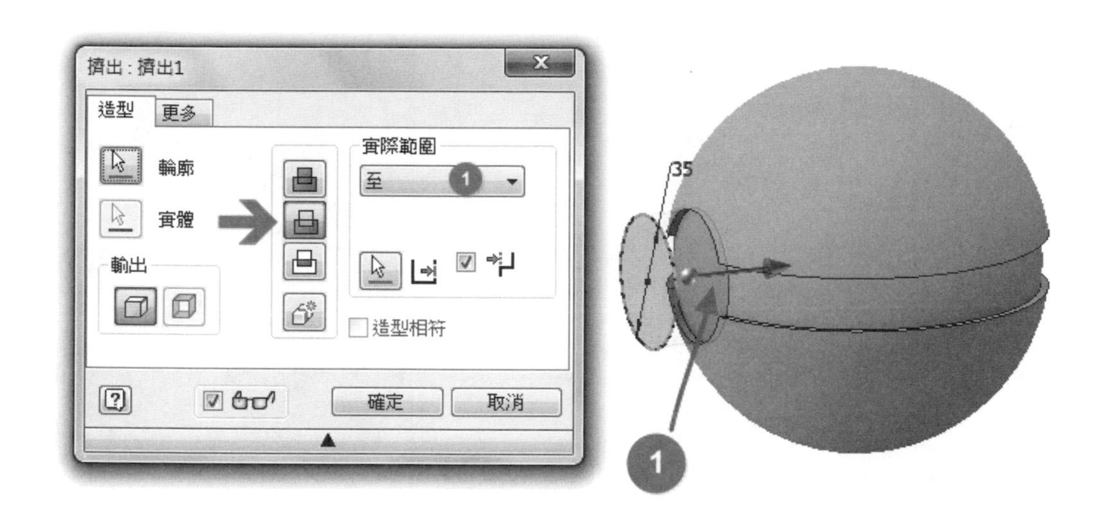

STEP 8 | 使用特徵工具選項板的【圓角】工具，將半徑設為 2，並將如圖所示之四個區域製作圓角。

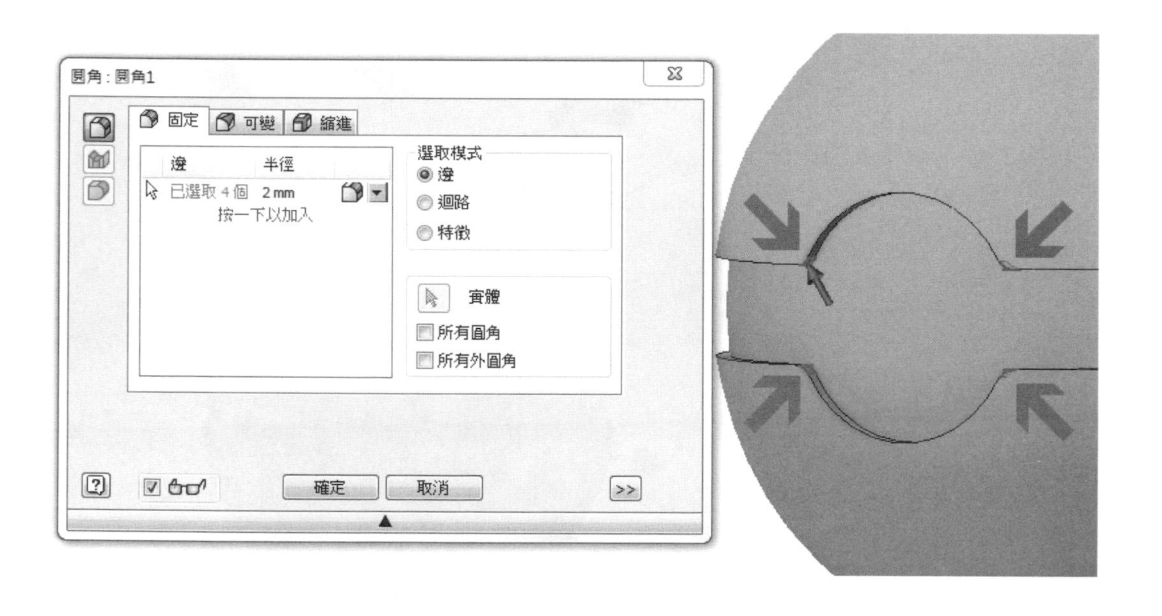

STEP 9 | 使用特徵工具選項板的【圓角】工具，將半徑設為 1，並將如圖所示之二個區域製作環繞一圈的圓角特徵。

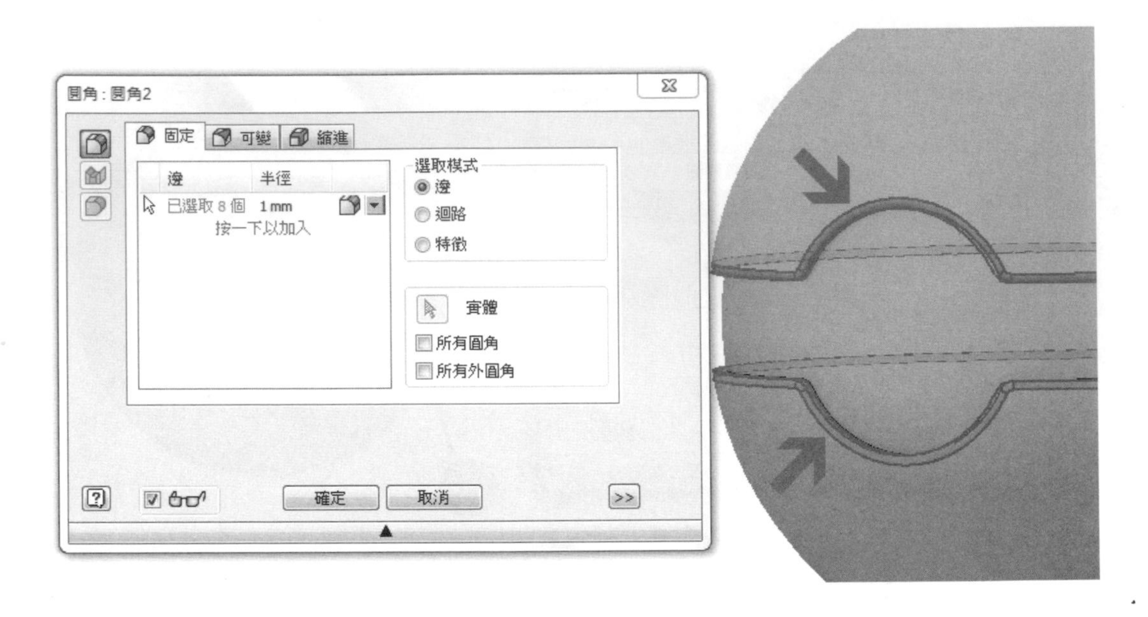

STEP 10 | 在特徵工具選項板來選取【平面】，以 XY 工作平面作為基準，按壓角落的黃色小圓圈，將其往前方建立一個距離 52mm 的新工作平面。

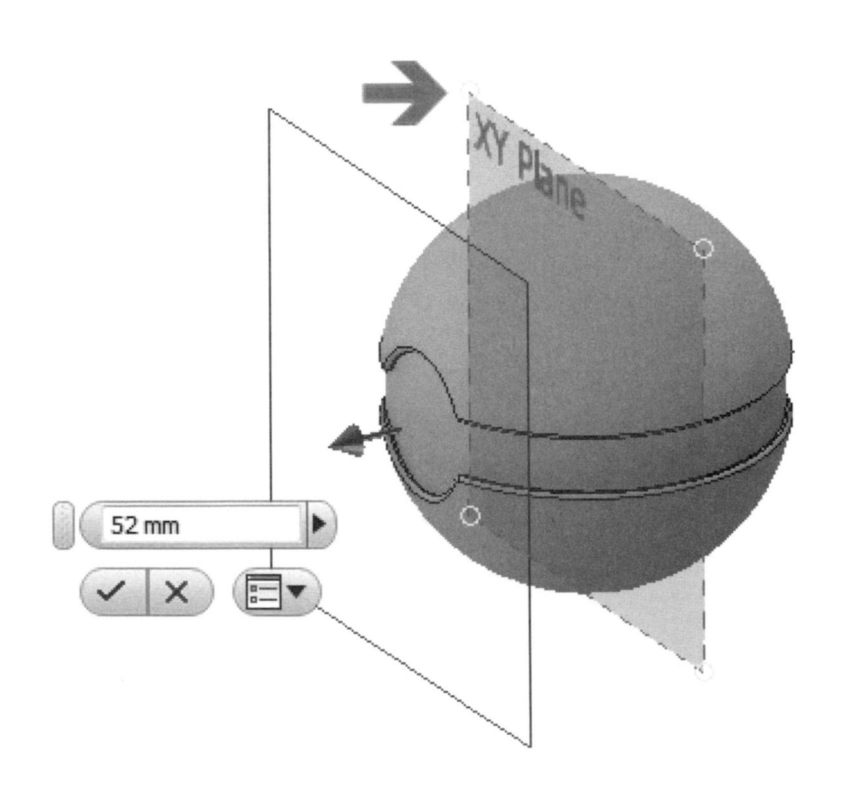

STEP 11 | 在新建立好的工作平面上繪製一草圖輪廓，其圓心需在圓球體的正中心。

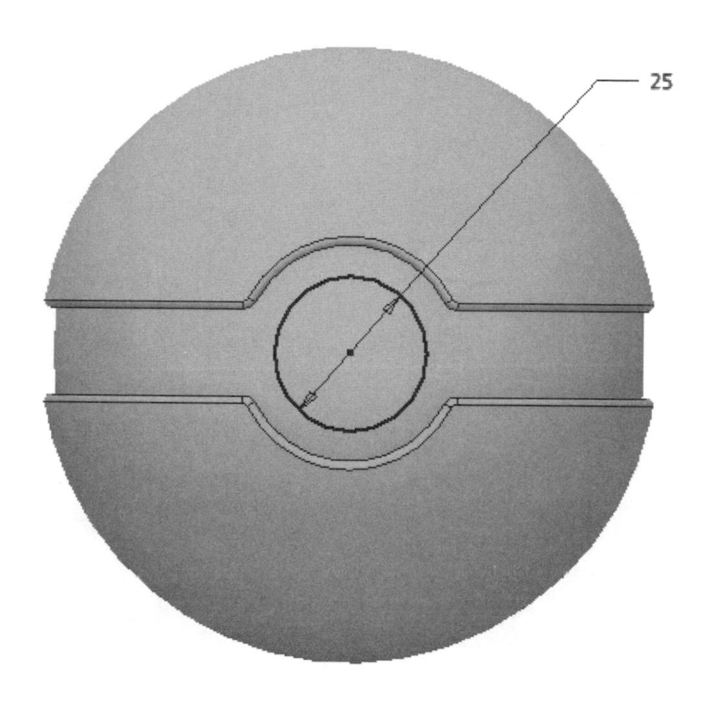

STEP 12 | 使用特徵工具選項板的【擠出】，選擇【接合】模式，將實際範圍改為【至】，並將剛繪製完成的草圖輪廓成形至中間切割過的區域上。

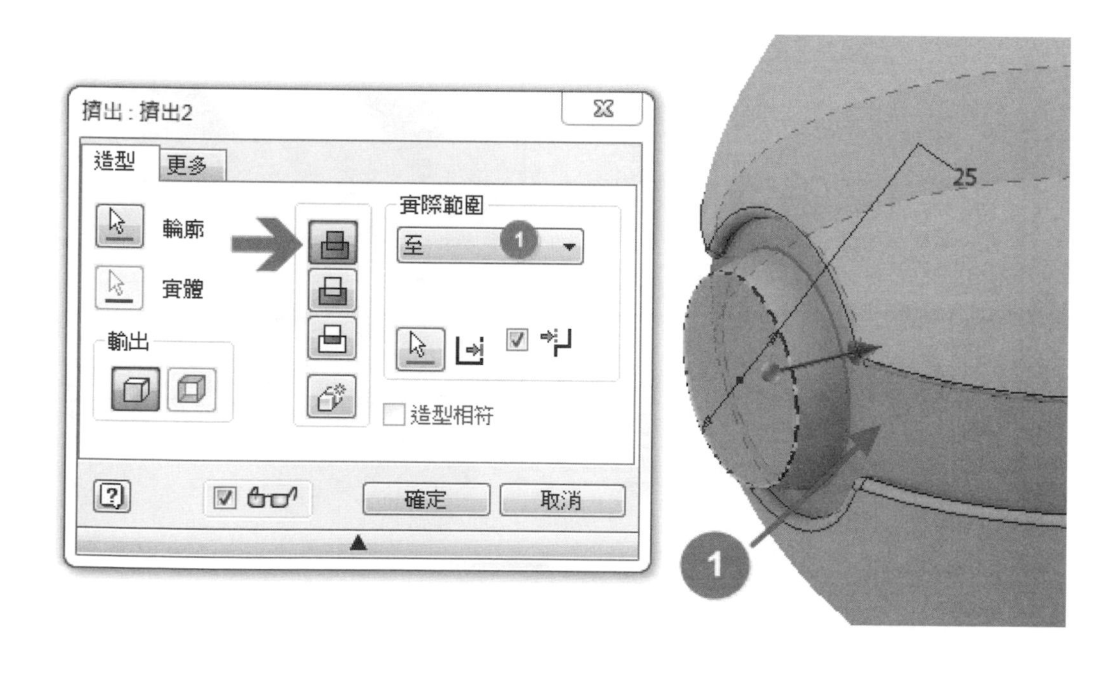

STEP 13 如圖所示，在新建立好的特徵平面上建立一張新草圖，並在其上方繪製兩個同心圓，分別為直徑 18 與直徑 14。

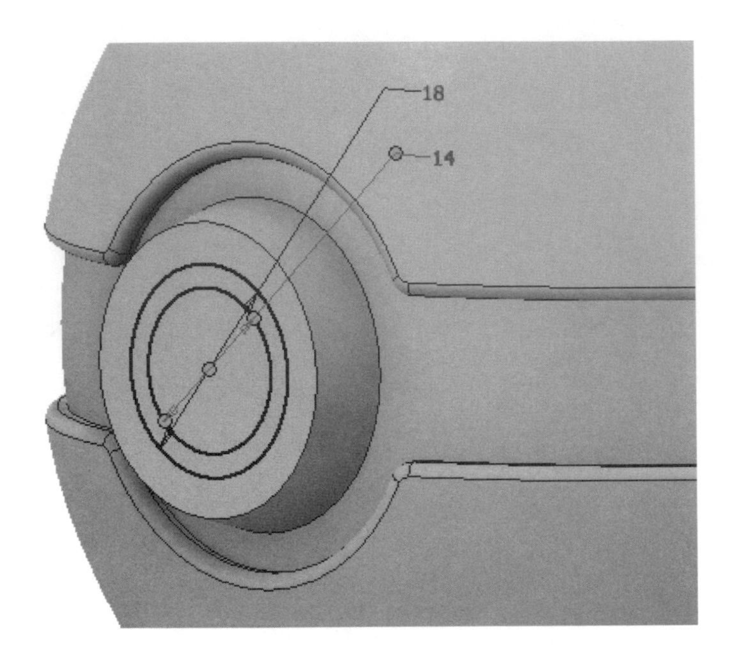

STEP 14 使用特徵工具選項板的【擠出】，選擇【切割】模式，將剛繪製完成的草圖輪廓切割除料至內部 10mm 深度。

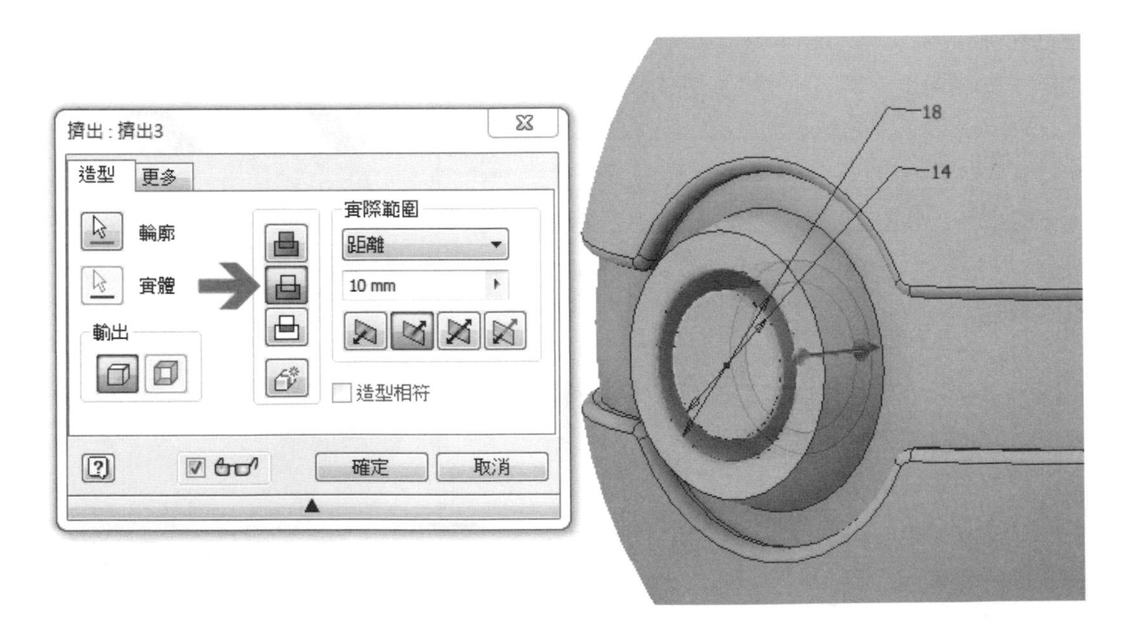

STEP 15｜使用特徵工具選項板的【圓角】工具，並依圖面所示之區域給予半徑 1mm 的圓角。

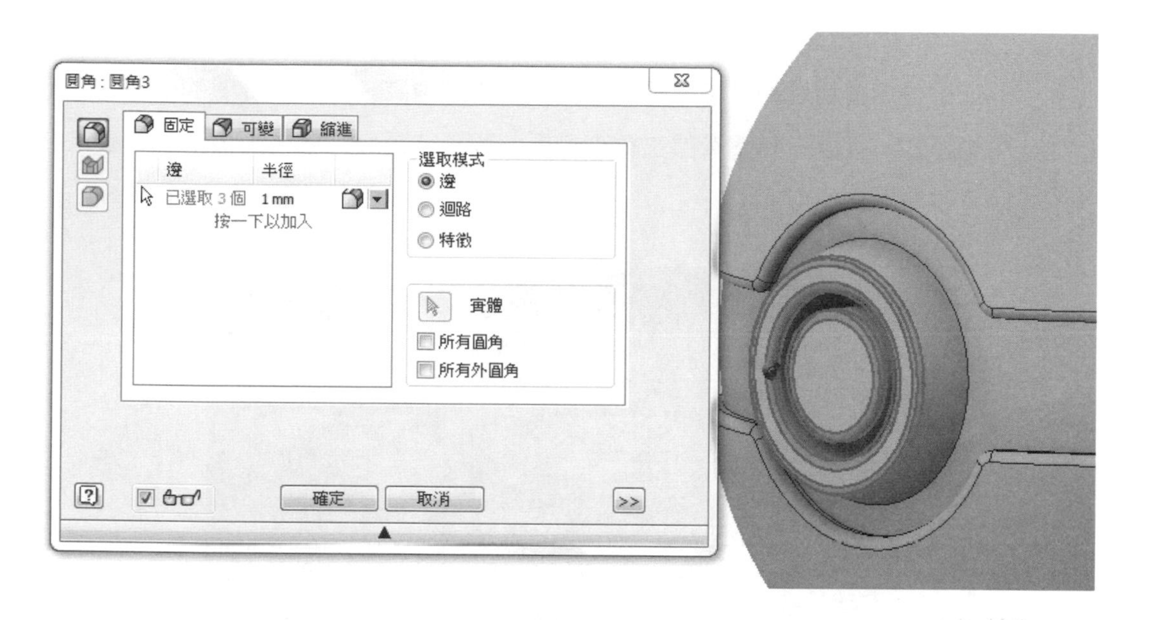

STEP 16｜使用特徵工具選項板的【圓角】工具，並依圖面所示之區域給予半徑 2mm 的圓角。

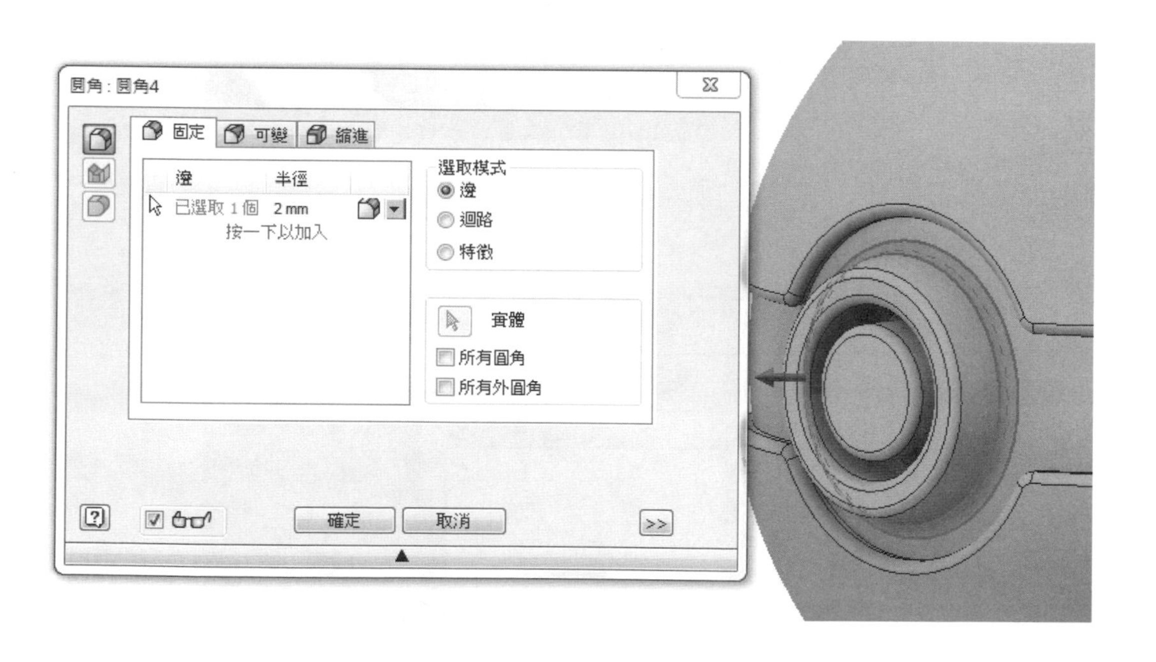

STEP 17 如想給予繪製完成的實體特徵進行材質或顏色的貼附，我們可以將滑鼠移動至該區域的上方，按一下滑鼠右鍵即可開啟出快捷選單，點選【性質】項目，即可進入材質選擇介面。

如果是多個實體面要進行同一材質顏色的貼附時，可搭配鍵盤的 CTRL 鍵壓著不放，在逐一點擊滑鼠左鍵來多重選取，待選取完成後再按滑鼠右鍵來進入性質選單即可。

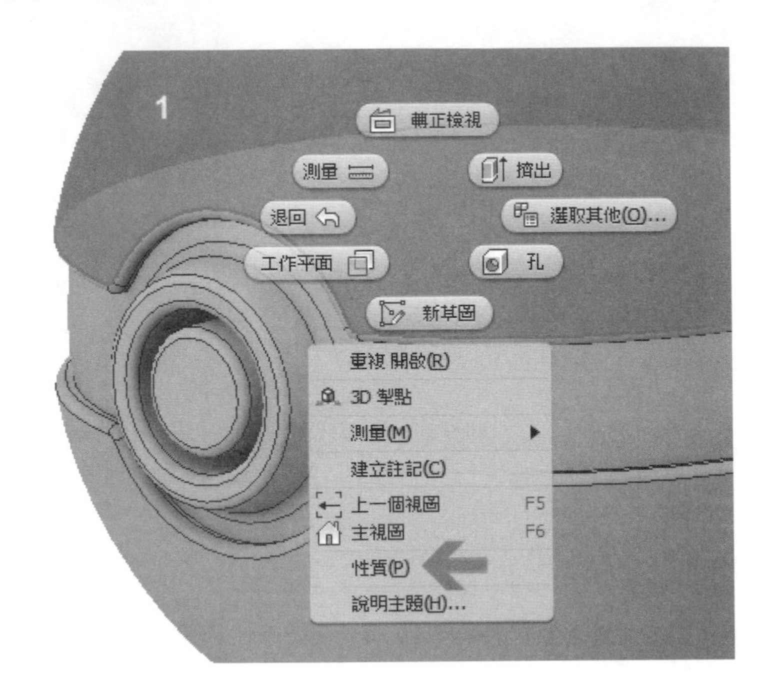

STEP 18 在【性質】選單中有著豐富的材質與顏色可選用。

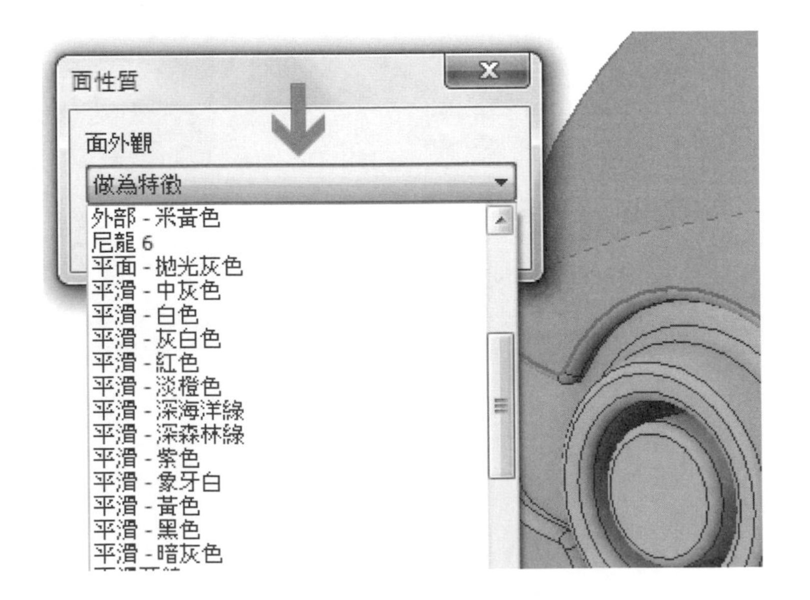

STEP 19 如圖所示，我們將上半部的每個面都選擇【平滑－紅色】。

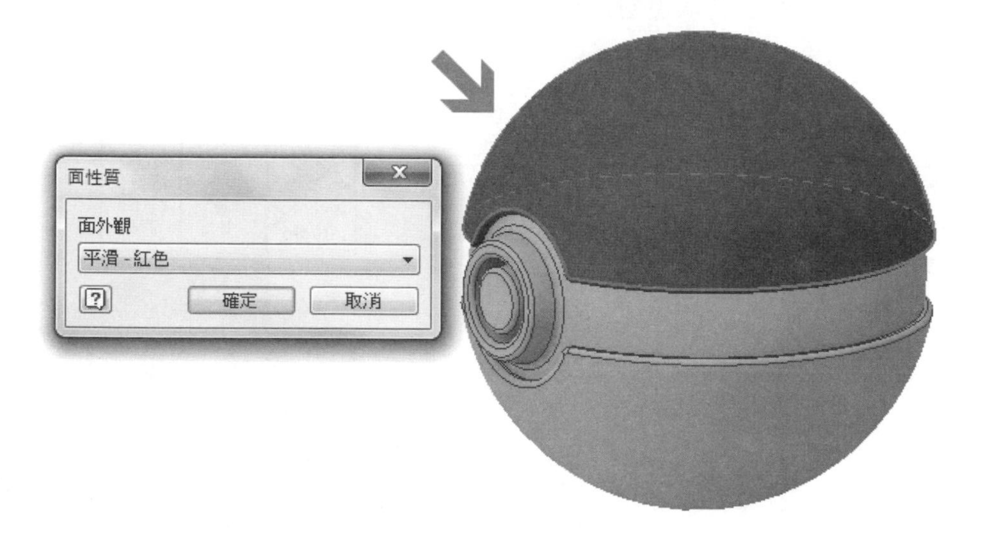

STEP 20 如圖所示，我們將中間區域的每個面都選擇【平滑－黑色】。

STEP 21 如圖所示，我們將下方及中間突出按鈕部分的每個面都選擇【平滑－白色】。

STEP 22 進入上方特徵工具選項板的【環境】，選擇【Inventor Studio】後，點選【彩現影像】進入視窗介面，將影像的寬高比設定為 1024×768，將照明型式設定為【暖光】模式。

STEP 23 待計算完成後神奇寶貝球渲染即大功告成。

7-14 美國隊長盾牌

STEP 1 在 XY 工作平面建立一張新草圖，並繪製出如圖所示之草圖輪廓。

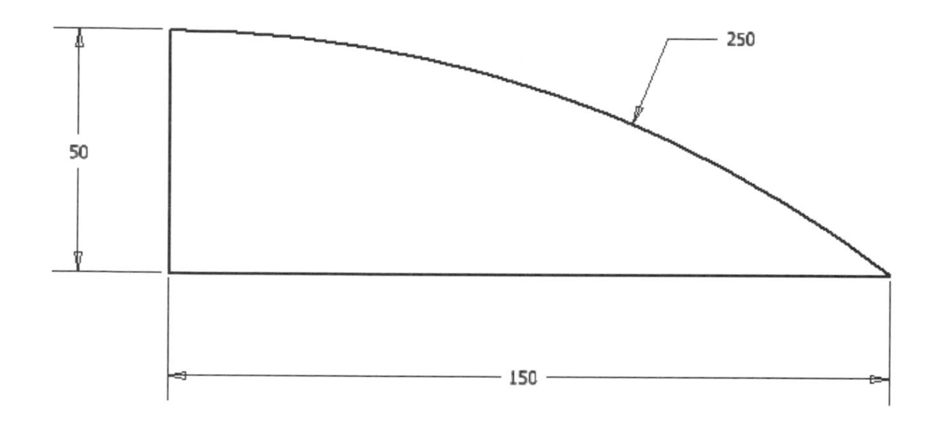

STEP 2 使用草圖工具選項板的【偏移】工具，將外圍的圓弧往內偏移 5mm 與 10mm。

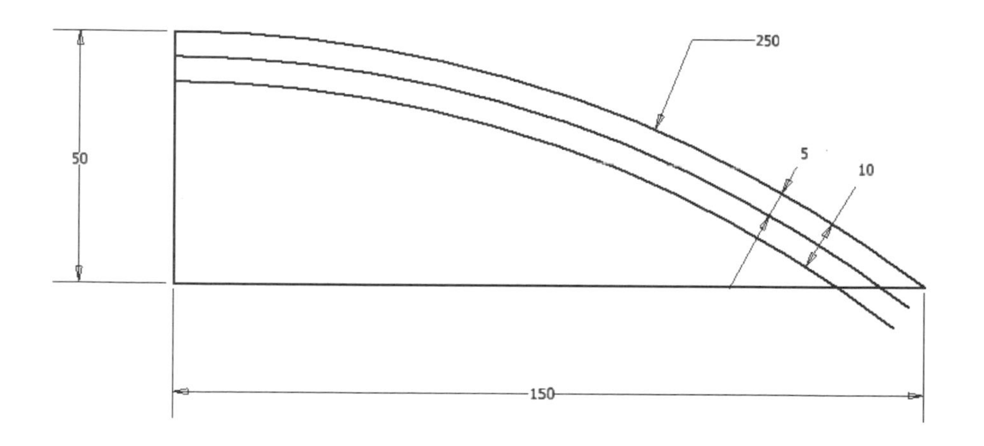

STEP 3 從左下方的角點繪製出三條線段，並依圖面尺寸給予適當的角度來做區域的劃分。

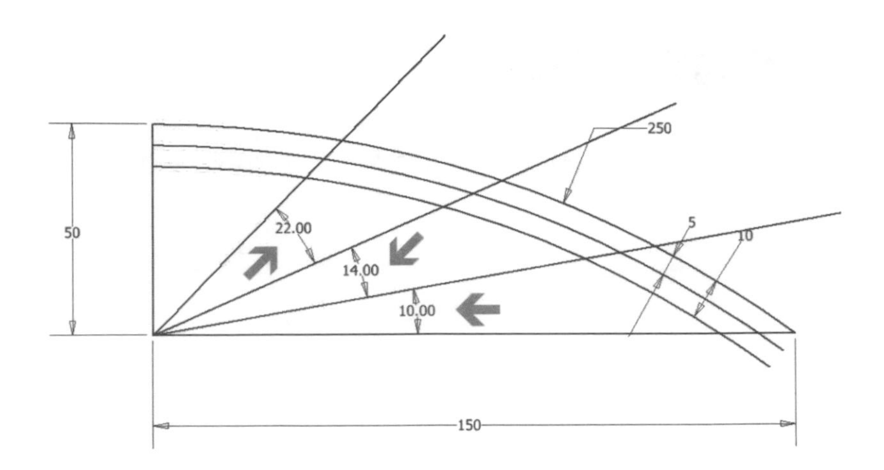

STEP 4 使用草圖工具列的【修剪】，如圖面所示之區域進行修剪，以完成四個獨立的封閉輪廓。

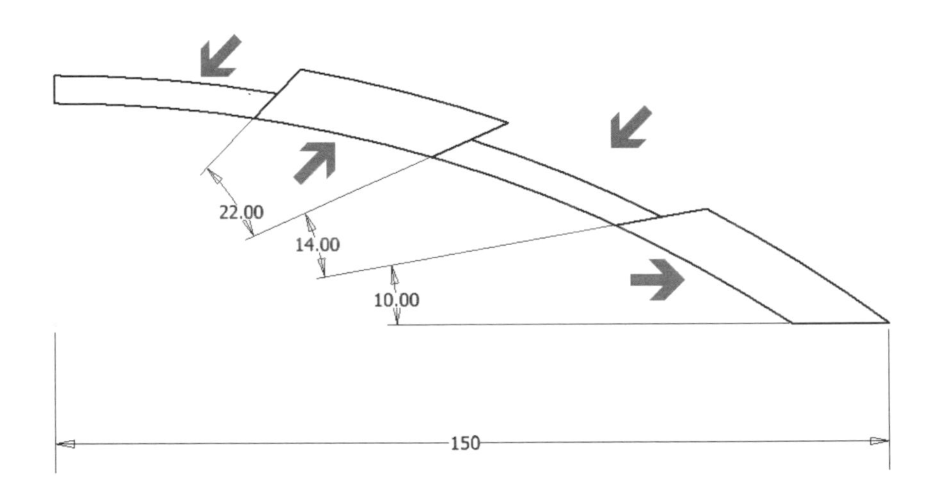

STEP 5 如圖所示，在箭頭指示處進行圓角半徑 2 的建立，並將另一個箭頭指示處進行線段的修飾，其目的主要是為了不讓造型有倒鉤的情況發生，這會破壞掉外觀的美感。

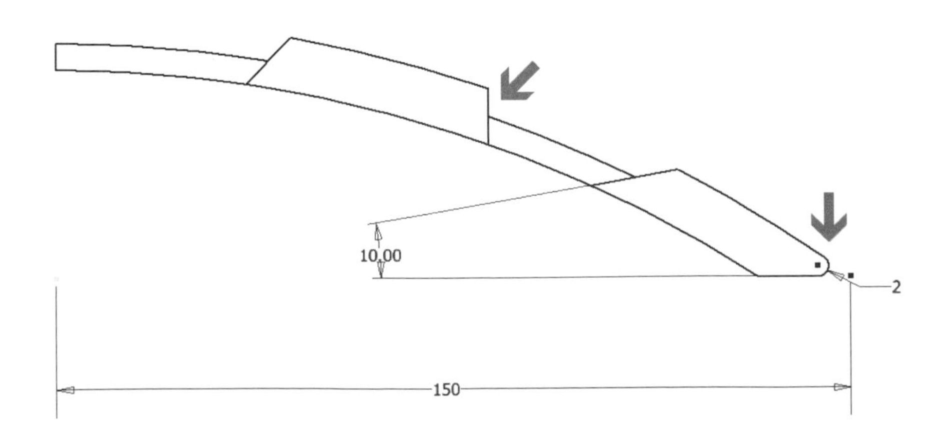

STEP 6 使用特徵工具選項板的【迴轉】工具，依序點選四個封閉輪廓，並將中間的線段設定為軸線。

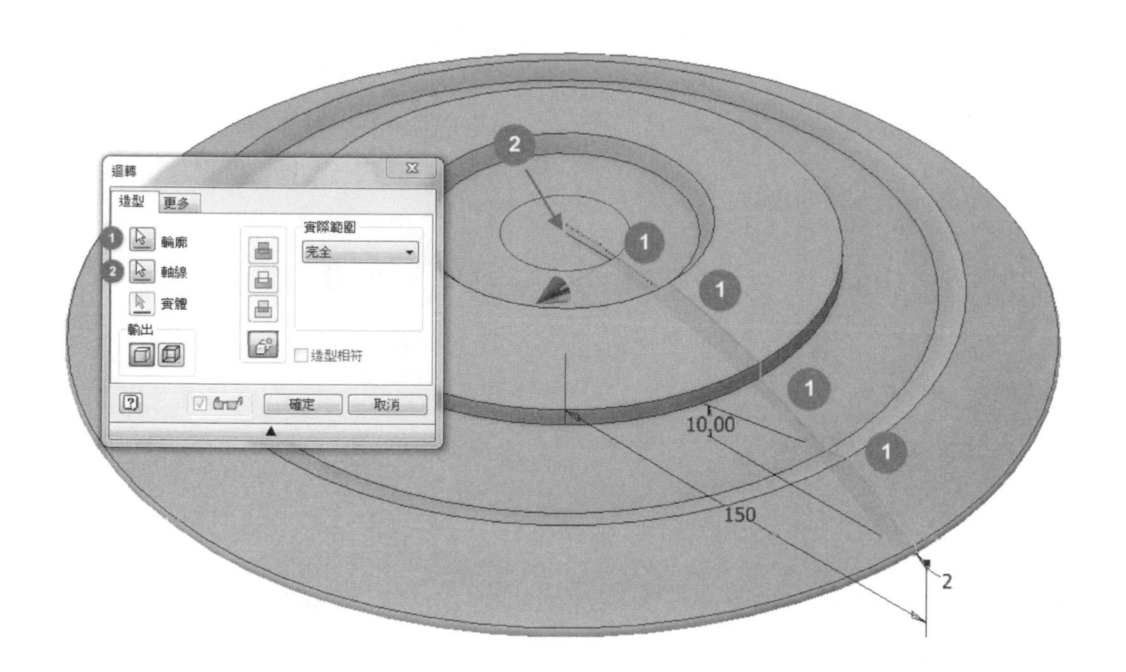

STEP 7 使用特徵工具選項板的【平面】工具，選取【自平面偏移】項目，將 XZ 工作平面往上方建立一個距離 60 的新工作平面。

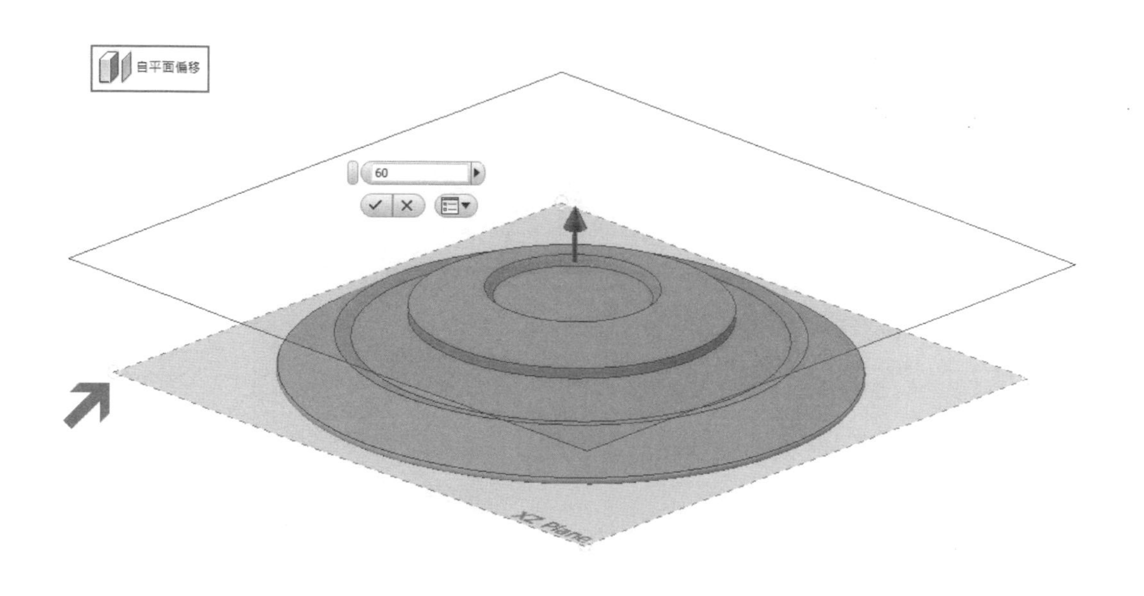

STEP 8 在新的工作平面上建立一張新草圖，並在其中間區域內繪製一個正五邊形，不可大於該區域範圍，每邊長度為 40mm。

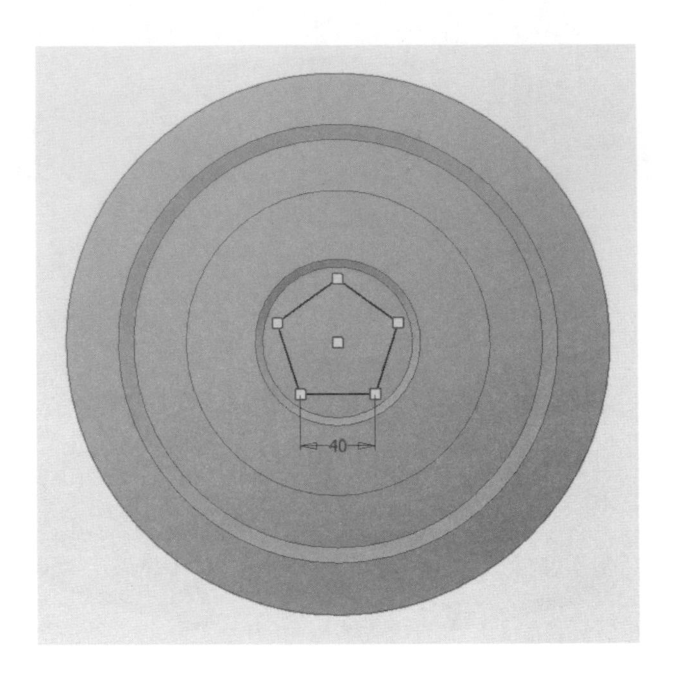

STEP 9 將繪製完成的五邊形進行補線與修剪，以完成如圖所示之輪廓。

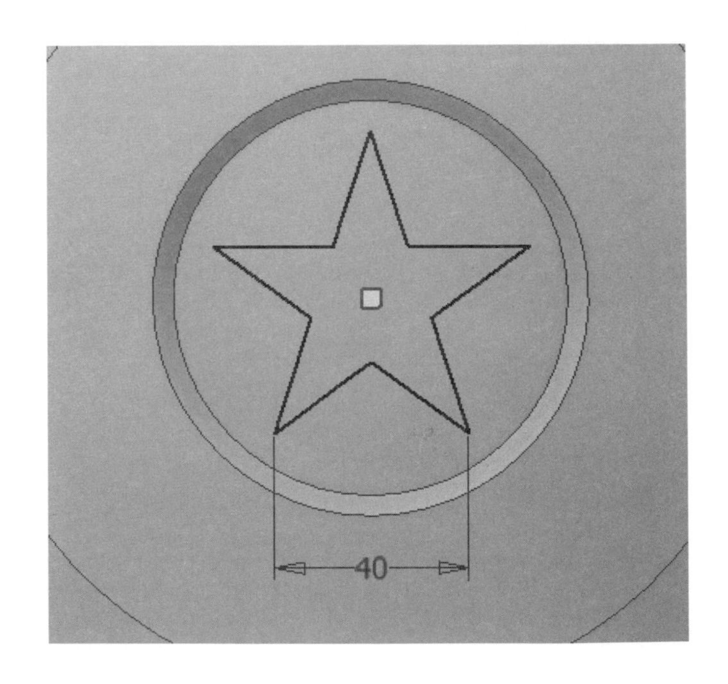

STEP 10 使用特徵工具選項板的【擠出】工具，並將草圖輪廓成形至中間區域與本體連接。

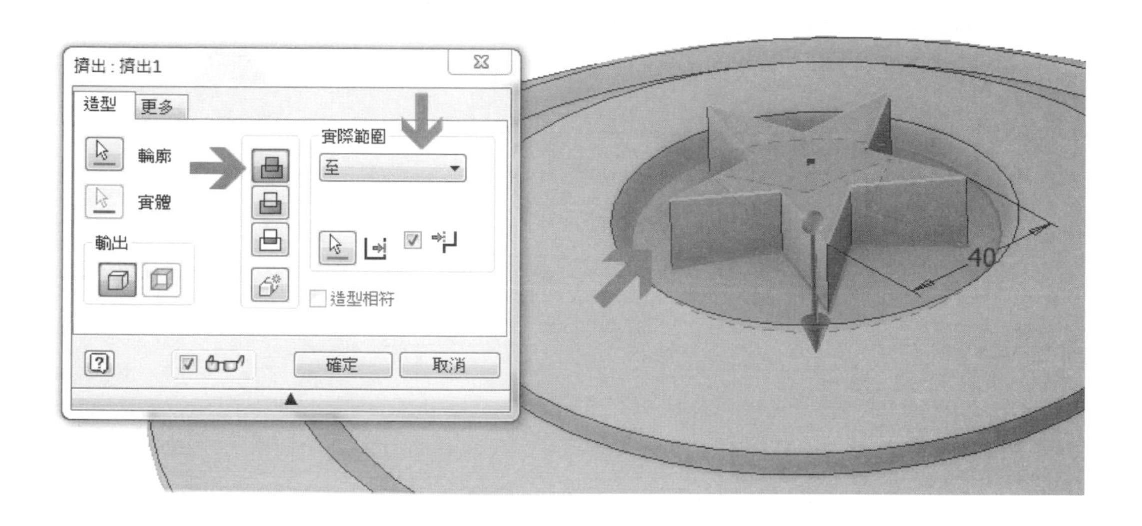

STEP 11 將使用過的新工作平面點擊一下滑鼠右鍵，在快捷選單上選擇將【可見性】關閉。

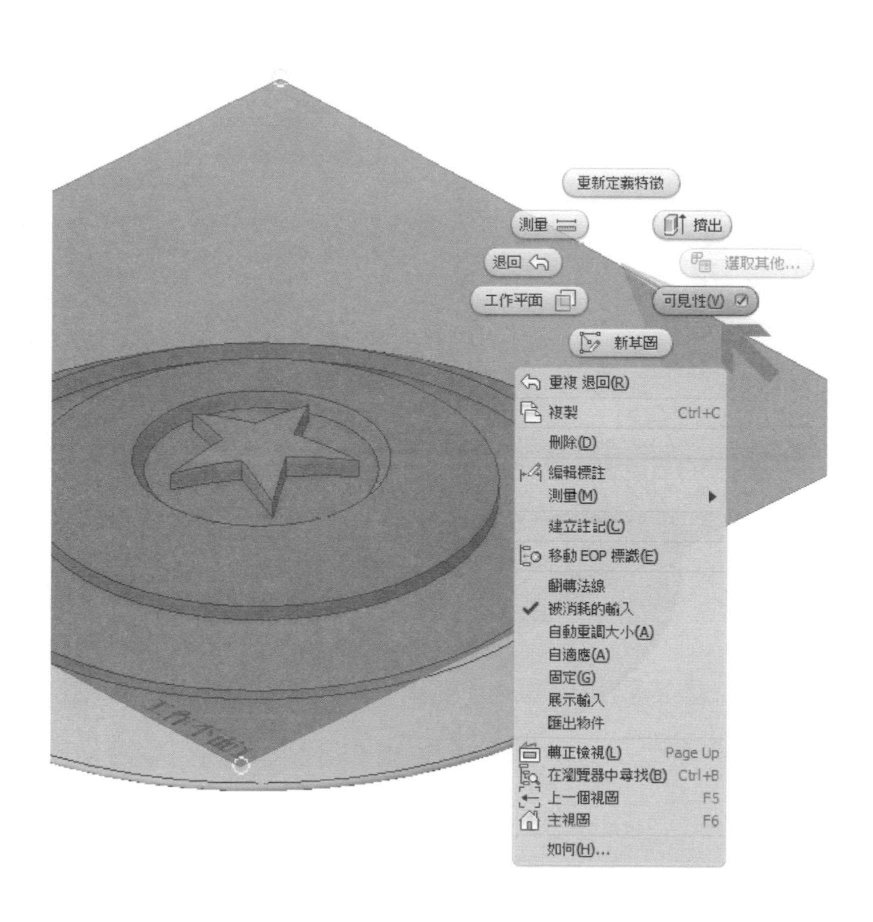

STEP 12 選擇ＸＹ工作平面來建立一張新草圖，因中間輪廓希望能呈現與外圍輪廓一樣的圓弧外觀，所以在繪製半徑 150 的草圖圓弧時，先將兩點定位在中間內凹區域的上方端點處，而圓弧外圍部分只要能繪製出超越中間星星造型的範圍即可，繪製完成後進行草圖修剪以完成如圖所示之輪廓。

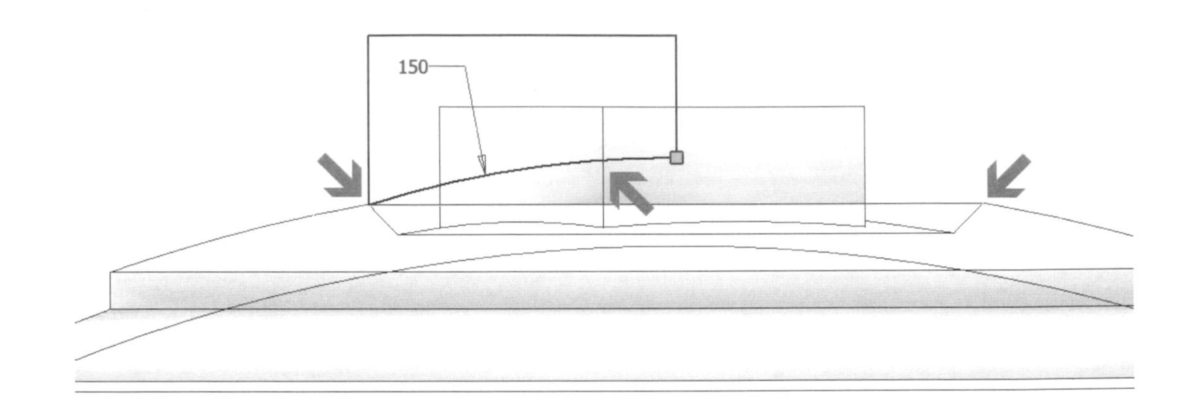

STEP 13 使用特徵工具選項板的【迴轉】，並進行【切割】模式，將所繪製的輪廓進行迴轉切割以清除中間區域外的部分。

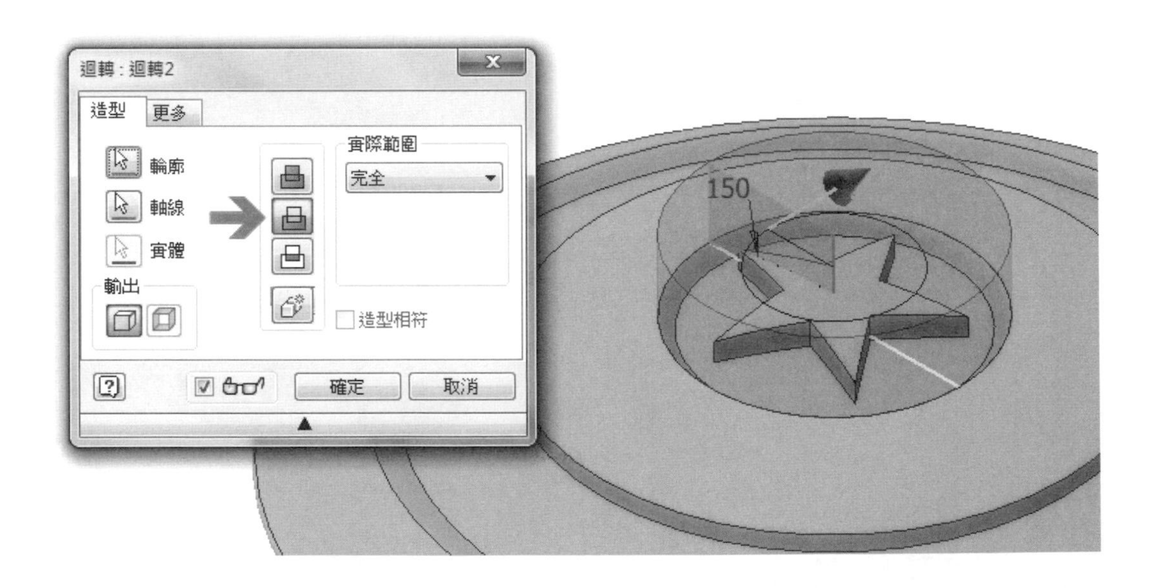

STEP 14 使用特徵工具選項板的【圓角】工具，如圖所示，使用圓角半徑 2 將中間部分的外圍進行修飾。

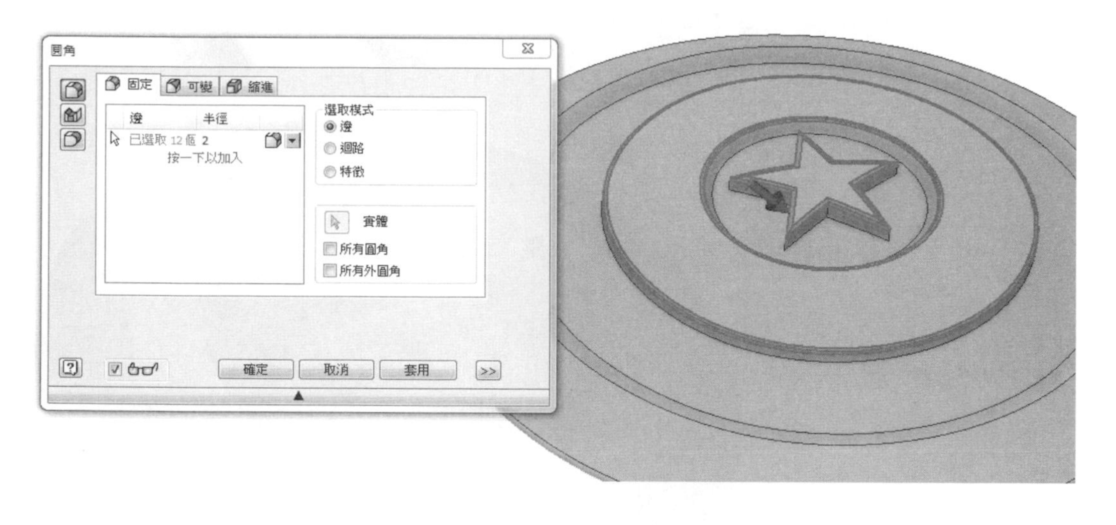

STEP 15 點選如圖所示之區域（連續選取時需要按鍵盤的 CTRL 鍵），按一下滑鼠右鍵以進入快捷選單，選擇【性質】，可進入材質顏色資料庫。

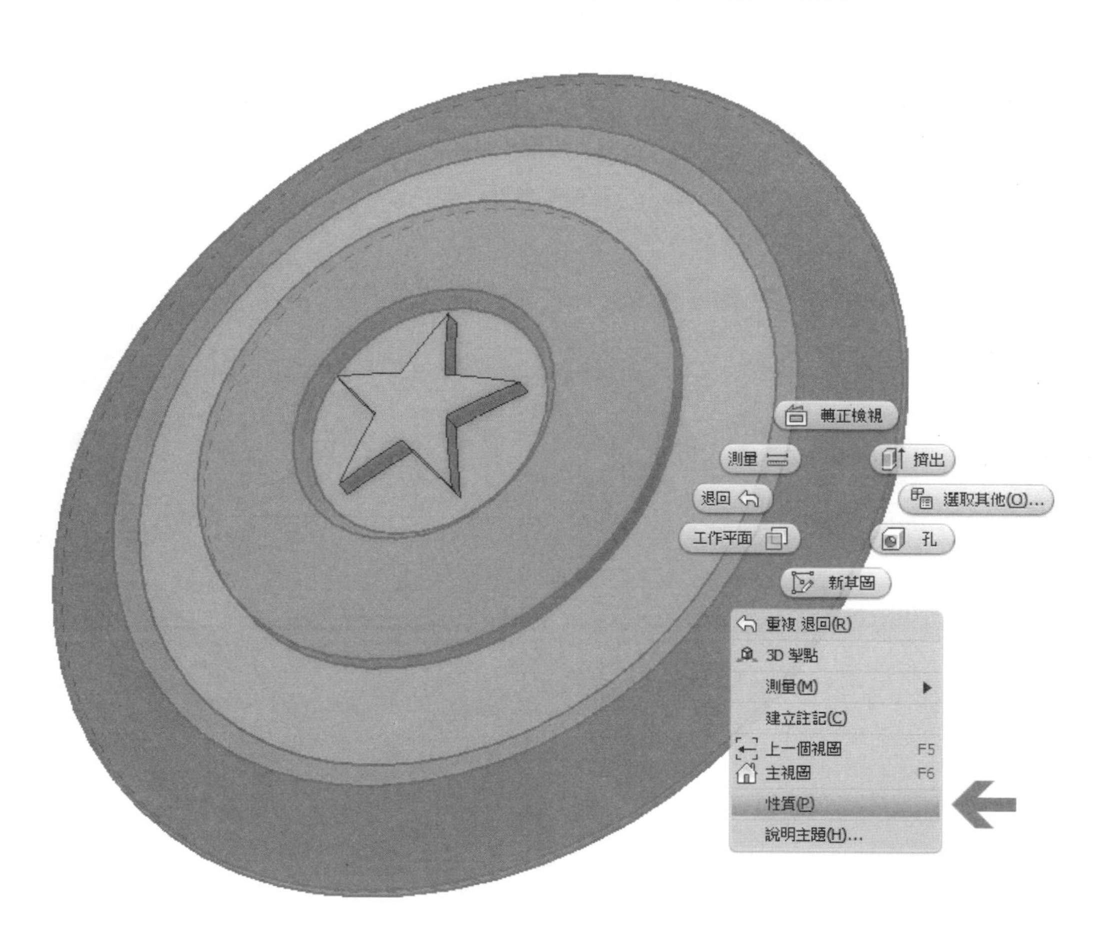

STEP 16 將選擇區域設定為【平滑－紅色】。

STEP 17 使用多重選取後，將選擇區域設定為【平滑－白色】。

STEP 18 點選中間內凹區域後，將選擇區域設定為【薄片緞－藍色】。

STEP 19 先進入到上方的【環境】工具選項板，選擇【Inventor Studio】項目，再進入【彩現影像】，調整影像的寬高比為 800、600，再將照明模式設定為【暖光】。

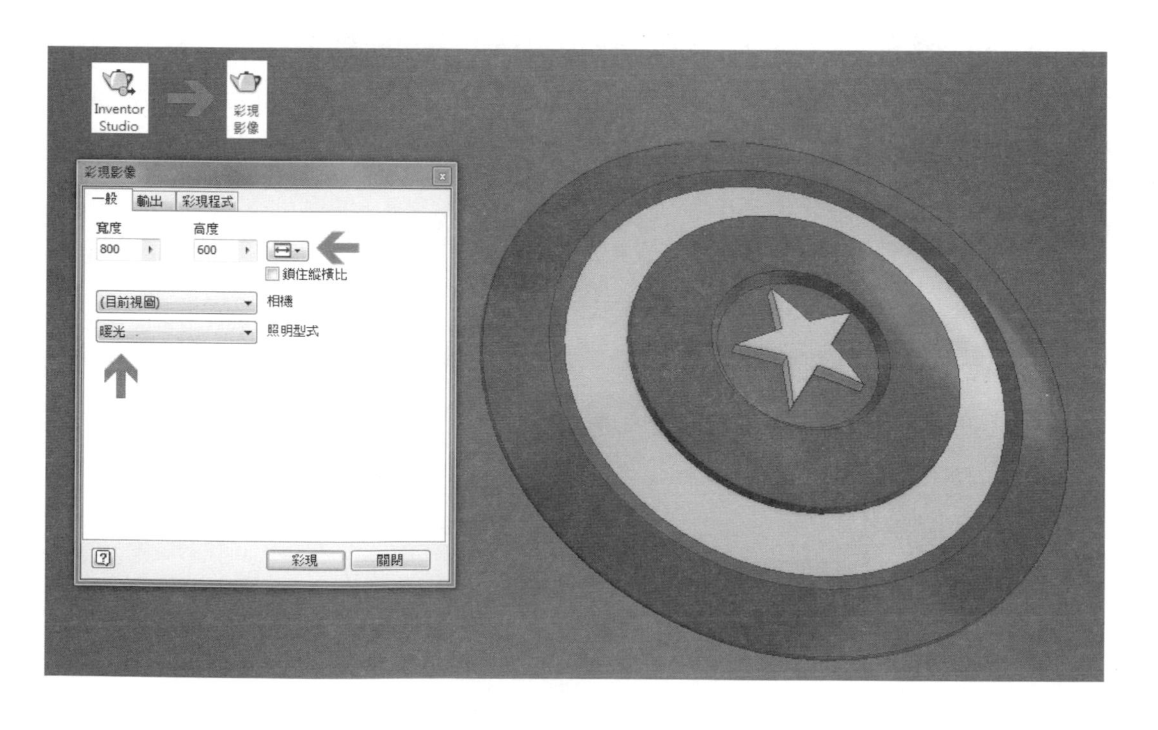

STEP 20 | 待計算完畢後即完成美國隊長盾牌的渲染圖。

7-15 任天堂紅白機搖桿

首先，我們要先分析一下整體的外觀中，哪一個零件本身含蓋了絕大部分的特徵與尺寸，透過優先繪製的程序，即可順便的將其餘零件所需要運用到的尺寸都一併的設定完成，這對於後續繪製其他部份的零組件會有效提完成效率。而目前的範例最大的特徵涵蓋區域為上蓋，其特徵輪廓也幾乎等同於其餘零件的基本外觀輪廓，因此，我們可以考慮從此零件來優先繪製。

上蓋

STEP 1 | 讓我們先進入新建檔案模式中，選擇零件項目已進入設計模式。

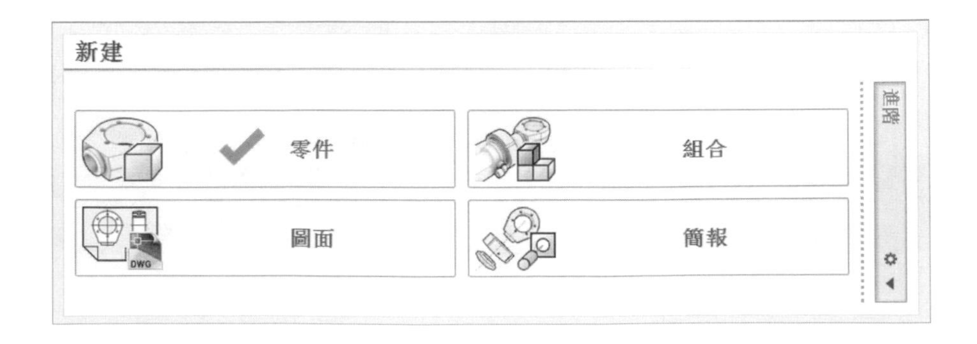

STEP 2 | 如下圖所示：

1. 將滑鼠移動至繪製區的右上方 ViewCube 處
2. 將視點調整到標準的等角圖坊位
3. 點選滑鼠右鍵列出功能清單
4. 移動至將目前視圖設定為主視圖項目中
5. 可選擇佈滿視圖以獲得最佳視覺模式

移至主視圖(G)
正投影(T)
透視(E)
透視與正交面(F)
維持目前選取(C)
將目前視圖設定為主視圖(V)
固定距離(D)
佈滿視圖(V)
將目前視圖設定為(S)
重置前視圖(R)
選項(O)...
說明主題(H)...

STEP 3 | 選擇ＸＺ平面來建立新草圖。

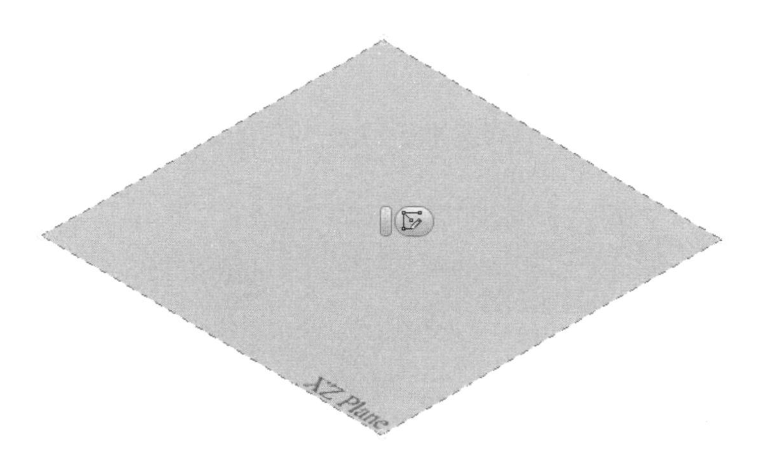

STEP 4 | 在ＸＺ平面所建立的草圖中繪製出輪廓尺寸。

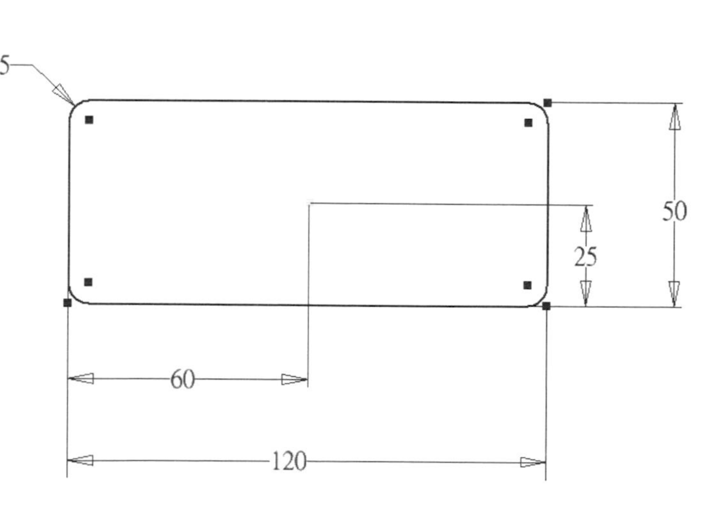

STEP 5 | 將繪製好的草圖以擠出中的接合模式建立 6 公分的厚度。

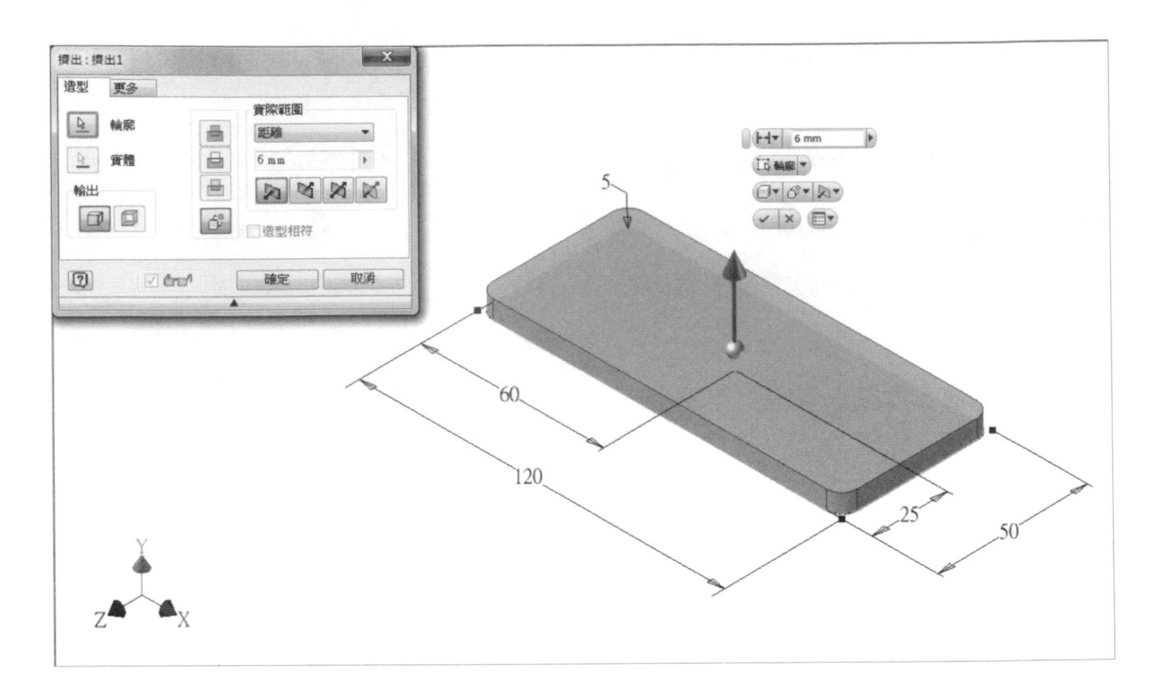

STEP 6 | 在上方邊緣處建立 2 mm 半徑的圓角。

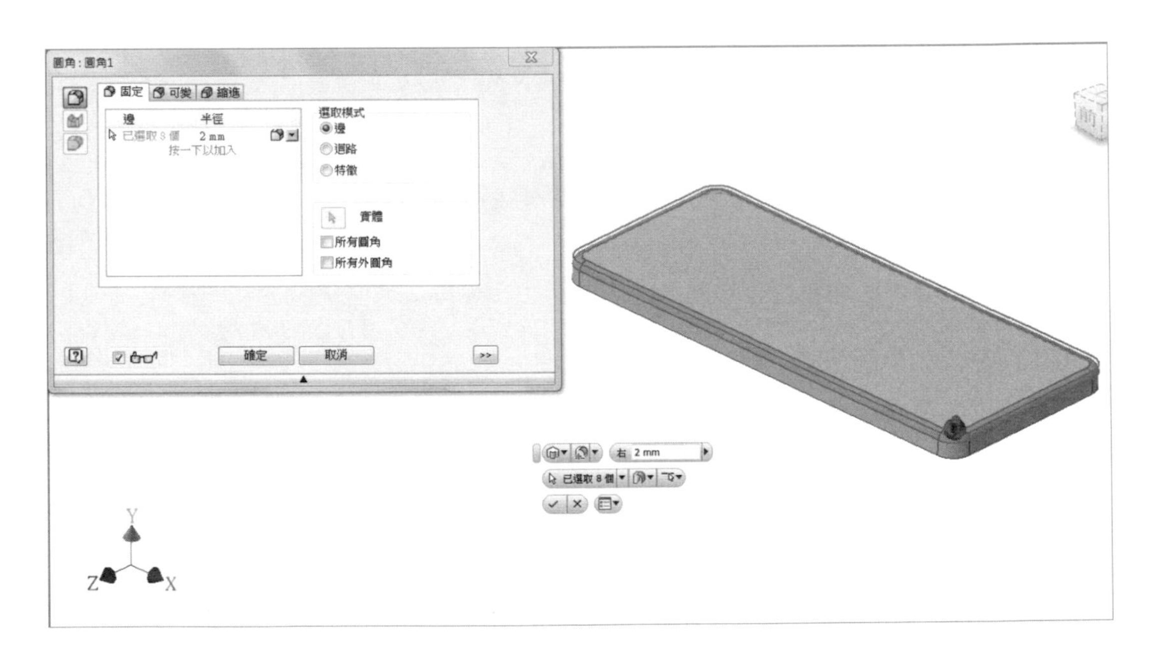

STEP 7 | 將零件翻至下方，使用薄殼功能，厚度設定為 2mm，並將下方的零件面移除，讓整體上蓋的外觀產出。

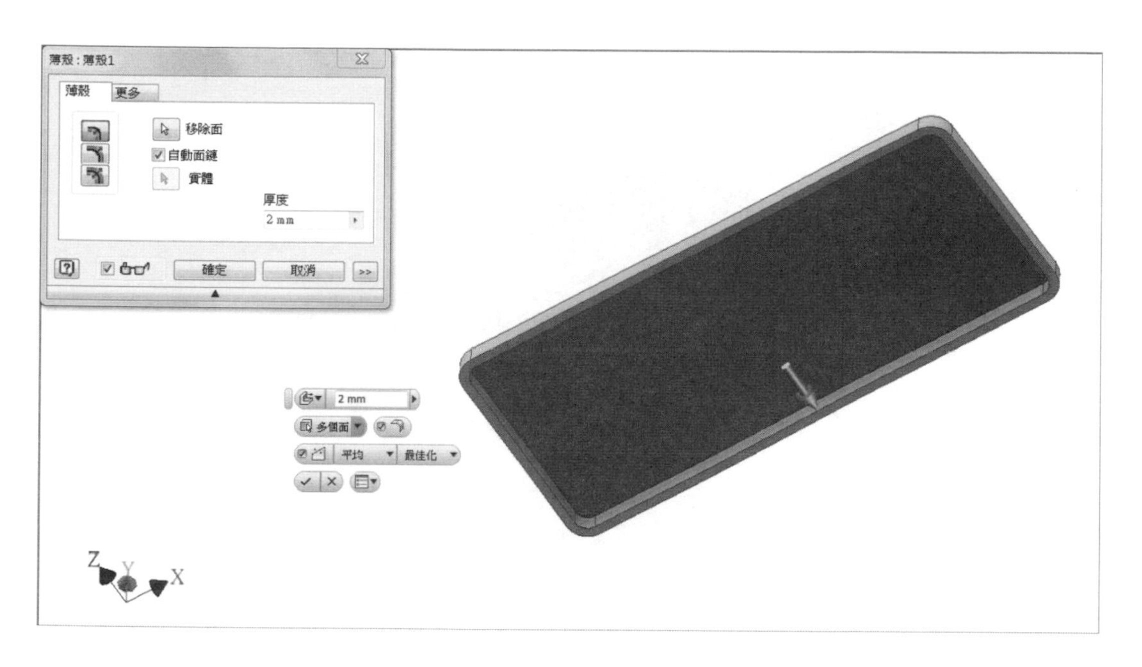

STEP 8 | 在上蓋零件的垂直面建立一張新草圖，並繪製出如圖所示之封閉輪廓。

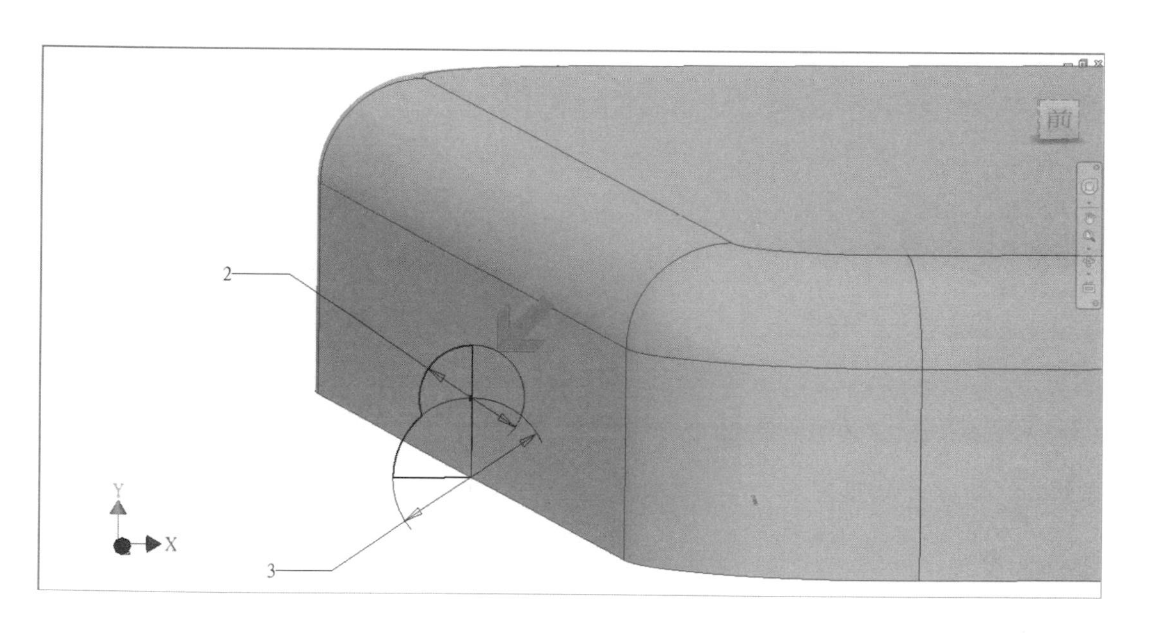

STEP 9 以下蓋薄殼後之預留厚度面來建立新草圖，選取上方工具選項板中的投影幾何圖形項目，並將零件外圍邊線作出後續要使用的掃略路徑。

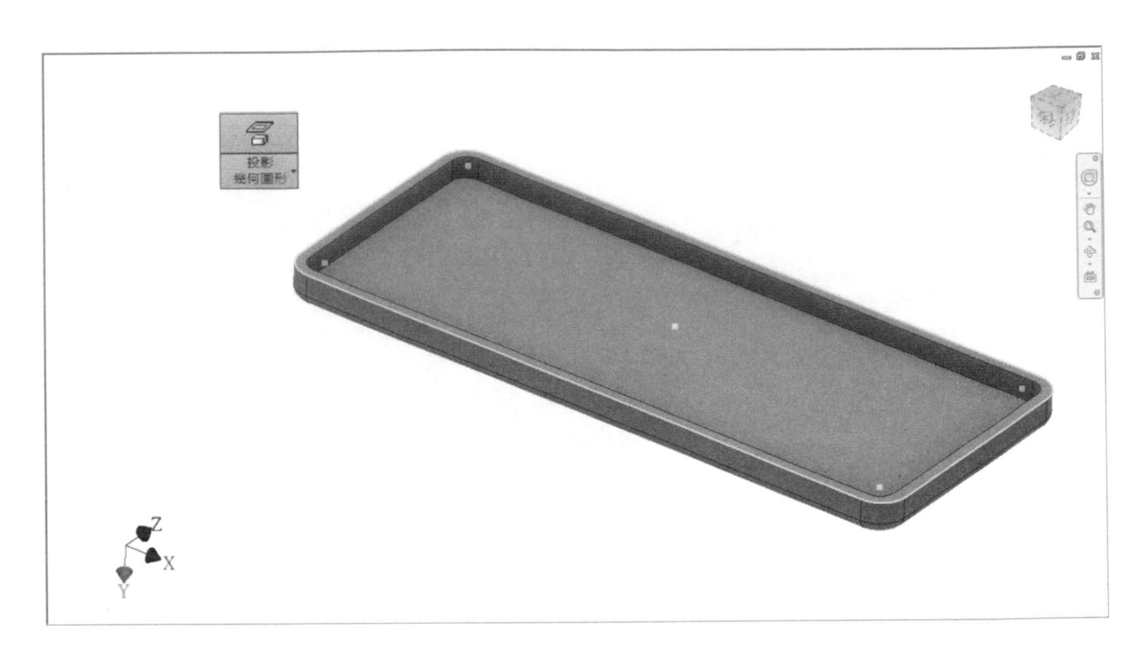

STEP 10 使用掃略工具，將剛才建立好的輪廓與路徑草圖掃出成型。

STEP 11 將其餘特徵的草圖繪製完成後，依訂立的間距比例將其調到定位，以方便後續建立其他零件時來擷取運用。

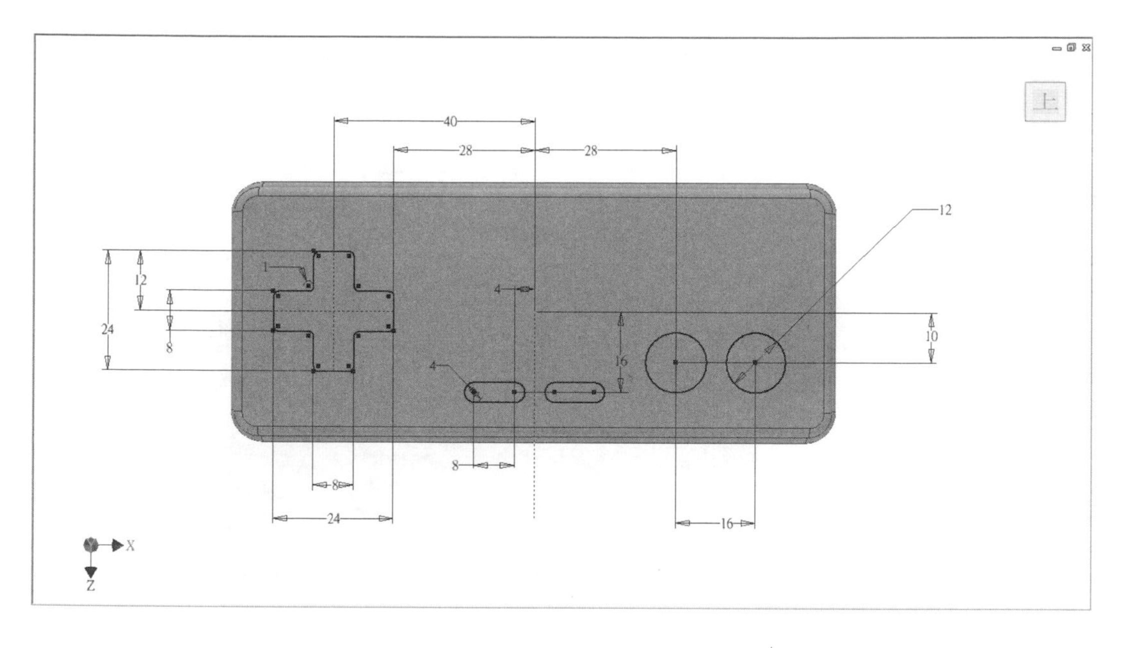

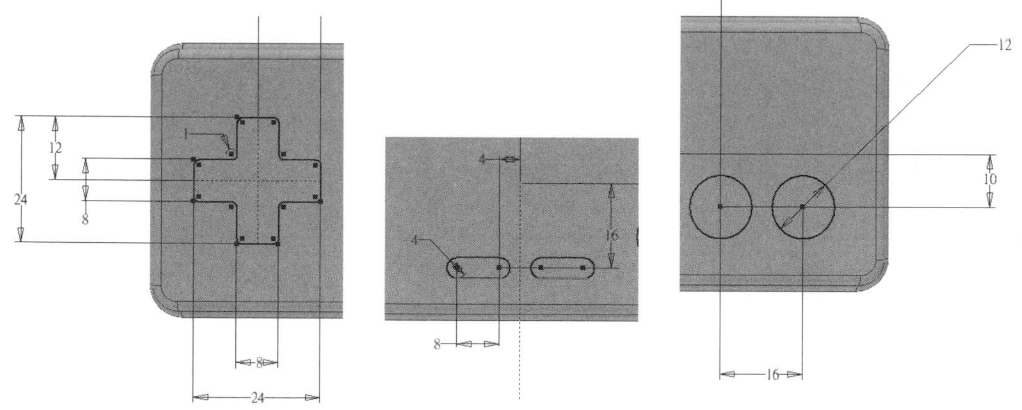

STEP 12 | 運用擠出工具內的切割，將所繪製的草圖輪廓打穿成型。

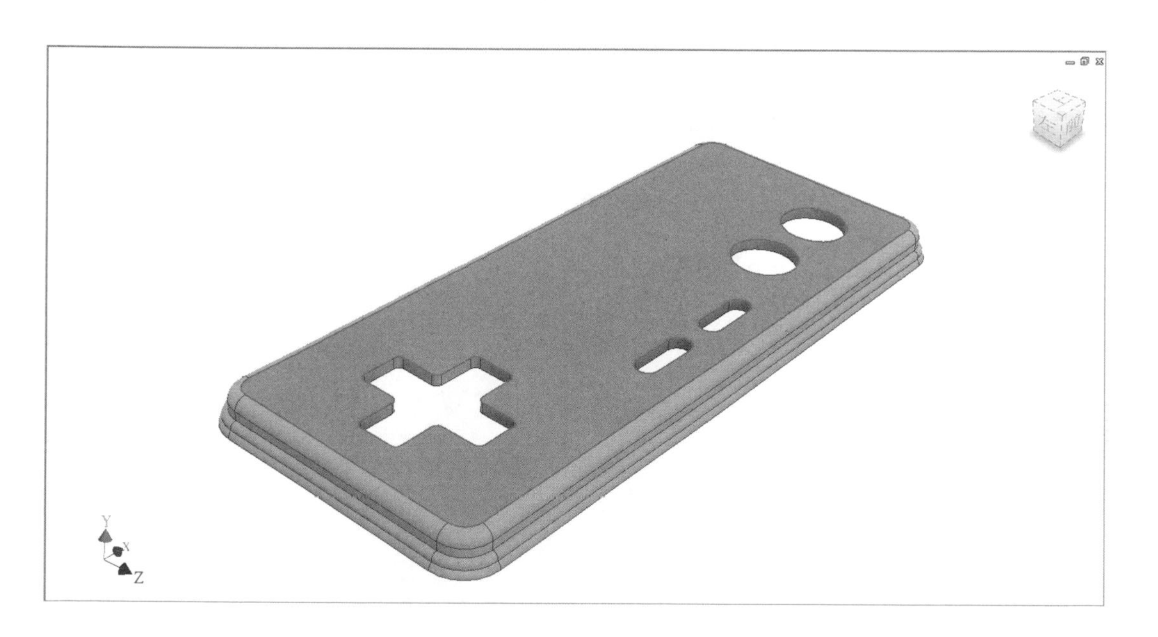

STEP 13 繪製外框輪廓，上方及右方各取一半的長度來進行編輯，使其成為上方的新特徵。

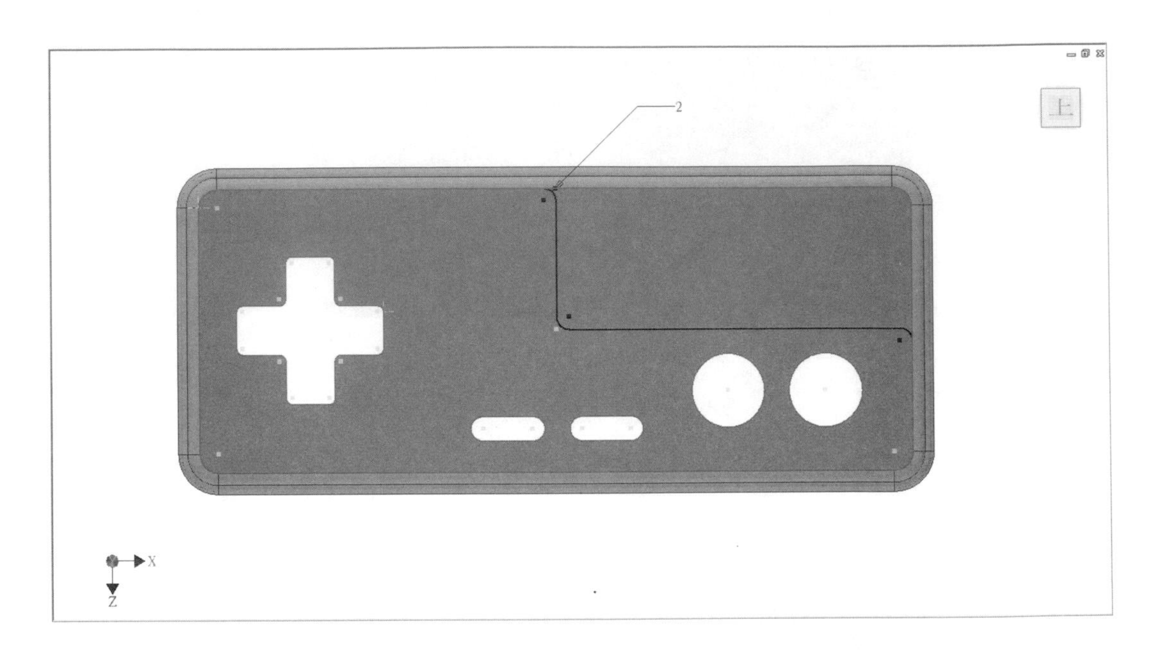

STEP 14 使用擠出工具中的切割項目，將輪廓往內切割 0.5mm 的深度。

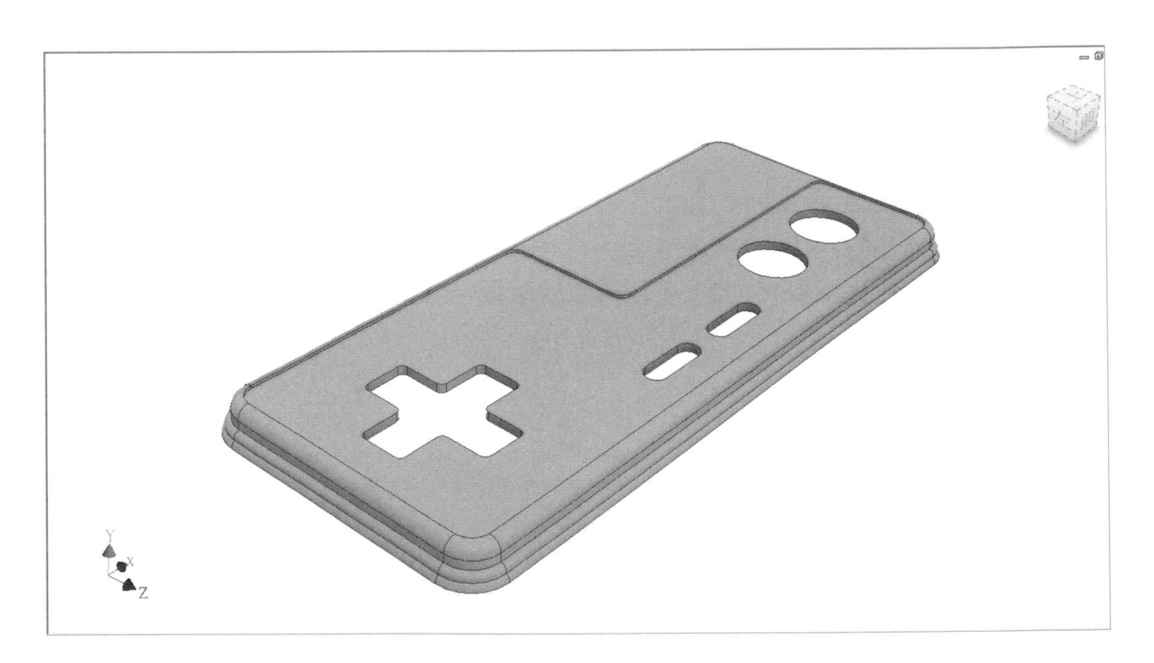

STEP 15 將剛切割完成的特徵上再建立一新草圖，抓取兩圓弧槽之外側圓心當基準，建立半徑 8 的輪廓並編修成一新輪廓。

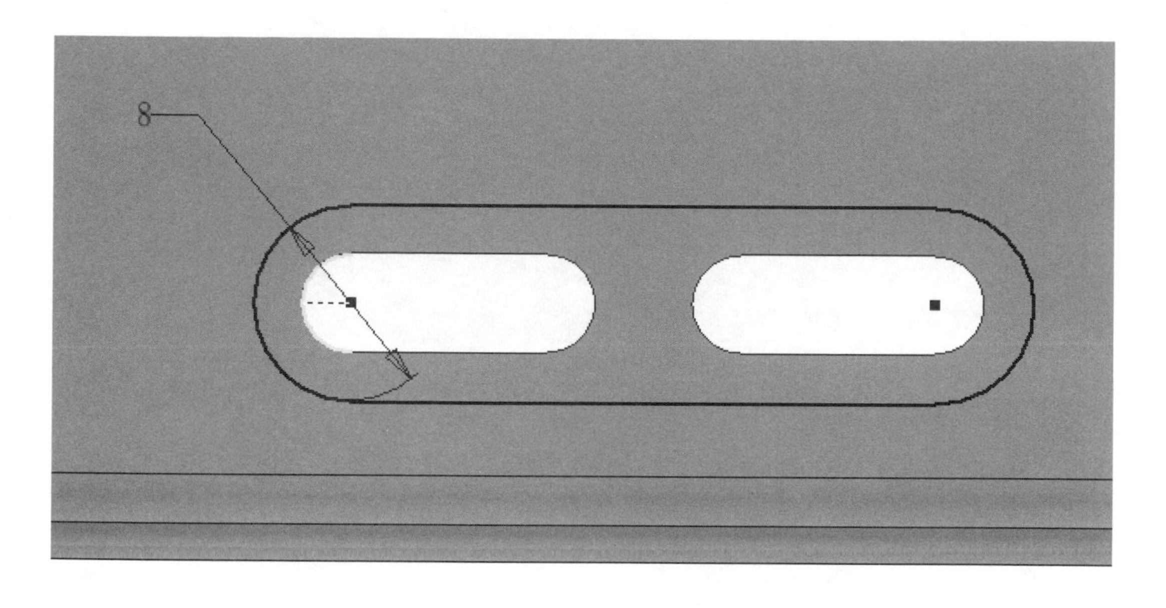

STEP 16 將輪廓以擠出中的切割功能，往內切割 1mm 的深度。

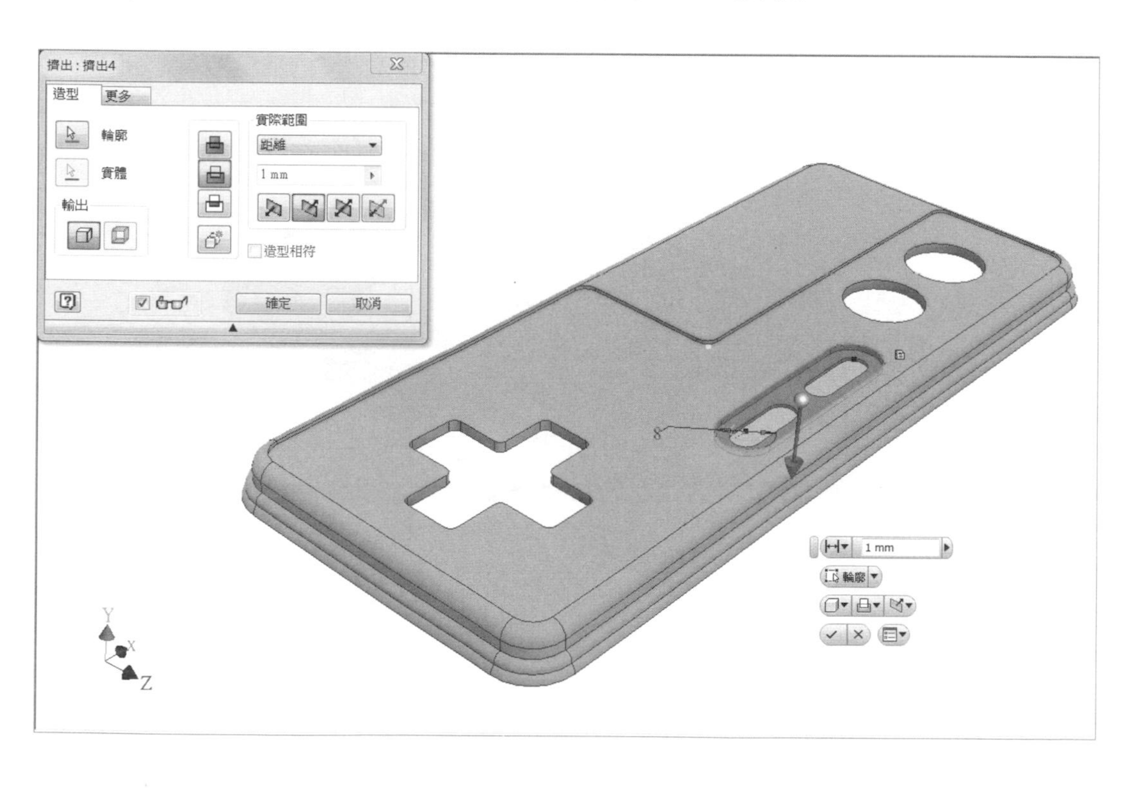

STEP 17 為了使後續渲染時能有較真實的光影效果，以及凹槽的形成感，我們可以利用特徵倒角功能，距離設定 1mm，在剛建立完的特徵下緣建立輪廓。

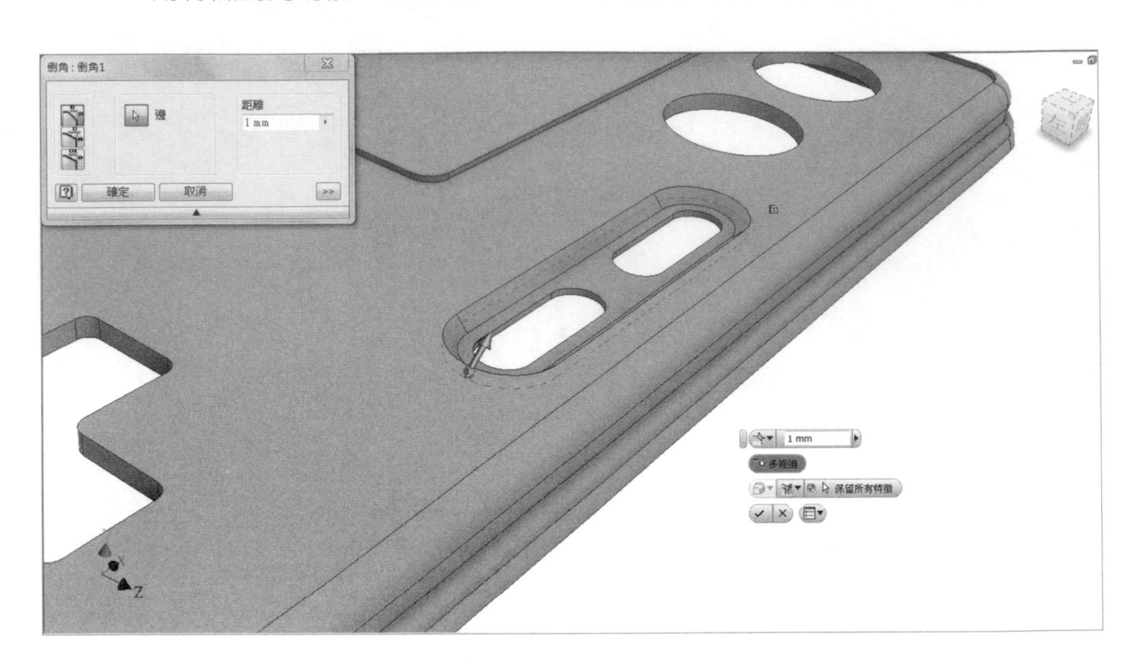

STEP 18 上蓋整體輪廓與特徵的建立即告完成。

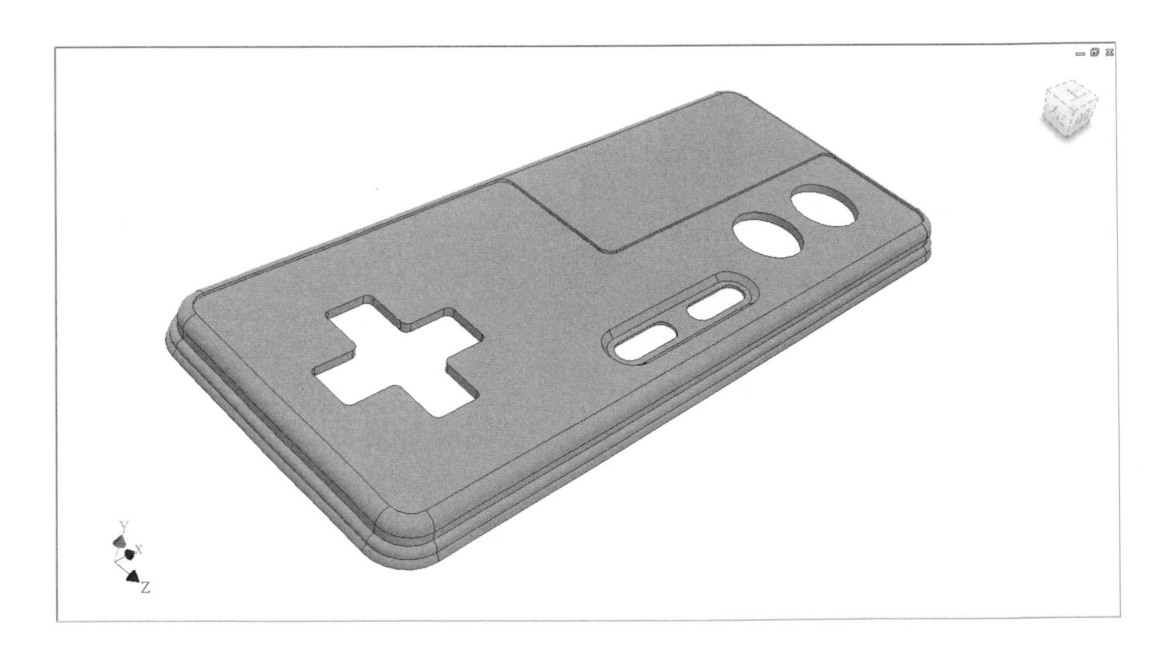

下蓋

STEP 1 首先，我們進入新建檔案模式中，選擇零件項目已進入設計模式。

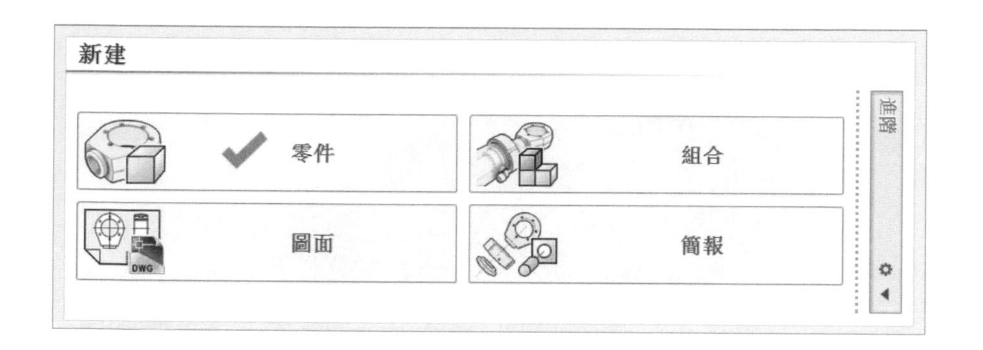

STEP 2 如下圖所示：

❶ 將滑鼠移動至繪製區的右上方 ViewCube 處

❷ 將視點調整到標準的等角圖方位

❸ 點選滑鼠右鍵列出功能清單

❹ 移動至將目前視圖設定為主視圖項目中

❺ 可選擇佈滿視圖以獲得最佳視覺模式

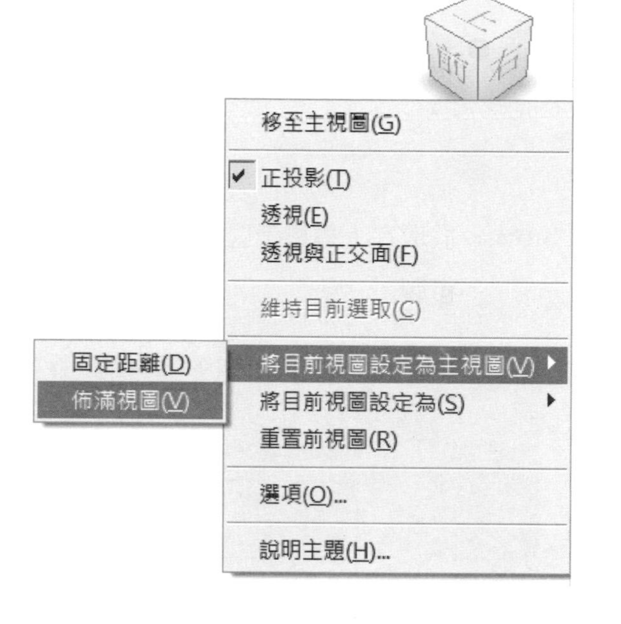

STEP 3 選擇 XZ 平面來建立新草圖。

STEP 4 我們可以先開啟剛才完成的上蓋零件檔，點進去如圖面所示之區域範圍，也可以利用建立新草圖的方式進入。

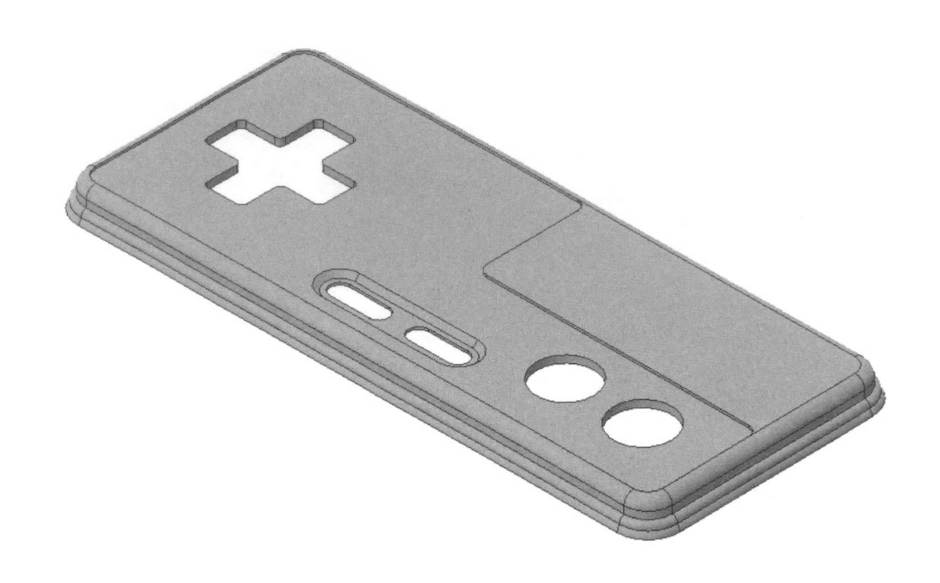

STEP 5 截取在上蓋指示區域內的草圖輪廓，將其全選，並使用快截鍵 Ctrl+C 進行複製。

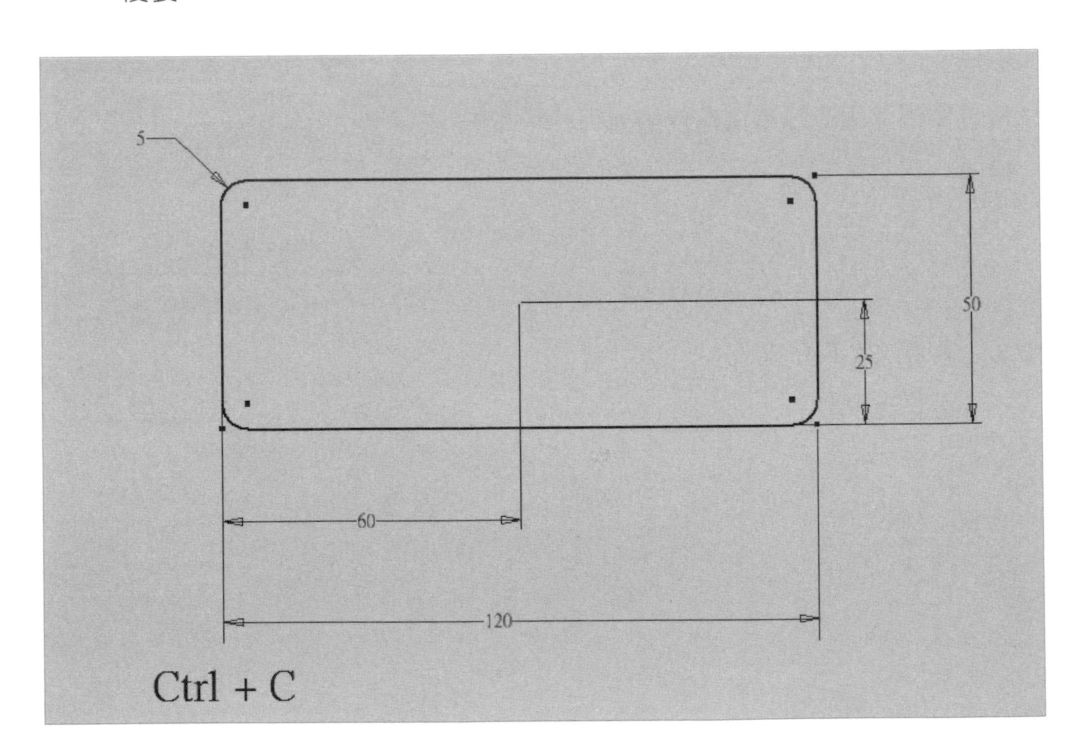

STEP 6 接著透過圖檔切換功能，將繪製零件切換成下蓋的零件圖的 XZ 平面內，再執行 Ctrl+V 來貼上剛才全選的輪廓。

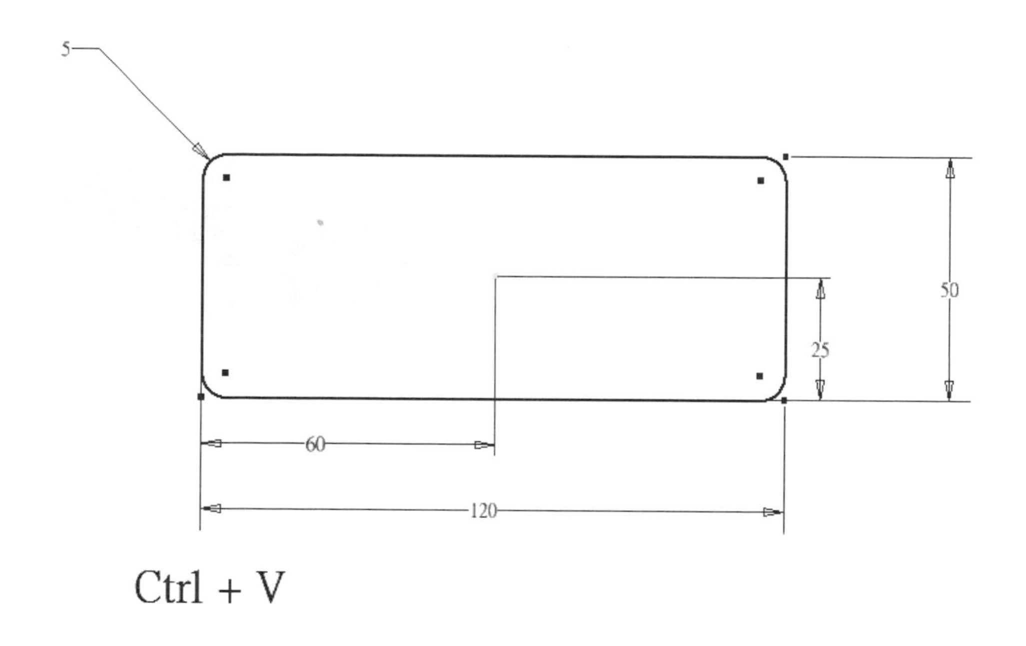

STEP 7 使用擠出工具，將整體外觀往下方成型厚度 6mm 即可。

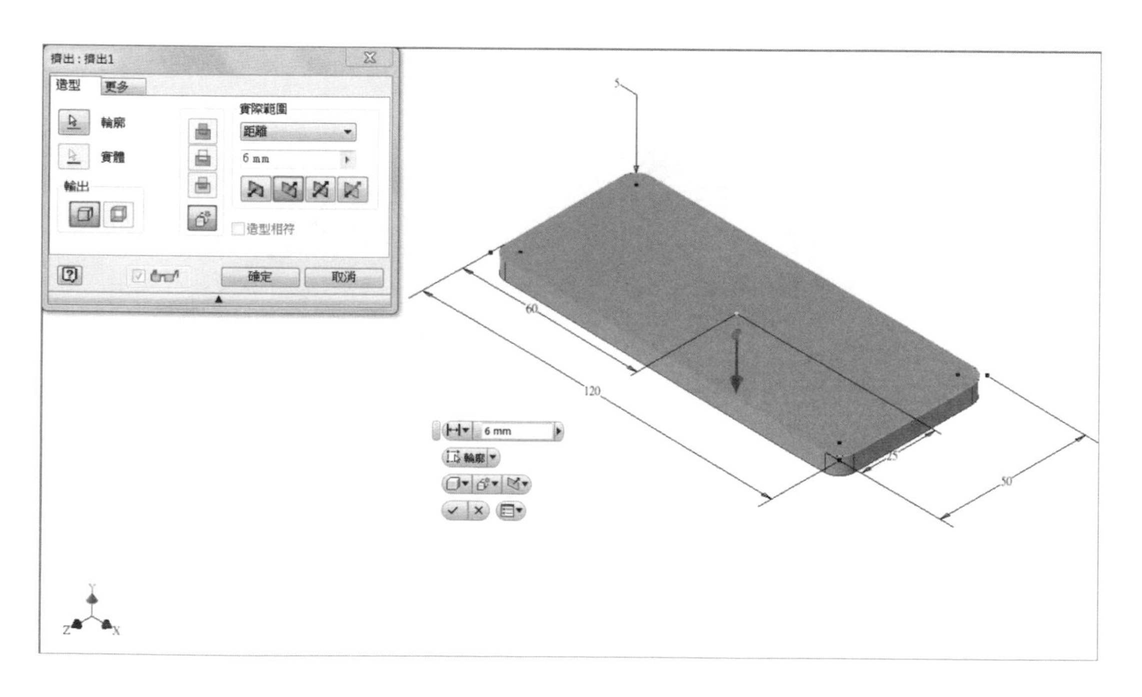

STEP 7 將成型好的零件本體以圓角 3mm 在下緣環繞一圈。

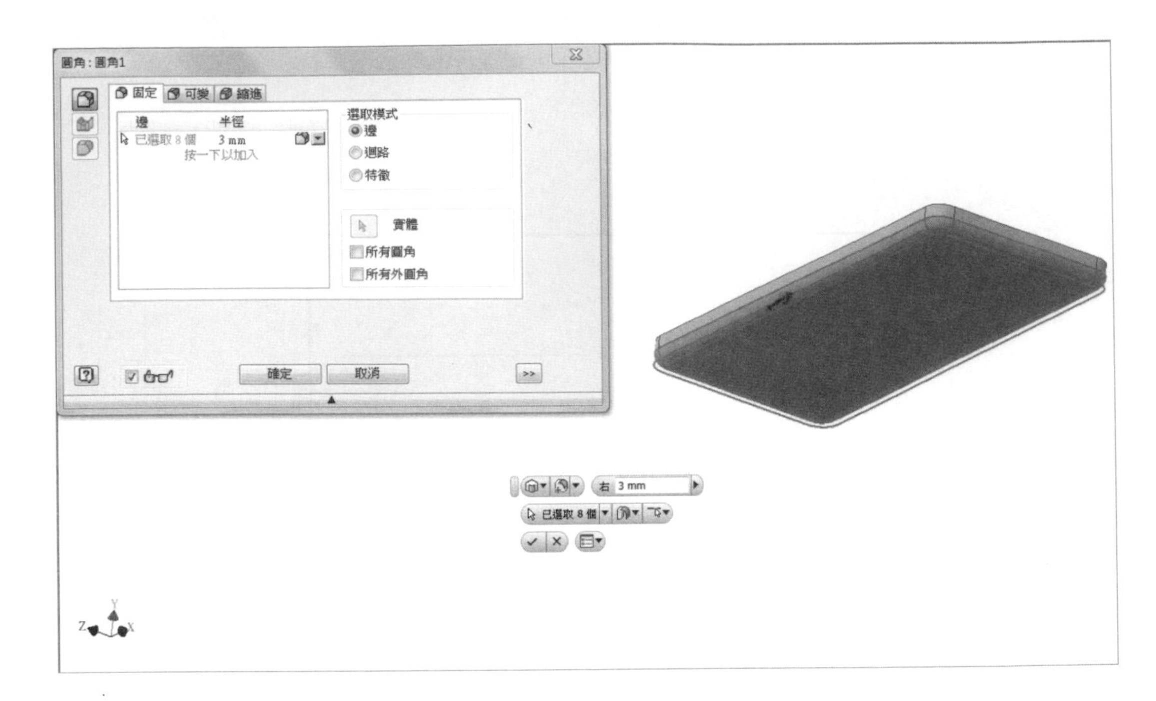

STEP 8 使用薄殼工具在下蓋零件本體的上方編輯，使用厚度 2mm，並移除掉下蓋上方的面。

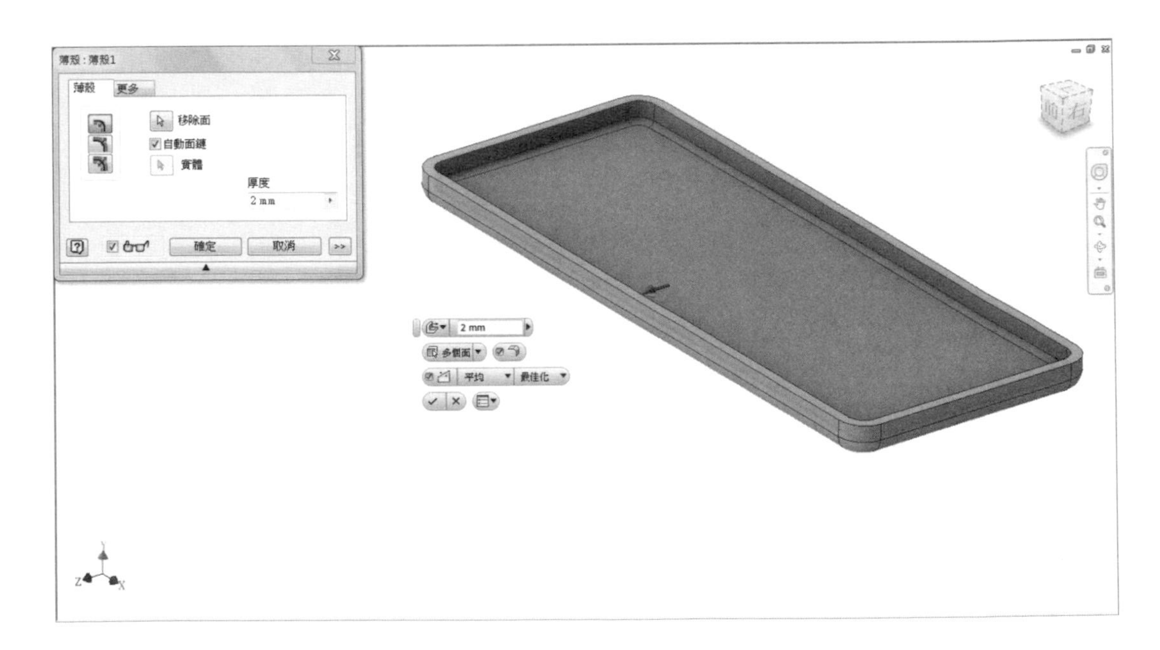

STEP 9 在下蓋零件的垂直面建立一張新草圖，並繪製出如圖所示之封閉輪廓。

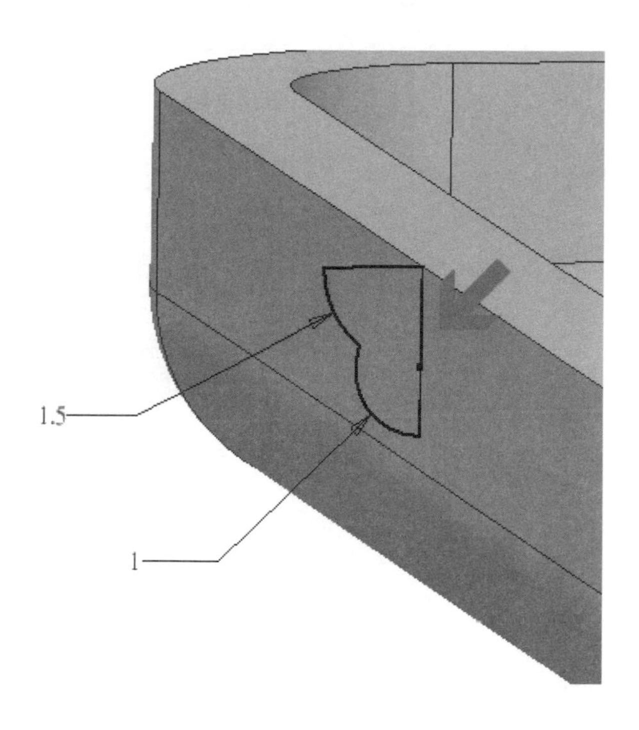

STEP 10 選取零件本體薄殼後之厚度上方平面來建立新的草圖，並將外觀輪廓逐一的投影成新的輪廓。

STEP 11 使用掃略工具，選取剛才所建立的兩張草圖，將其成型如圖面要求的輪廓。

STEP 12 下蓋本體外觀即建立完成。

上蓋金屬片

STEP 1 | 首先，我們進入新建檔案模式中，選擇零件項目已進入設計模式。

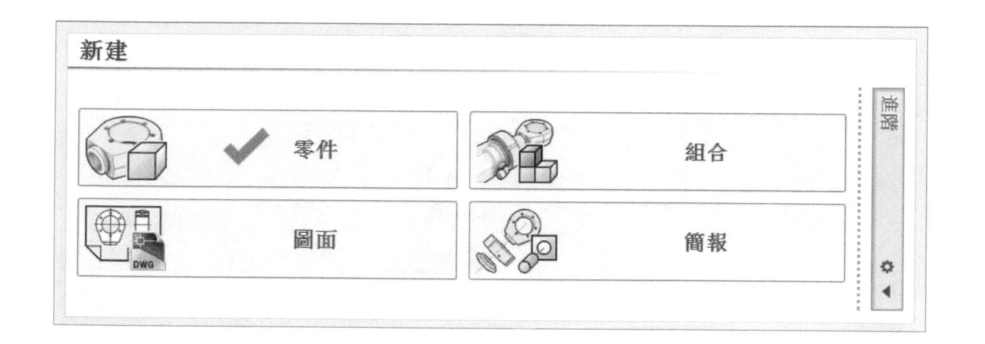

STEP 2 | 如下圖所示：

❶ 將滑鼠移動至繪製區的右上方 ViewCube 處

❷ 將視點調整到標準的等角圖坊位

❸ 點選滑鼠右鍵列出功能清單

❹ 移動至將目前視圖設定為主視圖項目中

❺ 可選擇佈滿視圖以獲得最佳視覺模式

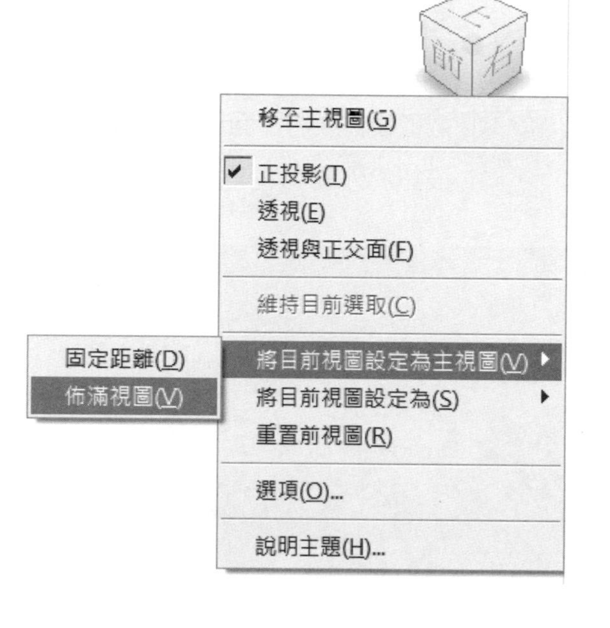

STEP 3 | 選擇 XZ 平面來建立新草圖。

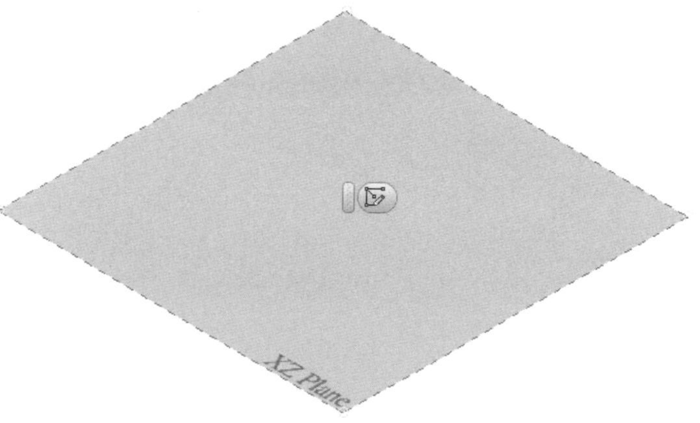

STEP 4 至上蓋零件中截取如圖之輪廓，並從上方及右方的中點建立銜接，並完成圓角半徑 2 的輪廓後，以 Ctrl + C 複製草圖到新零件檔中的草圖平面上。

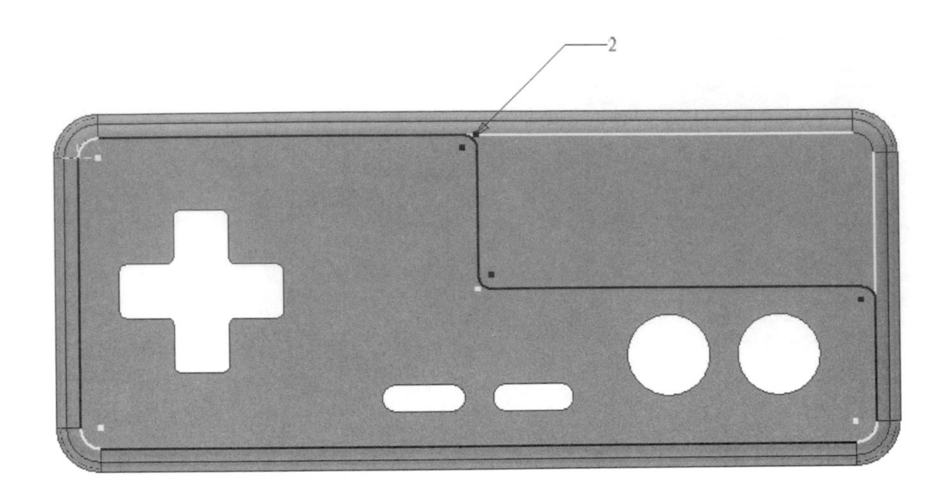

STEP 5 截取後需要將圖面所示之部分建立一個新的輪廓，此輪廓為完整呈現中間兩按鈕的外觀。

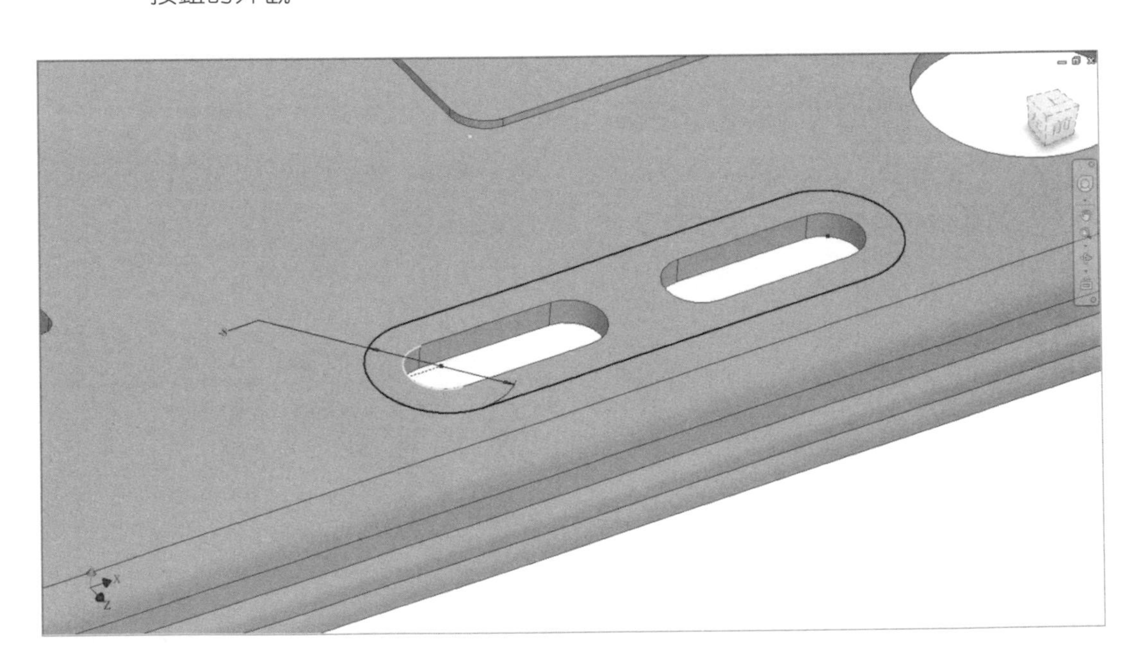

STEP 6 再將上蓋其他特徵的草圖輪廓也以上述之方法，將其逐一的複製轉貼於此草圖輪廓中，尺寸定義部分請自行重新建立完成，如此，後續的工程圖建立會比較完整。

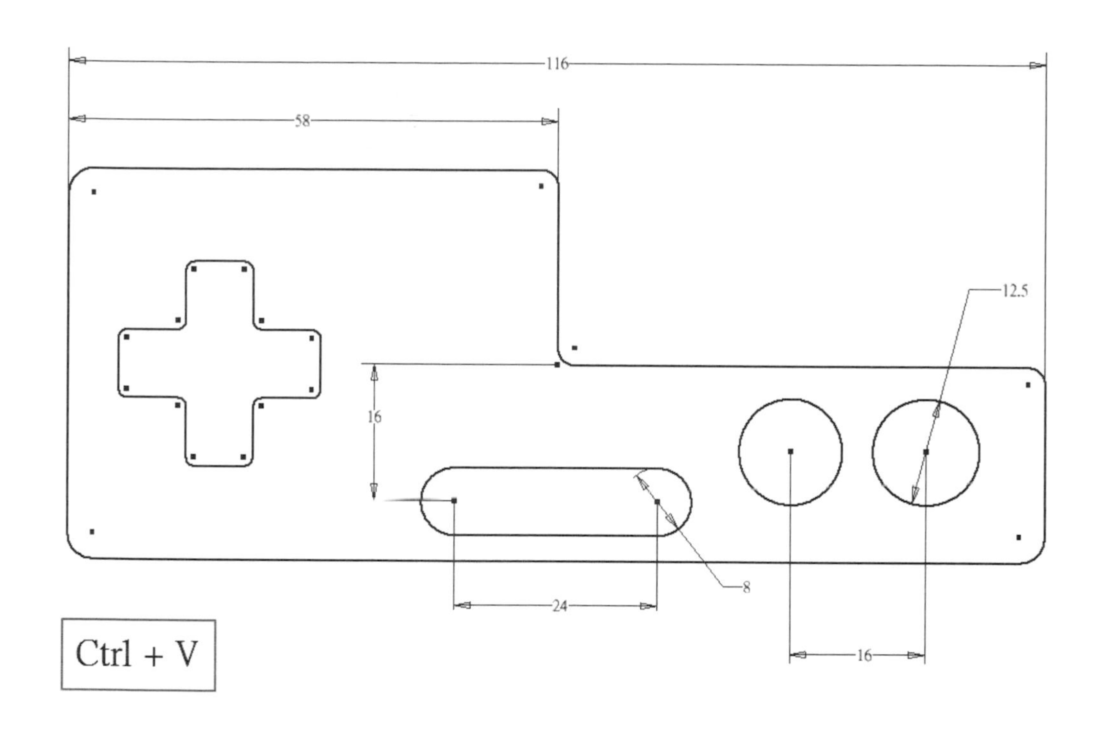

STEP 7 將完成後的草圖輪廓使用擠出功能，使其成型厚度 0.5mm 的厚度。

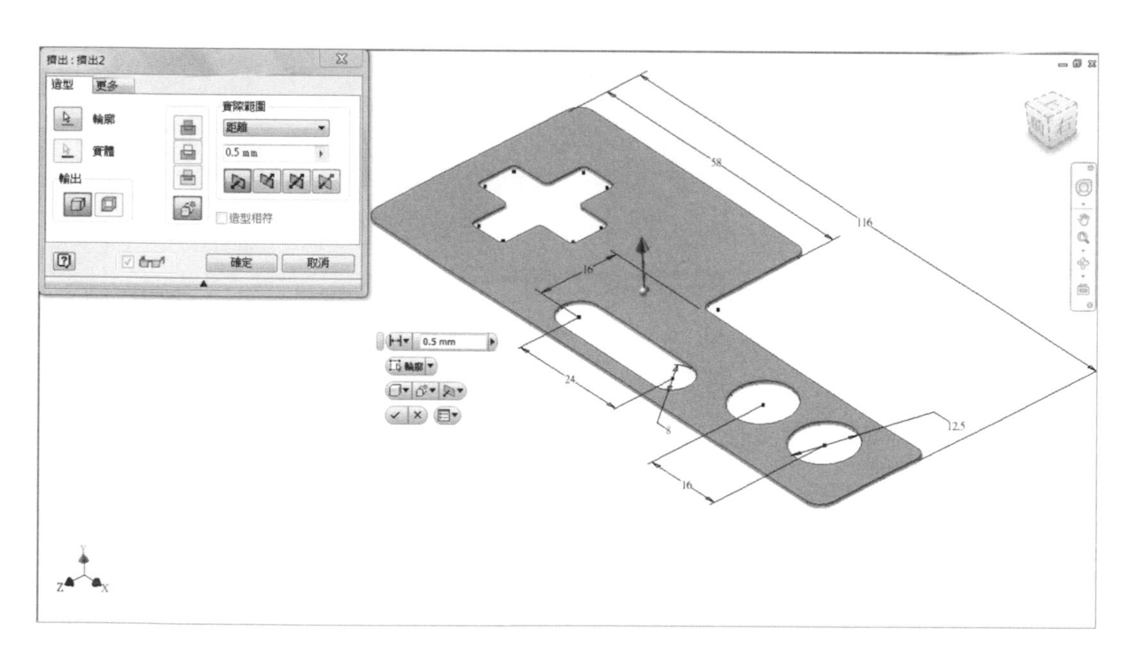

STEP 8 使用倒角功能，將圖面上有切割的輪廓邊緣套用 0.5mm 的倒角特徵。

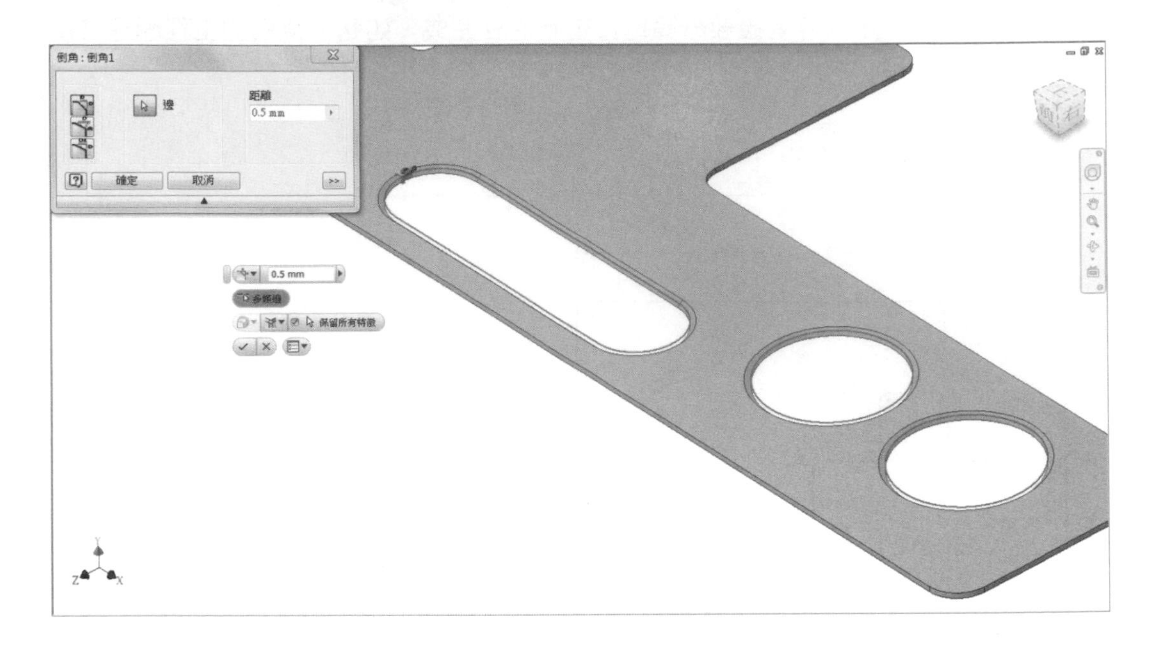

STEP 9 使用倒角功能，將圖面上有切割的輪廓邊緣套用 0.5mm 的倒角特徵。

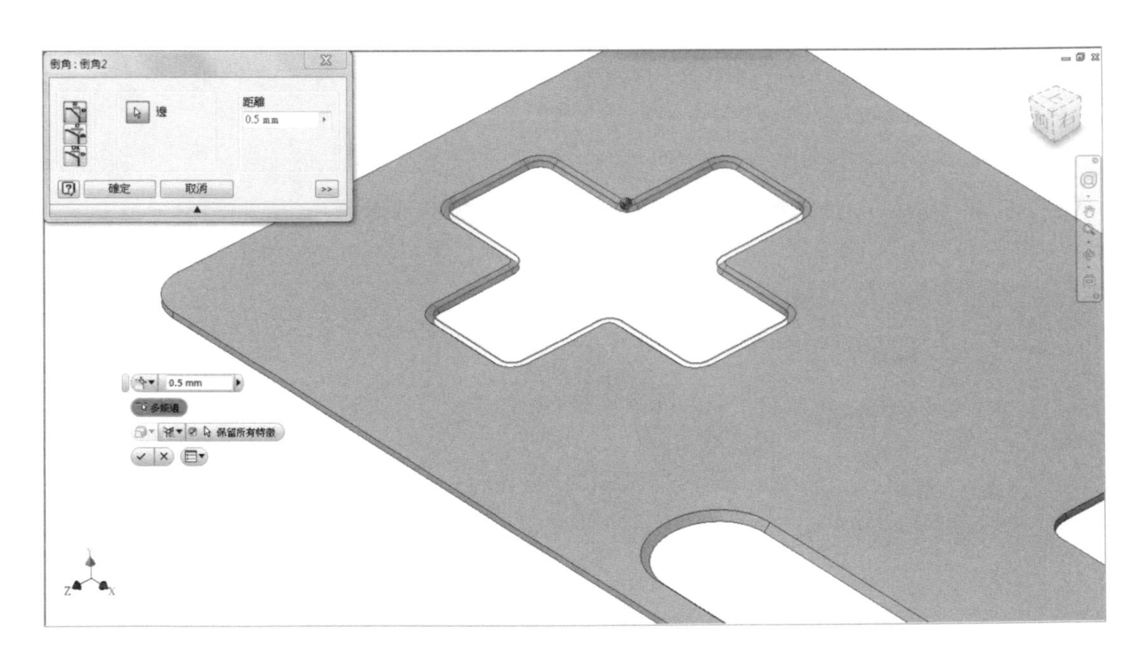

STEP 10 將整體輪廓上方外緣建立出倒角 0.3mm 的特徵。

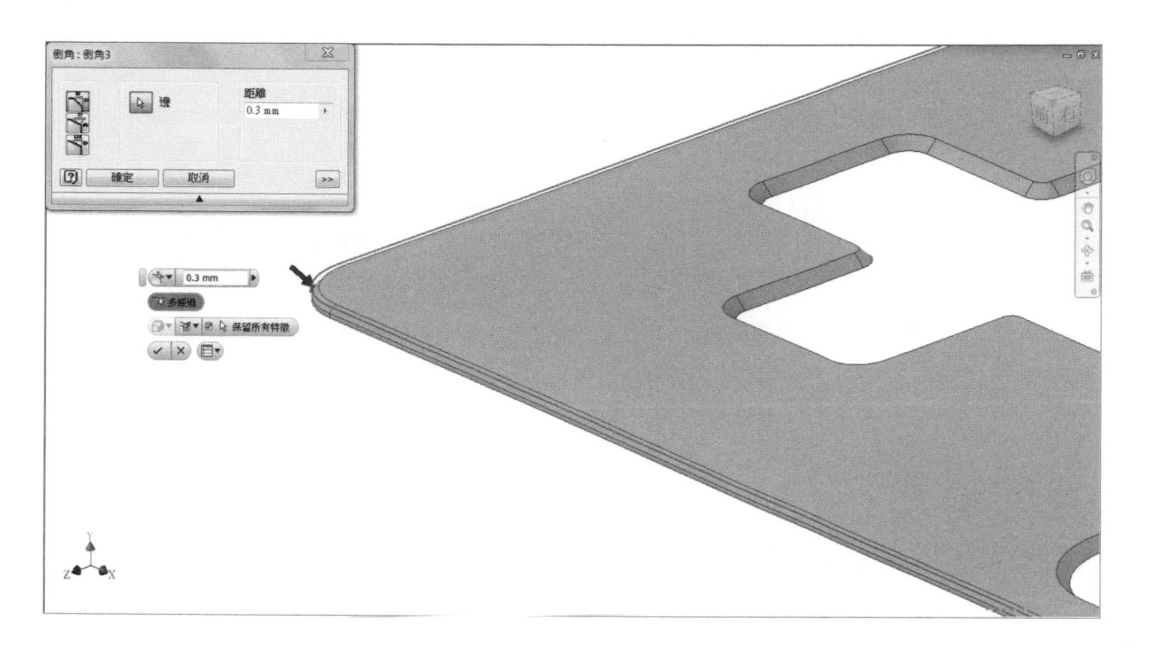

STEP 11 將畫面縮放到實際範圍，儲存零件檔後即完成。

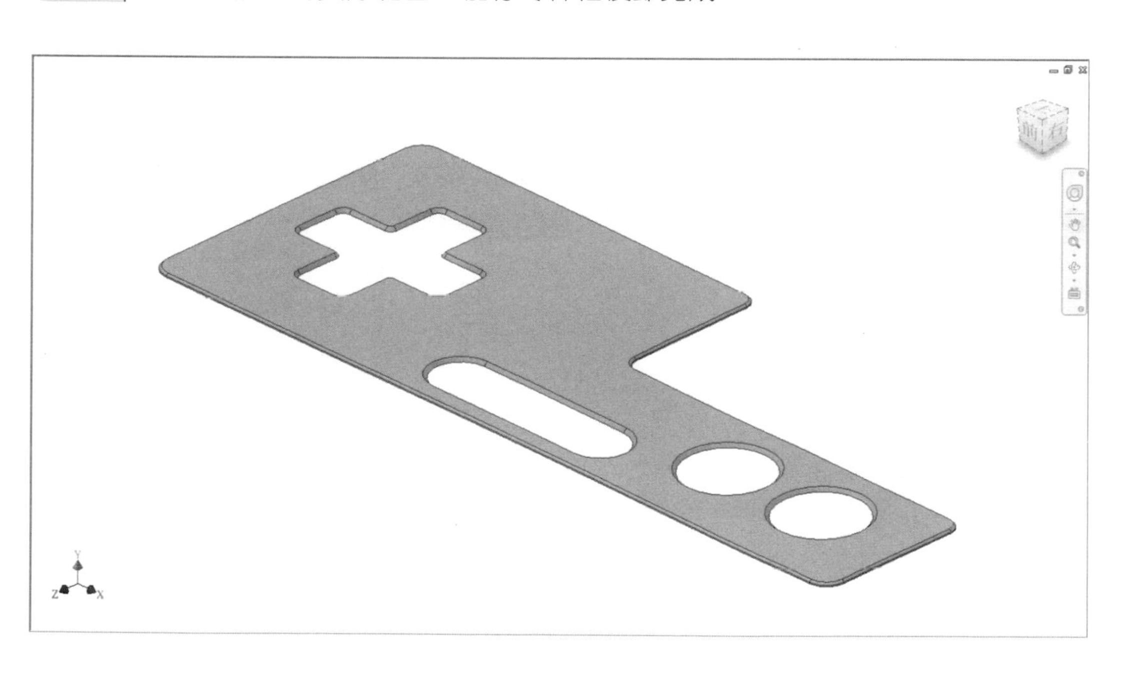

十字按鈕

STEP 1 首先，我們進入新建檔案模式中，選擇零件項目已進入設計模式。

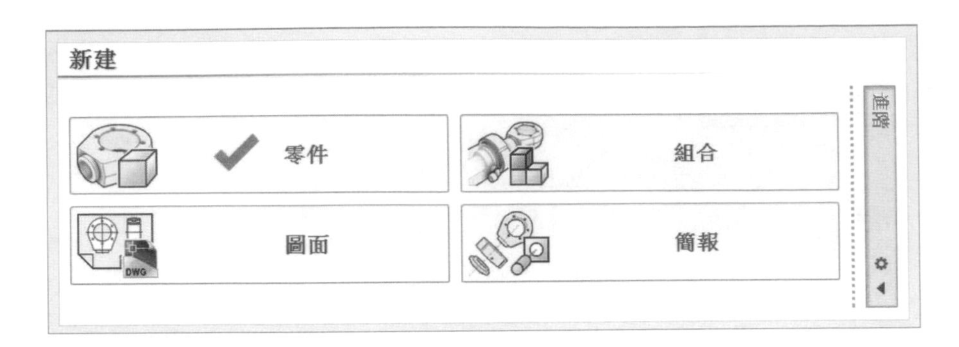

STEP 2 如下圖所示：

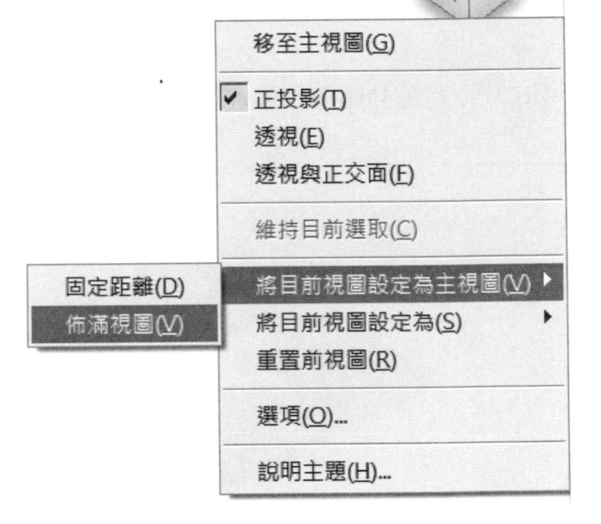

❶ 將滑鼠移動至繪製區的右上方 ViewCube 處

❷ 將視點調整到標準的等角圖坊位

❸ 點選滑鼠右鍵列出功能清單

❹ 移動至將目前視圖設定為主視圖項目中

❺ 可選擇佈滿視圖以獲得最佳視覺模式

STEP 3 選擇 XZ 平面來建立新草圖。

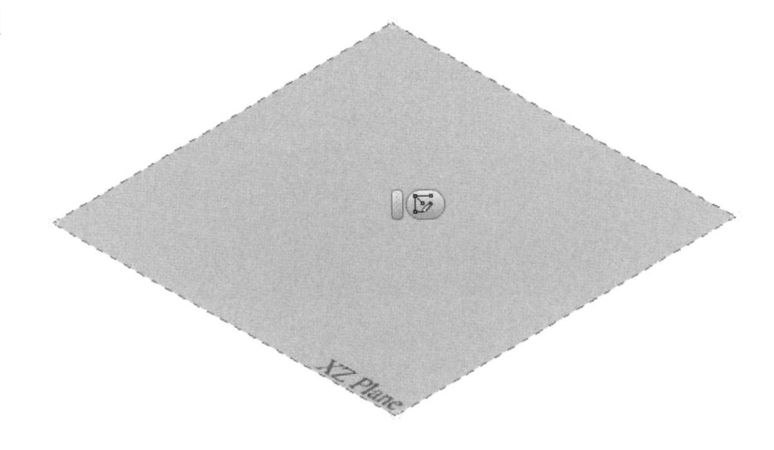

STEP 4 在草圖平面中建立如圖面之輪廓與尺寸。

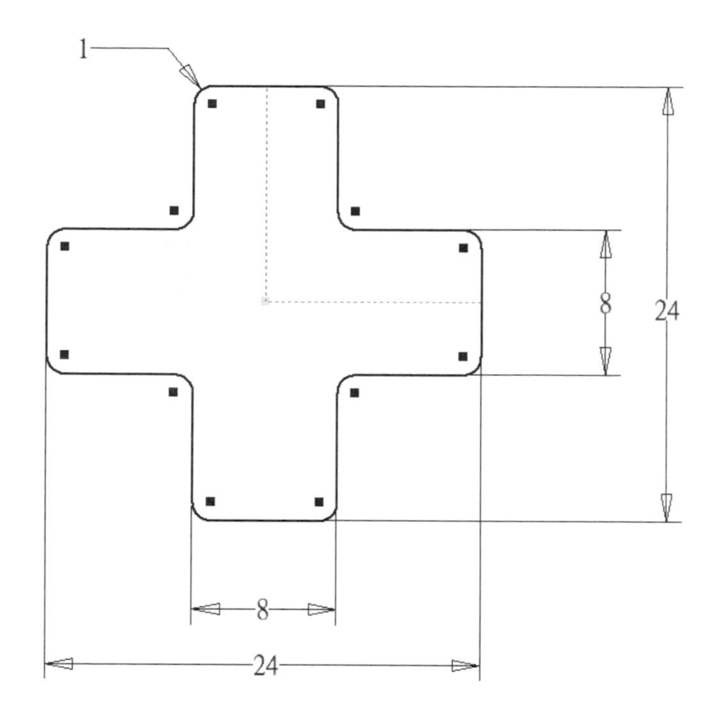

STEP 5 將建立完成的草圖輪廓，使用擠出工具將輪廓往上方成型 7mm 高度。

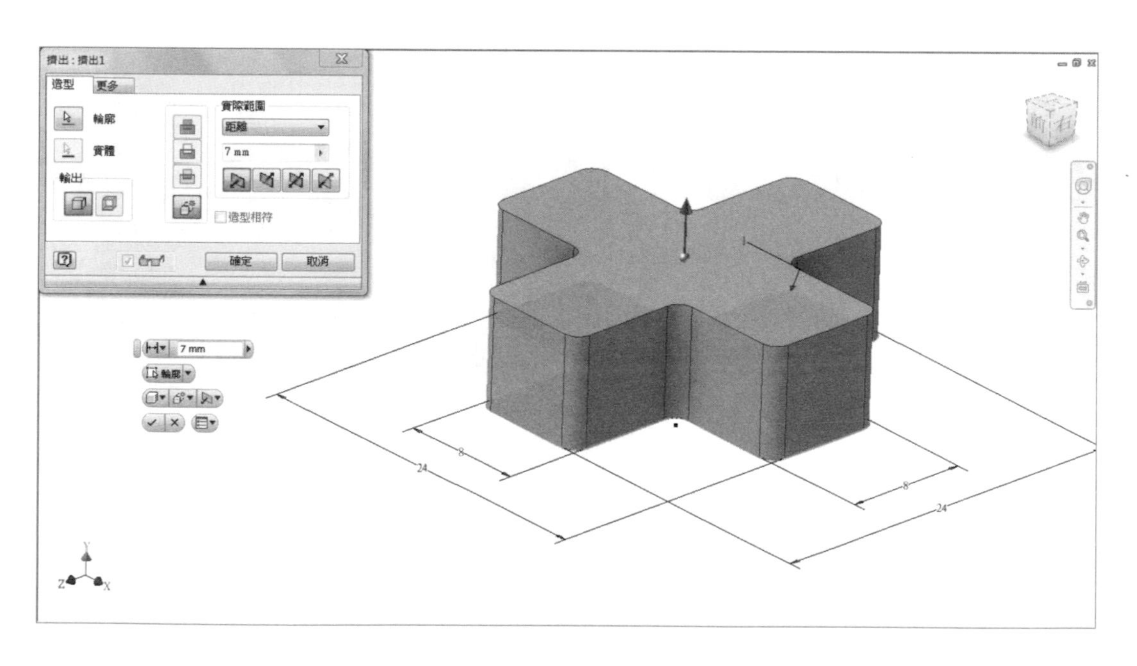

STEP 5 在十字草圖輪廓外圍，使用草圖偏移工具將輪廓往外建立 2mm 偏移距離。

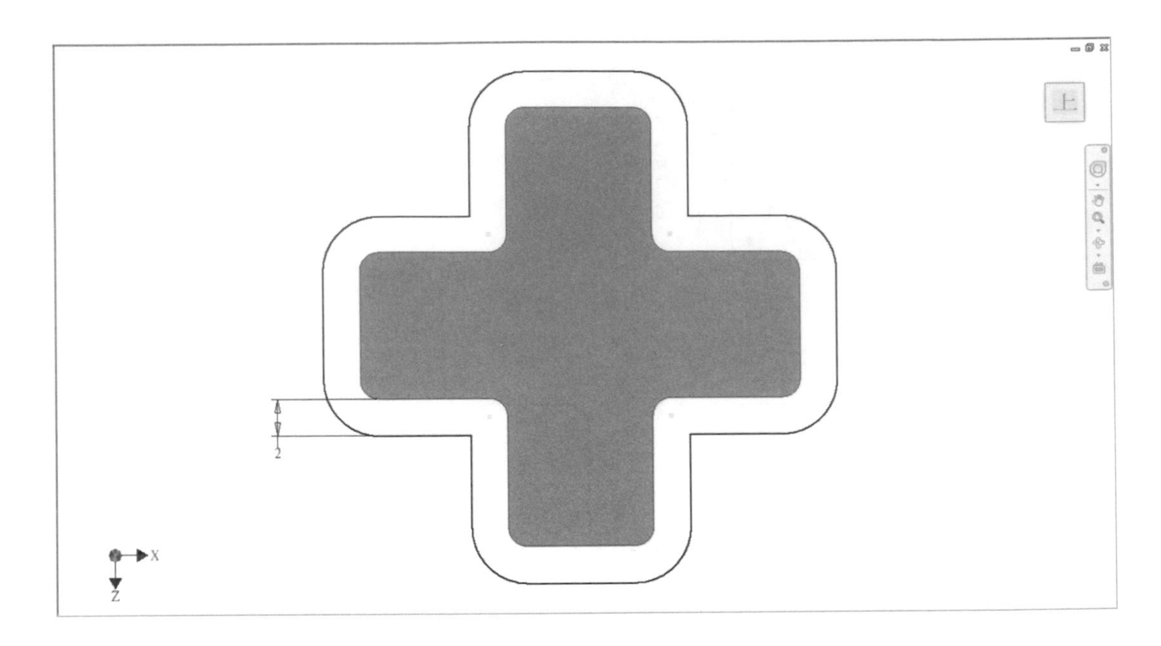

STEP 6 使用擠出工具將草圖偏移的輪廓往下方成型 1mm 的深度距離。

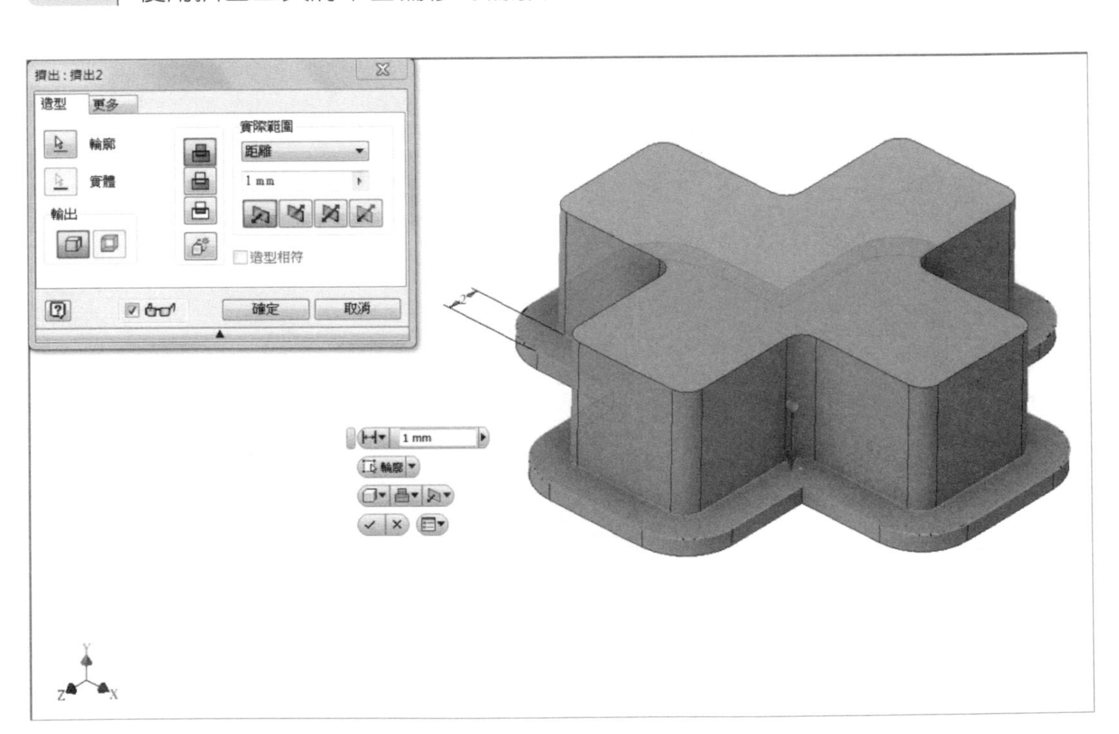

STEP 7 選取正中央與零件本體垂直的平面來建立新草圖，並繪製出如圖面所示之輪廓。

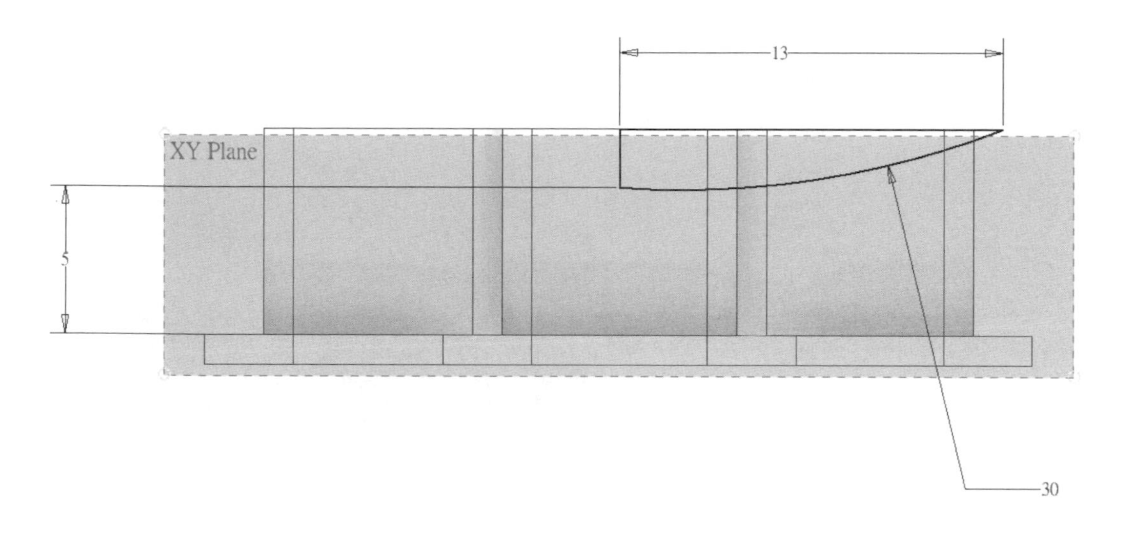

STEP 8 使用迴轉工具，以正中央高度 5 的線段當軸線，選取草圖輪廓來迴轉進行切割，使其呈現出類圓球形態的切割面。

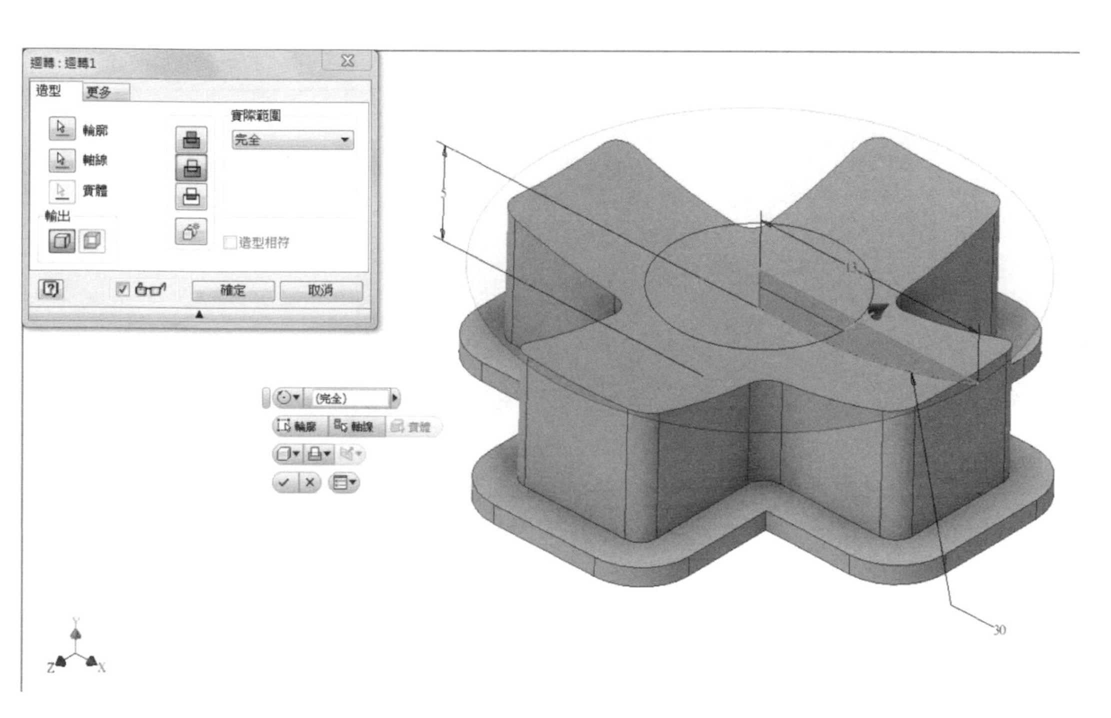

STEP 9 使用特徵圓角工具，設定 1mm 圓角半徑，選取切割後的外觀輪廓來進行圓角修飾。

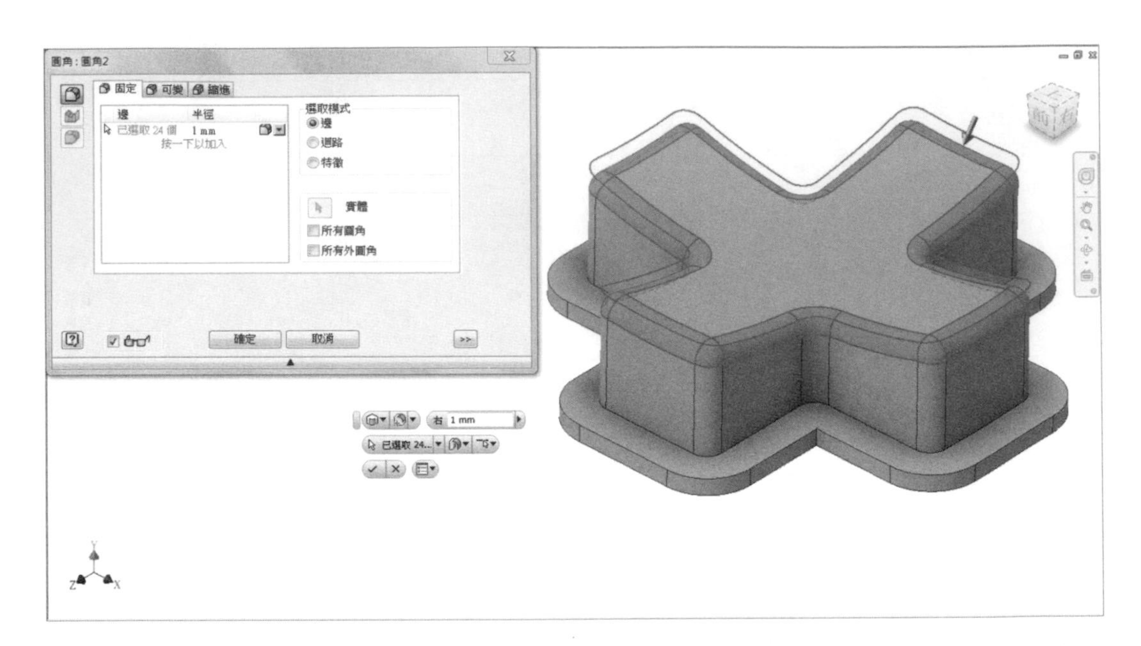

STEP 10 十字按鈕的整體零件外觀設計完成。

開始及選擇按鈕

STEP 1 | 首先，我們進入新建檔案模式中，選擇零件項目已進入設計模式。

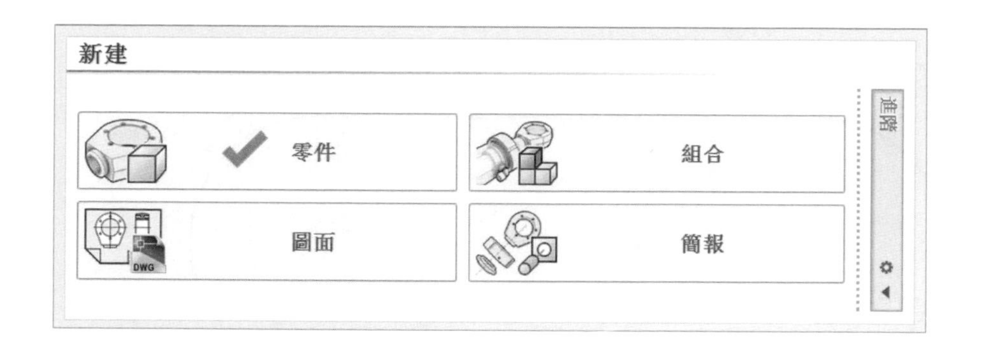

STEP 2 | 如下圖所示：

❶ 將滑鼠移動至繪製區的右上方 ViewCube 處

❷ 將視點調整到標準的等角圖坊位

❸ 點選滑鼠右鍵列出功能清單

❹ 移動至將目前視圖設定為主視圖項目中

❺ 可選擇佈滿視圖以獲得最佳視覺模式

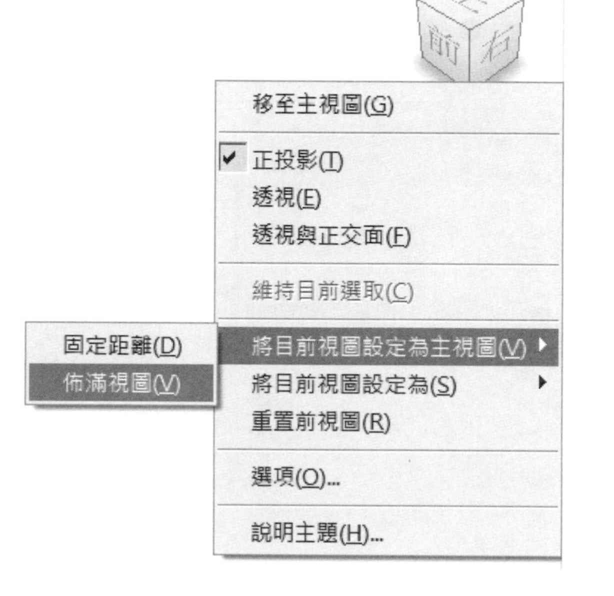

STEP 3 | 選擇 XZ 平面來建立新草圖。

STEP 4 在草圖平面中建立如圖面所示之草圖輪廓。

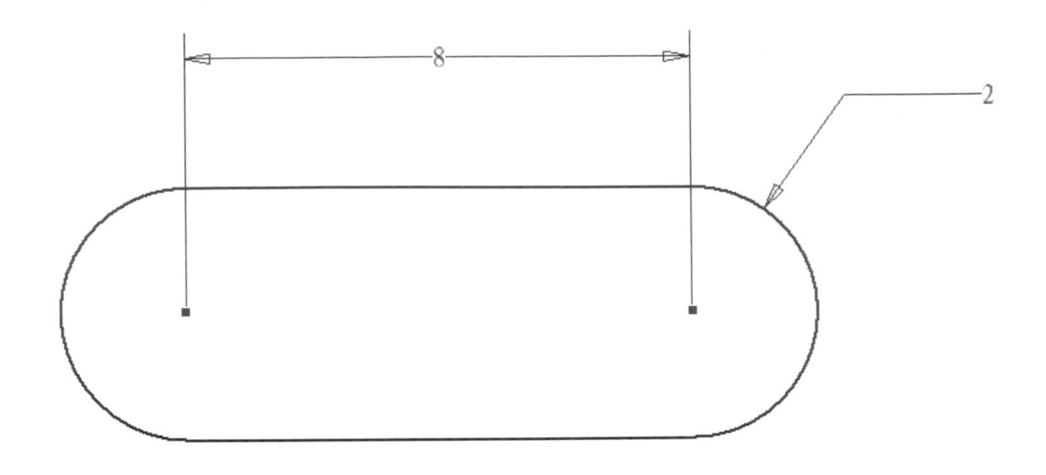

STEP 5 使用擠出功能將草圖輪廓成型 3mm 的高度。

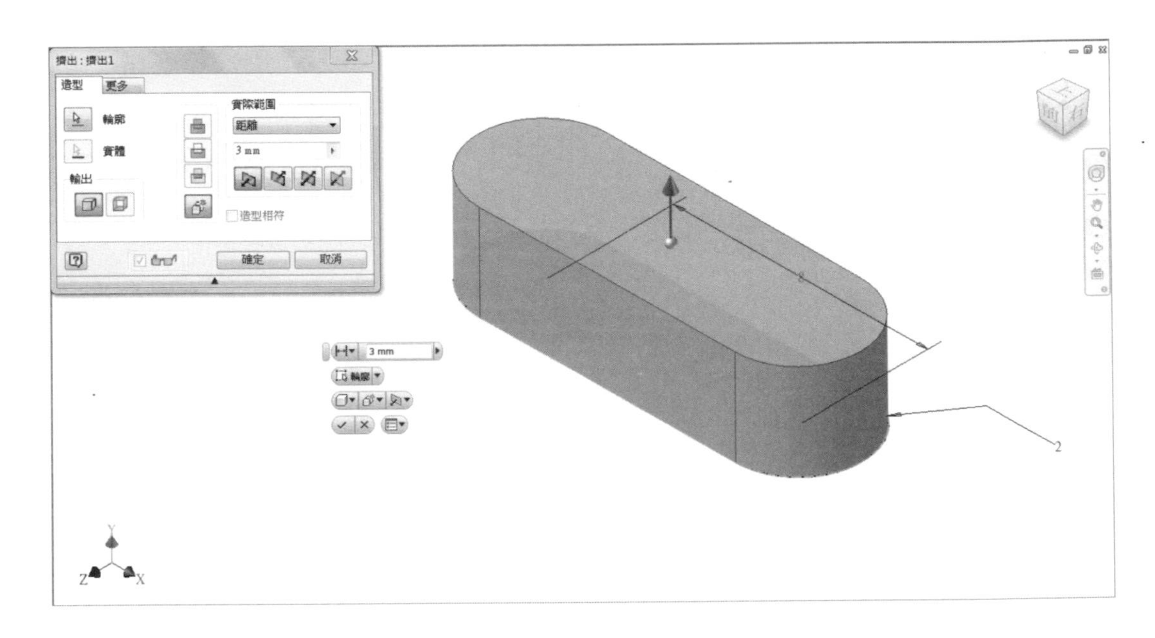

STEP 6 在特徵下方建立新草圖平面並往外偏移 1mm 單位的輪廓。

STEP 7 使用擠出工具將草圖輪廓往下建立 1mm 的高度。

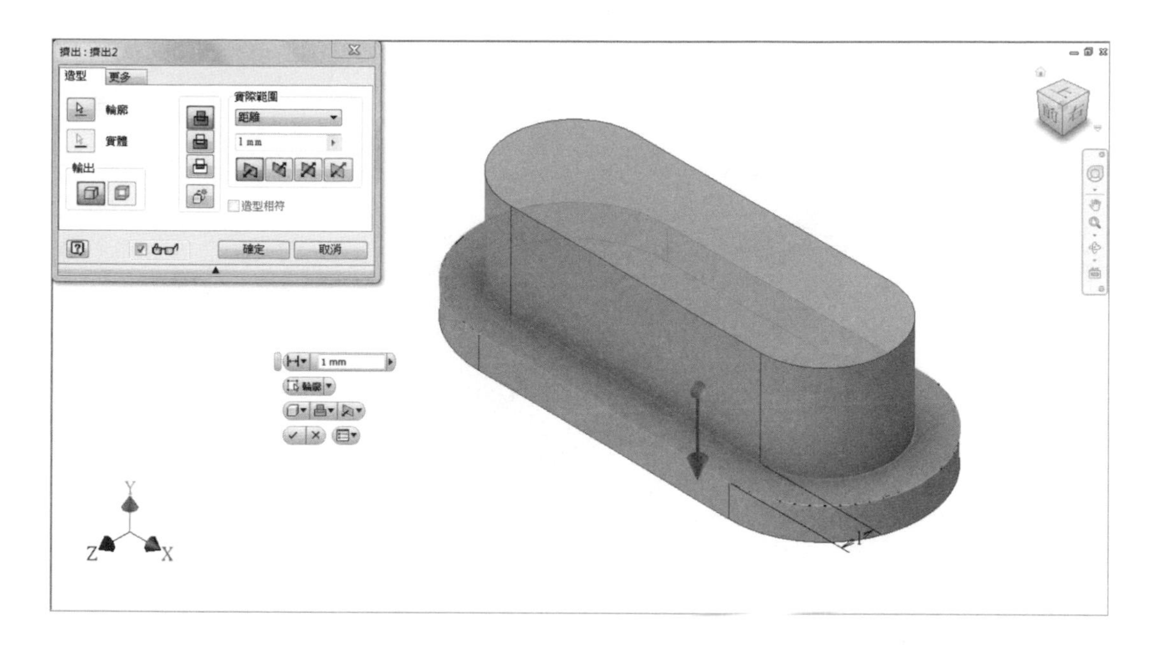

STEP 8 使用特徵圓角工具零件本體上建立 2mm 的圓角半徑。

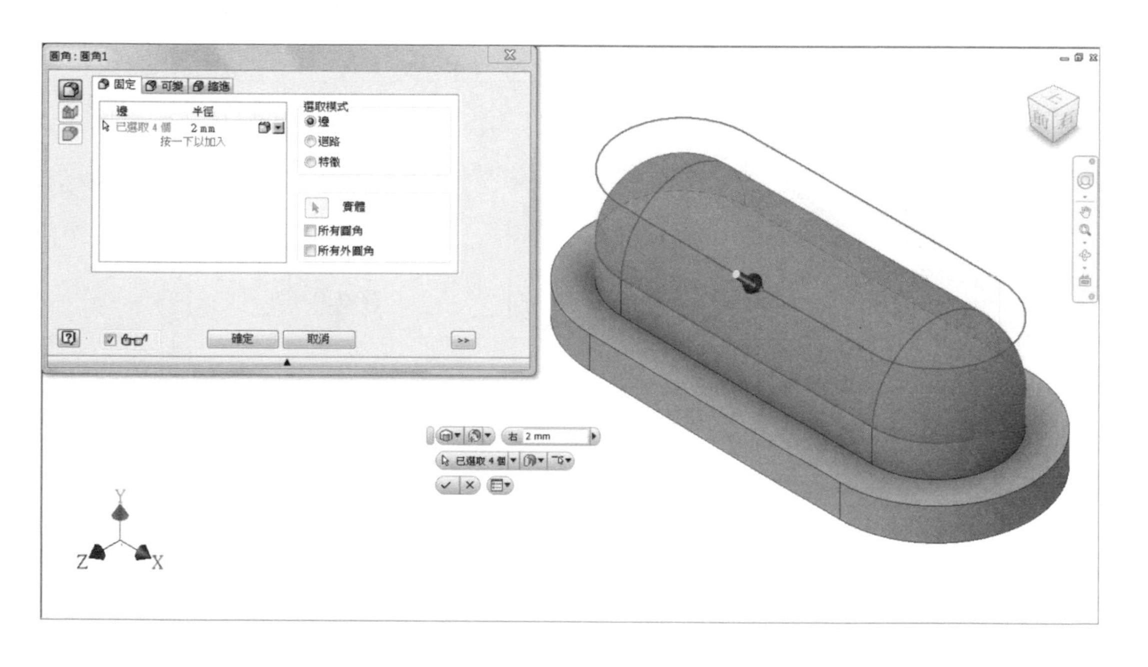

STEP 9 開始按鈕與選擇按鈕即完成。

A與B按鈕

STEP 1 首先，我們進入新建檔案模式中，選擇零件項目已進入設計模式。

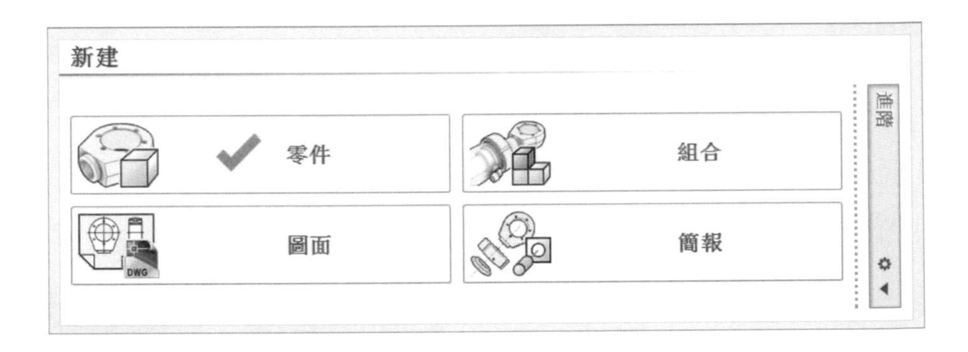

STEP 2 如下圖所示：

❶ 將滑鼠移動至繪製區的右上方 ViewCube 處

❷ 將視點調整到標準的等角圖坊位

❸ 點選滑鼠右鍵列出功能清單

❹ 移動至將目前視圖設定為主視圖項目中

❺ 可選擇佈滿視圖以獲得最佳視覺模式

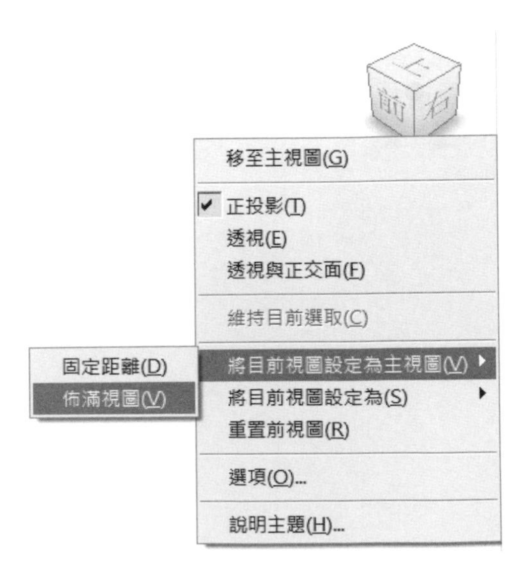

STEP 3 選擇 XZ 平面來建立新草圖。

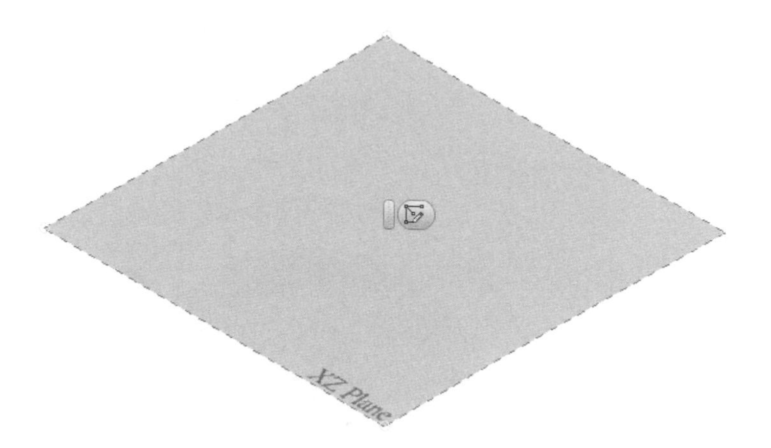

STEP 4 在草圖平面上建立如圖面之草圖輪廓。

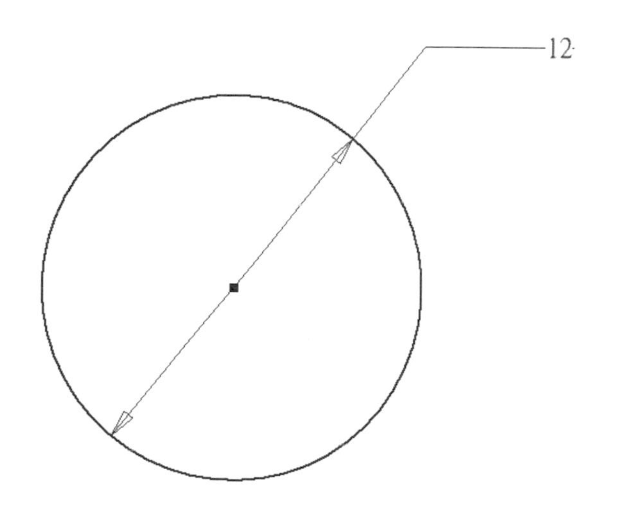

STEP 5 使用擠出工具，將草圖輪廓往上成型 5mm 的高度。

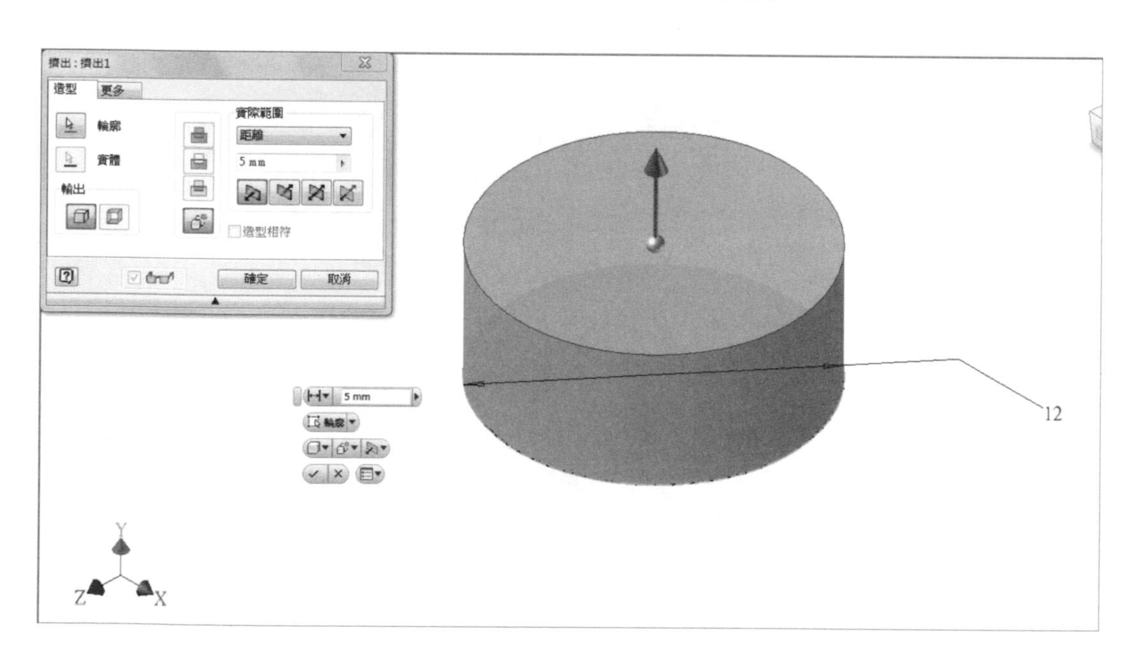

STEP 6 以零件本體下方之平面來建立新草圖，尺寸為直徑 15mm 單位。

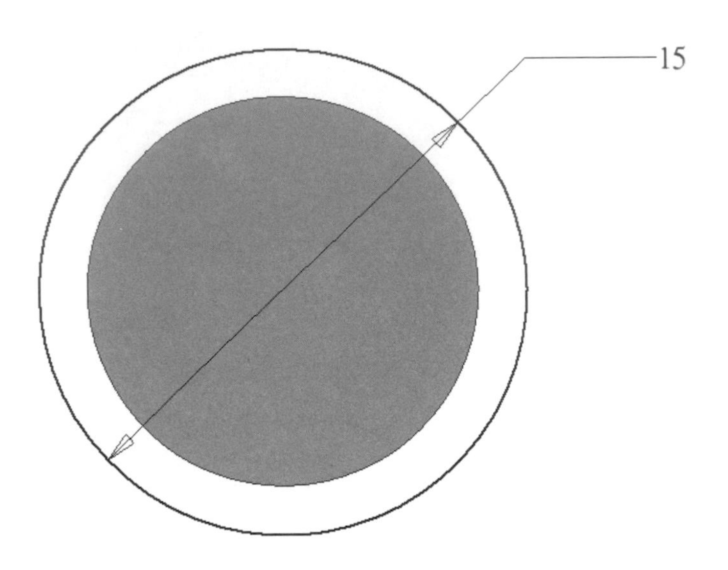

STEP 7 使用擠出工具並選擇新草圖輪廓來往下建立 1mm 的高度。

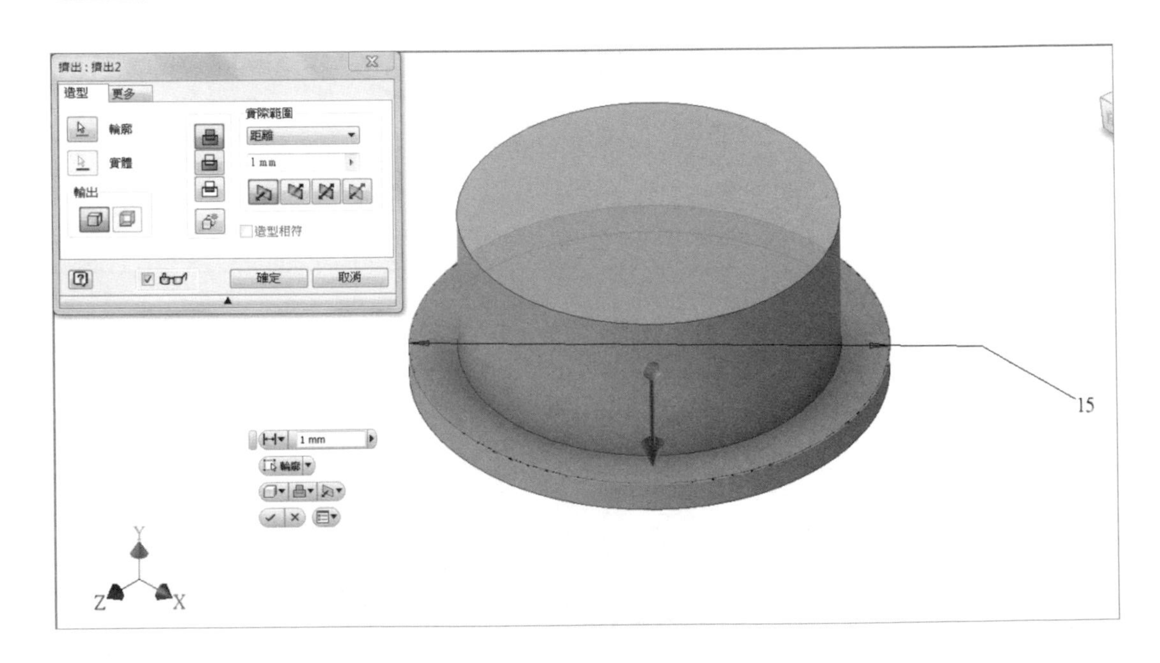

STEP 8 選擇特徵圓角工具，將本體上方邊緣處建立 2mm 的圓角半徑。

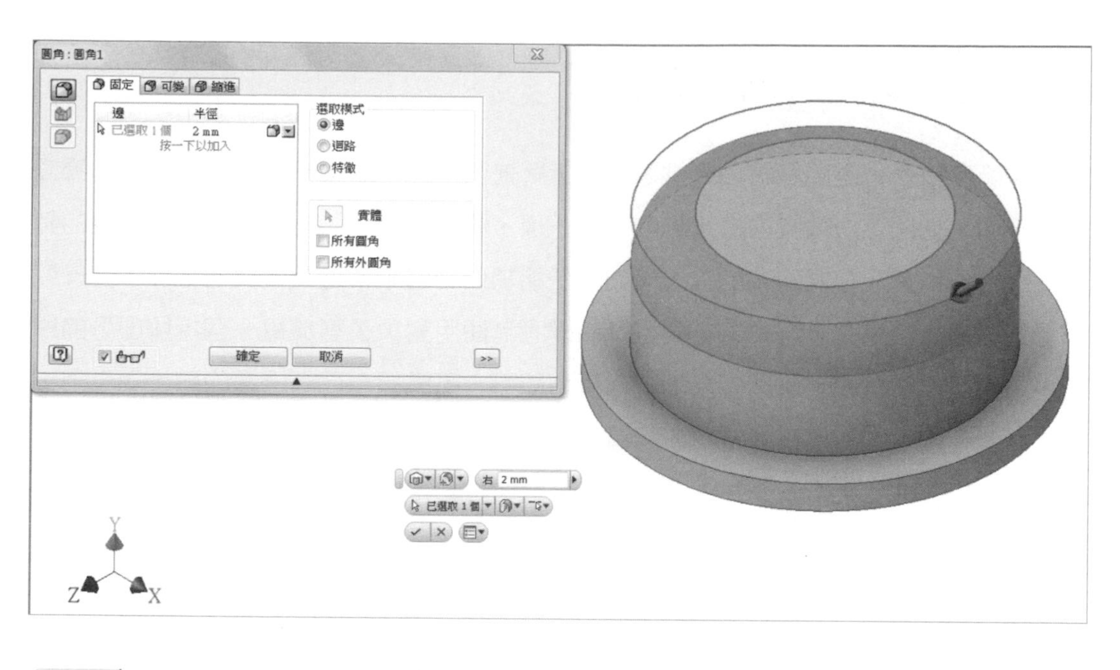

STEP 9 | A與B按鈕之零件本體即完成。

7-16 超級任天堂搖桿

此範例我們也是將超級任天堂搖桿做拆解繪製，練習之後學習組合件之前的獨立繪製練習，如同上一個紅白機搖桿的範例一樣，要先了解哪一個零件模型所呈現的特徵與尺寸足以滿足整體輪廓的需求，如此便能加以利用來輔助繪製其他零件，對於效率提升有很大的幫助，因本書主要是以初學者為使用對象，對於每一個拆解部分的繪製，讀者可以將其視為單一獨立的零件模型即可，不需給自己有過多的聯想與壓力，如此才能在愉悅的環境下進行繪製練習。

上蓋

STEP 1 首先，在Ｘ Ｚ工作平面上建立一章新草圖，並繪製出如圖所示之圖元。

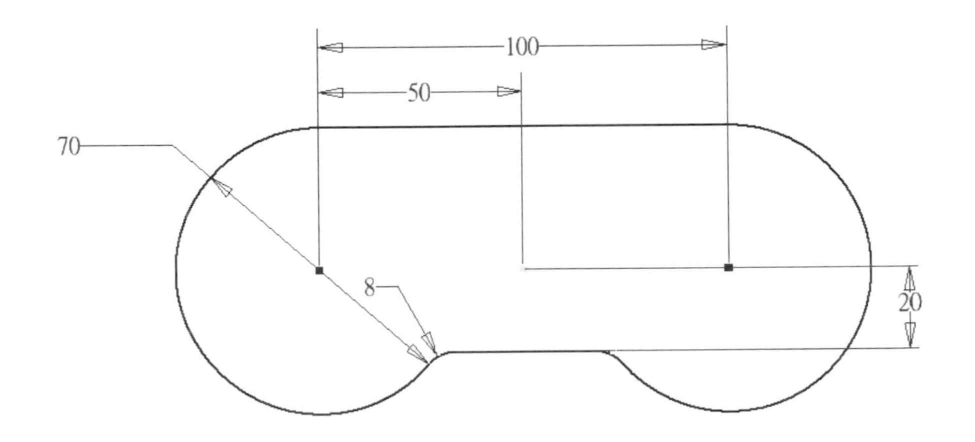

STEP 2 使用【擠出】工具，自 XZ 工作平面成型 8mm 的距離。

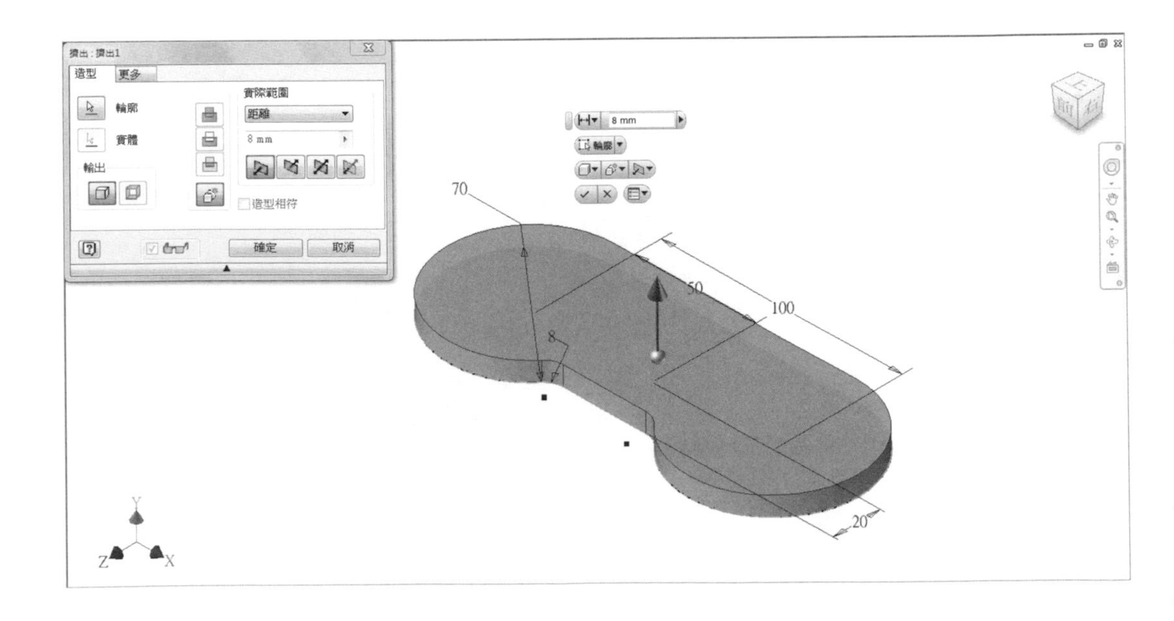

STEP 3 | 使用【圓角】工具，在箭頭指示外緣邊緣處建立一半徑 2mm 的迴路。

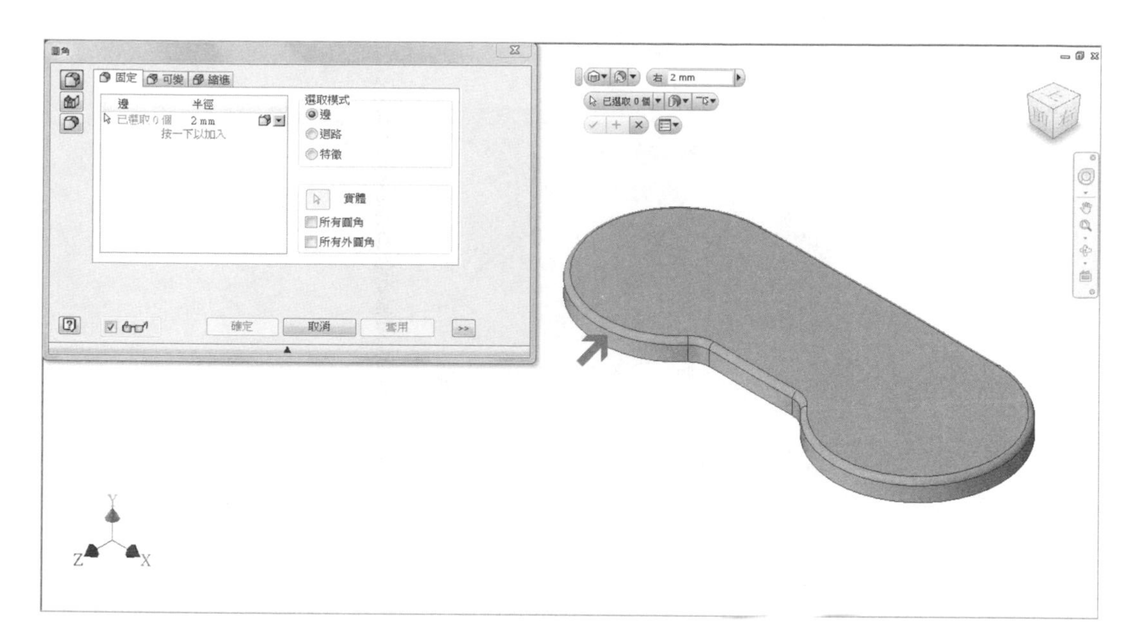

STEP 4 | 將圖面翻轉到背面處，使用【薄殼】工具，並移除掉底部平面，保留厚度設定為 3mm。

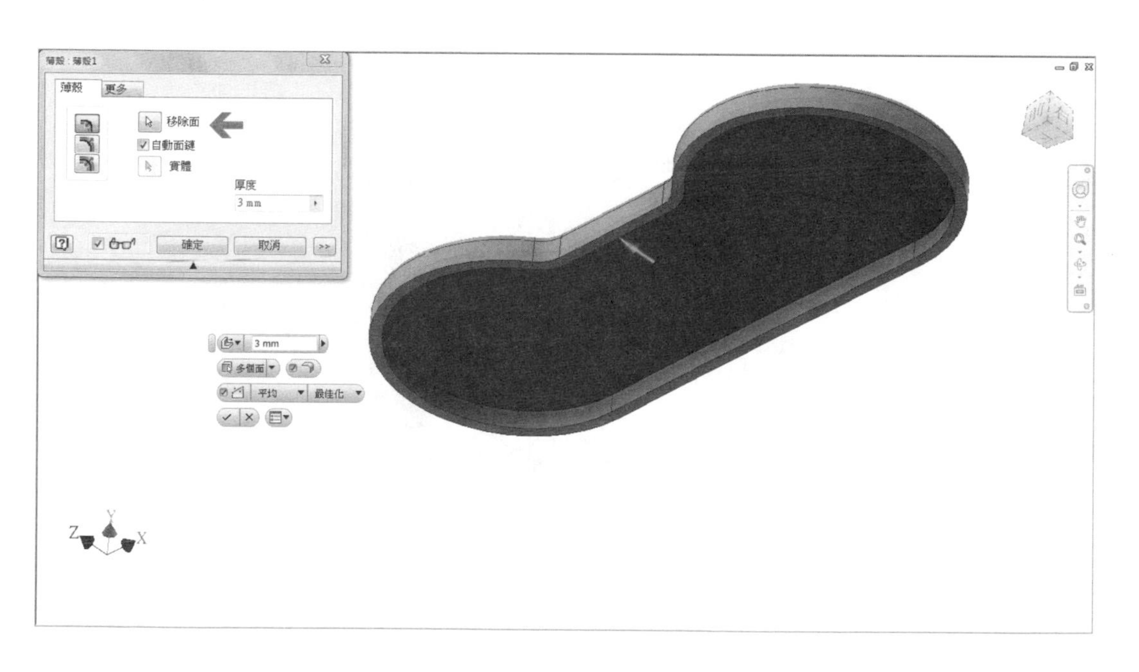

STEP 5 回到正面處，選擇上方平面建立一張新草圖，並在左方與邊緣同圓心處建立一直徑 40 的圓形圖元。

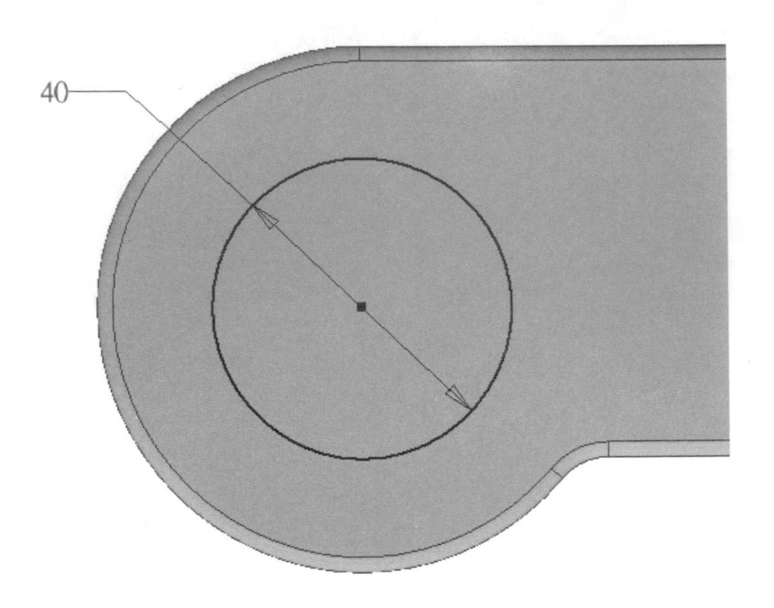

STEP 5 使用【擠出】工具，將草圖圖元往下方切割 0.5mm 的深度。

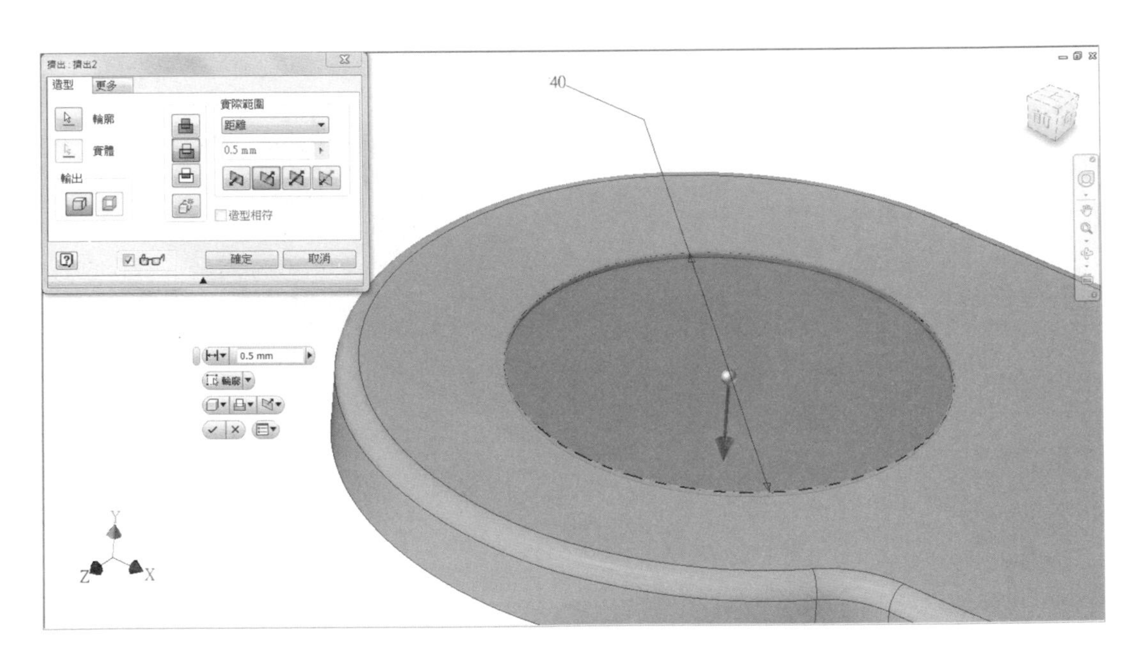

STEP 6 點擊剛切割過的平面建立一張新草圖，並在上方建立如圖所示之草圖圖元。

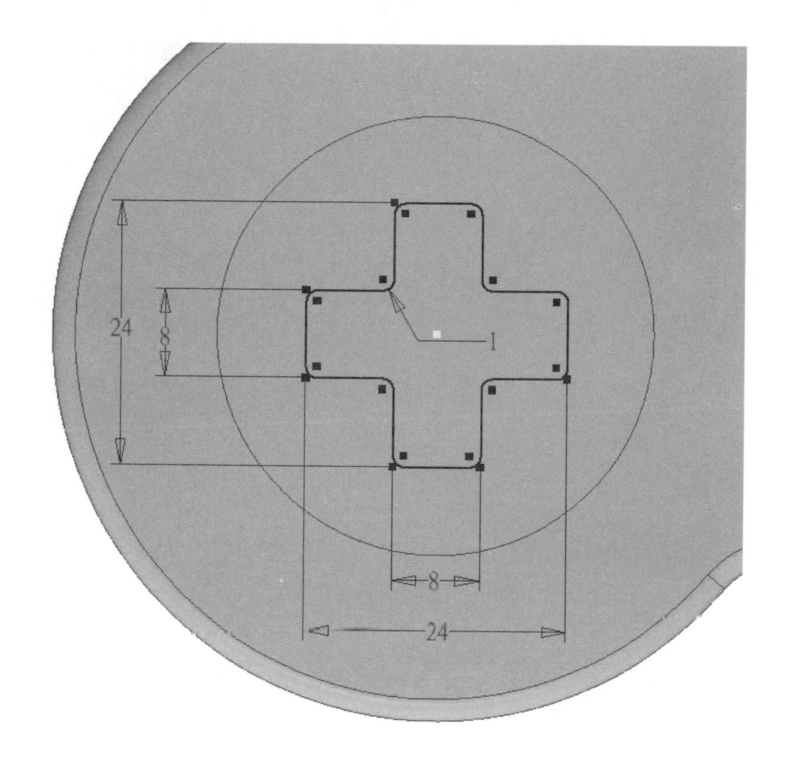

STEP 7 使用【擠出】工具中的切割功能，將草圖圖元往下切割穿透。

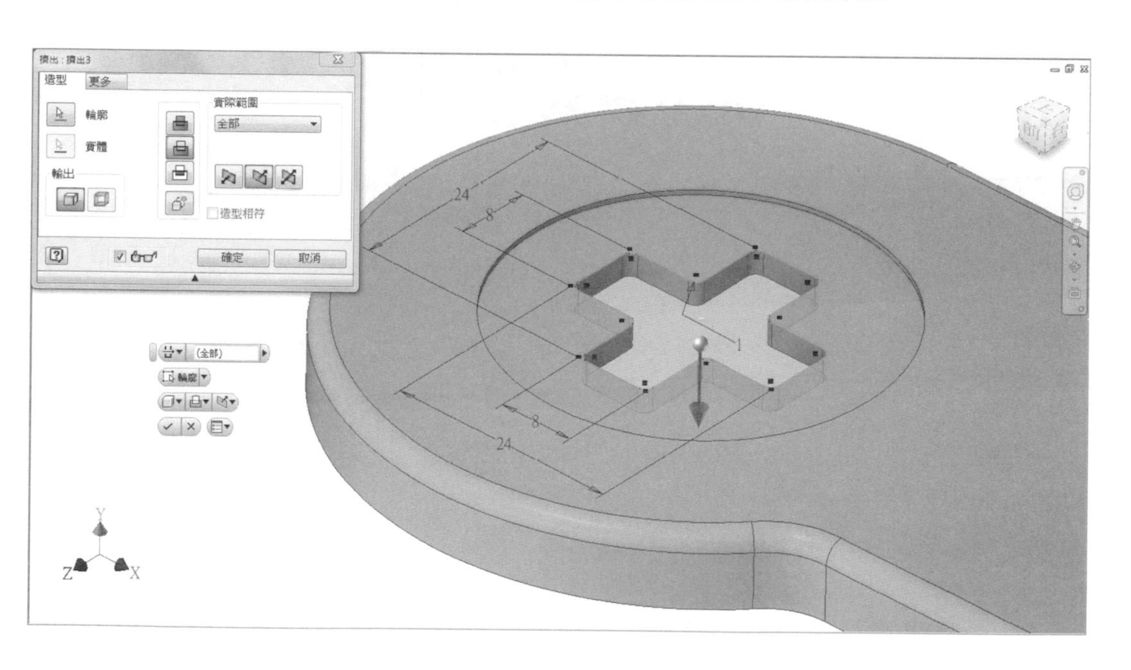

STEP 8 回到本體正面建立一張新草圖，並在上方建立如下所示之草圖圖元。

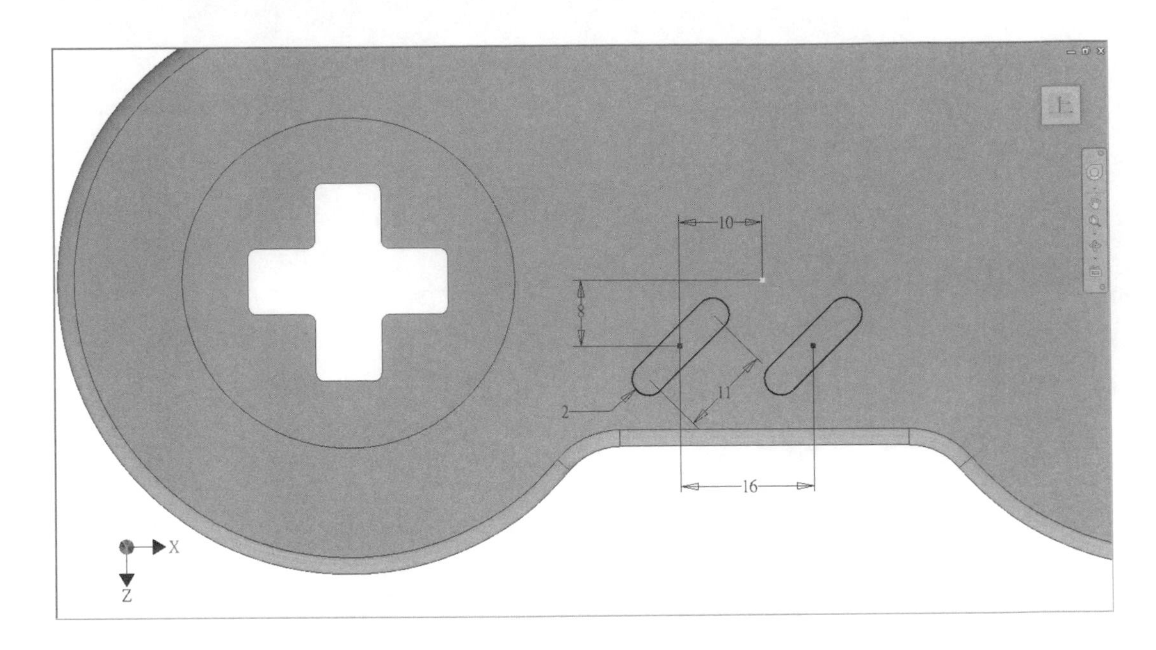

STEP 9 使用【擠出】工具，並將完成之草圖圖元切割至穿透。

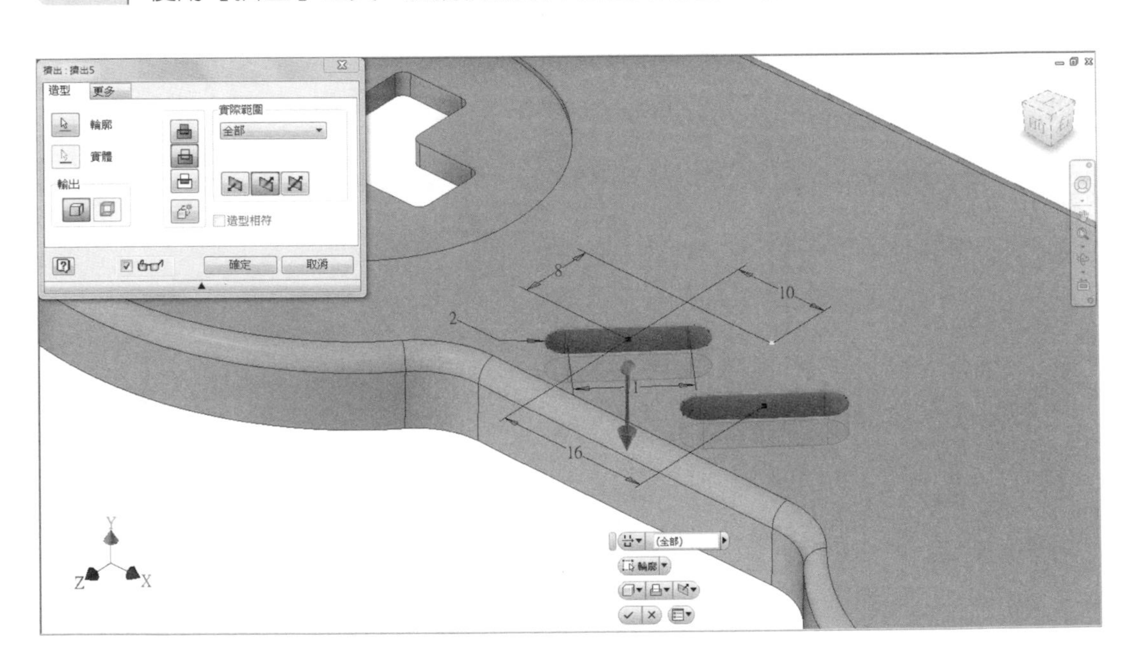

STEP 10 回到本體上方平面處來建立一張新草圖，並在右方邊緣同圓心處繪製兩個同心元，草圖圖元尺寸如下圖所示。

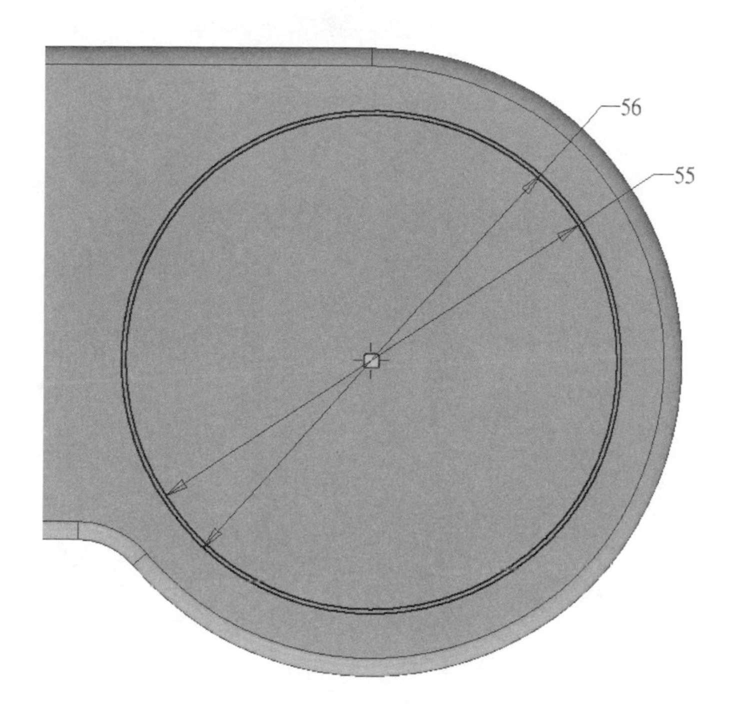

STEP 11 使用【擠出】工具中的切割，輪廓則選取兩同心圓中間區域，往下切割出深度 0.5mm。

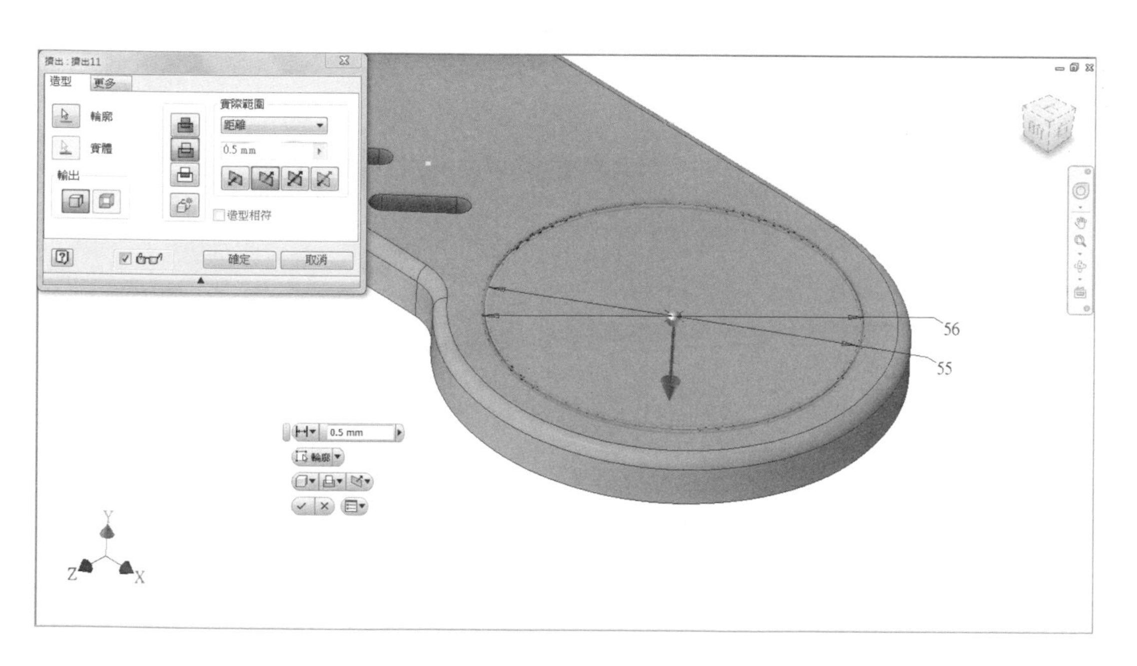

STEP 12 在本體上方右邊處建立一張新草圖，先至邊緣同圓心處繪製一個【單點】，並將其約束成固定，並在箭頭只是處建立一圓形圖元，草圖圖元尺寸如圖所示，完成後使用環型陣列建立出四個輪廓。

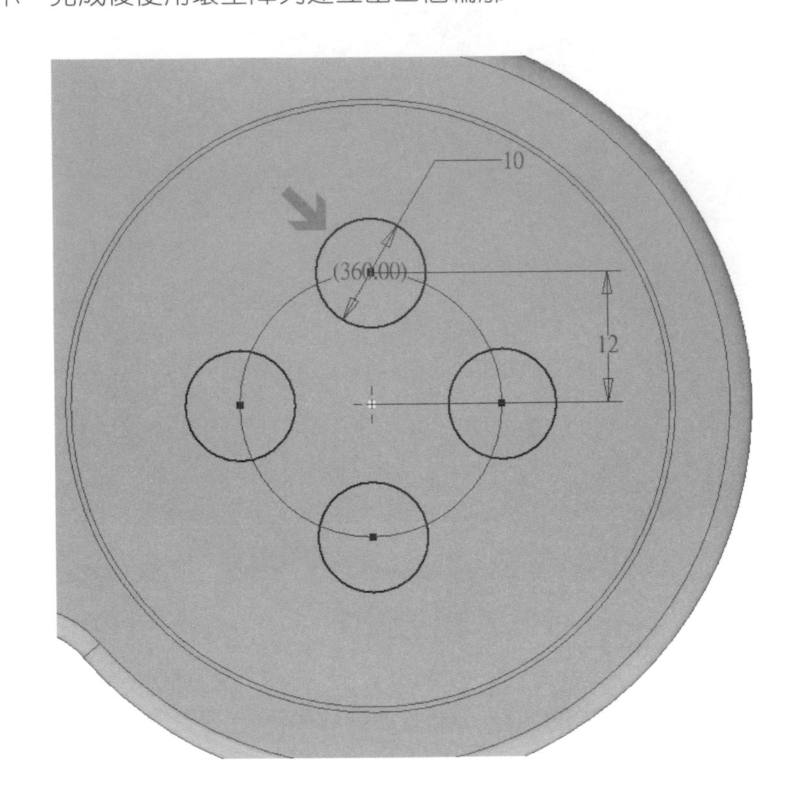

STEP 13 使用【擠出】工具中的切割功能，將環型陣列完成之草圖圖元往下方切割至穿透。

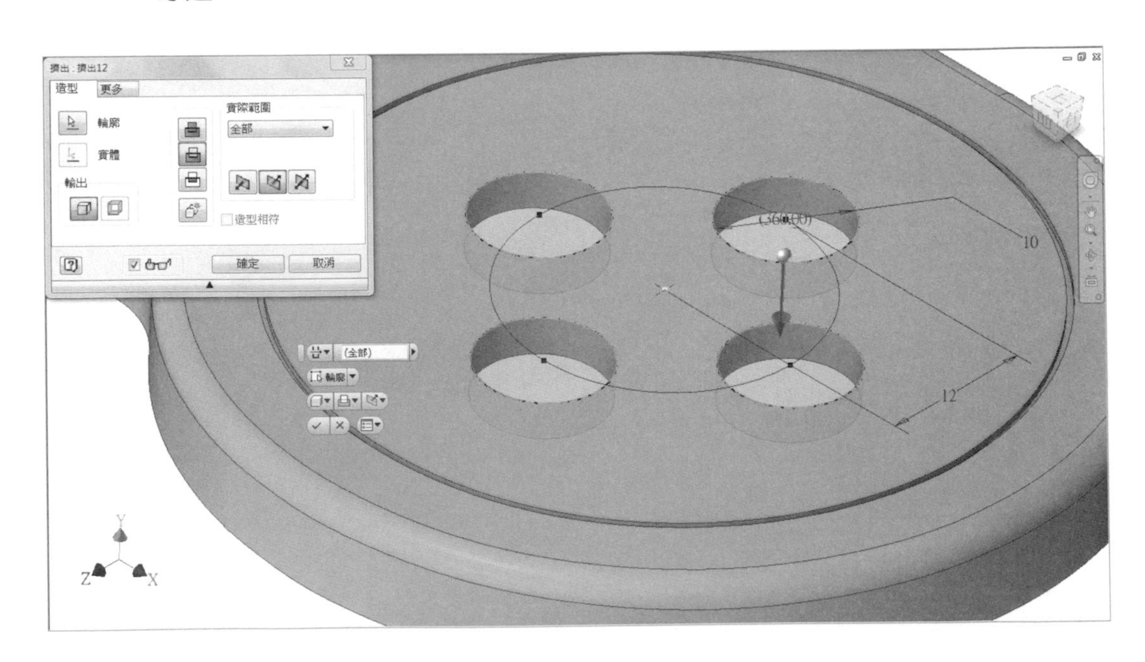

STEP 14 在本體上方右邊處建立一張新草圖，圖元尺寸如圖面所示，使用【槽】工具的【中心到中心】製作出兩個相同圖元。

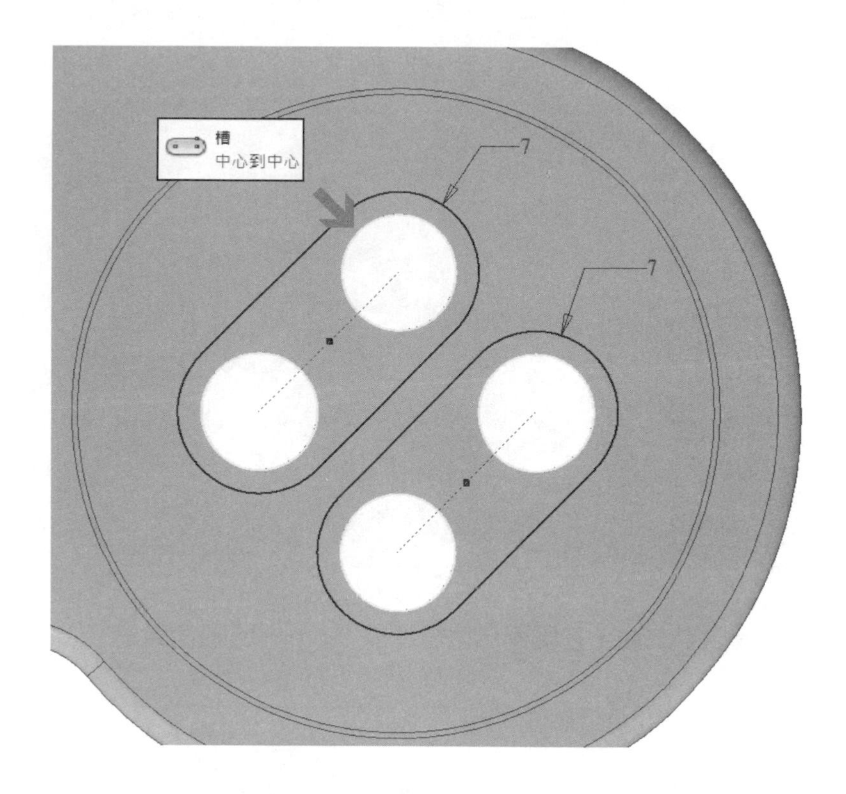

STEP 15 使用【擠出】工具，將完成的槽圖元往上擠出 0.5mm 的距離。

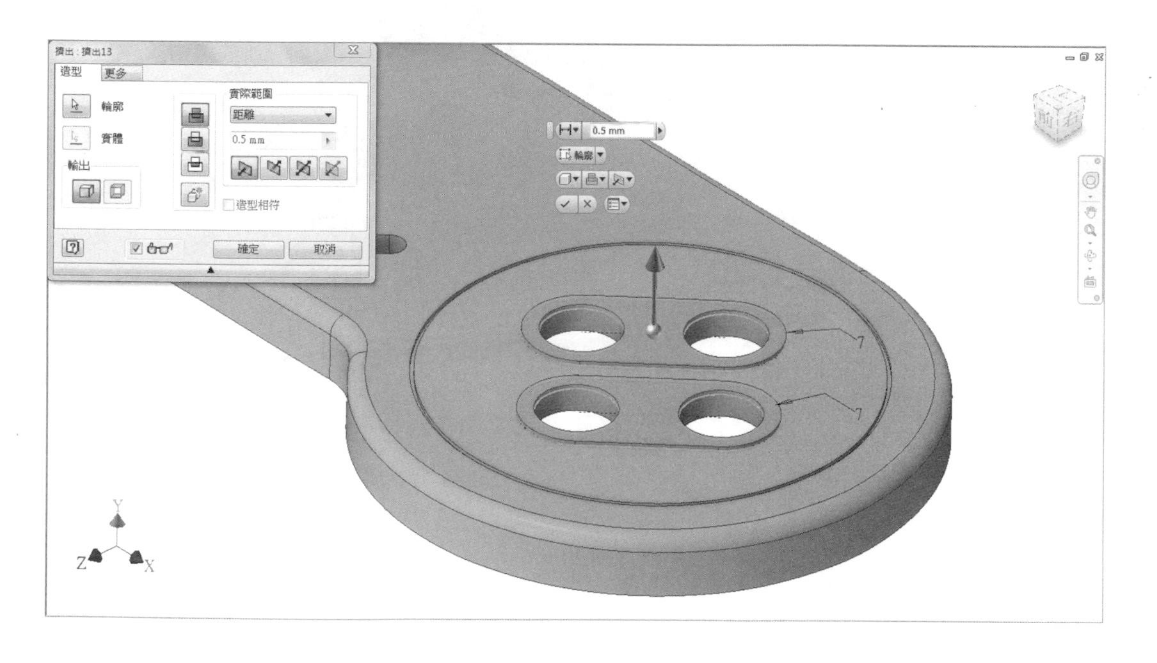

STEP 16 使用【圓角】將擠出後之特徵邊緣建立半徑 0.5mm 之輪廓。

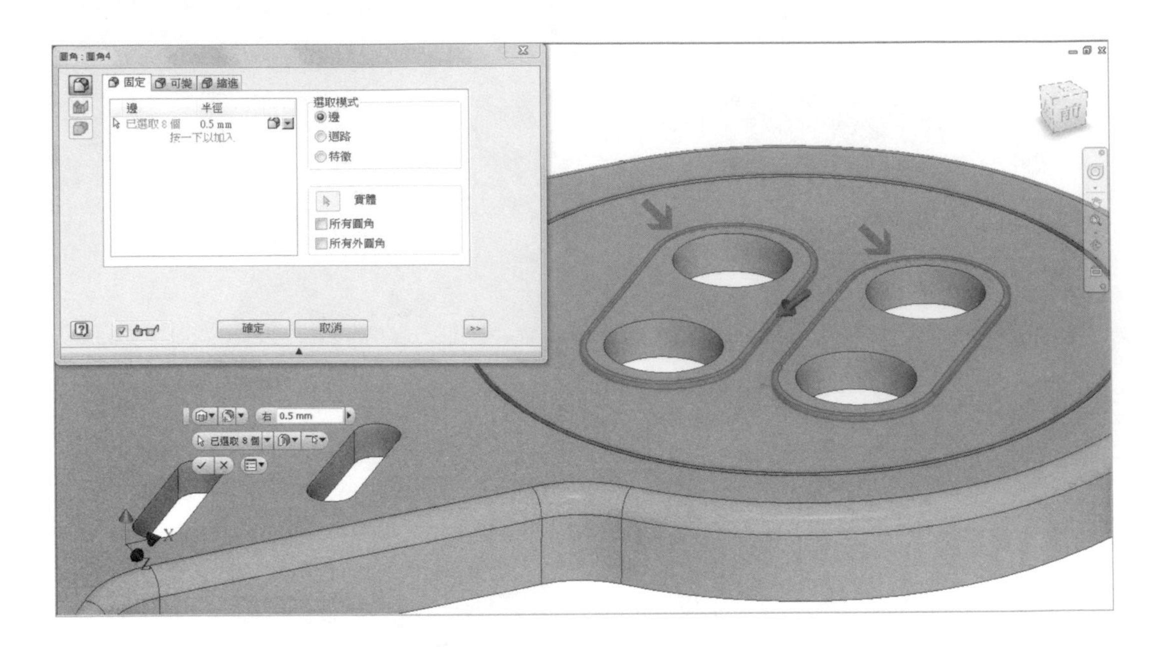

STEP 17 使用【圓角】工具，在圖面示意處建立 0.5mm 的圓角輪廓。

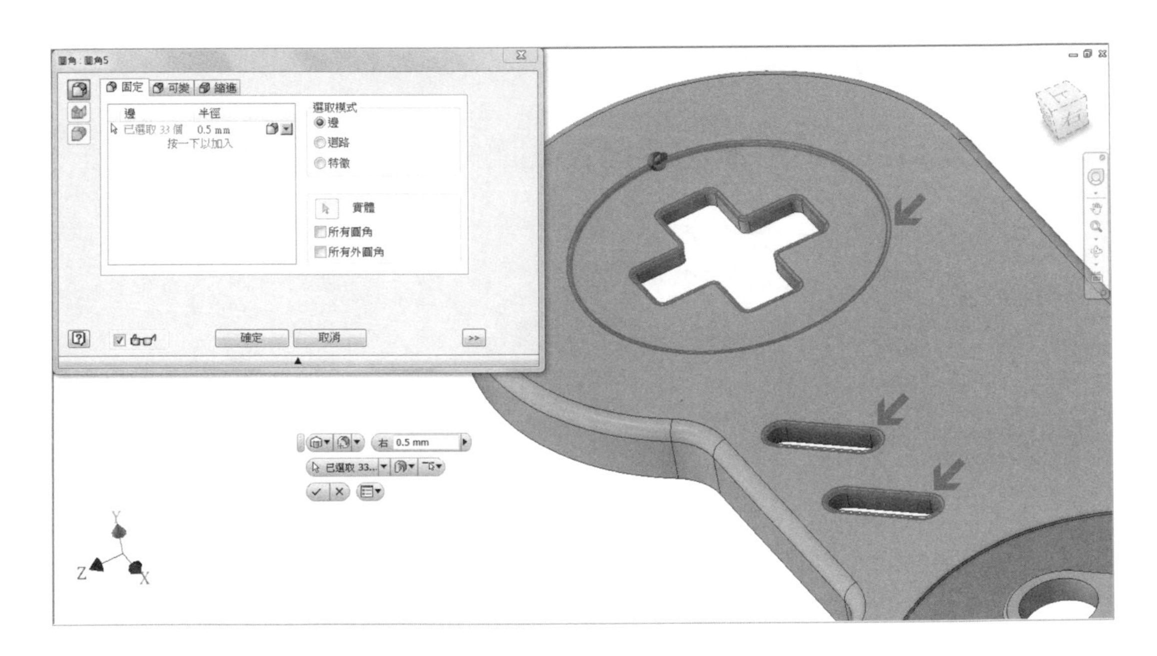

STEP 18 使用【投影幾何圖形】功能，將底部外圍輪廓製作出投影線段，再將輪廓往內側偏移 1 mm 的距離。

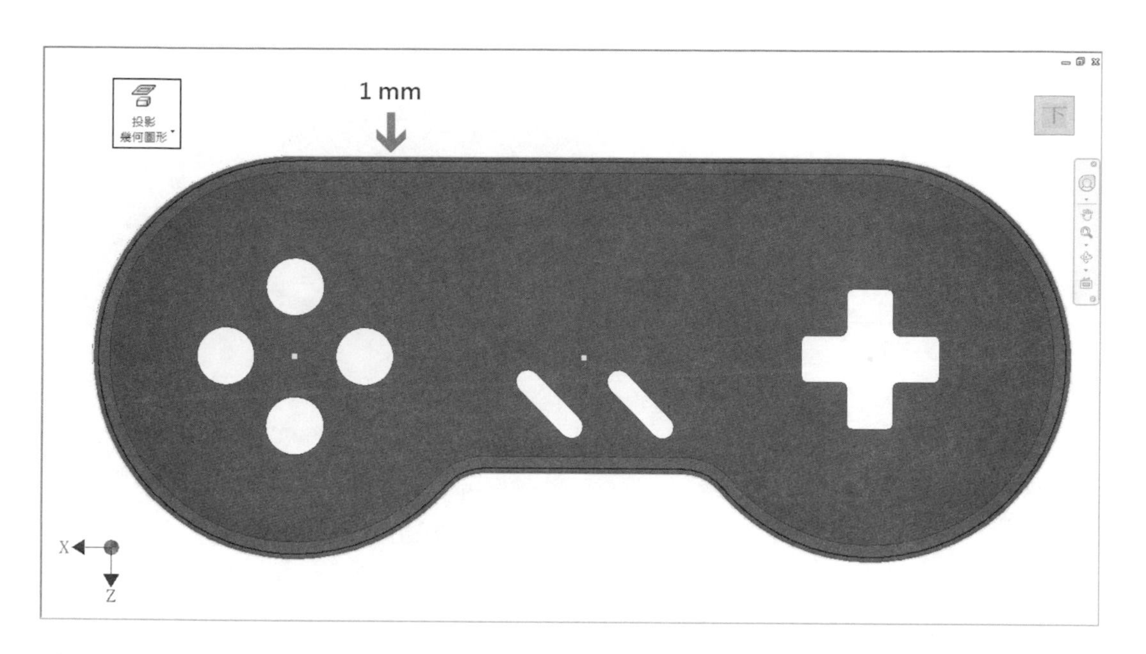

STEP 19 使用【擠出】工具中的切割功能，將偏移 1 mm 的輪廓選取後往下切割 0.5mm 距離。

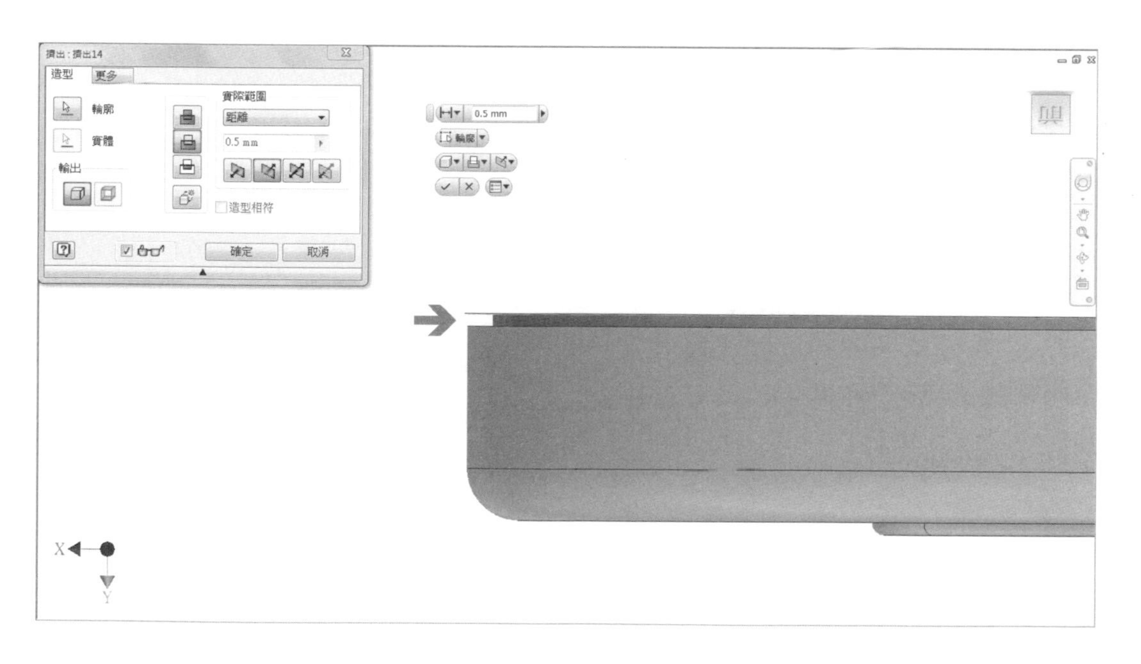

STEP 20 使用【圓角】工具，在圖面示意處四個位置建立 0.5mm 的圓角輪廓。

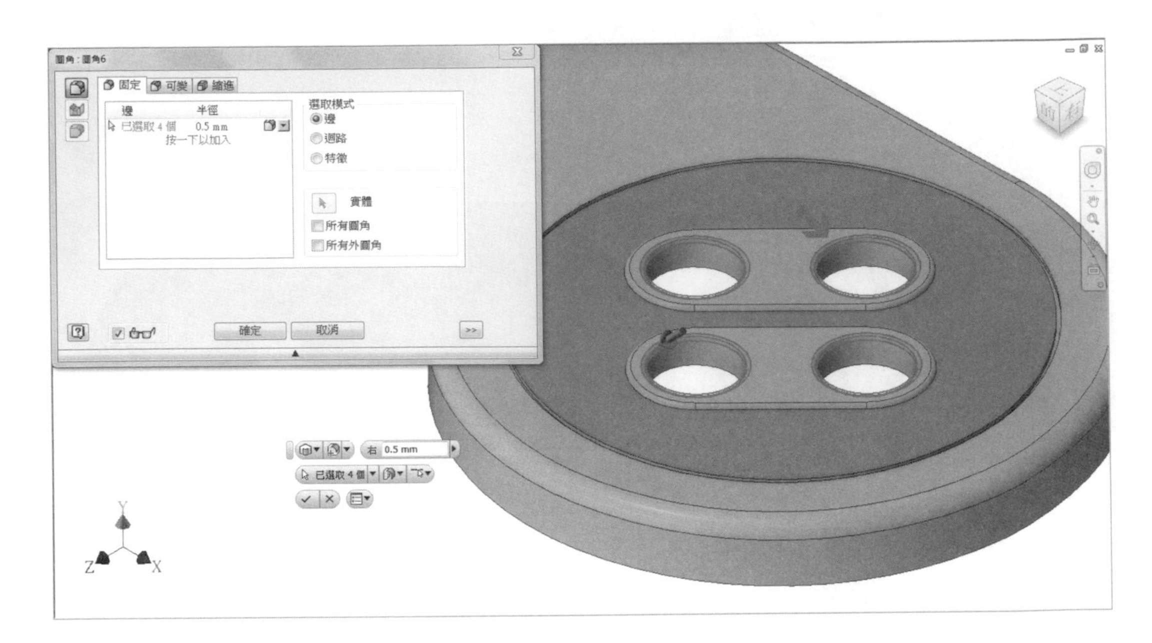

STEP 21 使用【平面】工具，以 XY 工作平面為基準製作一個距離 50mm 的新工作平面。

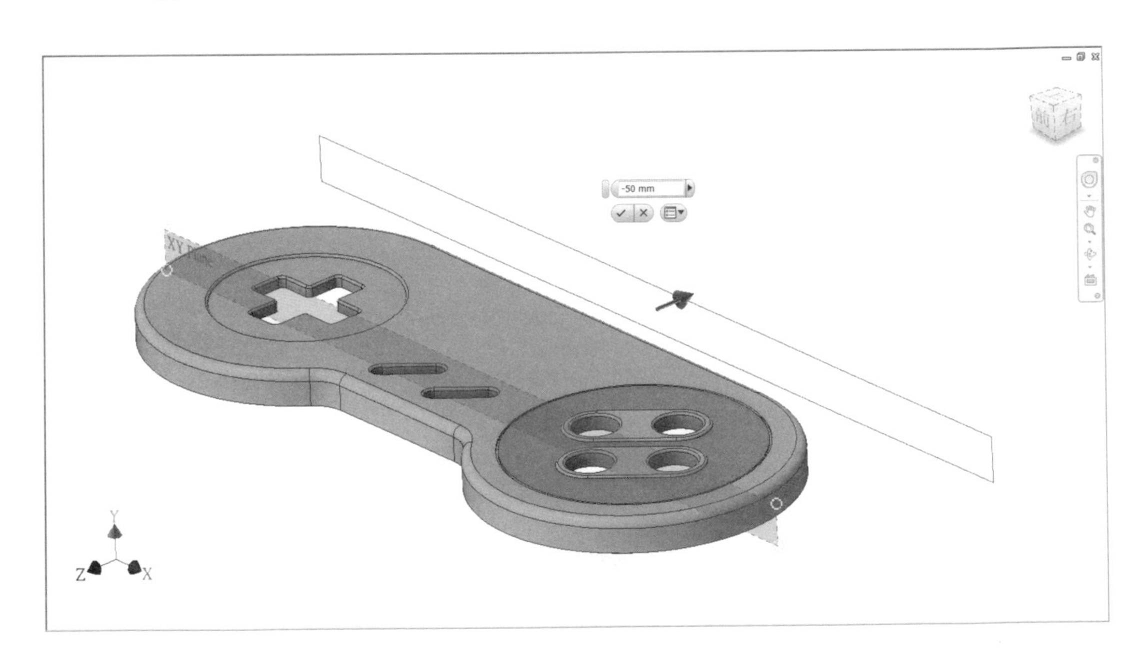

STEP 22 平面建立完成後，可將其選取，並使用翻轉法線功能將其正反面做置換。

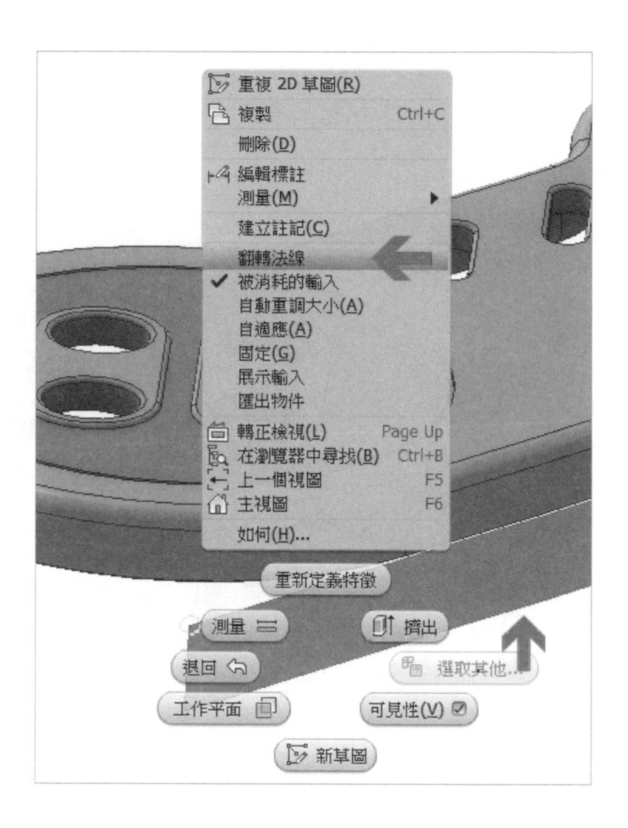

STEP 23 在新的工作平面上建立一張新草圖，草圖圖元如圖面所示來建立完成，而建構線的建立則是讓其形成草圖鏡射時所需要的鏡射線。

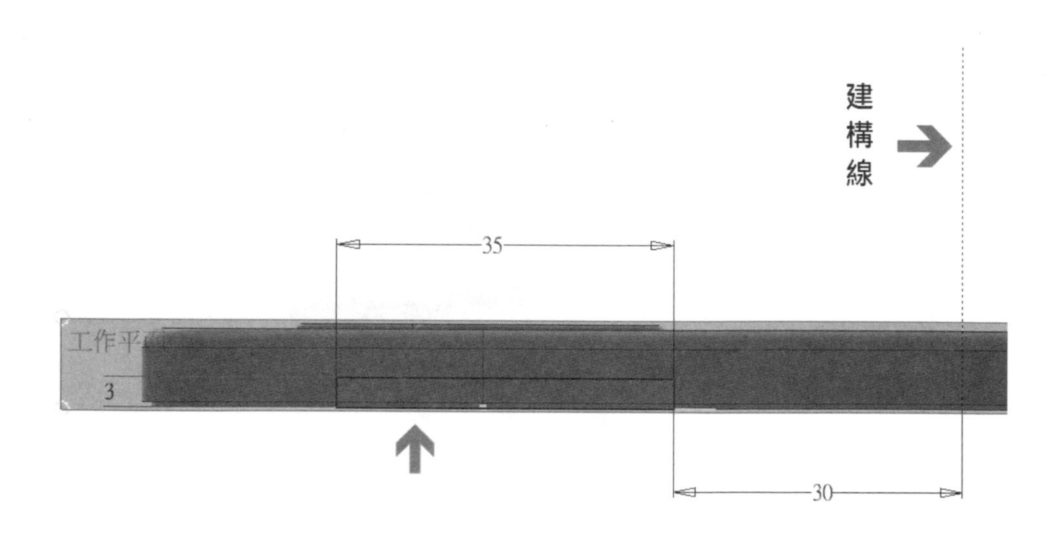

STEP 24 草圖完成後，使用【擠出】工具，實際範圍的類型選取【到下一個】，則可將兩個不同面的特徵都切割至後方相同區域的面。

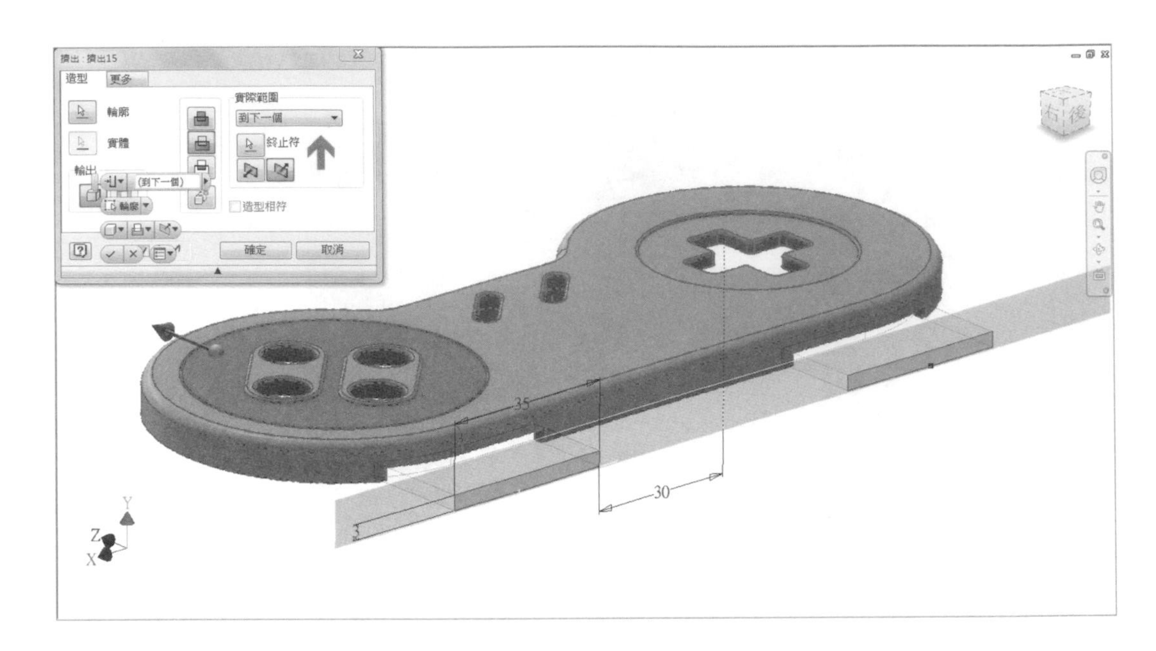

STEP 25 使用【圓角】工具，在圖面示意處四個位置建立 3mm 的圓角輪廓。

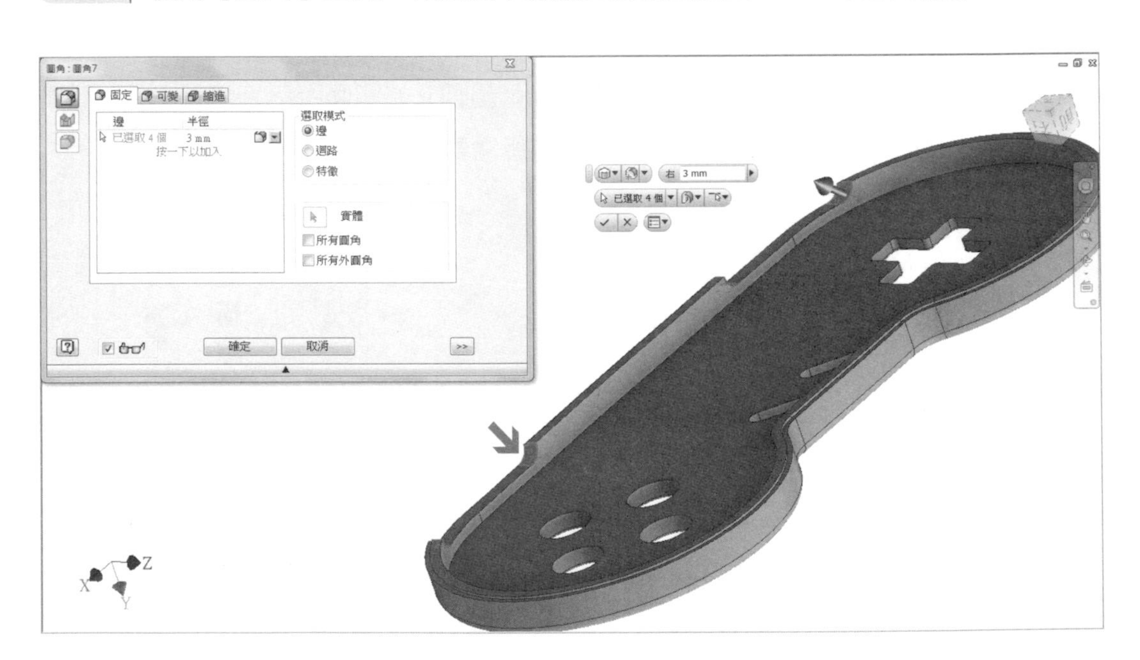

STEP 26 最後，使用【圓角】工具，在圖面示意處二個外圍輪廓建立 0.5mm 的圓角輪廓。

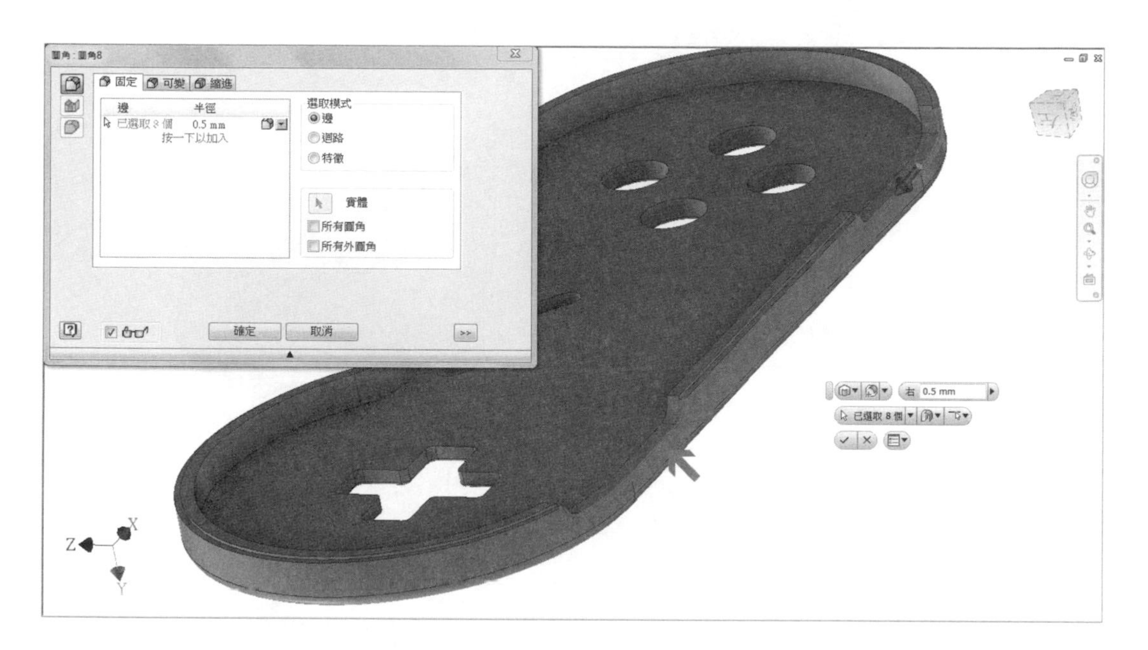

下蓋

STEP 1 選擇 XZ 工作平面來建立一張新草圖，並在其上建立如圖所示之圖元。

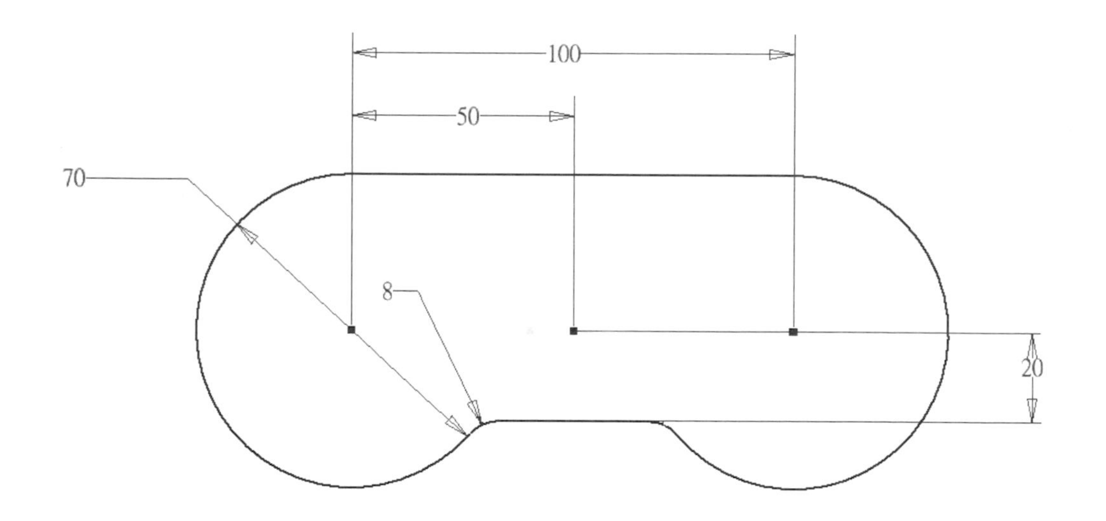

STEP 2 使用【擠出】工具，將草圖輪廓往上成型 6mm 單位的距離。

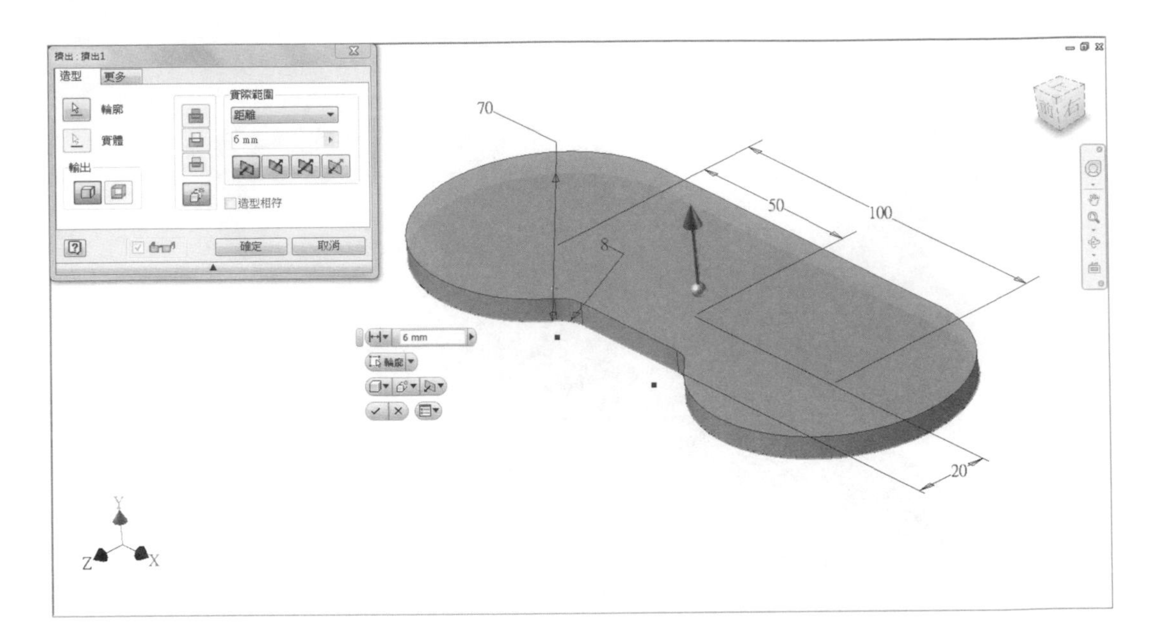

STEP 3 使用【圓角】，將下方外圍輪廓邊緣建立 3mm 單位的迴路。

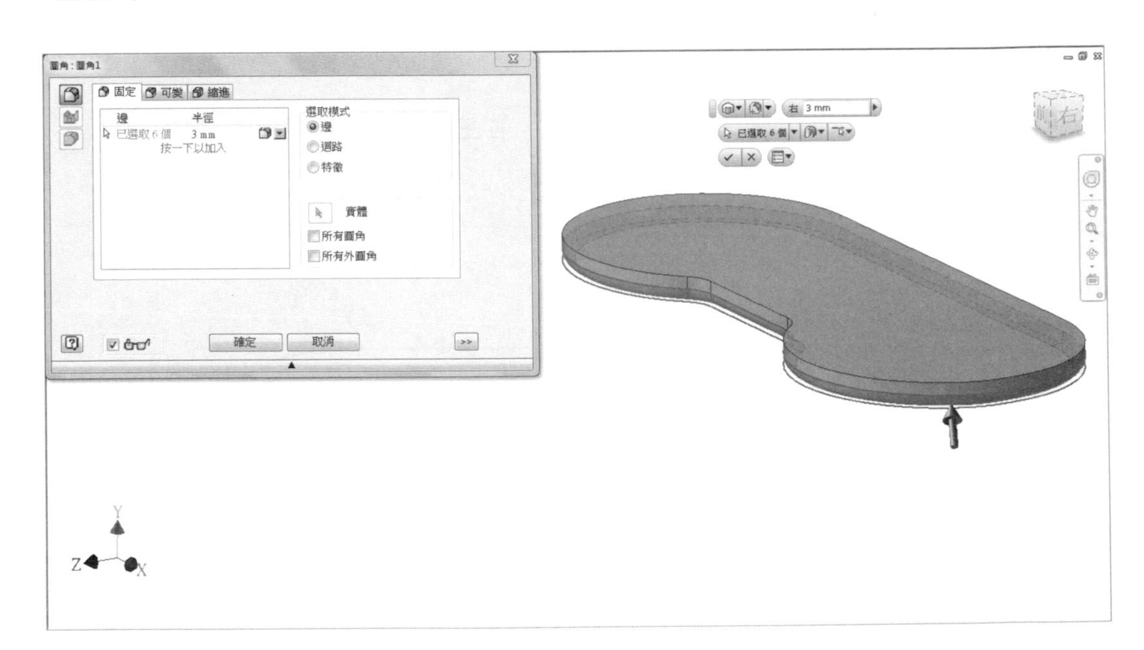

STEP 4 使用【薄殼】，移除掉上方之本體面，並設定預留厚度為 3mm。

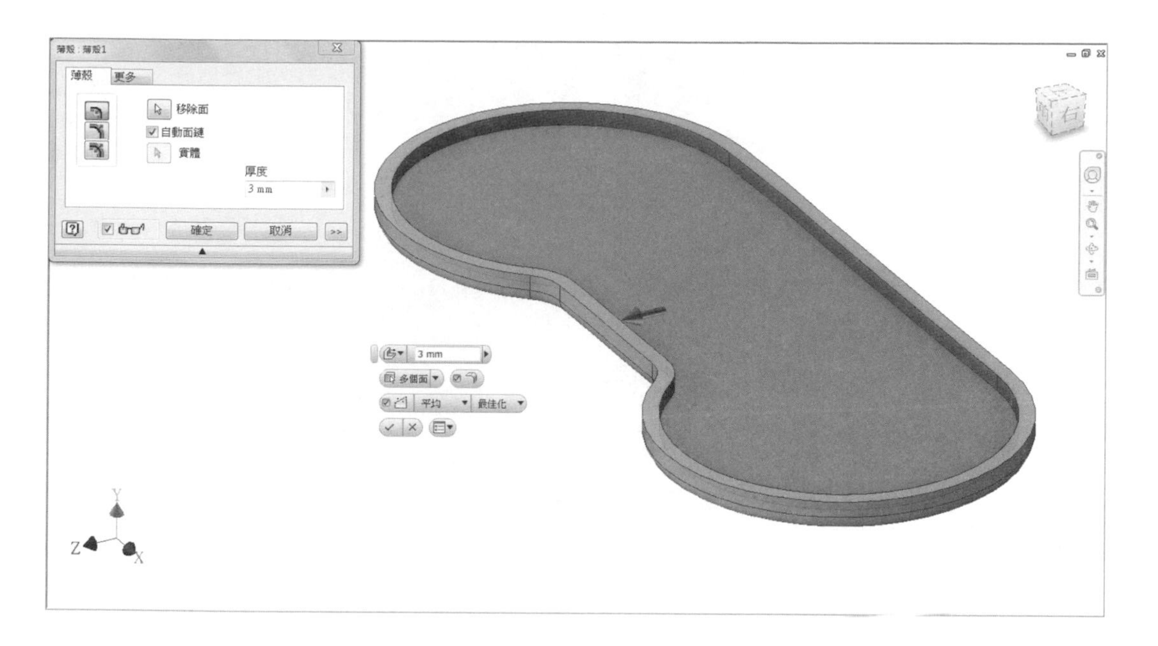

STEP 5 在預留 3mm 厚度的平面上建立一張新草圖，使用投影功能，將外圍輪廓投影後，往內偏移 1mm 距離。

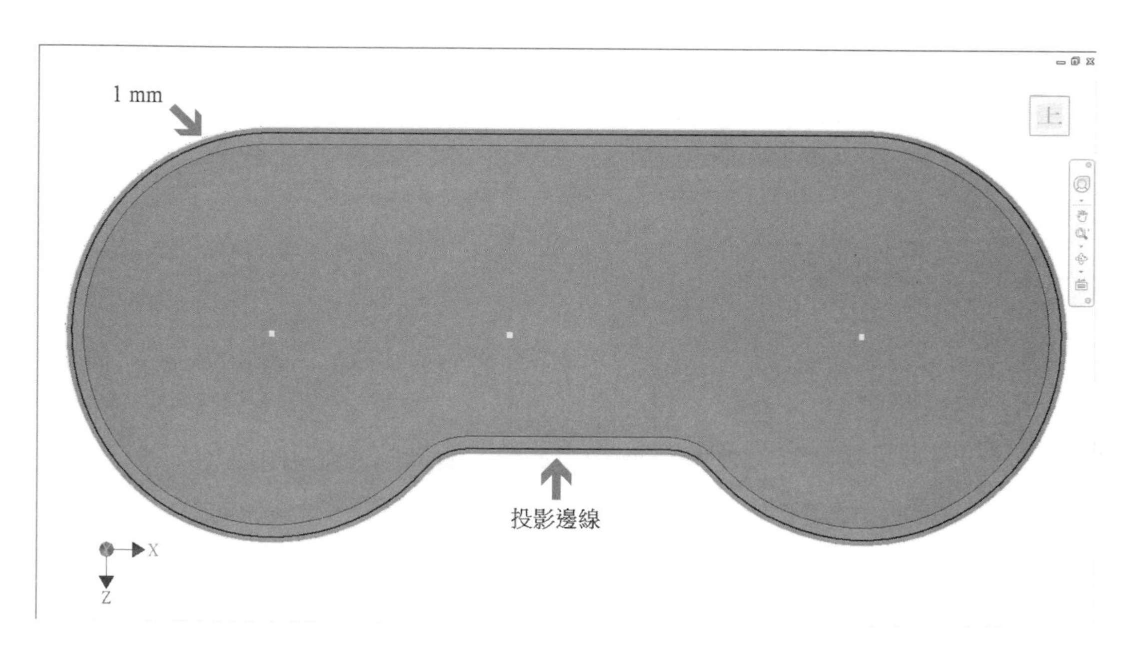

STEP 6｜使用【擠出】，將偏移 1 mm 區域往下切割 0.5mm 深度。

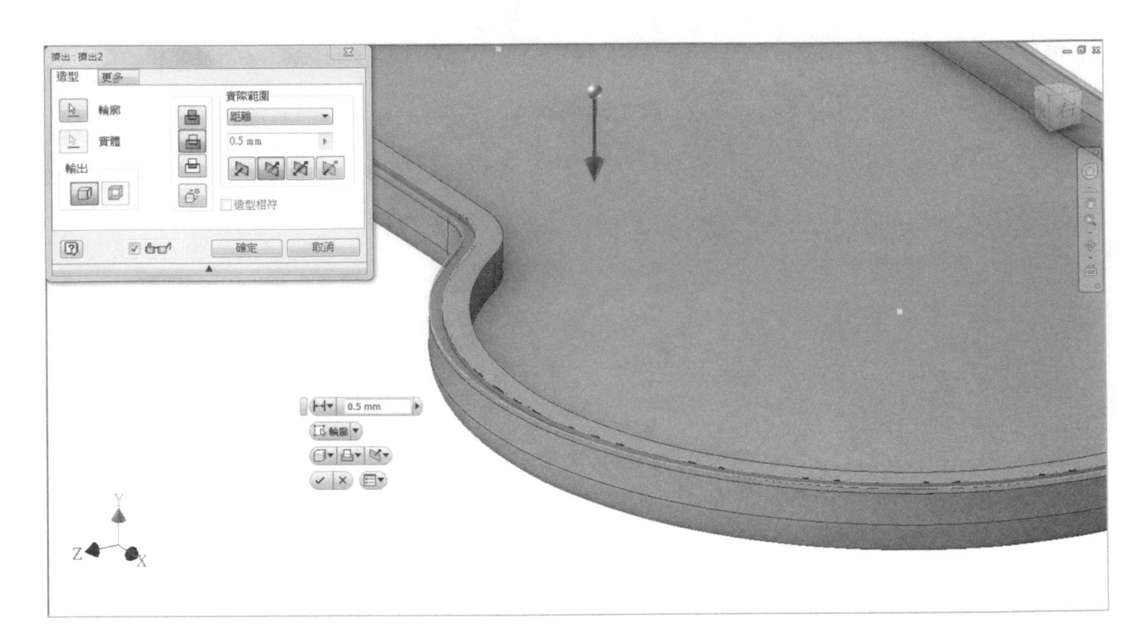

STEP 7｜以 XY 平面來建立一個新的工作平面，距離設定為 50mm 即可。

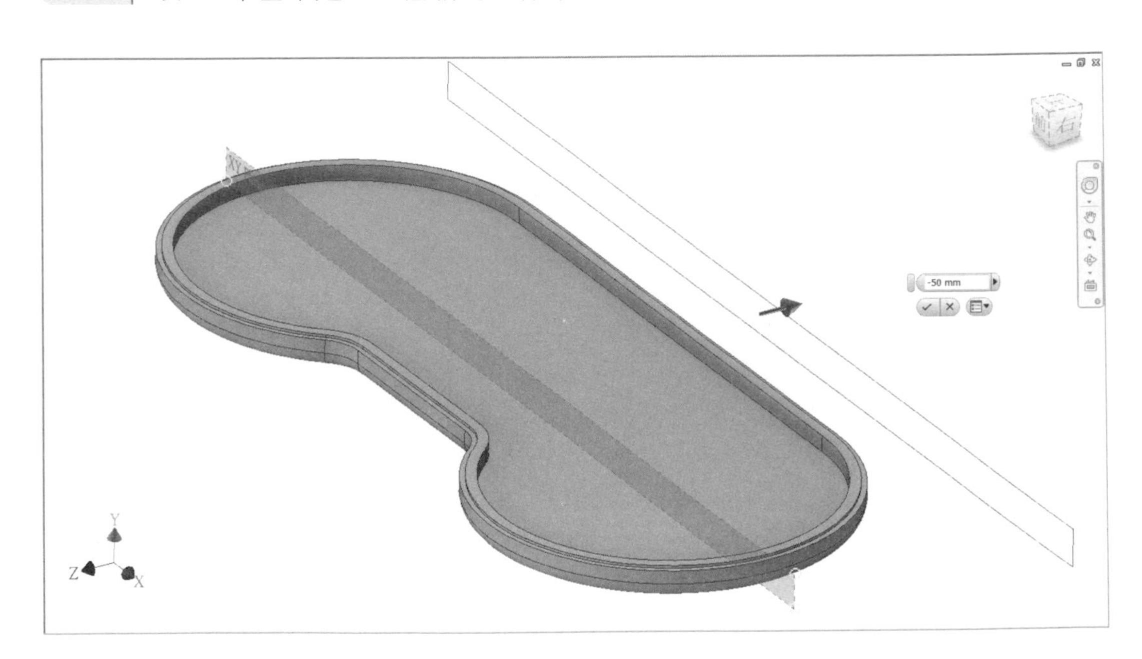

STEP 8 點選製作完成的新工作平面，開啟出快顯功能表單，選擇翻轉法線項目使其正反面置換。

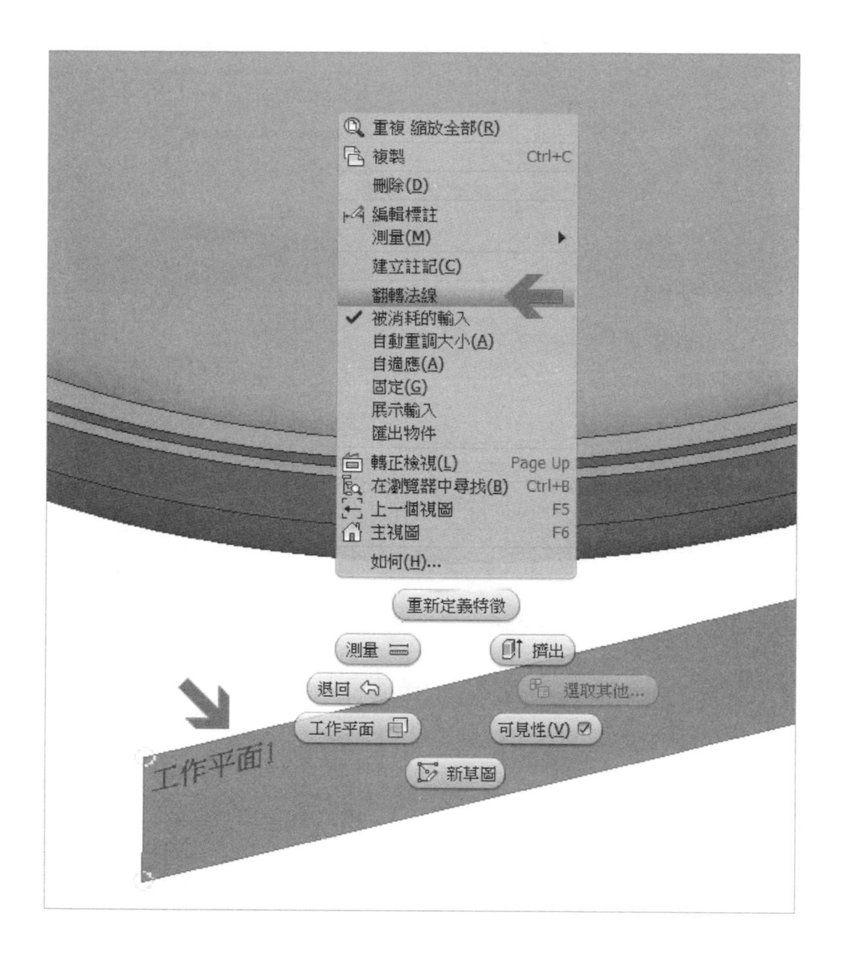

STEP 9 在新建立的工作平面上繪製一張新草圖，草圖圖元如圖面所示，並在本體中間對應處繪製一條建構線，待輪廓完成後可鏡射至右半部。

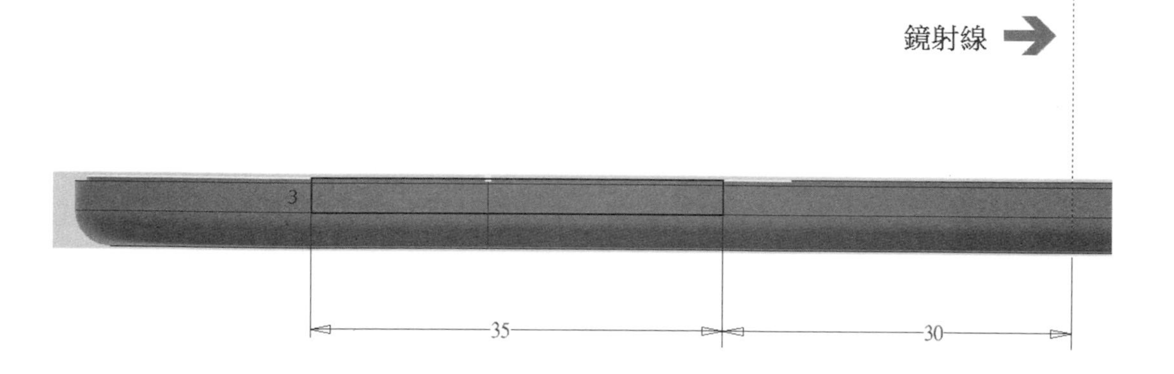

STEP 10 使用【擠出】內的切割工具，將實際範圍的類型設定為【到下一個】，則草圖輪廓會切割成形至下一個面。

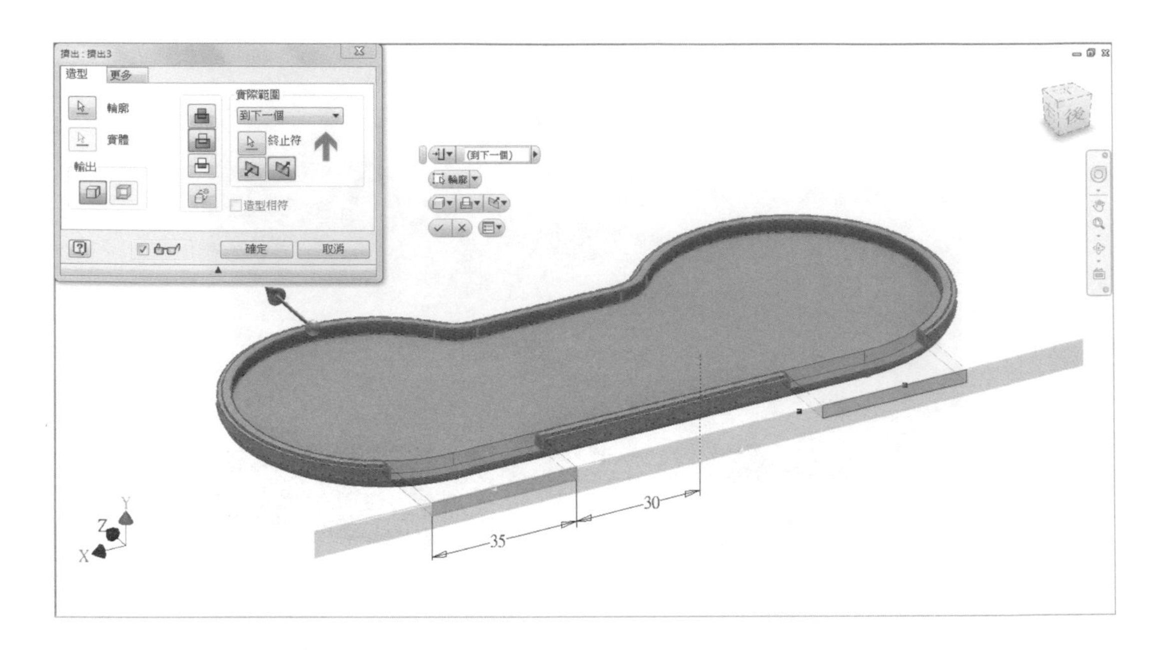

STEP 11 使用【圓角】工具，在圖面示意處四個位置建立 3mm 的圓角輪廓。

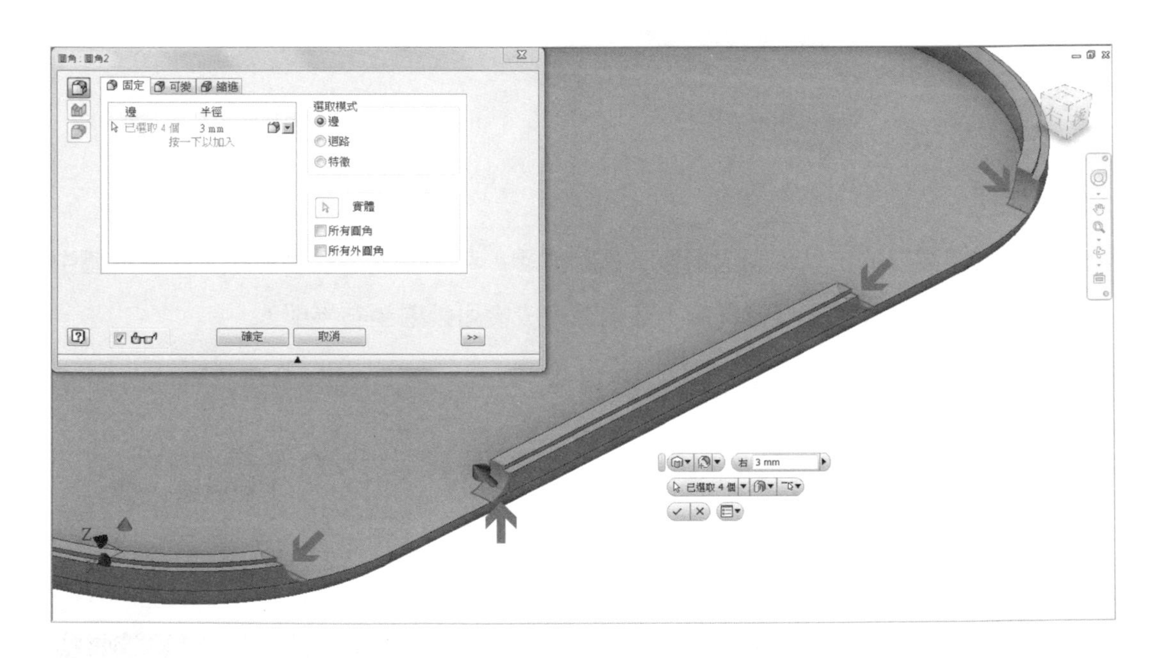

STEP 12 使用【圓角】工具，在圖面示意處二個外圍輪廓位置建立 0.5mm 的圓角。

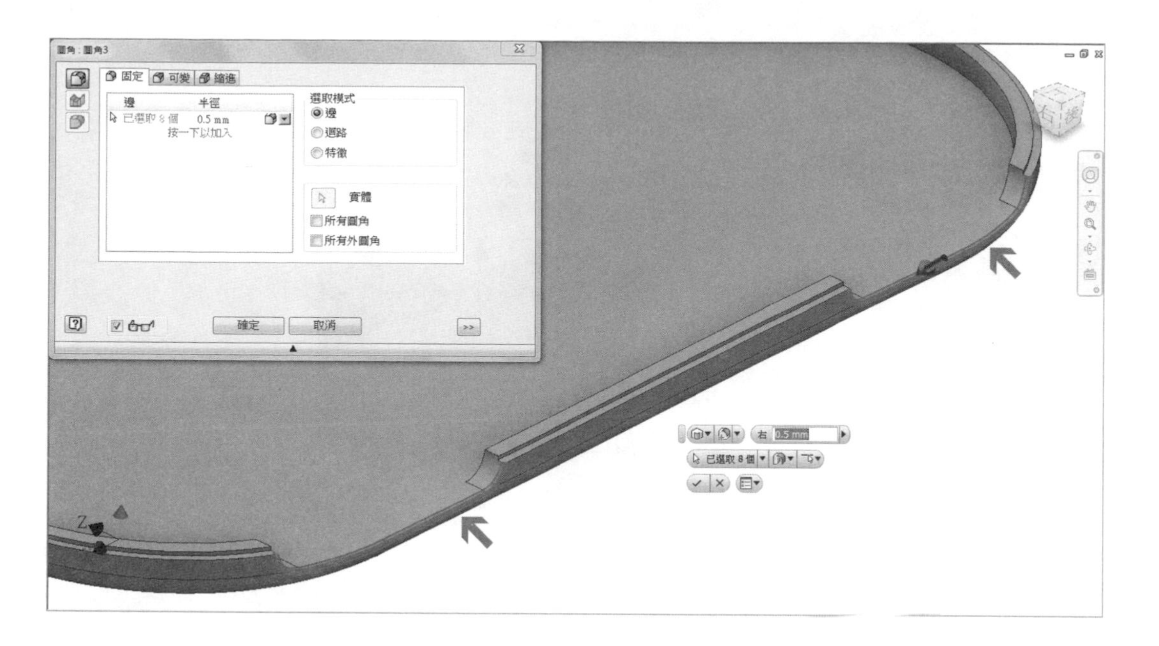

十字按鈕

STEP 1 在 XZ 工作平面上建立一張新草圖，並在其上繪製出如圖所示之草圖圖元。

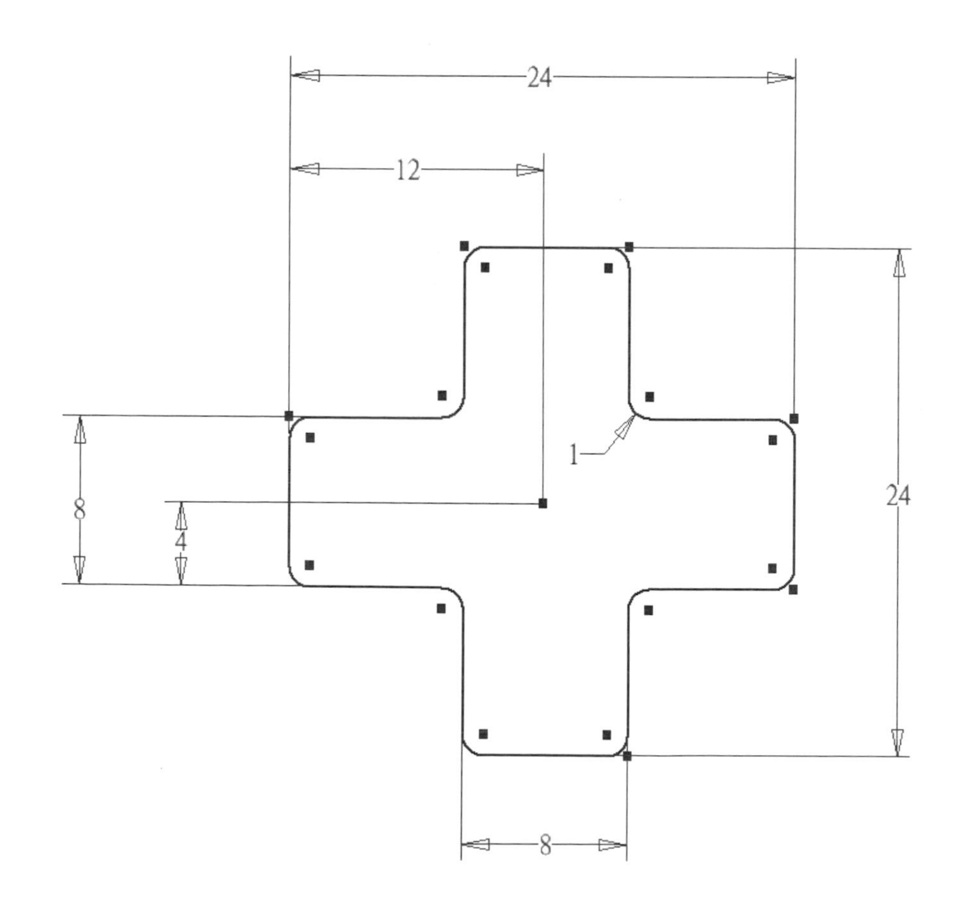

STEP 2 使用【擠出】工具，將繪製好的草圖輪廓往上成型 6mm 距離。

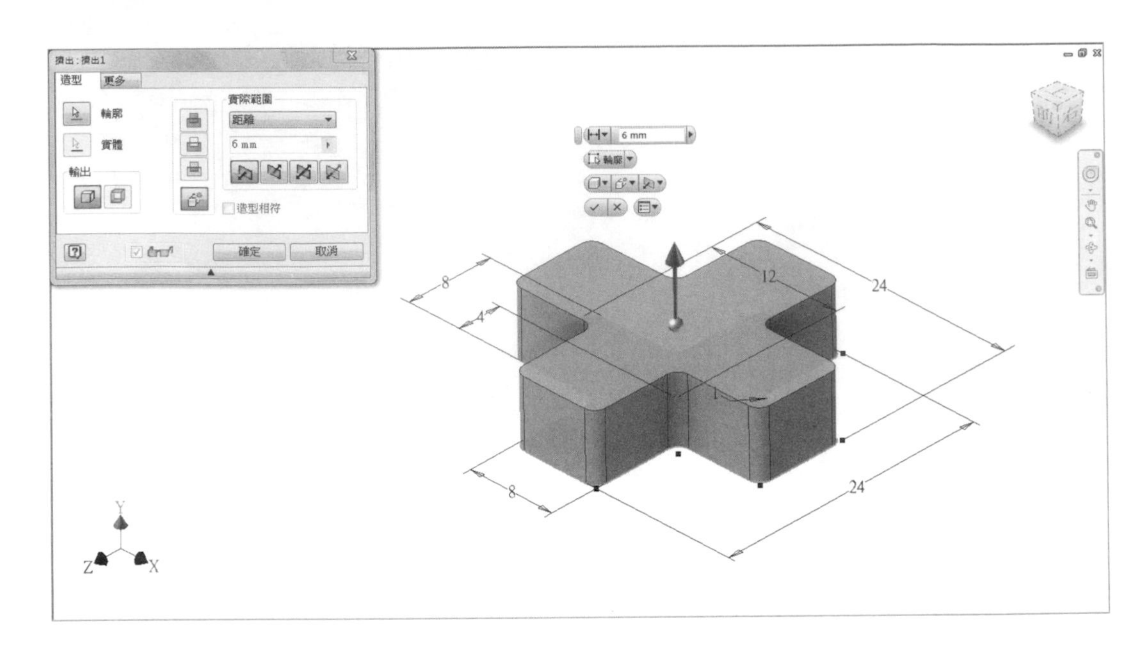

STEP 3 再本體輪廓下方的平面建立一張新草圖，並將外圍輪廓往外偏移 1mm 的距離。

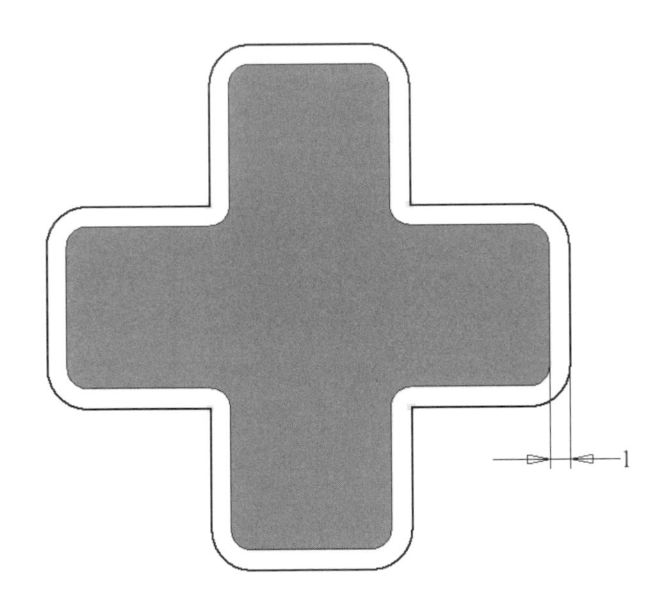

STEP 4 使用【擠出】，將往外偏移的輪廓建立出 1mm 距離的新特徵。

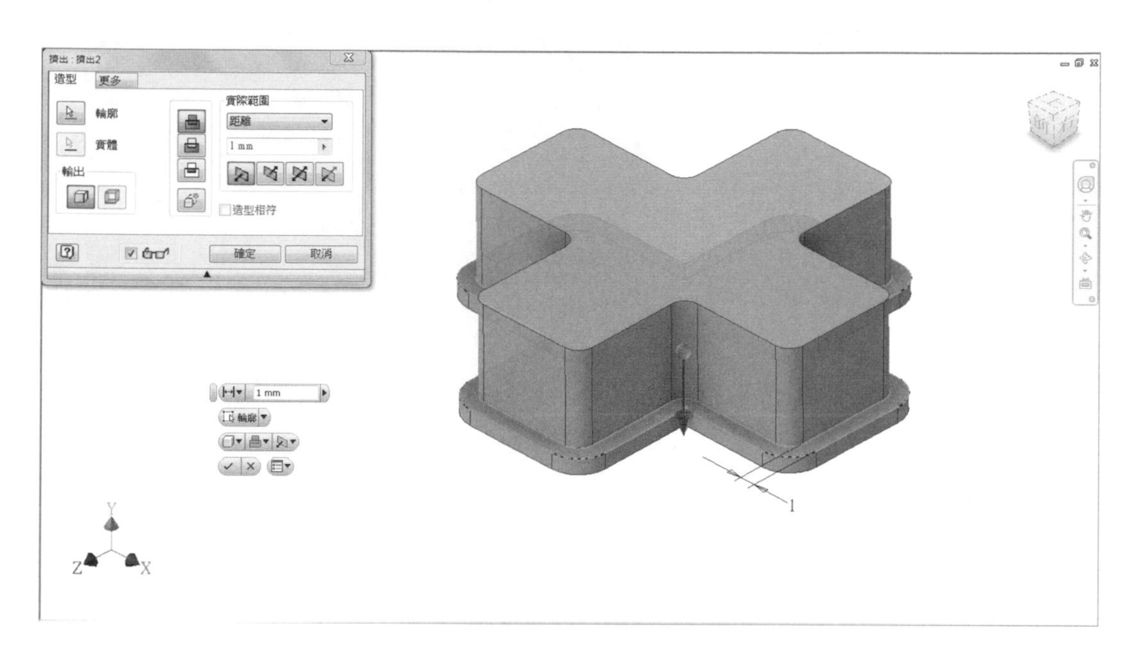

STEP 5 在 XY 平面建立一張新草圖，並繪製出如圖所示之圖元，圖元的基準需與原點做重合連結，以免草圖輪廓在後續尺寸建立時移位，待草圖完成後，使用【迴轉】的切割功能，將輪廓迴轉一圈。

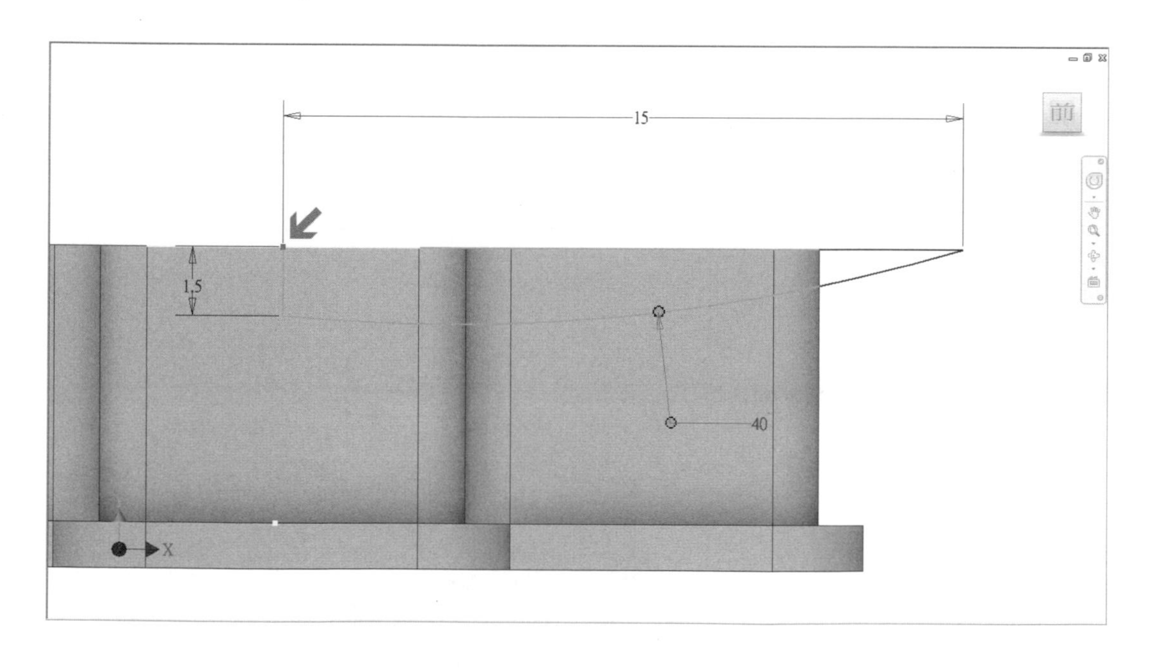

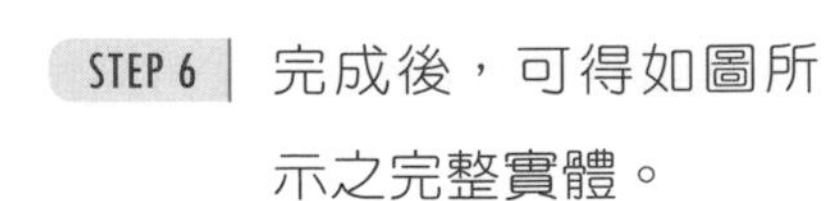

STEP 6 完成後，可得如圖所示之完整實體。

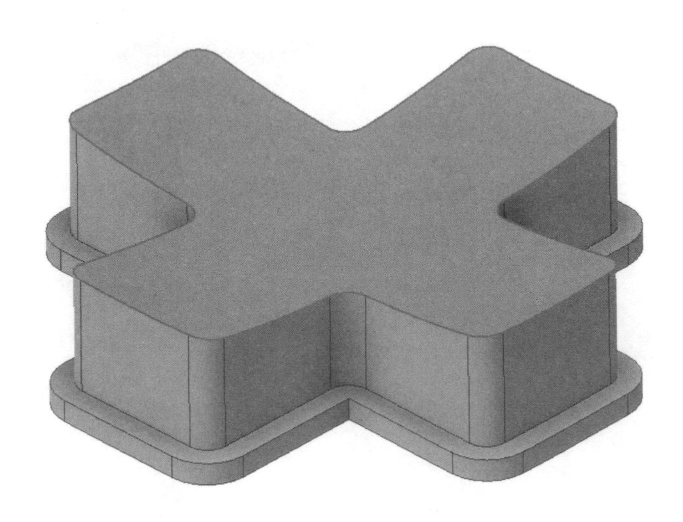

STEP 7 使用【圓角】，半徑設定為 1mm，依箭頭指示處將其外圍輪廓製作圓角。

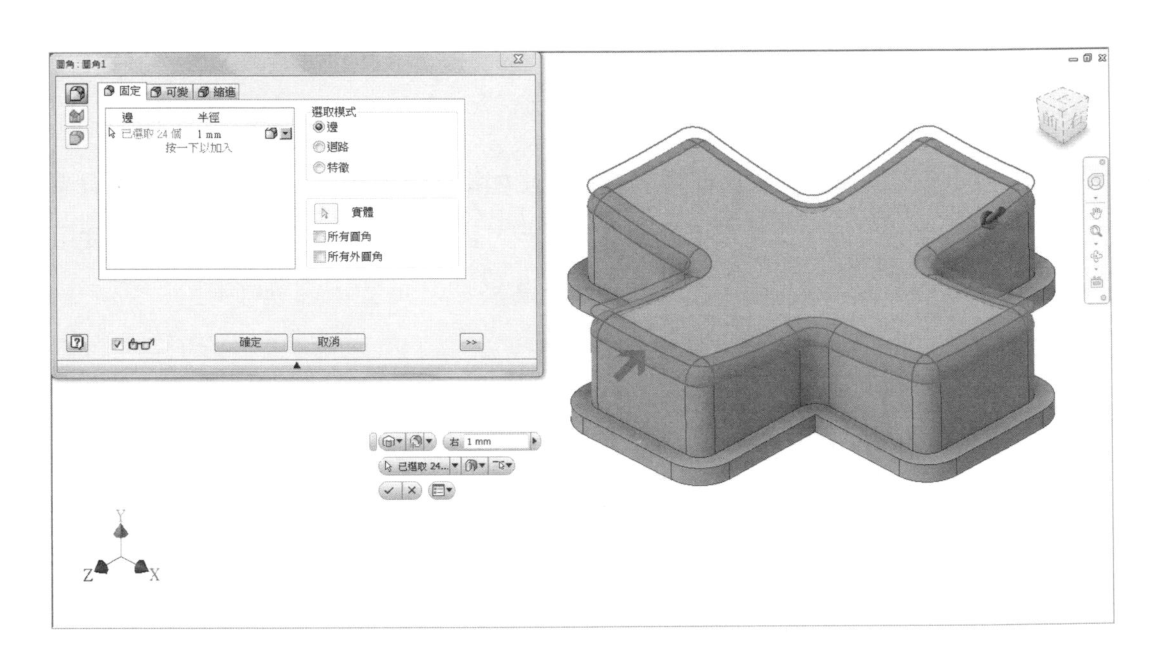

STEP 8 十字按鈕完整輪廓則完成。

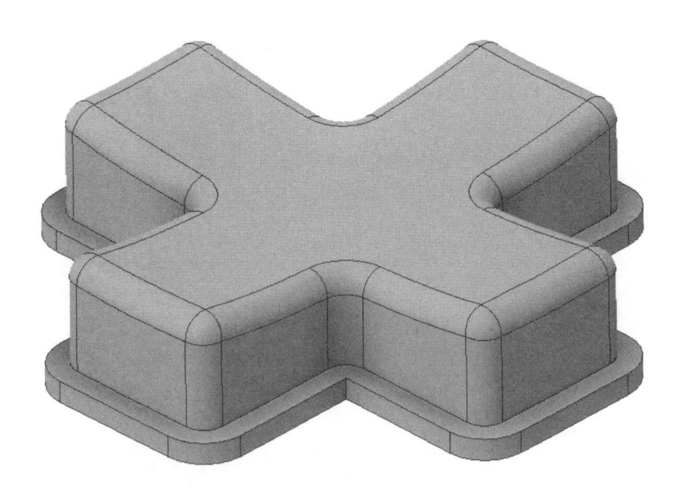

開始及選擇按鈕

STEP 1 在 XZ 工作平面上建立一張新草圖，尺寸如圖面所示。

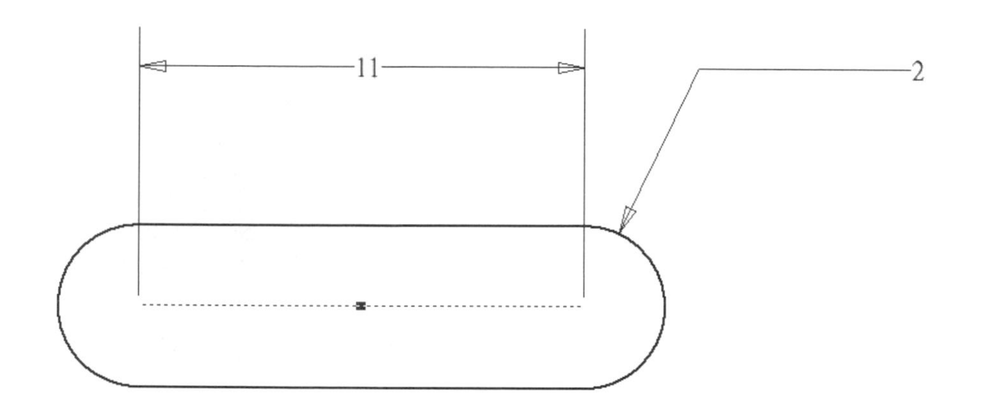

STEP 2 使用【擠出】工具，將距離設定為 5mm 並往上方擠出。

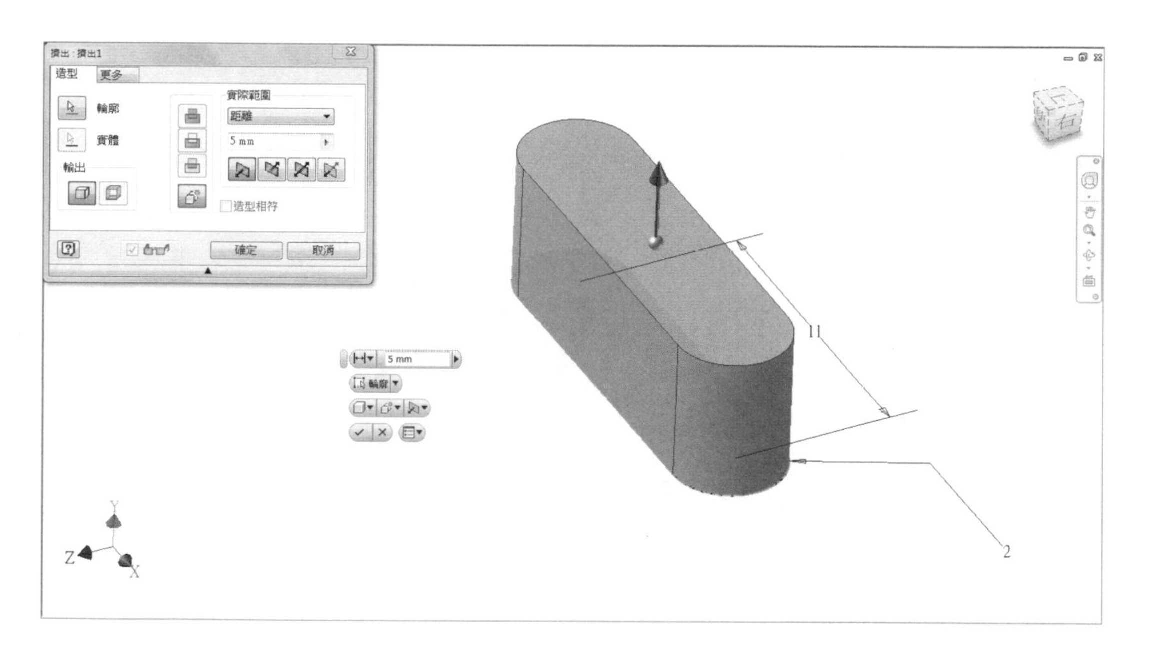

STEP 3 使用【圓角】功能，半徑設定為 1mm，並依箭頭指示部分將其製作一圈迴路。

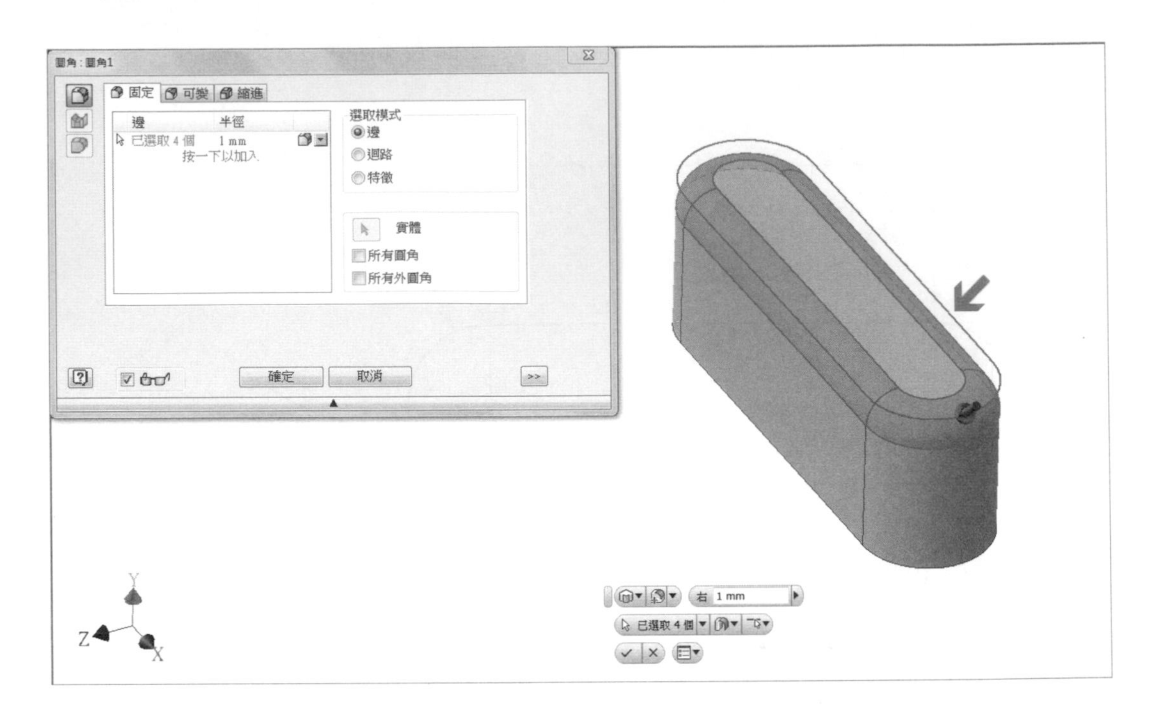

STEP 4 在本體下方之平面建立一張新草圖，並將外圍輪廓往外偏移 1mm。

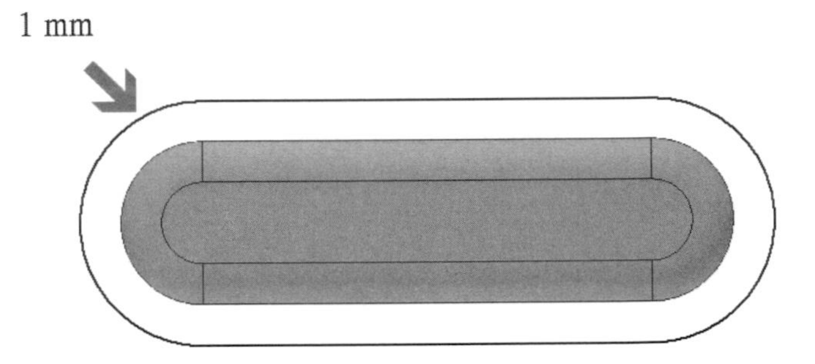

STEP 5 使用【擠出】功能，將偏移後的草圖輪廓往下建立 1mm 的厚度，則實體即完成。

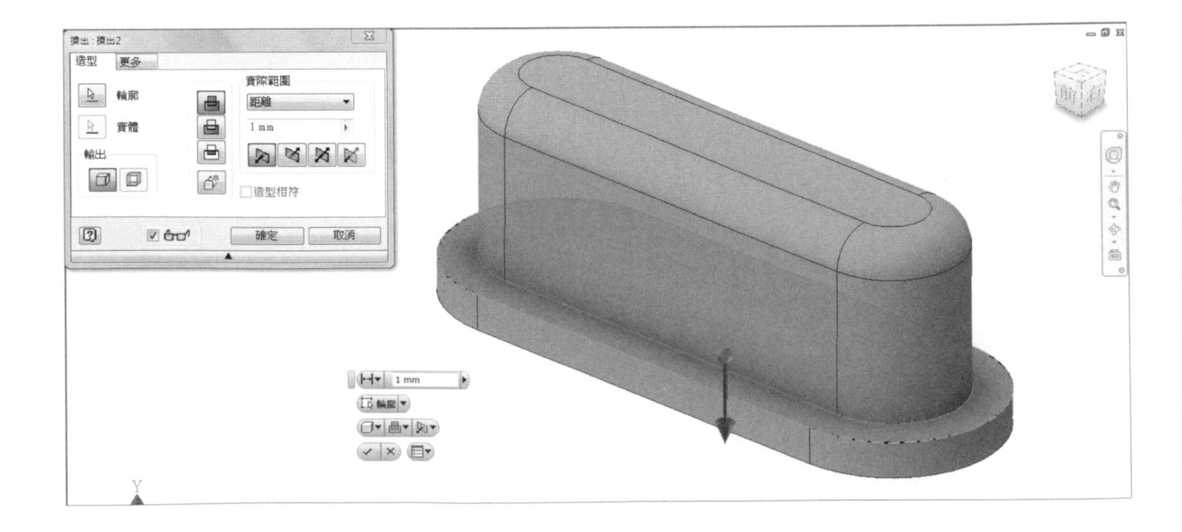

ABXY 按鈕

STEP 1 在 XZ 平面建立一張新草圖，並繪製出如圖所示之圖元。

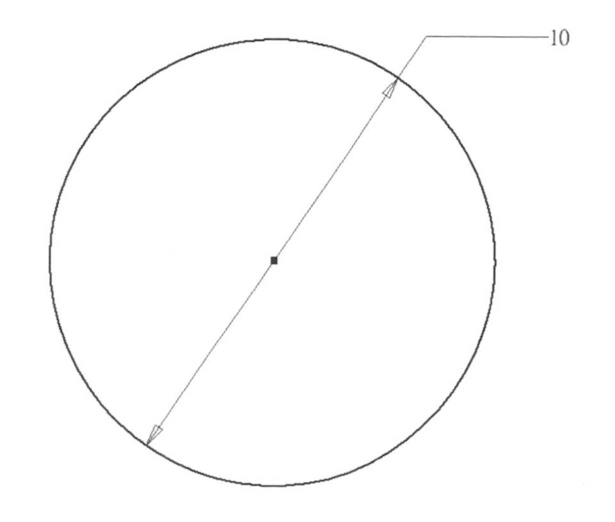

STEP 2 使用【擠出】工具，將繪製完成的草圖輪廓往上成形 6mm。

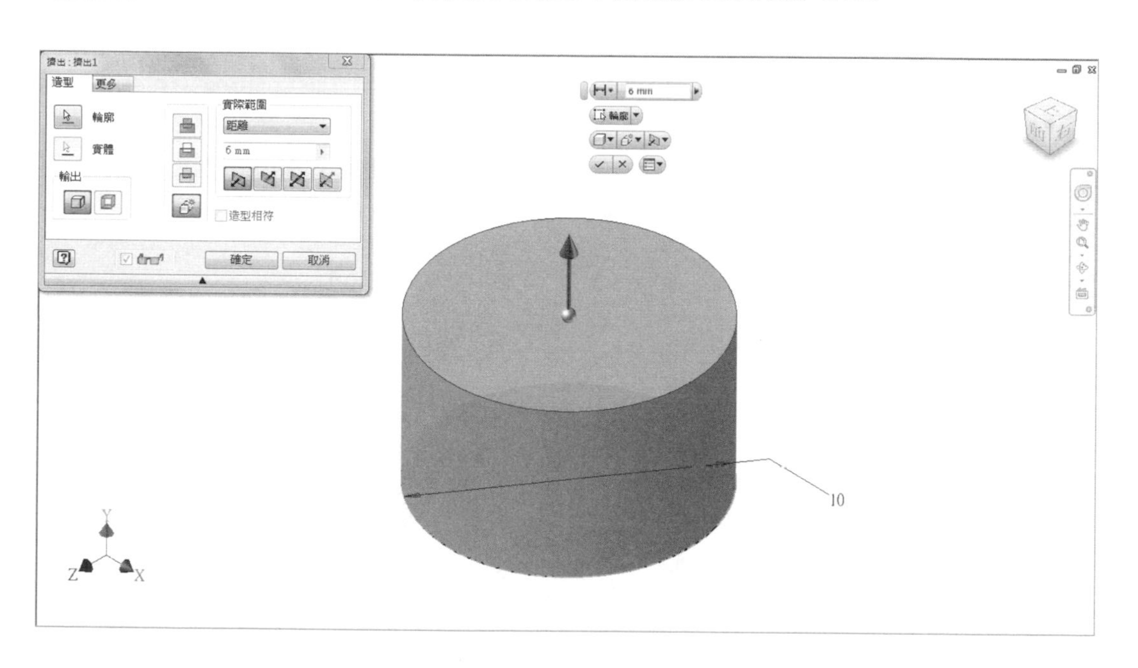

STEP 3 在本體下方之平面建立一張新草圖，並以相同圓心繪製出如圖所示之圖元。

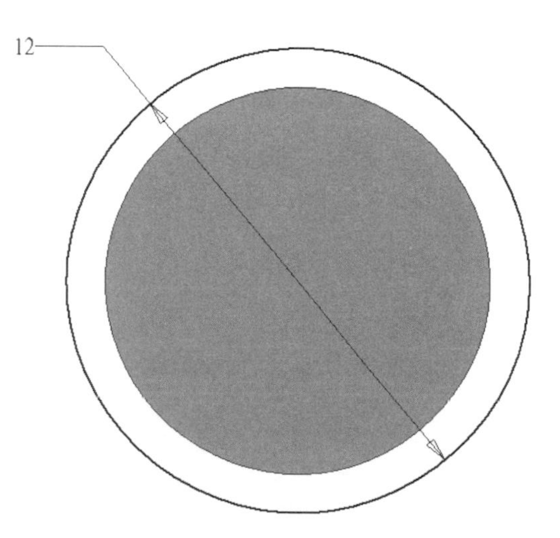

STEP 4 | 使用【擠出】工具，將繪製完成的輪廓往下方成形 1mm 距離的厚度。

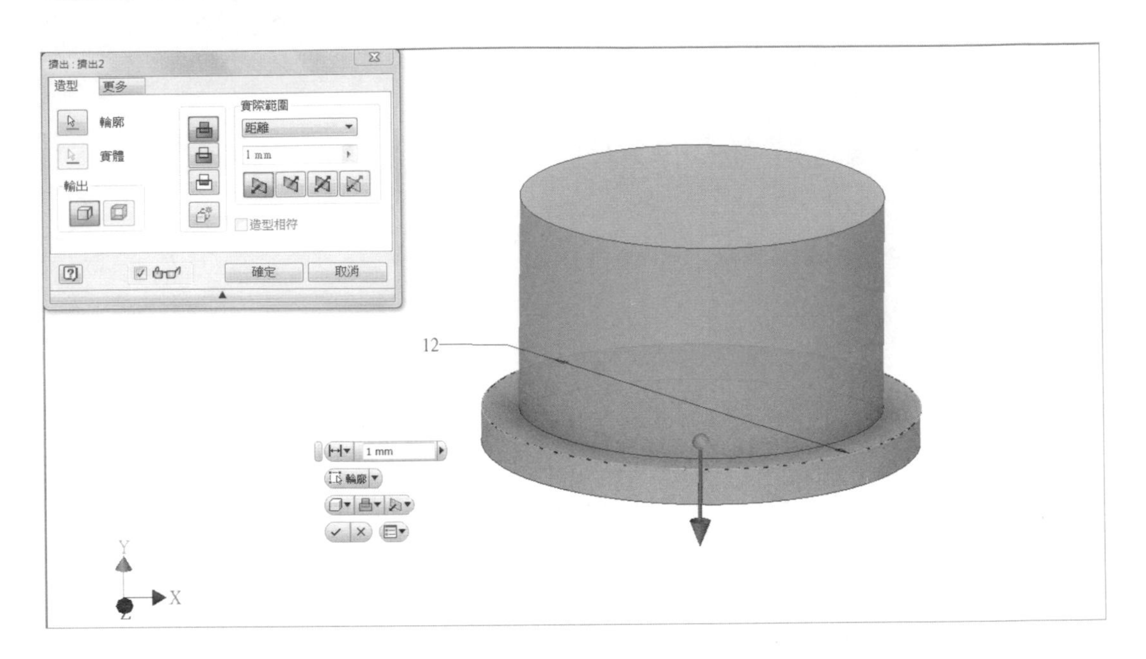

STEP 5 | 使用【圓角】功能，依箭頭指示處建立 1mm 的圓角，則按鈕即繪製完成。

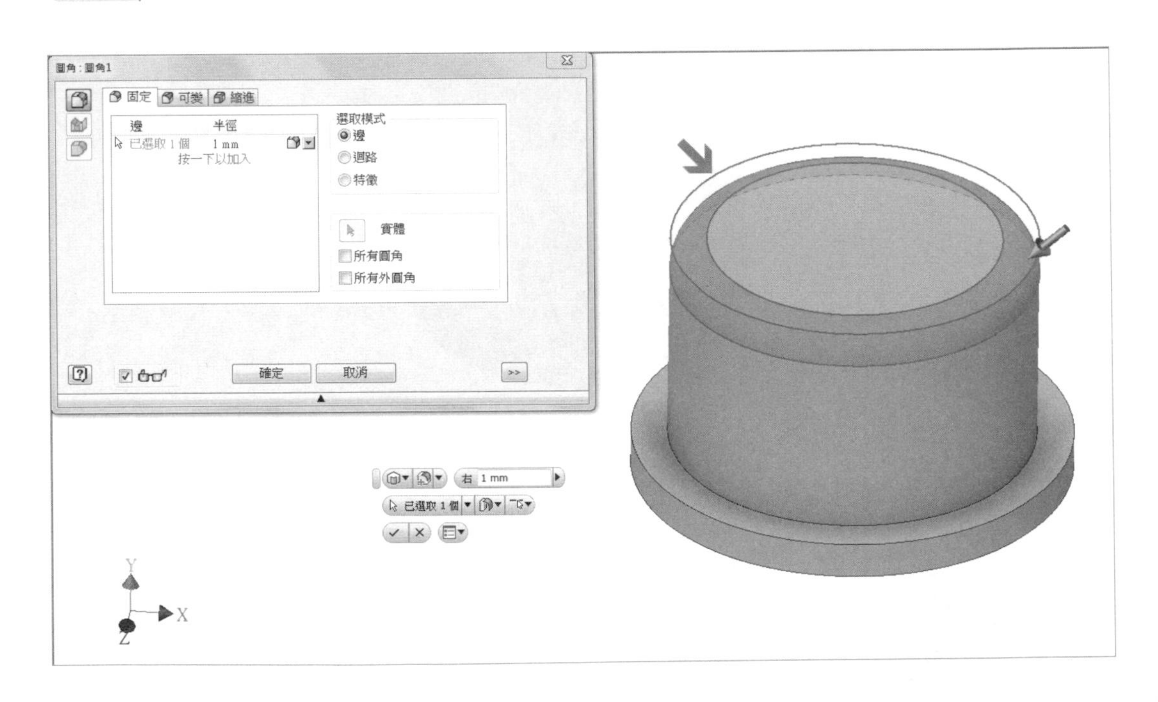

RL 按鈕

STEP 1 | 在 XZ 平面建立一張新草圖，並依圖面所示繪製出草圖圖元。

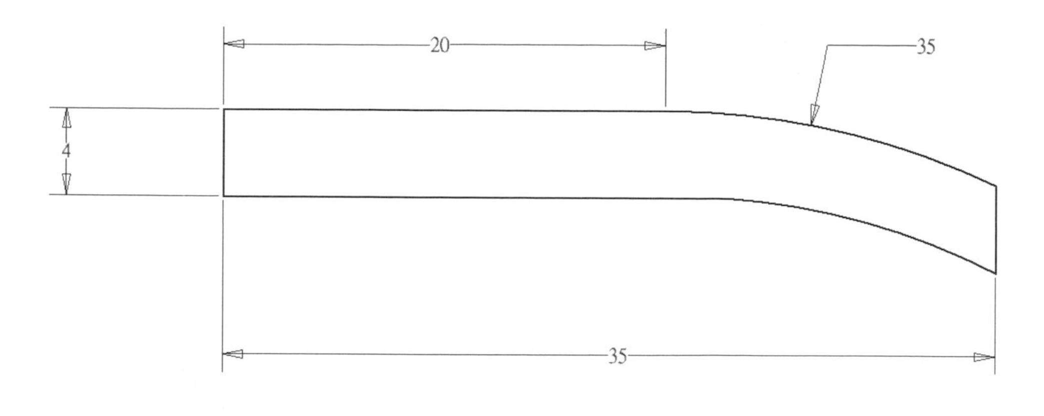

STEP 2 使用【擠出】工具，將輪廓往上方成形 6mm 的厚度。

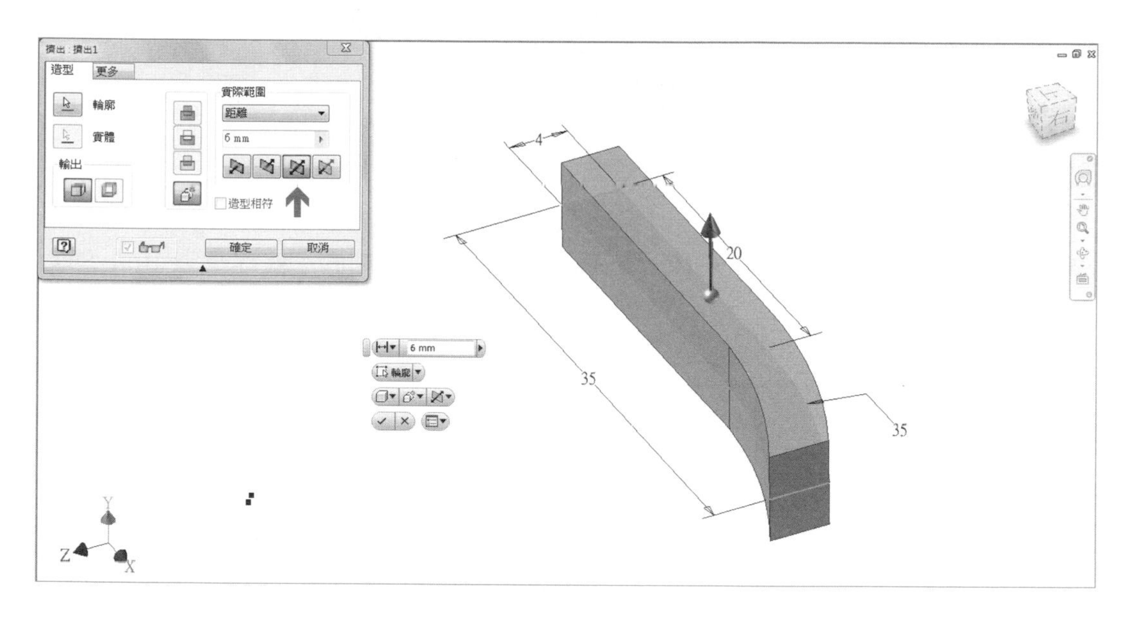

STEP 3 使用【圓角】功能，依箭頭指示處建立 3mm 的圓角。

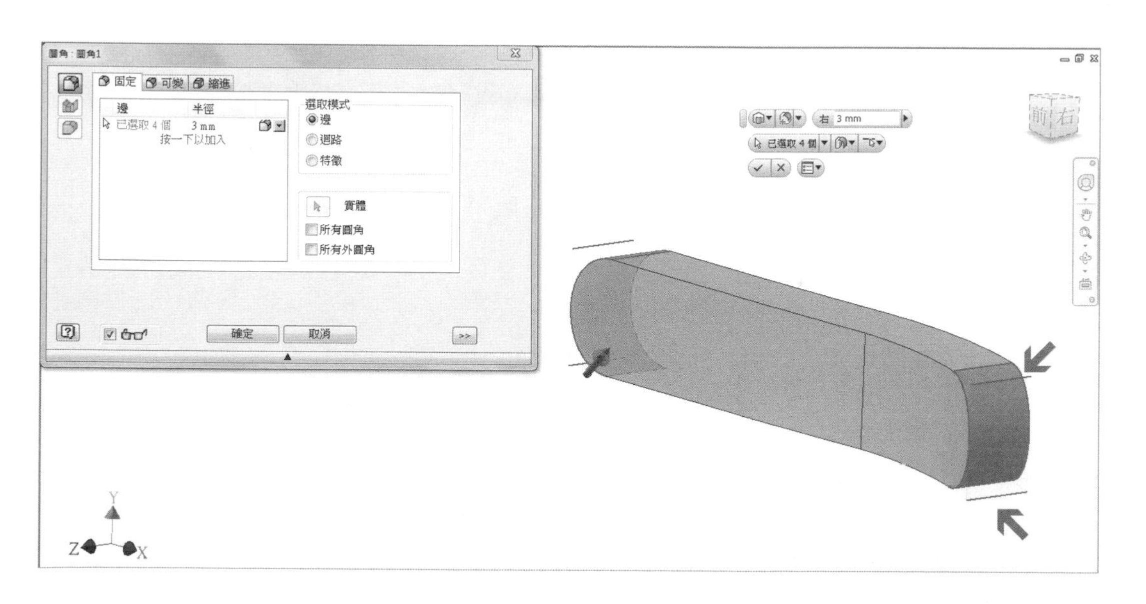

STEP 4 | 使用【圓角】功能，依箭頭指示處建立 1mm 的圓角。

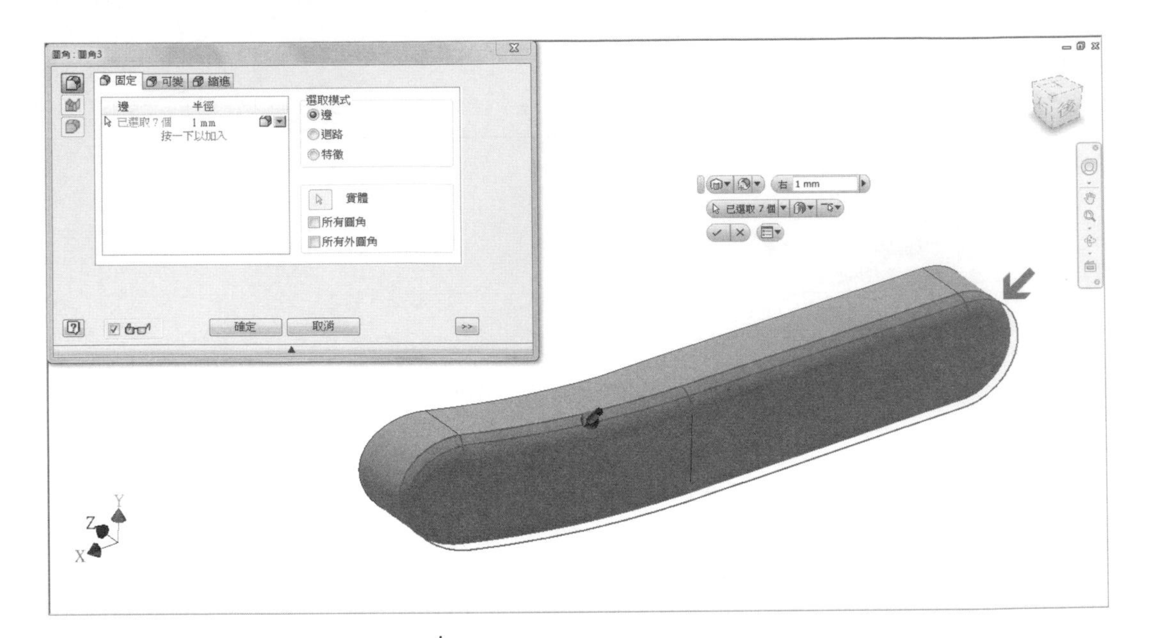

STEP 5 | 使用【增厚／偏移】功能，點選箭頭指示處之實體面，並建立出 1mm 的新厚度。

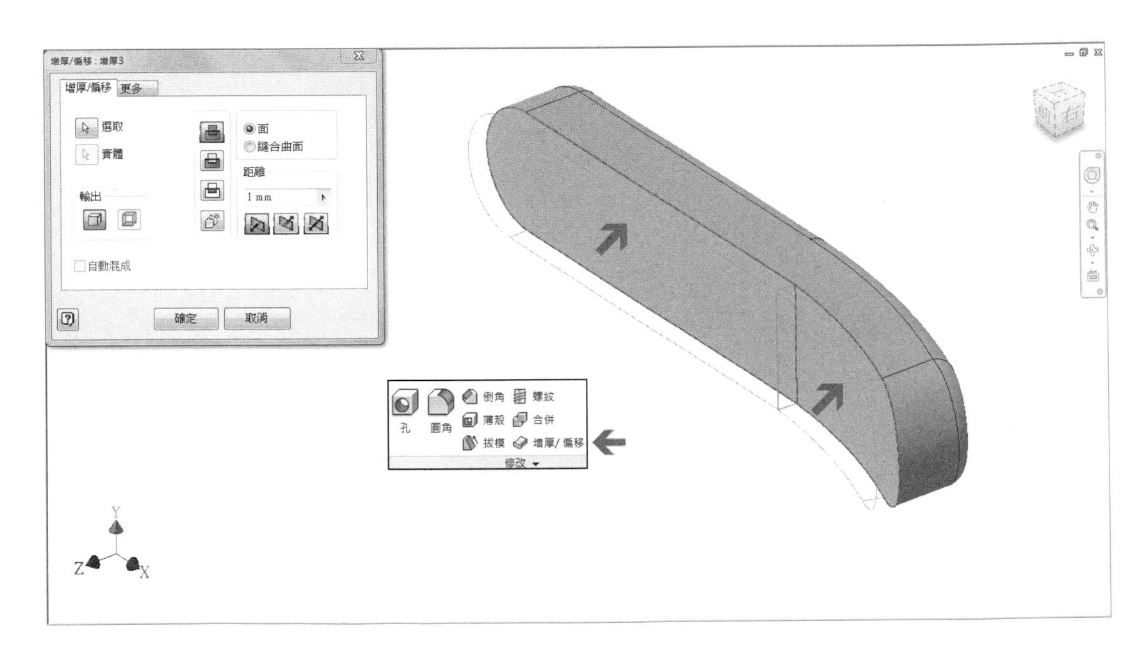

STEP 6 使用【直紋面】功能，點擊圖面箭頭指示處之外圍邊線，建立出 1mm 的延伸曲面。

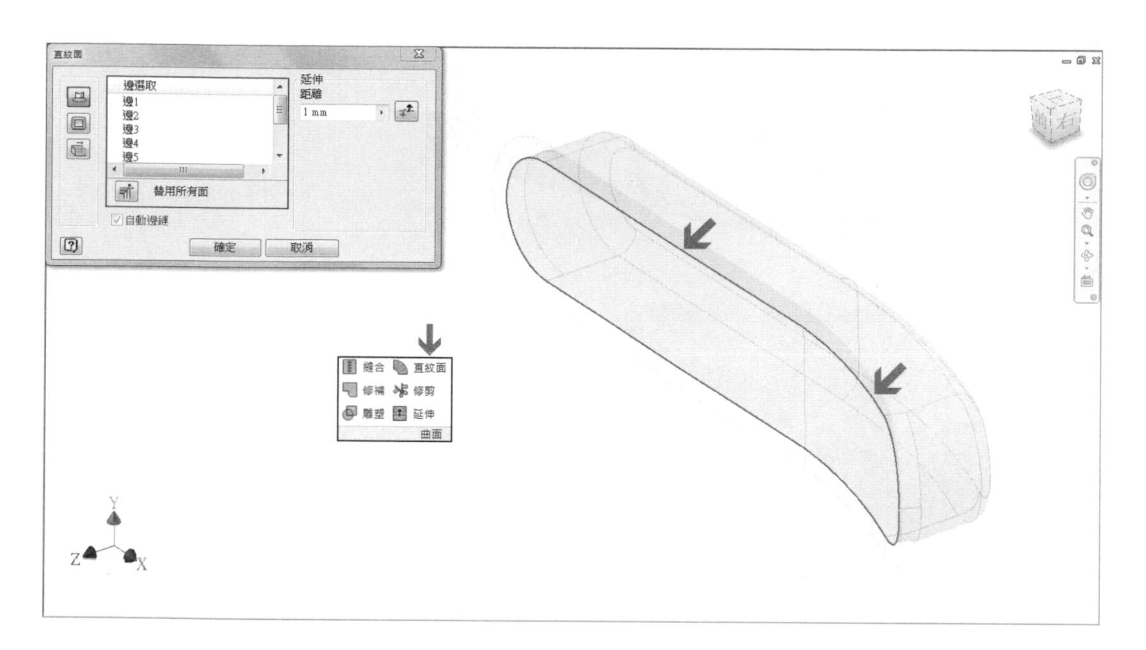

STEP 7 使用【增厚／偏移】功能，將箭頭指示處的曲面建立 1mm 的厚度。

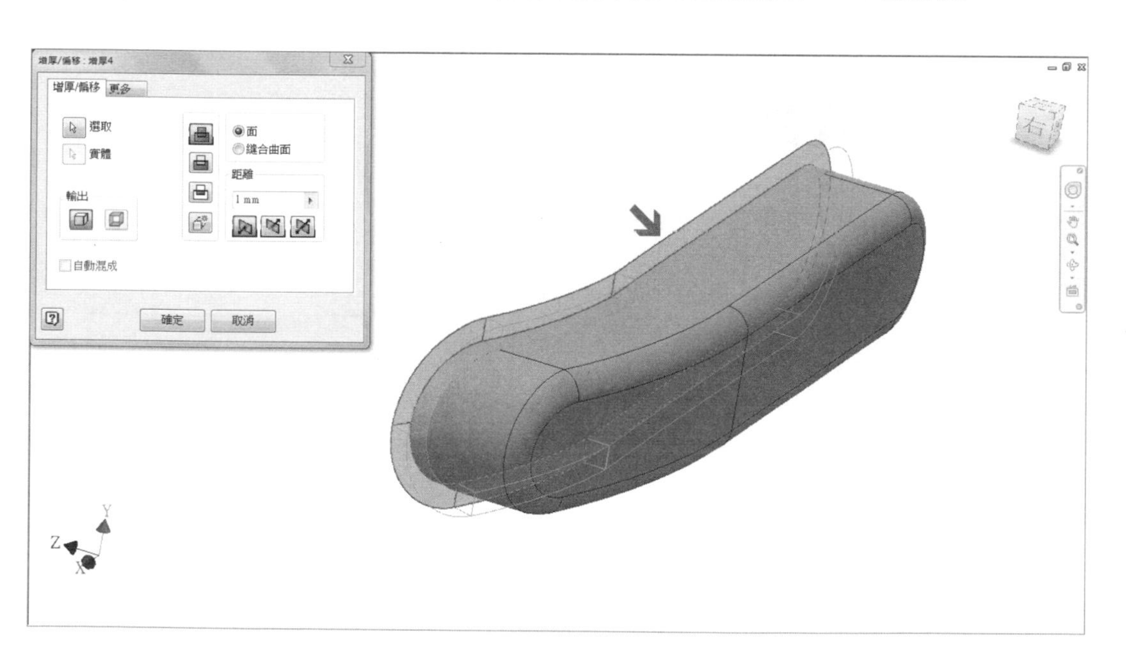

STEP 8 最終即可得到如圖所示之完成實體零件。

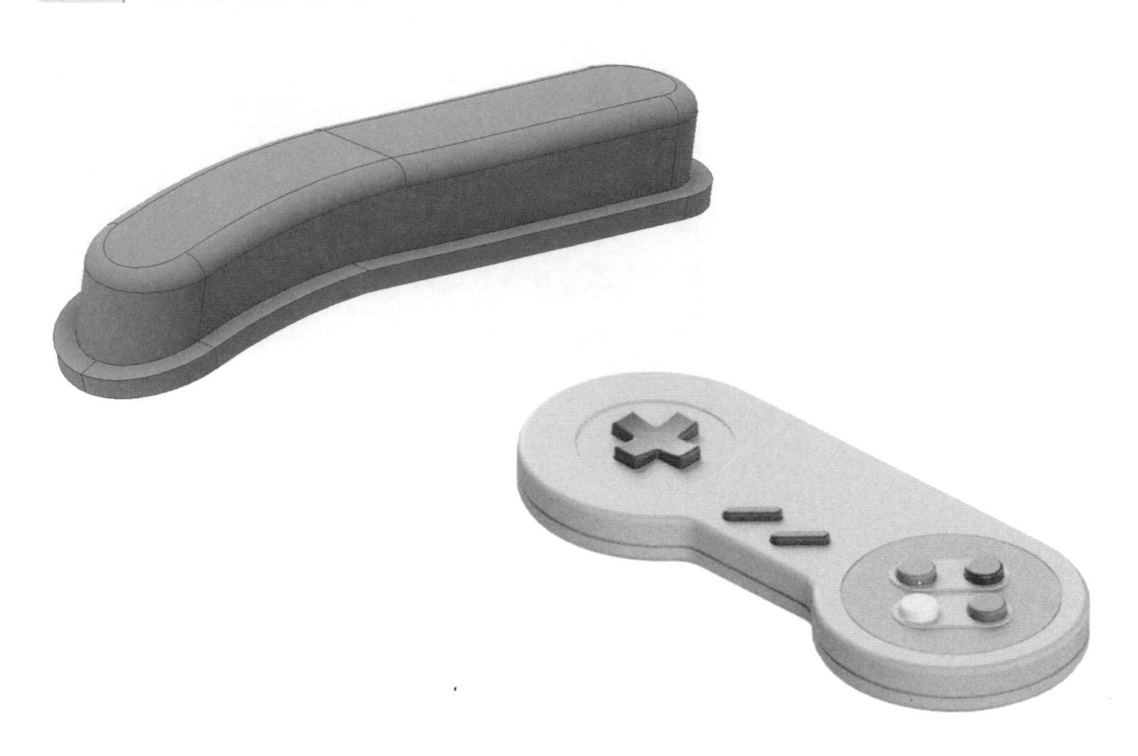

7-17 手電筒

STEP 1 在 YZ 工作平面建立一張新草圖，並依照圖面所示繪製出草圖輪廓。

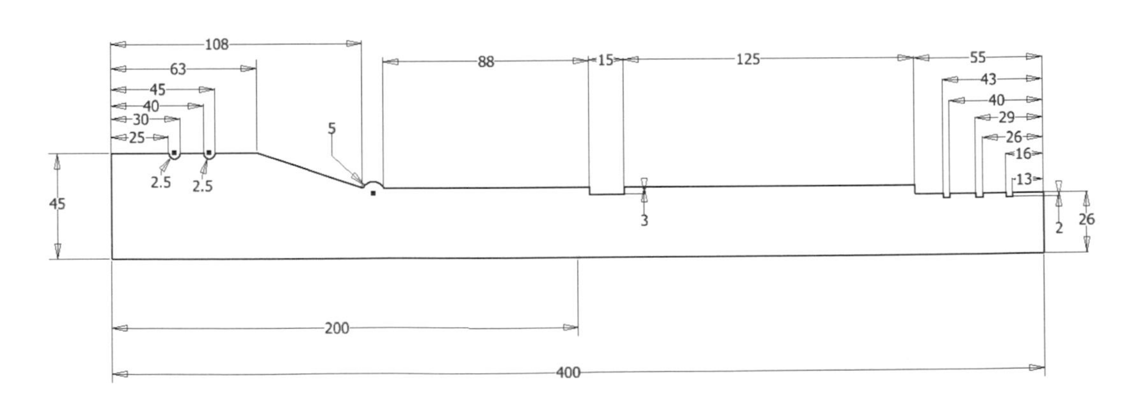

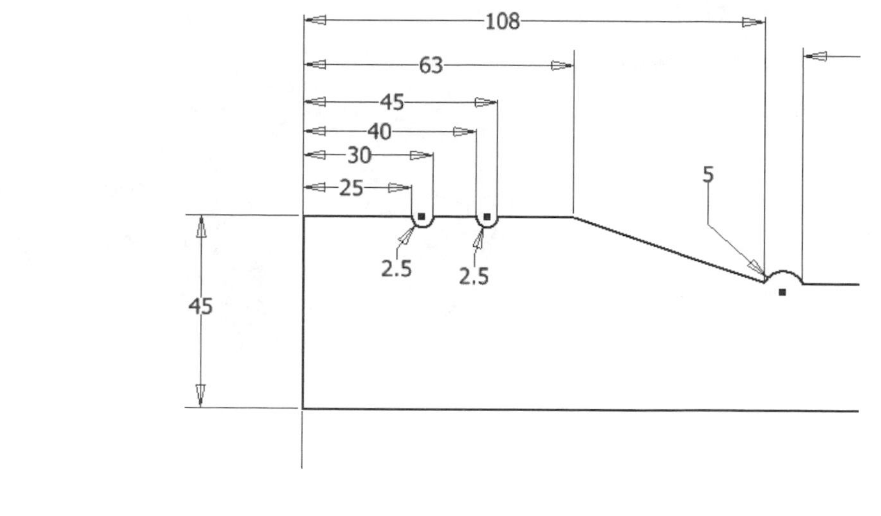

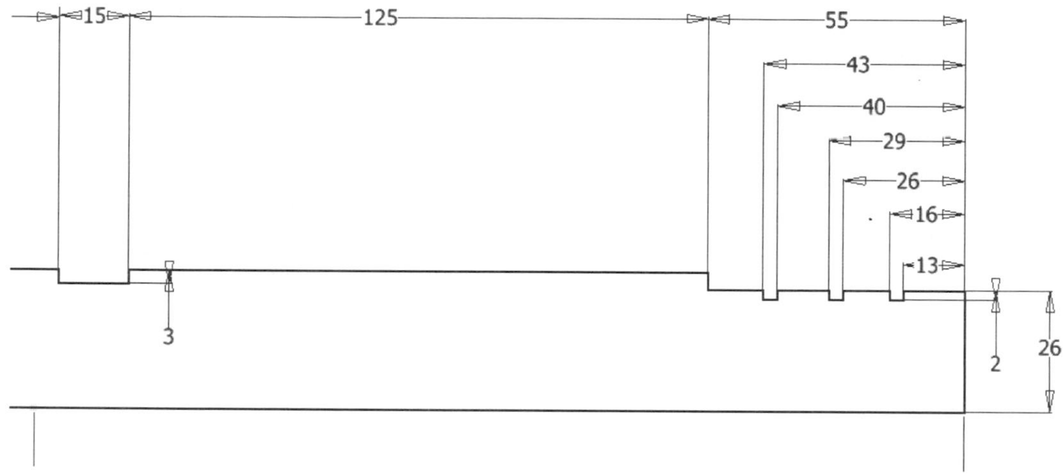

STEP 2 | 使用特徵工具選項板的【迴轉】，並將所繪製完成的草圖輪廓進行完全迴轉成形。

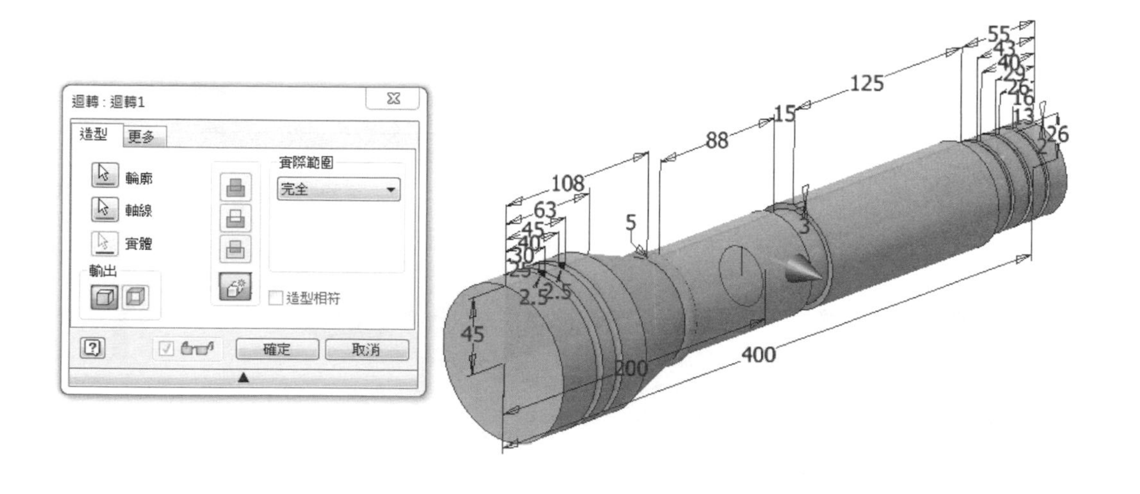

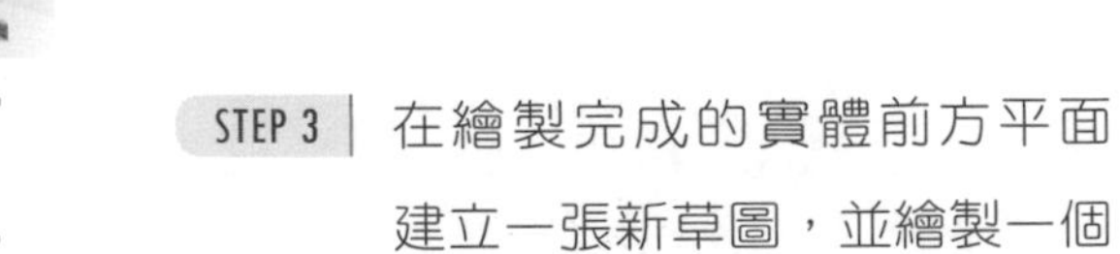

STEP 3 在繪製完成的實體前方平面建立一張新草圖，並繪製一個直徑 80 的輪廓。

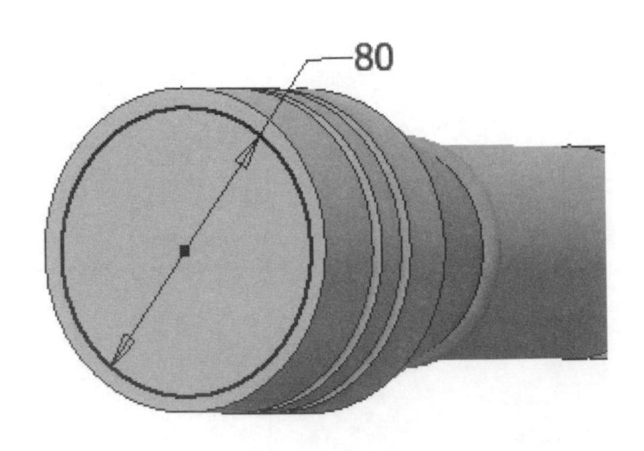

STEP 4 使用特徵工具選項板的【擠出】工具，並將草圖輪廓進行【切割】10mm 的深度。

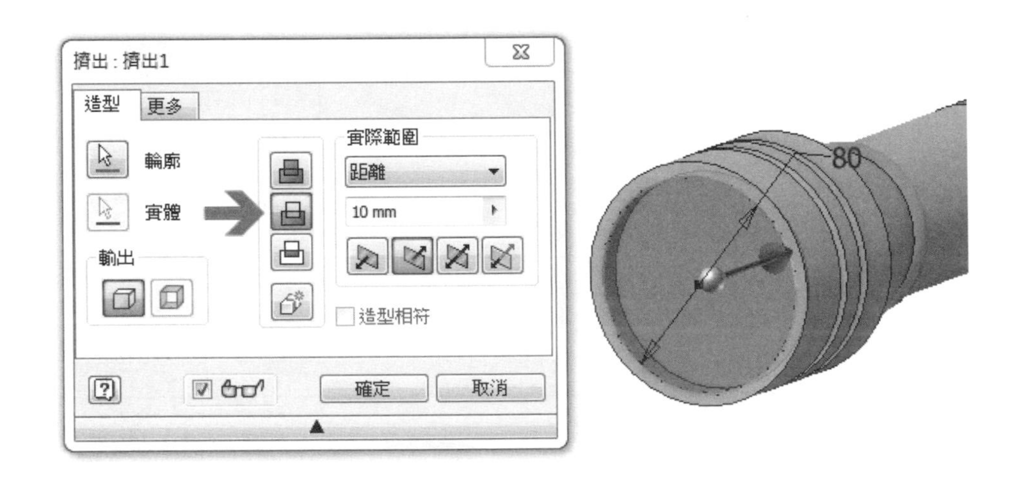

STEP 5 使用特徵工具選項板的【平面】，選擇【自平面偏移】，並將 XZ 工作平面往上 50mm 建立一個新的工作平面。

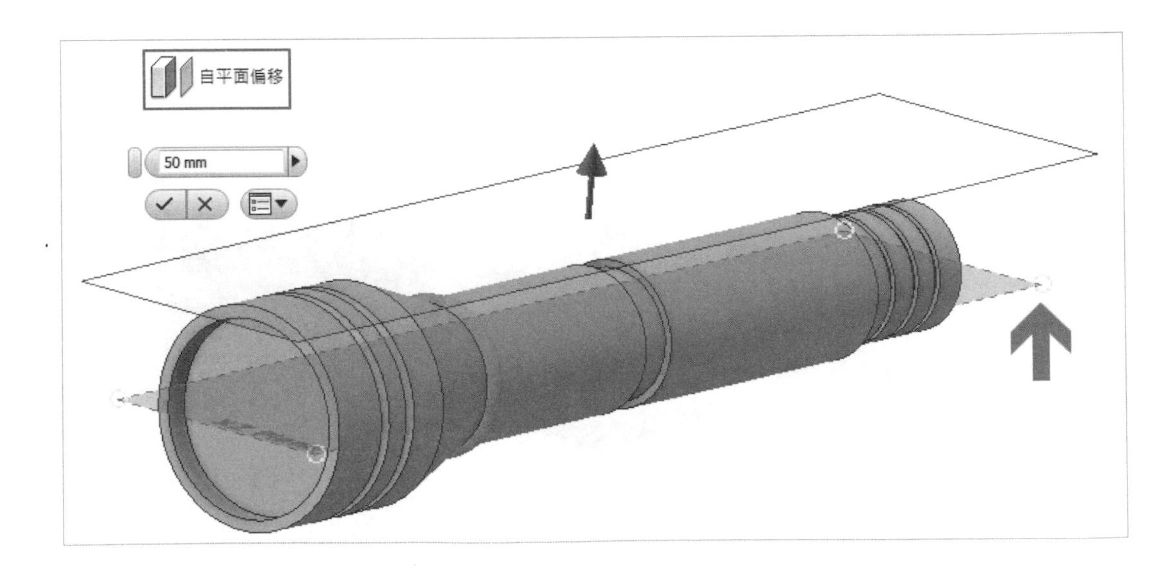

STEP 6 | 在新建立的工作平面上建立一張新草圖，並繪製出如圖所示之草圖輪廓。

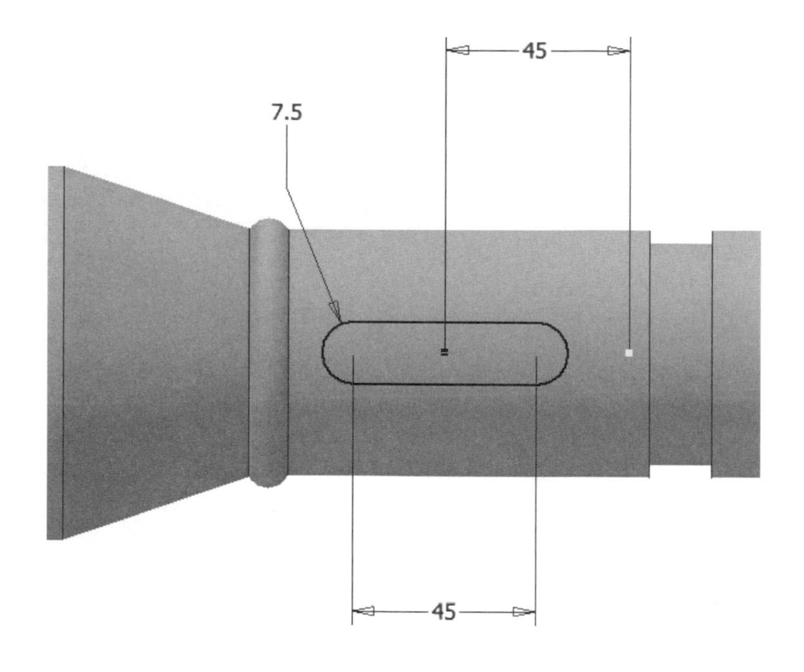

STEP 7 | 使用特徵工具選項板的【浮雕】工具，選擇【從面雕刻】，將繪製完成的草圖輪廓往下雕刻深度 3mm。

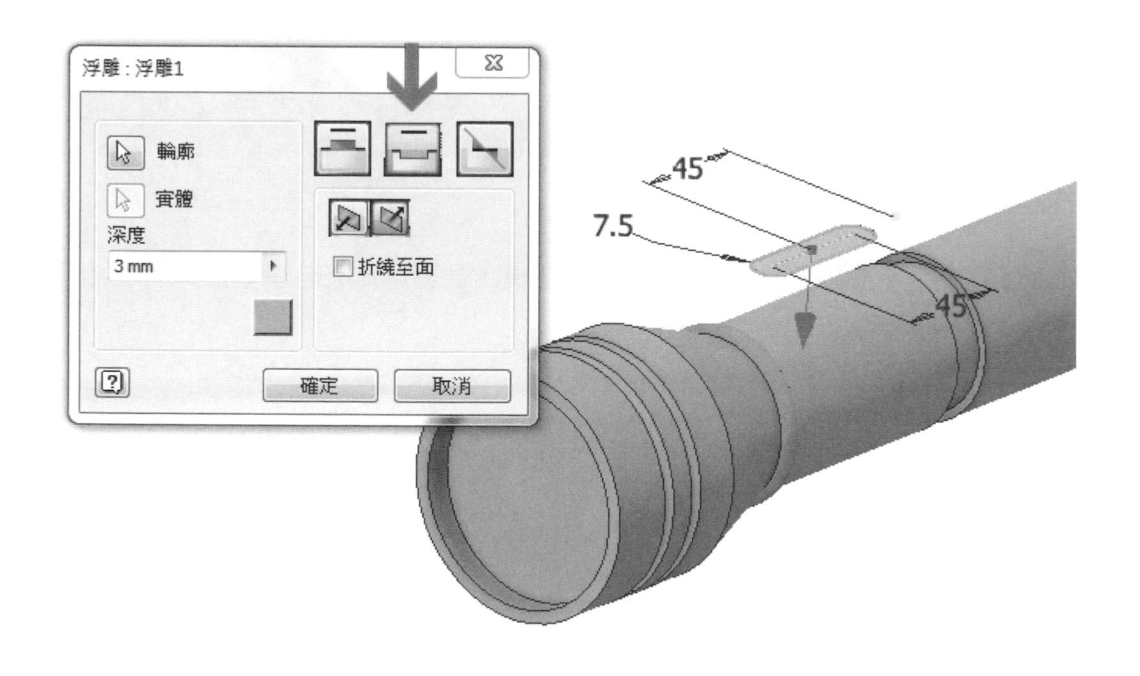

STEP 7 使用特徵工具選項板的【平面】，選擇【自平面偏移】，並將 XZ 工作平面往上 32mm 建立一個新的工作平面。

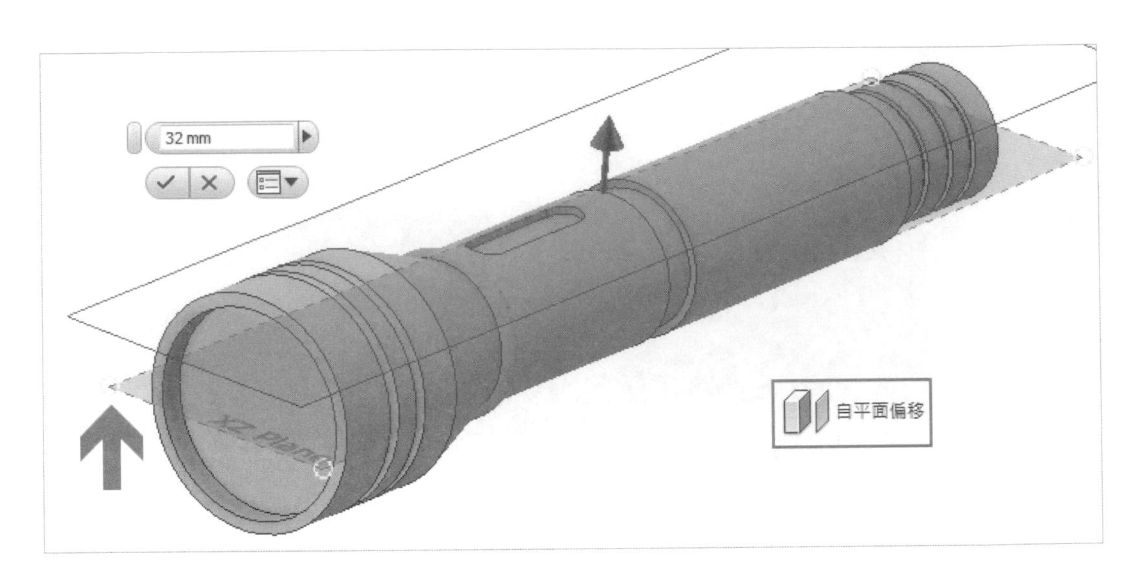

STEP 8 在新建立的工作平面上繪製如圖所示之草圖輪廓。

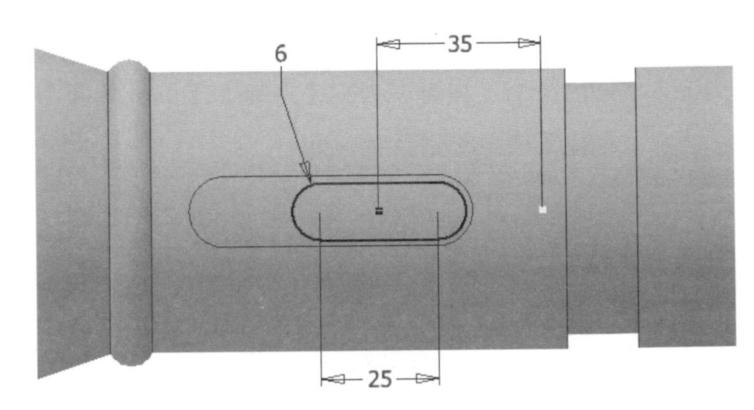

STEP 9 使用特徵工具選項板的【擠出】工具，並選擇實際範圍【至】，再點選浮雕之後所切割的區域底面。

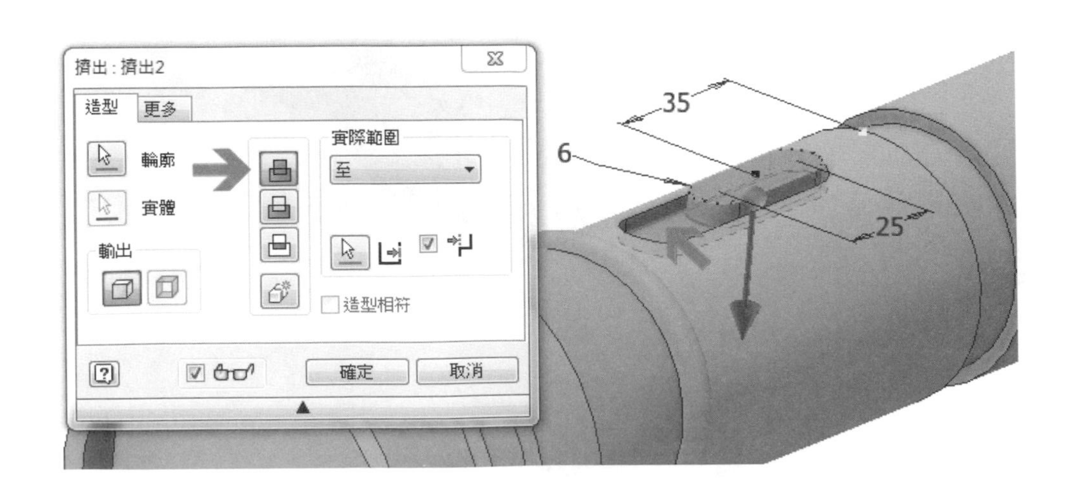

STEP 10 在實體成形後的上方平面建立新草圖，矩形圖元寬度為 1mm，矩形陣列間格距離為 2mm，透過中間由建構線構成的鏡射線來使用草圖鏡射，使兩端都能有草圖圖元的產生。

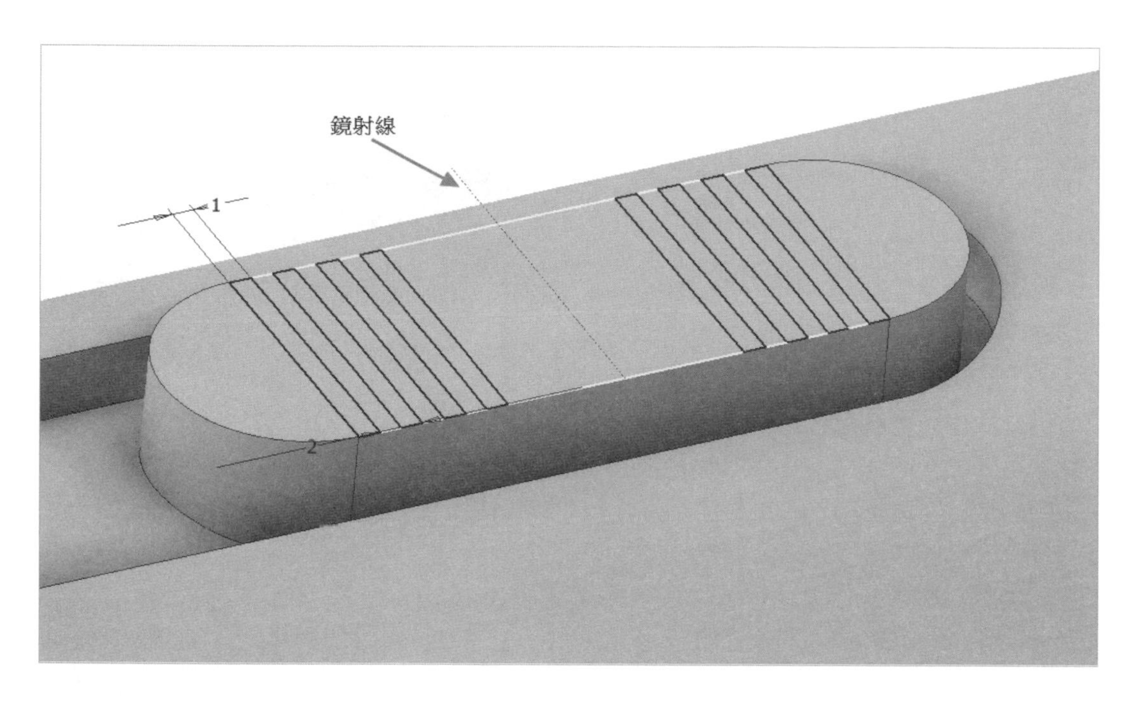

STEP 11 使用特徵工具選項板的【擠出】工具，使用【切割】模式，將草圖輪廓進行 1mm 深度的切割。

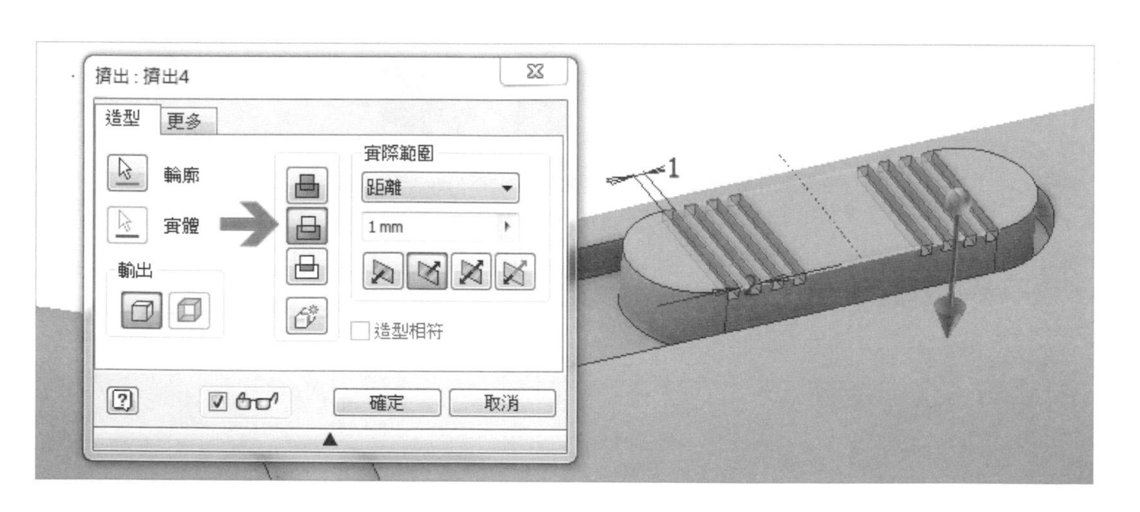

STEP 12 使用特徵工具選項板的【圓角】，將圖面所示之區域進行半徑 1mm 的圓角。

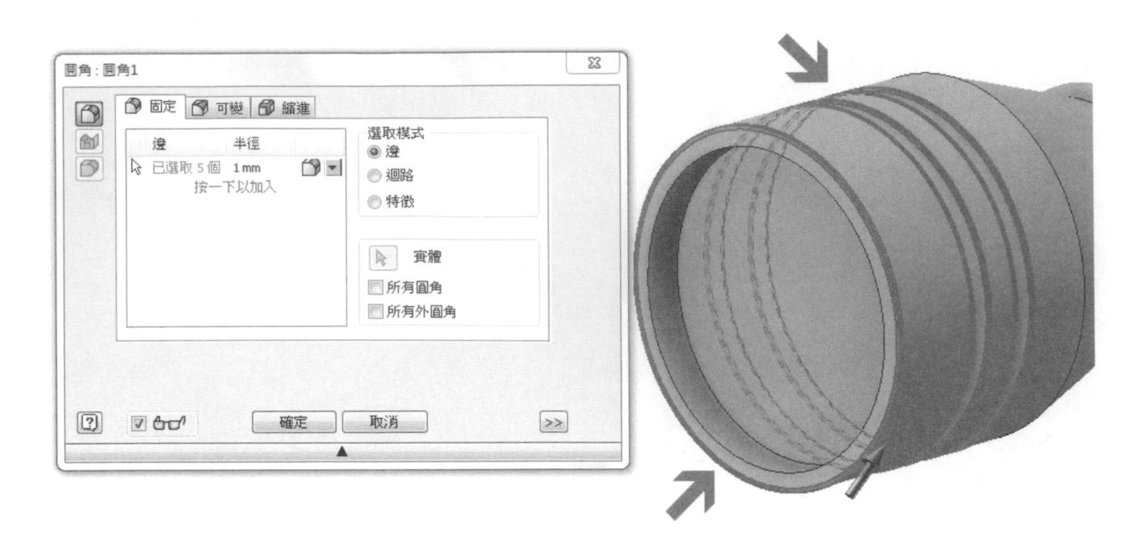

STEP 13 使用特徵工具選項板的【圓角】，將圖面所示之區域進行半徑 2mm 的圓角。

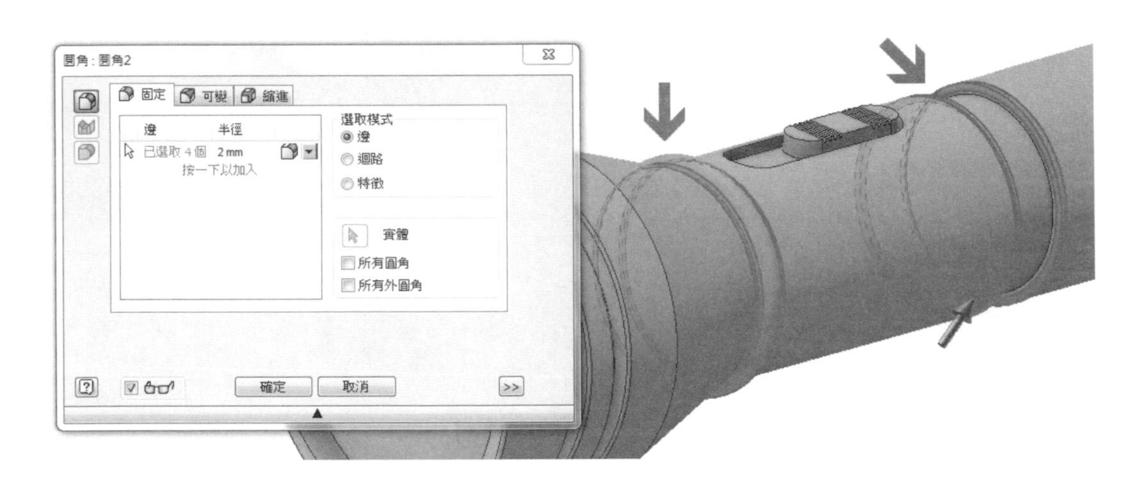

STEP 14 使用特徵工具選項板的【圓角】，將圖面所示之區域進行半徑 0.5mm 的圓角。

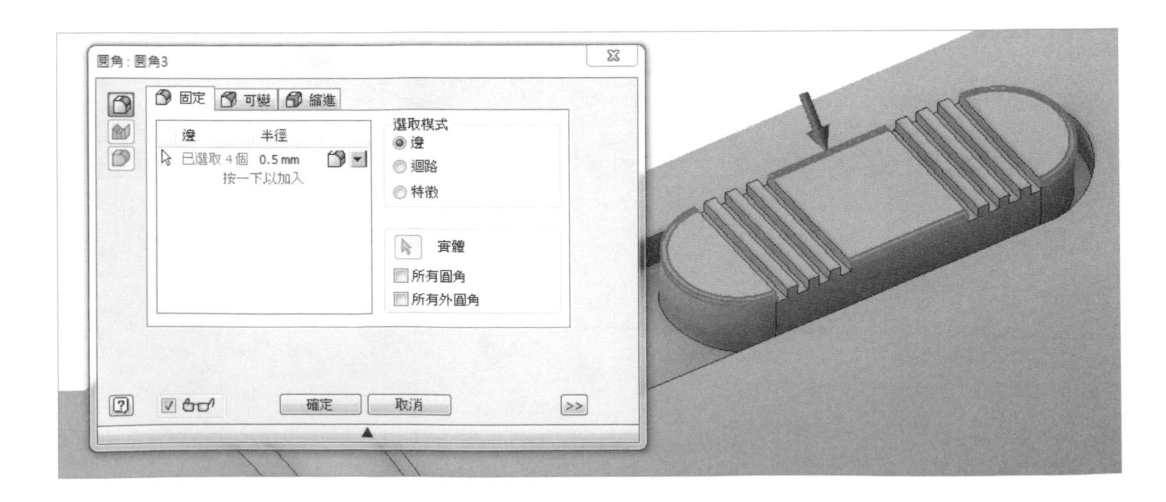

STEP 15 使用特徵工具選項板的【圓角】，將圖面所示之區域進行半徑 1mm 的圓角。

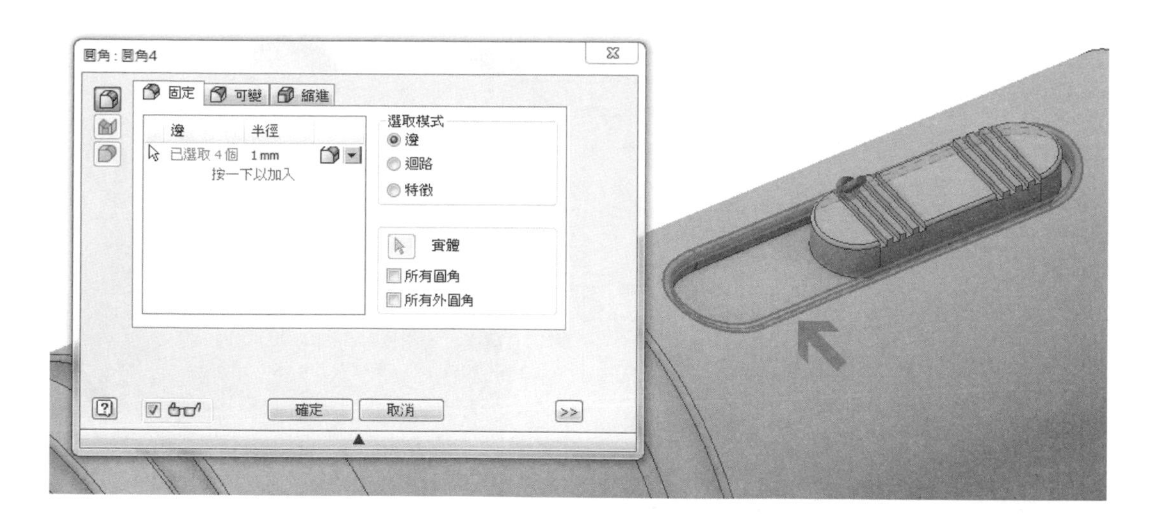

STEP 16 使用特徵工具選項板的【圓角】，將圖面所示之區域進行半徑 1mm 的圓角。

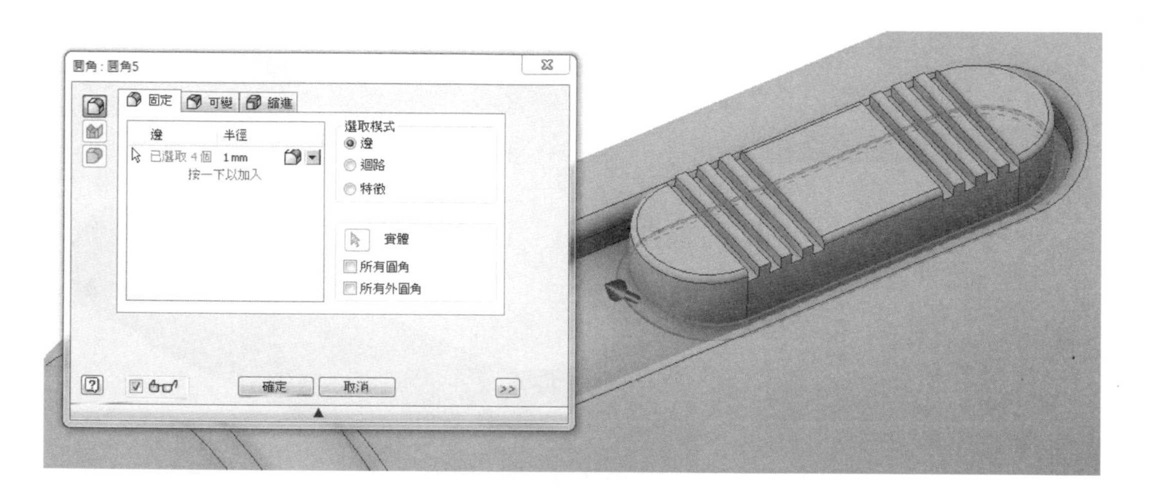

STEP 17 使用特徵工具選項板的【圓角】，將圖面所示之區域進行半徑 1mm 的圓角。

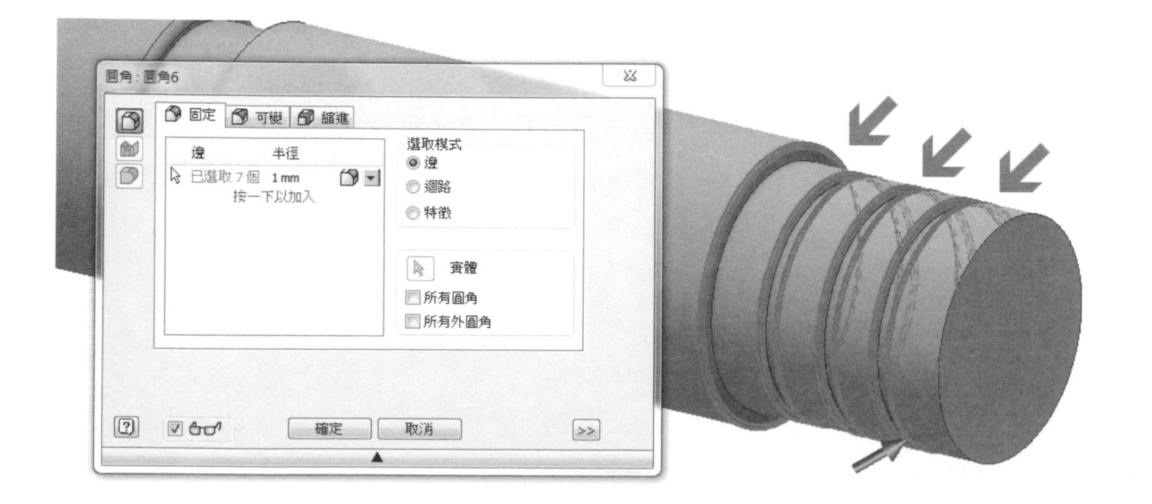

STEP 18 | 使用特徵工具選項板的【圓角】，將圖面所示之區域進行半徑 3mm 的圓角。

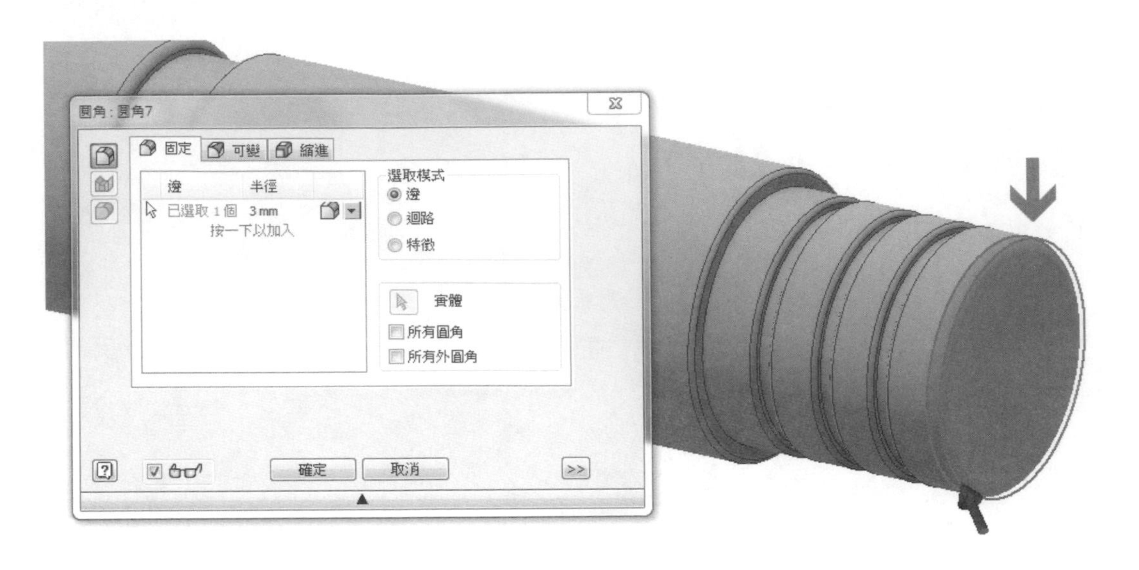

STEP 19 | 使用工具選項板上方的【外觀】項目，先將整體模型設定成單一材質，如【不鏽鋼 – 拋光梳刷】或自己喜歡的材質外觀等。

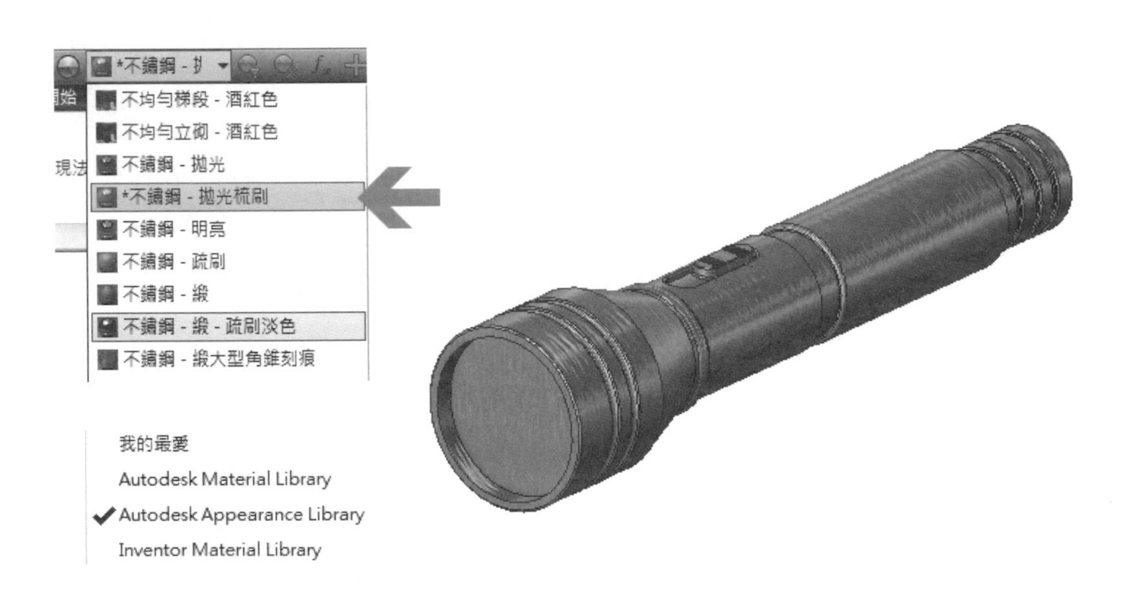

STEP 20 | 至左邊樹狀圖中連續選取特徵項目，再點擊滑鼠右鍵來開啟選單，選擇【性質】項目後，可針對選取的特徵進行整體的材質外觀設定，這邊我們可以選擇【平滑 – 黑色】。

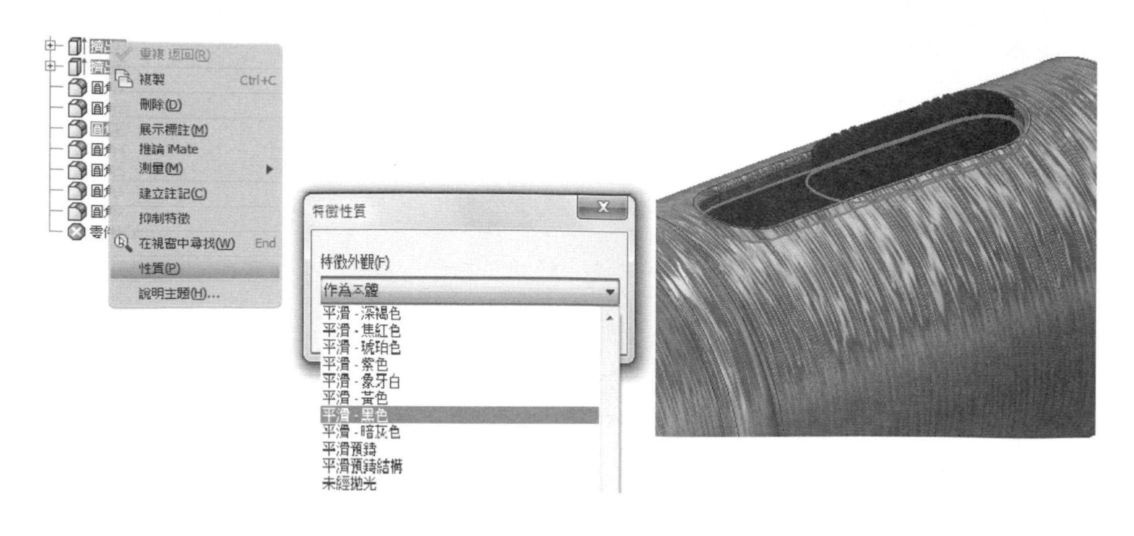

STEP 21 把滑鼠移動到模型前方欲建立光源處的地方，按一下滑鼠右鍵，在選單中選擇【性質】項目以進行外觀材質設定，如希望建立光源效果可選擇【LED 光源打開】。

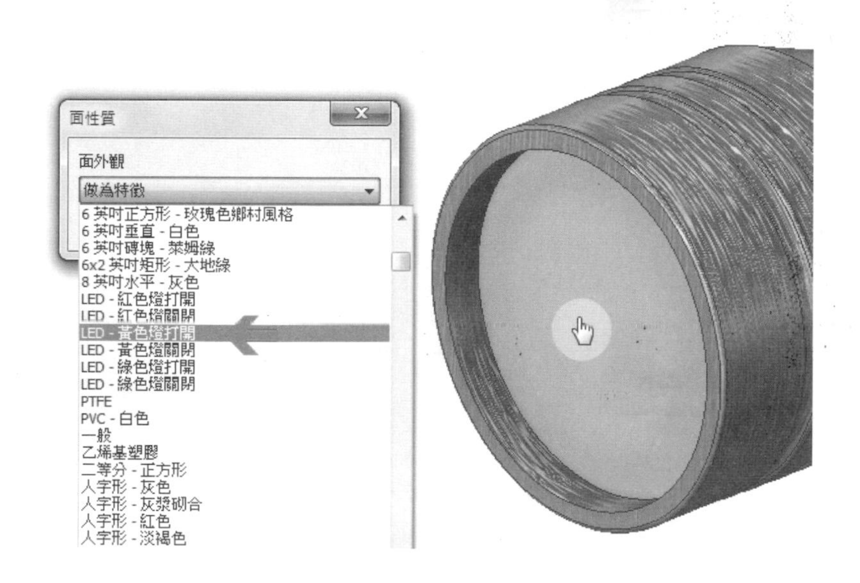

STEP 22 設定完成後，則簡易型的手電筒模型即完成。

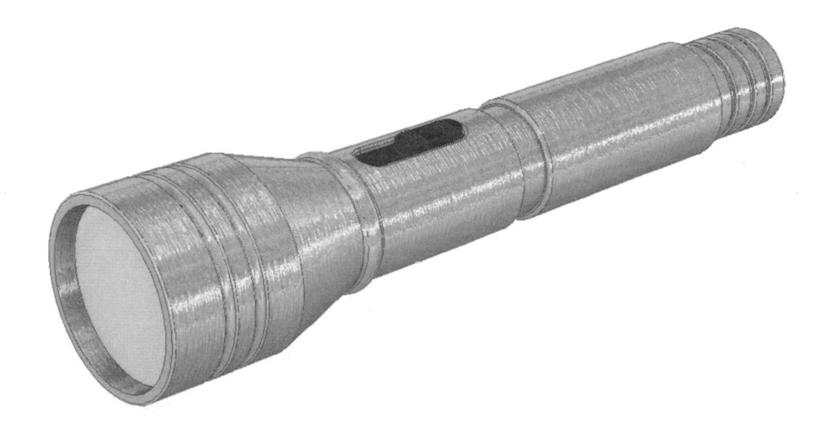

MEMO